普通高等教育工科类教学改革系列教材

UG 专用夹具设计

张士军　孙德英　编著

机 械 工 业 出 版 社

本书以 UG NX4.0 为工具，讲述车床、铣床和钻床夹具设计要点与实用操作方法。主要内容包括夹具设计基础、夹具基本元件的设计、夹紧与分度对定机构的设计。不同于其他介绍夹具设计的教材，本书着重于专用夹具逆向设计技术的探索和讲解。书中以 37 个专用夹具设计实例作为载体，系统地进述逆向设计的思路、步骤、方法和实际操作要点。实例中，每个关键设计环节都配有相应的实体图和工程图，直观地描述了设计过程和阶段成果，具有较强的参考性、指导性和实用性。

本书可作为普通高等教育工科类院校和高等职业院校机电类专业的教材或辅助教材。亦非常适合从事夹具设计的人员作为专业参考书目。

本书配有电子课件，凡使用本书作教材的教师可登录机械工业出版社教材服务网（http://www.cmpedu.com），注册后免费下载。咨询电话：010-88379375。

图书在版编目（CIP）数据

UG专用夹具设计/张士军，孙德英编著. —北京：机械工业出版社，2012.8（2026.1重印）

普通高等教育工科类教学改革系列教材

ISBN 978-7-111-39587-4

Ⅰ.①U… Ⅱ.①张…②孙… Ⅲ.①机床夹具-计算机辅助设计-应用软件-高等学校-教材 Ⅳ.①TG750.2-39

中国版本图书馆 CIP 数据核字（2012）第 202255 号

机械工业出版社（北京市百万庄大街 22 号 邮政编码 100037）

策划编辑：边 萌 责任编辑：边 萌 王丽滨 版式设计：姜 婷

责任校对：陈立辉 封面设计：鞠 杨 责任印制：郜 敏

河北虎彩印刷有限公司印刷

2026 年 1 月第 1 版第 7 次印刷

184mm×260mm · 23.25 印张 · 573 千字

标准书号：ISBN 978-7-111-39587-4

定价：58.00 元

电话服务	网络服务
客服电话：010-88361066	机 工 官 网：www.cmpbook.com
010-88379833	机 工 官 博：weibo.com/cmp1952
010-68326294	金 书 网：www.golden-book.com
封底无防伪标均为盗版	机工教育服务网：www.cmpedu.com

前 言

本书以UG NX 4.0为工具，以实用夹具设计为载体，讲述夹具基本元件、夹紧与分度对定机构以及专用机床夹具的设计知识和实用操作技术。

虽然运用三维设计软件进行专用夹具的设计已成为必然趋势，但目前所有的软件还没有专门的夹具设计模块，并且很少见到关于此方面的技术指导书籍。这对于普通高等教育工科类和高等职业院校机电类专业的师生，以及专门从事夹具设计的技术人员来说，无疑是件憾事。正是基于这一想法，笔者收集和整理了大量实例，并总结出一套完整的逆向设计步骤和方法，可以有效地应用于专用夹具的设计中。在夹具设计实例中，结合个人的实践经验，按照内容和专业技术的链接性，介绍了许多实用操作技巧。

本书重点讲述车床、铣床和钻床夹具的类型、设计要点和专用夹具设计实例。主要内容包括：夹具的作用、定位原理，夹具的构成和设计常识；夹具元件的种类、功能和设计方法；夹具夹紧与分度对定机构的种类、功能和设计方法。全书针对37个典型加工件的专用夹具设计实例，系统地讲述了逆向设计的思路、步骤和方法。在每个关键设计环节都配有相应的实体图和工程图，文图对应，直观地描述了设计过程和阶段成果，具有很强的参考性、指导性和实用性。书中未加注明的各种尺寸的单位均为毫米（mm）；在图形设计中，一些非主要结构的尺寸没有给出，如退刀槽、倒角等的尺寸。

全书由大连职业技术学院张士军、孙德英二人合作完成。由于夹具逆向设计的理念和设计方法仍处于探索阶段，加之个人技术水平和经验的局限性，本书的编写肯定会存在缺陷和不足，敬请读者指正。

编著者

目　录

第1单元　夹具设计基础

单元要点：讲述夹具在机械加工中的作用，夹具的功能与分类，夹具的设计原理，夹具的基本结构，夹具中常用的公差配合。

1.1　夹具在机械加工中的作用

在装备制造过程中的机械加工、焊接、装配、检测等生产工艺中，为了对工件进行有效的加工和制造，必须将其准确地定位和可靠地固定，才能保证零件和产品的加工质量，并提高生产效率，这种被广泛采用的工艺装备统称为夹具。

1.1.1　夹具的作用

在机械加工机床上使用的夹具统称为机床夹具。在现代生产中，机床夹具是不可缺少的工艺装备，它的设计水平和制造水平直接影响着零件的加工精度、生产效率和产品的制造成本，因此，机床夹具的设计和制造在生产技术准备中占有十分重要的地位。

在机床上加工工件时，必须用夹具对其进行定位和夹紧，才能进行加工操作。将工件放置在机床上相对于刀具的正确位置上，这一过程称为定位。将工件夹紧和固定住，即对工件施加一定的作用力，使之在加工过程不会发生任何移动或转动，这一过程称为夹紧。将工件从定位到夹紧的全过程，称为工件的装夹。

1.1.2　夹具的功能

对机床夹具的基本要求就是将工件正确地定位，并可靠地固定在指定位置上。机床夹具除了要保证足够的制造精度外，还需要有足够的刚度以防止加工时可能产生的变形和振动。

归纳起来，夹具的基本功能主要表现在以下几个方面。

1. 保证工件的加工精度和加工过程的稳定性

在机械加工中，工件是通过机床夹具装夹到机床上的，而夹具在机床上的位置是根据夹具的设计基准精确地进行定位的，因此，工件在加工过程中的位置精度不会受到操作者的技术水平及主观因素的影响，从而可靠地保证工件的加工精度，并且保证加工过程质量的稳定。

2. 缩短辅助操作时间，提高劳动生产效率

由于夹具是在加工一批工件之前，事先安装到机床上的，并经过精心地检测和调整。而夹具本身的设计也充分考虑了工件定位和装夹的方便，因此，在将工件固定到机床夹具上的过程中不再需要检测和调整。这样就极大地简化了加工的操作过程，缩短了辅助操作时间，相对地提高了生产效率。

3. 降低对工人的技术要求，减轻劳动强度

使用专用夹具安装工件，定位方便、准确、快捷，安装位置精度依靠夹具的精度得以保证，从而降低了对操作工人的技术要求。同时，夹紧操作又可以通过夹具本身的增力机构来实现，进而减轻了工人的劳动强度，并保障了操作的安全性。

4. 扩大机床的工艺使用范围，相对降低制造成本

通过专用夹具的精心设计，可以有效地拓宽机床的工艺范围，实现“一机多能”，这也是生产条件有限的企业经常采用的技术改造措施。例如，在车床上安装专用的夹具和镗杆，就可以完成对工件的镗削加工；在铣床上安装专用的夹具和型面靠模，就可以完成对复杂曲面工件的加工等。

1.2　夹具的分类与设计原则

机床夹具的种类多种多样，形状千差万别，功能五花八门，其分类方法也不尽相同。通常是按夹具的某一特性进行分类。

1.2.1　夹具的分类

1. 按夹具的通用特性分类

这是一种基本的分类方法，主要反映夹具在不同生产类型中的通用特性，也是选择夹具的主要依据。夹具通常划分为通用夹具、专用夹具、可调夹具、组合夹具和自动线夹具五大类型。

（1）通用夹具　通用夹具是指结构、尺寸已经标准化，并具有一定通用性的夹具，如自定心卡盘、单动卡盘、机用平口钳、万能分度头、中心架、电磁吸盘等。这类夹具的特点是，适应性强、不需调整或稍加调整即可装夹一定形状和尺寸范围内的各种工件。此类夹具已经商品化，且成为机床附件。采用这类夹具可缩短生产准备周期，减少夹具品种，降低生产成本。其缺点是夹具的加工精度不高，生产效率相对较低，且较难装夹形状复杂的工件，因此，适用于单件或小批量的生产中。

（2）专用夹具　专用夹具是针对某一工件的某一工序的加工要求而专门设计和制造的夹具。这类夹具的特点是针对性极强，没有通用性。在产品相对稳定、批量较大的生产中，通常都采用各种专用夹具，可保证较高的生产效率和加工精度。专用夹具的设计和制造周期较长、使用成本较高、适应性不高是它的突出缺点。本书所讲述的夹具设计主要是此类夹具的设计。

（3）可调夹具　可调夹具是针对通用性夹具和专用夹具的不同特点而发展起来的一类新型夹具。这类夹具对不同类型和尺寸的工件，只需要调整或更换个别定位元件和夹紧元件便可使用。此类夹具又分为通用可调夹具和成组可调夹具两种类型。前者的使用范围比通用夹具更大，适用性更强。后者则是专门为成组工艺中的某组零件设计的一种专用夹具，其调整范围仅适用于本组内的工件。可调夹具在多品种、小批量生产中具有良好的经济效果。

（4）组合夹具　组合夹具是一种模块化的夹具，已经实现商品化的制造。这类组合夹具的模块化元件具有较高的精度和耐磨性能，可组装成各种夹具；夹具使用完后即可拆卸，重新组装成新的夹具。使用此类夹具可缩短生产准备周期，夹具元件能反复使用，并减少对专用夹具的依赖性，因此，组合夹具在单件、多品种、小批量生产和数控加工中具有明显的经济效果。其缺点是购置成本较高，夹具的组合操作较为复杂。

（5）自动线夹具　自动线夹具一般分为两种：一种为固定式夹具，与专用夹具十分相似；另一种为随行夹具，使用中夹具随着工件一起运动，并将工件沿着自动线从一个工位移动至下一个工位进行加工。

2. 按夹具使用的机床分类

这是专用夹具设计所采用的分类方式。按使用的机床分类，可划分为车床夹具、铣床夹具、钻床夹具、镗床夹具、磨床夹具和数控机床夹具等。

3. 按夹具使用的动力源分类

按夹具所使用的夹紧动力来源，可将夹具分为手动夹具和机动夹具两大类。手动夹具主要靠工人的手工操作，在完成工件定位的同时完成夹紧操作。因此，在设计手动夹具时，要求具备相应的增力机构和自锁性能。机动夹具的定位操作通常也是靠手工操作，但夹紧操作是依靠所采用的相应动力来实现的。常用的机动夹具有气动夹具、液压夹具、电动夹具、电磁夹具、真空夹具和离心夹具等。

1.2.2　夹具的设计原则

好的夹具设计应遵从以下几项设计原则。

1. 确保工件的加工精度要求

确保工件的加工精度要求是夹具设计的首要原则。在设计夹具时首先要考虑对工件的正确定位，精心设计定位基准，合理地选择定位方法和定位元件。要注意，夹具整体结构及其中的各个零部件之间的配合可能造成对工件加工精度的影响。对大批量使用和重复使用的夹具，要充分考虑其刚度和耐磨性能。

2. 确保夹具操作的简便可靠

采用专用的机床夹具来完成对工件的加工，目的就是保证工件的装夹简洁、方便和可靠，简化对工人操作技术水平的要求，以保证工件加工质量的稳定。对形体复杂的工件，要注意尽可能地减少操作步骤，简化调整过程，缩短装夹时间。

3. 具有良好的工艺性能

专用夹具的设计应力求结构简洁、合理，便于制造、装配、调整、检测和维护。通常，专用夹具的适用范围很小，使用频率有限，在结构设计上如果很复杂，就不容易制造，使得生产准备周期过长。良好的工艺性还要求夹具结构本身要稳定可靠，在长时间的使用和存放过程中不会对工件的加工精度产生不利的影响。

4. 尽可能地提高生产效率

使用专用夹具的根本目的除了要可靠地保证工件的加工精度，就是要提高生产效率。因此，在夹具设计中要注意尽可能采用高效的装夹结构，在可能的情况下考虑多工件同时装夹，在一次加工中完成多个工件的加工。

5. 注意夹具的经济效果

在制造工业产品的过程中，一般需要大量的专用机床夹具，而这些夹具在产品更新换代后，往往丧失了本身的价值。因此，在夹具设计中，除了力求结构简单、容易制造外，尽可能选择标准元件、通用元件，使其能够反复利用。对专用元件也尽可能地设计成可调整结构，以扩大这些专用元件的使用范围，最大限度地降低夹具的制造和使用成本。

1.3 夹具设计原理

夹具设计的首要任务就是在保证一定精度的范围内将工件进行定位。所谓工件定位，就是要使批量生产的工件每次都能被装夹到相同的位置上。同时，要使工件、夹具、刀具和机床之间保持正确的加工位置。

1.3.1 工件的定位

工件在未进行定位前，其在空间的位置是不确定的，这种不确定性称之为自由度。将工件设想为一个理想的刚体，并将其放置在空间直角坐标系中，以此坐标系作为参照系，来考察刚体位置和方位的可能变动。从运动学角度分析，一个自由刚体在空间上可能会有6个自由度的变动。由图1-1所示。可以看出，工件在空间的位置是不确定的，它既可以沿 x、y、z 三个坐标轴移动，称为移动自由度，分别表示为 $\vec{x}$、$\vec{y}$、$\vec{z}$；又可以绕 x、y、z 三个坐标轴转动，称为旋转自由度，分别表示为 $\overset{\curvearrowright}{x}$、$\overset{\curvearrowright}{y}$、$\overset{\curvearrowright}{z}$。

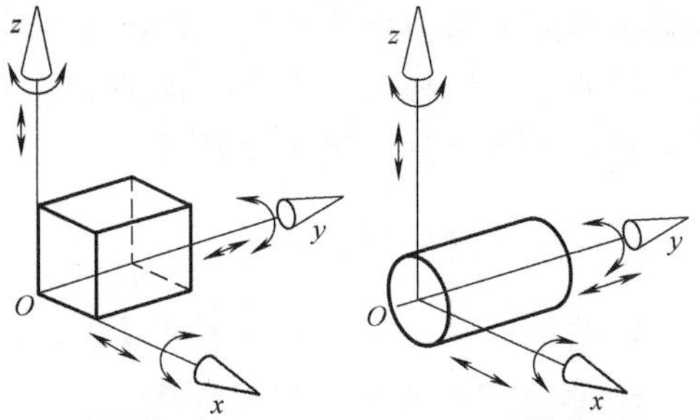

a) 矩形体工件　　b) 圆柱体工件

图 1-1　工件的6个自由度

从以上分析可以看出，要使工件在空间上有一个确定的位置，就必须设置相应的6个约束，以限制工件的6个自由度。如果工件的6个自由度都加以约束，工件在空间的位置也就完全固定下来。因此，定位实际上就是约束工件的自由度。

1.3.2 六点定位原理

在对工件定位时，通常是用一个支承点约束工件的一个自由度。合理地设置6个支承点就可以约束工件的6个自由度，使工件完全固定在夹具的适当位置上，这就是六点定位原理。

由于工件的形态是复杂多变的，工件的定位基准也是多种多样的，因而其定位的支承点分布会有所不同。下面仅对三种典型工件的定位分布规律加以介绍。

1. 矩形几何体的定位

如图1-2所示的矩形几何体工件，以 A、B、C 3个平面作为定位基准,其中 A 面面积最大，将其作为主要基准，设置成三角形布置的3个定位支承点1、2、3，当工件的 A 面与这3个点接触时，限制了 $\vec{z}$、$\overset{\curvearrowright}{x}$、$\overset{\curvearrowright}{y}$ 3个自由度。B 面较长，在沿垂直于 A 面方向上设置两个定位支承点4、5，当侧面 B 与该两点接触时，限制了 $\vec{x}$、$\overset{\curvearrowright}{z}$ 两个自由度。在最小平面 C 上设置一个定位支承点6，限制了 $\vec{y}$ 一个自由度。如此设置6个定位支承点，可使工件完全定位。

在实际的定位中，定位支承点并不一定是真正的点。因为，从几何学角度看，成三角形分布的3个点构成了一个平面接触效果。同样，成直线布置的两个点，可以认为是一个线性接触效果。实际上，“三点定位”或“两点定位”仅是指某种定位支承点的综合效果，而非某一定位支承点就限制了某一自由度。

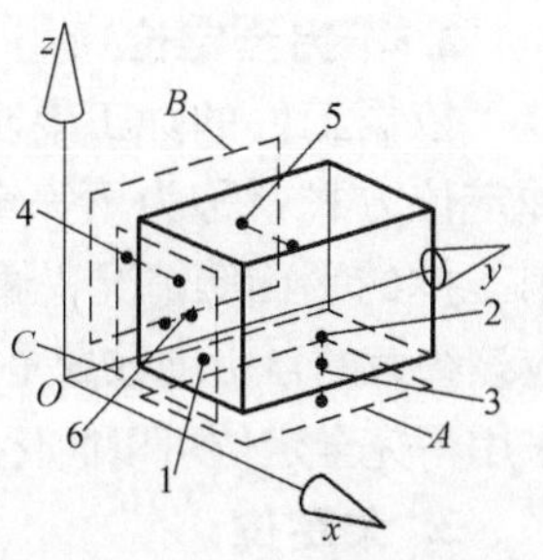

图 1-2　矩形几何体的定位

2. 圆柱几何体的定位

图 1-3 所示的圆柱几何体工件，以圆柱几何体的轴线和前端面作为定位基准。长圆柱体的圆柱面采用中心定位，圆柱表面与 V 形块两个相互垂直的斜面接触，形成了两条相切直线。可将两条直线上的 4 个端点 1、2、3、4 看作 4 个定位点，限制了工件的 $\overrightarrow{x}$、$\overrightarrow{z}$、$\overset{\frown}{x}$、$\overset{\frown}{z}$ 4 个自由度。圆柱体前端面的定位支承点 5 限制了工件的 $\overrightarrow{y}$ 一个自由度。以上 5 个支承点共限制了工件的 5 个自由度。由于圆柱类工件在圆柱表面没有其他定位点，还有一个绕轴线旋转的自由度未被限制住，因此，这是一种未完全定位的约束。

从上面的分析可以看出，此类型工件的主要定位基准是回转体的轴线，并且是通过两条接触直线来定位约束的。

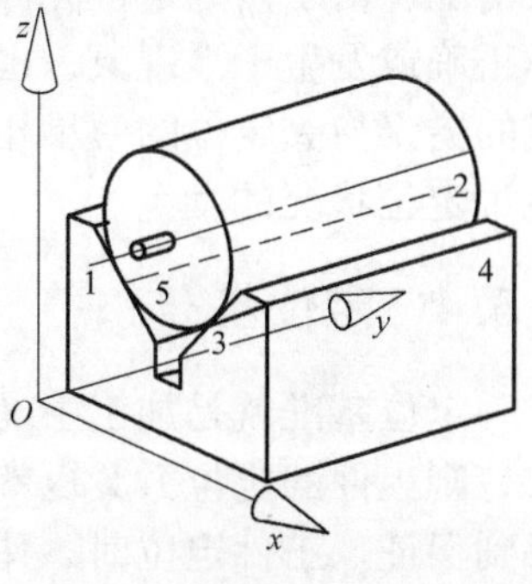

图 1-3　圆柱几何体的定位

3. 带孔圆盘几何体的定位

图 1-4 所示的带有中心孔的圆盘几何体工件，可以被看作是圆柱几何体的变形。正是由于形状发生了较大变化，即圆柱的长度变短，端面的面积增大，其圆柱面的定位作用在减小。对这种几何特征的工件，其主要定位基准转移到了圆柱的端面。端面上布置的 3 个定位支承点 1、2、3，限制了工件的 $\overrightarrow{x}$、$\overset{\frown}{y}$、$\overset{\frown}{z}$ 3 个自由度。而圆柱中心孔处的圆柱销则成为次要的定位基准，其上的定位支承点 4、5 限制了工件的 $\overrightarrow{y}$、$\overrightarrow{z}$ 两个自由度。显然，上面 5 个支承点共限制了工件的 5 个自由度。由于带孔圆盘类工件在圆柱表面也没有其他定位点，仍然存在一个绕轴线旋转的自由度未加限制，因此，这也是一种未完全定位的约束。

对带孔圆盘类工件的分析可以看出，其主要定位基准演变成了圆柱的大平面，而不再是回转体的轴线，是通过 3 个定位点来实现约束的。

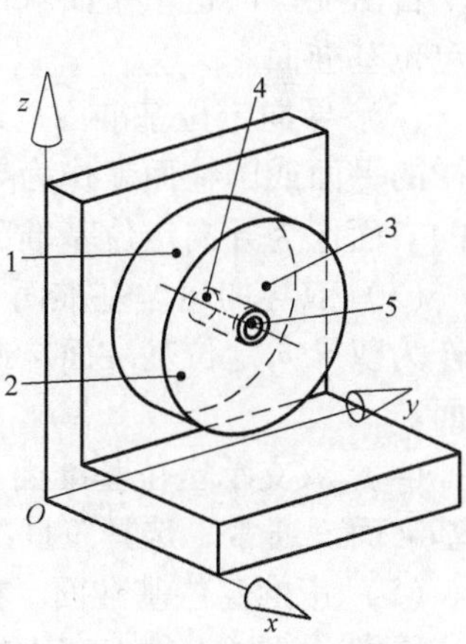

图 1-4　带孔圆盘几何体的定位

1.3.3　定位约束分析

通过对上述三种典型工件的定位描述和定位原理的说明，工件的基本形态、定位点的确定和布局、定位点的数量等要素都会直接影响定位约束。根据工件自由度被约束的状况，工件的定位可分为下面几种类型。

1. 完全定位

完全定位是指工件的 6 个自由度不发生重复且被全部约束的定位。当工件在 x、y、z 3 个坐标方向上均有尺寸要求或位置精度要求较高时，如机座、箱体、机床工作台等类型工件，一般均采用这种完全定位方式。

2. 不完全定位

依据工件的加工要求或某道工序的加工特点，有时并不需要约束工件的全部自由度，这种定位方式就称为不完全定位。当工件在某个方向上无特别限制时，如在车床加工通孔、铣削工件的平面等情况，通常可以采用这种不完全定位方式。因此，可以概括地说，工件在定位时应该约束的自由度数量是由工序的加工要求确定的，即不影响加工精度的自由度可以不必约束。采用不完全定位可以简化定位装置，减少辅助操作时间，在实际生产中被普遍使用。

3. 欠定位

依据工件的加工要求，应该约束的自由度而没有加以约束的定位称为欠定位。欠定位是无法保证加工要求的，这在夹具设计中是不允许的。一旦在夹具的结构中存在这缺陷，使用此类夹具加工的整批工件的质量和精度都无法保证。

4. 过定位

夹具上的两处或两处以上的定位元件重复约束同一个自由度，称为过定位。如果出现这种情况，由于两处定位元件的制造误差、定位方式或操作方法的差异，将会造成工件定位的不正确或发生干涉现象，也就无法保证加工精度要求。从某种意义上说，过定位的存在所造成的错误与欠定位的效果相似。因此，在夹具设计中要严格分析定位的合理性和科学性，避免过定位状况的发生。

1.3.4 定位基准

定位基准就是加工中确定工件在空间位置上的基本位置。一旦工件的定位基准被选定下来，则工件的定位方案也就基本确定。定位方案是否合理，直接关系到工件的加工精度能否得到保证。工件定位时，作为定位基准的点、线和面，往往是由某些具体表面来体现出来的，这种表面称为定位基面。

1. 定位基准面的分类

根据定位基准面所约束的自由度数量，可将其分为以下几种类型。

（1）主要定位基准面　以设置呈三角形布局且在同一平面的三个支承点来约束工件的三个自由度，而这个平面就作为主要定位基准面。通常，选择工件上较大面积的表面作为主要定位基准面。

（2）导向定位基准面　以设置在某一平面上的两个支承点来约束工件的两个自由度，这样的平面或圆柱面就作为导向定位基准面。通常，选择工件上窄长且两个支承点的间距较远的表面作为导向定位基准面。

（3）双导向定位基准面　能够约束工件上两个移动自由度和两个旋转自由度的圆柱面，就作为双导向定位基准面。通常，选择工件的内圆柱孔表面或外圆柱表面作为双导向定位基准面。

（4）双支承定位基准面　能够约束工件上两个移动自由度的圆柱面，就作为双支承定位基准面。通常，选择工件的圆柱孔且采用短圆柱销表面作为双支承定位基准面。

（5）止推定位基准面　能够约束工件上一个移动自由度的表面，就作为止推定位基准面。通常，选择工件上窄小的表面并通过设置定位块或定位钉的表面作为止推定位基准面。

（6）防转定位基准面　能够约束工件上一个旋转自由度的表面，就作为防转定位基准面。通常，选择工件的一个侧面或回转体某处的槽、口，并通过设置定位销或定位块的表面作为防转定位基准面。

2. 典型定位元件限制的自由度

在对工件定位时，真正起定位作用的支承点是非常具体的具有一定几何形状的定位元件。表 1-1 列出了常用的典型定位元件所限制的自由度。

表 1-1　典型定位元件所限制的自由度

定位基准	定 位 方 式	定位元件	限制自由度
大平面	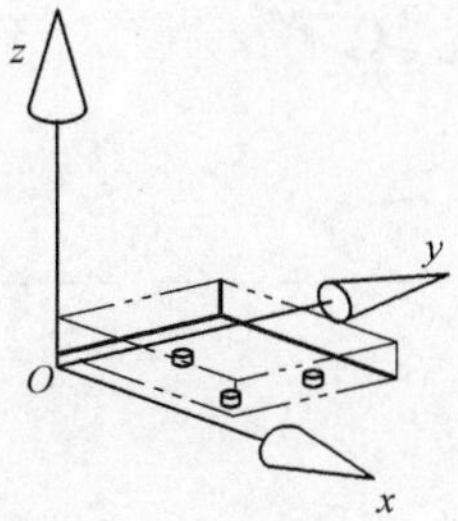	支承钉	$\vec{z}$、$\overset{\frown}{x}$、$\overset{\frown}{y}$
	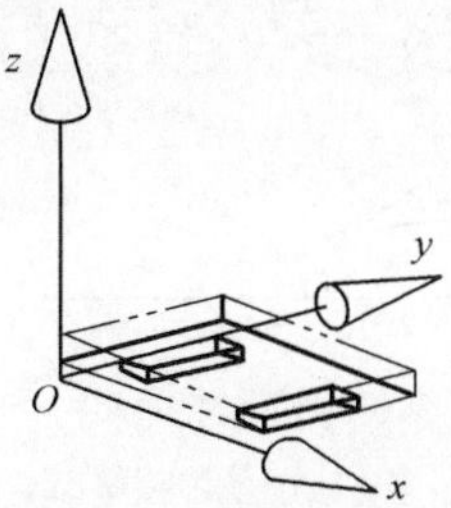	支承板	
长圆柱面	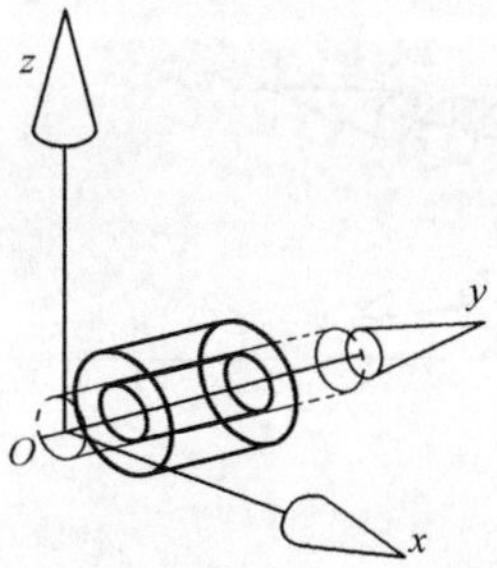	固定式长套	$\vec{x}$、$\vec{z}$、$\overset{\frown}{x}$、$\overset{\frown}{z}$
	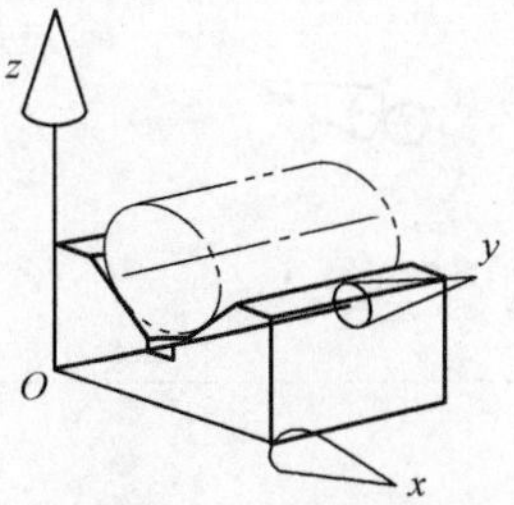	固定式 V 形块	
	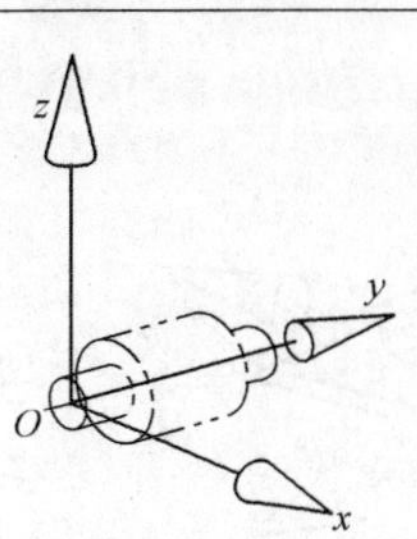	心轴	

（续）

定位基准	定位方式	定位元件	限制自由度
长圆柱面	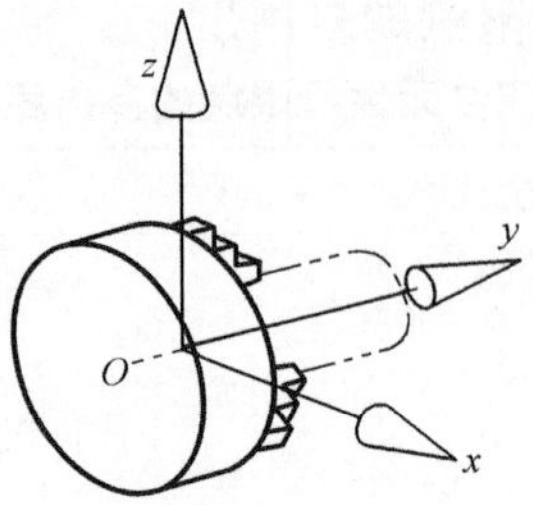	自定心卡盘	$\vec{x}$、$\vec{z}$、$\overset{\curvearrowright}{x}$、$\overset{\curvearrowright}{z}$
长圆锥面	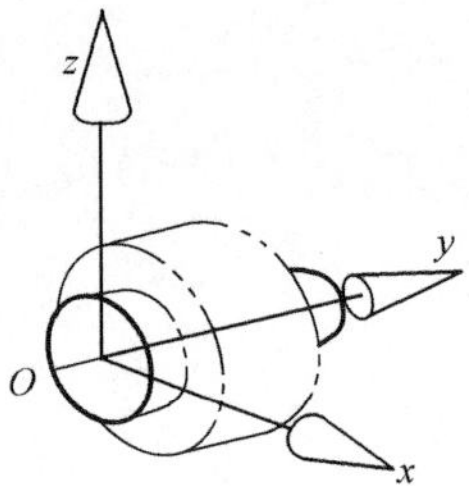	圆锥心轴	$\vec{x}$、$\vec{y}$、$\vec{z}$、$\overset{\curvearrowright}{x}$、$\overset{\curvearrowright}{z}$
两中心孔	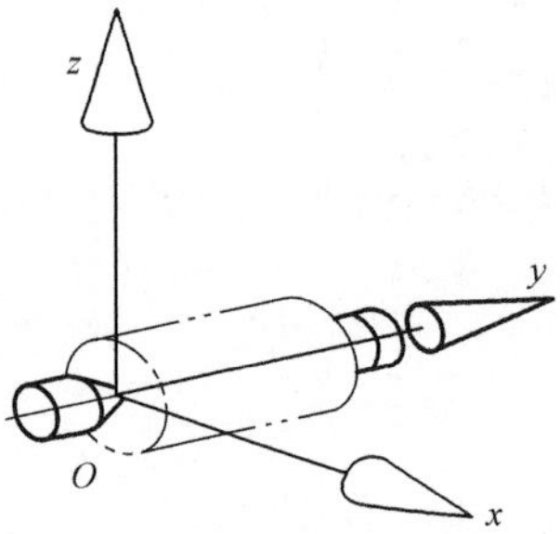	两顶尖	$\vec{x}$、$\vec{y}$、$\vec{z}$、$\overset{\curvearrowright}{x}$、$\overset{\curvearrowright}{z}$
短外圆与中心孔	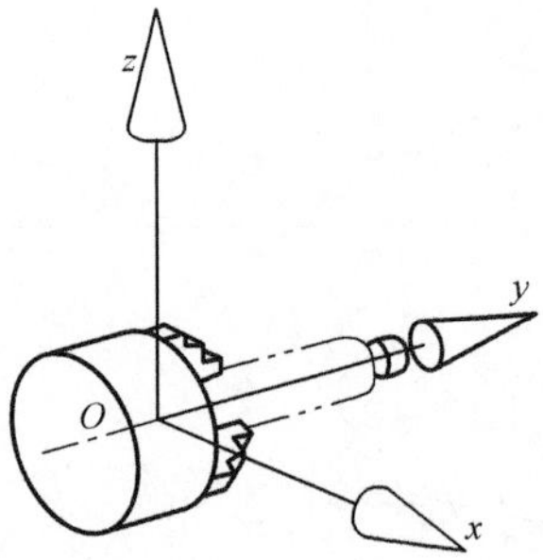	自定心卡盘与顶尖	$\vec{x}$、$\vec{z}$、$\overset{\curvearrowright}{x}$、$\overset{\curvearrowright}{z}$
大平面与两外圆弧面	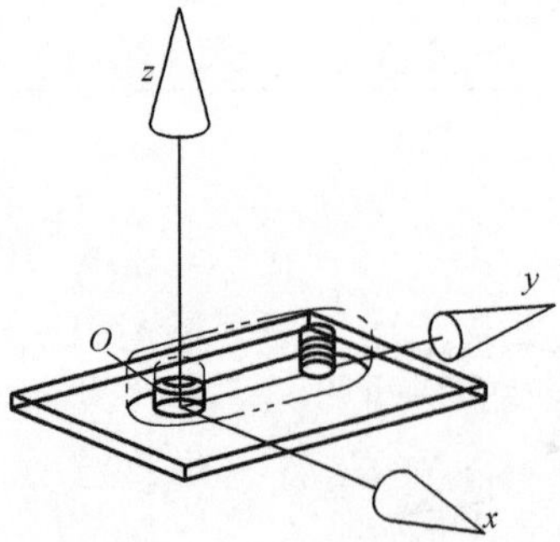	支承板、短固定式V形块和短可移动式V形块	$\vec{x}$、$\vec{y}$、$\vec{z}$、$\overset{\curvearrowright}{x}$、$\overset{\curvearrowright}{y}$、$\overset{\curvearrowright}{z}$

（续）

定位基准	定位方式	定位元件	限制自由度
大平面与两圆柱孔	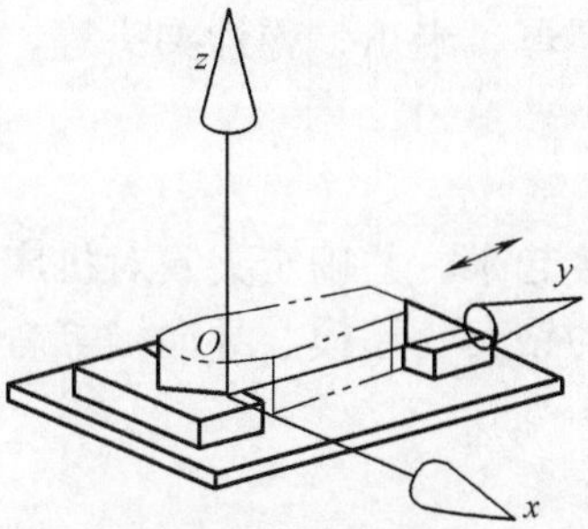	支承板、短圆柱销和短菱形销	$\vec{x}$、$\vec{y}$、$\vec{z}$、$\overset{\frown}{x}$、$\overset{\frown}{y}$、$\overset{\frown}{z}$
长圆柱孔面与侧面	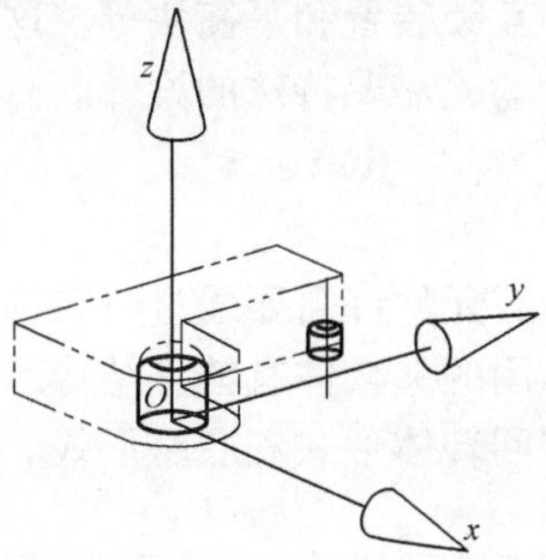	固定式心轴与挡销	$\vec{x}$、$\vec{y}$、$\overset{\frown}{x}$、$\overset{\frown}{y}$、$\overset{\frown}{z}$
大平面与短锥孔	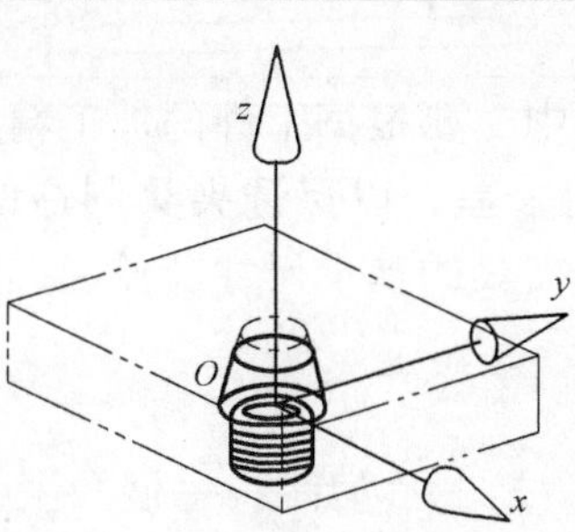	支承板和活动锥销	$\vec{x}$、$\vec{y}$、$\vec{z}$、$\overset{\frown}{x}$、$\overset{\frown}{y}$

1.4　夹具的基本结构

机床夹具的种类虽然很多，但它们的工作原理基本上是相同的。将各种类型夹具中作用相同的结构或元件进行归纳，可划分出共有的几种基本元件，这些基本元件在夹具中既相对独立又相互关联。

1.4.1　定位元件

定位元件是夹具中最主要的功能元件。当工件定位的基准面形状和方位确定后，就要依靠定位元件来保证工件定位的准确和可靠，即定位元件的作用就是保证工件的正确定位。如夹具中常用的定位心轴、定位销、定位块、顶尖等。

1.4.2 夹紧元件

夹紧元件的作用是将工件压紧固定不动，保证工件在加工过程中所处的正确位置不发生任何偏离，如夹具中常用的压板、锁紧螺母、卡爪、弹性夹头等。

1.4.3 导向元件

导向元件的作用是将夹具与机床连接起来，并确定夹具对机床主轴、工作台、导轨或刀具运行轨迹的相互方位，如夹具中常用的钻套、镗模、导向键等。

1.4.4 特定元件

根据加工的特殊要求，有些夹具需要设置具有特定功能的构件，如分度装置、靠模装置、快速拆装心轴、工件的顶出装置、互锁装置和平衡块等。这些元件虽不是夹具共有的元件，但保证工件加工要求确是不可缺少的，需要特殊的设计。

1.4.5 夹具体

夹具体是夹具的基体构件，以上所有元件都需要通过特定的结构或连接元件将它们安装到夹具体上，构成一个完整的夹具。常用的夹具体有铸件结构、锻件结构、焊接结构和装配结构等，其基本形式主要有两大类，即回转体形式和底座形式。

1.5 夹具设计中常用的公差配合

在夹具零件图和夹具装配图的设计中，要根据工件的加工精度、夹具元件的特点和夹具中配合件的要求，注明尺寸公差和几何公差，以保证夹具制造的精度，满足夹具的使用要求。夹具中常用的公差配合主要划分为夹具的基本尺寸公差、夹具元件之间的配合公差和夹具元件之间的位置公差。

1.5.1 夹具的基本尺寸公差

夹具的基本尺寸公差是以加工件的公差作为确定依据的。

依据工件公差确定夹具公差的参考数值见表1-2。

表1-2 依据工件公差确定夹具公差的参考数值

夹具类别	加工工件的尺寸公差/mm				
	0.03～0.10	0.10～0.20	0.20～0.30	0.30～0.50	自由尺寸
车床夹具	1/4	1/4	1/5	1/5	1/5
钻床夹具	1/3	1/3	1/4	1/4	1/5
铣床夹具	1/2	1/2	1/3	1/3	1/5

依据工件的直线尺寸公差确定夹具尺寸公差的参考数值见表1-3。

依据工件的角度公差确定夹具角度公差的参考数值见表1-4。

表 1-3　依据工件的直线尺寸公差确定夹具尺寸公差的参考数值　（单位：mm）

工件尺寸公差		夹具尺寸公差	工件尺寸公差		夹具尺寸公差
由	至		由	至	
0.008	0.01	0.005	0.20	0.24	0.08
0.01	0.02	0.006	0.24	0.28	0.09
0.02	0.03	0.010	0.28	0.34	0.10
0.03	0.05	0.015	0.34	0.45	0.15
0.05	0.06	0.025	0.45	0.65	0.20
0.06	0.07	0.030	0.65	0.90	0.30
0.07	0.08	0.035	0.90	1.30	0.40
0.08	0.09	0.040	1.30	1.50	0.50
0.09	0.10	0.045	1.50	1.80	0.60
0.10	0.12	0.050	1.80	2.00	0.70
0.12	0.16	0.060	2.00	2.50	0.80
0.16	0.20	0.070			

表 1-4　依据工件的角度公差确定夹具角度公差的参考数值

工件角度公差		夹具角度公差	工件角度公差		夹具角度公差
由	至		由	至	
0°00′50″	0°01′30″	0°00′30″	0°20′	0°25′	0°10′
0°01′30″	0°02′30″	0°01′00″	0°25′	0°35′	0°12′
0°02′30″	0°03′30″	0°01′30″	0°35′	0°50′	0°15′
0°03′30″	0°04′30″	0°02′00″	0°50′	1°00′	0°20′
0°04′30″	0°06′00″	0°02′30″	1°00′	1°35′	0°30′
0°06′50″	0°08′00″	0°03′00″	1°35′	2°00′	0°40′
0°08′50″	0°10′00″	0°04′00″	2°00′	3°00′	1°00′
0°10′00″	0°15′00″	0°05′00″	3°00′	4°00′	1°20′
0°15′50″	0°20′00″	0°08′00″	4°00′	5°00′	1°40′

夹具中常用配合的选择见表 1-5。

表 1-5　夹具中常用配合的选择

配合状态	精度要求		具体应用
	一般精度	较高精度	
定位元件与工件定位基准之间	H7/h6，H7/g6，H7/f7	H6/h5，H6/g5，H6/f5	定位销与工件定位孔
有引导且有相对运动元件之间	H7/h6，H7/g6，H7f7，G7/h6，F7/h6	H6/h5，H6/g5，H6/f6，G6/h5，F6/h5	滑动定位元件、刀具与导套
无引导但有相对运动元件之间	H7/f9，H9/d9	H7/d8	滑动夹具底座、平板

（续）

配合状态	精度要求		具体应用
	一般精度	较高精度	
无相对运动元件之间	无紧固件： H7/n6，H7/p6，H7/r6， H7/s6，H7/u6，H8/t7	无紧固件： H7/n6，H7/p6，H7/r6， H7/s6，H7/u6，H8/t7	固定支承钉定位
	有紧固件： H7/m6，H7/k6，H7/js6， H7/m7，H8/k7	有紧固件： H7/m6，H7/k6，H7/js6， H7/m7，H8/k7	

1.5.2 夹具元件之间的配合公差

夹具元件之间的配合公差应依据元件的类型、配合方式、尺寸规格和具体装置结构进行选择。具体夹具典型元件的配合公差见表 1-6。

表 1-6 夹具典型元件的配合公差

配合类型	元件	应用示例	元件	应用示例
定位元件的配合	固定支承	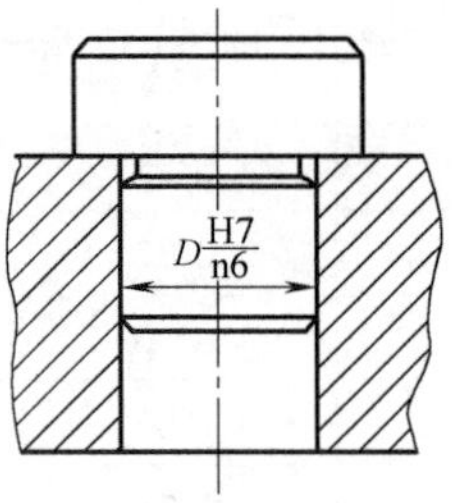	定位销	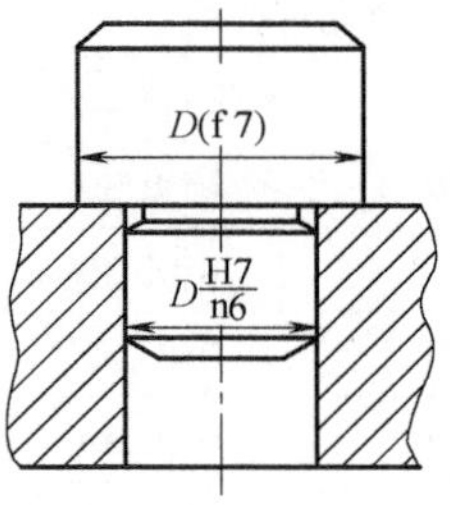
	削边销	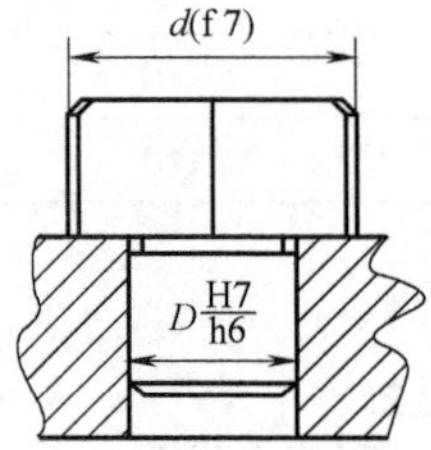	大尺寸定位销	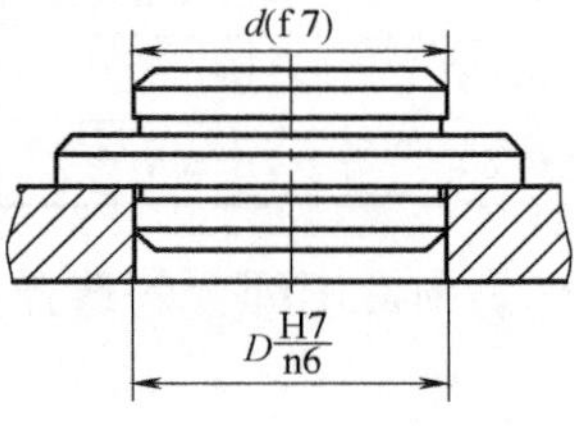
	分度盘轴	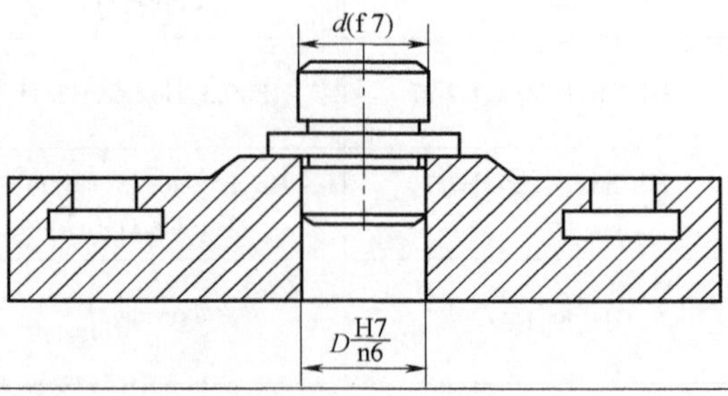		

（续）

配合类型	元件	应用示例	元件	应用示例
定位元件的配合	盖板式钻模定位销	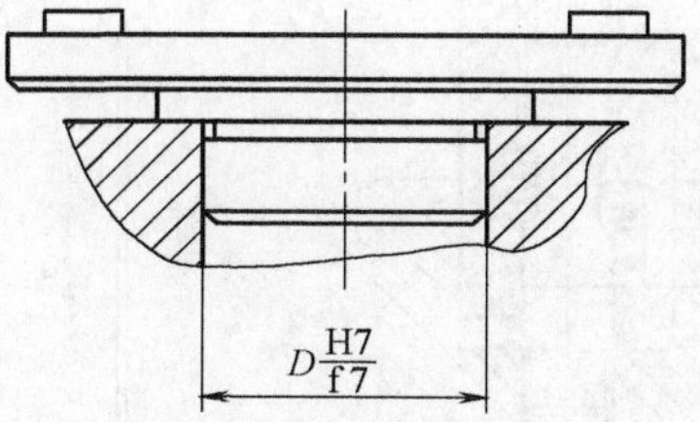		
	可换定位销	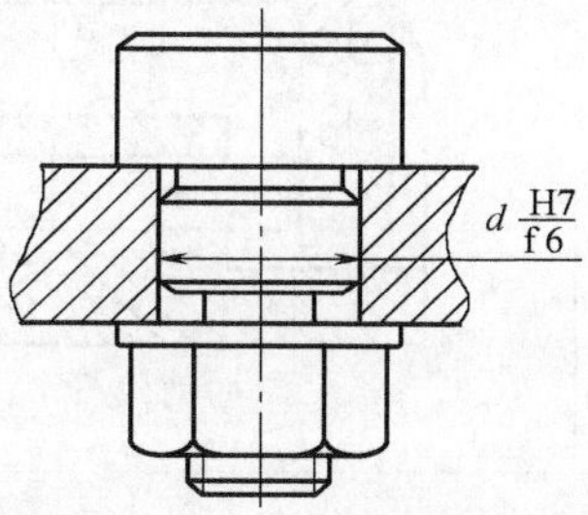	快换定位销	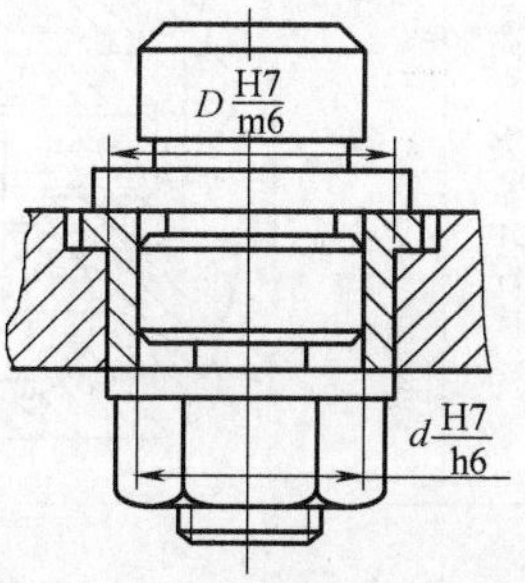
	浮动V形块	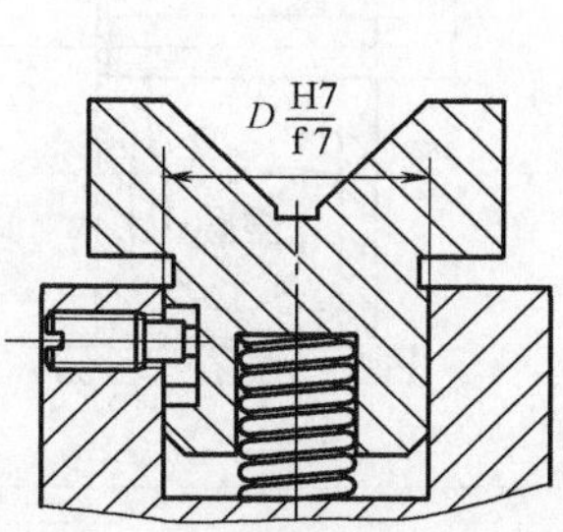	浮动锥形定位销	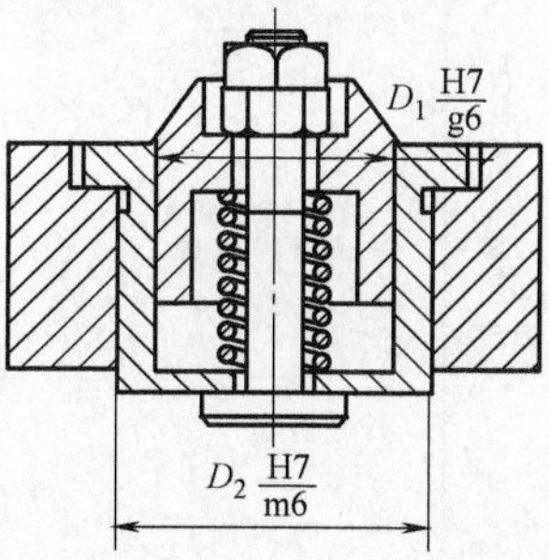
	辅助支承	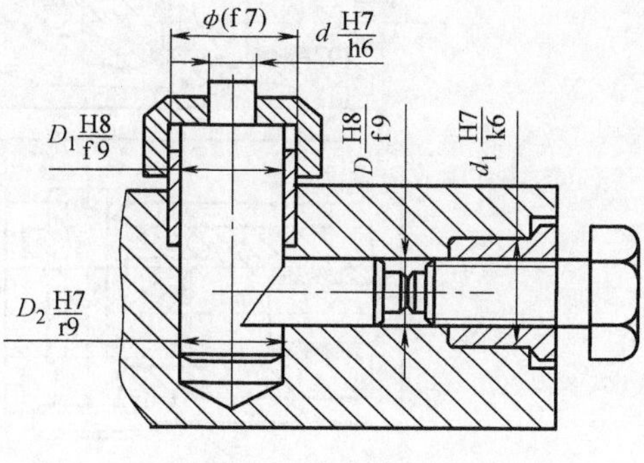		

（续）

配合类型	元件	应用示例	元件	应用示例
夹紧元件的配合	钩形压板	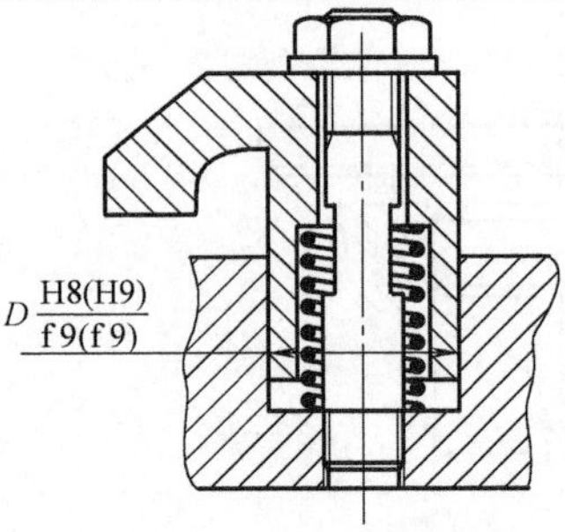	柱塞夹紧元件	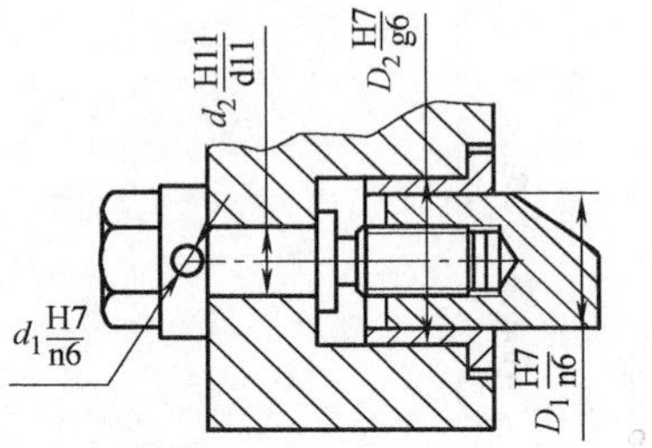
	切向夹紧元件	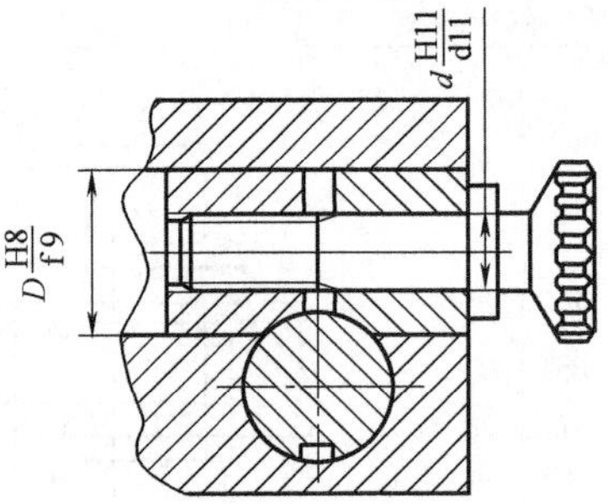	联动夹紧压板	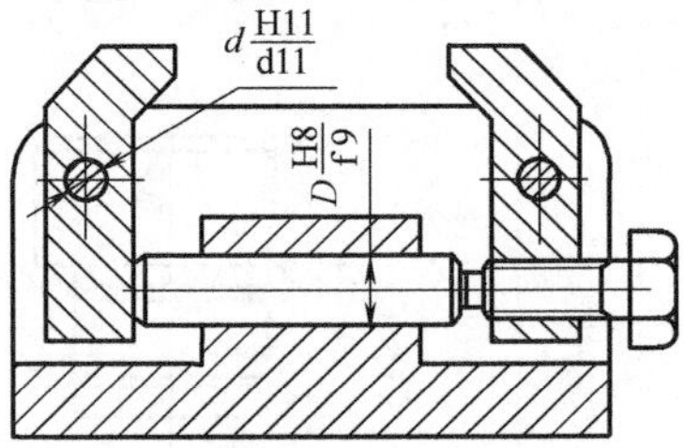
	双向夹紧压板	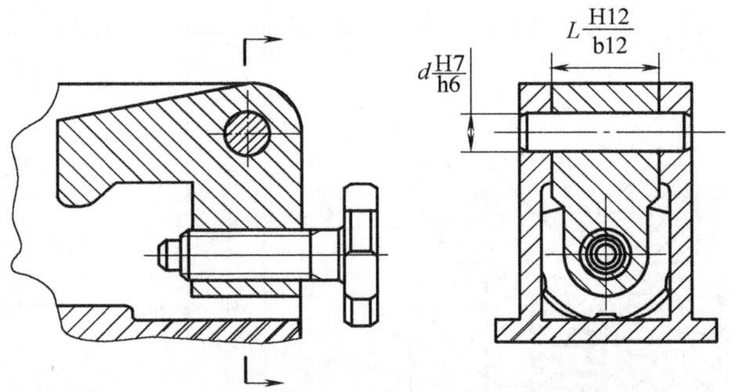		
	偏心夹紧元件	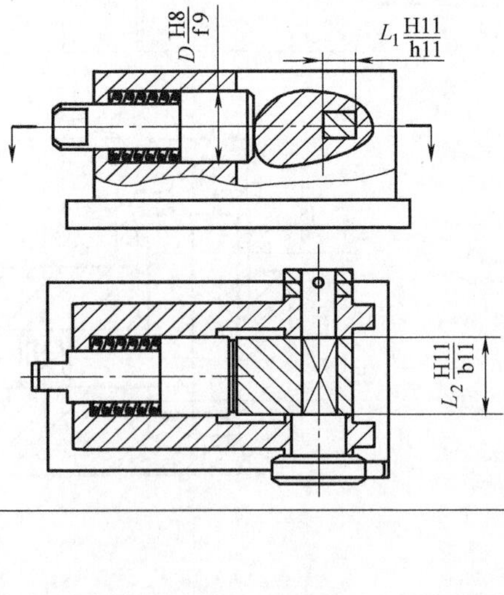		

（续）

配合类型	元件	应用示例	元件	应用示例
分度装置的配合	分度用转轴	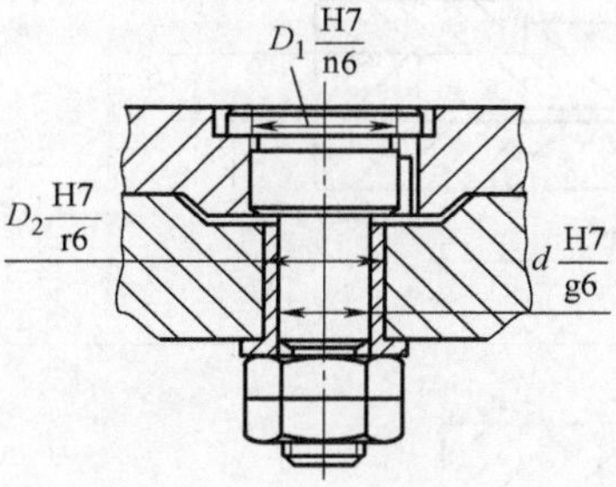	分度插销	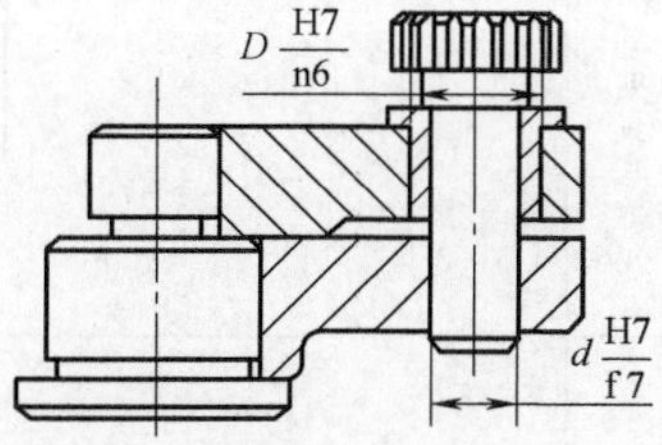
	偏心式定位器	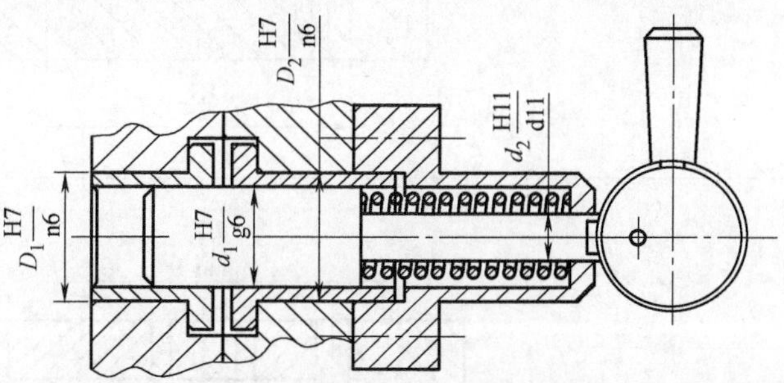		
	杠杆式定位器	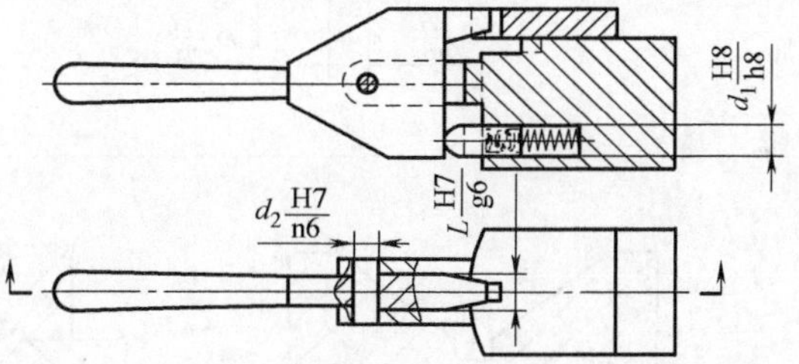		
滑动柱体元件的配合	滑动钳口	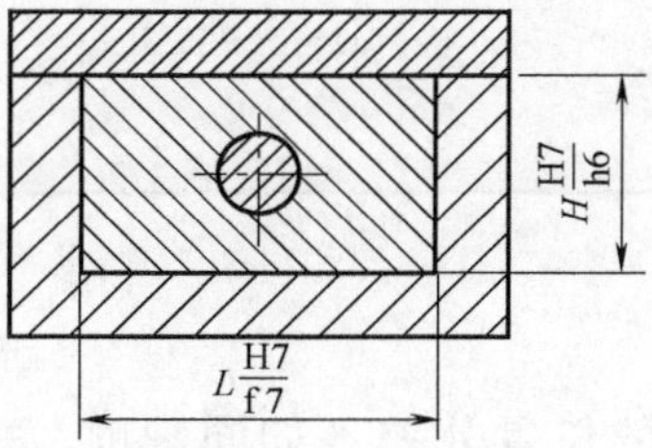	滑动V形块	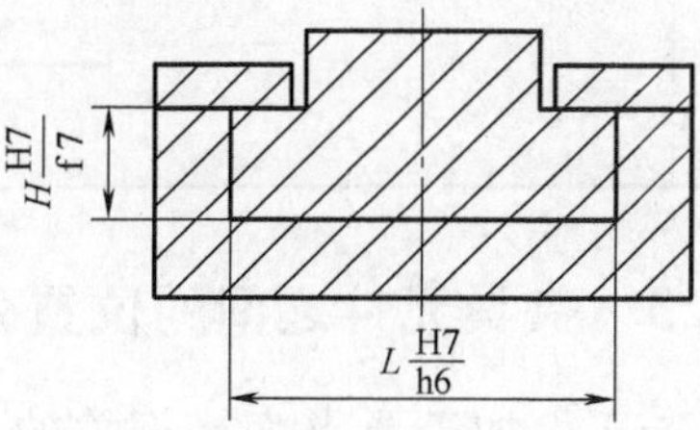

（续）

配合类型	元件	应用示例	元件	应用示例
滑动柱体元件的配合	滑动夹具底板	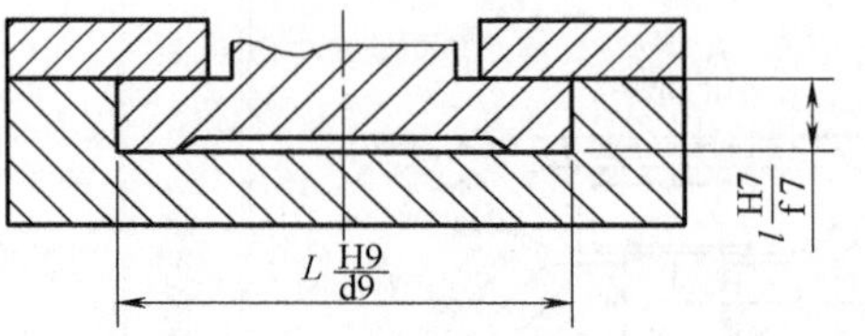		
固定柱体元件的配合	对刀块	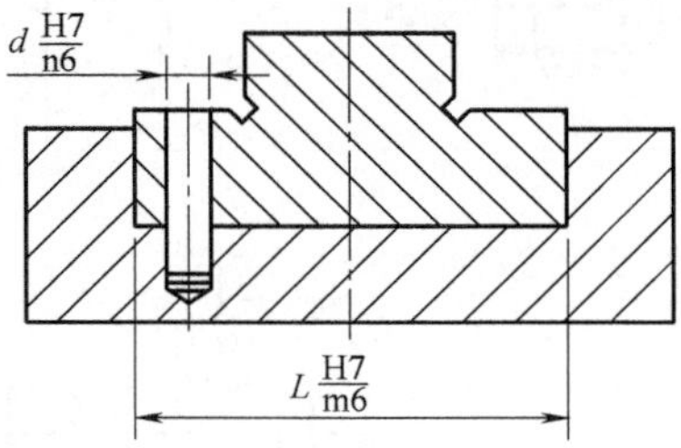		
	钻模板	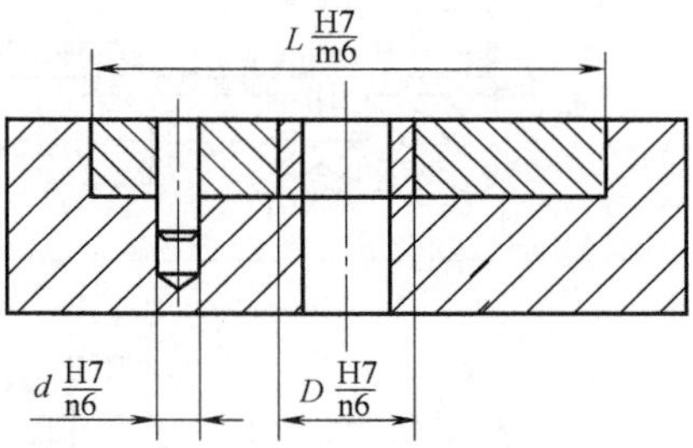		
	固定V形块	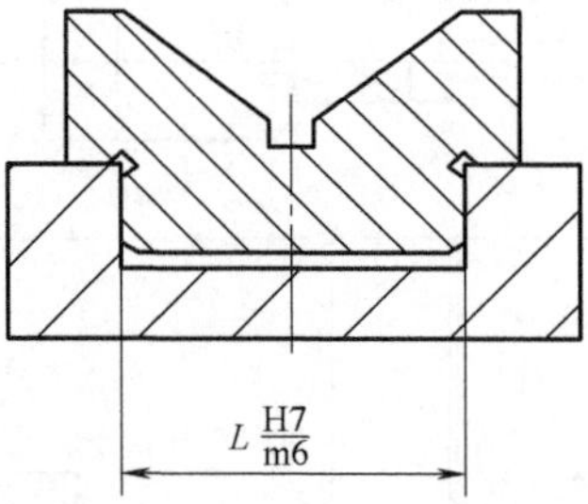 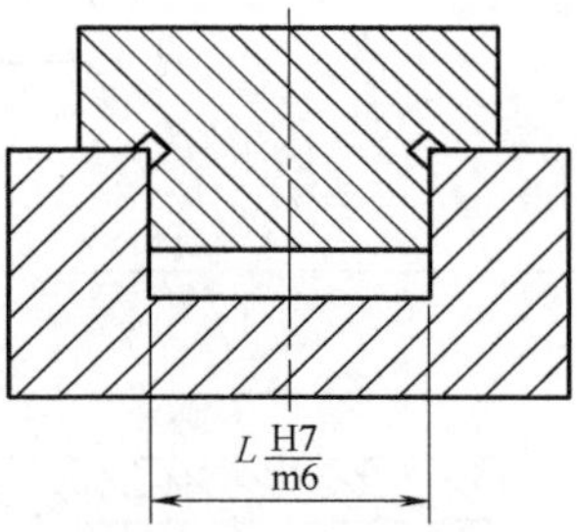		

1.5.3 夹具元件之间的位置公差

与工件加工要求直接相关的夹具元件之间的位置公差（如同轴度、垂直度、平行度等），一般可按相应的工件加工工序及技术要求所规定的数值的1/5～1/2选取，通常选取1/3。与工件加工要求无直接关系的夹具元件的自由位置公差可按表1-7选取。

表 1-7　夹具元件自由位置公差

技 术 条 件	参考数值/mm
同一平面上的支承钉或支承板的等高公差	≤0.02
定位元件工作表面对定位键槽侧面的平行度公差或垂直度公差	≤0.02/100
定位元件工作表面对夹具体底面的平行度公差或垂直度公差	≤0.02/100
钻套轴线对夹具体底面的垂直度公差	≤0.05/100
镗模前后镗套的同轴度公差	≤0.02
“对刀块”工作表面对定位元件工作表面的平行度公差或垂直度公差	≤0.03/100
“对刀块”工作表面对定位键槽侧面的平行度公差或垂直度公差	≤0.03/100
车、磨夹具的找正基准面对其回转中心的径向圆跳动公差	≤0.02

第2单元　夹具基本元件的设计

单元要点：讲述专用夹具中常用基本元件的类型、结构和基本设计方法。介绍典型的夹具元件的设计，如定位元件、导向元件、夹紧元件、紧固元件和夹具体等。

2.1　定位元件的设计

定位元件的设计取决于工件的定位方式，而工件的定位方式又是依据工件的加工要求和工件的定位基准形态而定的。

2.1.1　以平面定位的定位元件设计

在装备制造中，多数工件都是以平面作为主要定位基准，如机座、箱体、支架、圆盘等。以平面定位的定位元件通常采用呈三角形布置的支承钉、呈线性布置的支承板或大平面体等作为定位基准。以平面作为定位基准，还分为粗基准定位和精基准定位两种情况。粗基准一般是指尚未加工的铸造件、锻造件或焊接件等毛坯体；精基准是指已加工过的工件表面。对粗基准定位和精基准定位两种情况应设计不同的定位元件。

1. 粗基准平面定位元件

粗基准平面的定位通常采用两种形式，即固定式支承钉和可调节支承钉。前者是将其安装到夹具体上固定不动，后者则是在轴线方向上设计成可调节移动后再固定形式。无论是固定式或可调节式支承钉均可设计成球头、齿纹、六角头等多种形式。

（1）球头支承钉的设计　可参照《机床夹具零件及部件　支承钉》（JB/T 8029.2—1999），采用UG的建模应用模块进行。

在UG中新建一个文档，在建模环境下，用草图方式画出球头支承钉的纵截面轮廓曲线，如图2-1所示。返回到三维工作界面后，用【回转】命令，将该截面轮廓曲线选中，使其旋转360°，即可完成球头支承钉的设计，如图2-2所示。如果需要，还可将设计过程转换成工程图的表达方式，如图2-3所示。

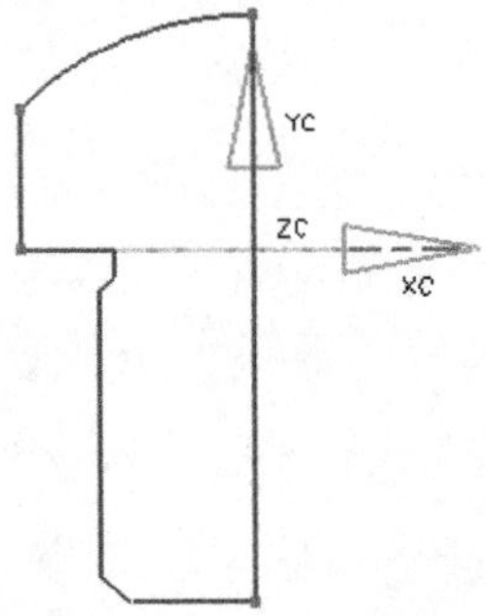

图2-1　球头支承钉的纵截面轮廓曲线

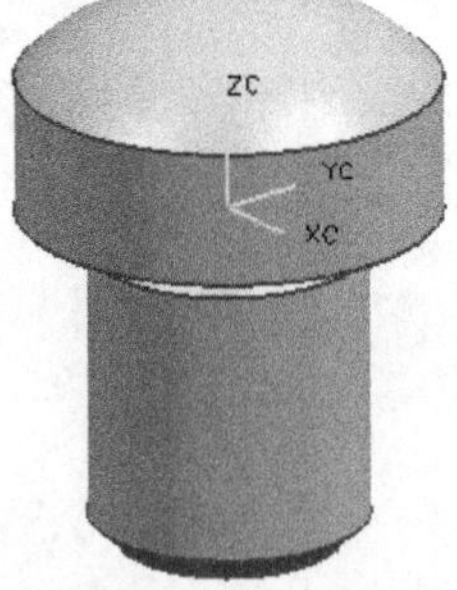

图2-2　球头支承钉

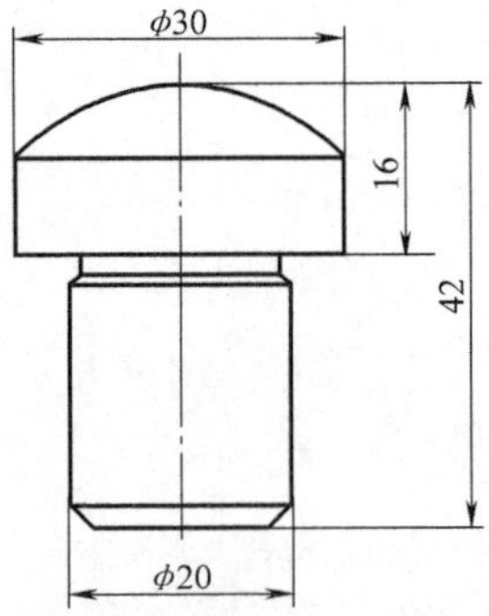

图2-3　球头支承钉的工程图

（2）齿纹支承钉的设计　用上述相同的方法，在 UG 建模环境中的草图工作界面上，参照《机床夹具零件及部件　支承钉》（JB/T 8029.2—1999），绘制出平头支承钉的纵截面轮廓曲线，并用【回转】命令拉伸出实体模型，如图 2-4 所示。然后，在与垂直平面成 45°夹角的平面上绘制出间距相等的方格轮廓曲线，如图 2-5 所示。回到三维工作界面上进行拉伸求差，形成单向的沟槽特征，再应用镜像特征的方法将其复制到相垂直的平面上，就构造出所需要的齿纹表面。最后完成的齿纹支承钉效果如图 2-6 所示。

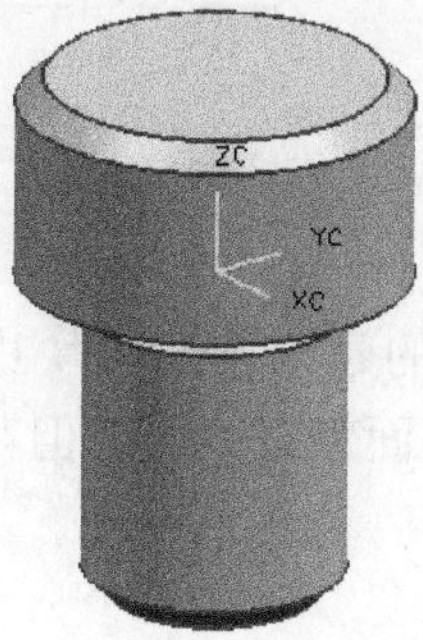

图 2-4　平头支承钉实体模型

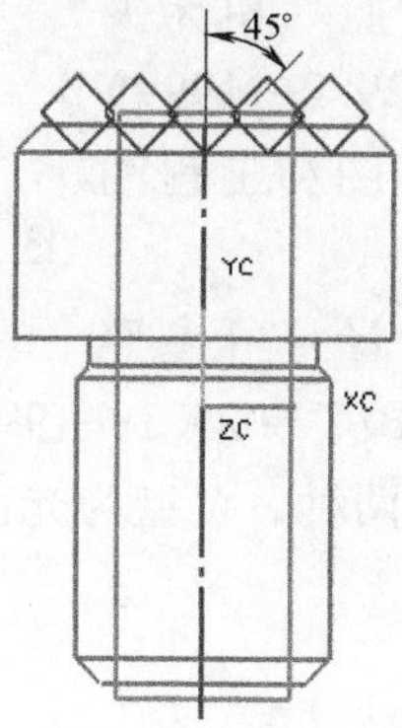

图 2-5　绘制方格轮廓曲线

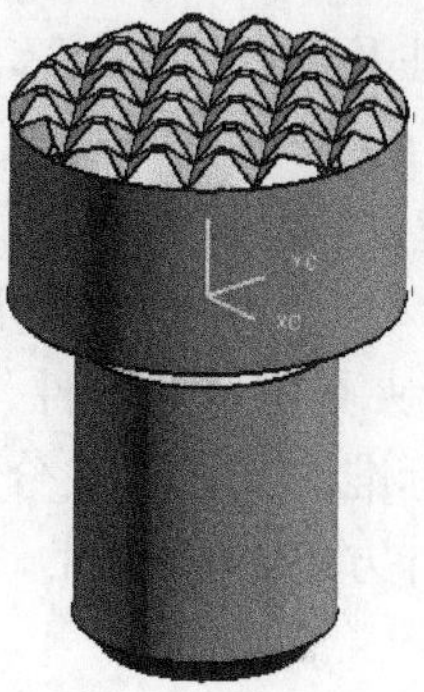

图 2-6　齿纹支承钉

（3）圆柱头调节支承钉的设计　可参照《机床夹具零件及部件　圆柱头调节支承》（JB/T 8026.3—1999），仍采用上面的方法进行设计。完成的圆柱头调节支承钉，其实体造型和工程图如图 2-7 所示。

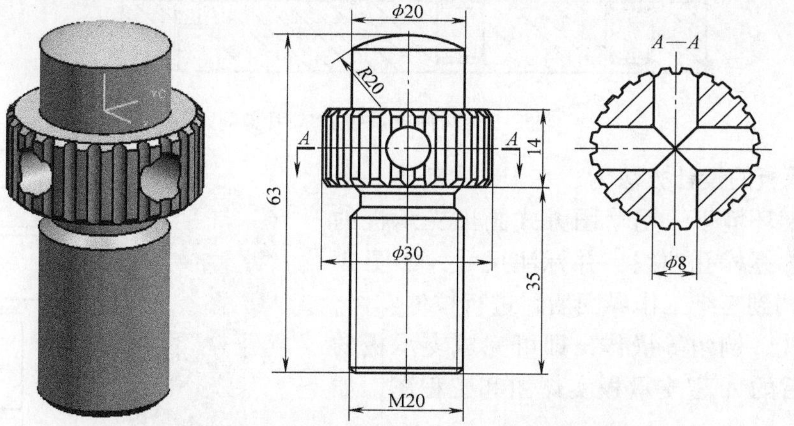

图 2-7　圆柱头调节支承钉实体造型和工程图

（4）六角头调节支承钉的设计　可参照《机床夹具零件及部件　六角头支承》（JB/T 8026.1—1999）进行设计。设计完成的六角头调节支承钉，其实体造型和工程图如图 2-8 所示。

实际上，无论是固定式支承钉还是可调节支承钉，还有许多种形式，可根据夹具设计的具体需要加以选择和采用。在夹具设计时，固定式支承钉用于主要基准面的定位支承，而可调节支承钉则用于辅助的定位支承，其原因就是避免产生过定位现象，并增加夹具整体的刚性，降低工件加工中可能产生的振动和不稳定性。图 2-9 展示了两种支承钉的应用实例。

2. 精基准平面定位元件

对于精基准平面的定位，由于经过切削加工后的表面比较平整、光滑，因此，其定位精度较高。通常可采用夹具体平面、支承板、平头支承钉和非标准结构支承板等进行定位。

（1）平头支承钉的设计　其具体的设计方法与前面的球头支承钉完全相同，可参照《机床夹具零件及部件　支承钉》（JB/T 8029.2—1999）来进行。完成的平头支承钉，其实体图和工程图如图 2-10 所示。

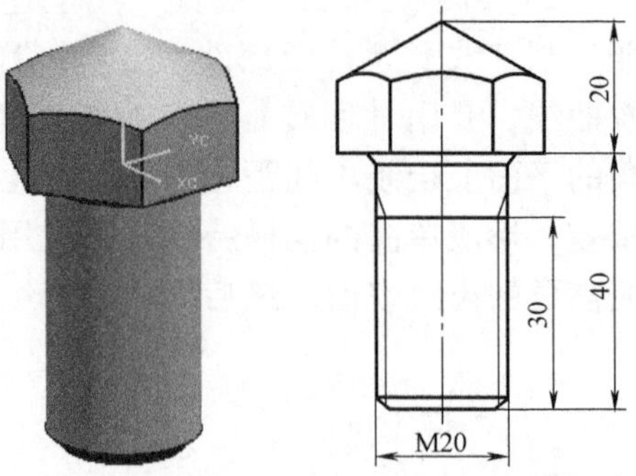

图 2-8　六角头调节支承钉实体造型和工程图

（2）支承板的设计　具体的设计，可参照《机床夹具零件及部件　支承板》（JB/T 8029.1—1999），采用 UG 的建模应用模块进行设计。标准的支承板又分为 A 型和 B 型两种，A 型为光面板，B 型的表面带有斜槽，但其具体的设计方法基本相同。

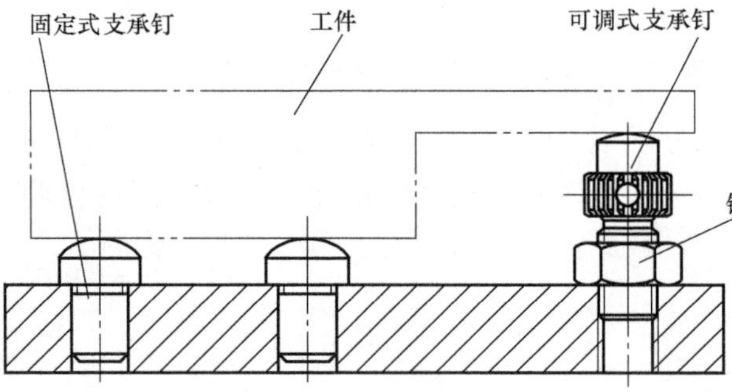

图 2-9　两种支承钉的应用实例

A 型支承板的设计方法为，在 UG 中新建一个文档，在建模环境下，用草图方式画出支承板的横截面轮廓、螺栓孔曲线，并标注尺寸，如图 2-11 所示。返回到三维工作界面后，进行拉伸实体，钻螺栓阶梯孔、倒角等操作，即可完成支承板的设计。完成后的 A 型支承板实体图和工程图，如图 2-12 所示。

B 型支承板的设计方法与 A 型的完全相同，设计完成的 B 型支承板实体图和工程图如图 2-13 所示。

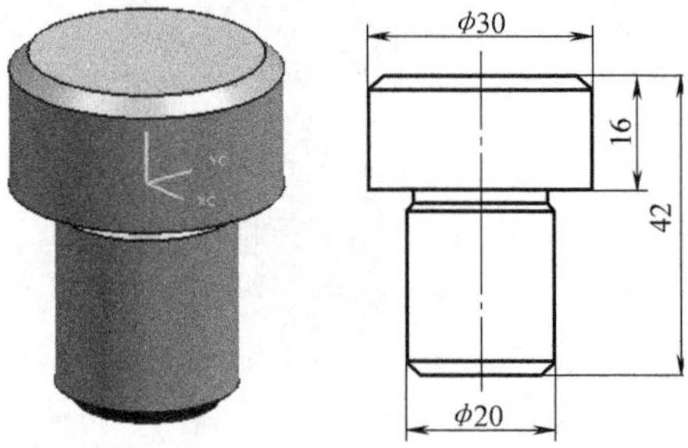

图 2-10　平头支承钉实体图和工程图

（3）非标准支承板的设计　对一些特殊形体工件，其支承板的具体形状可根据实际情况进行专门的设计，以适应加工的需要。图 2-14 至图 2-16 展示了所设计的 3 种异形支承板的实体形式，分别为圆形、三角形和 L 形。

以上所介绍的均是用于精基准平面定位的固定式支承元件。这类元件一旦在夹具体的某个位置上确定下来，就保持固定不动，称为固定式支承。像粗基准的定位情况一样，精基准

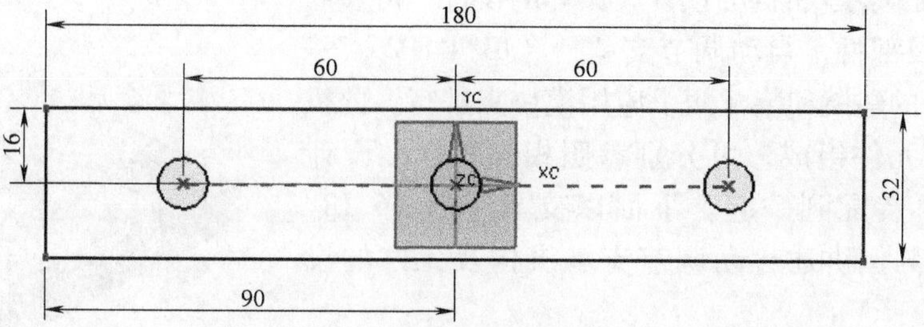

图 2-11　绘制支承板草图

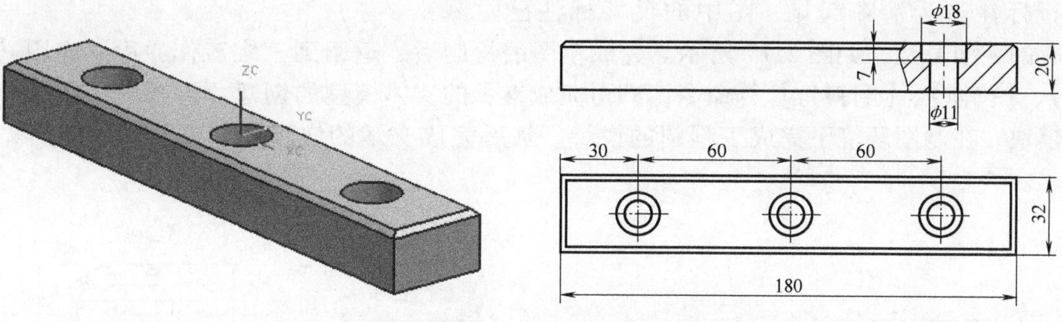

图 2-12　A 型支承板实体图和工程图

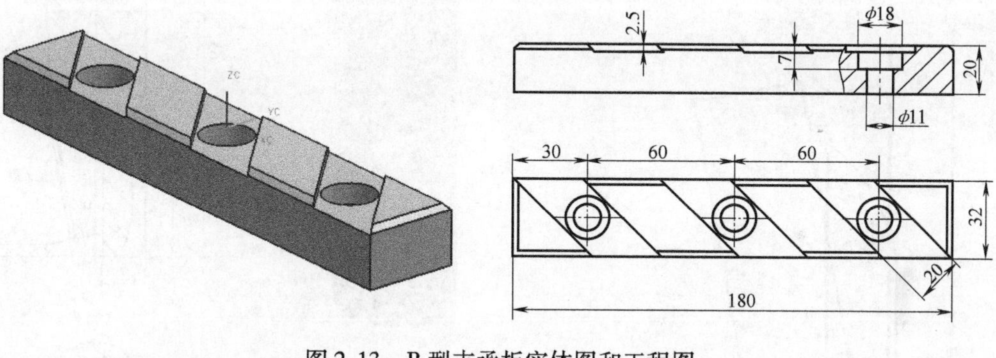

图 2-13　B 型支承板实体图和工程图

平面的定位也需要可调节的支承元件作为辅助支承，以避免产生过定位现象。

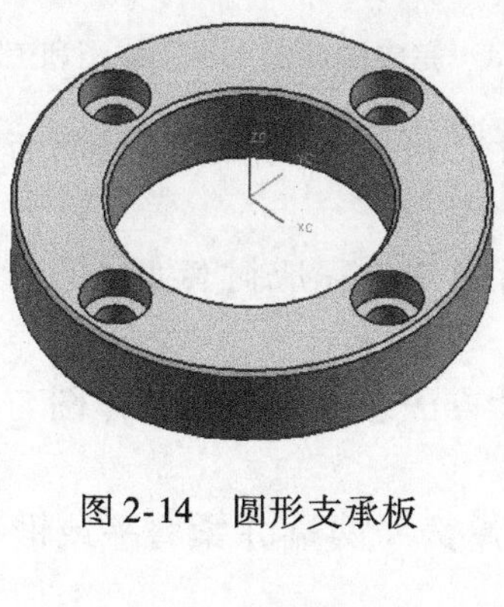

图 2-14　圆形支承板

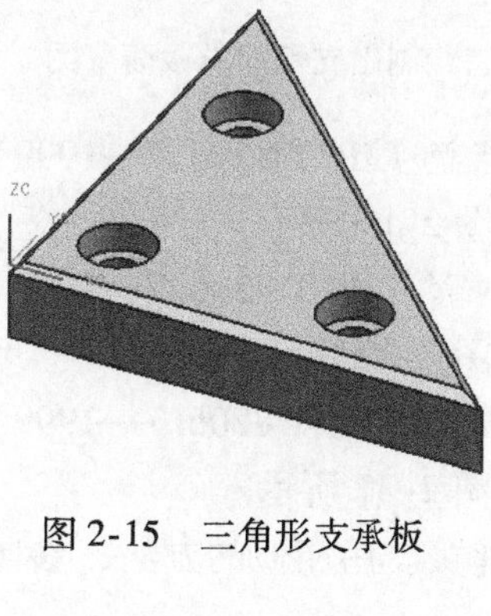

图 2-15　三角形支承板

（4）自动调节支承机构的设计　具体的设计，可参照《机床夹具零件及部件　自动调节支承》（JB/T 8026. 7—1999），采用 UG 的建模和装配两个应用模块来进行。此机构共有 6 个主要元件组成，可分别参照相应的标准设计出每个元件，再装配到一起。下面以支承 16 × 56 JB/T8026. 7—1999 为例讲述自动调节支承机构及元件的设计方法。

图 2-16　L 形支承板

1）支承（JB/T 8206. 7—1999）。在建模环境下，绘制出支承的纵截面草图，草图尺寸应参照技术标准进行标注（为清晰起见，图中的尺寸标注已隐藏），完成的截面草图，如图 2-17 所示。完成草图的绘制后，返回到三维工作界面，应用【回转】、【拉伸】、【倒斜角】等命令，即可完成支承的实体模型的创建。再调用“制图”应用模块，在制图环境下完成工程图的设计。最后完成支承的实体图和工程图，如图 2-18 所示。

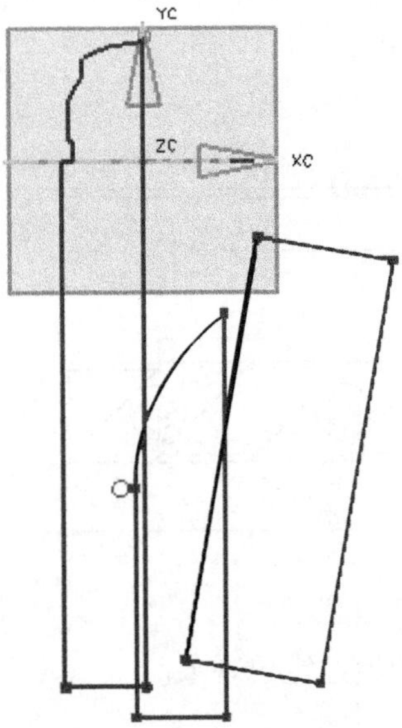

图 2-17　绘制出支承的纵截面草图

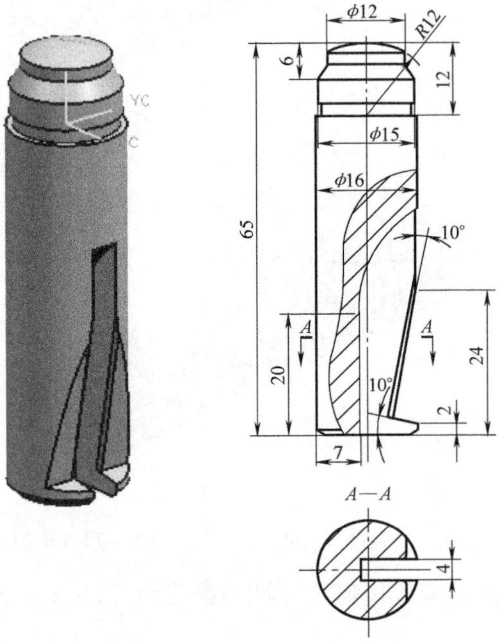

图 2-18　完成设计的支承实体图和工程图

2）挡盖（JB/T 8206. 7—1999）。用上面相同的设计方法，完成挡盖实体图与工程图的设计，如图 2-19 所示。

3）衬套（JB/T 8206. 7—1999）。用上面相同的设计方法，完成衬套实体图与工程图的设计，如图 2-20 所示。

4）顶销（JB/T 8206. 7—1999）。用上面相同的设计方法，完成顶销实体图与工程图的设计，如图 2-21 所示。

5）弹簧。用相似的方法，参照《圆柱螺旋　压缩弹簧（两端并紧磨平或锻平型）尺

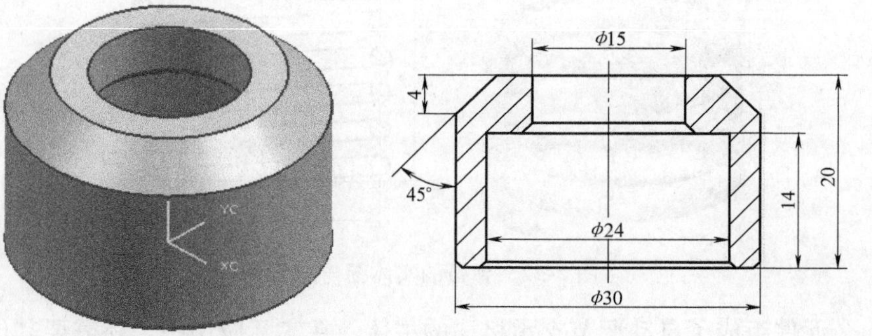

图 2-19　挡盖的实体图与工程图

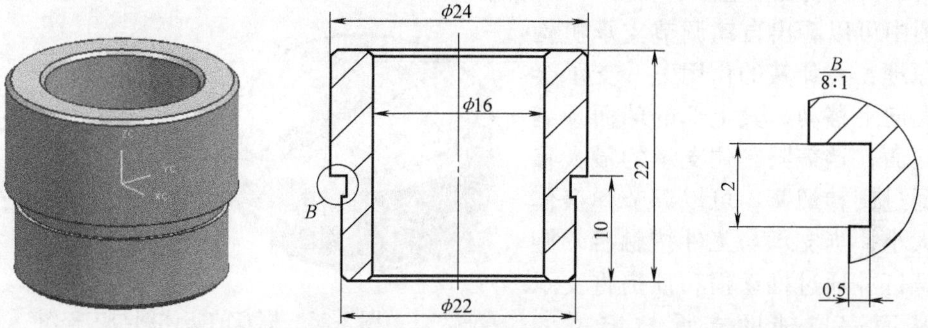

图 2-20　衬套的实体图与工程图

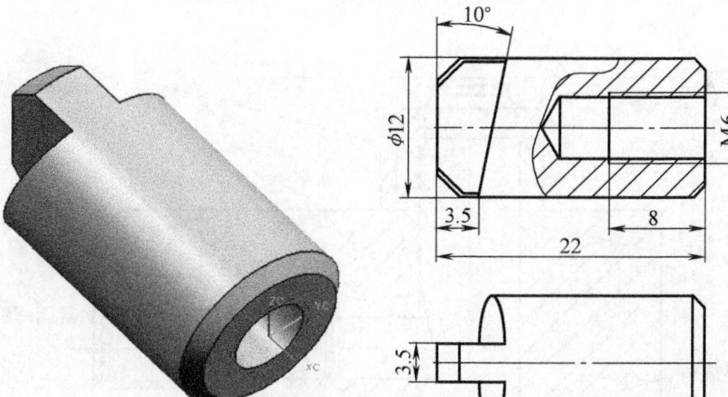

图 2-21　顶销的实体图与工程图

寸》（GB/T 2089—1994）进行设计，具体的尺寸和参数可根据夹具体的实际情况自行确定。完成的弹簧实体图与工程图，如图 2-22 所示。

6）螺塞。用相似的方法，参照《机床夹具零件及部件　螺塞》（JB/T 8037—1999）进行设计，具体的尺寸和参数可根据夹具体的实际情况自行确定。完成的螺塞实体图与工程图，如图 2-23 所示。

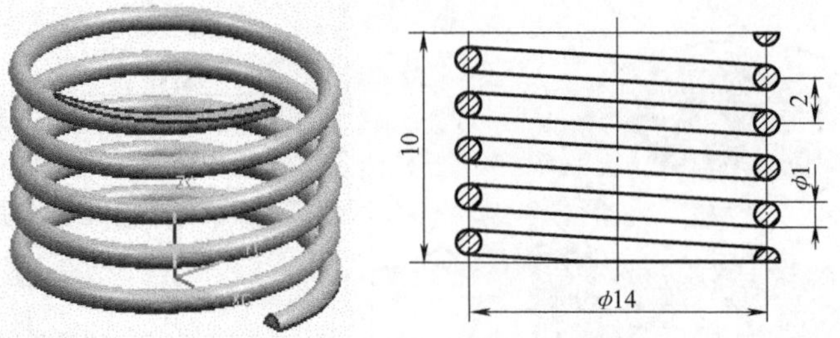

图 2-22　弹簧的实体图与工程图

以上 6 个元件组成了自动调节支承机构的主体。在实际应用中，还需要其他的非标准构件与之配合使用，才能实现自动调节支承的辅助定位与支承功能。为完整地反映自动调节支承机构的实际应用状态，需要再设计出这些非标准构件，并将它们组装起来。最后完成的自动调节支承机构装配示意图，如图 2-24 所示。

从图中可以看出自动调节支承机构的工作原理：在弹簧的作用下，支承会沿着衬套向上移动，其上部的球面顶到工件的底面；挡盖限制住支承的最大移动量；通过旋转螺塞，可以调节弹簧作用力的大小；当支承与工件接触后，旋转紧固螺钉并通过推动销和顶销将支承固定，从而完成辅助支承与定位的作用。

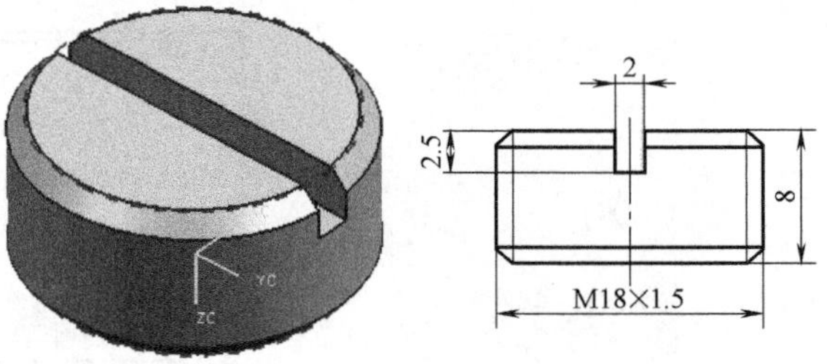

图 2-23　螺塞的实体图与工程图

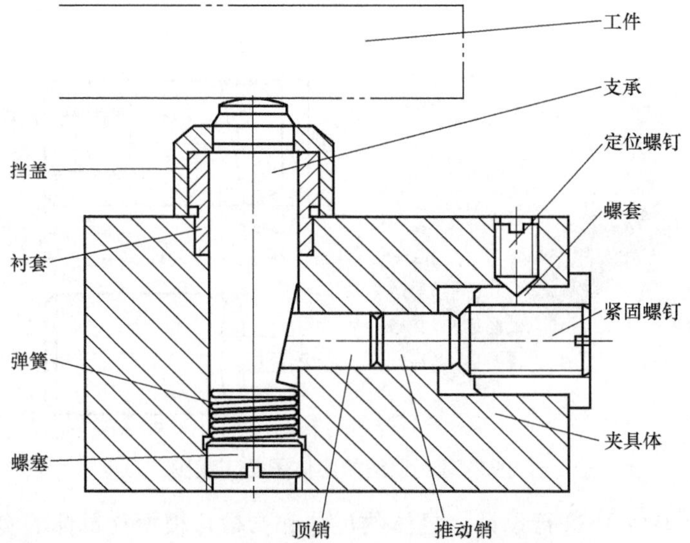

图 2-24　自动调节支承机构装配示意图

（5）推引式辅助支承的设计　该辅助支承形式为非标准机构，其具体的设计也是采用 UG 的建模和装配两个应用模块来进行。本机构共由 4 个主要元件组成，可分别设计出每个元件，再装配到一起。具体的设计过程：首先，在建模环境下，设计出 4 个主要元件和相关的定位销、联接螺钉等；其次，在装配环境下，将这些零件组装起来；最后，在制图环境下，将三维装配模型转换成工程图。图 2-25 ~ 图 2-28 所示分别为推引楔、支承、连接杆和手柄的实体图和工程图。

图 2-29 所示为推引式辅助支承机构装配示意图。从图中可以看出推引式辅助支承机构的工作原理：使用该机构时，将其放置在需要增加支承工件的下面。用手向左推动手柄，并通过连接杆使推引楔向左移动，在推引楔斜面的作用下，使支承向上移动，从而将工件需要支承的表面顶住。由于斜面的角度（小于 12°）具有自锁性能，所以使工件得到了可靠的辅助支承。

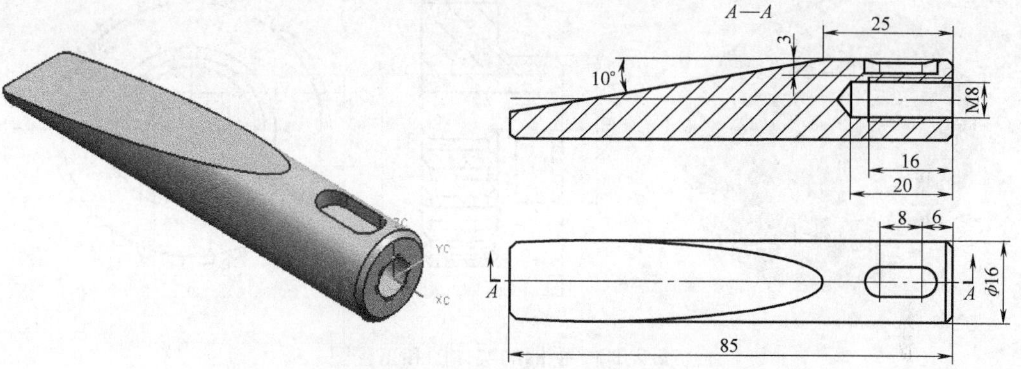

图 2-25　推引楔的实体图和工程图

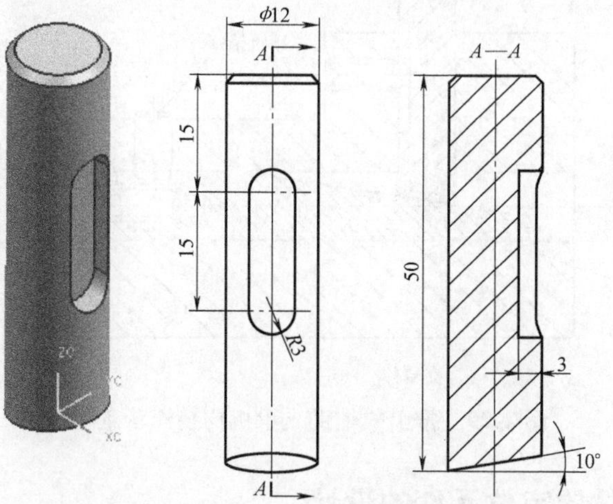

图 2-26　支承的实体图和工程图

定位元件的制造材料，可根据工件加工批量的大小和加工精度的高低进行选择。当加工批量不大或精度要求不是很高时，可选用优质结构钢 45 钢，热处理达 40 ~ 55HRC（也可将与工件接触的局部进行热处理）；反之，可选用工具钢 T8，热处理达 55 ~ 60HRC。定位机构中的与工件非接触且属一般配合的元件则可采用 20 钢、A3 钢等材料制造，以降低成本。

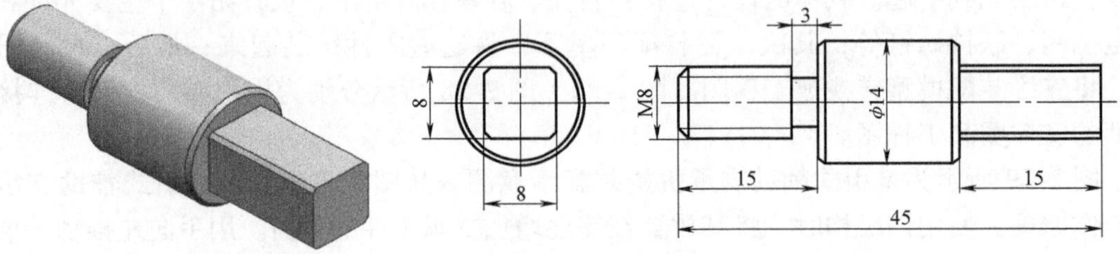

图 2-27　连接杆的实体图和工程图

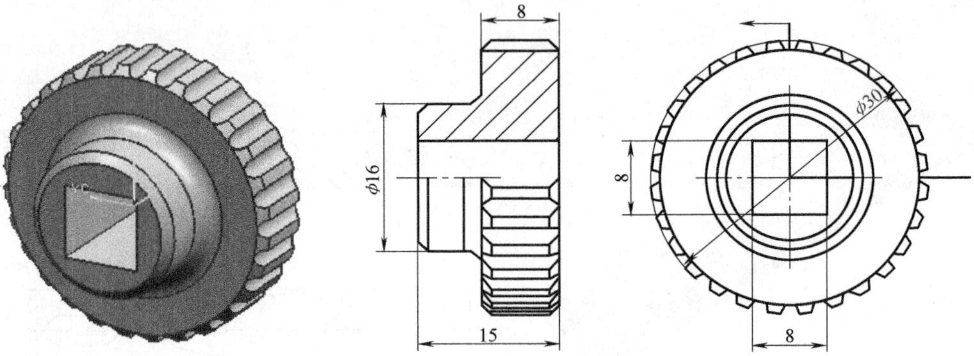

图 2-28　手柄的实体图和工程图

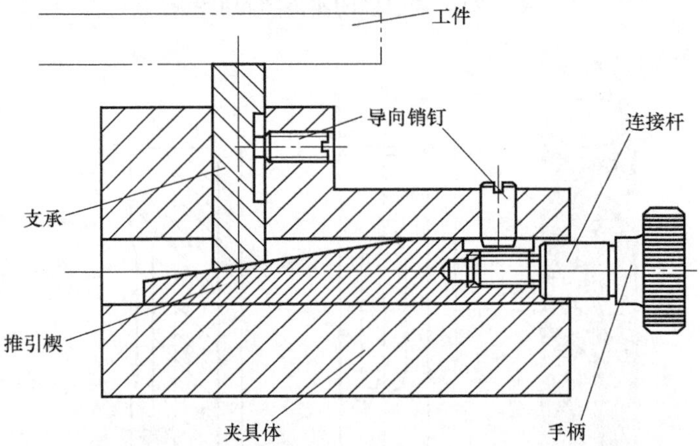

图 2-29　推引式辅助支承机构装配示意图

2.1.2　以圆柱孔定位的定位元件的设计

工件以圆柱孔定位也是普遍使用的定位方式，其实质是中心定位。由于是中心定位，因此要求作为定位的工件孔基准面具有较高的精度。工件以中心定位的具体方式有定位销、定位插销、定位轴和心轴等与孔配合来实现。

1. 定位销的设计

定位销按结构、用途的不同又分为固定式定位销和可换式定位销。通常情况下使用固定式定位销即可。当各批工件的定位基准孔尺寸不同或工件的批量很大时，就需要设计成可换式定位销定位。

（1）固定式定位销　固定式定位销又分为小定位销和定位销两类，每类定位销都有 A 型和 B 型两种结构形式。具体的设计，可分别参照《机床夹具零件及部件　小定位销》（JB/T 8014.1—1999）和《机床夹具零件及部件　固定式定位销》（JB/T 8014.2—1999），采用 UG 的建模应用模块进行，设计方法同前。图 2-30 ~ 图 2-33 所示为完成设计的 A 型小定位销、B 型小定位销、A 型定位销和 B 型定位销。

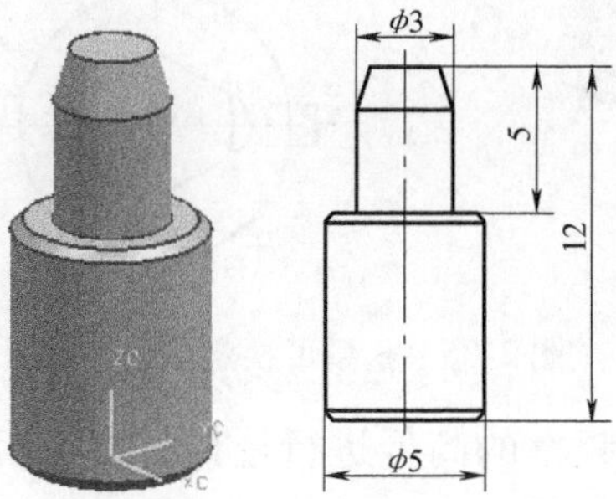

图 2-30　A 型小定位销

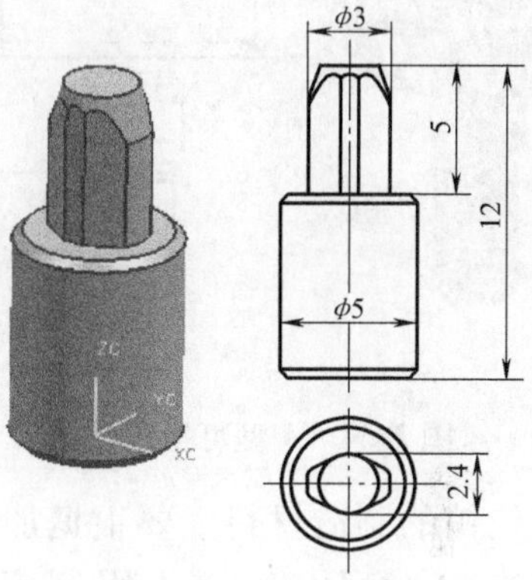

图 2-31　B 型小定位销

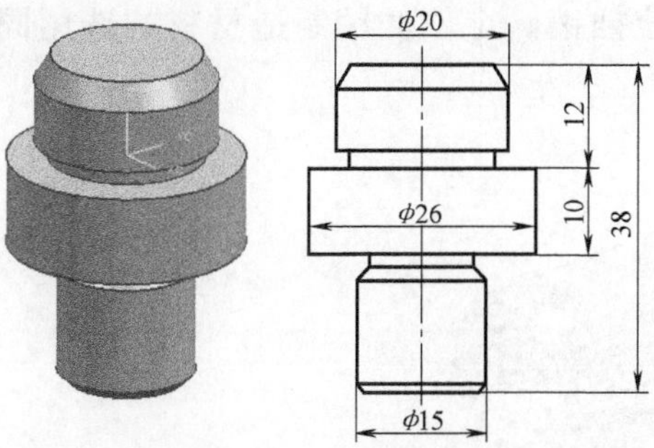

图 2-32　A 型定位销

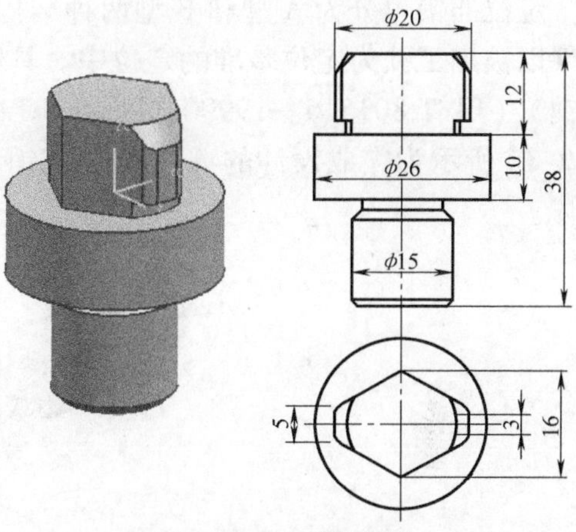

图 2-33　B 型定位销

A 型定位销用于工件主要基准孔的定位，能限制工件两个自由度。B 型定位销又称作削边销或菱形销，用于工件次要基准孔的辅助定位，能限制工件一个自由度。从其结构的特殊形状可以看出，采用 B 型定位销的形状是避免使工件产生过定位现象。通常选用此种定位销，是限制工件的一个旋转自由度。无论是 A 型小定位销，还是 A 型定位销，其上部的工件定位圆柱面与下部的夹具体配合圆柱面，均有同轴度要求，精度控制在 $\phi 0.01$。

（2）可换式定位销　可换式定位销也分为 A 型和 B 型两种结构形式。与固定式定位销不同的是，当工件的定位基准孔变化或原定位销发生磨损时，可以方便地进行更换，以降低夹具的制造和使用成本。具体的设计，可参照《机床夹具零件及部件　可换定位销》（JB/T 8014.3—1999），采用 UG 的建模应用模块进行，设计方法同前。图 2-34 和图 2-35 所示为完成设计的 A 型可换定位销和 B 型可换定位销。

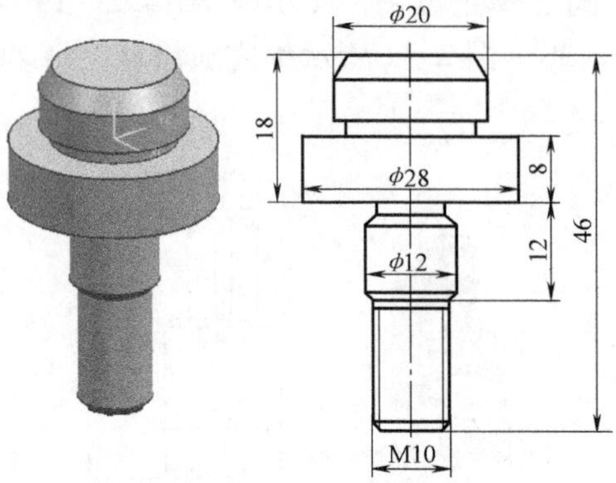

图 2-34　A 型可换定位销

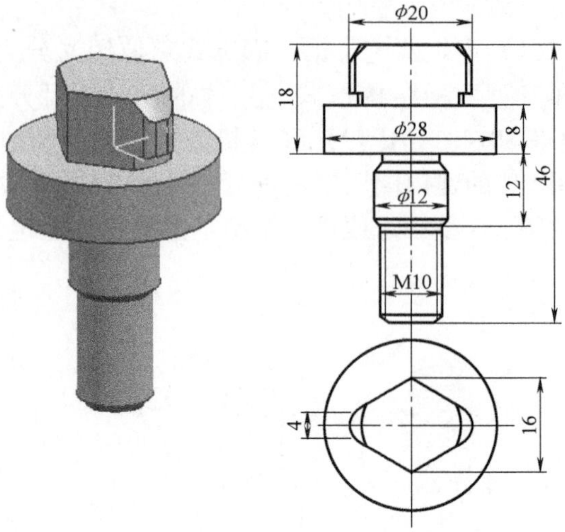

图 2-35　B 型可换定位销

定位销的制造材料主要根据加工批量大小和使用频率的高低进行选择。可选用 45 钢，热处理达 40～55HRC；或选用 T8 钢，热处理达 55～60HRC。

2. 定位插销的设计

定位插销也分为 A 型和 B 型两种结构形式。定位插销通常使用在不便于装卸的部位和工件以被加工孔为定位基准的定位中。具体的设计，可参照《机床夹具零件及部件　定位插销》（JB/T 8015. 5—1999），采用 UG 的建模应用模块进行，设计方法同前。图 2-36 和图 2-37 所示为完成设计的 A 型定位插销和 B 型定位插销。定位插销制造材料的选用同上所述。

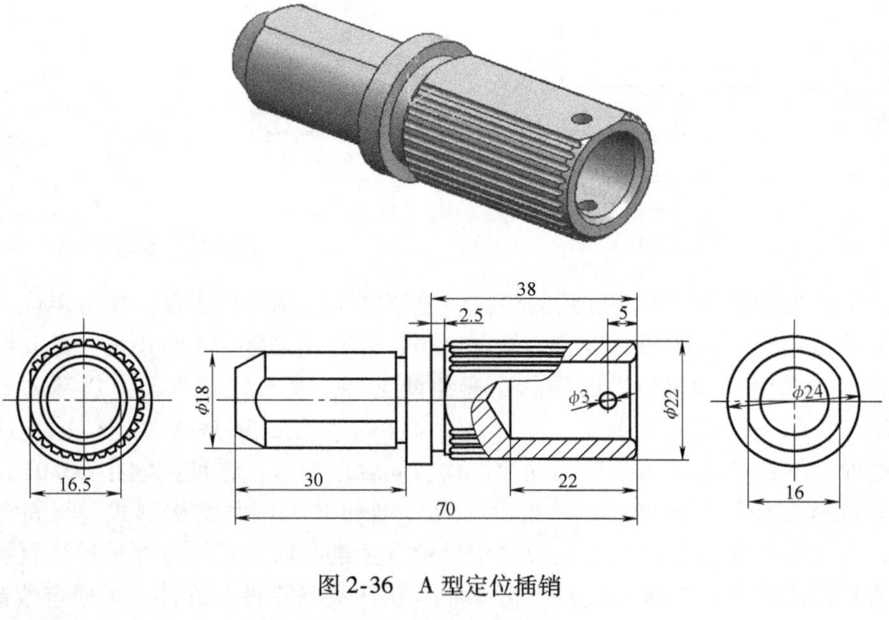

图 2-36　A 型定位插销

3. 定位轴的设计

定位轴主要分为标准定位轴和非标准定位轴两大类。标准定位轴主要用于车床、外圆磨

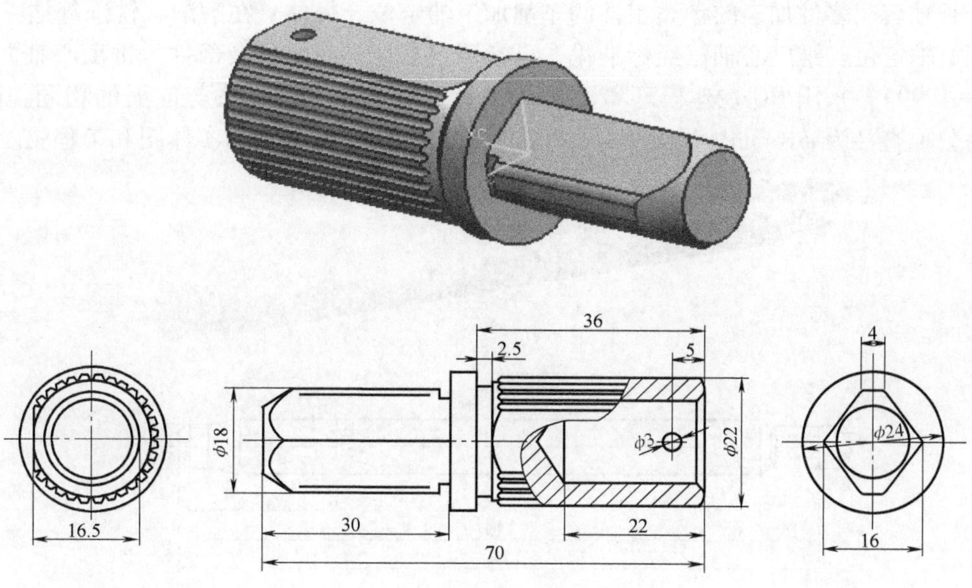

图 2-37　B 型定位插销

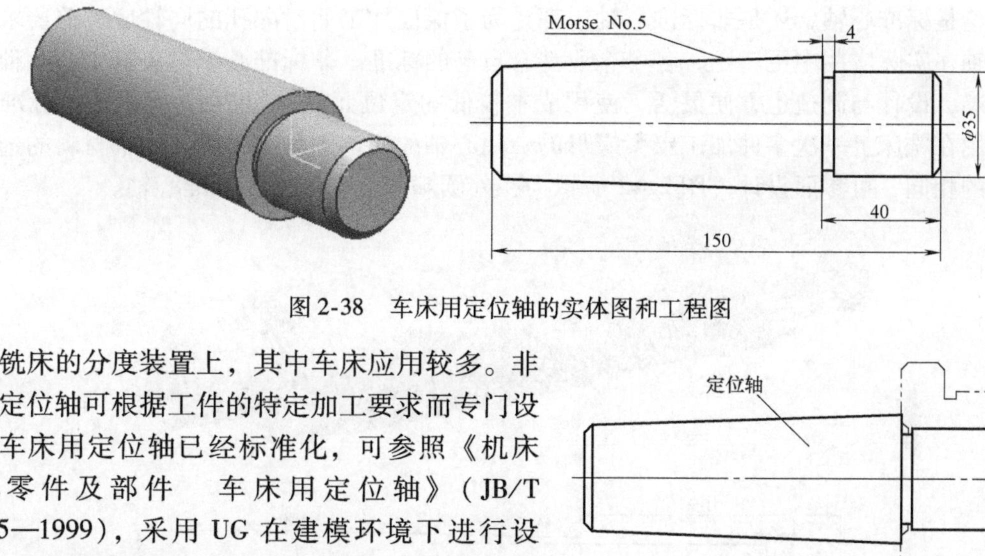

图 2-38　车床用定位轴的实体图和工程图

床和铣床的分度装置上，其中车床应用较多。非标准定位轴可根据工件的特定加工要求而专门设计。车床用定位轴已经标准化，可参照《机床夹具零件及部件　车床用定位轴》（JB/T 10115—1999），采用 UG 在建模环境下进行设计，具体的设计方法与前面的相同。图 2-38 所示为莫氏 5 号圆锥、$\phi=35$mm 的车床用定位轴的实体图和工程图。图 2-39 所示为使用定位轴定位加工轴套的示意图。

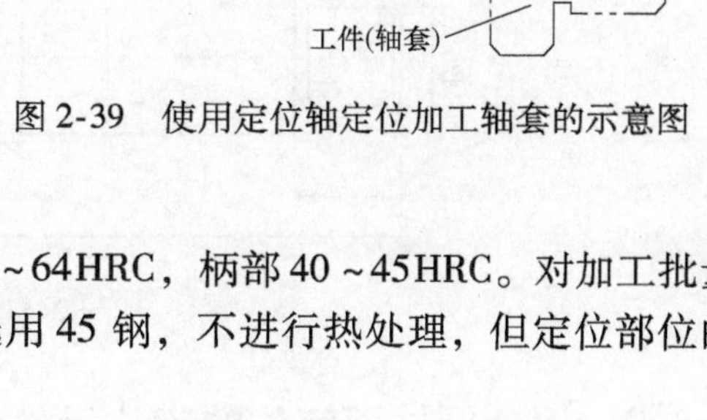

图 2-39　使用定位轴定位加工轴套的示意图

定位轴的材料可选用 T8 工具钢，热处理至 58 ~ 64HRC，柄部 40 ~ 45HRC。对加工批量不大、精度不高且使用频率较低的定位轴，也可选用 45 钢，不进行热处理，但定位部位的尺寸精度应依据相关行业标准进行设计和制造。

4. 心轴的设计

心轴也分为标准心轴和非标准心轴两大类。这两类心轴又分为圆柱心轴和锥度心轴两类。与定位轴对比两者在定位原理上没有什么不同，但心轴的长径比要大许多。通常，心轴多用于长轴套、多件加工的盘类工件的车削加工的定位。另外，在磨削、铣削等加工中也经常采用心轴定位。锥度心轴已经标准化，可参照《机床夹具零件及部件　锥度心轴》（JB/T 10116—1999），采用 UG 在建模环境下进行设计，具体的设计方法与前面的相同。图 2-40 所示为公称直径为 ϕ16mm、锥度 $K=1:3000$，标号Ⅱ的锥度心轴的实体图和工程图。

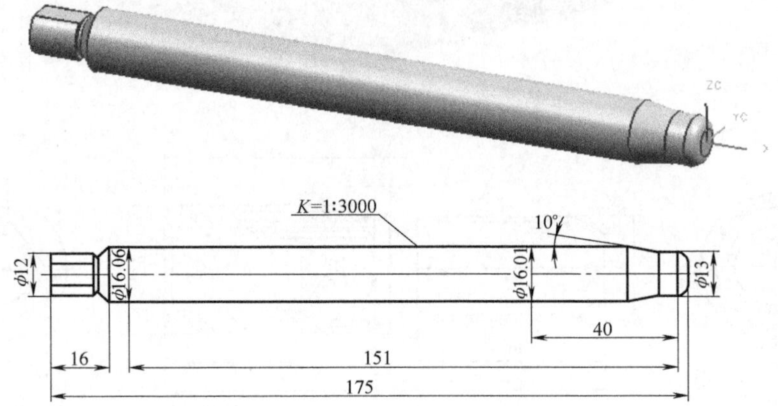

图 2-40　标准锥度心轴的实体图与工程图

无论是标准心轴，还是非标准心轴，都是为了保证加工面对内孔的同轴度公差要求。非标准心轴在实际应用中更广泛，各个企业都有自己的标准。非标准心轴是夹具中的一种结构比较紧凑，设计与制造也方便灵活，使用成本较低的定位元件。图 2-41 所示为非标准专用心轴，用在铣床上一次多件加工锁紧螺母的专用心轴的实体图和工程图。心轴材料的选用与定位轴的相同，可参照设计。图 2-42 所示为在外圆磨床上使用的非标准心轴。

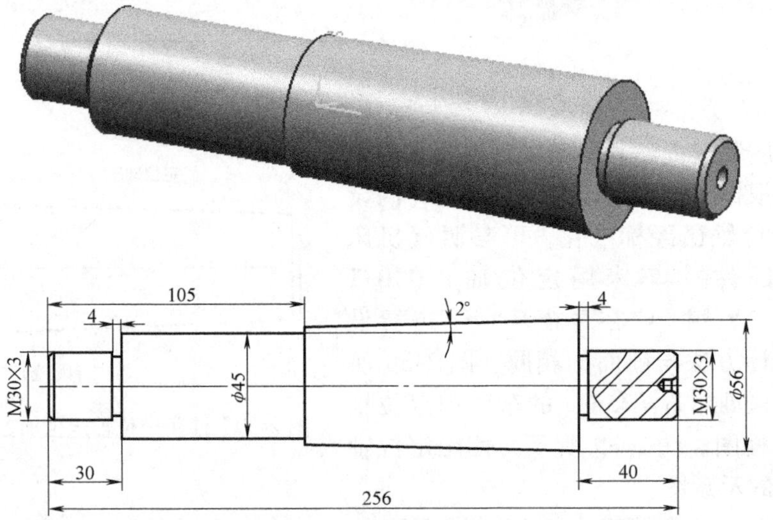

图 2-41　非标准专用心轴

2.1.3　以外圆柱面定位的定位元件设计

工件以外圆柱面定位时，通常使用 V 形块或定位套等定位元件进行定位。无论使用哪一种定位方式，其定位原理都是对工件的中心进行定位，即将工件的回转轴作为定位基准。

在多数情况下，使用V形块定位比较简单，操作也方便。工件在加工过程中，容易产生振动，或要求加工的刚性较高时，可采用定位套元件进行定位。

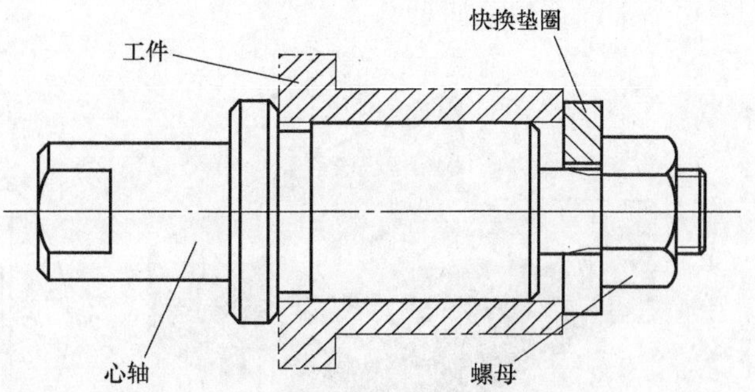

图2-42　外圆磨床上使用的非标准心轴

1. V形块的设计

V形块的两个工作面间的夹角有60°、90°、120°三种，其中，应用最普遍的是90°V形块。90°V形块的典型结构和尺寸已经标准化，下面所介绍的V形块元件设计都属于此种。V形块也分为标准和非标准两种形式。每种形式的V形块又分为固定V形块和活动V形块。在夹具设计时，应根据工件的加工特点和操作的方便性来确定选择具体的V形块形式。

（1）固定V形块　标准固定V形块的设计，可参照《机床夹具零件及部件　V形块》（JB/T 8018.1—1999），采用UG的建模应用模块进行设计，设计方法同前。图2-43所示为$N=42$mm的固定V形块的实体图和工程图。

（2）活动V形块　标准活动V形块的设计，可参照《机床夹具零件及部件　活动V形块》（JB/T 8018.4—1999），采用UG的建模应用模块进行设计，设计方法同前。图2-43所示为$N=42$mm的活动V形块的实体图和工程图。

图2-45所示分别为标准的固定V形块和活动V形块的实际应用实体图和装配示意图。从图中可以看出该机构的工作原理：固定V形块安装在夹具体上固定不动；垫铁（根据工件尺寸确定其高度）安放在夹具体的台面上，用于工件的平面定位；将工件大圆柱面与固定V形块的两个垂直定位面靠紧；转动手柄拉动牵引螺钉（M12左螺纹）沿其轴线移动，从而使活动V形块向前或向后移动，将工件夹紧或放松；垫铁平面限制工件3个自由度；固定V形块限制工件2个自由度；活动V形块限制1个自由度。

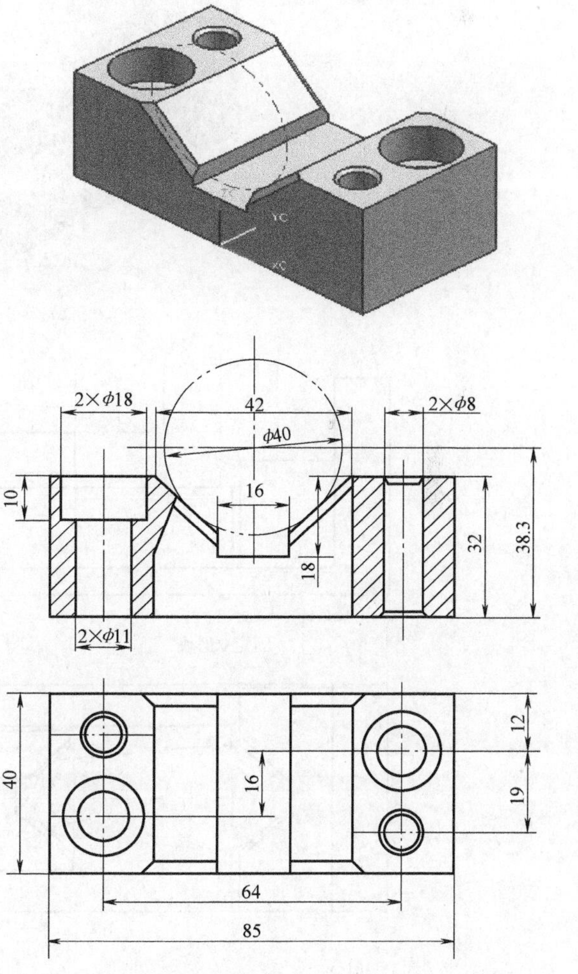

图2-43　$N=42$的固定V形块实体图和工程图

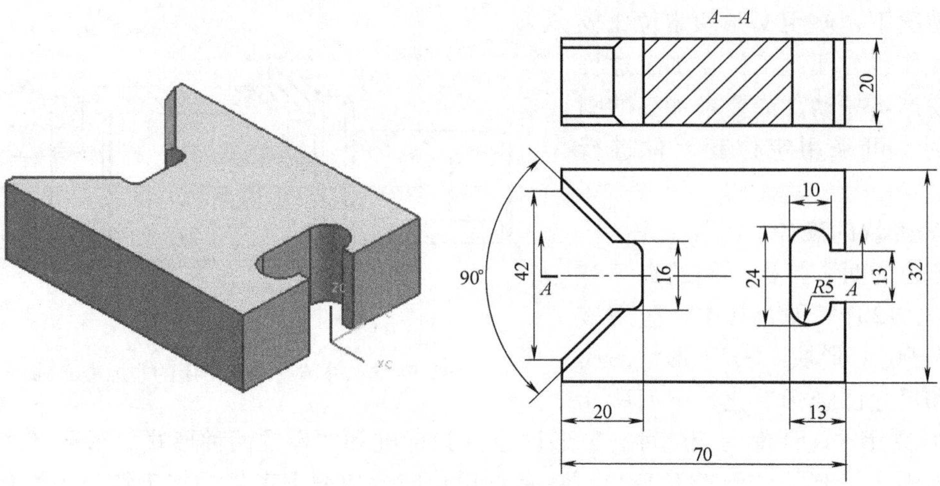

图 2-44　$N=42$ 的活动 V 形块的实体图和工程图

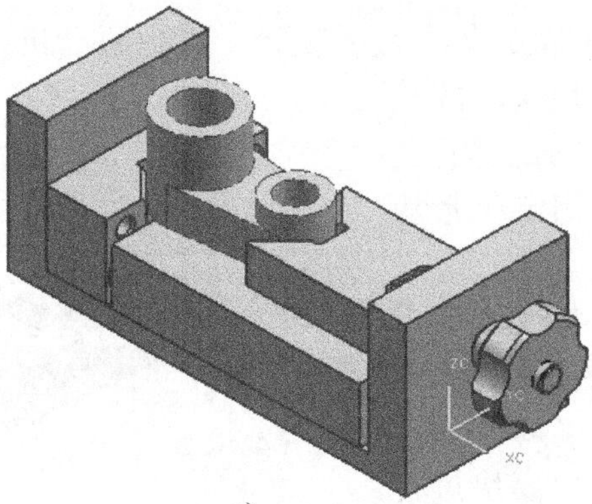

a)

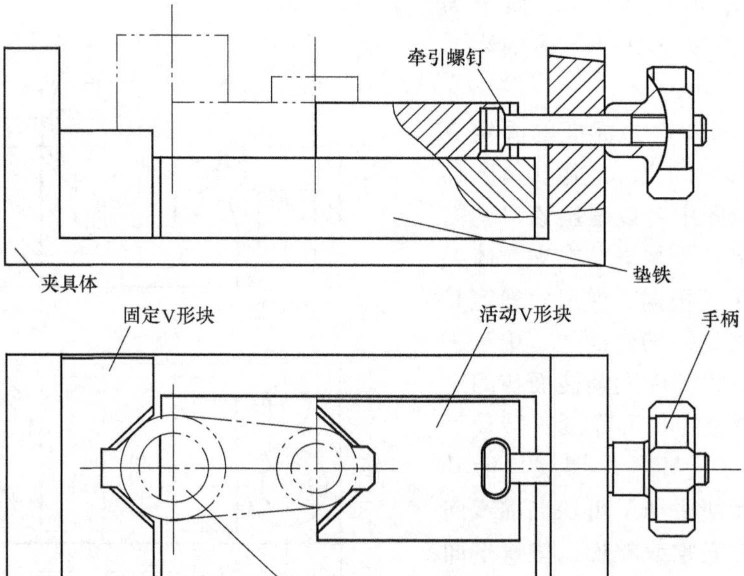

b)

图 2-45　标准的固定 V 形块和活动 V 形块实体图和装配示意图

标准V形块大多用于产品和零件基本定型，生产比较稳定、加工批量大、使用频率高的夹具中。当加工件的批量不是很大，使用频率不高，且工件的尺寸经常变化时，通常都是根据生产实际设计非标准V形块，而且结构紧凑、设计与制造更方便灵活。

（3）非标准V形块　非标准V形块的设计可根据工件的具体加工要求来进行，其设计的原则是简洁、实用和容易制造，具体的设计方法与前面所述的相同。图2-46和图2-47分别展示了两种专用V形块的实体图。图2-46所示的V形块用于长径比较大的回转体工件的定位。图2-47所示的V形块用于两个回转体工件的同时定位。

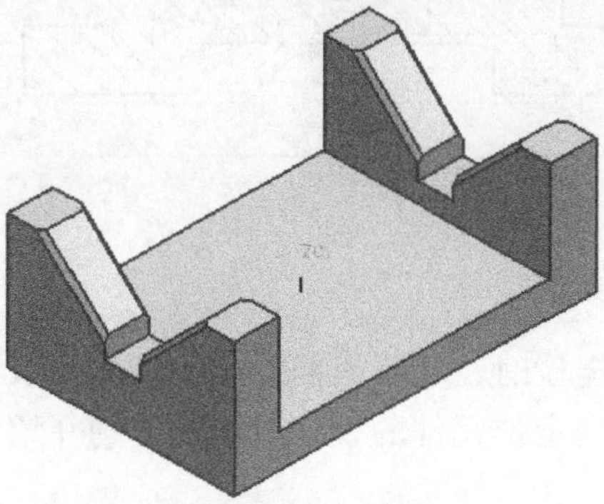

图2-46　长圆柱面V形块实体图

图2-47　双件定位V形块实体图

V形块的制造材料通常选用20钢，渗碳热处理，深度0.8～1.2，58～64HRC。

2. 定位套的设计

定位套目前还未标准化，是根据不同工件的加工环境和加工要求进行专门设计的。定位套分为圆形定位套和半圆形定位套两种形式。

（1）圆形定位套　圆形定位套主要用于小型、带有回转表面工件的定位。通常由定位套的圆柱孔面和端面组合定位，限制工件5个自由度。图2-48所示为专用的圆形定位套及其对工件的定位示意图。

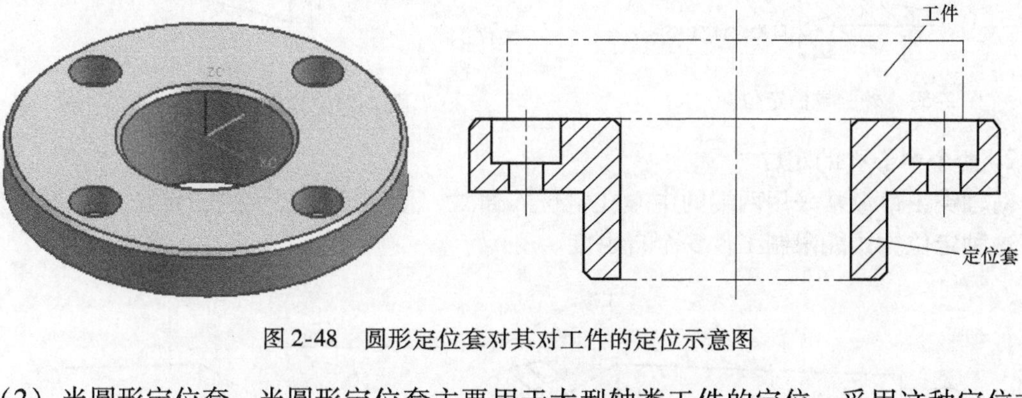

图2-48　圆形定位套对其对工件的定位示意图

（2）半圆形定位套　半圆形定位套主要用于大型轴类工件的定位。采用这种定位方式是因为要求工件的定位精度高，且保证加工过程中有足够的刚性和工件装夹的方便。这种定位形式类似于V形块或滑动轴承，是靠定位套底部的半圆套支承定位的。图2-49所示为专用的半圆形定位套及其对工件的定位示意图。

定位套制造材料的选用可参照V形块的要求进行设计。

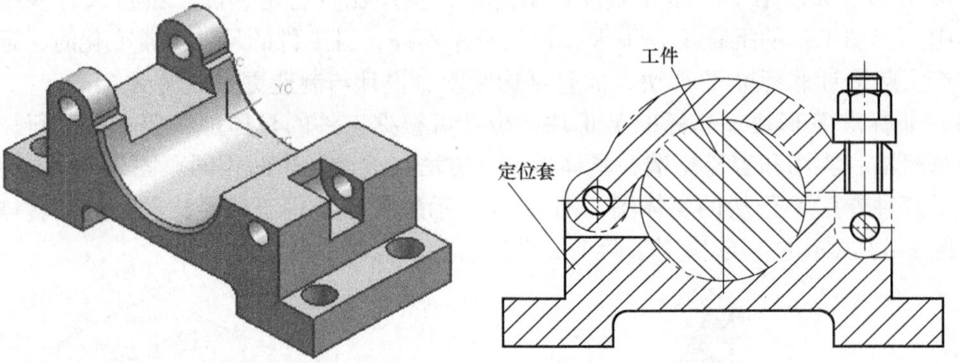

图 2-49　半圆形定位套及其对工件的定位示意图

2.1.4　以特殊表面定位的定位元件设计

当不便于使用平面、圆柱孔面和外圆柱面进行定位时，就要根据工件的具体形状和加工特点选择特殊表面来进行定位。对以特殊表面定位的定位元件的设计只作简单的介绍。

1. 内、外圆锥面的定位

当需要以工件的外圆锥面定位时，可采用圆锥套进行定位，如图 2-50 所示。当需要以工件的内圆锥孔面定位时，可采用圆锥心轴进行定位，如图 2-51 所示。这两种方式的定位能限制工件 5 个自由度。

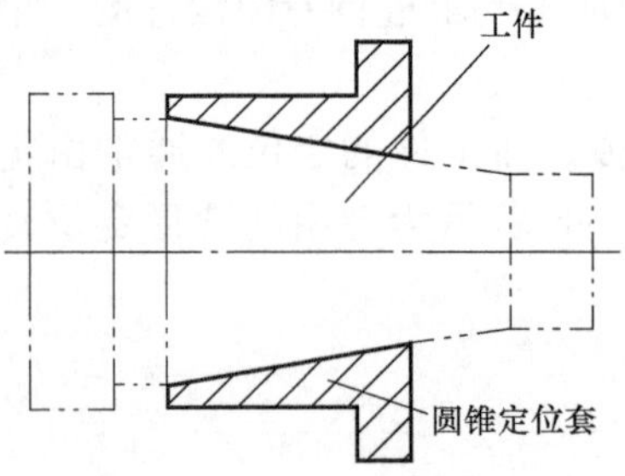

图 2-50　外圆锥面定位

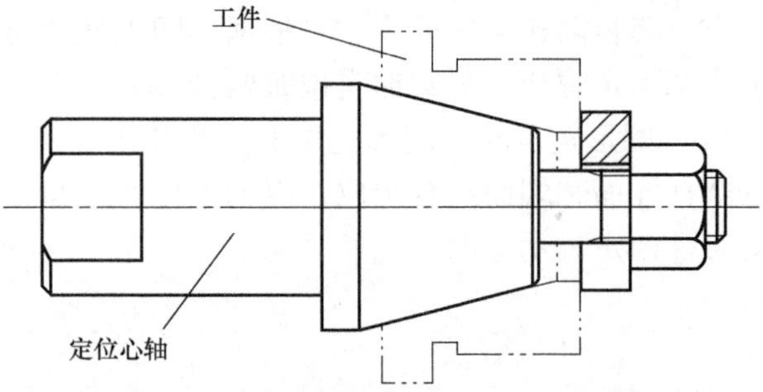

图 2-51　内圆锥孔面定位

2. 两个中心孔的定位

对轴类工件经常采用两端的中心孔定位。通常，使用两个顶尖进行定位，如图 2-52 所示。这种定位方式能限制工件 5 个自由度。

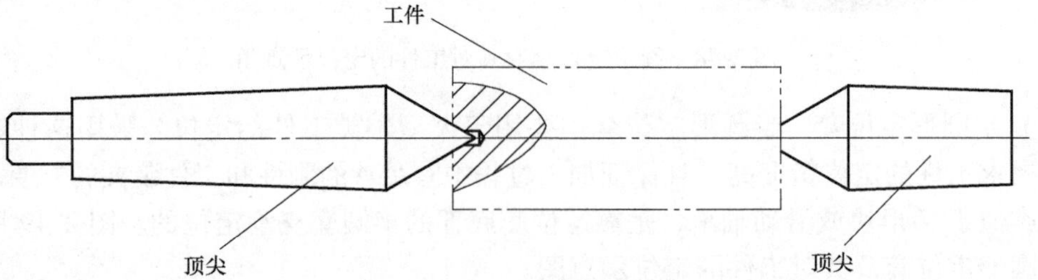

图 2-52　两端的中心孔定位

3. 特殊型面的定位

一些形状复杂工件的定位方式还有许多种，如V形导轨面定位、燕尾槽面定位、渐开线齿形定位及特殊曲面定位等。在具体的夹具设计中，应根据工件的特点和实际加工需要进行选择。

特殊表面定位元件的制造材料，通常选用T8或T10A工具钢，热处理至58～64HRC。

2.2 导向元件的设计

导向元件是指在夹具中使刀具准确地对准工件加工表面或引导刀具正确地加工所用的基本元件。依据选用的刀具和加工方法的不同，导向元件分为引导元件和对刀元件两种类型。

2.2.1 引导元件的设计

引导元件的基本作用是在切削加工中将刀具对准正确的加工路线，保证刀具在切削过程中始终保持正确的轨迹进行切削。常用的引导元件主要是钻削加工和镗削加工所用的钻套和镗套。

1. 钻套的设计

在钻削加工中，具体的加工方式包括钻孔、扩孔、铰孔和孔螺纹（攻丝）加工等。无论其中的哪一种加工方式，为了保证加工位置的准确性和加工的稳定性，都会用到钻套这种引导元件。钻套按其使用方式的不同分为固定钻套、可换钻套、快换钻套和定位衬套。

（1）固定钻套　固定钻套直接安装在夹具体上，使用时保持固定不动；通常用于批量不大，使用频率不高或小孔径的钻削加工中。

可参照《机床夹具零件及部件　固定钻套》（JB/T 8045.1—1999），采用UG的建模应用模块进行设计。下面均以B型钻套的设计为例讲述设计过程。

在UG中新建一个文档，在建模环境下，用草图方式画出固定钻套的纵截面轮廓，如图2-53所示。返回到三维工作界面后，用【回转】命令，将该截面轮廓曲线选中，使其旋转360°，形成实体；再进行上下四处倒角操作，即可完成固定钻套的设计，其实体图如图2-54所示。如果需要，还可将其转换成工程图的表达方式，如图2-55所示。

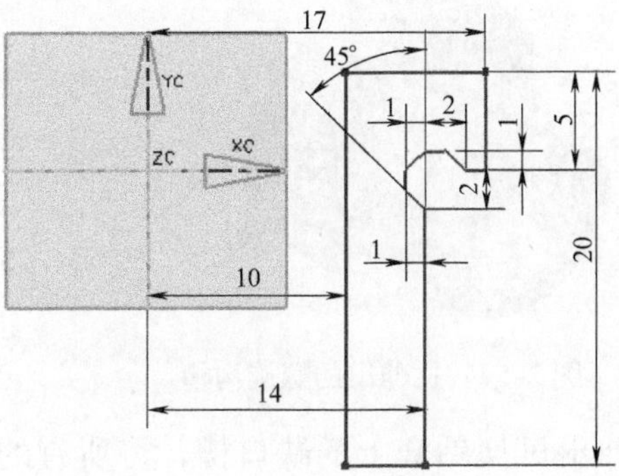

图2-53　固定钻套的纵截面轮廓

图2-54　固定钻套的实体图

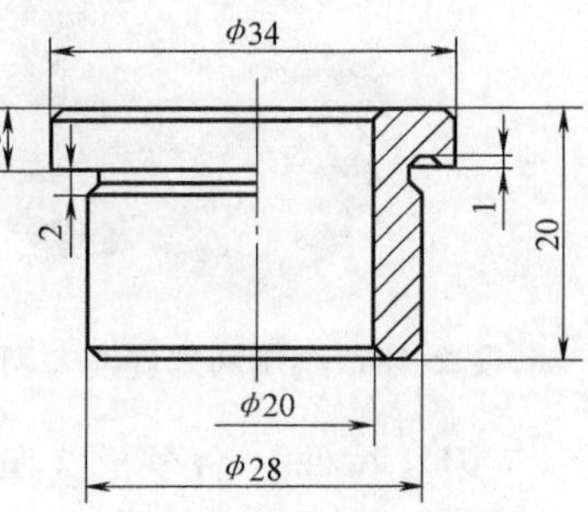

图2-55　固定钻套的工程图

（2）可换钻套　可换钻套一般是通过衬套安装在夹具体上的，使用时通常需要更换。例如，当工件的加工批量较大，加工过程中钻套的磨损比较严重时，就需要更换新的钻套以保证孔的加工精度。

具体的设计，可参照《机床夹具零件及部件　可换钻套》（JB/T 8045. 2—1999），采用UG的建模应用模块进行。仍以B型可换钻套的设计为例讲述设计过程。

在UG中新建一个文档，在建模环境下，用草图方式画出可换钻套的纵截面轮廓，如图2-56所示。返回到三维工作界面后，用【回转】命令，将该回转体截面轮廓曲线选中（不要选择矩形轮廓），使其旋转360°，形成实体；再进行上下共五处的倒角操作，完成的可换钻套回转实体如图2-57所示。

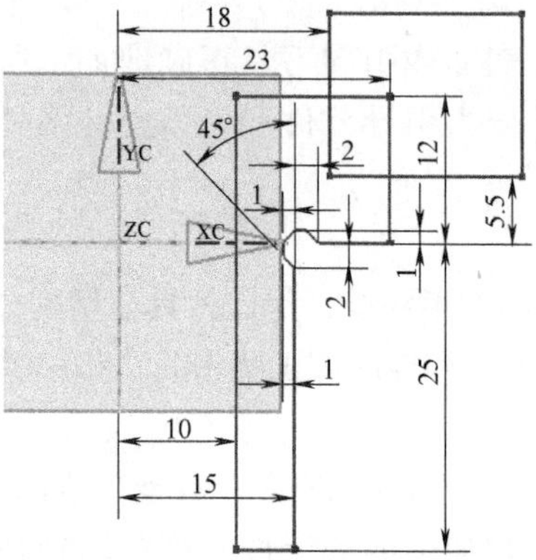

图2-56　可换钻套的纵截面轮廓

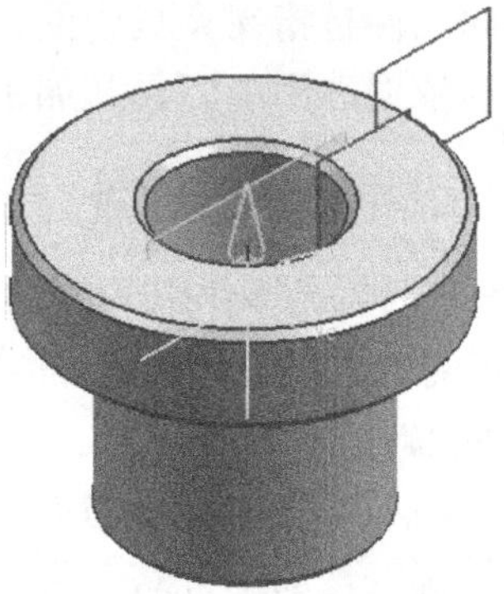

图2-57　完成的可换钻套回转实体

为了构建可换钻套上的网纹特征，需要绘制分别为左旋和右旋的两条螺旋线。右旋螺旋线参数：转数为0.1、螺距为240mm、半径为23mm、起始点$xc=0$、$yc=0$、$zc=-5$、旋转方向为右手；左旋螺旋线参数：转数为0.1、螺距为240mm、半径为23mm、起始点$xc=0$、$yc=0$、$zc=-5$、旋转方向为左手。再分别构建垂直于两条螺旋线端点的基准平面，并画出网纹沟槽轮廓曲线，如图2-58所示。用【沿导引线扫掠】命令，分别拉伸出左右两个旋向的螺旋沟槽，如图2-59所示。用【环形阵列】命令，输入阵列参数：数字/46、角度/360/42，完成网纹的构建，如图2-60所示。

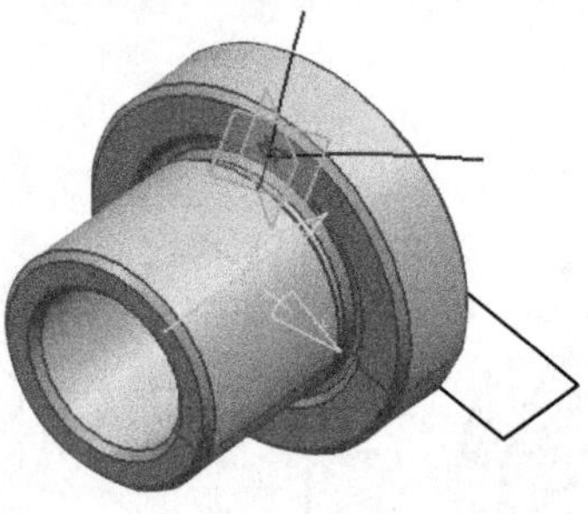

图2-58　绘制的螺旋线和网纹沟槽轮廓曲线

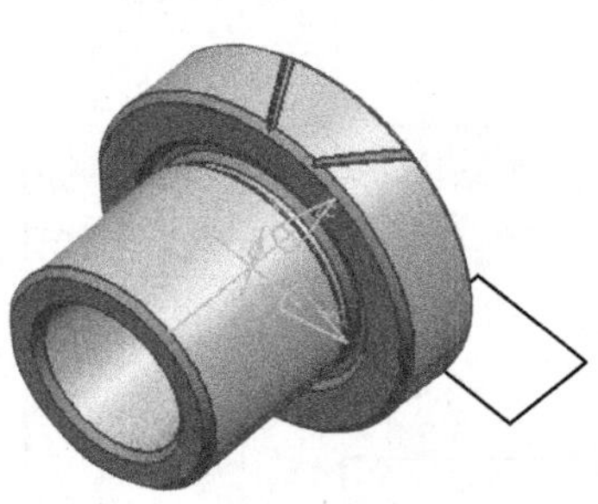

图2-59　拉伸出的螺旋沟槽

用【拉伸】命令，选择纵截面上的矩形轮廓，拉伸出可换钻套上的缺口槽，将所有的草图、曲线和基准隐藏后，完成的可换钻套实体如图2-61所示。

进入制图应用模块，绘制出可换钻套的工程图，如图2-62所示。

（3）快换钻套　快换钻套一般也是通过衬套安装在夹具体上的，使用时需要经常更换。例如，当工件需要钻孔、扩孔、铰孔几个加工操作时，就要反复地更换不同尺寸的刀具，以便在一次装夹中完成几个加工工步的操作。

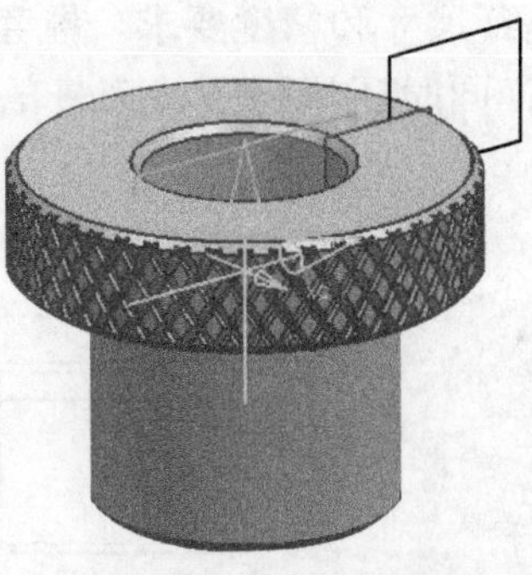

图 2-60　完成网纹的构建

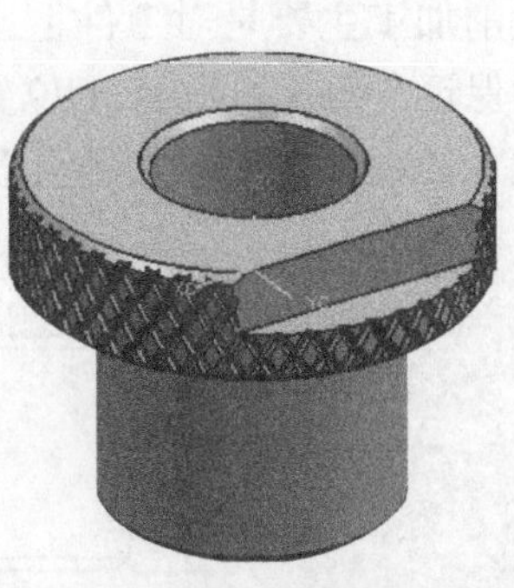

图 2-61　完成的可换钻套实体

具体的设计，可参照《机床夹具零件及部件　快换钻套》（JB/T 8045.3—1999），用 UG 的建模应用模块进行，设计方法同前。快换钻套与可换钻套稍有不同，快换钻套的实体图和工程图，如图 2-63 所示。

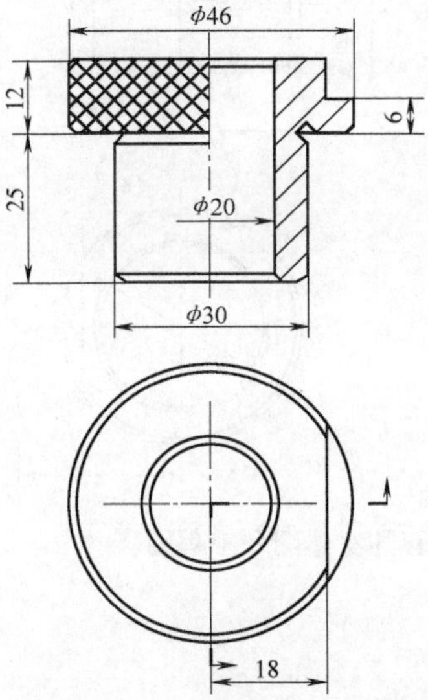

图 2-62　可换钻套的工程图

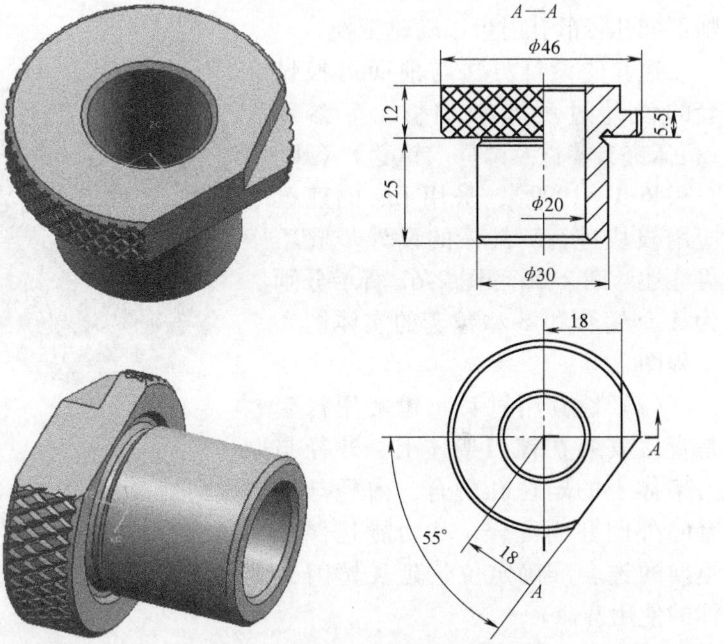

图 2-63　快换钻套的实体图和工程图

（4）定位衬套　定位衬套是用来连接夹具体和钻套的元件。定位衬套的外圆表面直接与夹具体上的定位孔配合，其内圆表面则与钻套的外圆表面配合，其功能是保证更换的钻套准确定位且延长夹具体的使用寿命。定位衬套的形状与固定钻套十分相似，设计方法也与固定钻套相同。

具体的设计，可参照《机床夹具零件及部件　定位衬套》（JB/T 8013.1—1999），采用 UG 的建模应用模块，并参照前面讲述的固定钻套的方法进行。定位衬套的基本类型也分为 A、B 两种，可根据具体的需要来确定。图 2-64 所示为 A 型定位衬套的实体图和工程图。图 2-65 所示为 B 型定位衬套的实体图和工程图。

2. 镗套的设计

镗削加工主要是对工件上已有的孔进行再加工，使之达到尺寸和精度要求。镗套的作用也是为保证工件上孔的加工位置的准确性和加工的稳定性，同时还增强了镗刀杆的加工刚性。镗套的设计主要包括镗套和镗套衬套的设计。

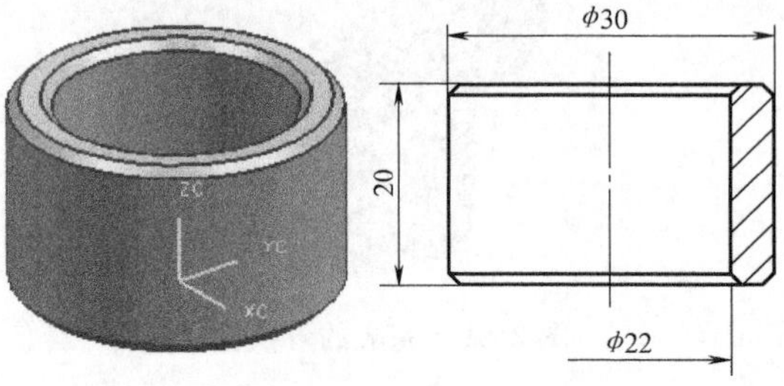

图 2-64　A 型定位衬套的实体图和工程图

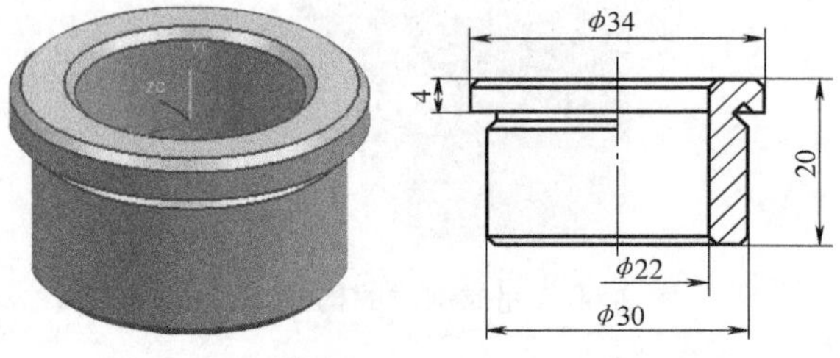

图 2-65　B 型定位衬套的实体图和工程图

(1) 镗套　镗套一般是通过镗套用衬套安装在镗刀架体上，当镗削不同孔径的孔时可以随时更换。

镗套的设计方法与前面可换钻套的设计过程非常相似，可参照《机床夹具零件及部件　镗套》(JB/T 8046.1—1999)，采用 UG 的建模应用模块进行。具体的设计步骤不再详述。图 2-66 和图 2-67 所示分别为 A 型镗套和 B 型镗套的实体图和工程图。

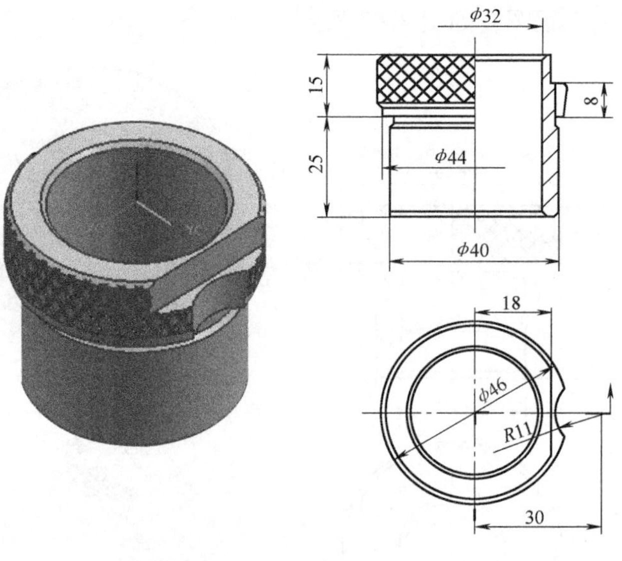

图 2-66　A 型镗套的实体图和工程图

(2) 镗套用衬套　镗套用衬套是直接安装在镗刀架体上，外径与刀架体上的定位孔配合，内径与镗套的外圆柱面配合，其功能是保证更换的镗套准确定位且延长镗刀架体的使用寿命。

镗套用衬套的结构形状与 A 型定位衬套的完全一样，其设计方法也完全相同，可参照《机床夹具零件及部件　镗套用衬套》(JB/T 8046.2—1999)，采用 UG 的建模应用模块进行。图 2-68 所示为镗套用衬套的实体图和工程图。

以上所述的引导元件，包括钻套、镗套和衬套可选用工具钢或优质结构钢制造。通常，根据基本尺寸的大小来确定。当 $d \leqslant 25$mm 时，选用 T10A 工具钢，热处理达 58 ~ 64HRC；当 $d > 25$mm 时，选用 20 钢，并进行渗碳处理，渗碳深度为 0.8 ~ 1.2mm，热处理　58 ~ 64HRC。

2.2.2　对刀元件的设计

对刀元件的基本作用是在切削加工前将刀具的基准点对准工件需要加工的切削面，即校

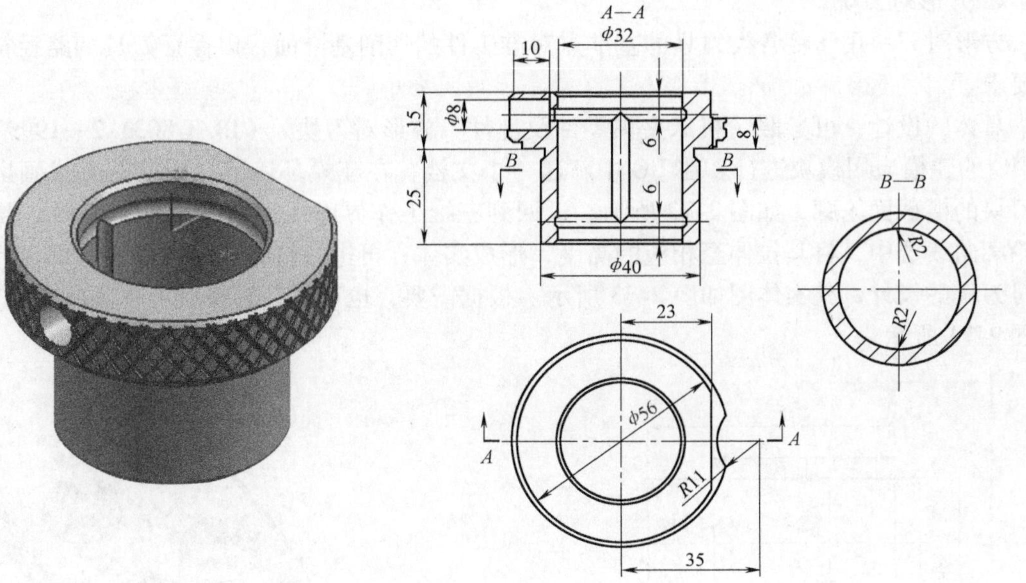

图 2-67　B 型镗套的实体图和工程图

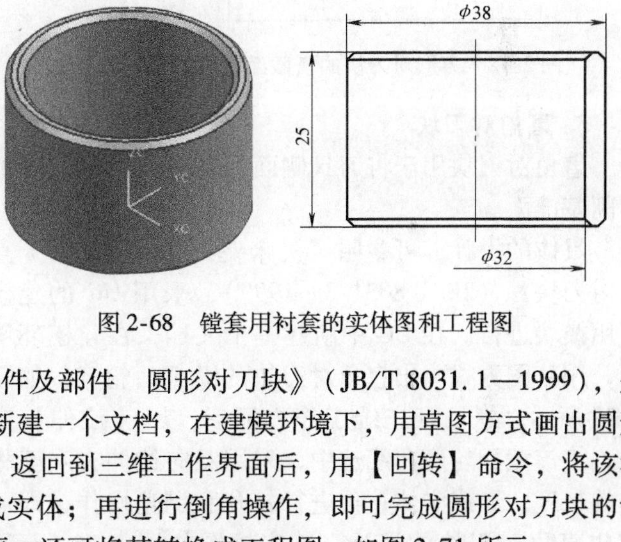

图 2-68　镗套用衬套的实体图和工程图

正刀具的切削路径，以保证加工方向的正确。常用的对刀元件有圆形对刀块、方形对刀块、直角对刀块和侧装对刀块。

1. 圆形对刀块

圆形对刀块主要用于将回转类刀具的旋转轴对准工件的加工中心点，以保证刀具的切削路径符合加工要求。

具体的设计，可参照《机床夹具零件及部件　圆形对刀块》（JB/T 8031. 1—1999），采用 UG 的建模应用模块进行。在 UG 中新建一个文档，在建模环境下，用草图方式画出圆形对刀块的纵截面轮廓，如图 2-69 所示。返回到三维工作界面后，用【回转】命令，将该截面轮廓曲线选中，使其旋转 360°，形成实体；再进行倒角操作，即可完成圆形对刀块的设计，其实体图如图 2-70 所示。根据需要，还可将其转换成工程图，如图 2-71 所示。

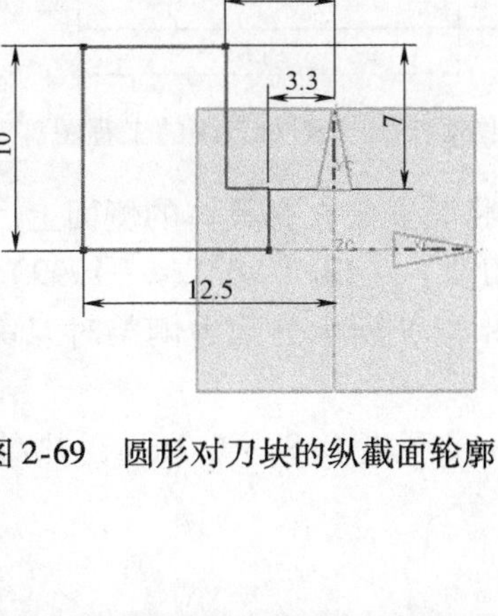

图 2-69　圆形对刀块的纵截面轮廓

图 2-70　圆形对刀块的实体图

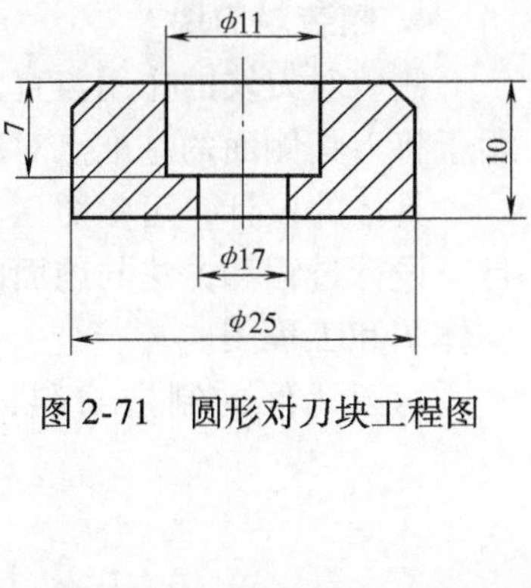

图 2-71　圆形对刀块工程图

2. 方形对刀块

方形对刀块用于将各类刀具的基准点对准工件的切削基准面，以保证刀具的路径符合加工要求。

具体的设计，可参照《机床夹具零件及部件　方形对刀块》（JB/T 8031.2—1999），采用 UG 的建模应用模块进行。在 UG 中新建一个文档，在建模环境下，用草图方式画出方形对刀块的横截面轮廓，如图 2-72 所示。返回到三维工作界面后，用【拉伸】命令，将该截面轮廓曲线选中，将其拉伸至相应的高度，形成实体；再进行打孔和倒角操作，即可完成方形对刀块的设计，其实体图如图 2-73 所示。根据需要，也可将其转换成工程图的表达方式，如图 2-74 所示。

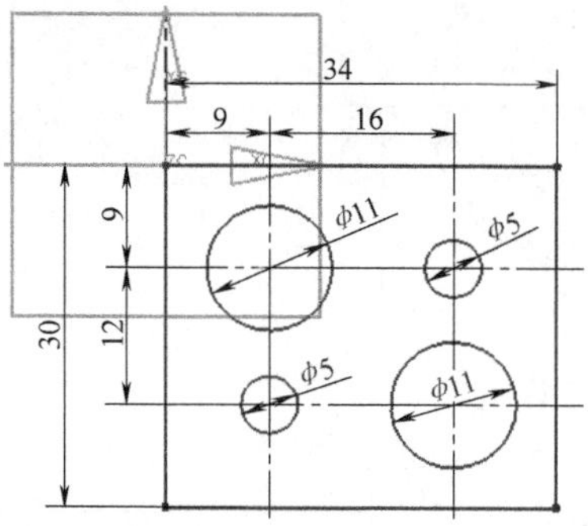

图 2-72　方形对刀块的横截面轮廓

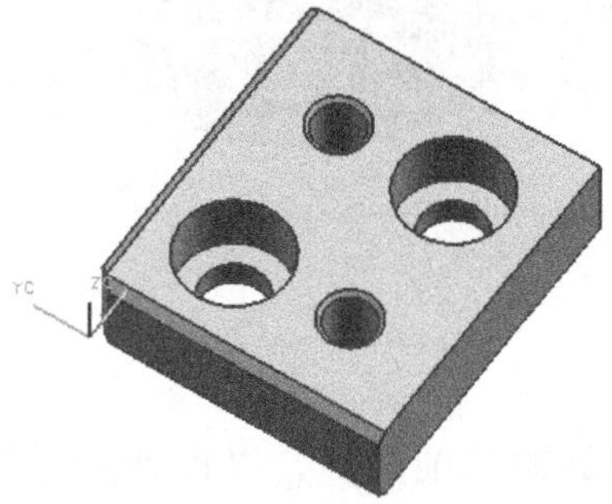

图 2-73　方形对刀块的实体图

3. 直角对刀块

直角对刀块用于将刀具侧面的基准点对准工件的切削基准面。

具体的设计，可参照《机床夹具零件及部件　直角对刀块》（JB/T 8031.3—1999），采用 UG 的建模应用模块进行。在 UG 中新建一个文档，在建模环境下，用草图方式画出直角对刀块的纵截面轮廓，如图 2-75 所示。返回到三维工作界面后，用【拉伸】命令，将该截面轮廓曲线选中，采用双向拉伸方式至相应的长度，形成实体；再进行打孔和倒角操作，即可完成直角对刀块的设计，其实体图如图 2-76 所示。根据需要，也可将其转换成工程图的表达方式，如图 2-77所示。

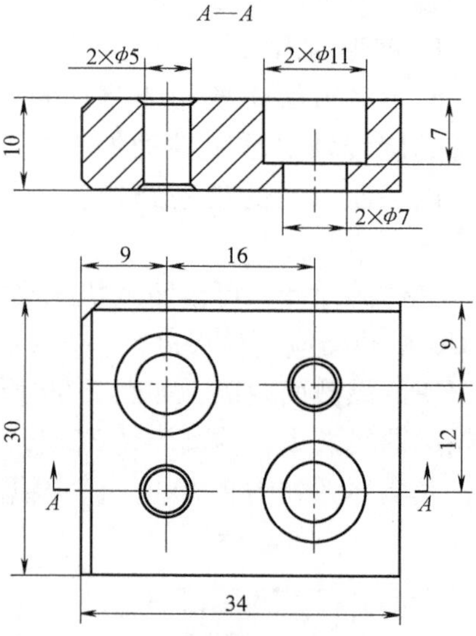

图 2-74　方形对刀块的工程图

4. 侧装对刀块

侧装对刀块的作用与直角对刀块是一样的，也是用于将刀具侧面的基准点对准工件的切削基准面，只不过是将其安装在夹具体的侧面上。

具体的设计，可参照《机床夹具零件及部件　侧装对刀块》（JB/T 8031.4—1999）进行，设计过程和方法与前面的相似，不再详述。图 2-78 和图 2-79 所示分别为侧装对刀块的实体图和工程图。

对刀元件的制造材料，通常选用 20 优质结构钢，渗碳深度 0.8 ~ 1.2mm，热处理达58～64HRC。

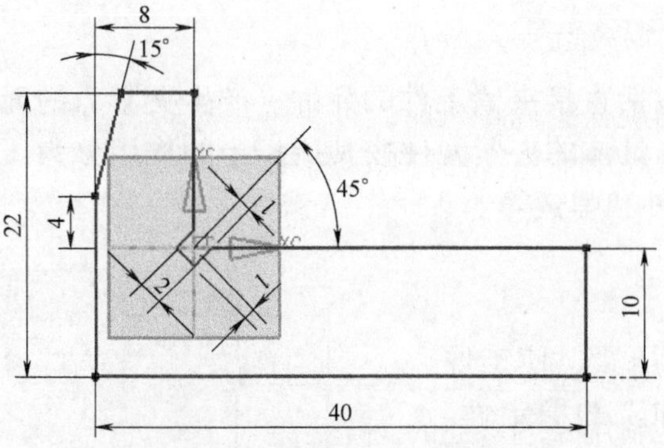

图 2-75　直角对刀块的纵截面轮廓

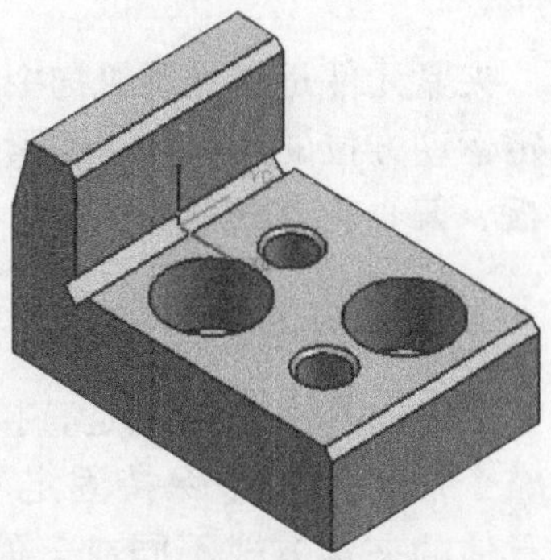

图 2-76　直角对刀块的实体图

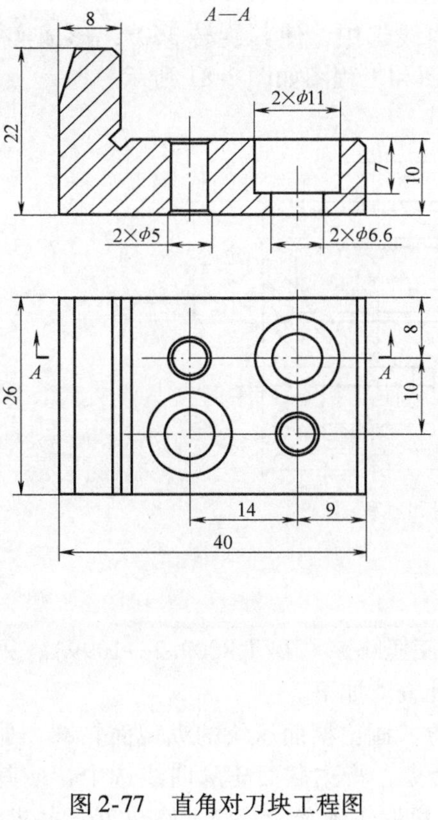

图 2-77　直角对刀块工程图

图 2-78　侧装对刀块的实体图

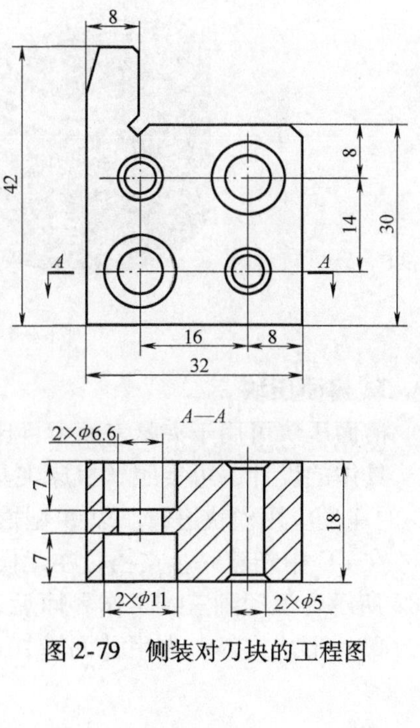

图 2-79　侧装对刀块的工程图

2.3 夹紧元件的设计

夹紧元件是指夹紧机构中所用的元件，包括直接夹紧工件的元件、产生夹紧力的元件、固定运动方位的元件和起锁紧作用的元件等。具体的夹紧元件按其所担当的作用分为压块、压板、偏心轮（凸轮）、支座（支柱）、操作件和弹簧等。

2.3.1 压块的设计

压块的基本作用就是直接将工件的表面压紧，使工件在整个加工过程中保持固定不动，以确保加工的稳定性。因具体的夹紧方式不同或工件的表面精度差异，压块有四种基本类型，即光面压块、槽面压块、圆压块和弧形压块。

1. 光面压块

光面压块用于夹紧表面小且比较光滑的工件。

具体的设计，可参照《机床夹具零件及部件　光面压块》（JB/T 8009.1—1999），采用UG的建模应用模块进行。以A型光面压块为例，设计方法如下。

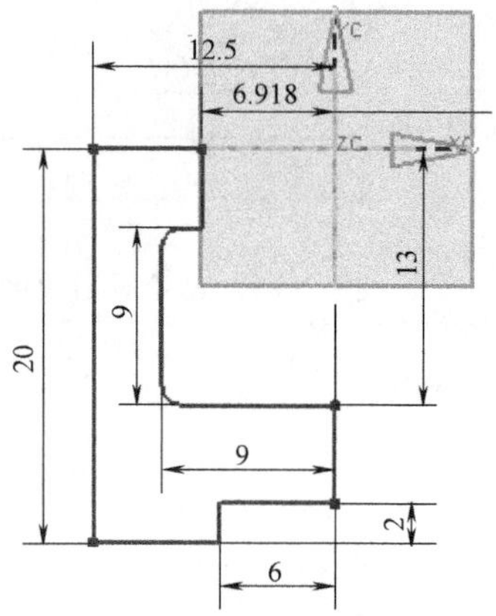

图2-80　光面压块的纵截面轮廓

在UG中新建一个文档，在建模环境下，用草图方式画出光面压块的纵截面轮廓，如图2-80所示。返回到三维工作界面后，用【回转】命令，将该回转体截面轮廓曲线选中，使其旋转360°，形成实体；再进行插入螺纹和倒角的操作，完成的光面压块实体图和工程图如图2-81所示。

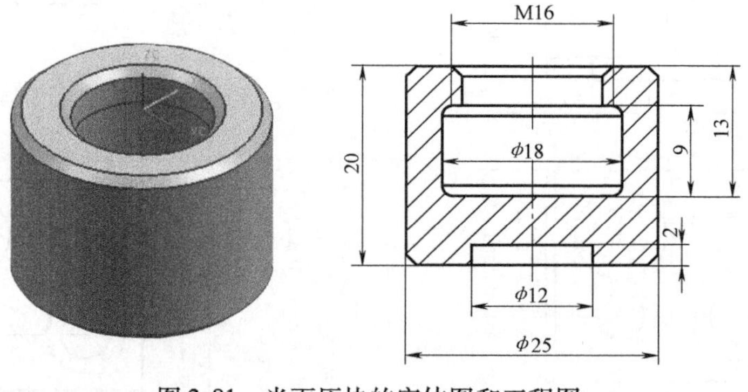

图2-81　光面压块的实体图和工程图

2. 槽面压块

槽面压块可用于夹紧表面大且比较粗糙的工件。

具体的设计，可参照《机床夹具零件及部件　槽面压块》（JB/T 8009.2—1999），采用UG的建模应用模块进行。以A型槽面压块为例，设计方法如下。

在UG中新建一个文档，在建模环境下，用草图方式画出槽面压块的纵截面轮廓，如图2-82所示。返回到三维工作界面后，先用【回转】命令，将主截面轮廓曲线选中，使其旋转360°，形成实体；再用【回转】命令，将左边的三角形轮廓选中，使其旋转360°并求差。

进行插入螺纹和倒角的操作，如图 2-83 所示。用【拉伸】命令，选中右边的三角形轮廓，向一个方向拉伸长度为 20 并求差，创建一个三角形沟槽；再用【实例特征】命令中的【环形阵列】选项，阵列数为 8，角度 45°，创建出槽面特征。最后完成的槽面压块实体图和工程图，如图 2-84 所示。

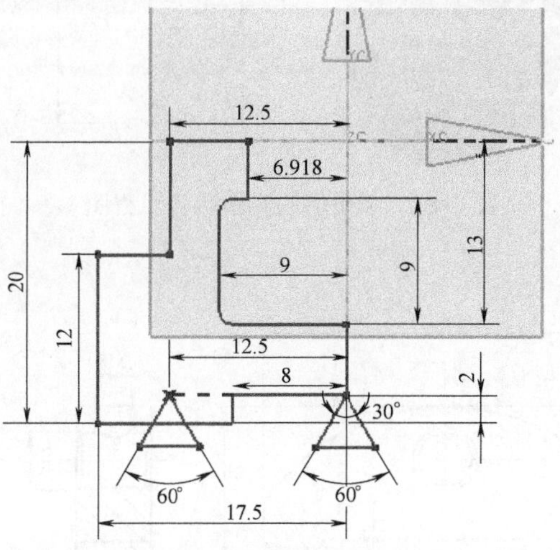

图 2-82　槽面压块的纵截面轮廓

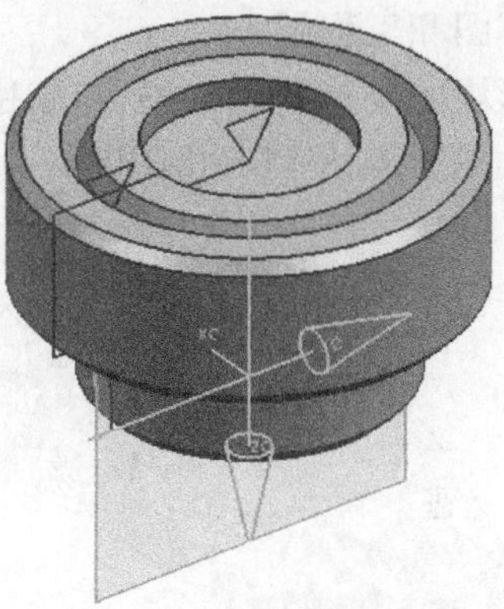

图 2-83　完成螺纹和倒角的操作

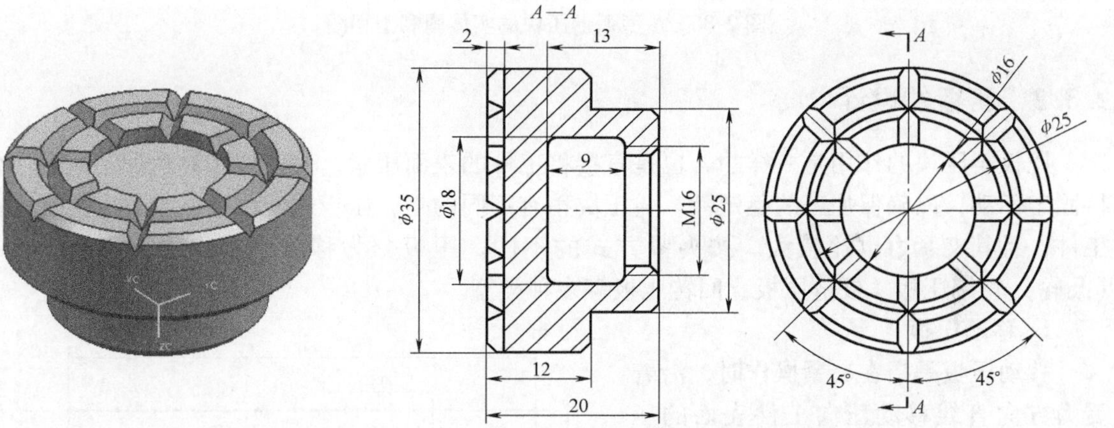

图 2-84　槽面压块的实体图和工程图

3. 圆压块

圆压块是具有浮动作用的压块，其特点是当工件在夹紧时可根据表面的倾斜角度而发生改变，从而更可靠地压紧工件。

具体的设计，可参照《机床夹具零件及部件　圆压块》（JB/T 8009.3—1999），采用 UG 的建模应用模块进行，设计方法与前面的相似。图 2-85 所示为圆压块的实体图和工程图。

4. 弧形压块

弧形压块也是具有浮动作用的压块，其特点是当工件在夹紧过程中无论夹紧表面有任何方向的（轻微的）角度变化，压块会绕自身的孔轴线发生转动，直至压块的两端压紧工件的表面，从而可靠地将工件夹紧。

具体的设计，可参照《机床夹具零件及部件　弧形压块》（JB/T 8009.4—1999），采用 UG 的建模应用模块进行，设计方法与前面的相似。图 2-86 所示为 A 型弧形压块的实体图和工程图。

压块的制造材料，通常选用 45 优质结构钢，热处理达 35 ~ 40HRC。

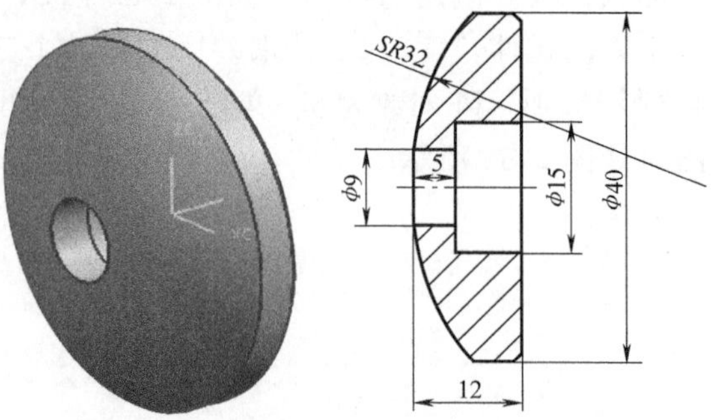

图 2-85　圆压块的实体图和工程图

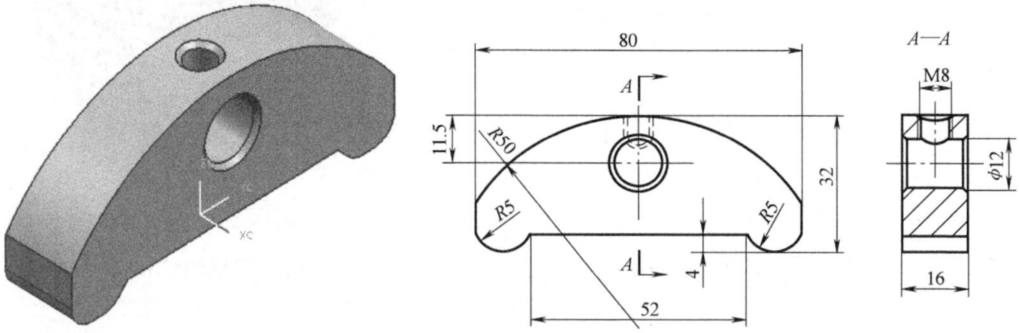

图 2-86　A 型弧形压块的实体图和工程图

2.3.2　压板的设计

压板与压块的作用是一样的，也是直接将工件的表面压紧，使工件在整个加工过程中保持固定不动，以确保加工的稳定性。与压块稍有不同的是，压板通常用来压紧表面比较大的工件，且其夹紧力也比较大。按夹紧方式的不同，压板分为移动压板、转动压板、偏心（凸轮）轮用压板、铰链压板、回转压板等多种类型。

1. 移动压板

移动压板是指在夹紧操作时，沿着受力方向直线移动压向工件表面的压板。移动压板因其形态的不同又分为普通移动压板、移动弯压板、移动宽头压板、U 形压板、鞍形压板等。

（1）普通移动压板　普通移动压板的设计，可参照《机床夹具零件及部件　移动压板》（JB/T 8010.1—1999），采用 UG 的建模应用模块进行。以 A 型移动压板为例，设计方法如下。

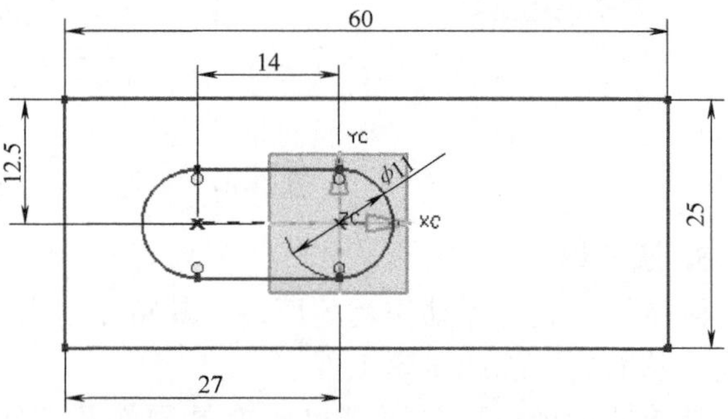

图 2-87　普通移动压板的横截面轮廓

在 UG 中新建一个文档，在建模环境下，用草图方式分别画出普通移动压板的横截面和纵截面轮廓，如图 2-87 和图 2-88 所示。返回到三维工作界面后，用【拉伸】命令，将相应的截面轮廓曲线选中，拉伸至相应长度，形成实体；再进行倒角操作即可。完成的 A 型移动压板实体图和工程图如图 2-89 所示。

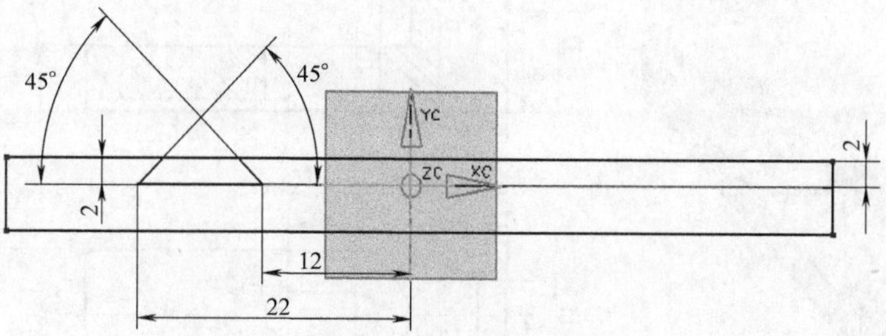

图 2-88　普通移动压板的纵截面轮廓

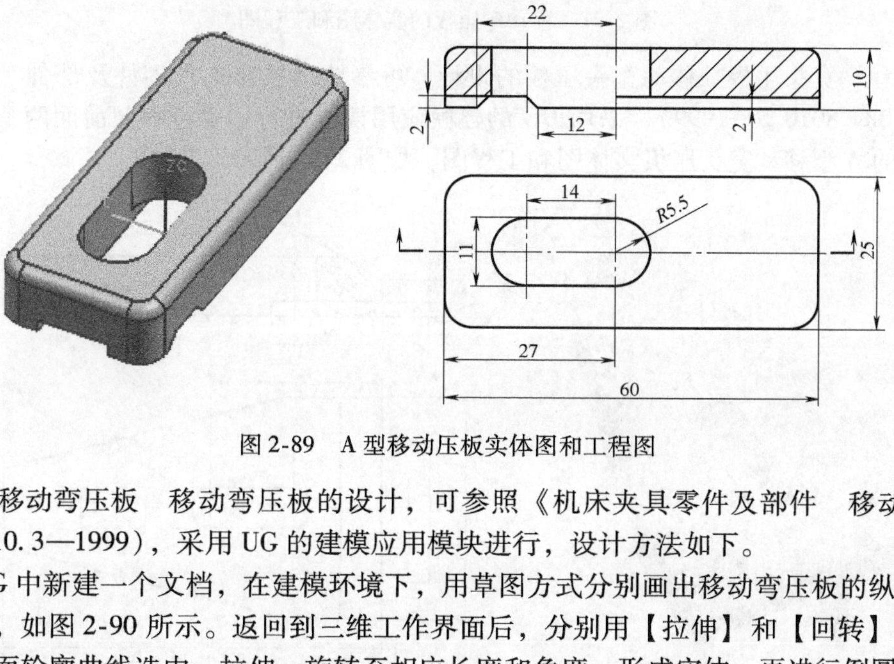

图 2-89　A 型移动压板实体图和工程图

（2）移动弯压板　移动弯压板的设计，可参照《机床夹具零件及部件　移动弯压板》（JB/T 8010.3—1999），采用 UG 的建模应用模块进行，设计方法如下。

在 UG 中新建一个文档，在建模环境下，用草图方式分别画出移动弯压板的纵截面和横截面轮廓，如图 2-90 所示。返回到三维工作界面后，分别用【拉伸】和【回转】命令，将相应的截面轮廓曲线选中，拉伸、旋转至相应长度和角度，形成实体；再进行倒圆角操作即可。完成的移动弯压板实体图和工程图，如图 2-91 所示。

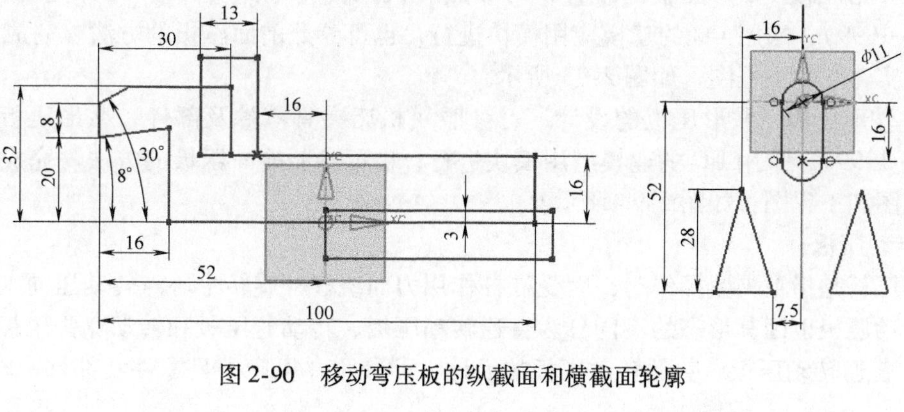

图 2-90　移动弯压板的纵截面和横截面轮廓

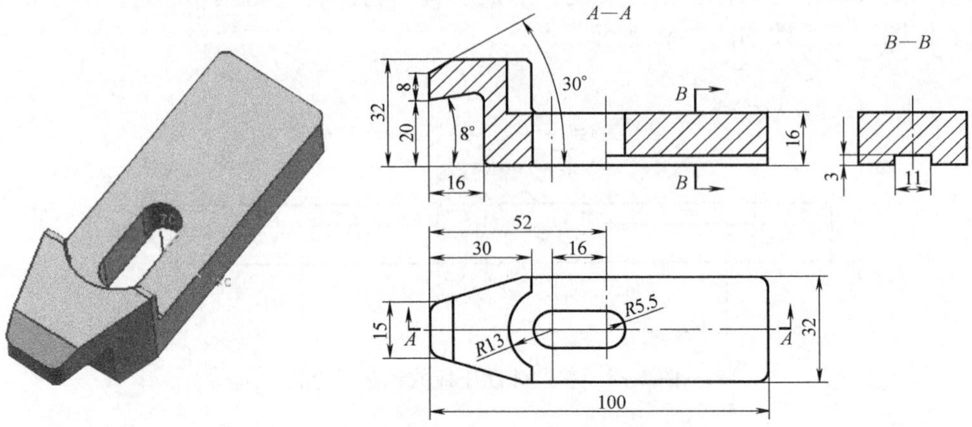

图 2-91 移动弯压板的实体图和工程图

（3）移动宽头压板 移动宽头压板的设计，可参照《机床夹具零件及部件 移动宽头压板》（JB/T 8010.5—1999），采用 UG 的建模应用模块进行，也可参照前面两个压板的方法。完成的 A 型移动宽头压板实体图和工程图，如图 2-92 所示。

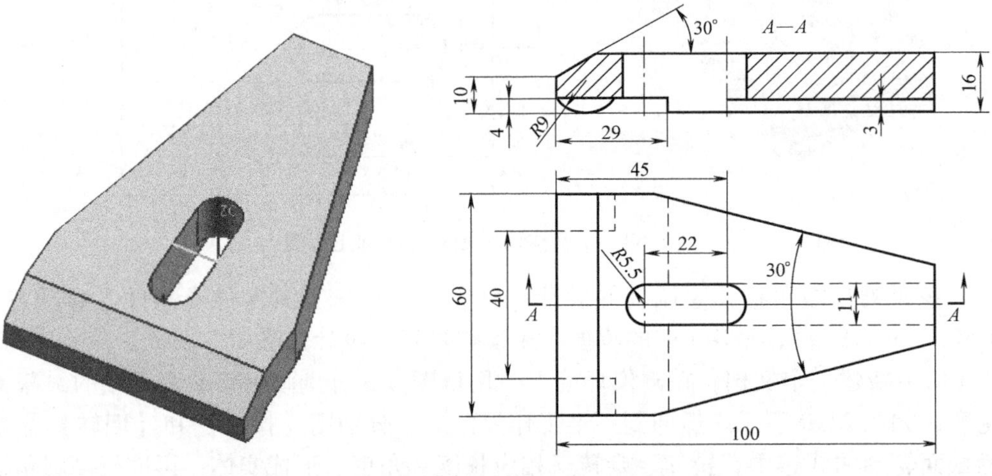

图 2-92 A 型移动宽头压板的实体图和工程图

（4）U 形压板 U 形压板的设计，可参照《机床夹具零件及部件 U 形压板》（JB/T 8010.11—1999），采用 UG 的建模应用模块进行，也可参照前面压板的方法。完成的 A 型 U 形压板的实体图和工程图，如图 2-93 所示。

（5）鞍形压板 鞍形压板的设计，可参照《机床夹具零件及部件 鞍形压板》（JB/T 8010.12—1999），采用 UG 的建模应用模块进行，也可参照前面压板的方法。完成的鞍形压板的实体图和工程图，如图 2-94 所示。

2. 转动压板

转动压板是指在夹紧操作时，因受杠杆作用力而绕杠杆旋转中心点转动压向工件表面的压板。转动压板也因其形态的不同分为普通转动压板、转动弯压板和转动宽头压板等。

（1）普通转动压板 普通转动压板的设计，可参照《机床夹具零件及部件 转动压板》

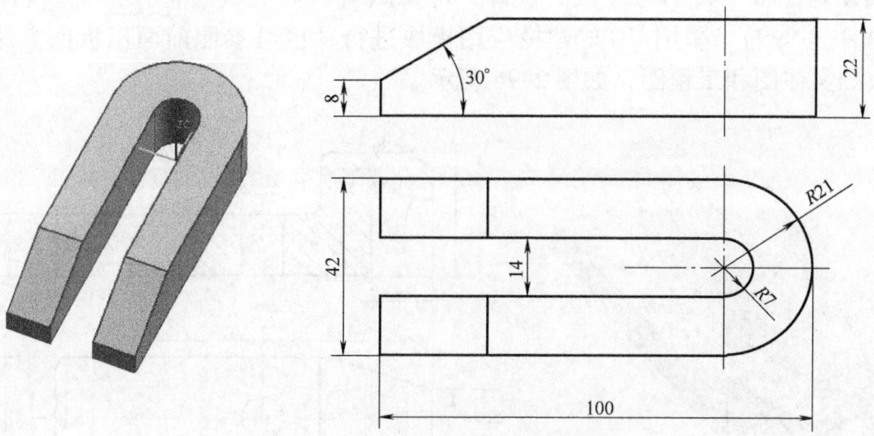

图 2-93　A 型 U 形压板的实体图和工程图

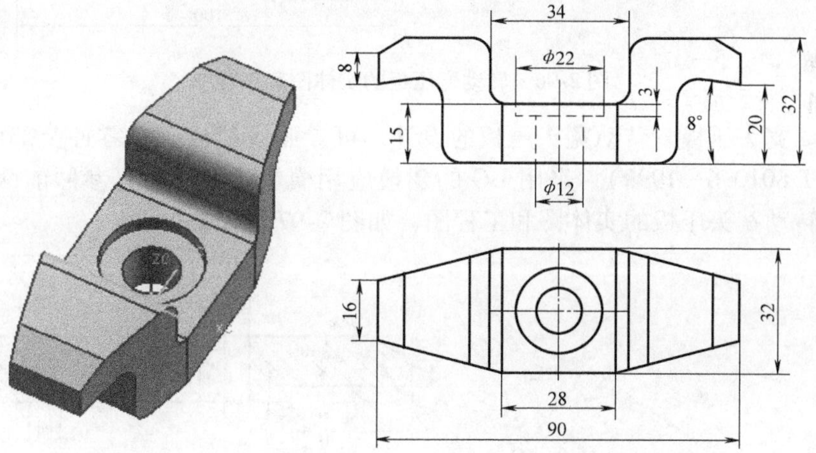

图 2-94　鞍形压板的实体图和工程图

（JB/T 8010.2—1999），采用 UG 的建模应用模块进行。具体的设计过程和方法与移动压板完全相同，可参照进行。完成的 A 型普通转动压板的实体图和工程图，如图 2-95 所示。

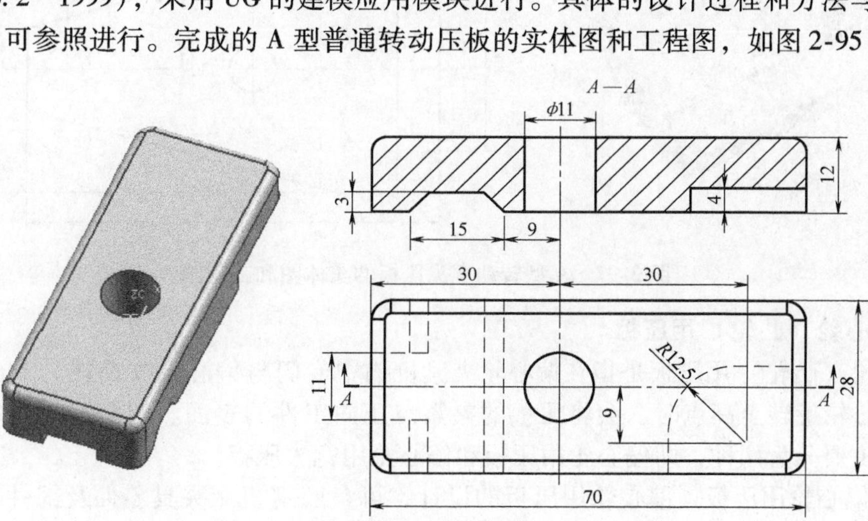

图 2-95　A 型普通转动压板的实体图和工程图

（2）转动弯压板　转动弯压板的设计，可参照《机床夹具零件及部件　转动弯压板》（JB/T 8010.4—1999），采用 UG 的建模应用模块进行，也可参照前面压板的方法。完成的转动弯压板的实体图和工程图，如图 2-96 所示。

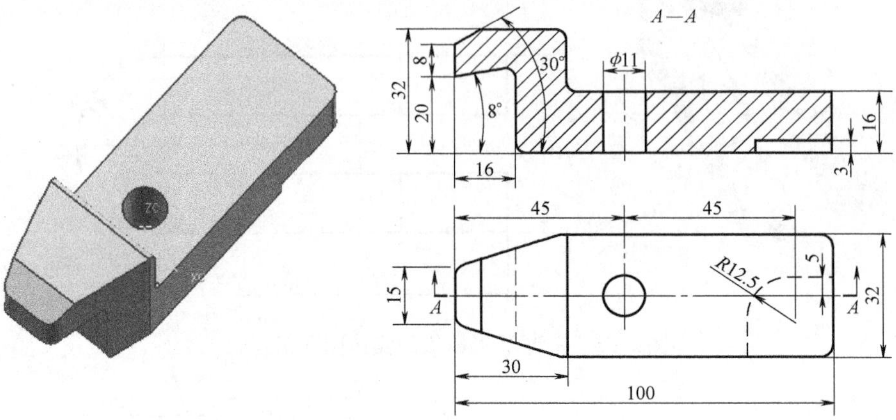

图 2-96　转动弯压板的实体图和工程图

（3）转动宽头压板　转动宽头压板的设计，可参照《机床夹具零件及部件　转动宽头压板》（JB/T 8010.6—1999），采用 UG 的建模应用模块进行，也可参照前面压板的方法。完成的 A 型转动宽头压板的实体图和工程图，如图 2-97 所示。

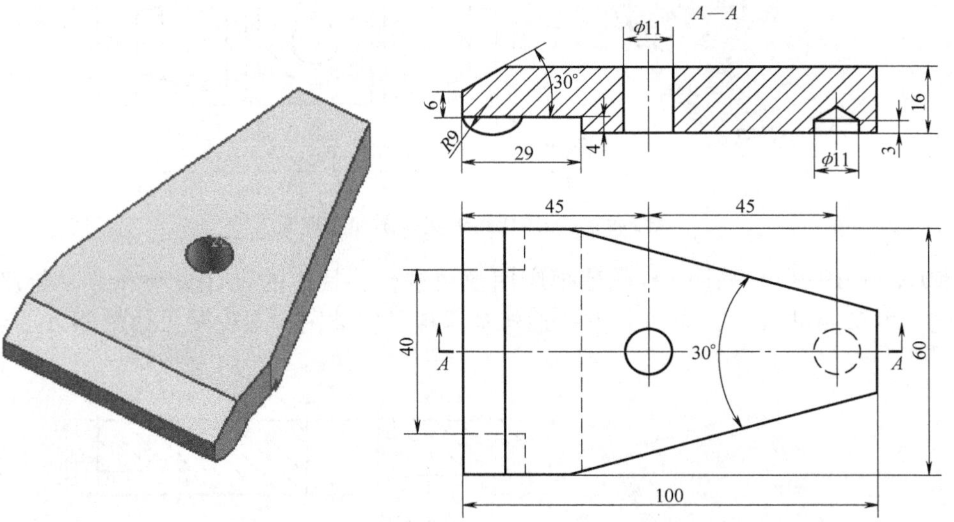

图 2-97　A 型转动宽头压板的实体图和工程图

3. 偏心轮（凸轮）用压板

偏心轮（凸轮）用压板是指在偏心轮夹紧机构中专门与偏心轮（凸轮）配合使用的压板，当偏心轮旋转至高点时，会将压板的夹紧点压向工件的表面。偏心轮（凸轮）用压板按其形态主要分为两种，即偏心轮用压板和偏心轮用宽头压板。

（1）偏心轮用压板　偏心轮用压板的设计，可参照《机床夹具零件及部件　偏心轮用压板》（JB/T 8010.7—1999），采用 UG 的建模应用模块进行，也可参照前面压板的方法。

完成的偏心轮用压板的实体图和工程图，如图 2-98 所示。

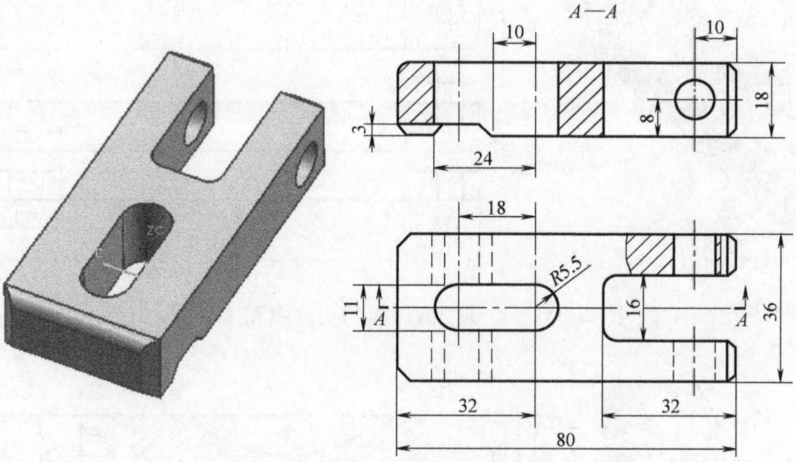

图 2-98　偏心轮用压板的实体图和工程图

（2）偏心轮用宽头压板　偏心轮用宽头压板的设计，可参照《机床夹具零件及部件　偏心轮用宽头压板》（JB/T 8010. 8—1999），采用 UG 的建模应用模块进行，也可参照前面压板的方法。完成的偏心轮用宽头压板的实体图和工程图，如图 2-99 所示。

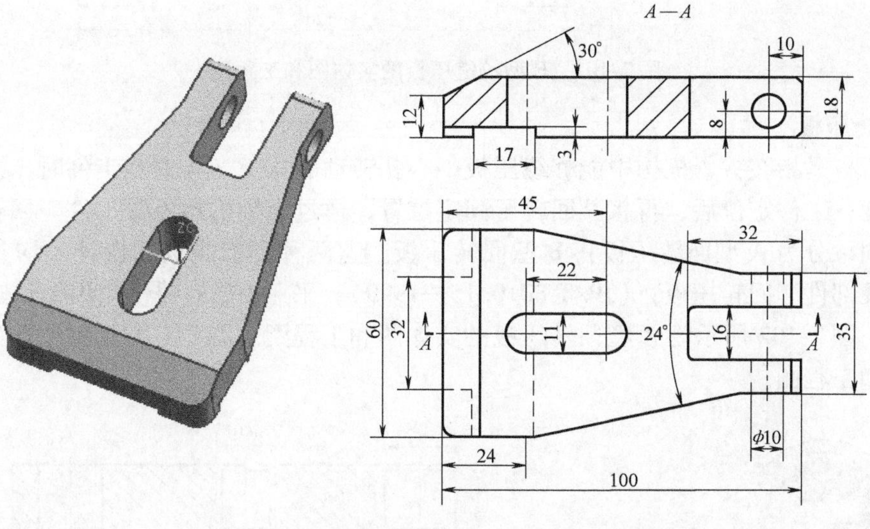

图 2-99　偏心轮用宽头压板的实体图和工程图

4. 铰链压板

铰链压板是指在夹紧机构中能够翻转的压板。当安装工件时，需要将其开启，工件定位后，再将其闭合，通过螺旋机构压紧工件。铰链压板按其形态的不同，分为 A 型铰链压板和 B 型铰链压板。这两种类型的铰链压板的设计，均参照《机床夹具零件及部件　铰链压板》（JB/T 8010. 14—1999），采用 UG 的建模应用模块进行，设计方法同前。图 2-100 所示为 A 型铰链压板的实体图和工程图。图 2-101 所示为 B 型铰链压板的实体图和工程图。

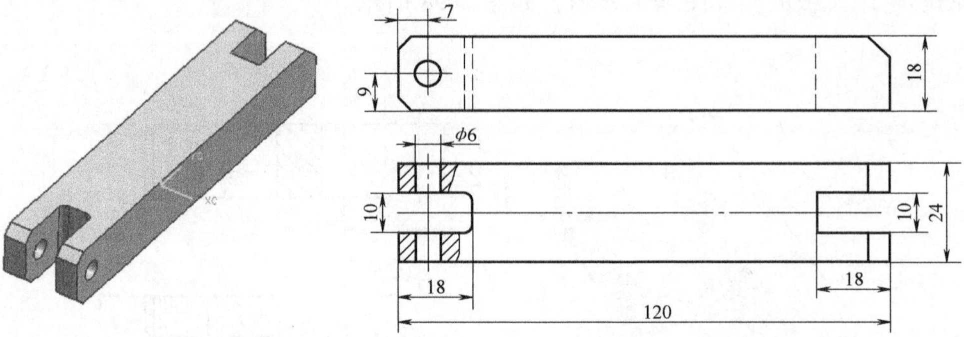

图 2-100　A 型铰链压板的实体图和工程图

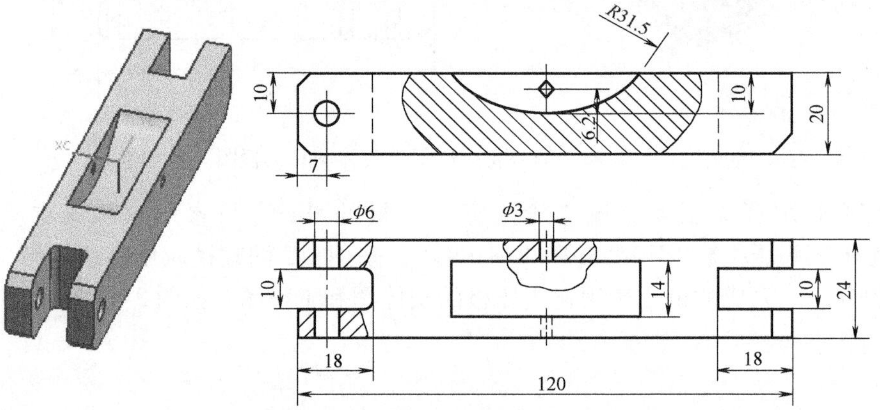

图 2-101　B 型铰链压板的实体图和工程图

5. 回转压板

回转压板是指在夹紧机构中能够绕压板中心孔转动的压板。当安装工件时，需要将其旋转一定角度；工件定位后，再将其回转至固定位置，通过螺旋机构压紧工件。回转压板按其形态的不同，分为 A 型回转压板和 B 型回转压板。这两种类型压板的设计，均参照《机床夹具零件及部件　回转压板》（JB/T 8010. 15—1999），采用 UG 的建模应用模块进行，设计方法同前。图 2-102 所示为 A 型回转压板的实体图和工程图。图 2-103 所示为 B 型回转压板的实体图和工程图。

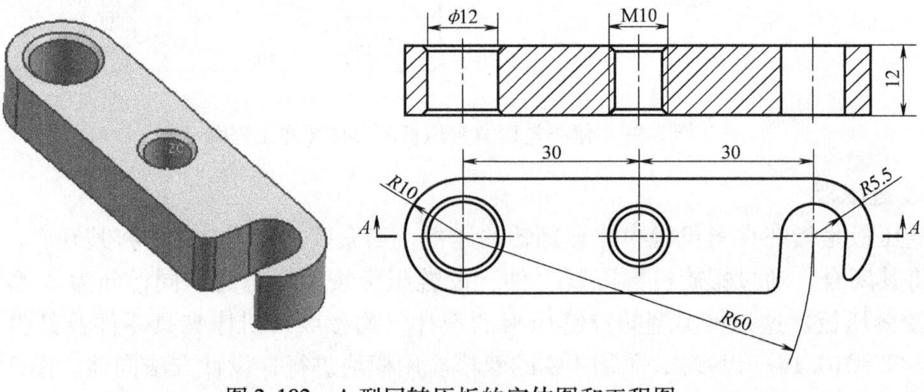

图 2-102　A 型回转压板的实体图和工程图

压板的制造材料，通常选用45优质结构钢，热处理达35～40HRC。

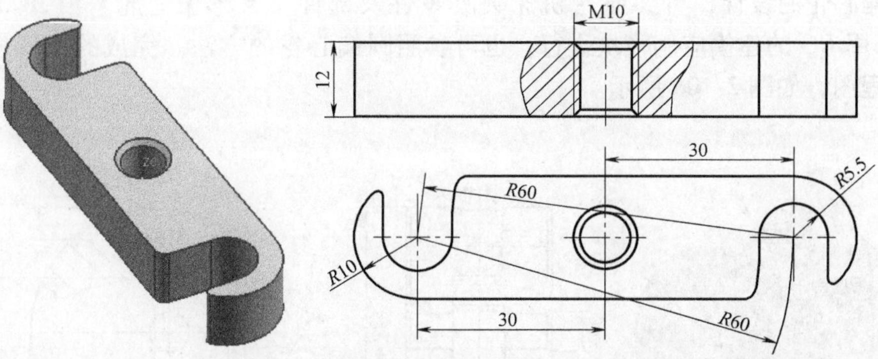

图2-103　B型回转压板的实体图和工程图

2.3.3　偏心轮的设计

偏心轮是偏心夹紧机构中对压板产生夹紧力的元件。其作用是通过操纵杆使偏心轮转动，当达到一定旋转角度时，将压板在夹紧点处压向工件表面，从而使工件夹紧。偏心轮按其功能和形态的不同，分为圆偏心轮、叉形偏心轮、单面偏心轮和双面偏心轮。

1. 圆偏心轮

圆偏心轮的设计，可参照《机床夹具零件及部件　圆偏心轮》（JB/T 8011.1—1999），采用UG的建模应用模块进行。

在UG中新建一个文档，在建模环境下，用草图方式画出圆偏心轮的横截面轮廓，如图2-104所示。返回到三维工作界面后，用【拉伸】命令，选中相应的轮廓曲线，将其拉伸出实体和两个偏心孔，再进行创建埋头孔的操作。完成的圆偏心轮的实体图和工程图，如图2-105所示。

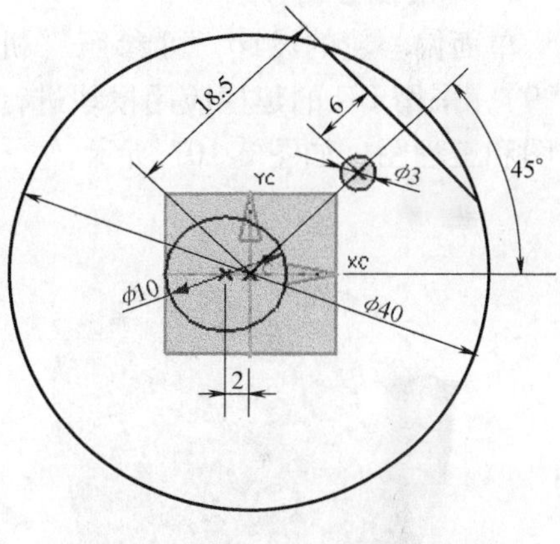

图2-104　圆偏心轮的横截面轮廓

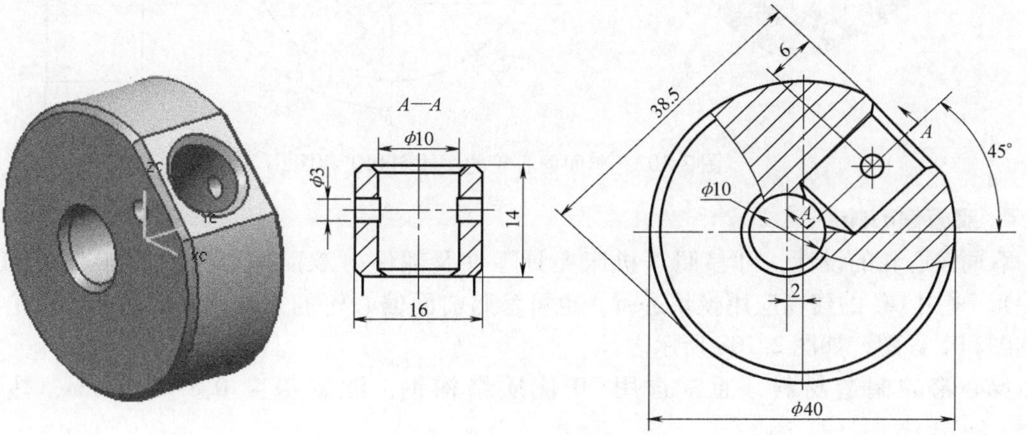

图2-105　圆偏心轮的实体图和工程图

2. 叉形偏心轮

叉形偏心轮的设计，可参照《机床夹具零件及部件　叉形偏心轮》（JB/T 8011.2—1999），采用 UG 的建模应用模块进行，也可参照圆偏心轮的方法。完成的叉形偏心轮的实体图和工程图，如图 2-106 所示。

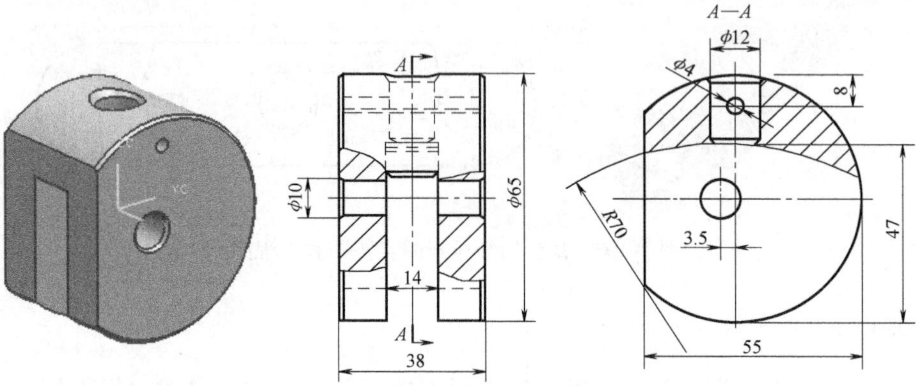

图 2-106　叉形偏心轮的实体图和工程图

3. 单面偏心轮

单面偏心轮的设计，可参照《机床夹具零件及部件　单面偏心轮》（JB/T 8011.3—1999），采用 UG 的建模应用模块进行，也可参照圆偏心轮的方法。完成的单面偏心轮的实体图和工程图，如图 2-107 所示。

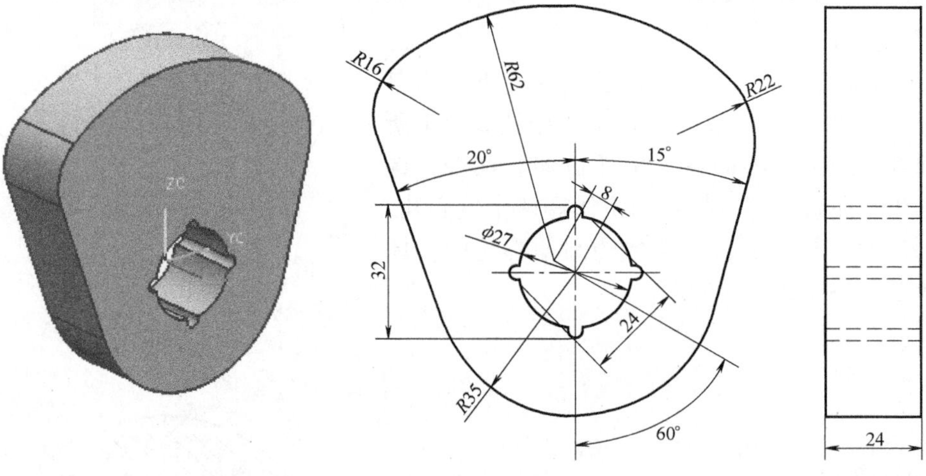

图 2-107　单面偏心轮的实体图和工程图

4. 双面偏心轮

双面偏心轮的设计，可参照《机床夹具零件及部件　双面偏心轮》（JB/T 8011.4—1999），采用 UG 的建模应用模块进行，也可参照前面偏心轮的方法。完成的双面偏心轮的实体图和工程图，如图 2-108 所示。

偏心轮的制造材料，通常选用 20 优质结构钢，渗碳深度 0.8 ~ 1.2mm，热处理达58 ~ 64HRC。

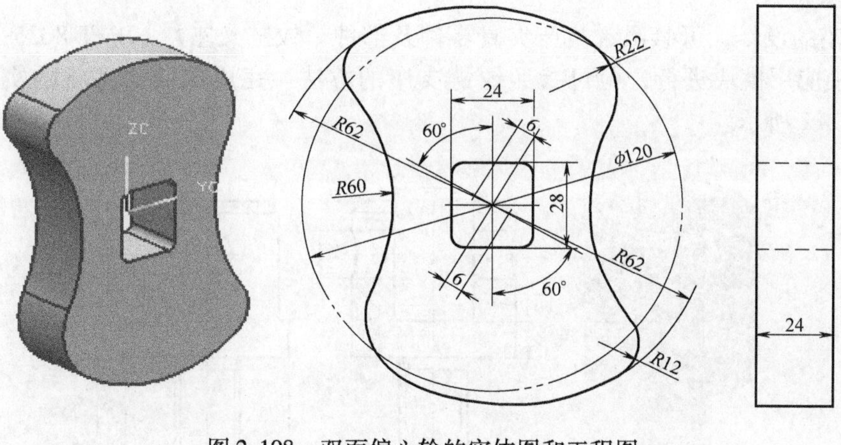

图 2-108　双面偏心轮的实体图和工程图

2.3.4　支座的设计

支座是夹紧机构中用来固定偏心轮、翻转压板、铰链压板等的元件。其作用是将上述这些元件定位并安装在夹具体上。支座按其使用功能的不同，分为铰链支座、铰链叉座、铰链轴、螺钉支座、可调支座等。

1. 铰链支座

铰链支座的设计，可参照《机床夹具零件及部件　铰链支座》（JB/T 8034—1999），采用 UG 的建模应用模块进行。

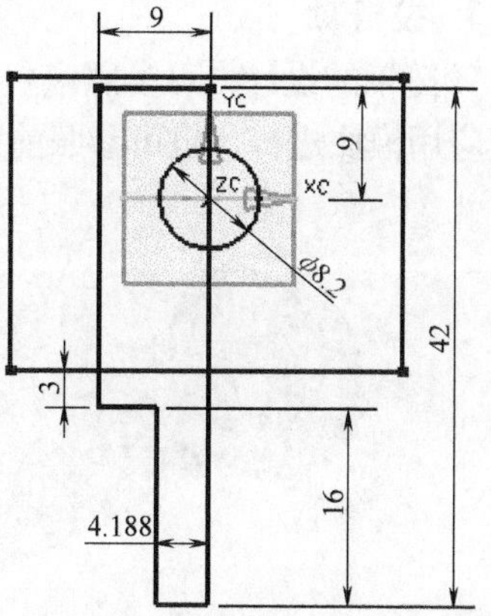

图 2-109　铰链支座的纵截面轮廓

在 UG 中新建一个文档，在建模环境下，用草图方式画出铰链支座的纵截面轮廓，如图 2-109 所示。返回到三维工作界面后，分别用【回转】和【拉伸】命令，选择相应的轮廓曲线，旋转拉伸和直向拉伸出实体，再进行创建螺纹、倒角操作即可构建出完整的零件。完成的铰链支座的实体图和工程图，如图 2-110 所示。

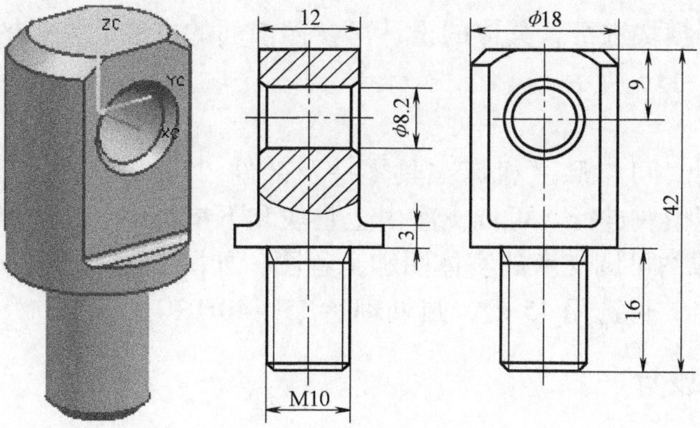

图 2-110　铰链支座的实体图和工程图

2. 铰链叉座

铰链叉座的设计，可参照《机床夹具零件及部件　铰链叉座》（JB/T 8035—1999），采用 UG 的建模应用模块进行，也可参照铰链支座的方法。完成的铰链叉座的实体图和工程图，如图 2-111 所示。

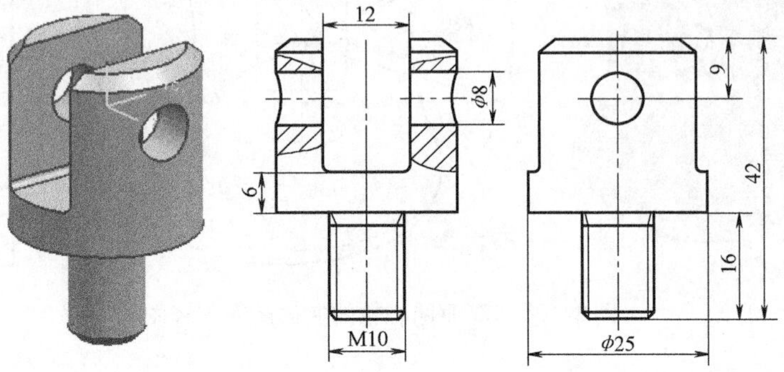

图 2-111　铰链叉座的实体图和工程图

3. 铰链轴

铰链轴的设计，可参照《机床夹具零件及部件　铰链轴》（JB/T 8033—1999），采用 UG 的建模应用模块进行，也可参照前面的方法。完成的铰链轴的实体图和工程图，如图 2-112 所示。

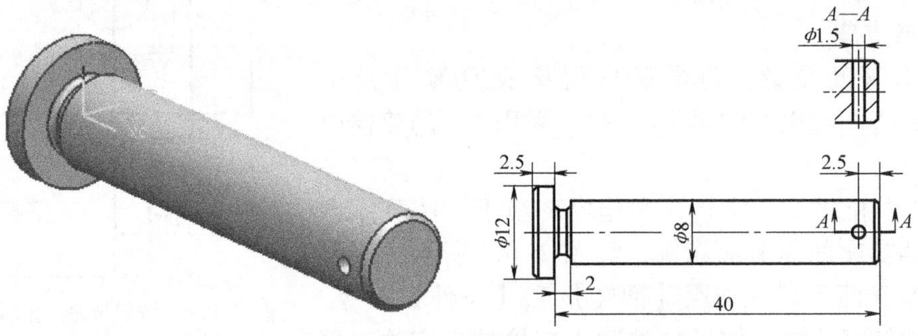

图 2-112　铰链轴的实体图和工程图

4. 螺钉支座

螺钉支座的设计，可参照《机床夹具零件及部件　螺钉支座》（JB/T 8036.1—1999），采用 UG 的建模应用模块进行，具体的设计可参照前面的方法。完成的 A 型螺钉支座的实体图和工程图，如图 2-113 所示。

5. 可调支座

可调支座的设计，可参照《机床夹具零件及部件　可调支座》（JB/T 8036.2—1999），采用 UG 的建模应用模块进行。可调支座由上垫块和下垫块两个元件组成，具体的设计可参照前面的方法。完成的可调支座的实体图和工程图，如图 2-114 所示。

支座的制造材料，可选用 45 钢，热处理达 35～40HRC。

2.3.5　操作件的设计

操作件是指在夹紧机构中用来施加夹紧力或调节工件空间位置、直接用手操纵的元件。

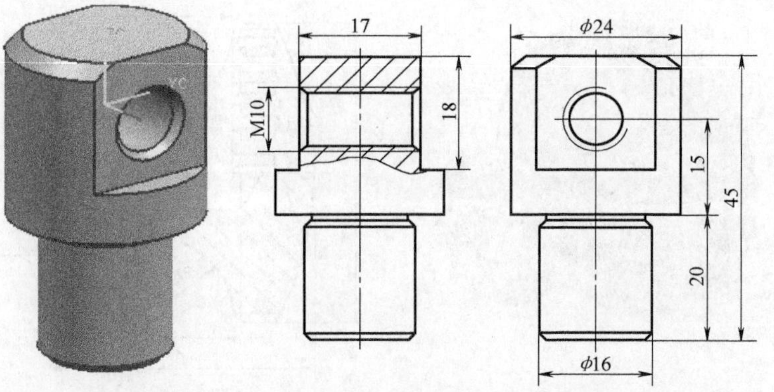

图 2-113　A 型螺钉支座的实体图和工程图

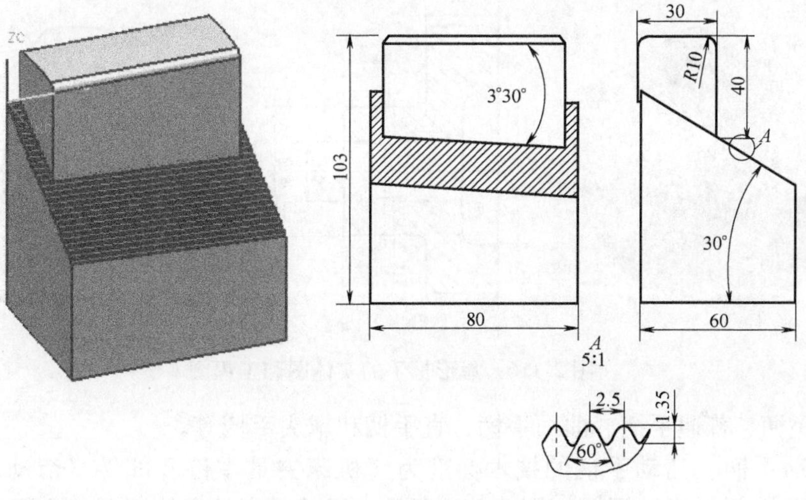

图 2-114　可调支座的实体图和工程图

其作用是改变施力的方向，增大作用力强度，使操纵更加方便灵活。操作件按其使用功能和形态的不同，分为把手、手柄等。

1. 把手

常用的把手有两种标准形式，即滚花把手和星形把手。

(1) 滚花把手　滚花把手的技术标准为《机床夹具零件及部件　滚花把手》(JB/T 8023.1—1999)，具体的设计过程可参照前面的设计方法。图 2-115 所示为滚花把手的实体图和工程图。

(2) 星形把手　星形把手的技术标准为《机床夹具零件及部件　星形把手》(JB/T 8023.2—1999)，具体的设计过程可参照前面的设计方法。图 2-116 所示为星形把手的实体图和工程图。

把手的制造材料，可选用 Q235A 碳素结构钢，不需要进行热处理。

2. 手柄

手柄的类型很多，这里介绍比较常用的手柄，如活动手柄、固定手柄、握柄、焊接手

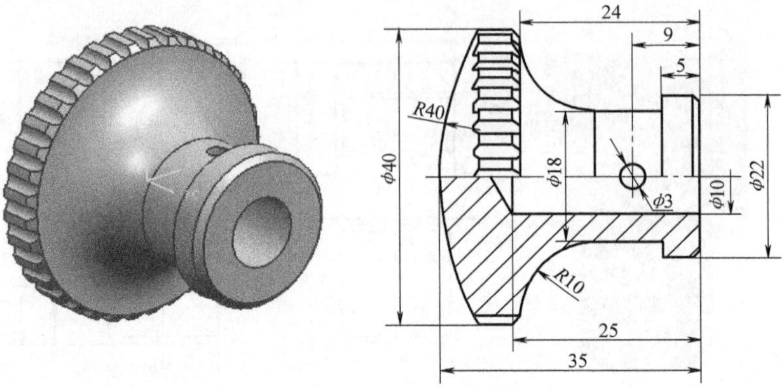

图 2-115　滚花把手的实体图和工程图

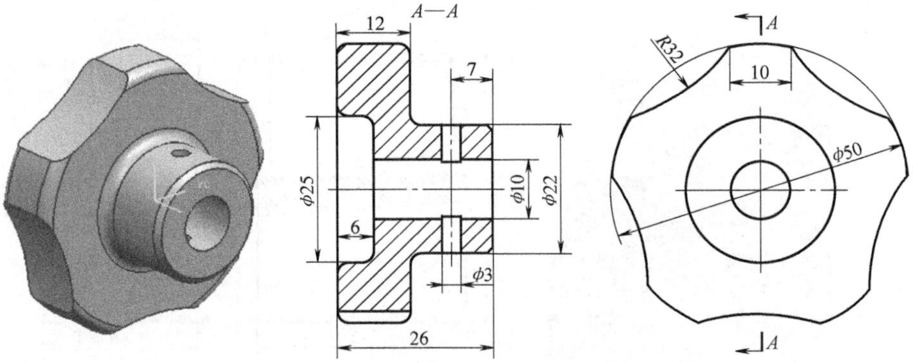

图 2-116　星形把手的实体图和工程图

柄、杠杆式手柄、普通手柄、曲面手柄、直手柄和球头手柄等。

（1）活动手柄　活动手柄的技术标准为《机床夹具零件及部件　活动手柄》（JB/T 8024. 1—1999），设计方法同前。图 2-117 所示为活动手柄的实体图和工程图。

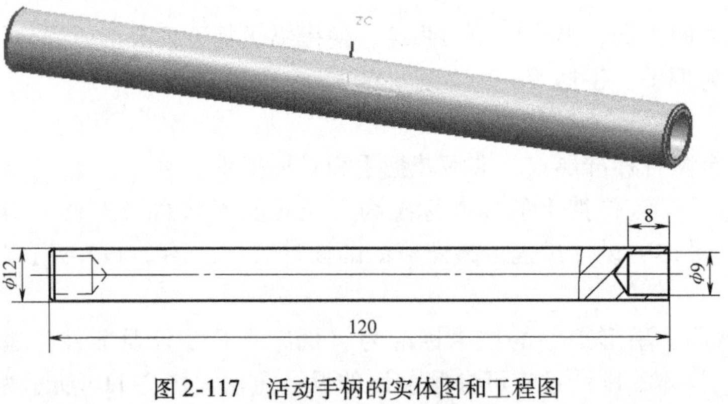

图 2-117　活动手柄的实体图和工程图

（2）固定手柄　固定手柄的技术标准为《机床夹具零件及部件　固定手柄》（JB/T 8024. 2—1999），设计方法同前。图 2-118 所示为固定手柄的实体图和工程图。

（3）握柄　握柄的技术标准为《机床夹具零件及部件　握柄》（JB/T 8024. 3—1999），

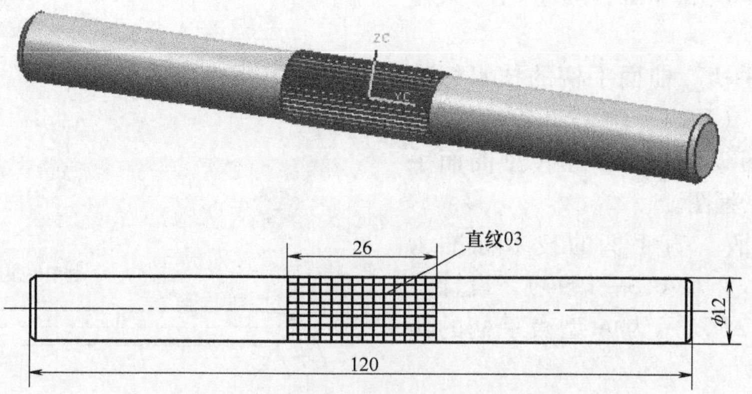

图 2-118　固定手柄的实体图和工程图

设计方法同前。图 2-119 所示为 A 型握柄的实体图和工程图。

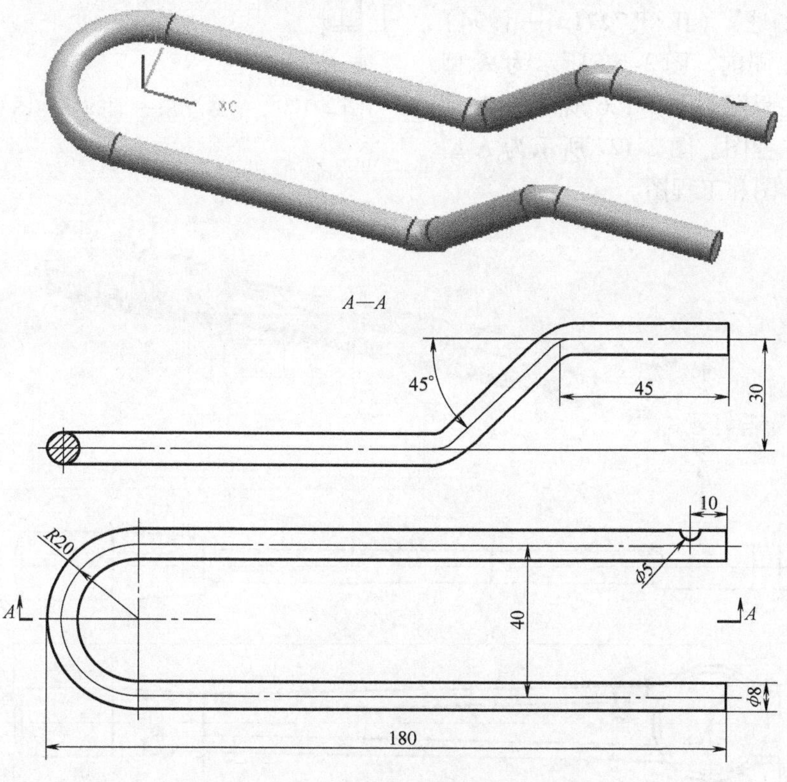

图 2-119　A 型握柄的实体图和工程图

（4）焊接手柄　焊接手柄的技术标准为《机床夹具零件及部件　焊接手柄》（JB/T 8024.4—1999），设计方法同前。焊接手柄由 2 个元件装配后焊接而成。图 2-120 所示为 A 型焊接手柄的实体图和工程图。

（5）杠杆式手柄　杠杆式手柄的技术标准为《机床夹具零件及部件　杠杆式手柄》（JB/T 8024.5—1999），设计方法同前。图 2-121 所示为 A 型杠杆式手柄的实体图和工程图。

（6）普通手柄　普通手柄的技术标准为《手柄》（JB/T 7270.1—1994），设计方法同前。图 2-122 所示为 A 型普通手柄的实体图和工程图。

（7）曲面手柄　曲面手柄的技术标准为《曲面手柄》（JB/T 7270.2—1994），设计方法同前。图 2-123 所示为 A 型曲面手柄的实体图和工程图。

（8）直手柄　直手柄的技术标准为《直手柄》（JB/T 7270.3—1994），设计方法同前。图 2-124 所示为 A 型直手柄的实体图和工程图。

（9）球头手柄　球头手柄是由手柄杆和手柄球两个元件组成。球头手柄杆的技术标准为《球头手柄》（JB/T 7270.8—1994）和《手柄球》（JB/T 7271.1—1994）的具体设计方法同前。图 2-125所示为 A 型球头手柄杆的工程图；图 2-126 所示为 A 型球头手柄球的工程图。图 2-127 所示为 A 型球头手柄的实体图和工程图。

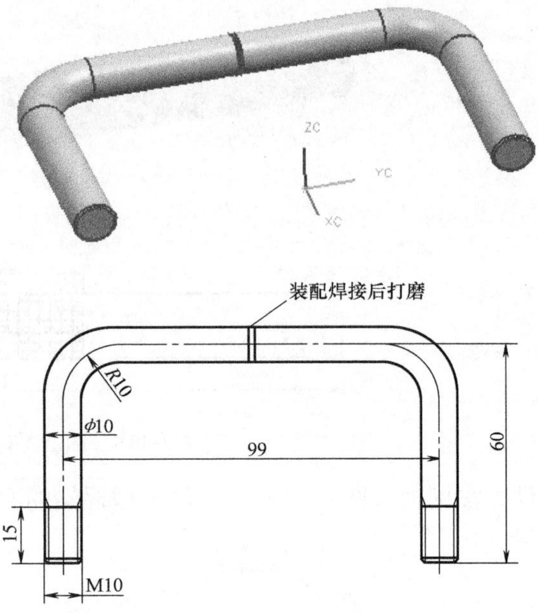

图 2-120　A 型焊接手柄的实体图和工程图

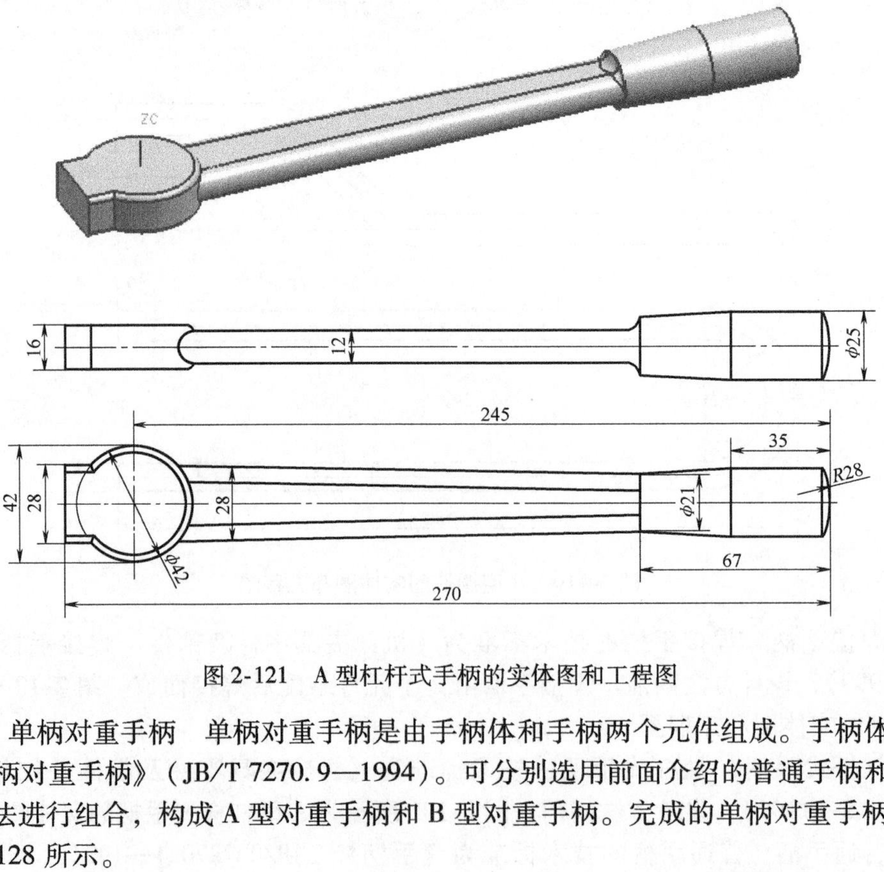

图 2-121　A 型杠杆式手柄的实体图和工程图

（10）单柄对重手柄　单柄对重手柄是由手柄体和手柄两个元件组成。手柄体的技术标准为《单柄对重手柄》（JB/T 7270.9—1994）。可分别选用前面介绍的普通手柄和曲面手柄的设计方法进行组合，构成 A 型对重手柄和 B 型对重手柄。完成的单柄对重手柄体的工程图如图 2-128 所示。

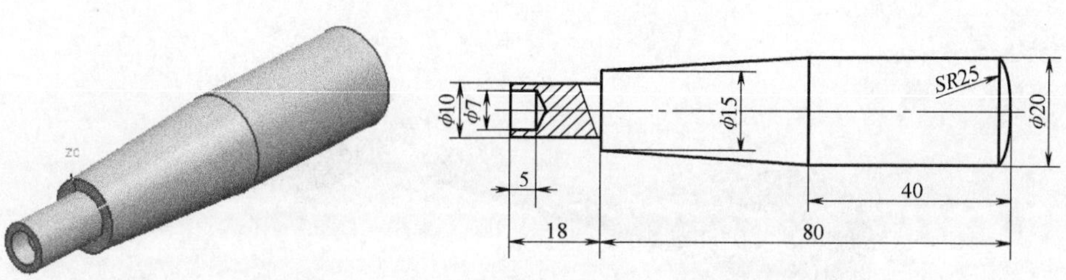

图 2-122　A 型普通手柄的实体图和工程图

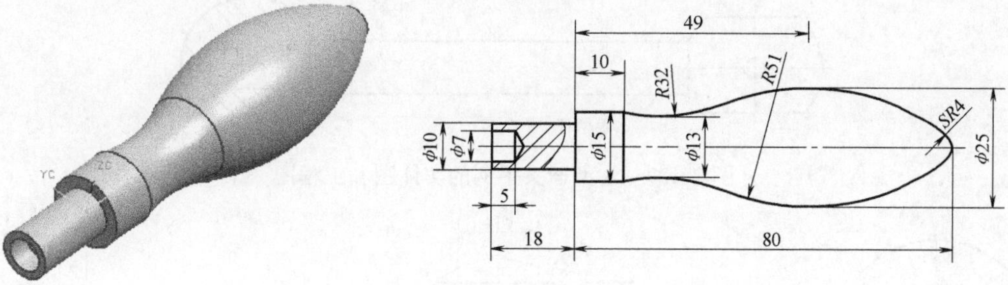

图 2-123　A 型曲面手柄的实体图和工程图

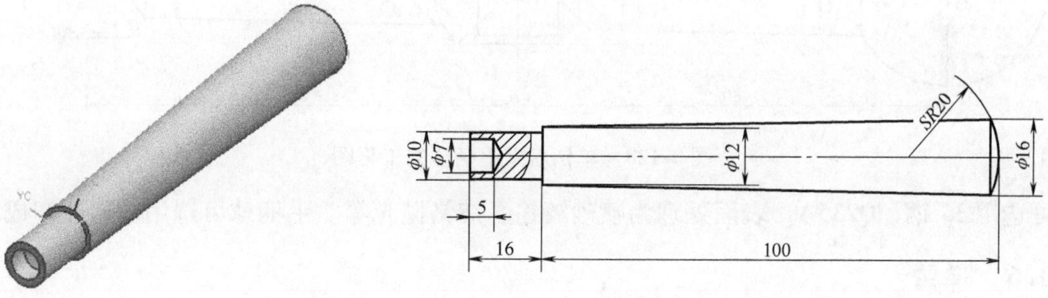

图 2-124　A 型直手柄的实体图和工程图

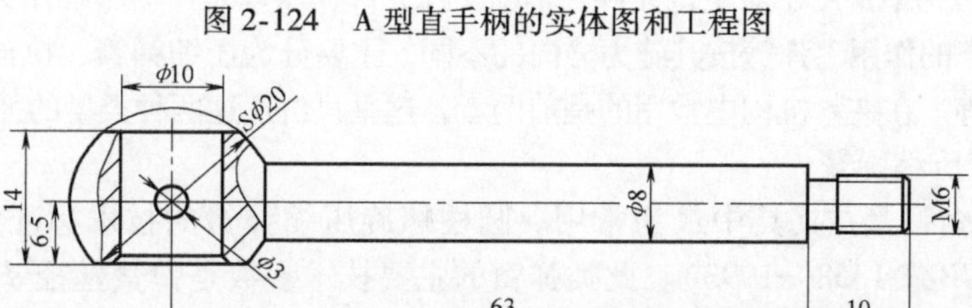

图 2-125　A 型球头手柄杆的工程图

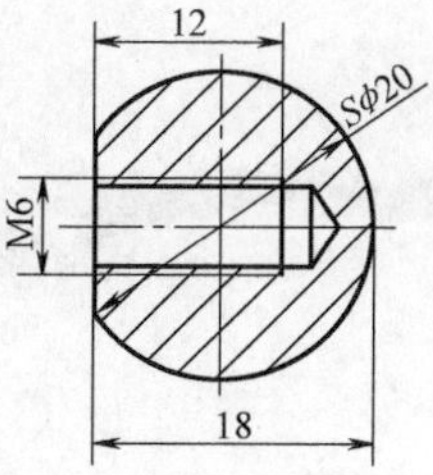

图 2-126　A 型球头手柄球的工程图

将完成的手柄体分别与普通手柄和曲面手柄组装后，构成完整的 A 型单柄对重手柄和 B 型单柄对重手柄分别如图 2-129 和图 2-130所示。

手柄的制造材料根据不同的手柄类型选用。活动手柄、固定手柄、握柄、焊接手柄和 U 形把手一般选用 Q235，作表面发蓝或其他防锈处理。杠杆式手柄可选用 45 钢，头部热处理 35 ~ 40HRC。普通手柄、曲面手柄、直手柄、球头手柄和单柄对重手

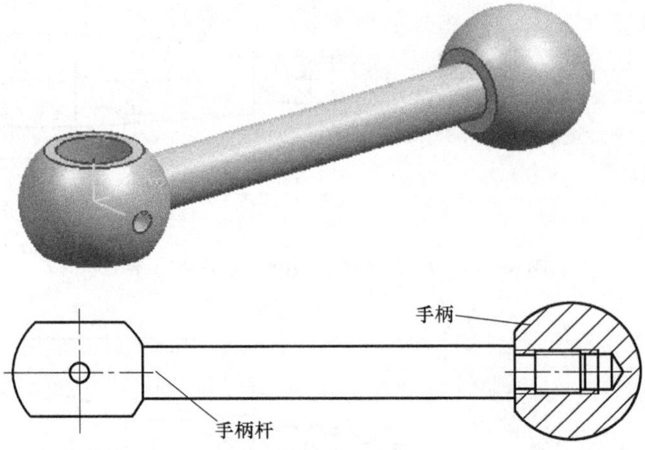

图 2-127　A 型球头手柄的实体图和工程图

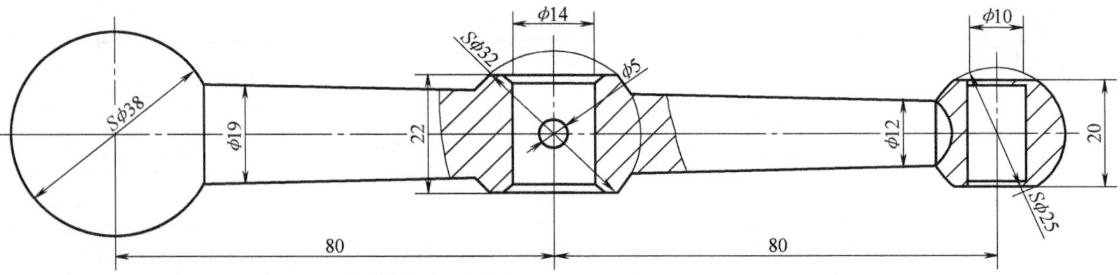

图 2-128　单柄对重手柄体的工程图

柄可选用 35 钢、Q235A，表面处理为喷砂镀铬、镀铬抛光等。手柄球可选用塑料注塑成型。

2.3.6　弹簧

弹簧在夹紧机构中常用于对定位元件、辅助支撑元件、压紧元件等施加压力或拉力，起到复位或保持自由状态的作用。弹簧按其施力方向的不同，主要分为压缩弹簧、拉伸弹簧、平面涡卷弹簧和碟形弹簧等。在夹紧机构中常用的是前两者，这里只讲述这两种类型的弹簧。

1. 圆柱螺旋压缩弹簧

圆柱螺旋压缩弹簧在夹具中最为常用。圆柱螺旋压缩弹簧的技术标准为《圆柱螺旋弹簧尺寸系列》（GB/T 1358—1993）。此类弹簧的主要技术参数是弹簧丝径 d、弹簧外径 D 和弹簧长度 H，通常标注形式为　$d \times D \times H$。

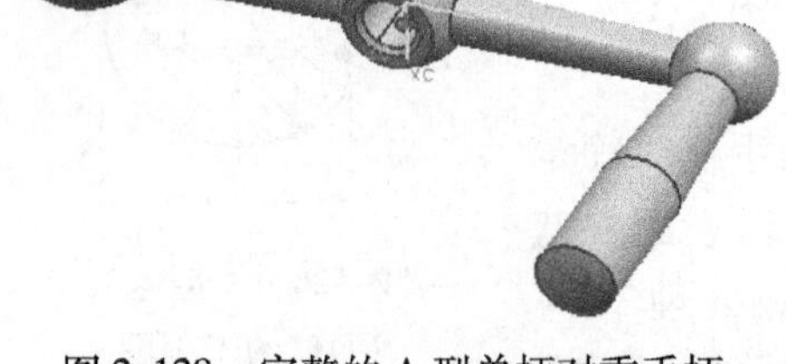

图 2-129　完整的 A 型单柄对重手柄

图 2-130　完整的 B 型单柄对重手柄

以 2mm ×20mm ×28mm 的圆柱螺旋压缩弹簧为例，讲述弹簧的设计方法。

在 UG 中新建一个文档，进入建模环境。单击【插入】→【曲线】→【螺旋】命令，在弹出的“螺旋线”对话框中输入参数，转数为 1、螺距为 2mm、半径为 9mm、旋转方向为右手，如图 2-131 所示。单击“点构造器”按钮，在出现的“点构造器”对话框中，单击“重置”按钮，使 *XC*、*YC*、*ZC* 三个坐标值都为 0，如图 2-132 所示。完成以上的参数设置后，单击“螺旋线”对话框的“应用”按钮，会看到绘图区出现第一条螺旋线，如图 2-133 所示。此时，该对话框并未关闭，继续绘制第二、第三条螺旋线。

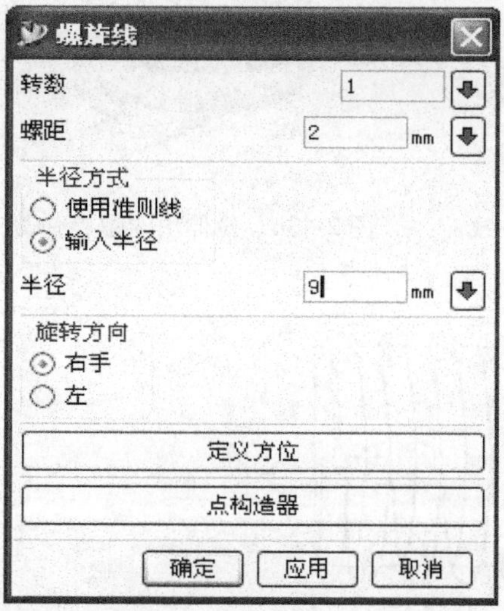

图 2-131 “螺旋线”对话框

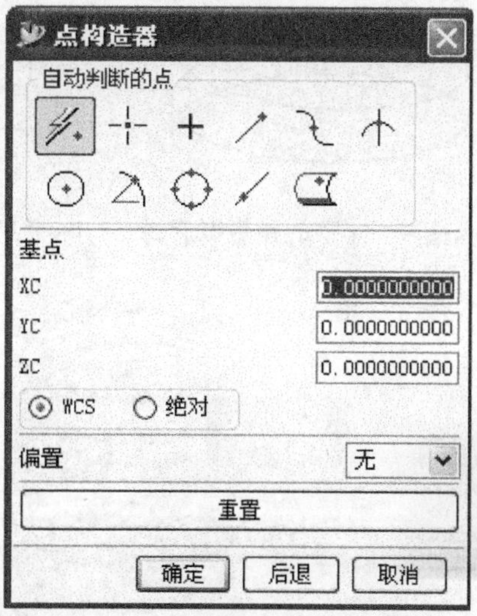

图 2-132 “点构造器”对话框

用相同的方法绘制后面两条螺旋线，主要参数如下。

第二条螺旋线：转数为 6，螺距为 4mm，半径为 9mm；进入“点构造器”对话框，*XC* = 0、*YC* = 0、*ZC* = 2。

第三条螺旋线：转数为 1，螺距为 2mm，半径为 9mm；进入“点构造器”对话框，*XC* = 0、*YC* = 0、*ZC* = 26。

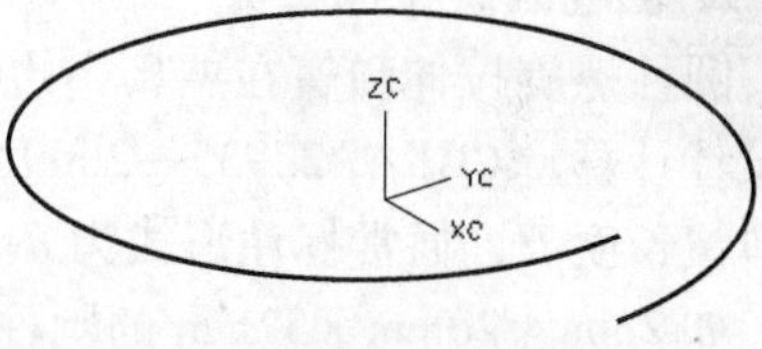

图 2-133 画出的第一条螺旋线

完成上面的操作后，完整的弹簧螺旋线如图 2-134 所示。

单击“成形特征”工具条的【草图】命令，进入 *XC*—*ZC* 基准平面，绘制弹簧的截面轮廓曲线，即一个圆和两个矩形，如图 2-135 所示。退出草图界面进入三维界面。单击“成形特征”工具条上的【沿导引线扫掠】命令，分别选择截面轮廓的圆曲线和三条螺旋线，拉伸出的螺旋弹簧如图 2-136 所示。再单击“成形特征”工具条上的【拉伸】命令，分别选择两个矩形线框，双向拉伸并求差，构建出弹簧的上下平面。最后完成圆柱螺旋压缩弹簧的全部构建，将三维实体中的草图、曲线和基准平面隐藏后，其实体图和工程图如图 2-137

所示。

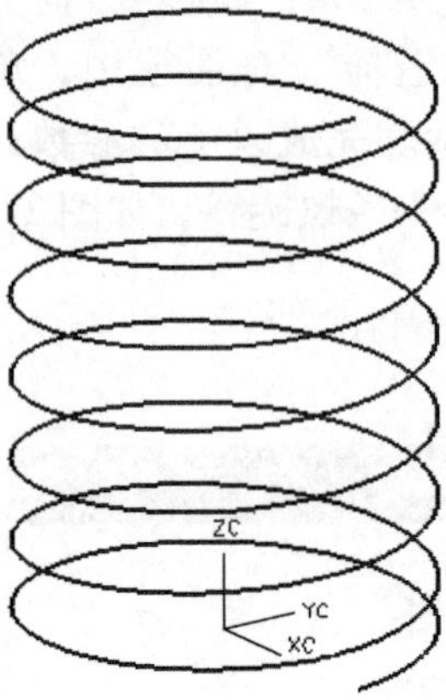

图 2-134　完整的弹簧螺旋线

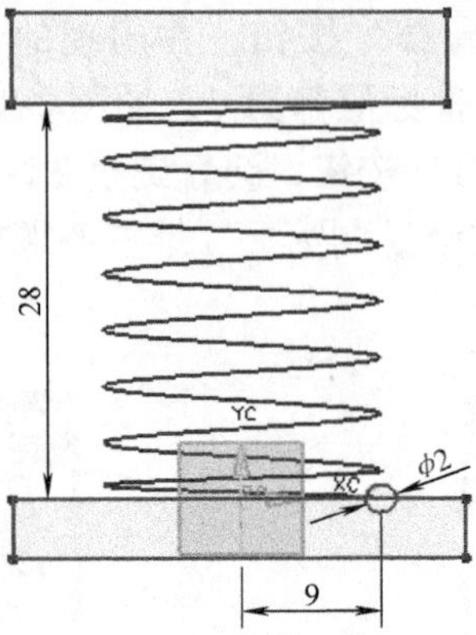

图 2-135　弹簧的截面轮廓曲线

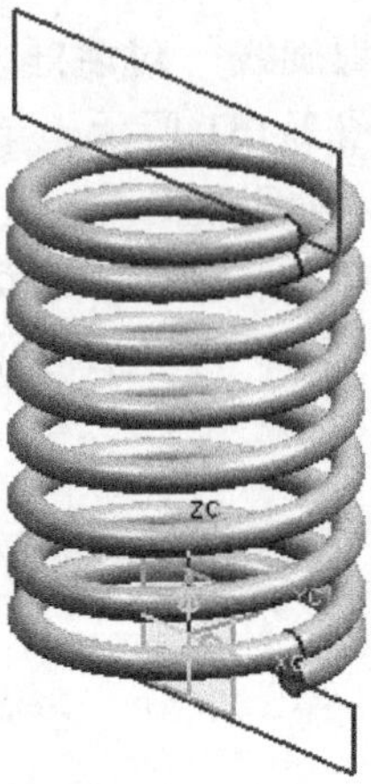

图 2-136　拉伸出的螺旋弹簧

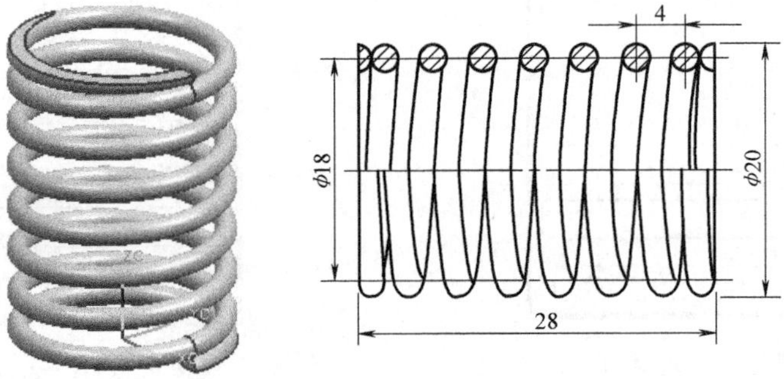

图 2-137　圆柱螺旋压缩弹簧的实体图和工程图

2. 圆柱螺旋拉伸弹簧

圆柱螺旋拉伸弹簧在夹具中也会用到。圆柱螺旋拉伸弹簧的技术标准为《圆柱螺旋弹簧设计计算》（GB/T 23935—2009）。此类弹簧的主要技术参数也是弹簧丝径 d、弹簧外径 D 和弹簧长度 H，通常标注形式为 $d\times D\times H$。

如 2mm×20mm×57mm 的圆柱螺旋拉伸弹簧，具体的设计可参照前面的圆柱螺旋压缩弹簧的方法。完成后的 A 型圆柱螺旋拉伸弹簧的实体图和工程图，如图 2-138 所示。

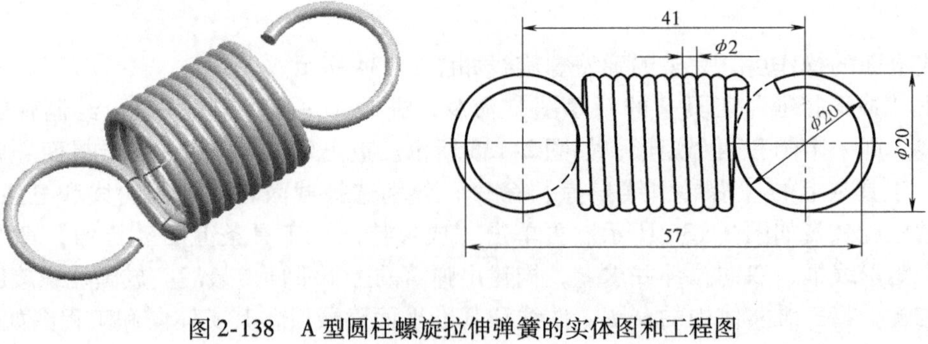

图 2-138　A 型圆柱螺旋拉伸弹簧的实体图和工程图

弹簧的制造材料通常选用65Mn弹簧钢丝，进行回火热处理即可。

2.4 紧固元件的设计

紧固元件是指夹具中用于固定、连接、压紧、调整各类元件的辅助性元件，包括螺钉、螺栓、螺母、垫圈等。

2.4.1 螺钉

螺钉按其使用功能的不同，分为压紧螺钉、钻套螺钉、镗套螺钉等。

1. 压紧螺钉

压紧螺钉的种类比较多，有通用压紧螺钉、六角头压紧螺钉、固定手柄压紧螺钉和活动手柄压紧螺钉。

（1）通用压紧螺钉　通用压紧螺钉有A、B、C三种类型，可按《机床夹具零件及部件　压紧螺钉》（JB/T 8006.1—1999）进行设计。下面以A型压紧螺钉为例，讲述具体的设计过程和方法。

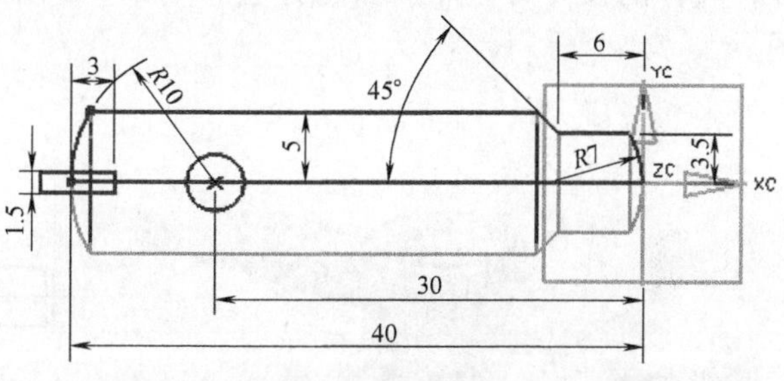

图2-139　A型通用压紧螺钉纵截面轮廓

在UG中新建一个文档，在建模环境下，用草图方式画出A型通用压紧螺钉的纵截面轮廓，如图2-139所示。返回到三维工作界面后，用【回转】命令，选择相应的轮廓曲线，旋转拉伸出螺钉的实体。再用【拉伸】命令，选择圆和小矩形曲线，双向拉伸构建出一个通孔和旋口槽。再用【螺纹】命令，选择圆柱体表面，构建出M10（螺距为1.5）的螺纹，即可完成螺钉的全部设计。完成的A型通用压紧螺钉的实体图和工程图如图2-140所示。

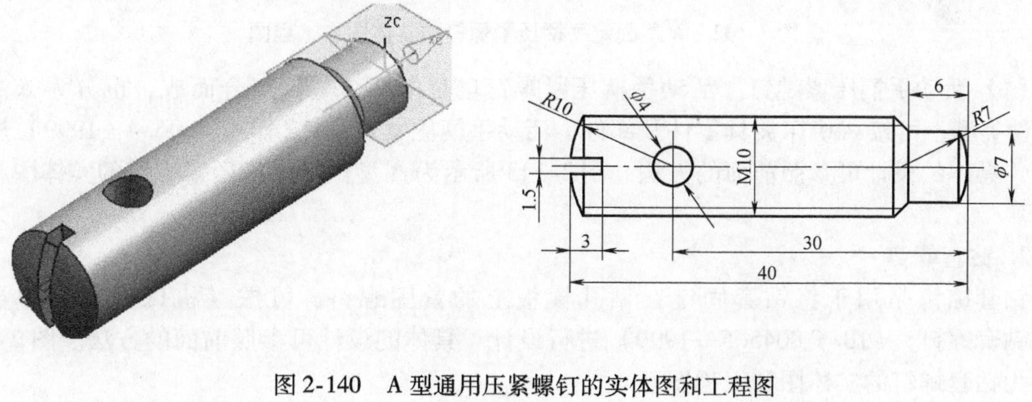

图2-140　A型通用压紧螺钉的实体图和工程图

（2）六角头压紧螺钉　六角头压紧螺钉也有A、B、C三种类型，可按《机床夹具零件及部件　六角头压紧螺钉》（JB/T 8006.2—1999）进行设计，具体的设计可参照前面的方法。图2-141所示为A型六角头压紧螺钉的实体图和工程图。

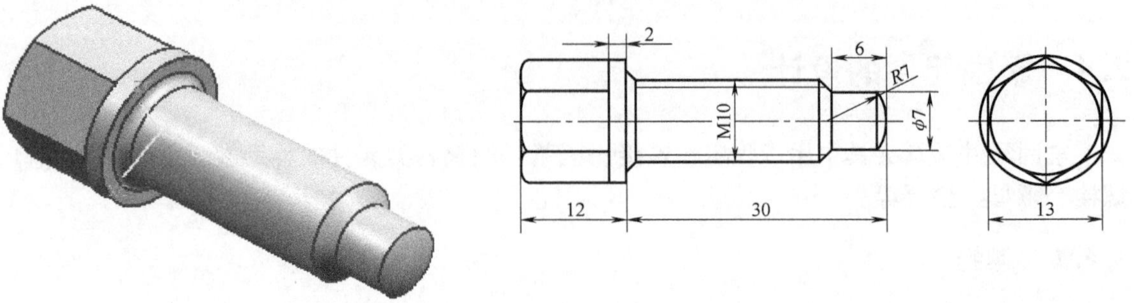

图 2-141　A 型六角头压紧螺钉的实体图和工程图

（3）固定手柄压紧螺钉　固定手柄压紧螺钉是由两个零件组合而成，也分为 A、B、C 三种类型，可按《机床夹具零件及部件　固定手柄压紧螺钉》（JB/T 8006.3—1999）进行设计，具体的设计可参照前面的方法。图 2-142 所示为 A 型固定手柄压紧螺钉的实体图和工程图。

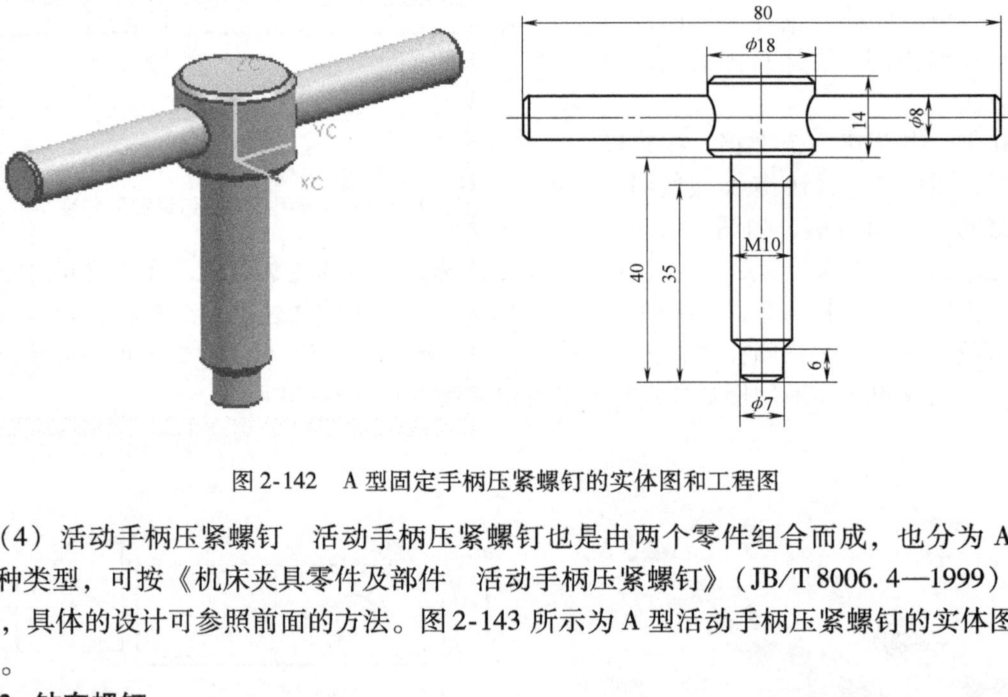

图 2-142　A 型固定手柄压紧螺钉的实体图和工程图

（4）活动手柄压紧螺钉　活动手柄压紧螺钉也是由两个零件组合而成，也分为 A、B、C 三种类型，可按《机床夹具零件及部件　活动手柄压紧螺钉》（JB/T 8006.4—1999）进行设计，具体的设计可参照前面的方法。图 2-143 所示为 A 型活动手柄压紧螺钉的实体图和工程图。

2. 钻套螺钉

钻套螺钉是用于将钻套固定在钻孔模板上的紧固螺钉，可按《机床夹具零件及部件　钻套螺钉》（JB/T 8045.5—1999）进行设计。具体的设计可参照前面的方法。图 2-144 所示为钻套螺钉的实体图和工程图。

3. 镗套螺钉

镗套螺钉是用于将镗套固定在镗孔模板上的紧固螺钉，可按《机床夹具零件及部件　镗套螺钉》（JB/T 8046.3—1999）进行设计。具体的设计可参照前面的方法。图 2-145

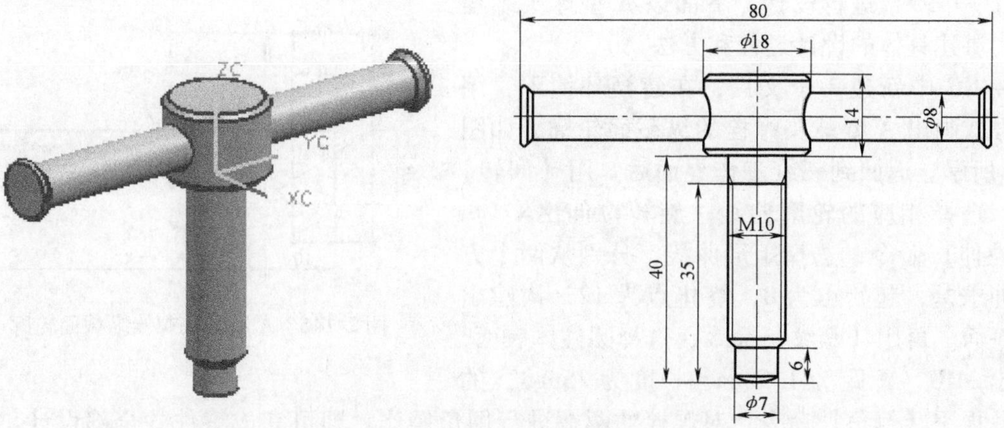

图 2-143　A 型活动手柄压紧螺钉的实体图和工程图

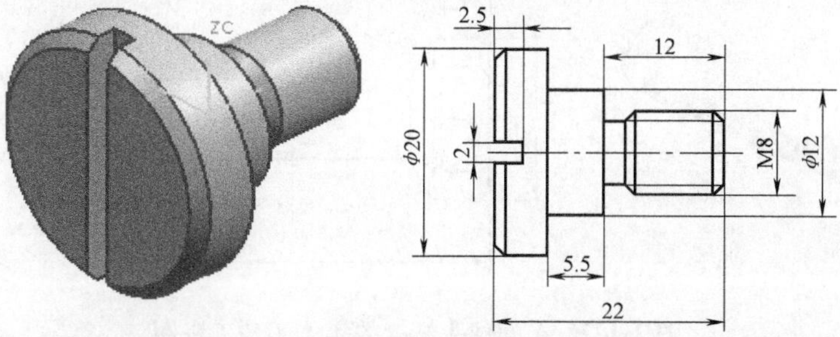

图 2-144　钻套螺钉的实体图和工程图

所示为镗套螺钉的实体图和工程图。

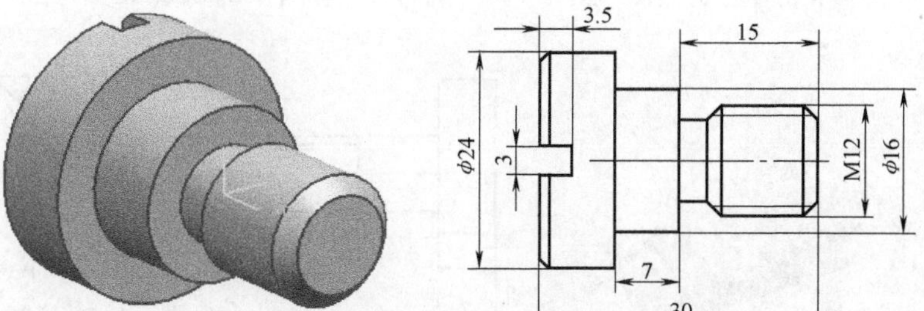

图 2-145　镗套螺钉的实体图和工程图

螺钉的制造材料可选用 45 钢，热处理达 35～40HRC。

2.4.2　螺栓

螺栓按其使用功能的不同，分为球头螺栓、T 形槽快卸螺栓、钩形螺栓、双头螺栓和槽用螺栓等。

1. 球头螺栓

球头螺栓有 A、B、C 三种类型，可按《机床夹具零件及部件　球头螺栓》（JB/T

8007.1—1999）进行设计。下面以 A 型球头螺栓为例，讲述具体的设计过程和方法。

在 UG 中新建一个文档，在建模环境下，用草图方式画出 A 型球头螺栓的纵截面轮廓，如图 2-146 所示。返回到三维工作界面后，用【回转】命令，选择相应的轮廓曲线，旋转拉伸出实体。用【拉伸】命令，选择矩形曲线，分别从两个方向拉伸求差，起始点为 8，终止点为 12，构建出旋口平面。再用【螺纹】命令，选择圆柱体表面，构建出 M10（螺距为 1.5mm，长度为 25mm）的螺纹。再用【倒角】命令，对螺栓的两端进行倒角操作，即可完成零件的全部设计。完成的 A 型球头螺栓的实体图和工程图如图 2-147 所示。

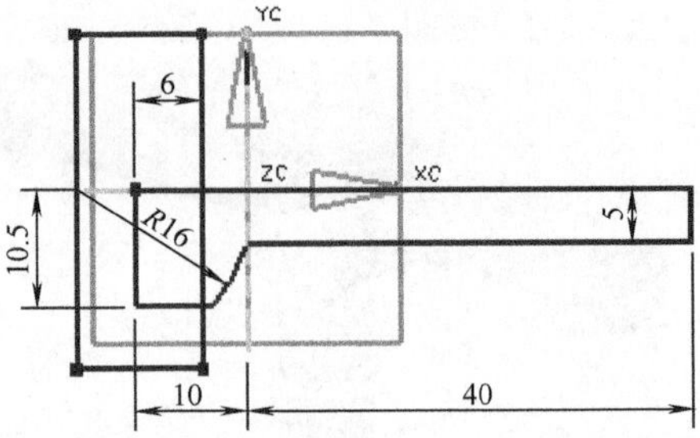

图 2-146　A 型球头螺栓纵截面轮廓

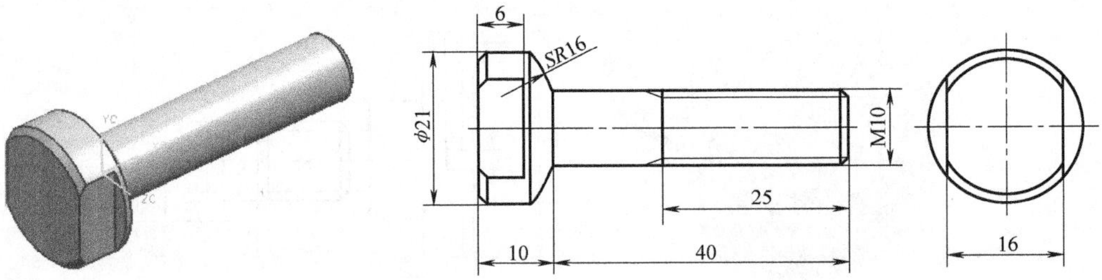

图 2-147　A 型球头螺栓的实体图和工程图

2. T 形槽快卸螺栓

T 形槽快卸螺栓可按《机床夹具零件及部件　T 形槽快卸螺栓》（JB/T 8007.2—1999）进行设计。具体的设计可参照前面的方法。图 2-148 所示为 T 形槽快卸螺栓的实体图和工程图。

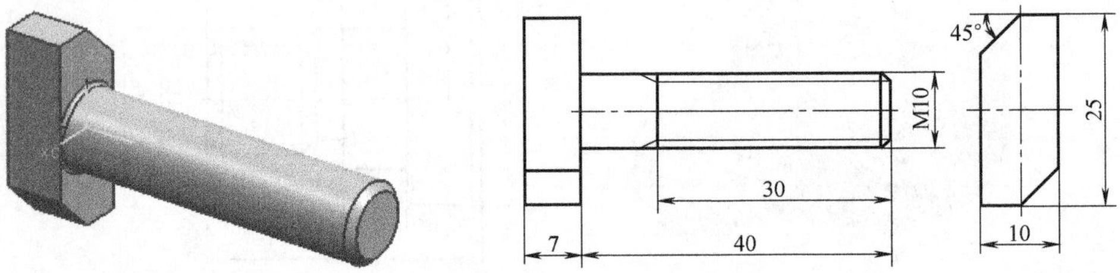

图 2-148　T 形槽快卸螺栓的实体图和工程图

3. 钩形螺栓

钩形螺栓有 A、B 两种类型，可按《机床夹具零件及部件　钩形螺栓》（JB/T 8007.3—1999）进行设计。具体的设计可参照前面的方法进行。图 2-149 所示为 A 型钩形螺栓的实体图和工程图。

4. 双头螺栓

双头螺栓可按《机床夹具零件及部件　双头螺栓》（JB/T 8007.4—1999）进行设计。具体的设计可参照前面的方法。图 2-150 所示为双头螺栓的实体图和工程图。

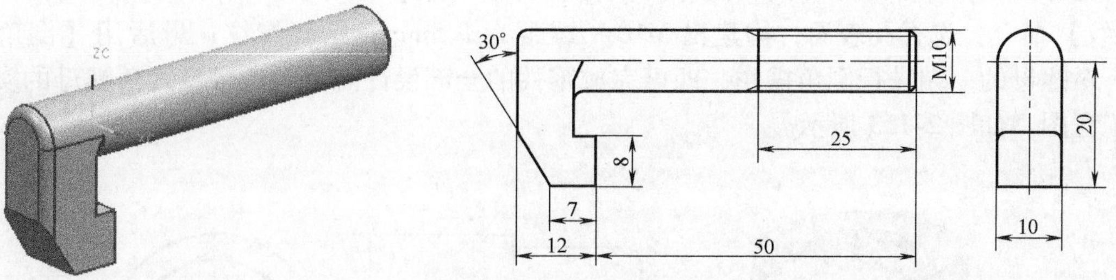

图 2-149　A 型钩形螺栓的实体图和工程图

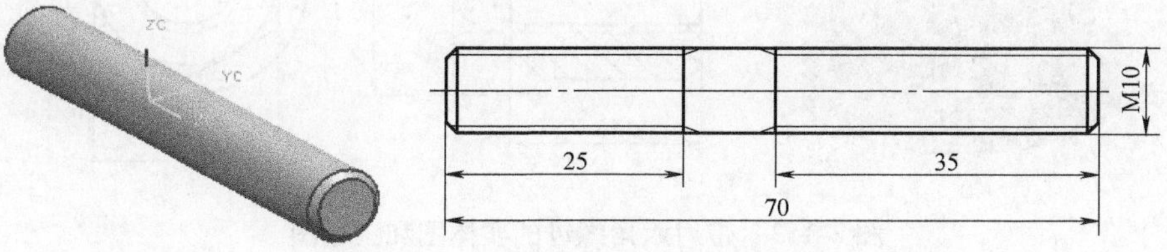

图 2-150　双头螺栓的实体图和工程图

5. 槽用螺栓

槽用螺栓可按《机床夹具零件及部件　槽用螺栓》（JB/T 8007. 5—1999）进行设计。具体的设计可参照前面的方法。图 2-151 所示为槽用螺栓的实体图和工程图。

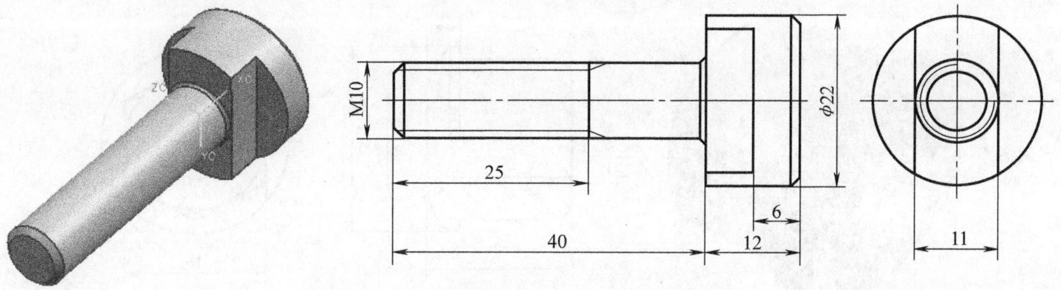

图 2-151　槽用螺栓的实体图和工程图

螺栓的制造材料可选用 45 钢，热处理至 35 ~40HRC。

2. 4. 3　螺母

螺母按其使用功能的不同，分为带肩六角螺母、球面带肩螺母、联接螺母、调节螺母、带孔滚花螺母、菱形螺母和内六角螺母。

1. 带肩六角螺母

带肩六角螺母可按《机床夹具零件及部件　带肩六角螺母》（JB/T 8004. 1—1999）进行设计。具体的设计过程和方法如下。

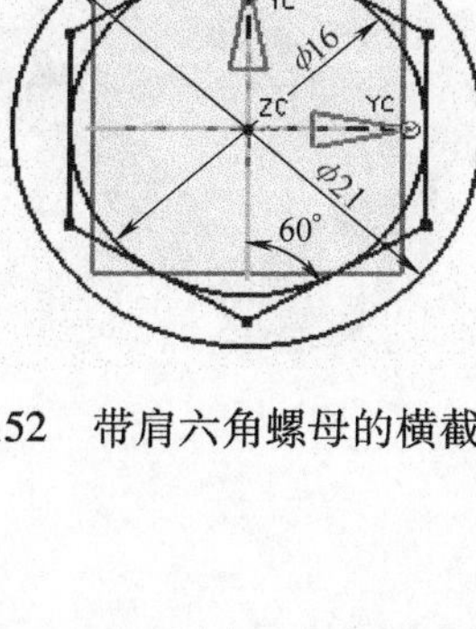

图 2-152　带肩六角螺母的横截面轮廓

在 UG 中新建一个文档，在建模环境下，用草图方式画出带肩六角螺母的横截面轮廓，如图 2-152 所示。返回到三维工作界面后，用【拉伸】命令，分别选择相应的轮廓曲线，即六边形和圆，拉伸出实体；再用【孔】命令，拉伸出内螺纹底孔；再用【螺纹】命令，选择孔表面，构建出 M10（螺距为 1.5mm）的孔螺纹；最后用【倒角】命令，对螺母的一端进行倒角操作，即可完成零件的全部设计。完成的带肩六角螺母的实体图和工程图，如图 2-153 所示。

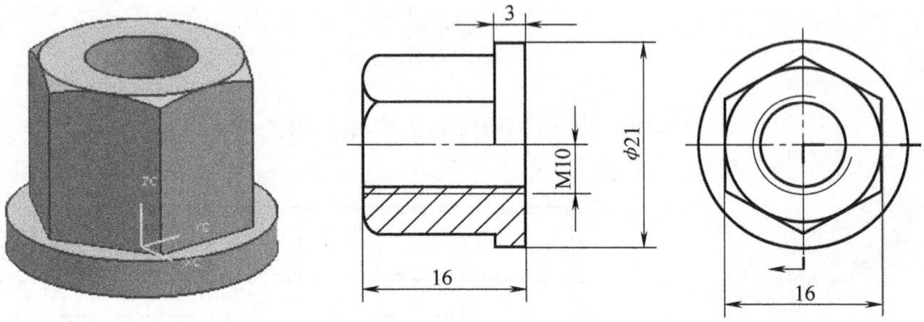

图 2-153　带肩六角螺母的实体图和工程图

2. 球面带肩螺母

球面带肩螺母有 A、B、C 三种类型，可按《机床夹具零件及部件　球面带肩螺母》（JB/T 8004.2—1999）进行设计。具体的设计可参照前面的方法。图 2-154 所示为 A 型球面带肩螺母的实体图和工程图。

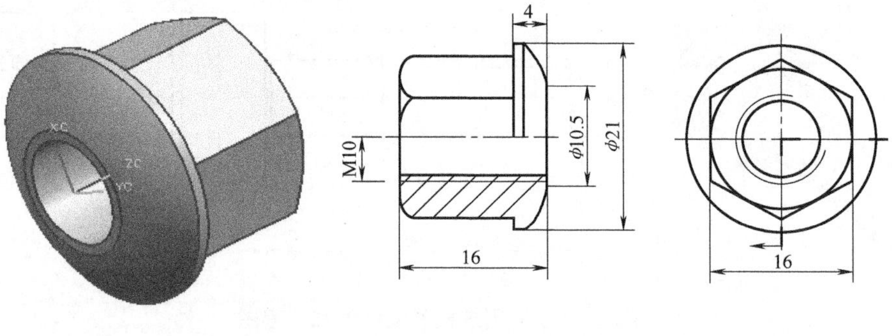

图 2-154　A 型球面带肩螺母的实体图和工程图

3. 连接螺母

连接螺母可按《机床夹具零件及部件　连接螺母》（JB/T 8004.3—1999）进行设计。具体的设计可参照前面的方法。图 2-155 所示为连接螺母的实体图和工程图。

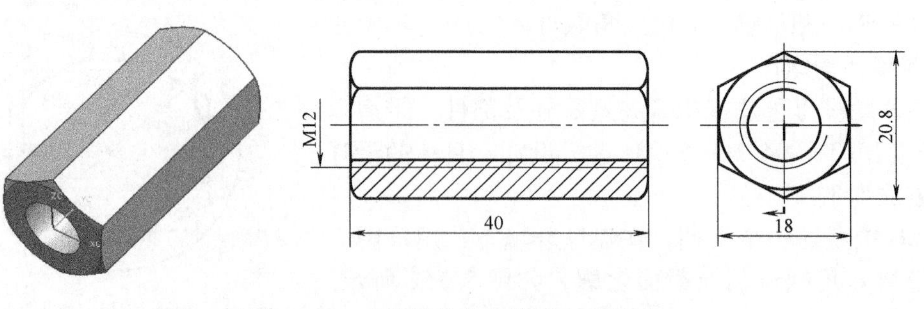

图 2-155　连接螺母的实体图和工程图

4. 调节螺母

调节螺母可按《机床夹具零件及部件　调节螺母》（JB/T 8004.4—1999）进行设计。具体的设计可参照前面的方法。图2-156所示为调节螺母的实体图和工程图。

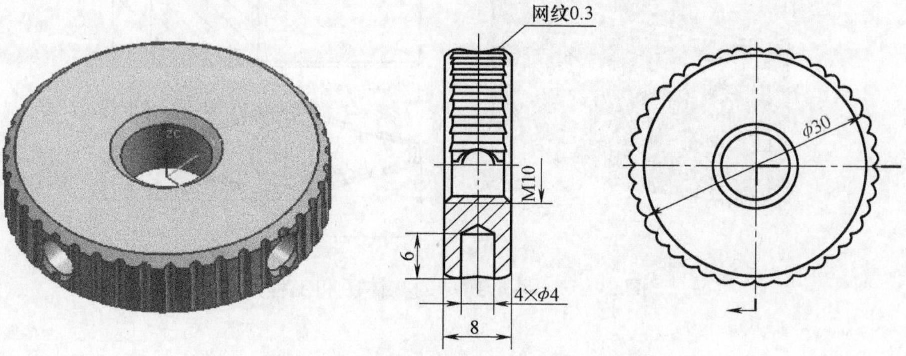

图2-156　调节螺母的实体图和工程图

5. 带孔滚花螺母

带孔滚花螺母有A、B两种类型，可按《机床夹具零件及部件　带孔滚花螺母》（JB/T 8004.5—1999）进行设计，具体的设计可参照前面的方法。图2-157所示为A型带孔滚花螺母的实体图和工程图。

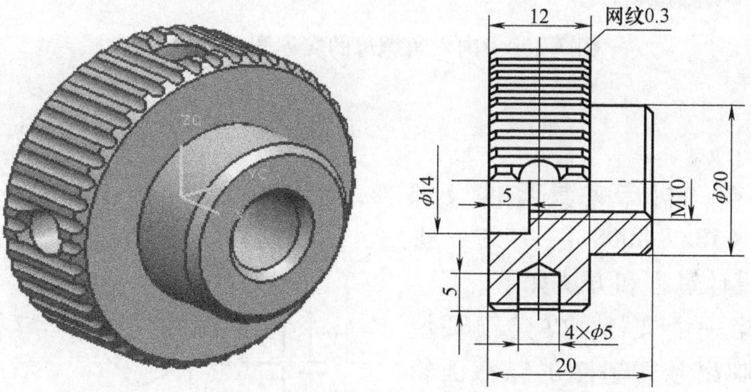

图2-157　A型带孔滚花螺母的实体图和工程图

6. 菱形螺母

菱形螺母可按《机床夹具零件及部件　菱形螺母》（JB/T 8004.6—1999）进行设计，具体的设计可参照前面的方法。图2-158所示为菱形螺母的实体图和工程图。

7. 内六角螺母

内六角螺母可按《机床夹具零件及部件　内六角螺母》（JB/T 8004.7—1999）进行设计，具体的设计可参照前面的方法。图2-159所示为内六角螺母的实体图和工程图。

螺母的制造材料可选用45钢，热处理至35~40HRC。

2.4.4　垫圈

垫圈按其使用功能的不同，分为悬式垫圈、十字垫圈、十字垫圈用垫圈、转动垫圈和快

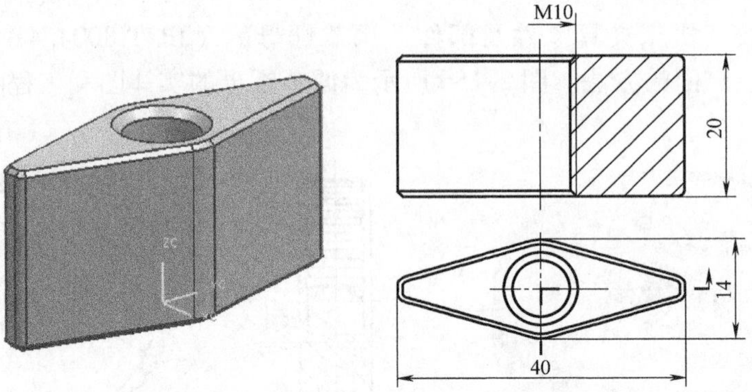

图 2-158　菱形螺母的实体图和工程图

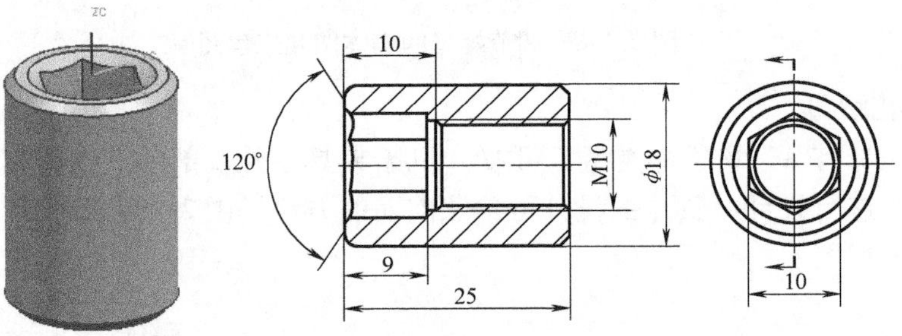

图 2-159　内六角螺母的实体图和工程图

换垫圈。

1. 悬式垫圈

悬式垫圈可按《机床夹具零件及部件　悬式垫圈》（JB/T 8008. 1—1999）进行设计。具体的设计过程和方法如下。

在 UG 中新建一个文档，在建模环境下，用草图方式画出悬式垫圈的纵截面轮廓，如图 2-160 所示。返回到三维工作界面后，用【回转】命令，分别选择相应的轮廓曲线，即上边的轮廓曲线和下边的轮廓曲线，旋转 180°和 360°，拉伸出实体。再用【倒角】命令，对垫圈的左端进行倒角操作，即可完成零件的全部设计。完成的悬式垫圈的实体图和工程图，如图 2-161 所示。

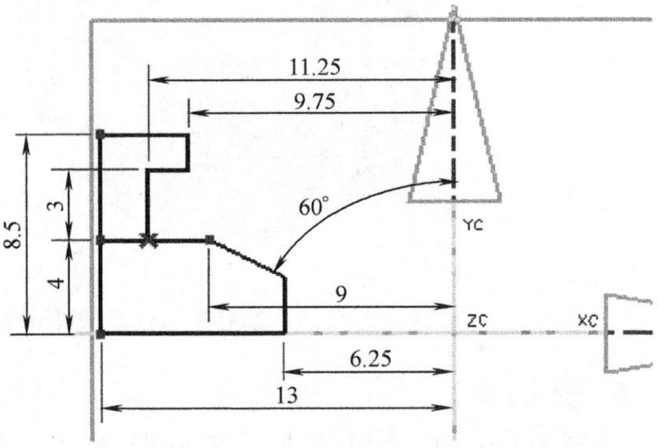

图 2-160　悬式垫圈纵截面轮廓

2. 十字垫圈

十字垫圈可按《机床夹具零件及部件　十字垫圈》（JB/T 8008. 2—1999）进行设计，具体的设计可参照前面的方法。图 2-162 所示为十字垫圈的实体图和工程图。

3. 十字垫圈用垫圈

十字垫圈用垫圈可按《机床夹具零件及部件　十字垫圈用垫圈》（JB/T 8008. 3—1999）进行

设计。具体的设计可参照前面的方法。图 2-163 所示为十字垫圈用垫圈的实体图和工程图。

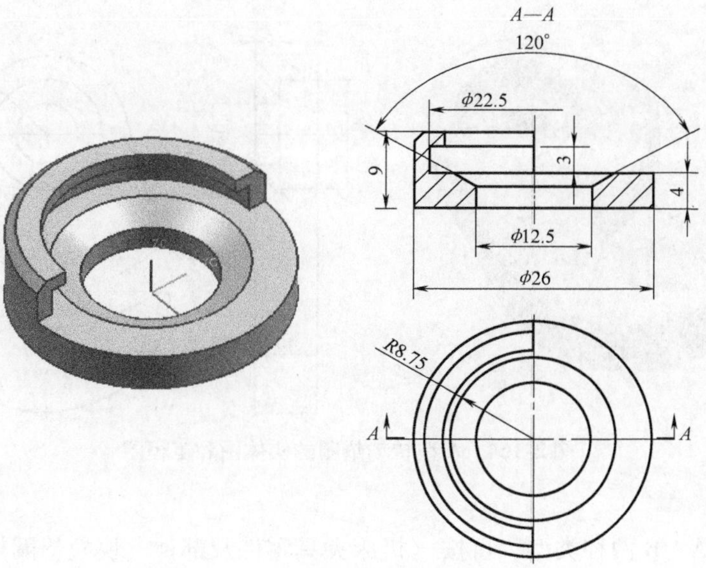

图 2-161　悬式垫圈的实体图和工程图

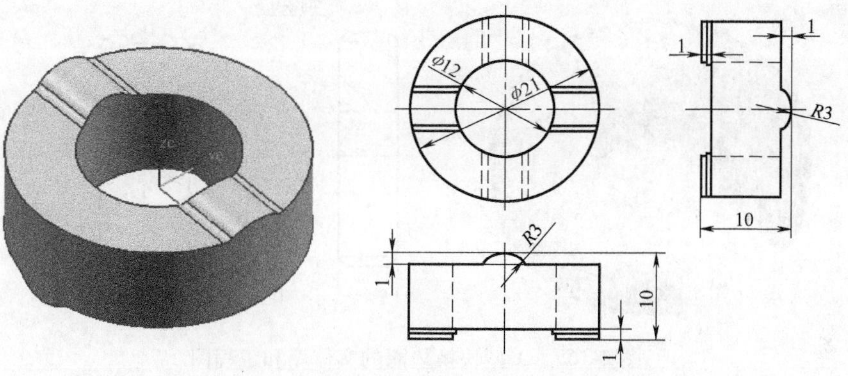

图 2-162　十字垫圈的实体图和工程图

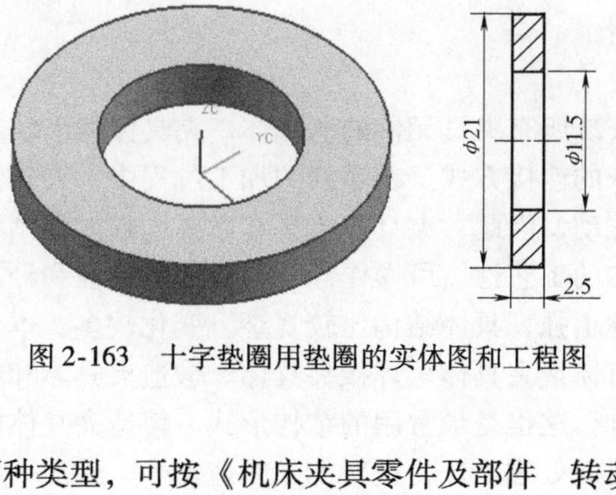

图 2-163　十字垫圈用垫圈的实体图和工程图

4. 转动垫圈

转动垫圈有 A、B 两种类型，可按《机床夹具零件及部件　转动垫圈》（JB/T 8008. 4—

1999）进行设计。具体的设计可参照前面的方法。图 2-164 所示为 A 型转动垫圈的实体图和工程图。

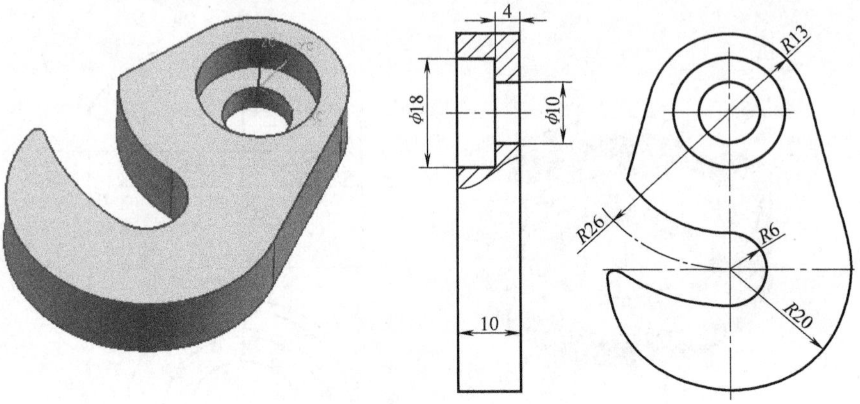

图 2-164　A 型转动垫圈的实体图和工程图

5. 快换垫圈

快换垫圈有 A、B 两种类型，可按《机床夹具零件及部件　快换垫圈》（JB/T 8008.5—1999）进行设计。具体的设计可参照前面的方法。图 2-165 所示为 A 型快换垫圈的实体图和工程图。

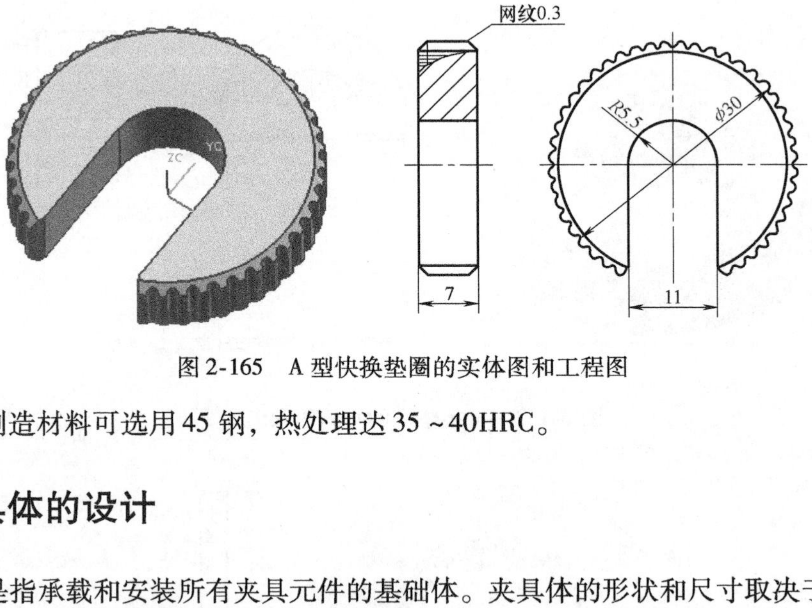

图 2-165　A 型快换垫圈的实体图和工程图

垫圈的制造材料可选用 45 钢，热处理达 35 ~ 40HRC。

2.5　夹具体的设计

夹具体是指承载和安装所有夹具元件的基础体。夹具体的形状和尺寸取决于夹具上各种机构的布置及夹具与机床的连接方式。在零件的加工过程中，夹具体需要承受夹紧力、切削力及由此产生的冲击和振动，因此，夹具体应具有必要的强度和刚度。同时，在夹具体的设计中还要充分考虑其结构的工艺性、可操作性、装拆的便捷性和经济性等因素。

由于夹具体的专用性很强，具体结构比较复杂，变化较多，本节主要讲述夹具体的毛坯设计。夹具体毛坯结构有铸造夹具体、焊接夹具体、锻造夹具体和组合装配夹具体。这里主要讲述铸造夹具体的设计，这也是最常用的结构形式。铸造夹具体的材料，通常选用 HT150 和 HT200，并经适当的时效处理后，再进行加工制造。

铸造结构的夹具体毛坯按其形态和使用功能的不同，分为底座基体、角铁基体、槽铁基体、过渡盘、支架体和支座体等。

2.5.1 底座基体

底座基体的典型结构主要有平板基体和箱形基体两大类。

1. 平板基体

平板基体的设计非常简单，可在UG的建模环境下，画出平面草图，再拉伸成实体即可。图2-166所示为平板基体的实体图和工程图。

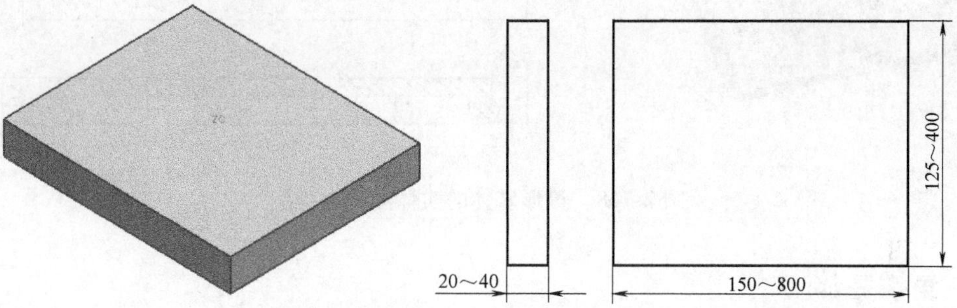

图2-166 平板基体的实体图和工程图

2. 箱形基体

箱形基体的结构与平板基体的差别是在基体的底面开有多个矩形凹槽，以减轻重量并保证其有足够的刚性。具体的设计过程和方法如下。

在UG中新建一个文档，在建模环境下，用草图方式画出箱形基体的平面轮廓曲线，如图2-167所示。返回到三维工作界面后，用【拉伸】命令，分别选择相应的轮廓曲线，拉伸出实体和型腔。再用【圆角】命令，进行所需的倒圆角操作，即可完成零件的全部设计。完成的箱形基体的实体图和工程图，如图2-168所示。

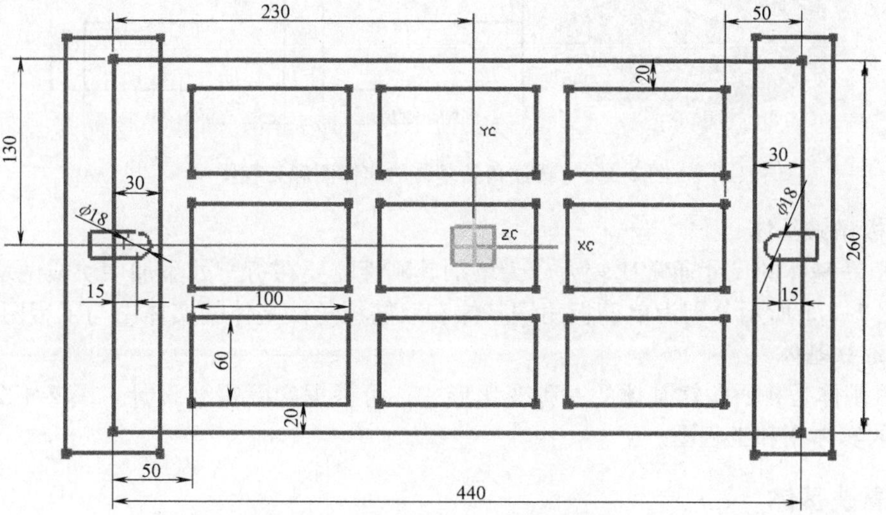

图2-167 箱形基体的平面轮廓曲线

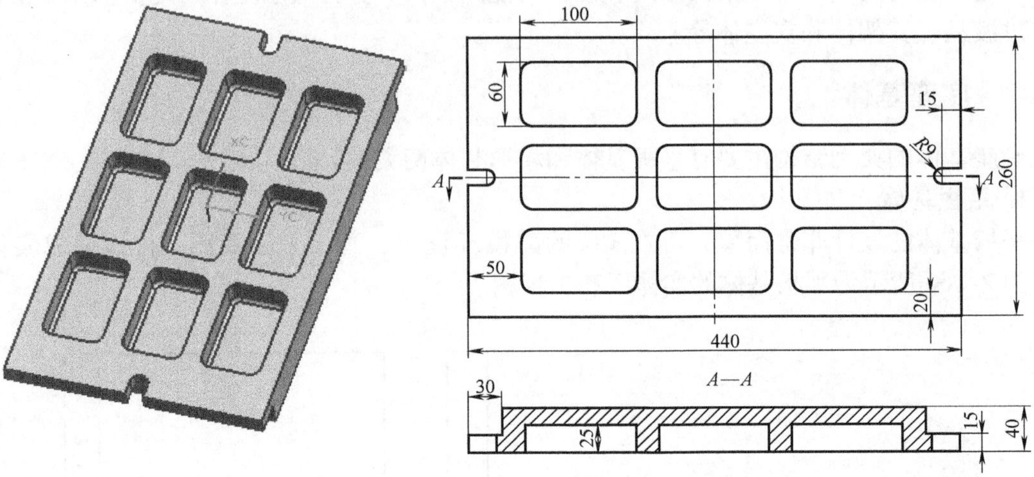

图 2-168　箱形基体的实体图和工程图

2.5.2　角铁基体

角铁基体的典型结构主要有普通角铁基体、筋板角铁基体和 T 形铁基体三大类。

1. 普通角铁基体

普通角铁基体可根据实际需要设计。图 2-169 所示为普通角铁基体的实体图和工程图。

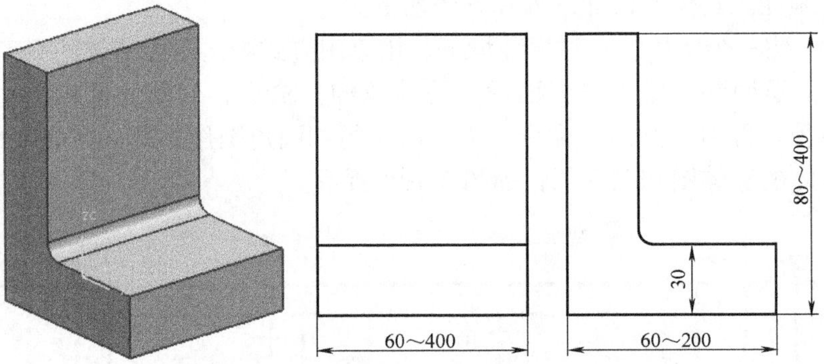

图 2-169　普通角铁基体的实体图和工程图

2. 筋板角铁基体

筋板角铁基体的尺寸通常比较大，为增加其刚性需要在折弯处添加一块或两块筋板。图 2-170 和图 2-171 所示分别为单筋板角铁基体和双筋板角铁基体的实体图与工程图。

3. T 形铁基体

T 形铁基体是普通角铁基体的一种变化形式，可根据实际需要设计。图 2-172 所示为 T 形铁基体的实体图和工程图。

2.5.3　槽铁基体

槽铁基体的典型结构主要有普通槽铁基体、筋板槽铁基体和框架基体三大类。

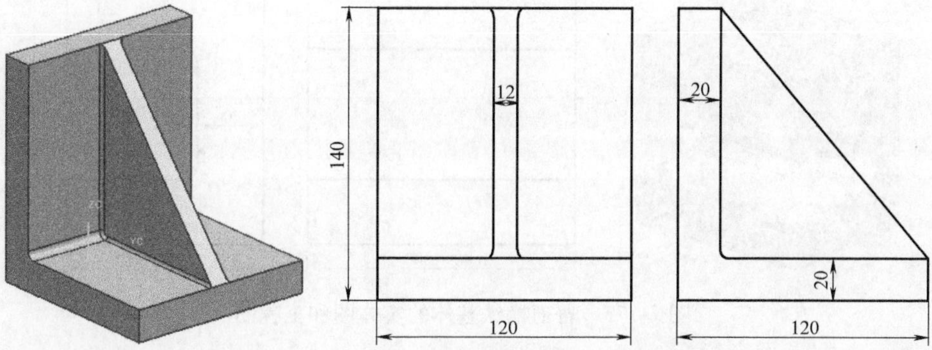

图 2-170　单筋板角铁基体的实体图和工程图

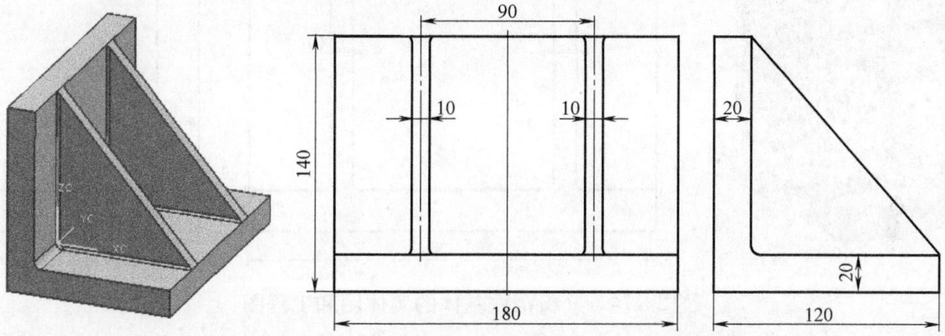

图 2-171　双筋板角铁基体的实体图和工程图

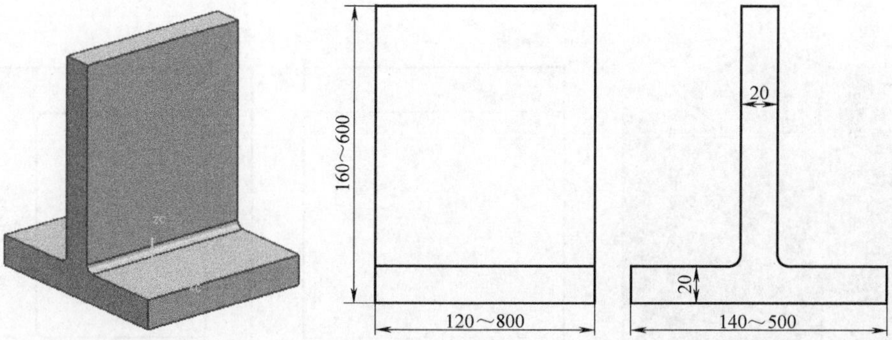

图 2-172　T 形铁基体的实体图和工程图

1. 普通槽铁基体

普通槽铁基体可根据实际需要设计。图 2-173 所示为普通槽铁基体的实体图和工程图。

2. 筋板槽铁基体

筋板槽铁基体的尺寸比较大时，为增加其刚性应在凹口处添加筋板。图 2-174 所示为筋板槽铁基体的实体图和工程图。

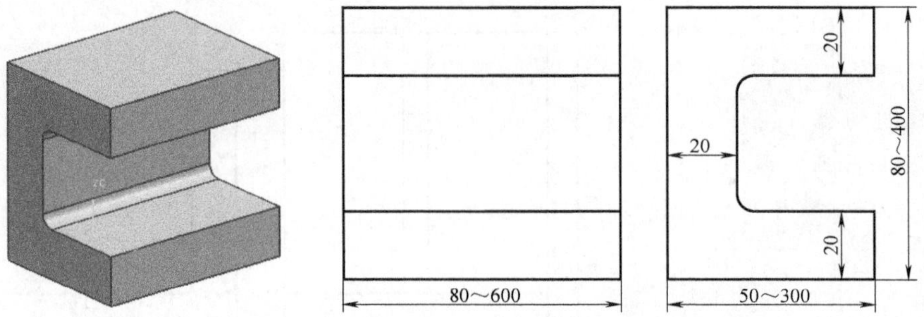

图 2-173　普通槽铁基体的实体图和工程图

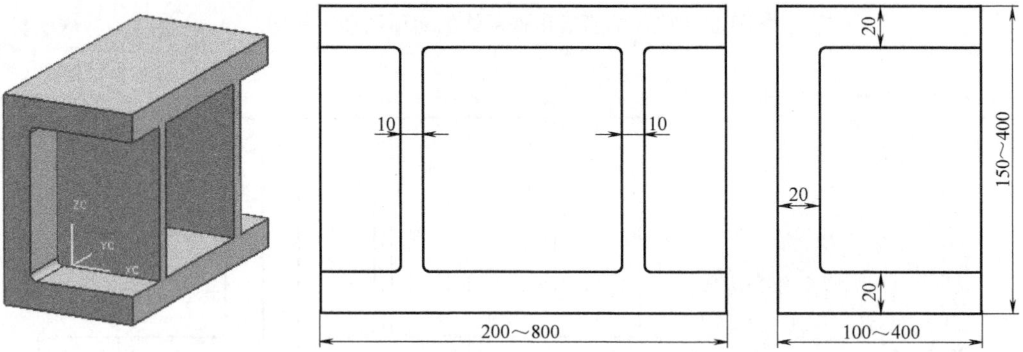

图 2-174　筋板槽铁基体的实体图和工程图

3. 框架基体

对比前两种基体，框架基体的刚性最好，但在具体的设计时，要注意其他夹具元件安装的方便性和可操作性。图 2-175 所示为框架基体的实体图和工程图。

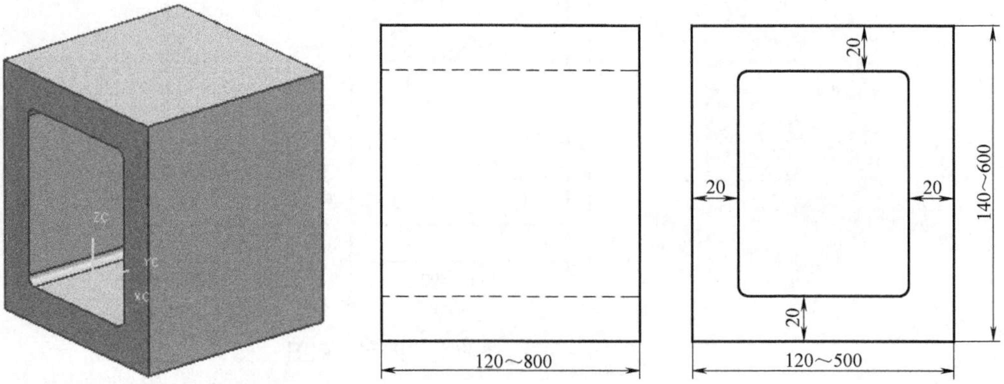

图 2-175　框架基体的实体图和工程图

2.5.4　过渡盘

过渡盘主要用于车床夹具的基体，通常与车床的主轴或卡盘连接。过渡盘的毛坯有两种形式，即圆盘和法兰盘。

1. 圆盘

圆盘可根据实际需要设计，图 2-176 所示为圆盘的实体图和工程图。

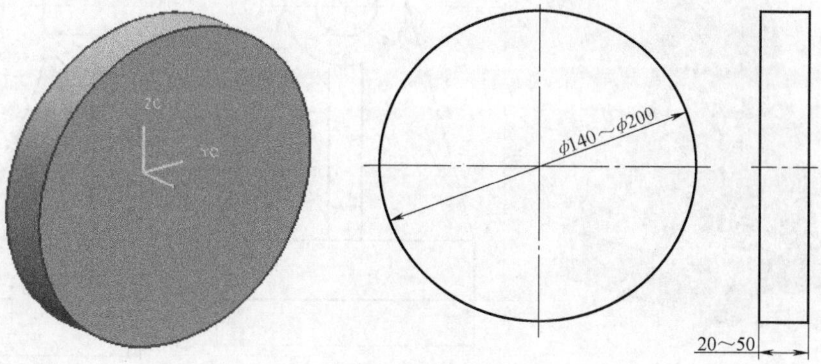

图 2-176　圆盘的实体图和工程图

2. 法兰盘

法兰盘的设计可参照《现代夹具设计手册》（本书参考文献［1］）推荐的标准进行。图 2-177 所示为法兰盘的实体图和工程图。

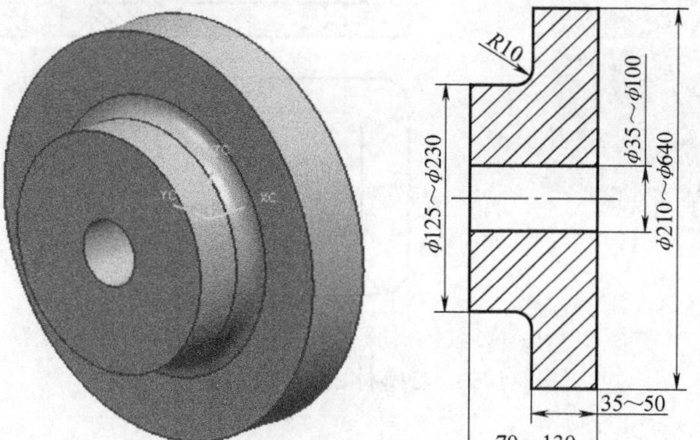

图 2-177　法兰盘的实体图和工程图

2.5.5　支架体和支座体

支架体、支座体的种类和形状很多，应用比较广泛，这里只介绍比较典型的两种。

1. 支架体

支架体在钻削和镗削加工中比较常用，主要用于定位钻削刀具或镗刀杆，以保证准确对准加工孔的回转中心。典型的镗模支架体的实体图和工程图，如图 2-178 所示。

2. 支座体

支座体与支架体不同的是主要用于安装和固定工件及其他夹具元件。由于其结构的稳固性和刚性非常好，且可有效地抗击冲击和振动，因此，在大批量加工和切削稳定性要求较高的场合经常使用。图 2-179 所示为典型支座体的实体图和工程图。

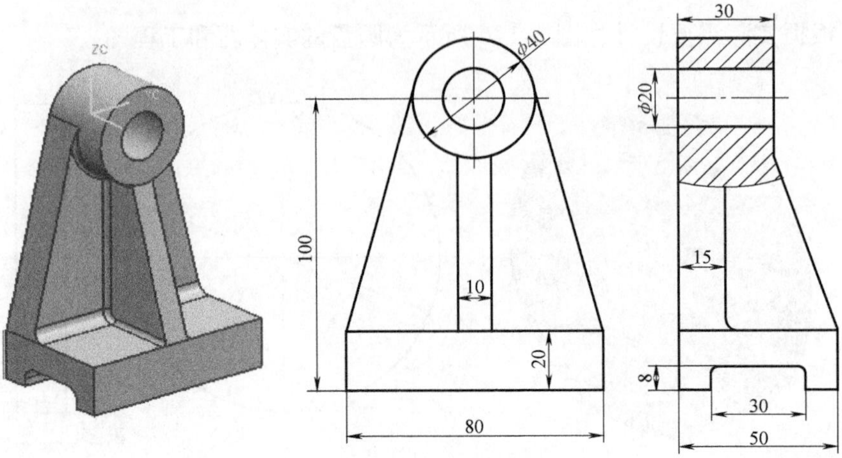

图 2-178　镗模支架体的实体图和工程图

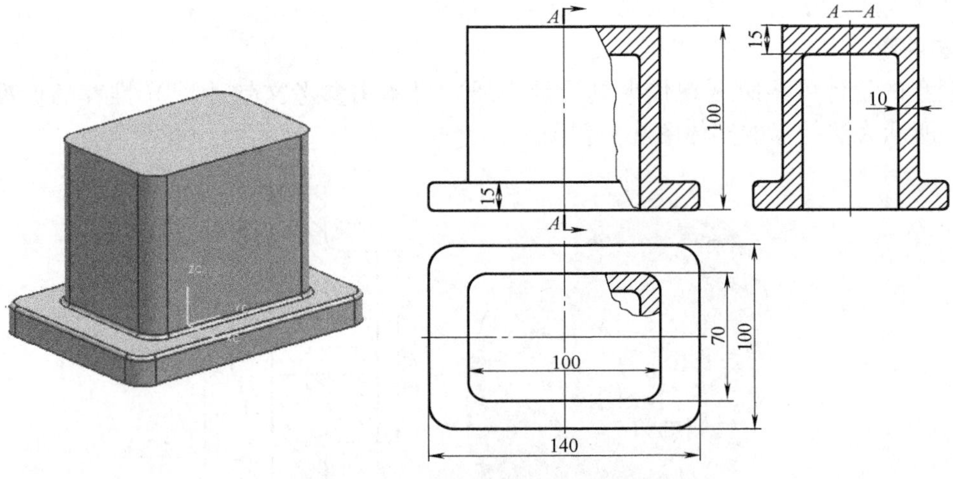

图 2-179　支座体的实体图和工程图

第3单元　夹紧与分度对定机构的设计

单元要点：简述夹紧机构和分度对定机构的基本组成、设计原则和设计要点。重点讲述夹具中常用的典型夹紧机构和典型的分度对定机构的设计。

3.1　夹紧机构的组成及设计原则和要点

在机械加工过程中，工件会受到切削力、离心力、惯性力、重力等的作用。为了保证在这些外力作用下，工件仍能在夹具中保持已由定位元件所确定的加工位置而不致发生位移和振动，在夹具结构中必须设置夹紧机构将工件牢靠地压紧和固定。

3.1.1　夹紧机构的组成

工件定位后，将工件固定并使其在加工过程中保持定位位置不变的机构，称为夹紧机构。夹紧机构一般由三个部分组成，即动力源、传力机构和夹紧元件。本书主要讲述手动夹紧机构。

1. 动力源

动力源是产生夹紧作用力的装置，分为手动夹紧力源和机动夹紧力源两大类。手动夹紧的动力源来自人力，即依靠操作者的手工操作施加力量。机动夹紧的力源来自气动、液压、气液联动、电磁、真空等动力施加的力量。

2. 传力机构

传力机构是介于动力源和夹紧元件之间传递动力的装置。传力机构的作用是改变作用力的大小和作用力的方向，并具有使夹紧元件在夹紧状态下保持可靠的自锁性能。传力机构的具体形式有许多种，如斜楔夹紧机构、螺旋夹紧机构、偏心夹紧机构、铰链夹紧机构、杠杆夹紧机构、定心夹紧机构等。

3. 夹紧元件

夹紧元件是直接与工件接触并完成夹紧作用的执行元件。

3.1.2　夹紧机构的设计原则

夹紧机构在加工过程中的夹紧效果会直接影响工件的加工精度、加工表面质量和生产效率。在夹紧机构的设计中，应遵循以下原则。

1. 工件要可靠固定

在夹紧过程中，不能改变工件定位的正确位置。夹紧后，工件不能因加工过程中的各种因素而发生变动。

2. 工件不发生变形

夹紧机构产生的夹紧力大小要适中，既要保证可靠地夹紧，又不要使工件在夹紧过程中发生变形现象。

3. 工件不产生振动

夹紧机构的设计要充分考虑工件的刚性，特别是断续切削的加工，要在可能产生振动的部位尽可能增加辅助支承，并使夹紧部位尽量靠近加工表面。

4. 保证生产效率

夹紧机构的操作要方便、省力、使用性能好。在结构设计上要注意缩短辅助操作时间，提高生产效率。

5. 经济实用

在保证可靠安全夹紧的前提下，夹紧装置的设计要便于制造和维护，尽可能地降低制造成本。

3.1.3 夹紧机构的设计要点

设计夹紧机构时，其设计要点在于夹紧力的确定。夹紧力的确定包括夹紧力的方向、夹紧力的作用点和夹紧力的大小三个要素。

1. 夹紧力的方向

（1）夹紧力的方向应利于定位稳定，主夹紧力应垂直并面向主要定位基准。

（2）夹紧力的方向应利于避免工件变形，将受力面选在刚性较好的部位。

（3）夹紧力的方向应利于夹紧操作，尽可能与切削力、重力等各种力的方向重合。

2. 夹紧力的作用点

（1）夹紧力的作用点应放置在定位元件的支承范围内，尽可能使夹紧点与支承点对应。

（2）夹紧力的作用点应选在工件刚性较好的部位，尽可能地减少工件的变形。

（3）夹紧力的作用点应靠近加工表面，尽可能降低加工中的振动现象，提高工件定位的稳定性。

3. 夹紧力的大小

夹紧力的大小要适当，在保证夹紧可靠的前提下，尽可能减小夹紧力。从理论上讲，夹紧力的大小应与加工中产生的作用力（或力矩）相平衡。由于夹紧力的大小与工艺系统的刚度、设备环境、夹紧力的传递效率等因素相关，计算起来十分复杂，在实际设计中，通常采用估算法、类比法和试验法来确定。

3.2 斜楔夹紧机构

斜楔是夹紧机构中最基本的增力和锁紧元件。斜楔夹紧机构是利用楔块上的斜面直接或间接（如杠杆、凸轮等）地将工件夹紧的机构。在手动夹紧中，楔块往往与其他机构联合使用。斜楔夹紧机构还广泛应用于气动、液压动力夹紧装置中。

使用斜楔块（或轮、盘等）作为夹紧元件时，应根据具体结构的需要来确定斜角 α。当有自锁要求时，斜角 α 必须小于 2φ（φ 为摩擦角），通常取 $\alpha=6°\sim10°$。斜楔夹紧机构简单、紧凑，操作方便，制造成本较低，应用非常普遍，但其传力系数小，夹紧行程较短。

斜楔夹紧机构的具体形式有许多种，如单面滑动式斜楔夹紧、多面滑动式斜楔夹紧、单面滚动式斜楔夹紧、多面滚动式斜楔夹紧、滑动柱塞式斜楔夹紧、滚动柱塞式斜楔夹紧等。

3.2.1　滑动式斜楔夹紧机构

1. 单面滑动式斜楔夹紧机构

单面滑动式斜楔夹紧机构如图 3-1 所示。从图中可以看出，该机构主要的元件为圆柱斜楔、摆动压爪和带有滑道的夹具体。其夹紧过程是，将工件放置在夹具体的钳口处，并与右侧挡口面接触；正向旋转紧固螺钉，推动圆柱斜楔左移，在斜面所产生的作用力下使摆动压爪上端夹紧工件。当反向旋转紧固螺钉时，在弹簧的作用下，使摆动压爪逆时针转动，推动圆柱斜楔右移，工件呈放松状态，即可将工件取下。该机构比较简洁，结构紧凑，操作省力，使用可靠。

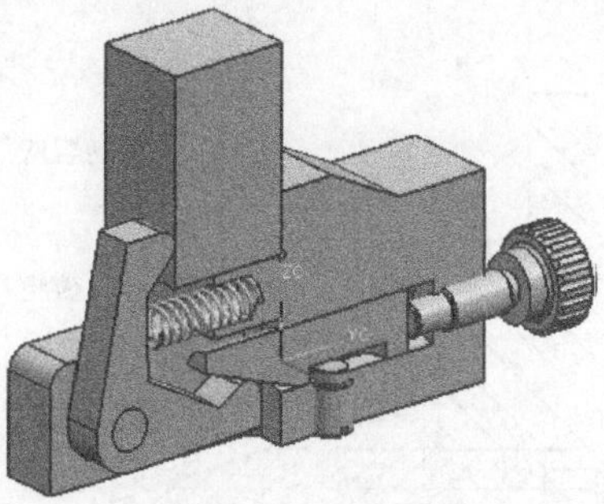
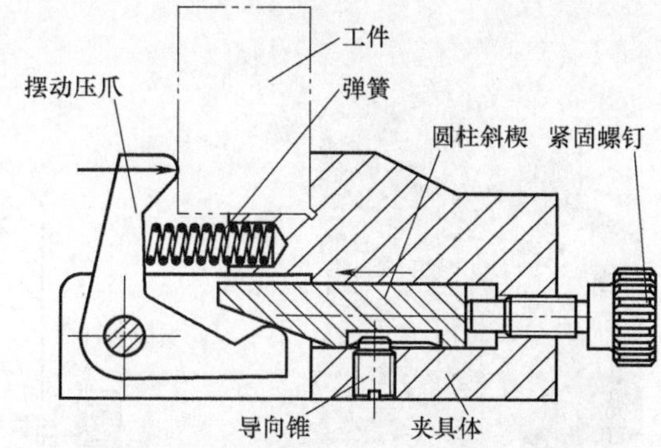

图 3-1　单面滑动式斜楔夹紧机构

2. 双面滑动式斜楔夹紧机构

双面滑动式斜楔夹紧机构如图 3-2 所示。从图中可以看出，该机构主要的元件为斜楔压块和带有斜面的夹具体。其夹紧过程是，将工件放置在夹具体的底部平面上，并与左侧挡块接触；拧紧螺母使斜楔压块向下移动，产生向下的作用力，将工件夹紧。当松开螺母时，可将斜楔压块右移，工件呈放松状态，即可将工件取下。该机构十分简洁，使用的元件很少，操作方便。

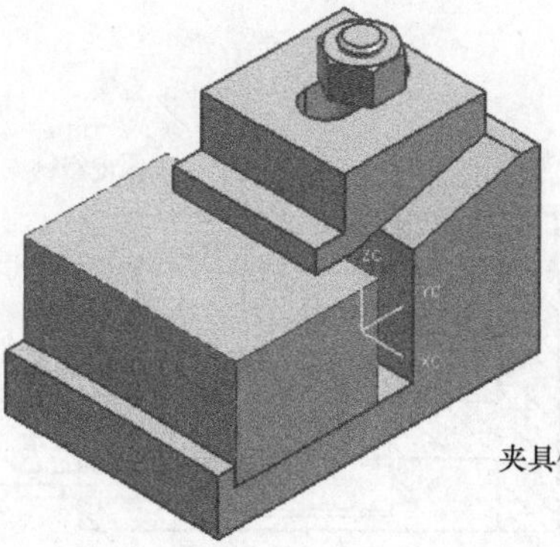
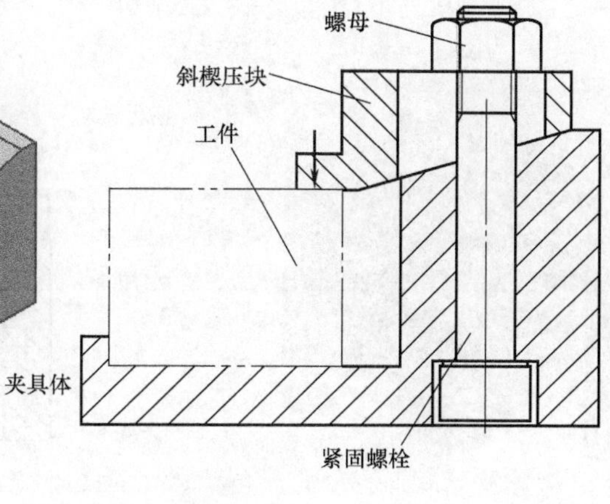

图 3-2　双面滑动式斜楔夹紧机构

3.2.2 滚动式斜楔夹紧机构

1. 单面滚动式斜楔夹紧机构

单面滚动式斜楔夹紧机构如图3-3所示。从图中可以看出，该机构主要的元件为圆柱斜楔、摆动压爪、滚轮和带有滚道的夹具体。其夹紧过程是，将工件放置在夹具体的钳口处，并与左侧挡口面接触。正向旋转紧固螺钉，推动圆柱斜楔右移；在斜面所产生的作用力下使滚轮转动，并带动摆动压爪逆时针旋转，从而使压爪上端夹紧工件。当反向旋转紧固螺钉时，在重力作用下，摆动压爪顺时针转动，推动圆柱斜楔左移，工件呈放松状态，即可将工件取下。该机构的结构比较紧凑，运动自如，操作十分省力。

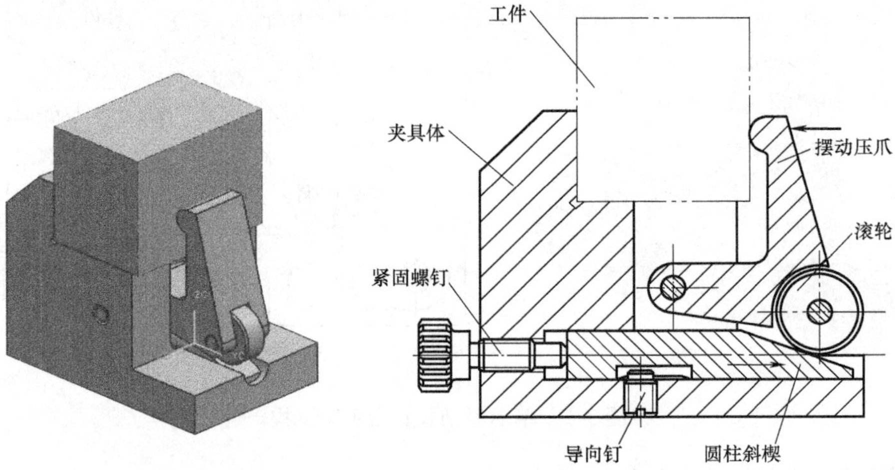

图3-3 单面滚动式斜楔夹紧机构

2. 多面滚动式斜楔夹紧机构

多面（三面）滚动式斜楔夹紧机构如图3-4所示。从图中可以看出，该机构主要的元件为圆锥斜楔、摆动卡爪、滚轮、台架和带有滚道的夹具体。其夹紧过程是，将工件放置在台架上面的平台上。顺时针转动操纵杆，紧固螺母会使圆锥斜楔上移；在斜面所产生的作用力下使滚轮转动，并带动摆动卡爪顺时针转动，从而使卡爪上端夹紧工件。当逆时针转动操

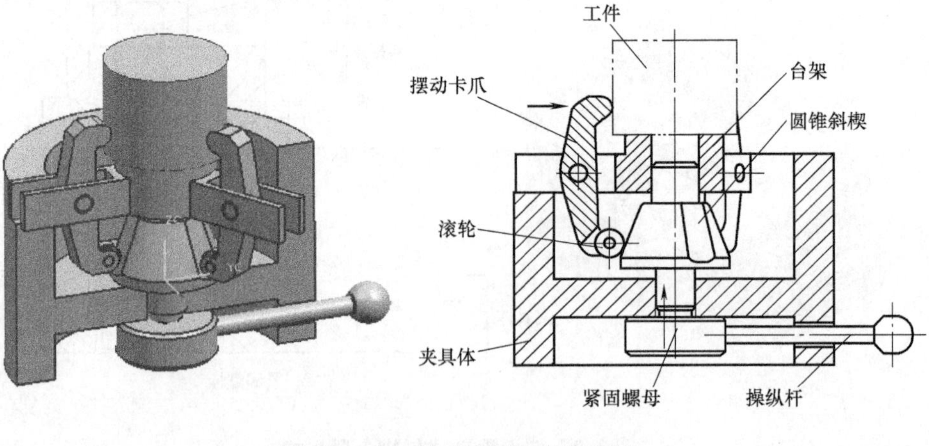

图3-4 多面滚动式斜楔夹紧机构

纵杆，紧固螺母会使圆锥斜楔下移；在重力作用下，摆动卡爪逆时针转动，工件呈放松状态，即可取下。该机构可以装夹圆柱形工件，并具有一定的自动定心作用。由于采用了滚动结构，操作比较省力和快捷。

3.2.3 柱塞式斜楔夹紧机构

1. 滑动柱塞式斜楔夹紧机构

滑动柱塞式斜楔夹紧机构如图3-5所示。从图中可以看出，该机构主要的元件为柱塞横楔、拉杆楔、弹簧和带有纵横两个方向滑道的夹具体。其夹紧过程是，将工件放置在定位轴中。正向转动紧固螺母，使柱塞横楔右移；在其斜面所产生的作用力下，使拉杆楔下移，从而通过开口垫圈将工件夹紧。当反向转动紧固螺母时，在弹簧的作用下，使拉杆楔上移，工件呈放松状态，即可将工件取下。该机构将定位元件和夹紧元件组合在一起，结构紧凑，占用空间较小，操作比较方便。

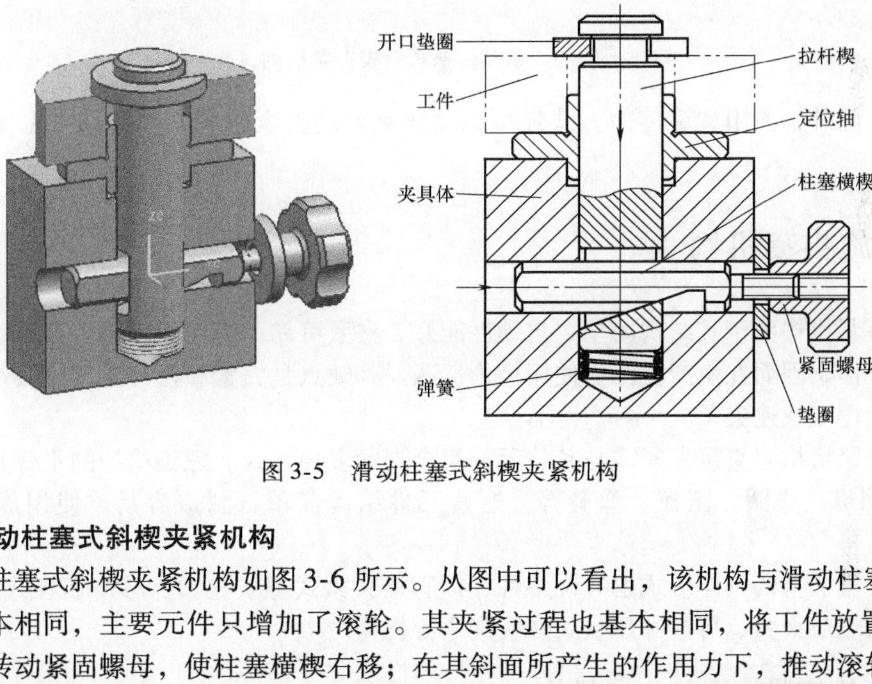

图3-5　滑动柱塞式斜楔夹紧机构

2. 滚动柱塞式斜楔夹紧机构

滚动柱塞式斜楔夹紧机构如图3-6所示。从图中可以看出，该机构与滑动柱塞式斜楔夹紧机构基本相同，主要元件只增加了滚轮。其夹紧过程也基本相同，将工件放置在定位轴中。正向转动紧固螺母，使柱塞横楔右移；在其斜面所产生的作用力下，推动滚轮下移，而滚轮又带动拉杆楔下移，再通过开口垫圈将工件夹紧。当反向转动紧固螺母时，在弹簧的作用下，使拉杆楔上移，工件呈放松状态，即可将工件取下。对比滑动柱塞式斜楔夹紧机构，虽然增加了滚轮元件，但体积并未增大多少，结构仍然比较紧凑，且由于采用滚动拉紧方式，操作起来更为省力和灵活。

斜楔夹紧机构还有很多具体的类型，这里只介绍结构简单、占用空间较小的几种。通过对以上几种斜楔夹紧机构的对比分析，读者可能会注意到，都是将斜楔夹紧方式与螺旋传力机构相结合，即通过螺杆和螺母的传动使斜楔机构实现夹紧动作。之所以采用这种方式，其主要原因是因为斜楔夹紧机构的夹紧行程较短。为了增大夹紧行程，就需要将斜楔的斜角增大，而当斜角超过10°时，斜楔的自锁性能就会减弱，甚至完全丧失自锁性能。为弥补此缺陷则将其与螺旋传力机构相结合便是通常采用的方式，也因为螺旋传力机构本身具有良好的

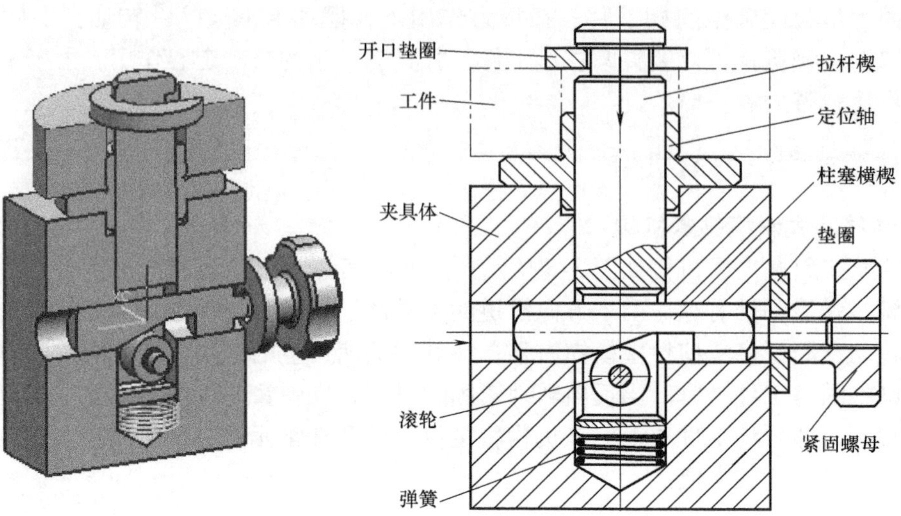

图 3-6　滚动柱塞式斜楔夹紧机构

自锁性能。此外，使用螺旋传力方式还可以简化夹具的夹紧机构，操作起来也比较方便和省力。

3.3　螺旋夹紧机构

螺旋夹紧机构由于其结构简单、自锁性能好、夹紧可靠，占用空间小、通用性大，特别适合手工操作，因而在生产实际中使用极为普遍。其缺点是夹紧和松开工件比较费时，效率较低，不适用于快速夹紧。

螺旋夹紧机构有直接夹紧或与其他元件组合夹紧多种方式。螺旋机构的主要元件是螺钉（螺杆）、螺母、垫圈、压板、弹簧等，这些元件结构简单，制造容易，使用成本也比较低廉。

螺旋夹紧机构的具体形式也有许多种，如直接夹紧式螺旋夹紧、移动压板式螺旋夹紧、铰链压板式螺旋夹紧、可拆卸压板式螺旋夹紧等机构。

3.3.1　直接夹紧式螺旋夹紧机构

直接夹紧式是最简单的螺旋夹紧机构形式。其优点是结构简单、使用的元件最少，占用空间小。缺点是螺旋夹紧和松开工件所耗费的时间较长，操作麻烦，通常只在加工批量不大或复杂工件的装夹中使用。直接夹紧式螺旋夹紧机构按其夹紧方式的不同，又可分为压紧式和拉紧式两种结构形式。

1. 直接压紧式螺旋夹紧机构

当定位和夹紧分离时，通常采用直接压紧式螺旋夹紧机构，如图 3-7 所示。该机构的特点是旋紧紧固螺钉，由螺旋斜面产生的向下作用力在螺钉端面处压向工件表面，从而使工件夹紧。当旋松紧固螺钉时，螺钉的下端面与工件表面分离，工件呈放松状态，即可将工件取下。

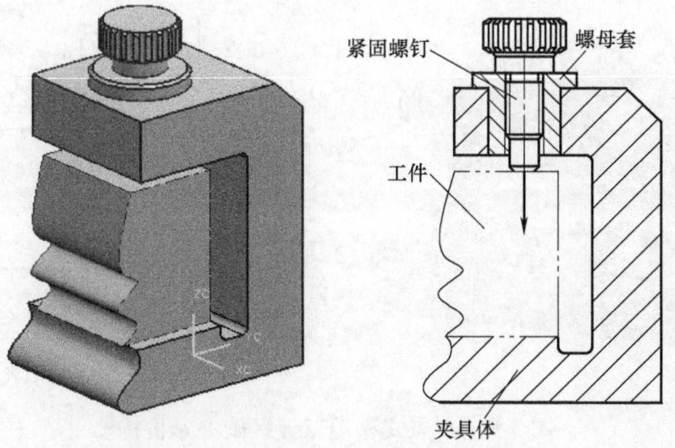

图 3-7　直接压紧式螺旋夹紧机构

2. 直接拉紧式螺旋夹紧机构

当定位和夹紧合为一体时，通常采用直接拉紧式螺旋夹紧机构，如图 3-8 所示。该机构的特点是旋紧紧固螺母，拉动定位轴钉向上移动，在定位轴钉轴肩和垫圈间产生一个夹紧力，使工件夹紧。当旋松紧固螺母时，定位轴钉向下移动（定位轴钉与夹具体之间应用导向键固定住），工件呈放松状态，即可将工件取下。

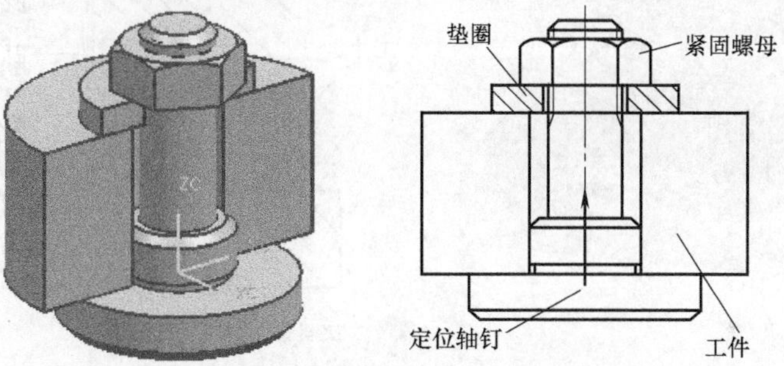

图 3-8　直接拉紧式螺旋夹紧机构

3.3.2　移动压板式螺旋夹紧机构

移动压板式螺旋夹紧机构是将压板作为主要夹紧元件，且压板在施力方向上垂直移动。当旋紧螺母（或螺栓）时，由螺旋面产生的力会施加到压板上，使其压紧工件。该机构结构比较简单，夹紧可靠，操作方便，应用十分普遍。移动压板式螺旋夹紧机构按压板受力部位的不同，又可分为支点式和内嵌式两种压板结构形式。

1. 支点式移动压板螺旋夹紧机构

支点式移动压板螺旋夹紧机构的夹紧力比较大，但占用空间也比较大，其结构如图 3-9 所示。该机构的特点是旋紧螺母，通过垫圈将螺旋斜面产生的作用力传递到压板上。由于支柱顶点限制了压板的向下移动，使压板逆时针转动，并在工件的夹紧点处产生一个向下的压力，从而使工件夹紧。当旋松螺母时，在弹簧的作用下压板顺时针转动，将压板的前端抬起，工件呈放松状态，即可将工件取下。

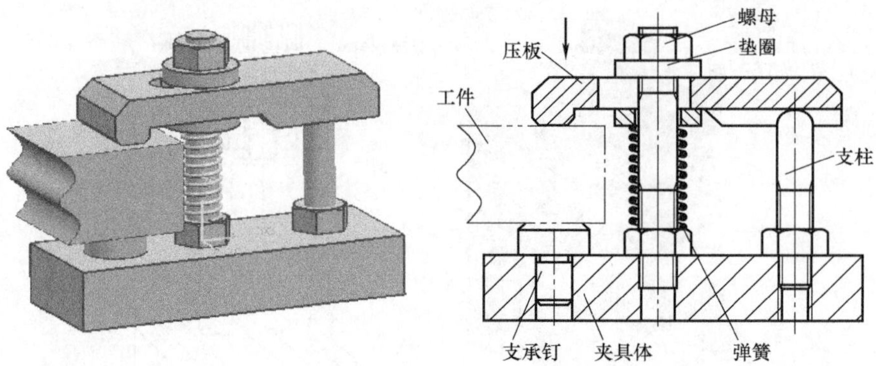

图 3-9　支点式移动压板螺旋夹紧机构

2. 内嵌式移动压板螺旋夹紧机构

内嵌式移动压板螺旋夹紧机构占用空间小，结构紧凑，但其夹紧力要小一些，其结构如图 3-10 所示。该机构的特点是旋紧螺母时，由螺旋斜面所产生的作用力直接压向压板，并在工件的夹紧点处将工件夹紧。当旋松螺母时，在弹簧的作用下使压板抬起，工件呈放松状态，即可将工件取下。

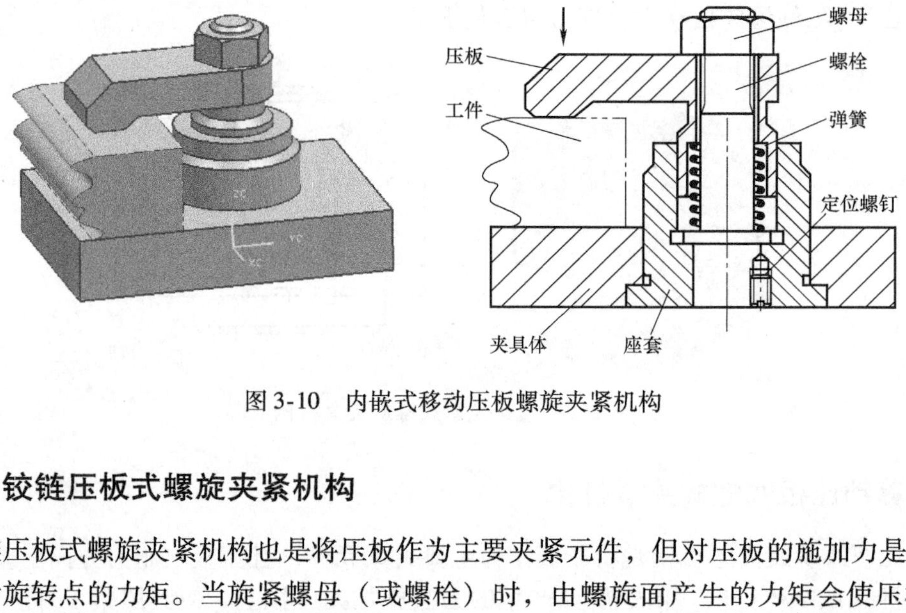

图 3-10　内嵌式移动压板螺旋夹紧机构

3.3.3　铰链压板式螺旋夹紧机构

铰链压板式螺旋夹紧机构也是将压板作为主要夹紧元件，但对压板的施加力是一个以铰链中心为旋转点的力矩。当旋紧螺母（或螺栓）时，由螺旋面产生的力矩会使压板与工件的接触点生成切线力，从而使工件夹紧。此类夹紧机构的具体形式多种多样，夹紧可靠，应用灵活。虽然其结构相对复杂，占用空间较大，但却能适应各种复杂工件的加工需要，因而应用更为普遍。下面介绍四种比较典型的铰链压板螺旋夹紧机构，分别是遮盖式铰链压板螺旋夹紧机构、杠杆式铰链压板螺旋夹紧机构、翻转式铰链压板夹紧机构和联动式铰链压板螺旋夹紧机构。

1. 遮盖式铰链压板螺旋夹紧机构

遮盖式铰链压板螺旋夹紧机构的夹紧力较大，能够承受强力切削的作用力，有效地减轻加工过程可能产生的振动，且装夹牢固可靠。但因其装夹操作比较费时、费力，且结构占用的空间较大，只适合大型工件、切削力较大、定位精度要求不是很高的加工场合。遮盖式铰链压板螺旋夹紧机构如图 3-11 所示。

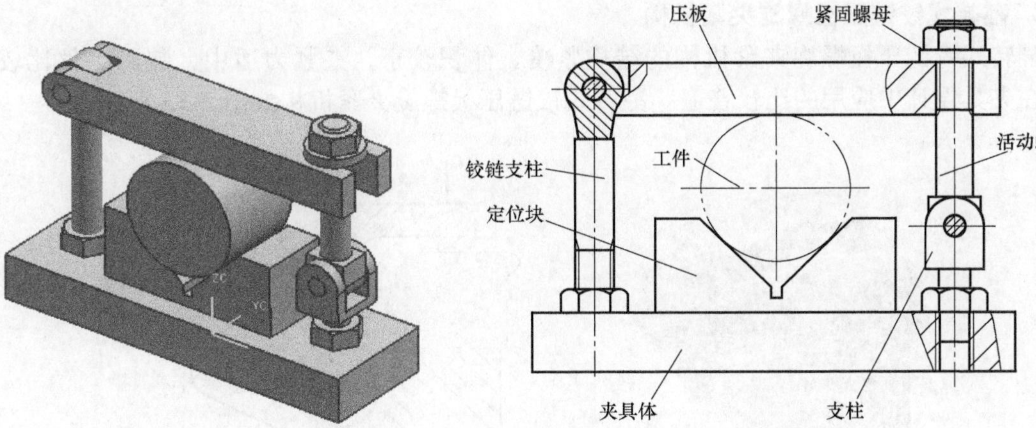

图 3-11　遮盖式铰链压板螺旋夹紧机构

该机构的特点是，旋紧紧固螺母，在与活动螺栓的配合下，使压板以其左端的铰接孔为中心顺时针转动，并在工件的夹紧点产生向下的压力，使工件夹紧。当旋松紧固螺母时，可将活动螺栓顺时针转动一定角度，使其脱离压板的开口槽，再将压板逆时针翻转开，即可将工件取下。

2. 杠杆式铰链压板螺旋夹紧机构

杠杆式铰链压板螺旋夹紧机构的结构简单、紧凑，操作灵活，但其夹紧力受到一定限制，只适合于小型工件的装夹。杠杆式铰链压板螺旋夹紧机构如图 3-12 所示。

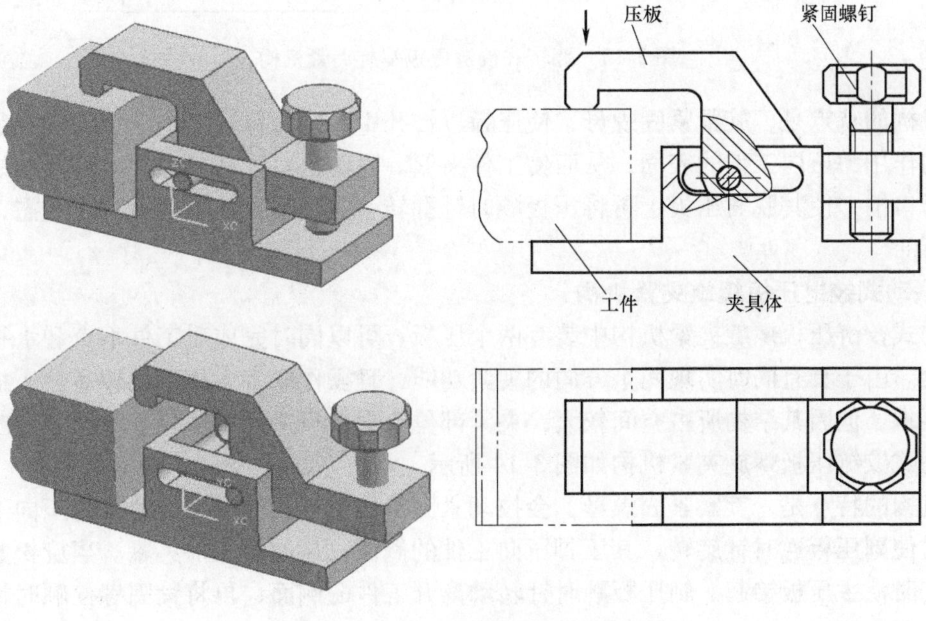

图 3-12　杠杆式铰链压板螺旋夹紧机构

该机构的特点是，旋紧紧固螺钉，使压板以其铰孔中心逆时针转动，在工件的夹紧点处产生向下的作用力压向工件的表面，从而使工件夹紧。当旋松紧固螺钉时，压板顺时针转动，使压板呈活动状态，可将压板向右移动使其脱离工件的表面，即可将工件取下。

3. 翻转式铰链压板螺旋夹紧机构

翻转式铰链压板螺旋夹紧机构的结构紧凑、体积较小，夹紧力适中，装卸工件比较方便，在夹具设计中应用的比较普遍。翻转式铰链压板螺旋夹紧机构如图 3-13 所示。

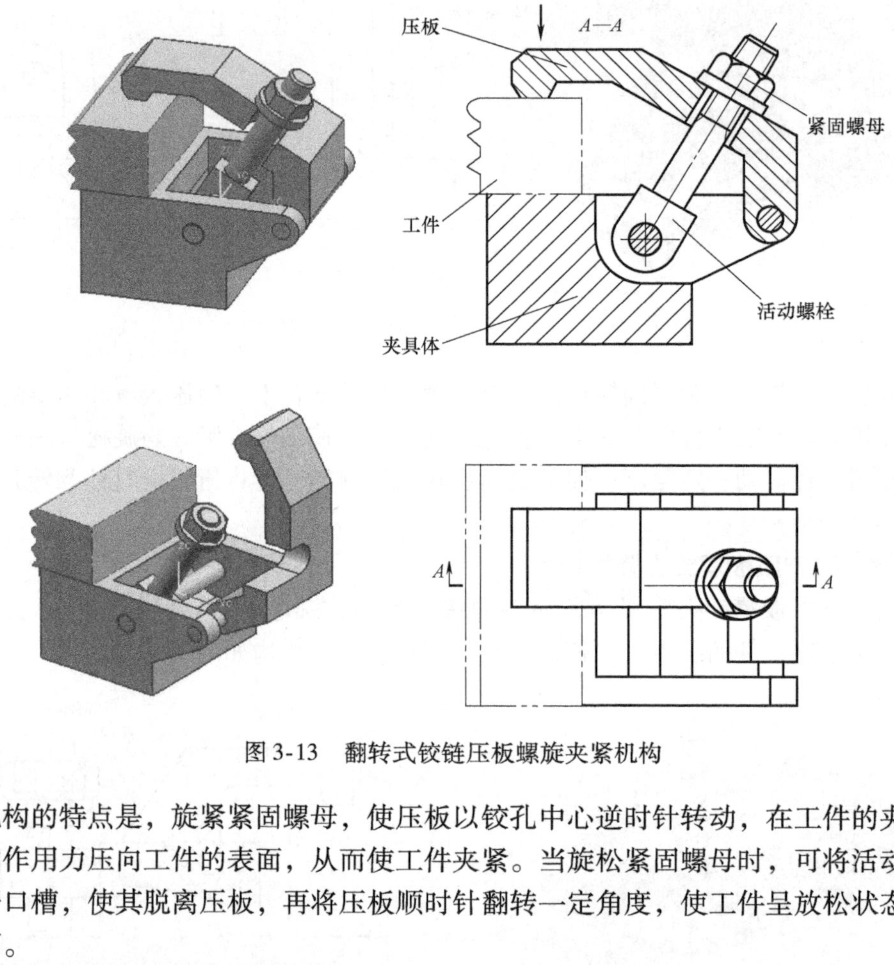

图 3-13　翻转式铰链压板螺旋夹紧机构

该机构的特点是，旋紧紧固螺母，使压板以铰孔中心逆时针转动，在工件的夹紧点处产生向下的作用力压向工件的表面，从而使工件夹紧。当旋松紧固螺母时，可将活动螺栓拉出压板的开口槽，使其脱离压板，再将压板顺时针翻转一定角度，使工件呈放松状态，即可将工件取下。

4. 联动式铰链压板螺旋夹紧机构

联动式铰链压板螺旋夹紧机构中装有两个压板，可以同时完成对工件垂直和水平两个方向的夹紧。由于具有同时实现两个方向的夹紧功能，且操作非常方便，比较适合大批量工件的加工要求。但因其结构所占空间较大，夹紧部位有限，只适用于体积不大的小型工件的加工。联动式铰链压板螺旋夹紧机构如图 3-14 所示。

该机构的特点是，旋紧紧固螺母，会拉动紧固螺栓上移，使主压板的压脚压向工件的顶面；同时使副压板逆时针旋转，其压脚压向工件的侧面，从而使工件夹紧。当旋松紧固螺母时，会同时使主压板抬起、副压板顺时针转动离开工件的侧面；再将紧固螺栓顺时针转动一定角度，将主压板翻开，即可将工件取下。

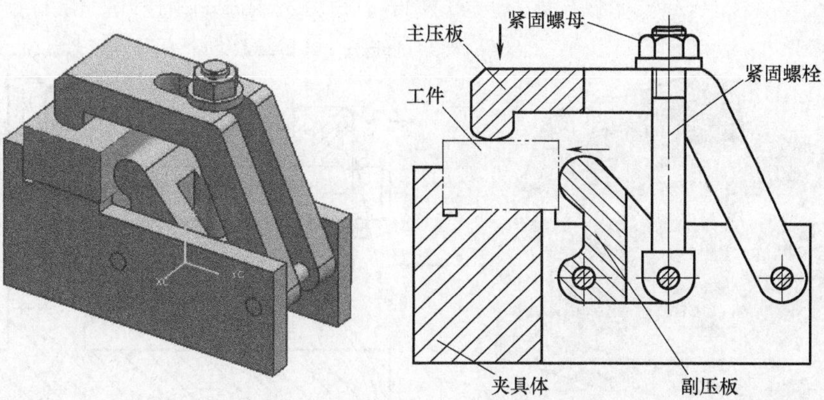

图 3-14　联动式铰链压板螺旋夹紧机构

3.3.4　可拆卸压板式螺旋夹紧机构

可拆卸压板式螺旋夹紧机构的最大特点是压板设计成可拆卸的形式，在夹紧方式和工作原理上与直接夹紧式螺旋夹紧机构并没有什么不同。将机构中的压板设计成可拆卸形式，主要是方便工件在夹具中的装夹和拆卸。对比直接夹紧式螺旋夹紧机构，在工件的装夹操作中更为快捷、省时。有时对特殊的工件而言，因其结构的限制必须设计成可拆卸的压板形式。可拆卸压板螺旋夹紧机构有很多不同的结构形式，这里只介绍两种形式的可拆卸压板式螺旋夹紧机构，即直拆式压板螺旋夹紧机构和旋拆式压板螺旋夹紧机构。

1. 直拆式压板螺旋夹紧机构

直拆式压板螺旋夹紧机构的结构简单，操作比较方便，如图 3-15 所示。

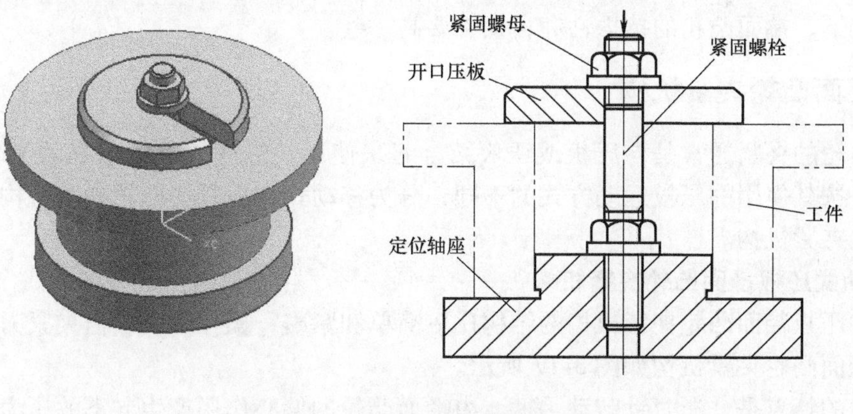

图 3-15　直拆式压板螺旋夹紧机构

该机构的特点是，旋紧紧固螺母，由螺旋斜面产生的作用力直接压向开口压板，并将工件夹紧。当旋松紧固螺母时，可将压板从开口槽中直接抽出，即可将工件取下。

2. 旋拆式压板螺旋夹紧机构

旋拆式压板螺旋夹紧机构占用空间较小，操作也很方便，但结构上稍复杂一些，如图 3-16 所示。

该机构的特点是，旋紧紧固螺母（手轮形状），使紧固螺栓向右移动，并拉动卡销将扁

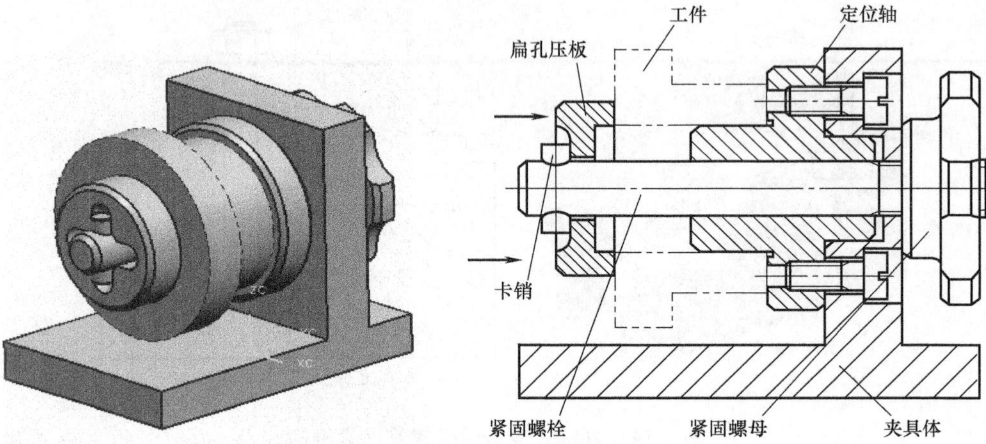

图 3-16　旋拆式压板螺旋夹紧机构

孔压板压向工件的端面，从而使工件夹紧。当旋松紧固螺母时，可将卡销旋转 90°，使其对准扁孔压板上的扁通孔，将扁孔压板从紧固螺栓中抽出，即可将工件取下。

3.4　凸轮夹紧机构

凸轮夹紧机构分为径面凸轮和端面凸轮两种类型。径面凸轮夹紧是利用旋转中心与几何中心的偏移对工件进行夹紧。端面凸轮夹紧是利用一端斜面的高度之差对工件进行夹紧。这两种凸轮夹紧机构的优点都是结构简单，制造容易，夹紧迅速，操作方便，在夹具中应用较多。主要缺点是行程和增力较小，抗振和自锁性能力不高，通常应用于夹紧力不大的加工中。相比之下，端面凸轮的抗振性和自锁性要高一些。

3.4.1　径面凸轮夹紧机构

径面凸轮的夹紧通常是与压板或压块结合起来使用，组成压板（或压块）式径面凸轮夹紧机构。按其使用的压板运动方式的不同，分为移动式压板径面凸轮夹紧机构和转动式压板径面凸轮夹紧机构。

1. 移动式压板径面凸轮夹紧机构

移动式压板径面凸轮夹紧机构的结构比较简单和紧凑，操作方便，但夹紧力要小些。移动式压板径面凸轮夹紧机构如图 3-17 所示。

该机构的特点是，逆时针转动手柄，由径面凸轮的偏心作用产生向下的压力，并通过移动压板在工件的夹紧点处将工件夹紧。当顺时针转动手柄时，在弹簧的作用下使压板抬起，即可将工件取下。

2. 转动式压板径面凸轮夹紧机构

转动式压板径面凸轮夹紧机构的结构也比较简单，夹紧力较大，但占用空间大些。转动式压板径面凸轮夹紧机构如图 3-18 所示。

该机构的特点是，顺时针转动手柄，通过杠杆原理使压板在工件的夹紧点处将工件夹紧。当逆时针转动手柄时，径面凸轮的旋转中心下移，使压板抬起，工件呈放松状态，即可

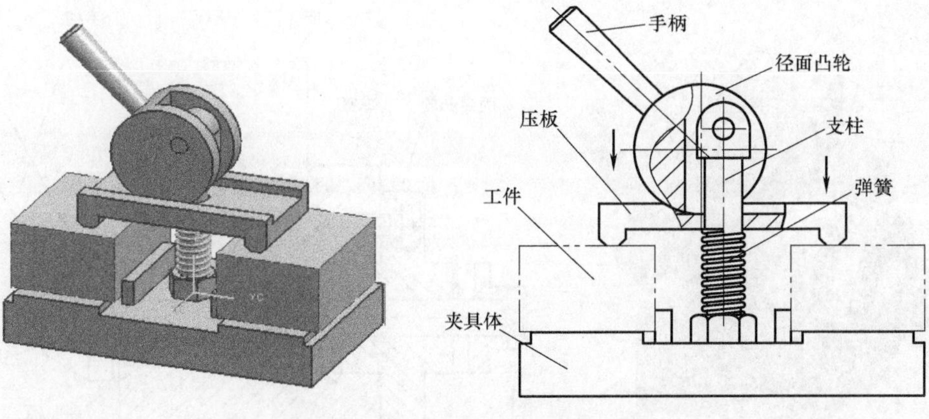

图 3-17　移动式压板径面凸轮夹紧机构

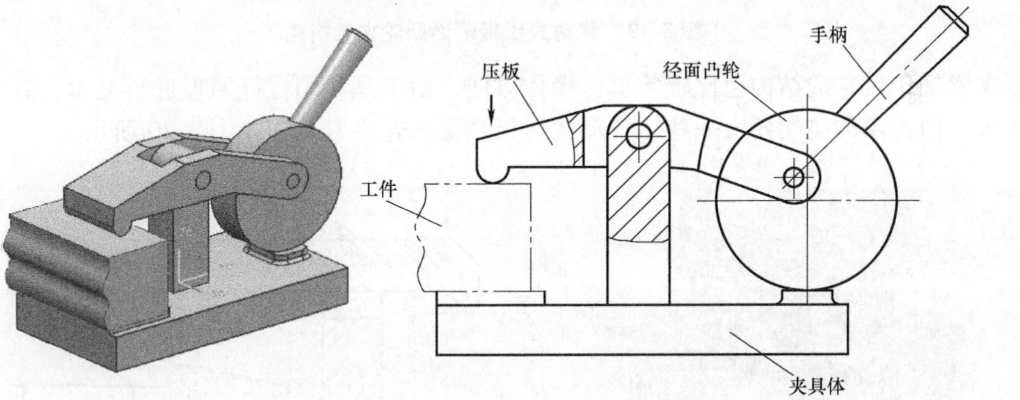

图 3-18　转动式压板径面凸轮夹紧机构

将工件取下。

3.4.2　端面凸轮夹紧机构

端面凸轮的夹紧通常也是与压板或压块结合起来使用，组成压板（或压块）式端面凸轮夹紧机构。按其使用的压板运动方式的不同，可分为移动式压板端面凸轮夹紧机构和转动式压板端面凸轮夹紧机构。

1. 移动式压板端面凸轮夹紧机构

移动式压板端面凸轮夹紧机构主要由两个端面凸轮在不同的旋转角度上产生的轴向位移来实现夹紧动作。它的结构简单、紧凑，占用空间小，操作方便，但自锁性能差一些，因此，其夹紧行程受到一定限制。移动式压板端面凸轮夹紧机构如图 3-19 所示。

该机构的特点是，逆时针转动手柄，通过操纵轴使转动凸轮逆时针旋转。由于转动凸轮的斜面与固定凸轮的斜面紧密接触，转过一定角度时，会产生轴向位移，拉动压板左移，从而夹紧工件。当顺时针转动手柄时，使转动凸轮顺时针旋转，在弹簧力的作用下使压板右移，松开工件，可将工件取下。

2. 转动式压板端面凸轮夹紧机构

转动式压板端面凸轮夹紧机构主要由端面凸轮和滑动杆在转动一定角度时产生的位移来

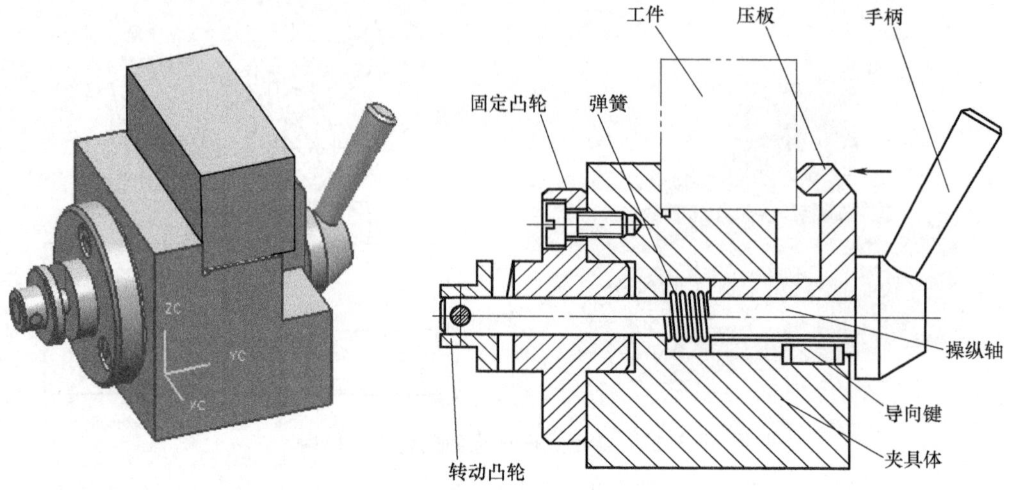

图 3-19 移动式压板端面凸轮夹紧机构

实现夹紧动作。它的结构也比较简单，操作方便，由于是利用杠杆原理进行夹紧，其夹紧力比较大，但占用的空间要大一些。转动式压板端面凸轮夹紧机构如图 3-20 所示。

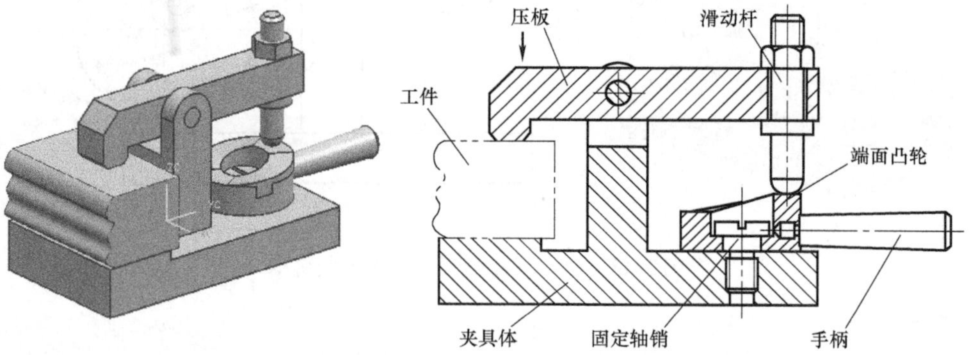

图 3-20 转动式压板端面凸轮夹紧机构

该机构的特点是，逆时针转动手柄，将端面凸轮旋转一定角度，在凸轮斜面的作用下，使与其紧密接触的滑动杆向上移动。利用杠杆原理使压板在工件的夹紧点处压向工件的表面，将工件夹紧。当顺时针转动手柄时，滑动杆因与其接触的凸轮斜面降低，并在重力作用下，使压板与工件在接触点处抬起，松开工件，即可将工件取下。

3.5 联动夹紧机构

联动夹紧机构是指由一个原始作用力的作用来同时实现若干个夹紧动作的机构。按同时夹紧工件数量的不同，分为单件联动夹紧机构和多件联动夹紧机构。由一个作用力通过联动装置分散到数点对一个工件进行夹紧的机构称为单件（多点）联动夹紧机构。由一个作用力通过联动装置分散到数点对多个工件进行夹紧的机构称为多件（多点）联动夹紧机构。对于手动夹紧方式，采用联动夹紧机构可以简化操作，减轻劳动强度。对于机动夹紧方式，采用联动夹紧机构可以减少动力装置，简化结构，降低制造成本。

3.5.1 单件联动夹紧机构

单件联动夹紧机构，是通过联动装置将一个原始作用力分散到工件的若干个夹紧点对工件进行夹紧。单件联动夹紧点的数量因工件的形态和加工特点不同可能有多种形式，常用的是双点联动夹紧，这里只讲述双点联动夹紧机构。按夹紧点施力方向的不同，又可分为双点对向联动夹紧机构、双点同向联动夹紧机构和双点垂直联动夹紧机构。

1. 单件双点对向联动夹紧机构

单件双点对向联动夹紧机构是将两个压板对向安装并利用杠杆原理将工件在两个夹紧点夹紧。它的结构非常简单，占用空间很小，操作方便、灵活，但夹紧力不大，适用于小型工件的夹紧。单件双点对向联动夹紧机构如图 3-21 所示。

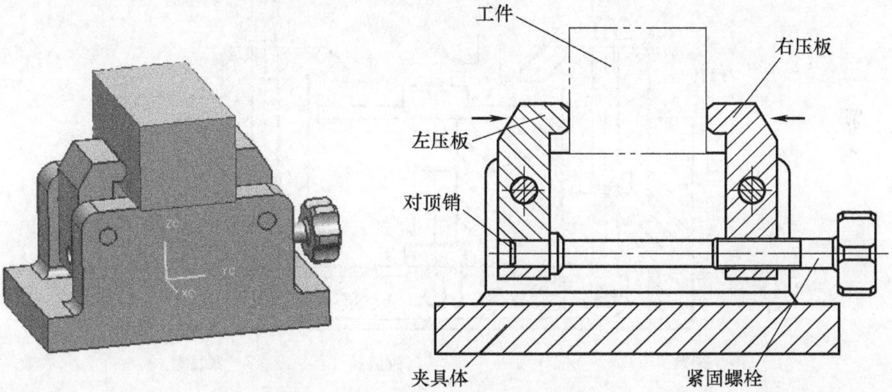

图 3-21 单件双点对向联动夹紧机构

该机构的特点是，正向旋转紧固螺栓时，通过右压板上的螺纹使右压板逆时针转动，其上端的夹紧点压向工件，同时，紧固螺栓左端面顶向安装在左压板的对顶销上，使左压板顺时针转动，其上端的夹紧点压向工件，从而将工件夹紧。当反向旋转紧固螺栓时，右压板和左压板分别作顺时针和逆时针转动，使工件呈放松状态，即可将工件取下。

2. 单件双点同向联动夹紧机构

单件双点同向联动夹紧机构，是将两个压板同向安装在需要夹紧的工件的两侧，并利用螺旋和杠杆原理将工件夹紧。它的结构比单件双点对向联动夹紧机构稍复杂些，但操作很方便，夹紧力比较大，适用于中、小型工件的夹紧。单件双点同向联动夹紧机构如图 3-22 所示。

该机构的特点是，正向旋转右侧的紧固螺母时，使紧固螺栓向上移动，拉动杠杆作逆时针转动的同时，拉动左侧的拉杆向下移动，并通过固定拉杆和左压板上的调节螺母使左压板向下移动，其夹紧点压向工件；同时，右压板的夹紧点也压向工件，从而使工件夹紧。当反向旋转右侧的紧固螺母时，在左、右两侧弹簧的作用下，分别使左、右两个压板向上抬起，使工件呈放松状态，即可将工件取下。安装在左压板上的调节螺母不仅是将其与拉杆紧固在一起，还具有调节夹紧行程和夹紧力大小的作用。

3. 单件双点垂直联动夹紧机构

单件双点垂直联动夹紧机构，是将两个压板相互垂直安装在工件的上表面和一侧表面

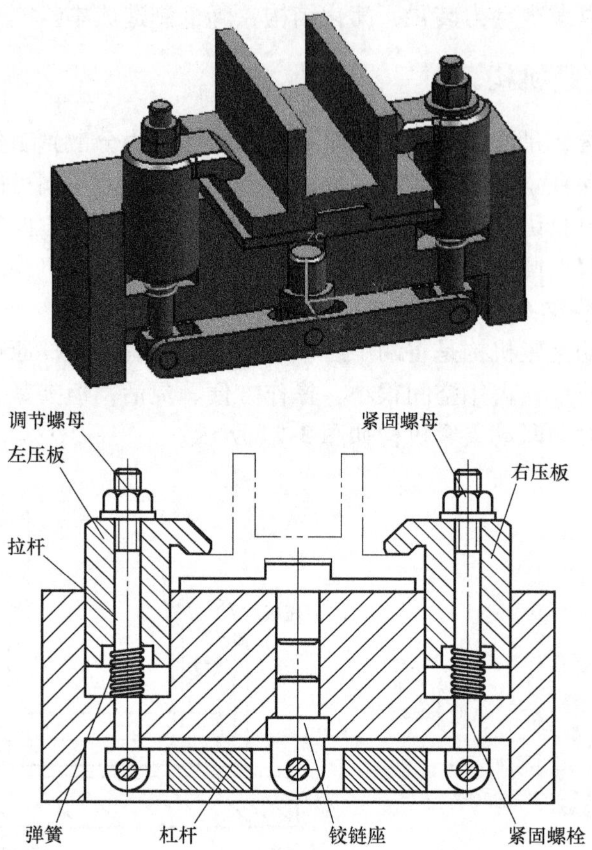

图 3-22 单件双点同向联动夹紧机构

上，并利用两个杠杆产生的作用力将工件进行夹紧。它的结构比较紧凑，操作方便，并且可同时在水平和垂直两个方向夹紧工件，夹紧力也比较大，适合中、小型工件的夹紧。单件双点垂直联动夹紧机构的实体图和工程图如图 3-23 所示。

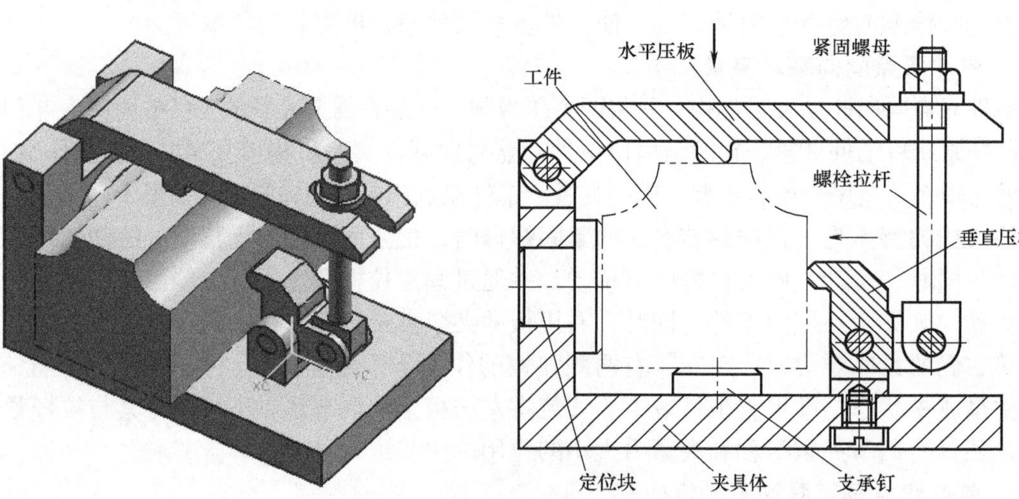

图 3-23 单件双点垂直联动夹紧机构

该机构的特点是，旋紧紧固螺母时，使水平压板在其夹紧点处压向工件的水平表面，同时拉动螺栓拉杆向上移动，使垂直压板逆时针旋转，并在其夹紧点处压向工件的垂直表面，从而将工件在水平和垂直两个方向上同时夹紧。当旋松紧固螺母时，螺栓拉杆向下移动，使垂直压板顺时针旋转，工件呈松开状态。将螺栓拉杆顺时针转动一定角度使其脱离水平压板开口槽，将水平压板抬起，即可将工件取下。

3.5.2 多件联动夹紧机构

多件联动夹紧机构，是通过联动装置将一个原始作用力分散到若干个工件的相应夹紧点，同时对工件进行夹紧。多件联动夹紧的要点是对所有工件的夹紧力要保持相等，因此，在夹紧方式和结构上要注意均衡地将原始作用力分散到各个夹紧点上。按夹紧形式的不同，多件联动夹紧机构分为浮动压块多件联动夹紧机构、铰链压板多件联动夹紧机构和液体塑料多件联动夹紧机构。

1. 浮动压块多件联动夹紧机构

浮动压块多件联动夹紧机构，是将浮动压块安装在两个工件的中间处，并利用螺旋压力使工件夹紧。它的结构紧凑、占用空间小，在多件联动夹紧机构中是最简单的一种形式，但由于其夹紧方式的限制，只适合小型工件的夹紧。浮动压块多件联动夹紧机构如图 3-24 所示。

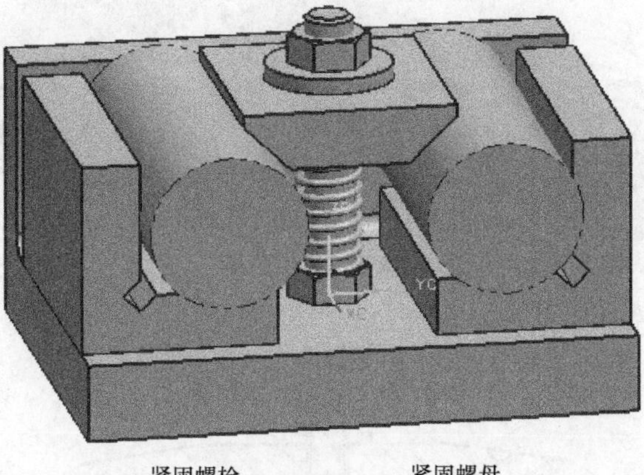

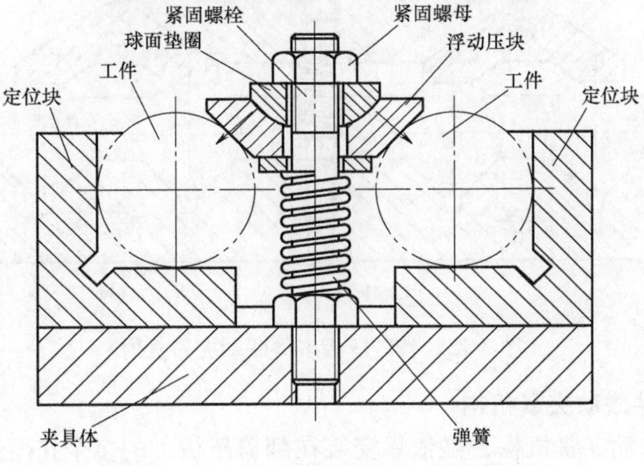

图 3-24　浮动压块多件联动夹紧机构

该机构的特点是，旋紧紧固螺母时，在球面垫圈的作用下使浮动压块向下移动，并产生两个倾斜成45°角的分力压向工件的圆柱表面，从而使两个工件同时夹紧。当旋松紧固螺母时，在弹簧的作用下，浮动压块和球面垫圈向上抬起，工件呈松开状态，即可将两个工件取下。采用球面垫圈和带有球面凹槽的浮动压块，目的就是保证将原始紧固作用力均衡地分散到两个工件上，以确保两个工件所受的夹紧力大小相当。

2. 铰链压板多件联动夹紧机构

铰链压板多件联动夹紧机构，是将两个铰链压板安装在平衡压板之上，并利用螺旋压力和活动铰链的杠杆作用将多个工件进行夹紧。它的结构比较紧凑，操作灵活，可以同时夹紧较多的工件，生产效率比较高，但因其结构的局限性，只适合小型工件的夹紧。铰链压板多件联动夹紧机构如图 3-25 所示。

该机构的特点是，旋紧紧固螺母时，使平衡压板向下移动，产生两个垂直向下的分力，迫使两侧的铰链压板在 4 个夹紧点处夹紧工件。当旋松紧固螺母时，在弹簧的作用下，平衡压板向上抬起，并带动两个铰链压板一同向上移动，使工件呈放松状态，即可将 4 个工件取下。采用平衡压板和两个铰链压板的目的，是保证将原始紧固作用力均衡地分散到 4 个夹紧点上，使 4 个工件所受的夹紧力大小相当，以确保可靠地夹紧工件。

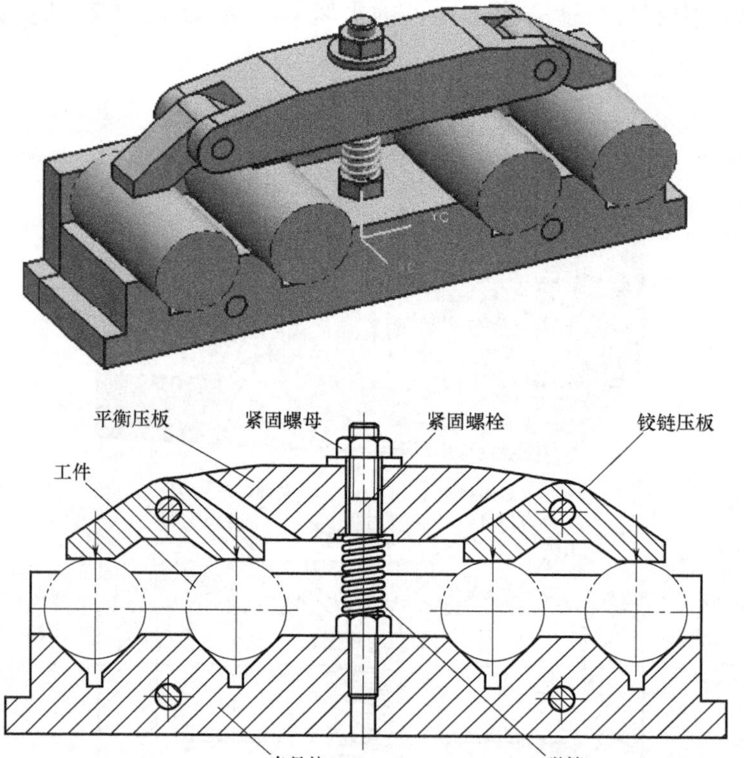

图 3-25　铰链压板多件联动夹紧机构

3. 液体塑料多件联动夹紧机构

液体塑料多件联动夹紧机构，是依靠安装在翻盖压板上的多个挤压塞，并利用螺旋推动液体塑料所产生的压力使挤压塞将多个工件进行夹紧。它的结构比较简单，占用空间小，设计和制造也比较容易，但夹紧力有限，只适合小型工件的夹紧。液体塑料多件联动夹紧机构如图 3-26 所示。

该机构的特点是，旋紧挤压螺钉，会使平衡压板内腔中的液体塑料产生压力，推动挤压塞向下移动，并在各个工件表面的夹紧点处将多个工件同时夹紧。当旋松挤压螺钉时，会释放液体塑料中的压力，工件呈放松状态。将右侧的紧固螺母旋松，将拉杆螺栓顺时针旋转 90°，脱离平衡压板上的开口槽；再将平衡压板抬起，即可将所有工件取下。

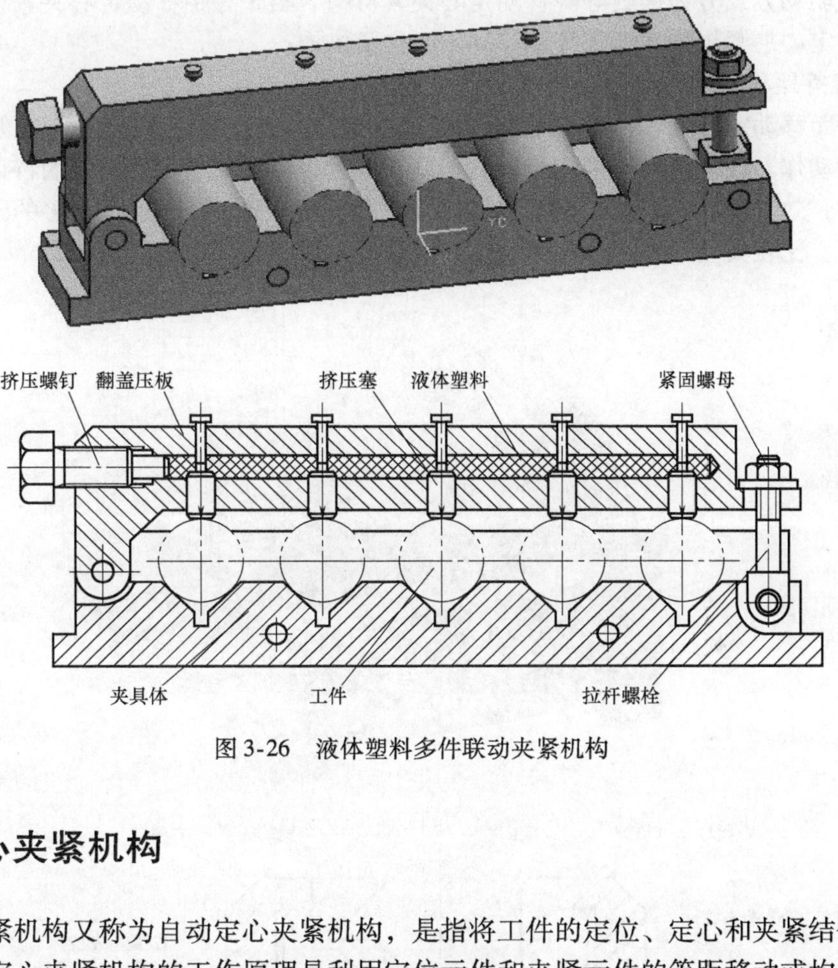

图 3-26　液体塑料多件联动夹紧机构

3.6　定心夹紧机构

定心夹紧机构又称为自动定心夹紧机构，是指将工件的定位、定心和夹紧结合在一起的夹紧机构。定心夹紧机构的工作原理是利用定位元件和夹紧元件的等距移动或均匀的弹性变形方式，消除定位元件与工件定位基准面的不准确性和定位尺寸偏差的影响。定心夹紧机构的基本特点如下。

1）定位元件和夹紧元件是同一元件。

2）定位（夹紧）元件之间有着精确的运动联系。

3）各定位（夹紧）元件始终保持等距离地移动。

4）各定位（夹紧）元件的关联运动可使定位尺寸偏差均匀、对称地分布在定位基准面上。

由于上述特点，定心夹紧机构非常适合几何形状对称的工件的夹紧，且定位精度较高。根据其工作原理，定心夹紧机构主要分为等距移动定心夹紧机构和弹性变形定心夹紧机构。

3.6.1 等距移动定心夹紧机构

等距移动定心夹紧机构，是指通过内联动装置使原始作用力均衡地分散到每个定位（夹紧）元件上，使工件实现同时定位和夹紧。等距移动定心夹紧的要点是，不仅要使各个夹紧（定位）元件对工件的夹紧力保持相等，还要使各个夹紧（定位）元件的空间运动保持精确的等距移动，这样才能保证自动定位夹紧的目的。内联动装置的形式有多种，按其对夹紧元件的驱动方式分为螺旋等距移动定心夹紧机构、凸轮等距移动定心夹紧机构、偏移滚柱等距移动定心夹紧机构和斜楔等距移动定心夹紧机构。

1. 螺旋等距移动定心夹紧机构

螺旋等距移动定心夹紧机构，是利用螺杆和螺母之间的螺旋运动来实现夹紧元件的同时移动和夹紧动作。该机构具有结构简单、工作行程大、传动联系比较精确的特点；但操作起来比较费时，效率不高。由于它制造容易，维护成本也较低，因此，在很多的定心夹紧机构中经常采用。比较典型的螺旋等距移动定心夹紧机构如图 3-27 所示。

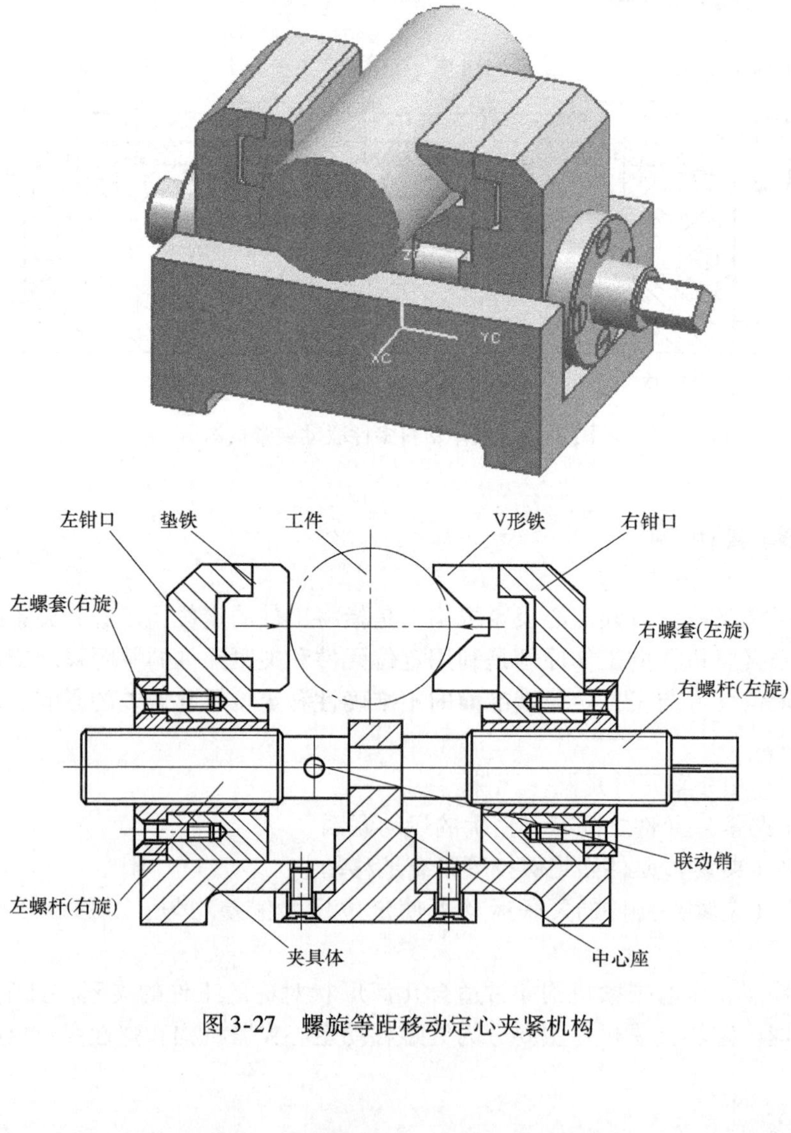

图 3-27 螺旋等距移动定心夹紧机构

该机构的特点是，驱动左右两个钳口的是左右两个螺杆，这两个螺杆通过联动销连接在一起，形成一根左端是右螺纹，右端是左螺纹的驱动螺杆。当正向旋转驱动螺杆时，通过安装在左右钳口上的左螺套和右螺套，使左右钳口同时向中间移动，并借助 V 形铁和垫铁同时对工件进行定位和夹紧。当反向旋转驱动螺杆时，左右两个钳口会同时向相反方向移动，使工件呈放松状态，即可将工件取下。

2. 凸轮等距移动定心夹紧机构

凸轮等距移动定心夹紧机构，是利用凸轮的两个偏心曲面在旋转中产生的偏心距位移来实现夹紧元件的同时移动和夹紧动作的。该机构的结构比较简单，操作方便快捷，工作效率高；但工作行程短，定位精度较低，凸轮的制造相对复杂。通常应用于加工批量大、加工精度要求不太高的小型工件的夹具中。比较典型的凸轮等距移动定心夹紧机构，如图 3-28 所示。

该机构的特点是，顺时针转动操纵手柄，使凸轮顺时针旋转，驱动上面的卡爪绕卡爪轴逆时针转动，下面的卡爪绕卡爪轴顺时针转动，从而在工件的四个夹紧点处将工件夹紧。当逆时针转动操纵手柄时，使凸轮逆时针旋转，在弹簧的作用下，使上下两个卡爪的钳口张开，工件呈放松状态，即可将工件取下。

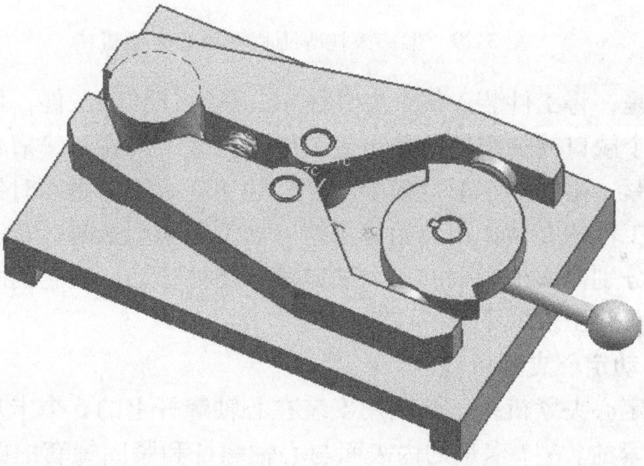

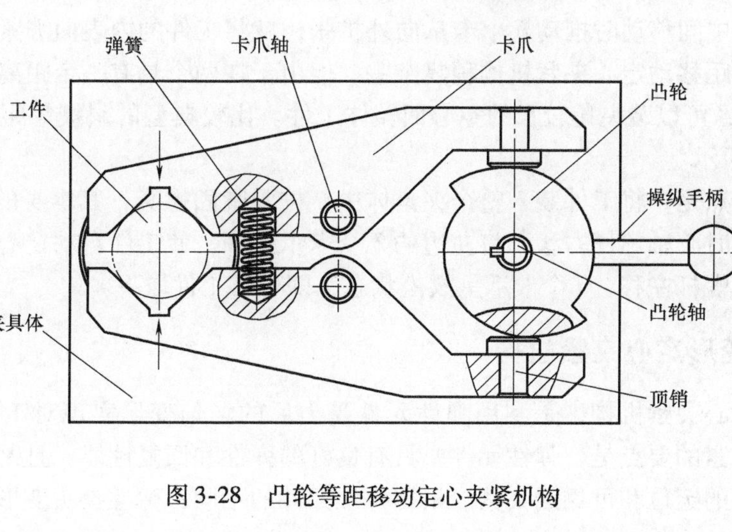

图 3-28　凸轮等距移动定心夹紧机构

3. 偏移滚柱等距移动定心夹紧机构

偏移滚柱等距移动定心夹紧机构，是利用安装在偏槽心轴上的3个滚柱对空心工件内壁产生的摩擦力来实现定位和夹紧的。该机构的结构十分简单，占用空间小，操作省力，但只适用于车床夹具中，且只能是空心的回转体工件。由于是依靠3个滑动滚柱的偏移及对工件内壁所产生的摩擦力使工件夹紧，因此，要求刀具切削工件时所产生的切削力只能是一个旋转方向。比较典型的偏移滚柱等距移动定心夹紧机构，如图3-29所示。

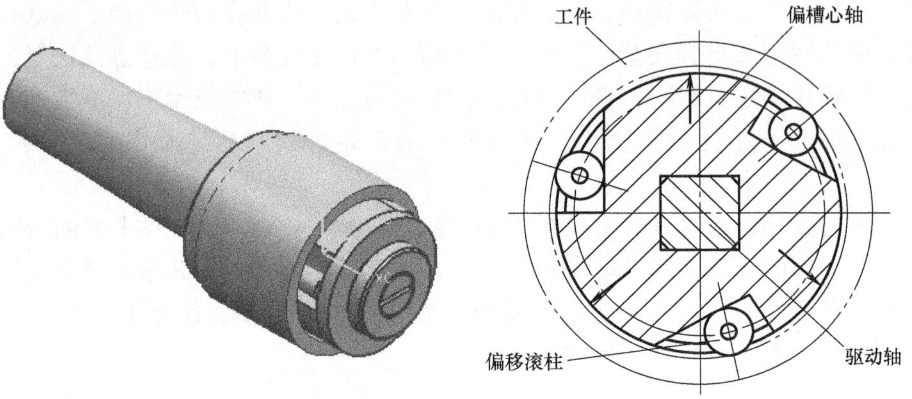

图3-29　偏移滚柱等距移动定心夹紧机构

该机构的特点是，将工件装入整个夹具体中，顺时针转动工件，依靠摩擦使3个滚柱分别向偏槽心轴的3个缺口槽狭窄处偏移，使工件内孔壁、滚柱和偏槽心轴三者牢牢地卡在一起，从而将工件夹紧。由于在车削过程中所产生的切削力矩也是顺时针方向的，因此在工件的加工过程中，对工件的夹紧作用会始终保持。加工完毕则逆时针转动工件，在摩擦力的作用下会使3个滚柱分别向偏槽心轴的3个缺口槽开阔处移动，使它们脱离工件的内孔壁，工件呈放松状态，即可将工件取下。

4. 斜楔等距移动定心夹紧机构

斜楔等距移动定心夹紧机构，是利用安装在心轴螺杆上的6个卡爪对空心回转体工件的内壁进行定位和夹紧的。6个卡爪的内表面与心轴螺杆和紧固螺套的圆锥面紧密接触，当两个圆锥体同时向中间移动时推动6个卡爪向外扩张，就将工件的内表面涨紧。该机构的结构对比偏移滚柱等距移动定心夹紧机构稍复杂些，但由于在两个具有一定距离的横截面上装有6个卡爪，因此，可以装夹比较长的空心回转体工件。比较典型的斜楔等距移动定心夹紧机构，如图3-30所示。

该机构的特点是，将工件装入整个夹具体中，拧紧紧固螺套，其本身的锥体将右边的3个卡爪张开；同时心轴螺杆右移，将左边的3个卡爪张开，使工件自动定心并夹紧。旋松紧固螺套时，心轴螺杆左移，6个卡爪呈放松状态，即可将工件取下。

3.6.2　弹性变形定心夹紧机构

弹性变形定心夹紧机构，是利用弹性元件受力后的均匀变形实现对工件的定位和夹紧的。弹性变形夹紧的要点是，弹性元件要具有良好的弹性和回复性能，且制造的精度要求较高，以保证精确的定位和可靠的夹紧。根据弹性元件的不同，弹性夹头变形定心夹紧机构分

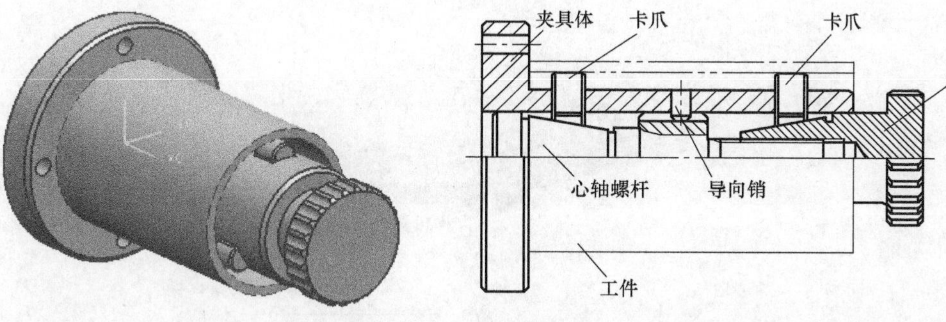

图 3-30　斜楔等距移动定心夹紧机构

为弹性夹头定心夹紧机构、碟形簧片定心夹紧机构、液体塑料定心夹紧机构和波纹套定心夹紧机构。

1. 弹性夹头定心夹紧机构

弹性夹头定心夹紧机构，是利用安装在夹具体或心轴上的弹性夹头受力所产生的弹性变形实现对工件的定位和夹紧的。此类机构按夹紧工件的外径和内径不同，分为外夹式弹性夹头定心夹紧机构和内夹式弹性夹头定心夹紧机构。

（1）外夹式弹性夹头定心夹紧机构　外夹式弹性夹头定心夹紧机构如图 3-31 所示。

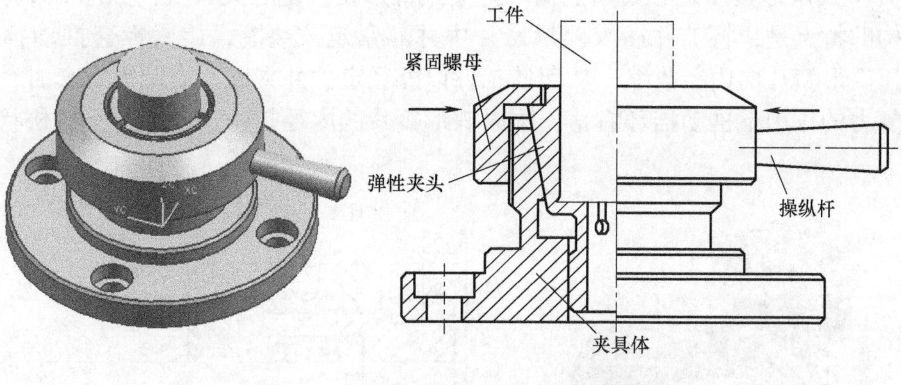

图 3-31　外夹式弹性夹头定心夹紧机构

该机构的特点是，顺时针转动操纵杆，紧固螺母在与夹具体外螺纹的配合下拉动弹性夹头向下移动，使其外圆锥面受到夹具体内圆锥面的挤压，从而使弹性夹头向内收缩将工件夹紧。逆时针转动操纵杆时，紧固螺母被旋松，弹性夹头向外扩张使工件放松，即可将工件取下。

（2）内夹式弹性夹头定心夹紧机构　内夹式弹性夹头定心夹紧机构如图 3-32 所示。

该机构由于采用工件的内孔定位，通常用于车床夹具中。其的特点是，旋紧紧固螺母，推动锥套向左移动，使弹性夹头右端的卡爪向外扩张；同时也推动了弹性夹头向左移动，使其左端的卡爪也向外扩张，从而在两处对工件内孔进行夹紧。当旋松紧固螺母时，弹性夹头由于本身所具有的刚性作用产生收缩，锥套向右移动，弹性夹头也向右移动，其左右两端的卡爪向内收缩，使工件呈放松状态，即可将工件取下。

2. 碟形簧片定心夹紧机构

碟形簧片定心夹紧机构是利用安装在夹具体或心轴上的碟形簧片，在外力作用下发生外

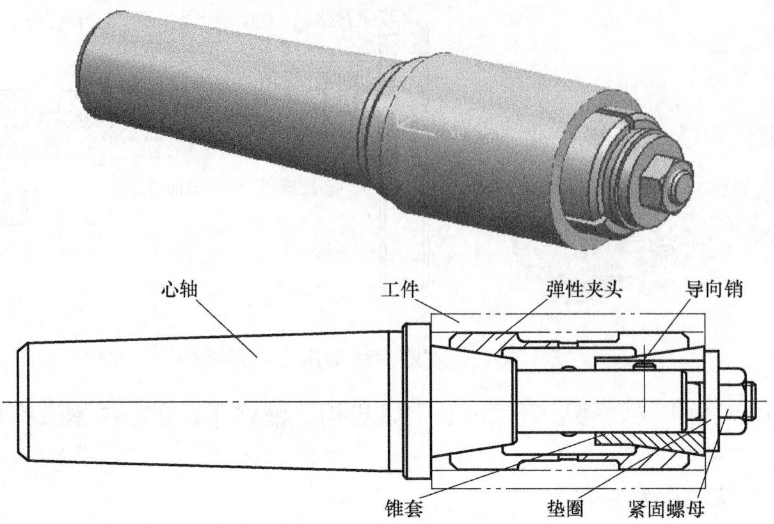

图 3-32　内夹式弹性夹头定心夹紧机构

径胀大，内径缩小的变形，实现对工件的定位和夹紧的。此类机构按夹紧工件的外径和内径不同，分为外夹式碟形簧片定心夹紧机构和内夹式碟形簧片定心夹紧机构。

（1）外夹式碟形簧片定心夹紧机构　外夹式碟形簧片定心夹紧机构如图 3-33 所示。

该机构的特点是，将工件插入碟形簧片中并靠紧定位垫圈，旋紧螺套推动挡环向左移动，会挤压碟形簧片向内径收缩，从而使工件以外径定位并夹紧。当旋松螺套时，在碟形簧片弹性回复力的作用下推动挡环右移，同时碟形簧片的内径扩张，使工件呈放松状态，即可将工件取下。

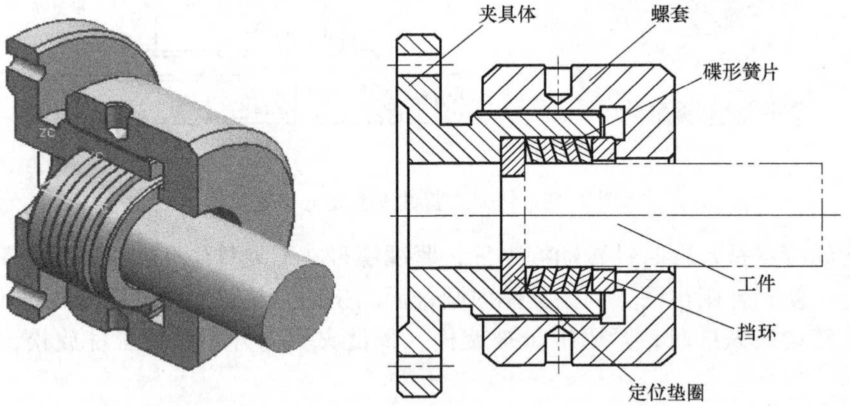

图 3-33　外夹式碟形簧片定心夹紧机构

（2）内夹式碟形簧片定心夹紧机构　内夹式碟形簧片定心夹紧机构如图 3-34 所示。

该机构的特点是，将工件插入碟形簧片中并靠紧定位环套，旋紧紧固螺母推动挡环向左移动，会挤压碟形簧片向外径扩张，从而使工件以内径定位并夹紧。当旋松紧固螺母时，在碟形簧片弹性回复力的作用下推动挡环右移，同时碟形簧片的外径收缩，使工件呈放松状态，即可将工件取下。

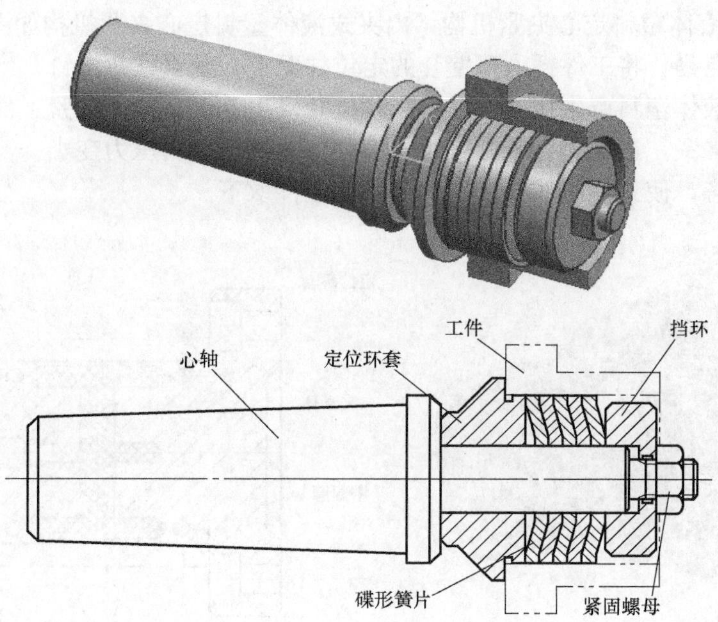

图 3-34　内夹式碟形簧片定心夹紧机构

3. 液体塑料定心夹紧机构

液体塑料定心夹紧机构是利用安装其上的薄壁套和型腔中的液体塑料实现对工件的定位和夹紧的。当通过螺旋的进给运动，使柱塞压缩型腔中的液体塑料，而液体塑料所产生的压力又使薄壁套发生变形，从而将工件进行表面定位和夹紧。此类机构按夹紧工件的内外表面不同，分为外夹式液体塑料定心夹紧机构和内夹式液体塑料定心夹紧机构。

(1) 外夹式液体塑料定心夹紧机构　外夹式液体塑料定心夹紧机构如图 3-35 所示。

该机构的特点是，将工件插入薄壁套的定位孔中，旋紧柱塞螺钉，当柱塞向型腔进给时，会使型腔中的液体塑料产生压力，并挤压薄壁套发生变形，使其夹紧工件的外径表面，从而将工件同时定位和夹紧。当旋松柱塞螺钉时，型腔中的液体塑料压力变小，薄壁套在弹性作用下回复到自由状态，使工件呈放松状态，即可将工件取下。

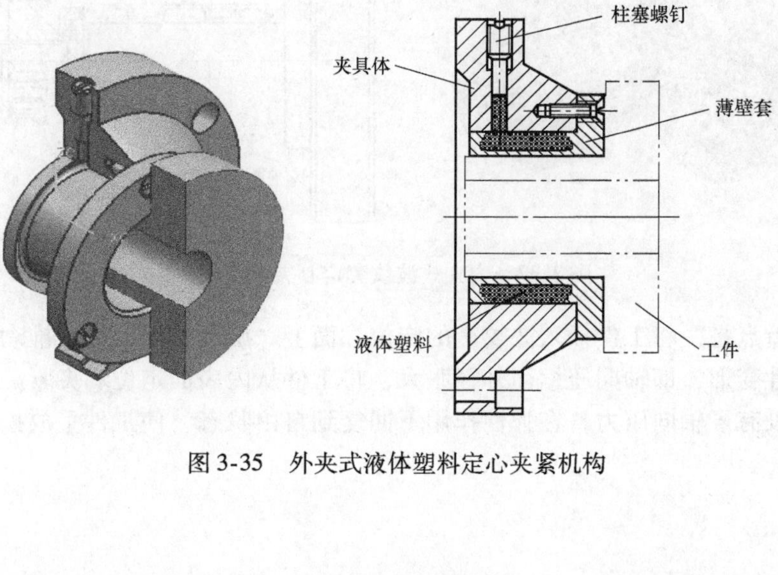

图 3-35　外夹式液体塑料定心夹紧机构

（2）内夹式液体塑料定心夹紧机构　内夹式液体塑料定心夹紧机构如图 3-36 所示。

该机构的特点是，将工件插入薄壁套的定位柱面上，旋紧柱塞螺钉，当柱塞向型腔进给时，使型腔中的液体塑料产生压力，并挤压薄壁套发生变形，使其夹紧工件的内径表面，同时将工件定位和夹紧。当旋松柱塞螺钉时，型腔中的液体塑料压力变小，薄壁套在弹性作用下回复到自由状态，使工件呈放松状态，即可将工件取下。

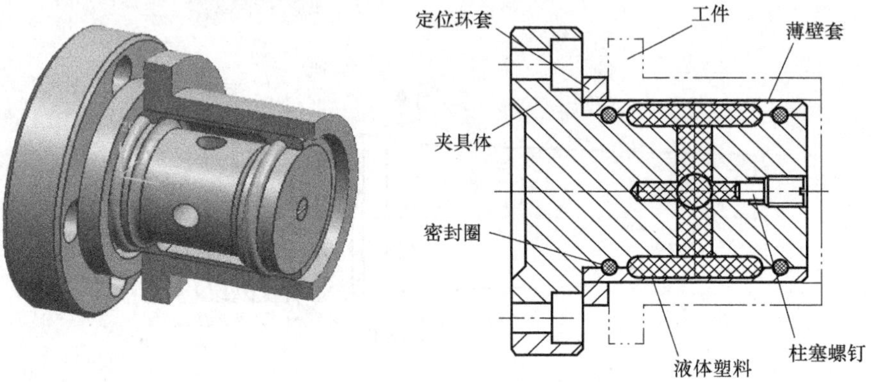

图 3-36　内夹式液体塑料定心夹紧机构

4. 波纹套定心夹紧机构

波纹套定心夹紧机构是利用安装其上的波纹套在轴向受力时发生弹性变形实现对工件的定位和夹紧的。通常是采用螺旋进给运动，使波纹套在轴向受到作用力，从而在径向发生弹性变形，即外径胀大，从内径对工件进行定位和夹紧。由于波纹套结构的特点，一般只作为内定心夹紧使用。波纹套定心夹紧机构的特点是定位精度高，装夹快捷，但作为定位基准的工件内孔尺寸精度要求比较高，且长度与内径比要大，通常将此类机构作为车床的夹具使用。典型的以内径定位和夹紧的波纹套定心夹紧机构，如图 3-37 所示。

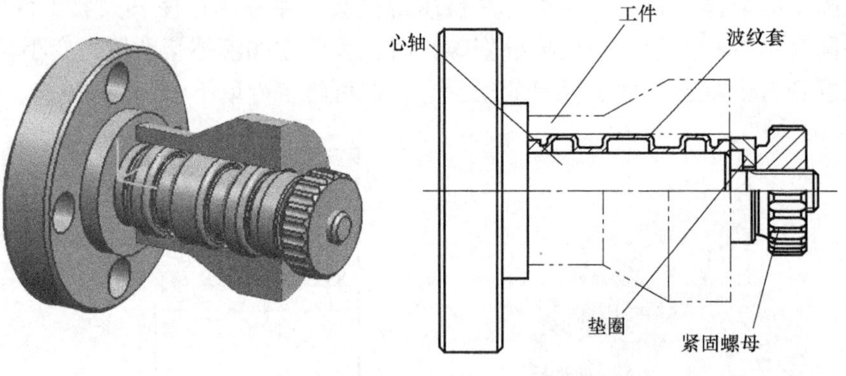

图 3-37　内夹式波纹套定心夹紧机构

该机构的特点是，将工件插入波纹套的定位柱面上，旋紧紧固螺母，推动垫圈左移，使波纹套发生弹性变形，即轴向压缩而外径胀大，将工件从内表面定位和夹紧。当旋松紧固螺母时，波纹套没有了轴向压力，在弹性作用下回复到自由状态，使工件呈放松状态，即可取下工件。

3.7 分度对定机构

在机械加工中，经常会遇到在工件上加工一组按固定转角或固定距离均匀分布的孔、槽等型面的情况。为了能在一次装夹中完成这类型面的加工，就出现了在加工过程中多次重复定位问题，通常将其称为分度定位，而将这种分度定位机构称之为分度机构。通过分度机构实行一次性装夹的多工位加工，可以使加工工序集中，从而减轻工人的劳动强度，提高劳动生产率，因此分度定位夹具在生产中应用非常广泛。

分度对定机构有两大类型，即回转分度对定机构和直线分度对定机构。

回转分度对定机构，是对圆周角进行分度，又称圆分度，用于对工件表面圆周均匀分布的孔或槽的加工。

直线分度对定机构，是对直线方向上的尺寸进行间隔距离对定，多用于对工件表面某一个方向均匀分布的孔或槽的加工。

在这两类分度对定机构中，回转分度机构应用比较普遍，本书重点讲述此类分度对定机构，并不再区分回转分度和直线分度，而这两类机构的分度定位原理是相同的。分度机构按不同的观察角度，有着多种划分形式。如从分度定位方向上看，有轴向分度和径向分度；从对定形式上看，有球头对定、圆柱销对定、圆锥面对定、斜面对定等。这里只从加工精度和操作方式角度来划分分度对定机构的类型。按此划分，有钢球式分度对定机构、拉销式分度对定机构、杠杆式分度对定机构、凸轮（偏心轮）式分度对定机构、枪栓式分度对定机构等。

3.7.1 钢球式分度对定机构

钢球式分度对定机构，是指依靠弹簧将钢球或圆头销压入分度盘锥孔内来实现对定的机构。这是最简单的一种对定机构形式，通常用于预分度或精度要求不高且切削力较小的加工工序中。此类分度对定方式有两种，即钢球分度对定机构和圆头销分度对定机构。

1. 钢球分度对定机构

钢球分度对定机构就是用钢球作为定位元件，并依靠弹簧的作用力使其对定在分度盘的定位锥孔内来实现分度定位。钢球分度对定机构如图 3-38 所示。

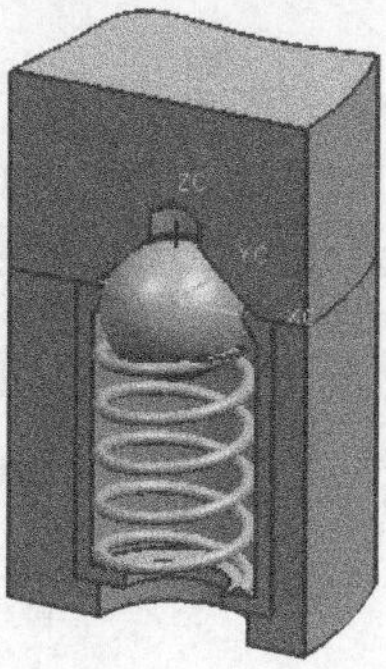

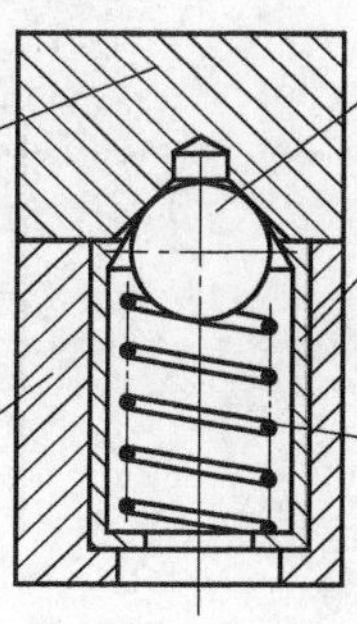

图 3-38　钢球分度对定机构

2. 圆头销分度对定机构

圆头销分度对定机构就是用球面圆柱销作为定位元件，并依靠弹簧的作用力使其对定在分度盘的定位锥孔内来实现分度定位。圆头销分度对定机构如图 3-39 所示。

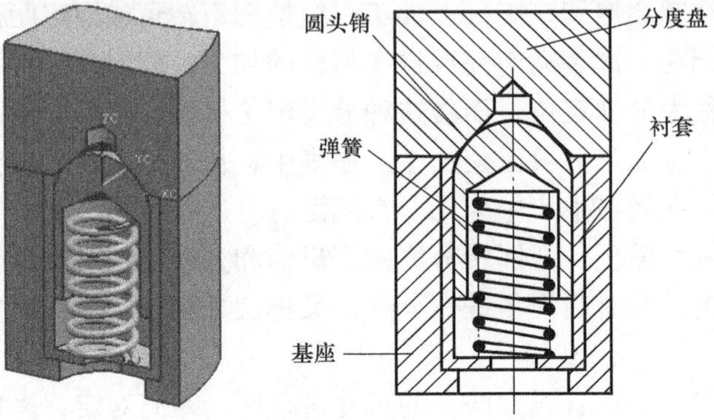

图 3-39　圆头销分度对定机构机构

此类分度对定机构操作最为便捷。其操作方法是，将分度盘锁紧装置松开，旋转或移动分度盘至某个角度或位移某个距离，使钢球或圆头销向下挤压（弹簧压缩）。当到达指定的对定点时，在弹簧力的作用下，又使钢球或圆头销弹起并对定到分度盘的圆锥孔内，从而完成分度对定过程；再将分度盘锁紧装置锁紧，即可进行加工操作。

3.7.2　拉销式分度对定机构

拉销式分度对定机构，是指用手拉动圆柱销使其对定或抽出分度盘的定位孔中来实现对定的机构。该机构具有中等的定位精度，适用于具有分度对定机构的中、小型夹具中。此类分度对定方式有两种，即直向拉伸分度对定机构和旋转拉伸分度对定机构。

1. 直向拉伸分度对定机构

直向拉伸分度对定机构是用圆柱销作为定位元件，并用手拉动圆柱销使其对定在分度盘的定位孔内来实现分度定位。根据加工精度的要求，还可将定位圆柱销设计成菱形销的形式，以补偿距离偏差。图 3-40 和图 3-41 所示分别为普通的直向拉伸分度对定机构和补偿偏差直向拉伸分度对定机构。

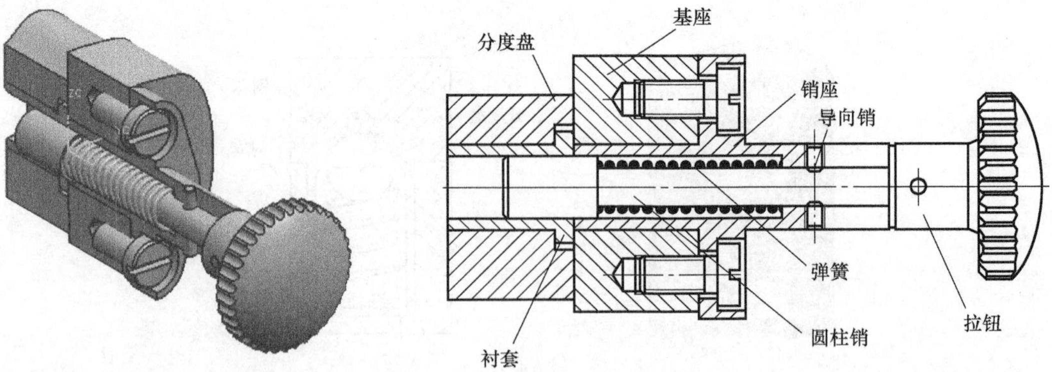

图 3-40　直向拉伸分度对定机构

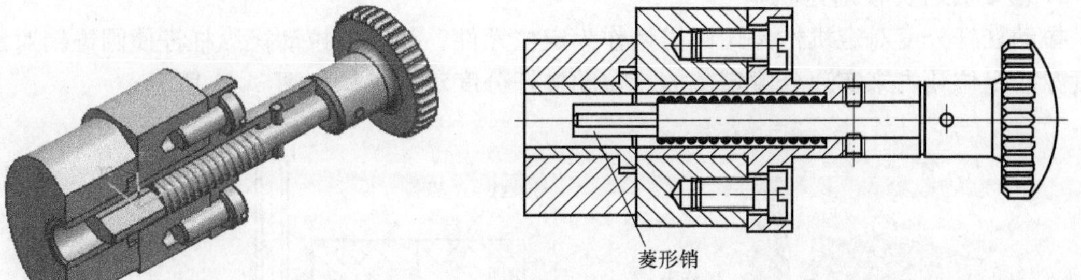

图 3-41　补偿偏差直向拉伸分度对定机构

此机构的操作方法是，将分度盘锁紧装置松开，通过拉钮将圆柱销拉出分度盘上的衬套的定位孔后，旋转分度盘至某个角度，再使圆柱销对准分度盘衬套的定位孔，松开拉钮。在弹簧力的作用下，使圆柱销重新插入到分度盘的衬套孔内，从而完成分度对定过程。此时，再将分度盘锁紧装置锁紧，即可进行加工操作。

2. 旋转拉伸分度对定机构

旋转拉伸分度对定机构也是用圆柱销作为定位元件，并通过旋钮和圆柱斜面使圆柱销对定在分度盘的定位孔内来实现分度定位。旋转拉伸分度对定机构如图 3-42 所示。

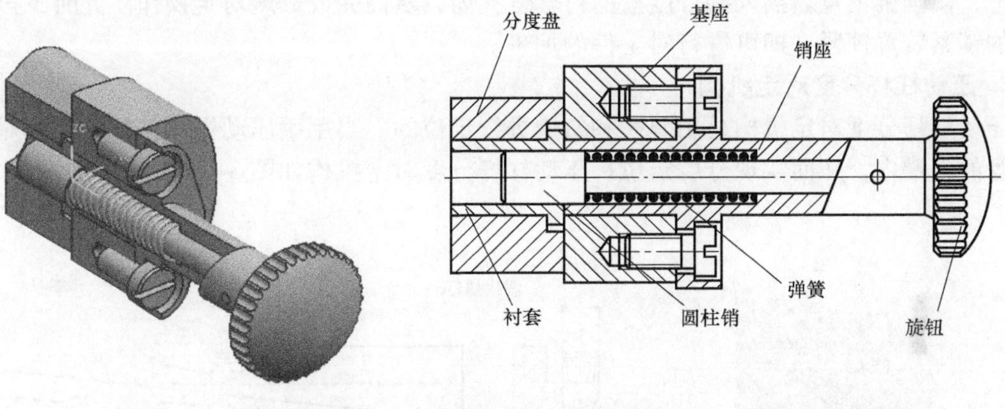

图 3-42　旋转拉伸分度对定机构

此机构的操作方法是，将分度盘锁紧装置松开，通过旋钮将圆柱销拉出分度盘上的衬套的定位孔后，旋转分度盘至某个角度，再使圆柱销对准分度盘衬套的定位孔，反向旋转旋钮。在弹簧力的作用下，使圆柱销重新插入到分度盘的衬套孔内，从而完成分度对定过程。此时，再将分度盘锁紧装置锁紧，即可进行加工操作。

3.7.3　杠杆式分度对定机构

杠杆式分度对定机构，是指用杠杆操作带动定位销使其对定或分度盘的定位槽或定位孔中抽出来实现对定的机构。此类机构具有较大的作用力，适用于中、大型分度对定夹具中。此类分度对定机构有 3 种方式，即拉动杠杆分度对定机构、压动杠杆分度对定机构和摆动杠杆分度对定机构。

1. 拉动杠杆分度对定机构

拉动杠杆分度对定机构是用圆锥销作为定位元件，并用手拉动操纵杠杆使圆锥销对定在分度盘的定位孔内来实现分度定位的。拉动杠杆分度对定机构如图 3-43 所示。

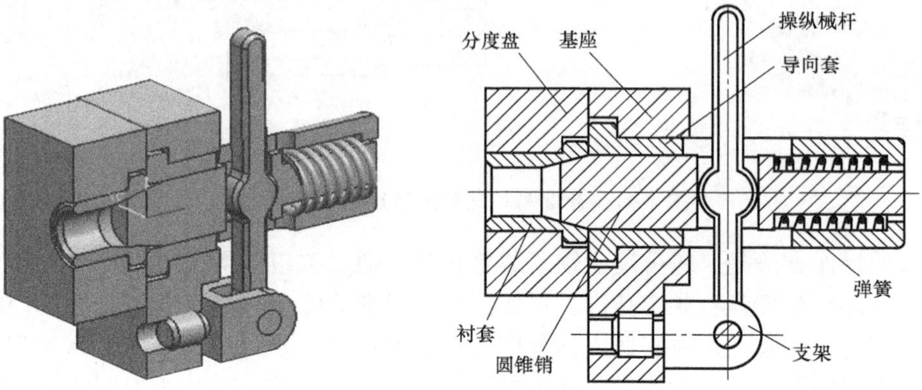

图 3-43　拉动杠杆分度对定机构

此机构的操作方法是，将分度盘锁紧装置松开，拉动操纵杆使圆锥销退出定位锥孔后，旋转分度盘至某个角度，再使圆锥销对准分度盘衬套的定位锥孔。松开操纵杆，在弹簧的作用力下，使圆锥销重新插入到分度盘的衬套锥孔内，从而完成分度对定操作。此时，再将分度盘的锁紧装置锁紧，即可进行对工件的加工。

2. 压动杠杆分度对定机构

压动杠杆分度对定机构是用斜楔和斜槽进行定位的。当用手压动操纵杠杆使斜楔对定在分度盘的斜槽内，从而实现分度定位。压动杠杆分度对定机构如图 3-44 所示。

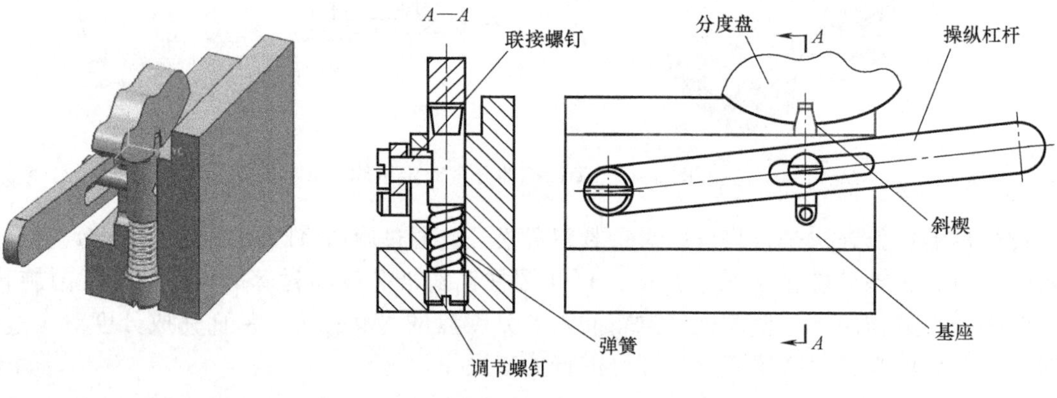

图 3-44　压动杠杆分度对定机构

此机构的操作方法是，将分度盘锁紧装置松开，压动操纵杠杆使斜楔退出分度盘的定位斜槽后，旋转分度盘至某个角度，再使斜楔对准分度盘的定位斜槽。松开操纵杠杆，在弹簧的作用力下，使斜楔重新插入到分度盘斜槽内，从而完成分度对定操作。此时，再将分度盘的锁紧装置锁紧，即可进行对工件的加工。

3. 摆动杠杆分度对定机构

摆动杠杆分度对定机构也是用斜楔和斜槽进行定位的。当用手搬动操纵杆使斜楔对定在分度盘的斜槽内，从而实现分度定位。摆动杠杆分度对定机构如图 3-45 所示。

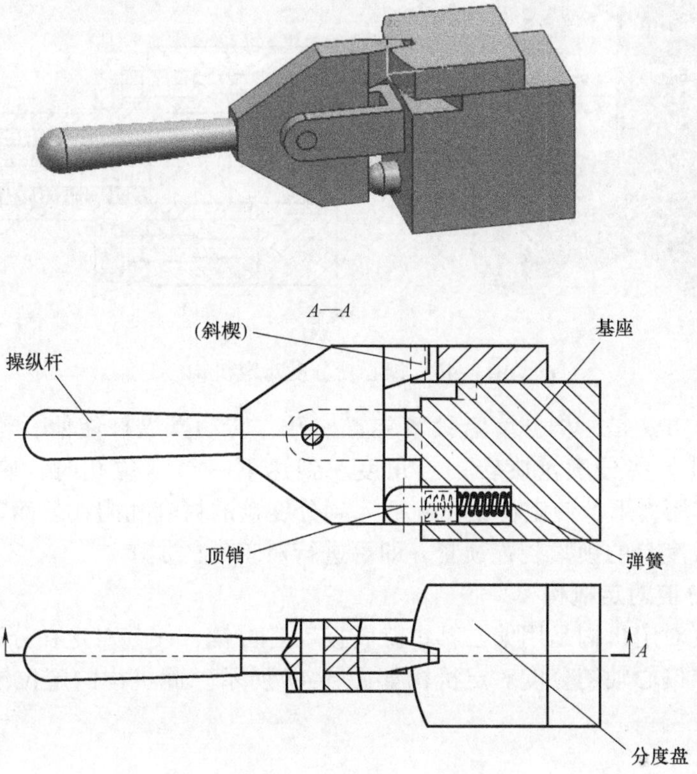

图 3-45　摆动杠杆分度对定机构

此机构的操作方法是，将分度盘锁紧装置松开，压下操纵杠杆使斜楔退出分度盘的定位斜槽后，旋转分度盘至某个角度，再使斜楔对准分度盘上下一个定位斜槽。松开操纵杠杆，在弹簧的作用力下，使斜楔重新插入到分度盘斜槽内，从而完成分度对定操作。此时，再将分度盘的锁装置锁紧，即可进行对工件的加工。

3.7.4　凸轮（偏心轮）式分度对定机构

凸轮（偏心轮）式分度对定机构，是对凸轮进行操作带动定位销使其对定或是从分度盘的定位槽或定位孔中抽出来实现对定的机构。此类机构具有较大的作用力，适用于中、大型分度对定的夹具中。典型的分度对定方式有 4 种，即偏心轮分度对定机构、偏心轴销分度对定机构、斜面凸轮分度对定机构和圆缺凸轮分度对定机构。

1. 偏心轮分度对定机构

偏心轮分度对定机构是用偏心轮旋转拉动定位销，使其对定在分度盘的定位孔中来实现分度定位的。偏心轮分度对定机构如图 3-46 所示。此机构的定位销采用了菱形结构，可以消除过定位偏差。

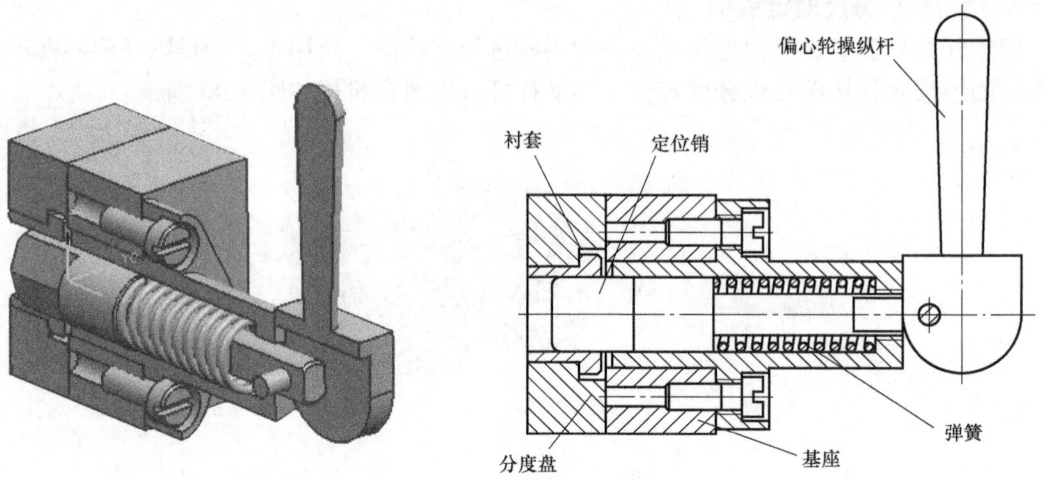

图 3-46　偏心轮分度对定机构

此机构的操作方法是，将分度盘锁紧装置松开，转动操纵杆使偏心轮旋转 180°，拉动定位销抽出定位孔。将分度盘旋转一定角度，到达下一个定位孔时，使偏心轮反向转动 180°，在弹簧的作用力下，使定位销重新插入到分度盘的衬套孔内，从而完成分度对定的操作。此时，再将分度盘的锁紧装置锁紧，即可进行对工件的加工。

2. 偏心轴销分度对定机构

偏心轴销分度对定机构是用偏心轴销旋转拨动定位销，使其对定在分度盘的定位孔中来实现分度定位的。偏心轴销分度对定机构如图 3-47 所示。此机构的定位销也采用了菱形结构，以消除过定位偏差。

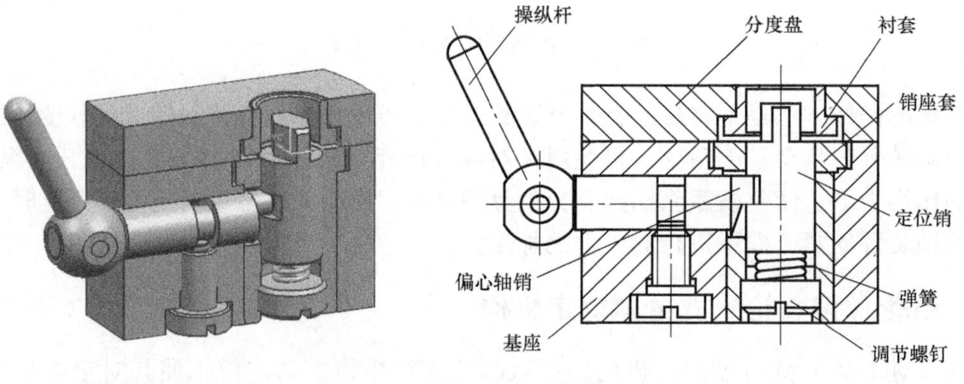

图 3-47　偏心轴销分度对定机构

此机构的操作方法是，将分度盘锁紧装置松开，转动操纵杆使偏心轴销绕偏心轴线转动 180°，拨动定位销抽出定位孔。将分度盘旋转一定角度，到达下一个定位孔时，使偏心轴销反向转动 180°，在弹簧的作用力下，使定位销重新插入到分度盘的衬套孔内，从而完成分度对定操作。此时，再将分度盘的锁紧装置锁紧，即可进行对工件的加工。

3. 斜面凸轮分度对定机构

斜面凸轮分度对定机构是用斜面凸轮旋转推动定位销，使其对定在分度盘的定位孔中来实现分度定位的。斜面凸轮分度对定机构如图 3-48 所示。

此机构的操作方法是，将分度盘上的锁紧螺栓松开，转动操纵杆使斜面凸轮转动 90°，推动定位销抽出定位孔。将分度盘旋转一定角度，到达下一个定位孔时，使斜面凸轮反向转动 90°，在弹簧的作用力下，使定位销重新插入到分度盘的衬套孔内，从而完成分度对定操作。此时，再将分度盘的锁紧装置锁紧，即可进行对工件的加工。

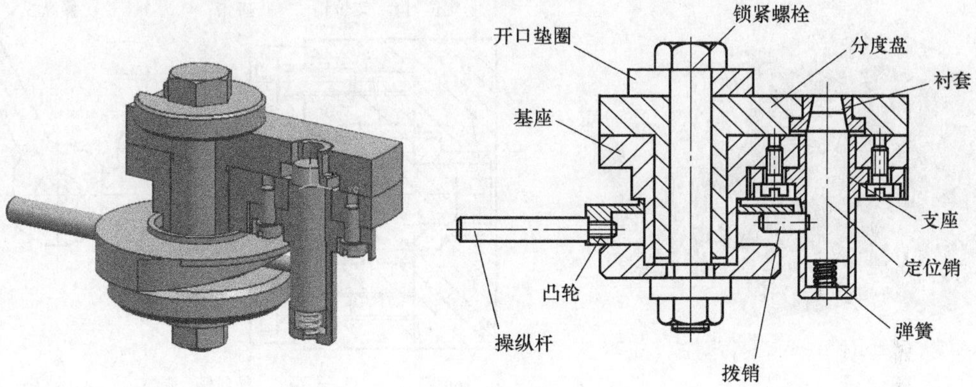

图 3-48　斜面凸轮分度对定机构

4. 圆缺凸轮分度对定机构

圆缺凸轮分度对定机构是运用圆缺凸轮边缘与分度盘上的定位槽的闭合或分离来实现分度定位的。圆缺凸轮分度对定机构如图 3-49 所示。

此机构的操作方法是，将分度盘上的锁紧装置松开，转动操纵杆使圆缺凸轮逆时针转动 90°，使凸轮的定位边缘与分度盘的定位槽分离。将分度盘旋转一定角度，到达下一个定位孔时，使圆缺凸轮顺时针转动 90°，使凸轮边缘重新楔入分度盘的定位槽中，从而完成分度对定操作。此时，再将分度盘的锁紧装置锁紧，即可进行对工件的加工。

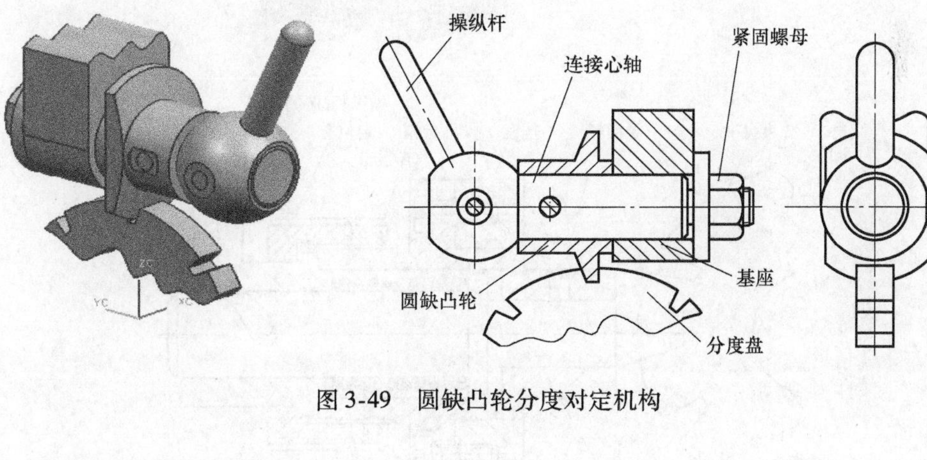

图 3-49　圆缺凸轮分度对定机构

3.7.5　枪栓式分度对定机构

枪栓式分度对定机构，是指用带有螺旋槽的元件直接或间接地拉动定位销对定或将其抽出或插入分度盘的定位孔（或槽）来实现对定的机构。此类机构操作更加灵活快捷，适用于中、小型分度对定的夹具中。其具体类型主要有两种，即直接式枪栓分度对定机构和间接式枪栓分度对定机构。

1. 直接式枪栓分度对定机构

直接式枪栓分度对定机构是运用带有螺旋槽的定位销，通过操作元件使其正反方向旋转90°，将其分离或插入定位孔中而实现分度定位的。直接式枪栓分度对定机构如图 3-50 所示。

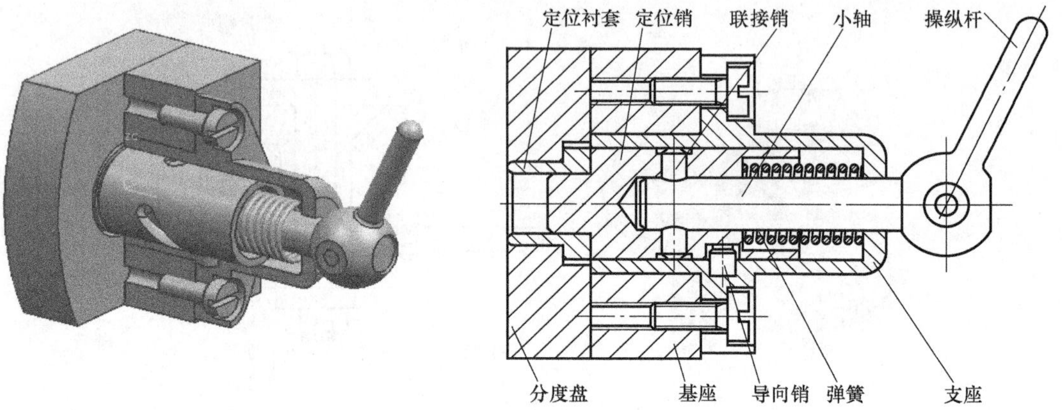

图 3-50　直接式枪栓分度对定机构

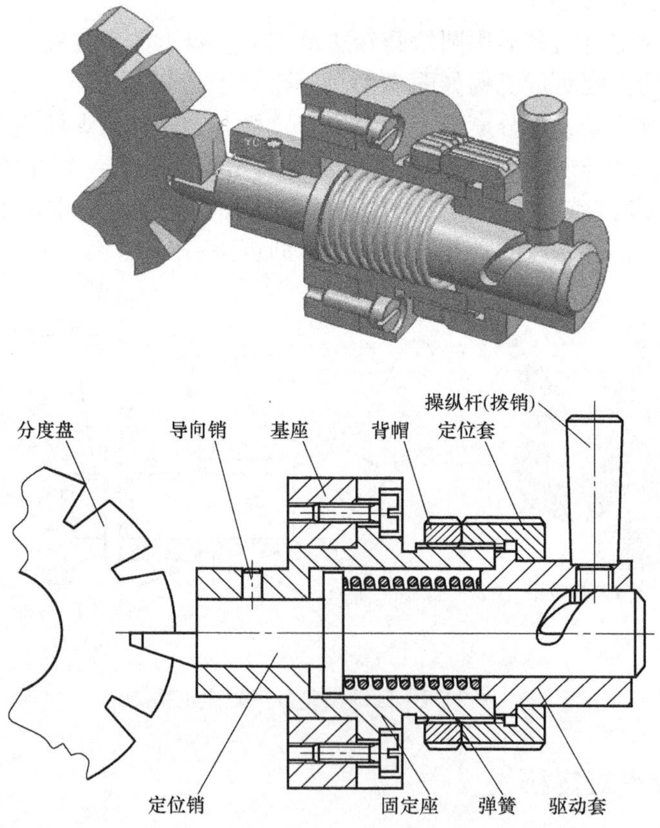

图 3-51　间接式枪栓分度对定机构

此机构的操作方法是，将分度盘上的锁紧装置松开，转动操纵杆通过小轴和联接销带动定位销逆时针旋转 90°，使其与分度盘上的定位孔分离。将分度盘旋转一定角度，到达下一个定位孔时，再通过操纵杆带动定位销顺时针旋转 90°，使其重新插入分度盘的定位孔中，从而完成分度对定操作。此时，再将分度盘的锁紧装置锁紧，即可进行对工件的加工。

2. 间接式枪栓分度对定机构

间接式枪栓分度对定机构是通过旋转带有导向销的驱动套，使带有螺旋槽的定位销轴移出或插入定位孔中而实现分度定位的。间接式枪栓分度对定机构如图 3-51 所示。

此机构的操作方法是，将分度盘上的锁紧装置松开，转动操纵杆使驱动套逆时针旋转 90°，通过螺旋槽的作用使定位销向右移动，与分度盘上的定位孔分离。将分度盘旋转一定角度，到达下一个定位孔时，再通过操纵杆使驱动套顺时针旋转 90°，使定位销重新插入分度盘的定位孔中，从而完成分度对定操作。此时，再将分度盘的锁紧装置锁紧，即可进行对工件的加工。

第4单元　车床夹具的设计

单元要点：简述车床夹具的分类、设计要点和步骤。重点讲述三种类型车床夹具的设计实例，即心轴类车床夹具、卡盘类车床夹具和角铁类车床夹具的设计。

4.1　车床夹具的分类及设计要点和步骤

车床主要用来加工工件的内、外圆柱面、圆锥面、回转面、螺纹及端平面等表面。这类工件表面都是围绕车床主轴的旋转轴线而成形的。除少数特殊的加工需要将夹具安装在车床的拖板上或床身上外，大多数车床夹具都安装在车床的主轴上，加工时夹具随车床主轴一起旋转，切削刀具作进给运动，本书只介绍此类车床夹具。另外，车床按主轴设置方位的不同，还有卧式车床和立式车床之分，这里也只介绍卧式车床夹具的设计。

4.1.1　车床夹具的分类

车床夹具按其使用范围大小，可分为通用车床夹具和专用车床夹具两大类。通用车床夹具主要有自定心卡盘、单动卡盘、拨动顶尖等。此类车床夹具已经完全标准化，成为工业商品，由专门的厂家商业化生产，故本书只讲述专用车床夹具的设计。专用车床夹具按其结构形式和装夹工件的方式不同，分为心轴类车床夹具、卡盘类车床夹具和角铁类车床夹具。

1. 心轴类车床夹具

心轴类车床夹具通常用于以工件的内孔作为定位基准，加工外圆柱面的情况。典型的心轴类夹具有圆柱心轴、弹簧心轴、顶尖式心轴等。

2. 卡盘类车床夹具

卡盘类车床夹具的结构特点是具有卡盘形状的夹具体。使用卡盘式夹具加工的工件形状一般都比较复杂，多数情况是工件的定位基准为与加工圆柱面垂直的端面，夹具上的平面定位件与车床主轴的轴线相垂直。

3. 角铁类车床夹具

角铁类车床夹具的结构特点是具有类似角铁形状的夹具体。常用于加工壳体、支座、接头等形状复杂工件的内、外圆柱面和端面。

4.1.2　车床夹具的设计要点

由于车床夹具一般是安装在机床的主轴上，随主轴高速旋转，因此对车床夹具的设计有着特别的要求。

1. 夹具的结构要紧凑

夹具外轮廓尺寸要尽可能小，重量尽可能轻，夹具重心应尽可能靠近回转轴线，减小惯性力和回转力矩。

夹具悬伸长度 L 与其外轮廓直径 D 之比，可参考下面的数值选取：

直径在 150mm 以内的夹具，$L/D \leqslant 1.25$。

直径在 150 ~ 300mm 的夹具，$L/D \leqslant 0.9$。

直径大于 300mm 的夹具，$L/D \leqslant 0.6$。

2. 夹具设计时应考虑设计平衡结构

消除夹具回转中可能产生的不平衡现象，以避免振动对工件加工质量和刀具寿命的影响。特别是角铁类车床夹具最容易出现此类问题。平衡措施主要有两种方法，即设置平衡块和增设减重孔。

3. 夹具的夹紧装置应力求夹紧迅速、可靠

设计时还要注意夹具旋转惯性力可能使夹紧力有减小的倾向，为防止回转过程中夹具夹紧元件的松脱，要设计好可靠的自锁结构。

4. 夹具与车床主轴的定位和连接要准确、可靠

连接轴或连接盘（过渡盘）的回转轴线与车床主轴的轴线应具有尽可能高的同轴度。对于外轮廓尺寸较小的夹具，可采用莫氏锥柄与机床主轴锥孔配合连接；对于外轮廓尺寸较大的夹具，可通过特别设计的过渡盘与机床主轴轴颈配合连接。无论哪一种连接方式都要注意连接牢固，不能产生松动情况。特别要考虑当主轴高速旋转、急刹车等情况时，夹具与主轴之间应设有防松装置。

5. 工件尺寸不能大于夹具体的回转直径

夹具上所有的元件和装置不能大于夹具体的回转直径。靠近夹具体外缘的元件，应尽量避免有凸起的部分，必要时回转部分外面可加装防护罩。

4.1.3 车床夹具的设计步骤

使用 UG 软件进行夹具的设计，首先，要明确工件的加工工艺要求，分析工件工程图所注明的加工精度和已经完工的工序。其次，确定工件的加工方式和定位方案，选择合适的定位元件或支承元件，初步设计出此类元件，并将这些元件的实体与工件的实体组装到一起。再次，确定夹紧方案，初步设计出夹紧机构和元件，并将这些元件按配合关系组装到一起。最后，确定夹具体结构，设计出夹具体及其与机床的连接方式，并通过夹具体将夹具所有元件装配到一起。

完成上面的几个设计步骤后，还需要对整个夹具进行调整，如对某些定位元件、导向元件、夹紧元件等进行具体结构及尺寸的修改和编辑，使之完全满足最终的设计功能要求。具体的设计步骤如下。

1. 确定定位方案

按拟定的定位方案，根据工件工程图、工序要求和设计任务，选择工件的定位基准。采用 UG 的建模应用模块设计出工件的实体模型，并按实际加工方位固定在三维空间上。设计出所有定位元件的实体模型，并根据相应的配合方式组装到已完成安装的工件上。

2. 确定夹紧方案

按拟定的夹紧方案，根据工件和定位元件的结构及尺寸，设计出所有夹紧元件和相关紧固元件的实体模型，并按相应的配合方式组装到已完成的装配结构中。在装配过程中，如发现配合不合适的地方，对前面所设计的元件进行修改更正，并调整装配结构。

3. 确定夹具体结构

按拟定的夹具结构，根据工件、定位元件和夹紧元件设计出夹具体、相关紧固元件和辅助元件的实体模型，并按照相应的配合方式组装到已完成的装配结构中。在装配过程中，如发现配合不合适的地方，可对前面所设计的元件进行修改更正，并调整装配结构。完成全部装配后，要检验整个夹具结构是否能满足设计任务目标，如果有差错，要对相关元件进行修改编辑，并重新调整装配结构，直至实现设计目标。

4. 绘制夹具图样

按照设计任务要求，用 UG 的制图应用模块，绘制全部的夹具元件和夹具装配的工程图，并根据第 1 单元的 1.5 夹具中常用的公差配合的内容，对全部图样进行技术标注。

在后面的车床夹具设计实例中，省去了步骤 4（绘制夹具图样）的内容，以减少叙述篇幅，重点放在设计中实用方法的讲述上。

4.2 心轴类车床夹具的设计

由于心轴类车床夹具是以工件的内孔作为定位基准的，因此，要求作为工件定位的孔必须是已加工的，且具有一定的加工精度。心轴类车床夹具通常都是从工件的内部夹紧固定，对工件外圆柱表面或端面进行车削加工的。心轴类车床夹具有：通孔弹性夹头定心夹具、偏移滚柱定心夹具、波纹套定心夹具、碟片定心夹具、盲孔弹性夹头定心夹具、顶尖心轴夹具等。

4.2.1 通孔弹性夹头定心夹具的设计

通孔弹性夹头定心夹具是以具有弹性结构的内夹头作为定位和夹紧元件来装夹工件的。以车削限位衬套工件用夹具的具体设计步骤和方法为例进行讲述。

【实例 1】 车削限位衬套用夹具的设计

限位衬套加工件的工程图如图 4-1 所示。

工序要求：$\phi56$ 外圆及端面、$\phi45^{+0.025}_{0}$ 内孔已经加工完毕。本工序要求加工 $\phi52^{0}_{-0.046}$ 外圆及端面、$4\times\phi50$ 槽及倒角 $C1$。生产规模为中等批量。

设计任务：该工件在卧式普通车床上加工。要求从工件内部定位并夹紧，加工操作应方便，尽量减少工件的装夹操作时间，工件的夹紧要可靠，并避免破坏工件内孔表面。

设计步骤及操作方法如下所述。

1. 确定定位方案

根据基准重合的原则，选择 $\phi45^{+0.025}_{0}$ 内孔及 $\phi56$ 外圆端面作为定位基准。孔定位元件为内夹式弹性夹头，端面定位元件为 5 号莫氏锥柄心轴的端面。

（1）设计工件实体模型　按照限位衬套工件工程图设计好工件的实体模型，在 UG 的装配环境下将其调入，并确定其在三维空间的适合位置上，如图 4-2 所示。

（2）设计定位元件　根据限位衬套工件的内孔尺寸和长度尺寸，分别设计出内夹式弹性夹头和莫氏 5 号锥柄心轴，其工程图如图 4-3 和图 4-4 所示。将两个元件按相应的配合方式装配到工件上，其装配的实体图和工程图如图 4-5 所示。

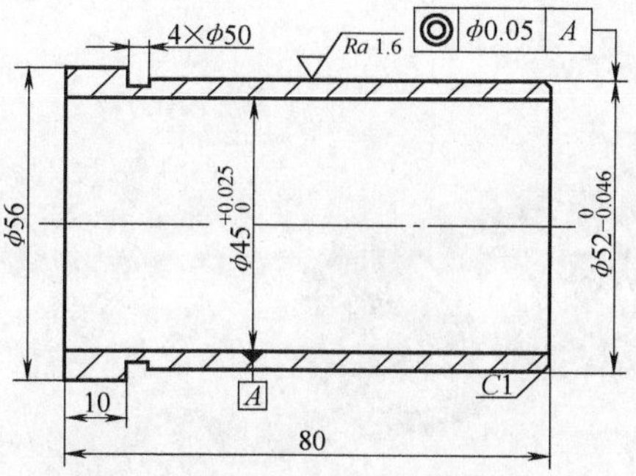

图 4-1 限位衬套加工件的工程图

图 4-2 限位衬套实体模型的定位

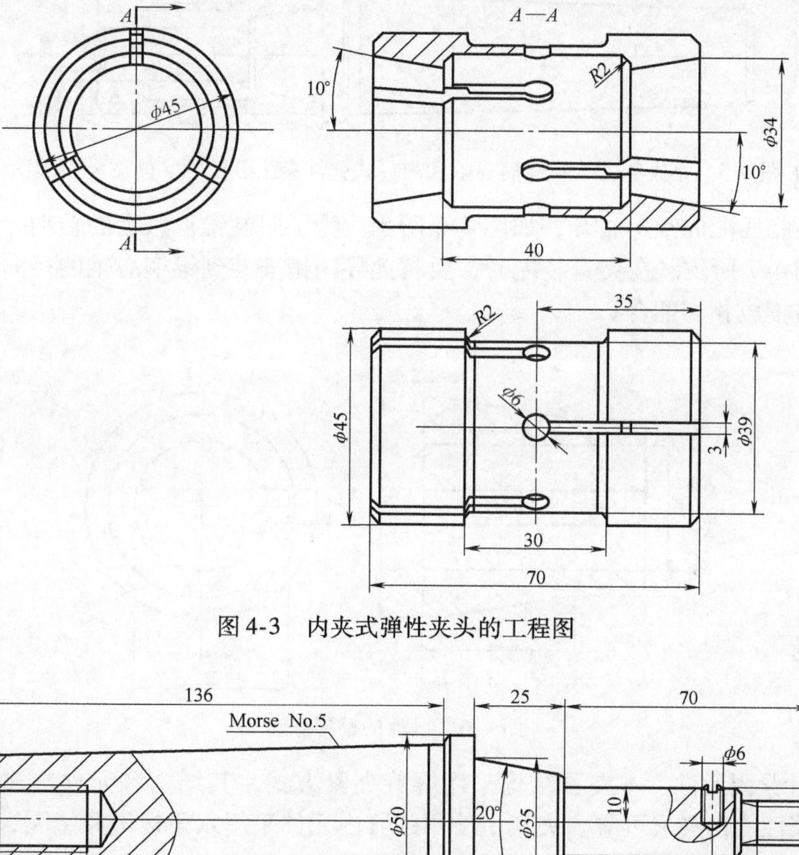

图 4-3 内夹式弹性夹头的工程图

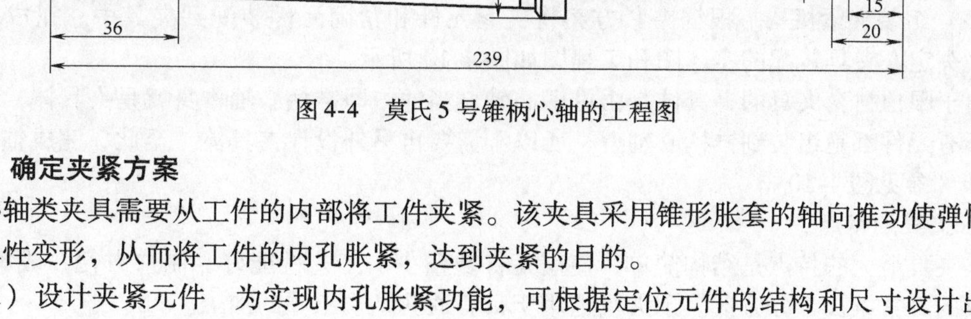

图 4-4 莫氏 5 号锥柄心轴的工程图

2. 确定夹紧方案

心轴类夹具需要从工件的内部将工件夹紧。该夹具采用锥形胀套的轴向推动使弹性夹头产生弹性变形，从而将工件的内孔胀紧，达到夹紧的目的。

（1）设计夹紧元件　为实现内孔胀紧功能，可根据定位元件的结构和尺寸设计出与弹

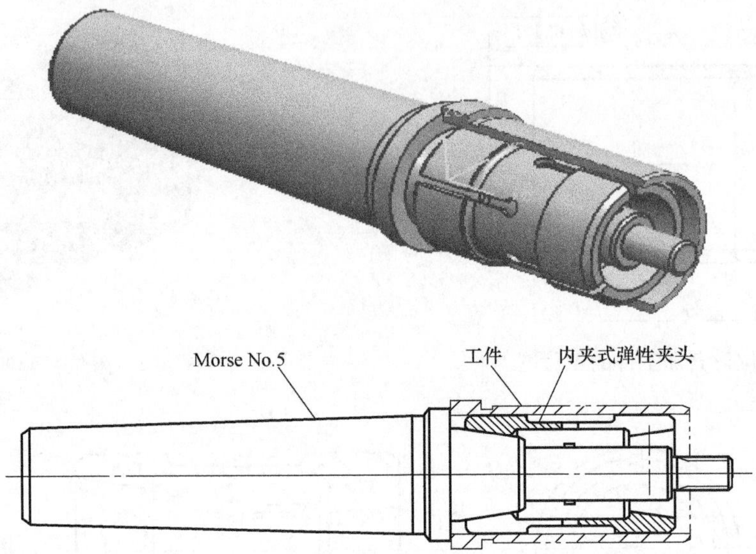

图 4-5　完成莫氏 5 号锥柄心轴和内夹式弹性夹头装配的实体图和工程图

性夹头内锥面相匹配的锥形胀套，如图 4-6 所示。为了限制锥形胀套的转动，还需要设计出导向销，如图 4-7 所示。在夹具装配时，要将此导向销安装到锥柄心轴的径向孔中，并与锥形胀套的开口槽成相切配合。

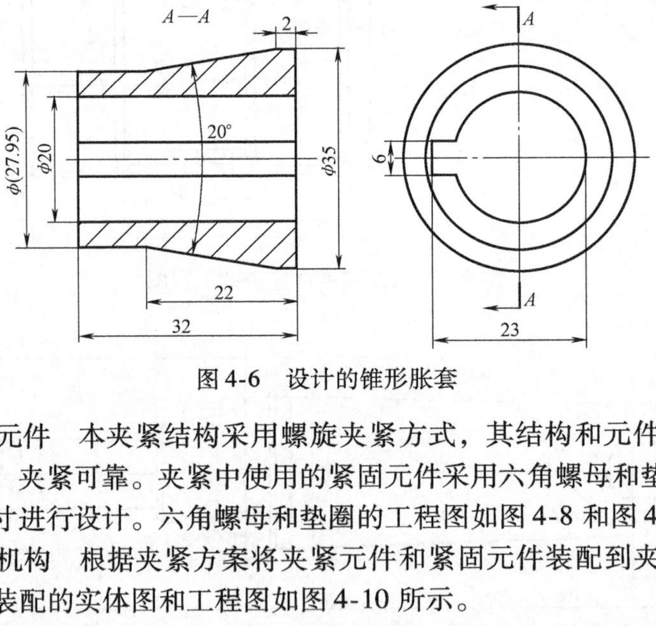

图 4-6　设计的锥形胀套

（2）设计紧固元件　本夹紧结构采用螺旋夹紧方式，其结构和元件都非常简单，且具有良好的自锁性能，夹紧可靠。夹紧中使用的紧固元件采用六角螺母和垫圈，可根据锥柄心轴和锥形胀套的尺寸进行设计。六角螺母和垫圈的工程图如图 4-8 和图 4-9 所示。

（3）组装夹紧机构　根据夹紧方案将夹紧元件和紧固元件装配到夹具中。完成的通孔弹性夹头定心夹具装配的实体图和工程图如图 4-10 所示。

由于限位衬套夹具的夹具体是由锥柄心轴充当的，即锥柄心轴本身就是夹具体，且夹具中的所有元件都是组装到锥柄心轴上，所以不需要再另外设计夹具体。至此，完成整个夹具的设计（参见图 4-10）。

3. 夹具的特点

本夹具最大的特点是结构简单、使用元件数量少、工艺性能好、制造方便、成本低廉，且夹具的日常维护十分方便。本夹具适用于具有通孔结构工件的加工。

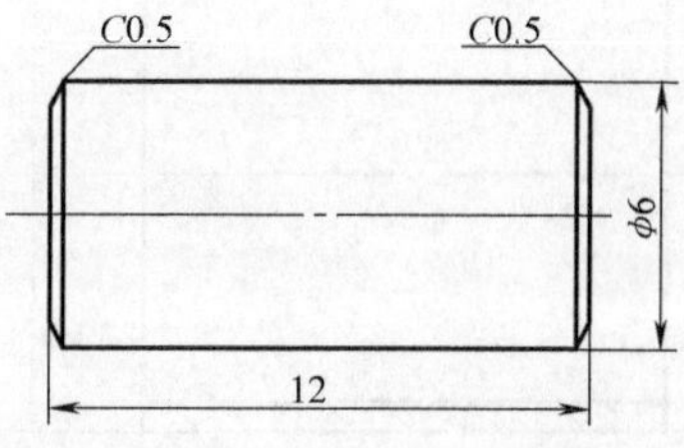

图 4-7　设计的导向销

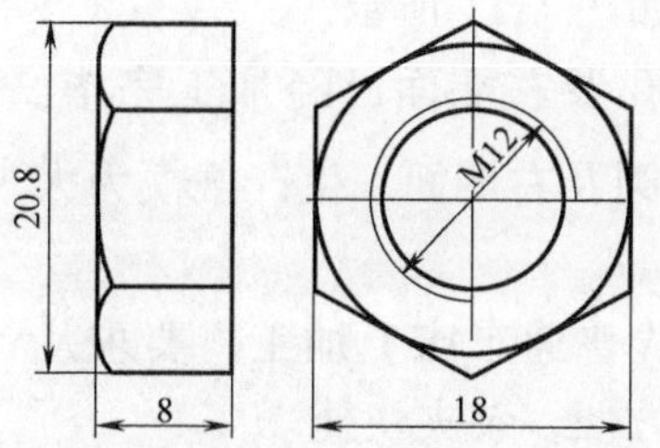

图 4-8　六角螺母的工程图

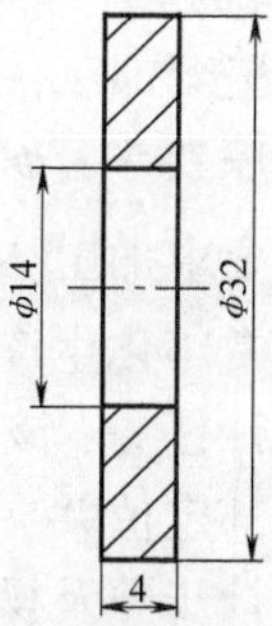

图 4-9　垫圈的工程图

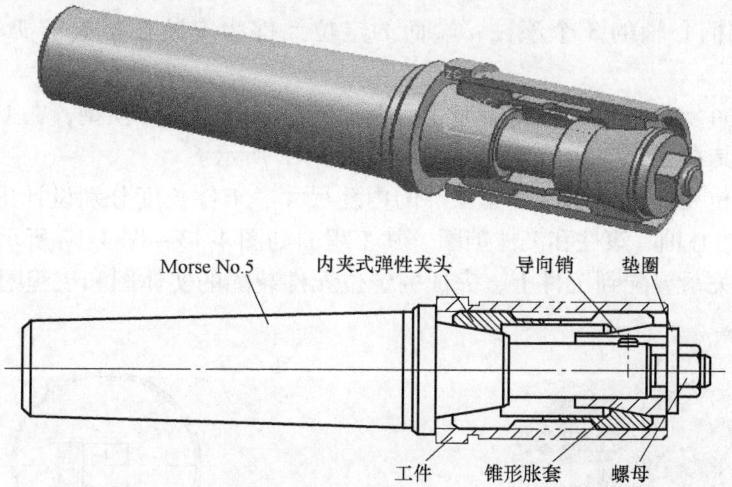

图 4-10　完成的通孔弹性夹头定心夹具装配的实体图和工程图

4. 夹具的使用方法

将夹具体（5 号锥柄心轴）安装到车床的主轴孔中，并通过拉杆从车床主轴孔另一端紧固到心轴的螺纹孔中。

车削加工时，将工件插入弹性夹头的外圆柱面上，并使工件的左端面与心轴的端面靠紧。拧紧螺母，推动锥形胀套向左移动，从而使弹性夹头的外径增大，将工件从内孔定位并夹紧，即可开始车削加工。完成加工后，拧松螺母，弹性夹头回复原始状态，工件呈松开状态，即可将工件取下。

需要说明的是，在每个夹具元件的工程图设计中，为使图面简洁，没有标注尺寸配合公差和结构之间的几何公差，夹具装配工程图中也没有注明配合公差和相互的位置公差，而把讲述重点放在了夹具的结构设计和设计方法上。具体的尺寸配合公差和相互位置公差的标注设计，可参考第 1 单元的 1.5 夹具中常用的公差配合内容。后面的夹具设计过程和方法也是如此。

4.2.2　偏移滚柱定心夹具的设计

偏移滚柱定心夹具是利用安装在偏槽心轴上的 3 个滚柱对空心工件内壁进行定位，并通过反向旋转产生的摩擦力来实现夹紧的。

【实例 2】 车削薄壁套用夹具的设计

薄壁套加工件的工程图如图 4-11 所示。

工序要求：$\phi 62^{+0.046}_{0}$内孔及左端面已经加工完毕。本工序要求加工$\phi 70^{0}_{-0.074}$外圆及右端面。生产规模为大批量、常年化生产。

设计任务：该工件在卧式普通车床上加工。要求从工件内部定位并夹紧，操作方便，装夹快捷。

设计步骤及操作方法如下所述。

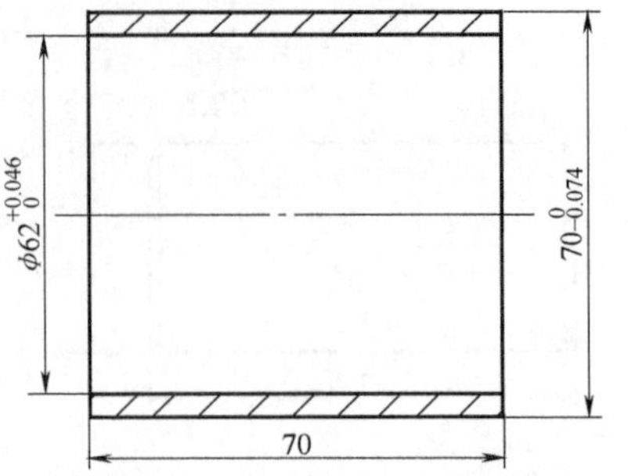

图 4-11 薄壁套加工件的工程图

1. 确定定位方案

根据基准重合的原则，选择$\phi 62^{+0.046}_{0}$内孔及左端面作为定位基准。孔的定位元件为安装在莫氏 5 号锥柄心轴的 3 个滚柱，端面的定位元件为安装在莫氏锥柄心轴上的定位垫平面。

（1）设计工件实体模型　按薄壁套工程图设计好工件的实体模型，在 UG 装配环境下将其调入，并确定其在三维空间的合适位置，如图 4-12 所示。

（2）设计定位元件　根据薄壁套工件的内孔尺寸、工件长度分别设计出定位垫、莫氏 5 号锥柄心轴、偏槽心轴、滚柱和滚柱挡圈，其工程图如图 4-13 ~ 图 4-17 所示。将这些定位元件按相应的配合关系装配到工件上，完成的定位元件装配的实体图和工程图如图 4-18 所示。

图 4-12 薄壁套工件实体模型的定位

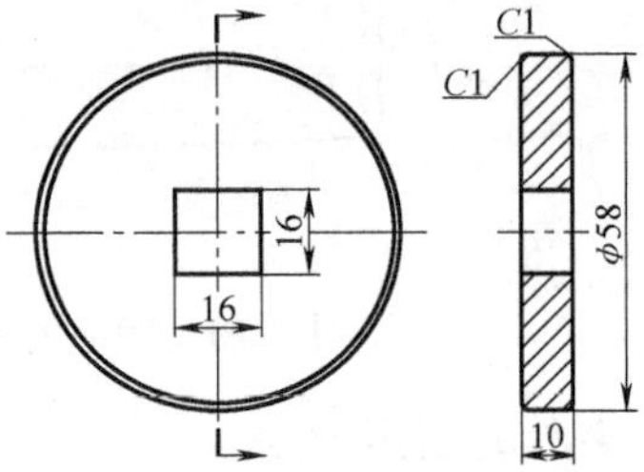

图 4-13 定位垫的工程图

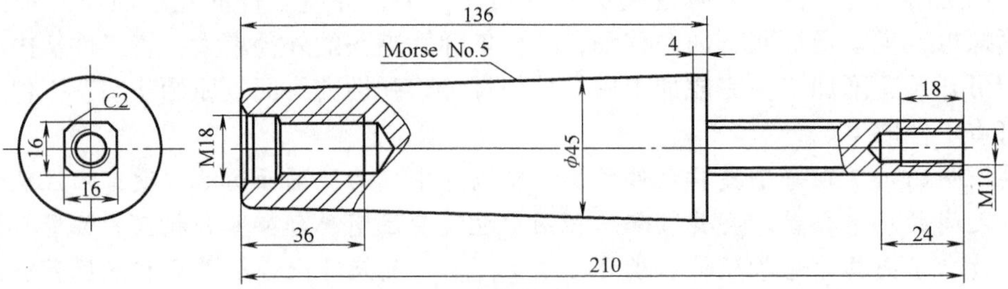

图 4-14 莫氏 5 号锥柄心轴的工程图

2. 确定夹紧方案

该夹具是通过安装在偏槽心轴上的 3 个滚柱，向槽口的尖角处偏移使工件依靠摩擦进行夹紧的。因此，并不需要设计另外的夹紧机构，只需要设计出紧固元件，将夹具体上的定位元件固定其上或阻挡在适当位置，以免脱落。

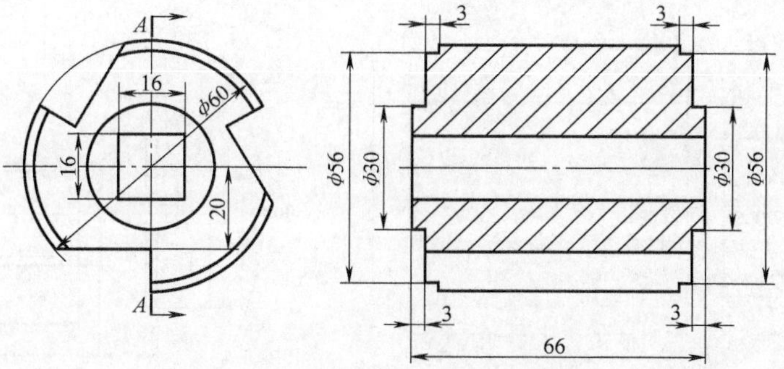

图 4-15　偏槽心轴的工程图

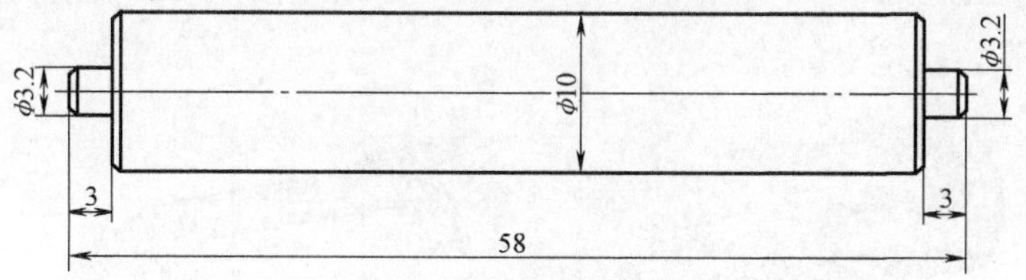

图 4-16　滚柱的工程图

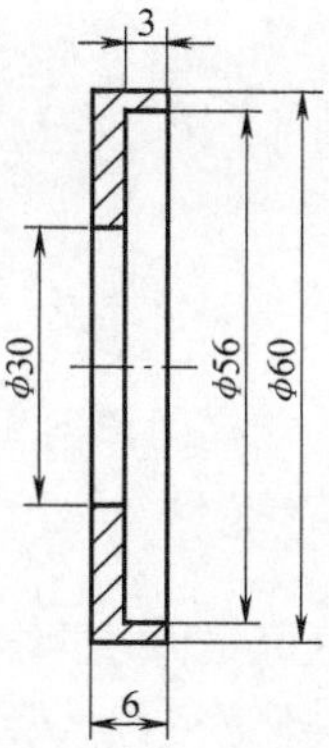

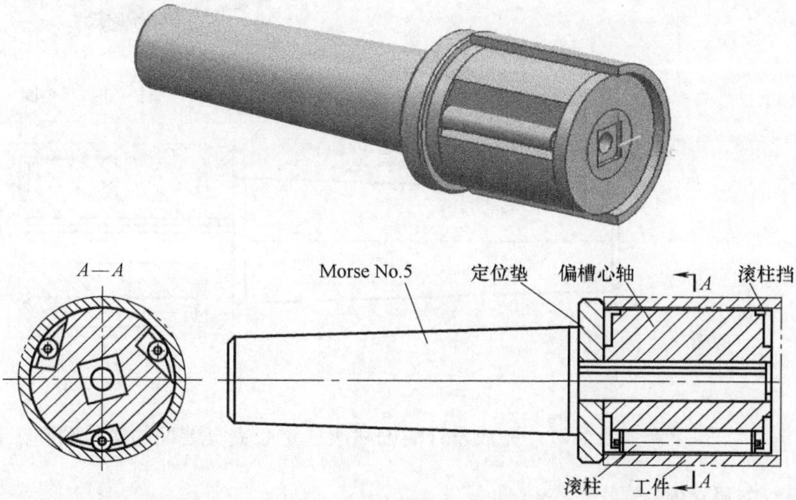

图 4-17　滚柱挡圈的工程图

图 4-18　完成定位元件装配的实体图和工程图

（1）设计紧固元件　由于本夹具的紧固元件并非是用于施加作用力来夹紧工件的，只需要根据偏槽心轴右端的外径、滚柱挡圈的外径和锥柄心轴右端的螺纹孔尺寸，设计沉头孔垫圈和沉头螺钉即可。垫圈与螺钉的工程图如图 4-19 和图 4-20 所示。

（2）组装夹紧机构　根据夹紧方案将紧固元件装配到夹具中。完成设计的偏移滚柱定心夹具装配的实体图和工程图如图 4-21 所示。

由于本夹具的夹具体也是由锥柄心轴充当的，且夹具中的所有元件都是组装到锥柄心轴上，不需要另外再设计夹具体。至此，完成整个夹具的设计（参见图 4-21）。

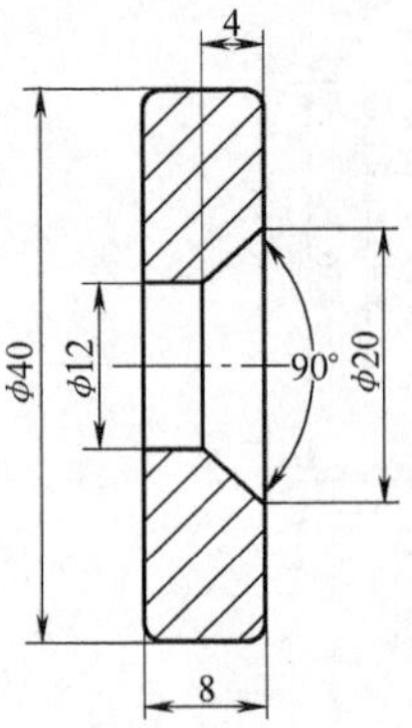

图 4-19　垫圈的工程图

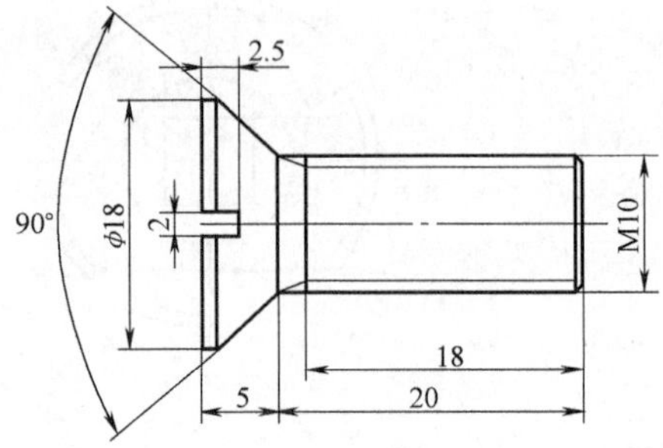

图 4-20　螺钉的工程图

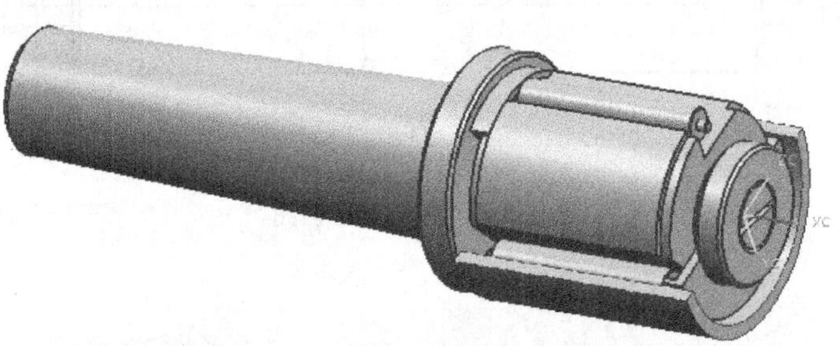

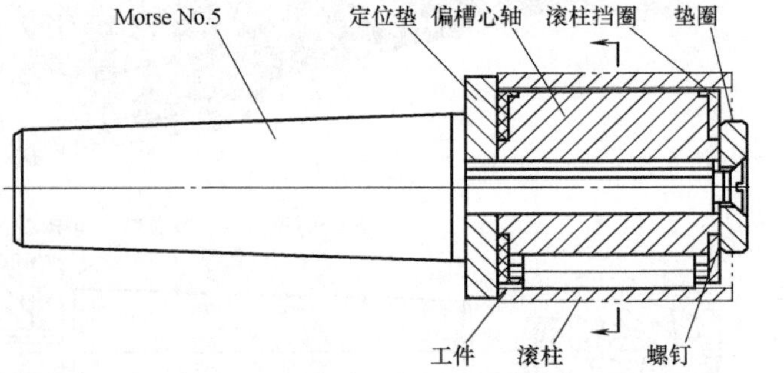

图 4-21　完成设计的偏移滚柱定心夹具装配的实体图和工程图

3. 夹具的特点

本夹具的显著特点是操作方便、快捷，所用的辅助操作时间最少。非常适合重量轻、切削力不太大的加工件的大批量常年化生产。但其定位精度有限，只适用于对内外同轴度要求不高，且具有通孔结构工件的加工。

4. 夹具的使用方法

将夹具体（莫氏 5 号锥柄心轴）安装到车床的主轴孔中，并通过拉杆从车床主轴孔另一端紧固到心轴的螺纹孔中。车削加工时，将工件先插入 3 个滚柱所包容的圆柱表面上，用手将工件沿车床主轴旋转的反方向旋紧，使 3 个滚柱紧紧地卡住工件的内孔表面，即可将工件定位。由于切削加工时所产生的切削力会使工件更加夹紧，因此不再需要另外的夹紧操作。完成加工后，将工件正方向旋转，3 个滚柱会脱离工件的夹紧表面，工件呈松开状态，即可将工件取下。

4.2.3　波纹套定心夹具的设计

波纹套定心夹具是利用安装其上的波纹套在轴向受力时发生弹性变形，来实现对工件的定位和夹紧的。通常是采用螺旋推动，使波纹套在轴向受到作用力，波纹套在径向发生弹性变形，使外径胀大，从而从内径对工件同时定位和夹紧。

【实例3】　车削止动套用夹具的设计

止动套加工件的工程图如图4-22所示。

工序要求：$\phi 45^{+0.039}_{\ 0}$内孔、左右端面及内孔倒角已经加工完毕。止动套工件为铸造毛坯，外表面尚有3的余量，本工序要求加工$\phi 60^{\ 0}_{-0.046}$的外圆、宽为$10^{+0.08}_{\ 0}$、深$\phi 54$的沟槽、$\phi 80$外圆及$60°\pm 0.1°$的圆锥面。生产规模为中等批量。

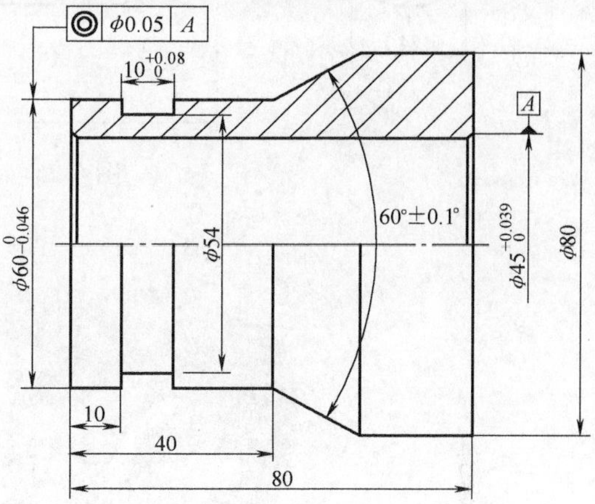

图4-22　止动套加工件的工程图

设计任务：止动套工件在卧式普通车床上加工。要求从工件内部定位，并保证$\phi 60^{\ 0}_{-0.046}$外圆与$\phi 45^{+0.039}_{\ 0}$内孔的同轴度要求，工件的装夹要方便可靠。

设计步骤及操作方法如下所述。

1. 确定定位方案

依据基准重合的原则，选择$\phi 45^{+0.039}_{\ 0}$内孔及右端面作为定位基准。孔的定位元件为安装在心轴上的波纹套，端面定位在夹具体的端面上。

（1）设计工件实体模型　按止动套工程图设计好止动套的实体模型，在UG的装配环境下将其调入，并确定其在三维空间的合适位置上，如图4-23所示。

（2）设计定位元件　根据止动套工件的内孔尺寸、工件长度分别设计出波纹套和心轴，其工程图如图4-24和图4-25所示。将这些元件按相应的配合关系装配到工件上，完成定位元件装配的实体图和工程图如图4-26所示。

图4-23　止动套工件实体模型的定位

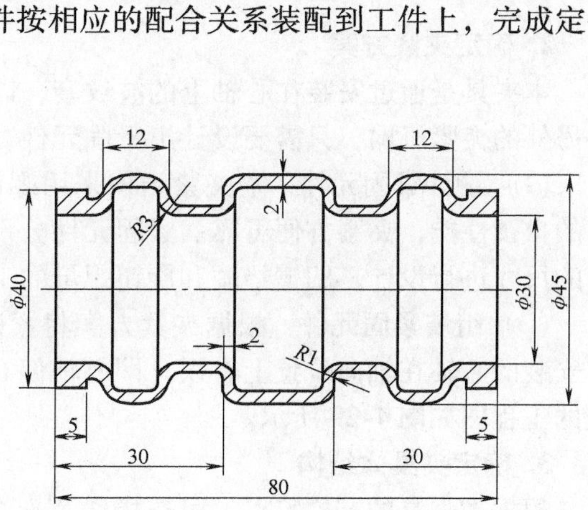

图4-24　波纹套的工程图

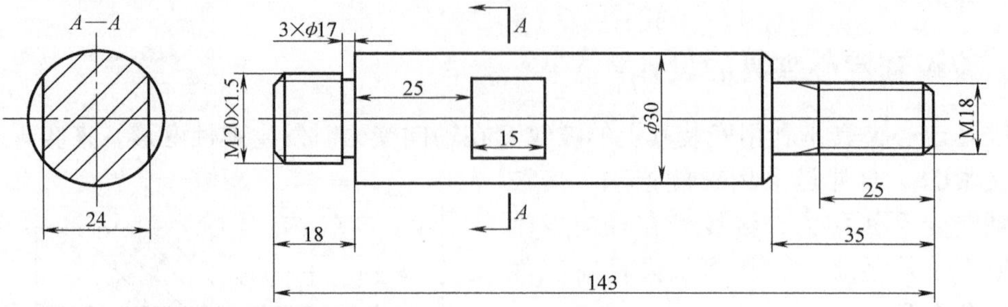

图 4-25　心轴的工程图

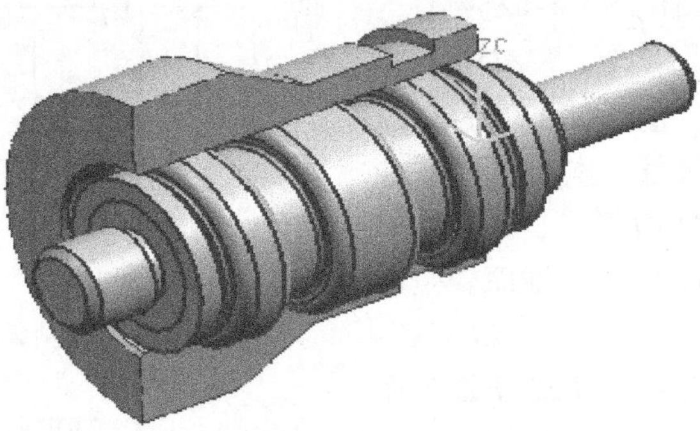

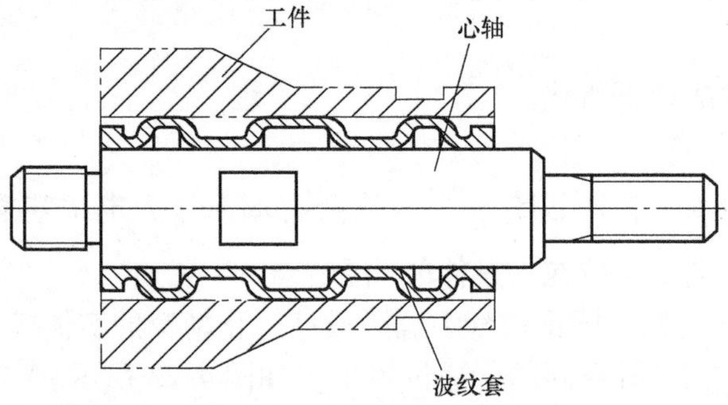

图 4-26　完成定位元件装配的实体图和工程图

2. 确定夹紧方案

本夹具是通过安装在心轴上的波纹套，以其外圆表面进行定位和夹紧的。因此，并不需要另外的夹紧机构，只需要设计出紧固元件，将波纹套固定在心轴上即可。

（1）设计紧固元件　本夹紧结构采用螺旋夹紧方式，结构和元件非常简单，且具有良好的自锁性能，夹紧方便可靠。紧固元件分别采用凹槽垫圈和旋钮螺母，可根据心轴和波纹套的尺寸进行设计。凹槽垫圈和旋钮螺母的工程图如图 4-27 和图 4-28 所示。

（2）组装紧固元件　根据夹紧方案将紧固元件装配到夹具结构中。在装配中会发现初步安装的心轴在轴向位置上有误，即心轴偏右 10mm，装配时应调整过来。完成紧固元件装配的工程图如图 4-29 所示。

3. 确定夹具体结构

根据本夹具的结构特点，可选择法兰盘式的夹具体，并将所有元件组装到该夹具体上，以便与安装在车床主轴上的过渡盘配合连接。

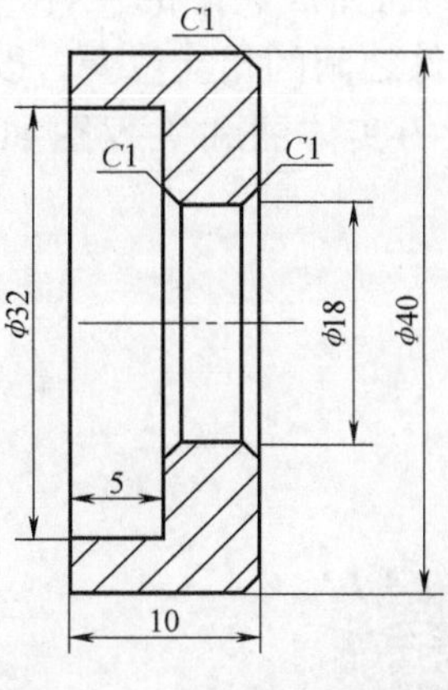

图 4-27　凹槽垫圈的工程图

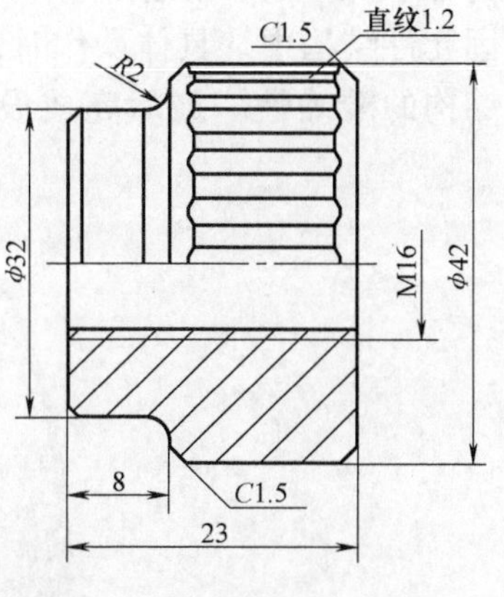

图 4-28　旋钮螺母的工程图

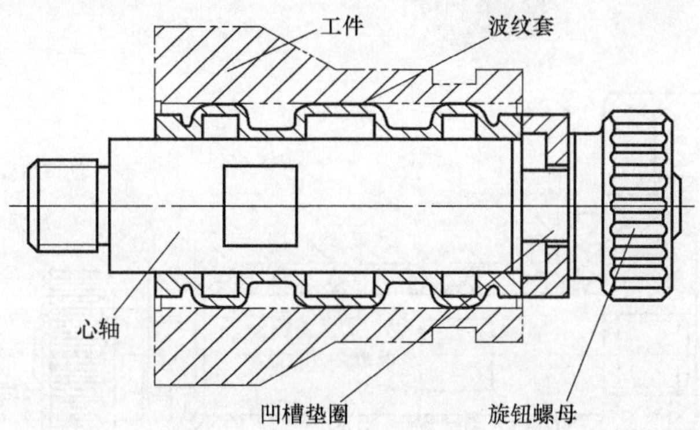

图 4-29　完成紧固元件装配的工程图

（1）设计夹具体　根据心轴和波纹套的尺寸，设计出法兰盘式结构的夹具体如图 4-30 所示。

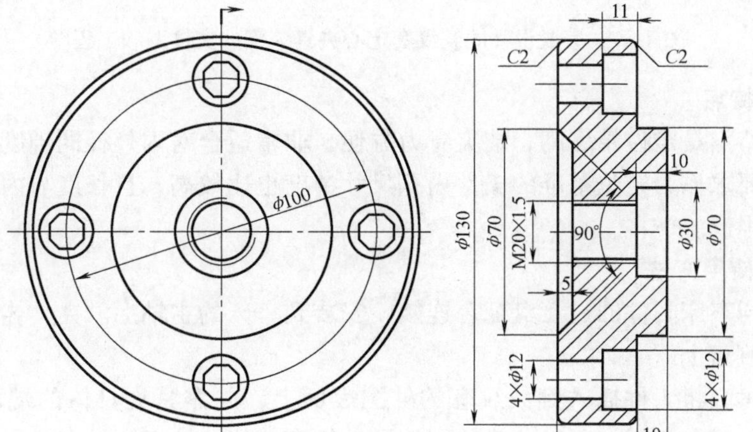

图 4-30　法兰盘式结构的夹具体

（2）组装夹具体　依据夹具的设计方案，将夹具体组装到已完成装配的工件、定位元件和紧固元件结构中。具体操作时，可根据需要适当调整各元件之间的相互位置，以保证夹具整体结构的准确性。最后完成设计的波纹套定心夹具装配的实体图和工程图如图 4-31 所示。

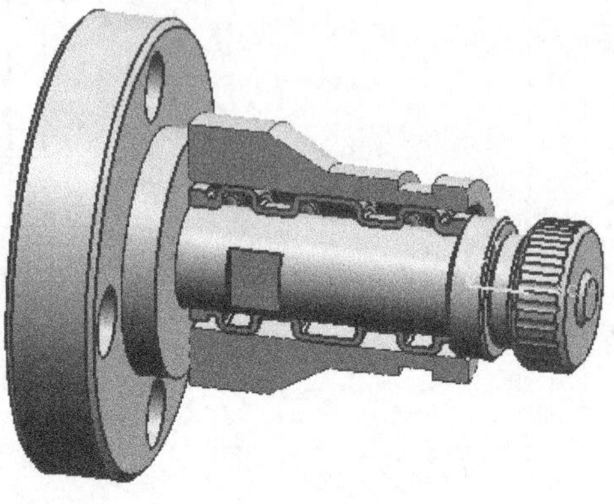

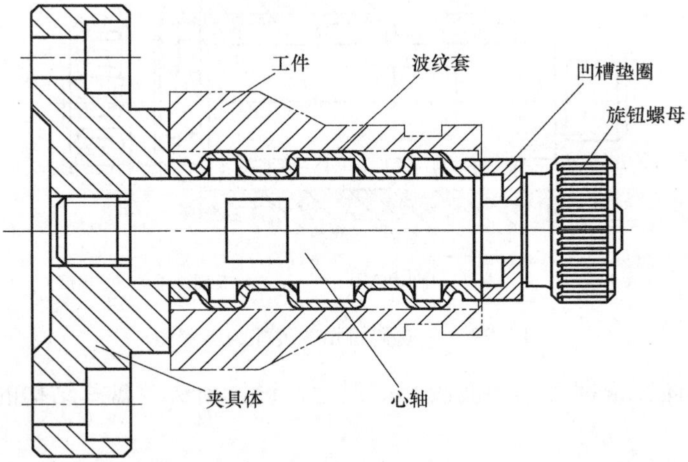

图 4-31　完成设计的波纹套定心夹具装配的实体图和工程图

4. 夹具的特点

本夹具的特点是定位精度高，装夹省力方便，非常适合对内外径同轴度要求比较严格工件的加工。但要求作为定位基准的工件内孔尺寸精度也比较高，且长度与内径比要大。适合中、小批量的生产。

5. 夹具的使用方法

将夹具体与车床附件的过渡盘配合连接，安装到车床的主轴上。夹具体通过 4 个内六角螺栓紧固到过渡盘上。

车削加工时，将工件插入到波纹套的外圆表面上，并靠紧夹具体的端面，使其初步定位。将旋钮螺母正向旋紧，通过凹槽垫圈挤压波纹套。使波纹套在轴向受力时发生弹性变形实现对工件的定位和夹紧。完成加工后，将旋钮螺母旋松，波纹套回复原始状态，工件呈松开状态，即可将工件取下。

4.2.4 碟片定心夹具的设计

碟片定心夹具是利用碟形簧片在轴向受力时发生弹性变形实现对工件的定位和夹紧。常见的是采用螺旋推动，使碟形簧片在轴向受到作用力，碟形簧片在径向发生弹性变形，使外径胀大，从而从内径对工件同时定位和夹紧。

【实例 4】 车削滑动套用夹具的设计

滑动套加工件的工程图如图 4-32 所示。

工序要求：$\phi50^{+0.045}_{0}$内孔及左端面已经加工完毕。本工序要求加工 $\phi64^{0}_{-0.064}$外圆及右端面、止口槽 $3\times\phi60$、圆沟槽 $R4^{+0.08}_{0}$和所有外表面倒角 $C1$。生产规模为大批量，常年化生产。

设计任务：该工件在卧式普通车床上加工。要求从工件内部定位并夹紧，操作方便，装夹快捷。

设计步骤及操作方法如下所述。

1. 确定定位方案

根据基准重合的原则，选择 $\phi50^{+0.045}_{0}$内孔及左端面作为定位基准。孔的初始定位元件为安装在莫氏 5 号锥柄心轴的定位套，端面定位在定位套的端面上。当工件夹紧时，是由碟形簧片将工件内孔表面进行最终定位的。

（1）设计工件实体模型　按滑动套工程图设计好工件的实体模型，在 UG 的装配环境下将其调入，并确定其在三维空间的合适位置，如图 4-33 所示。

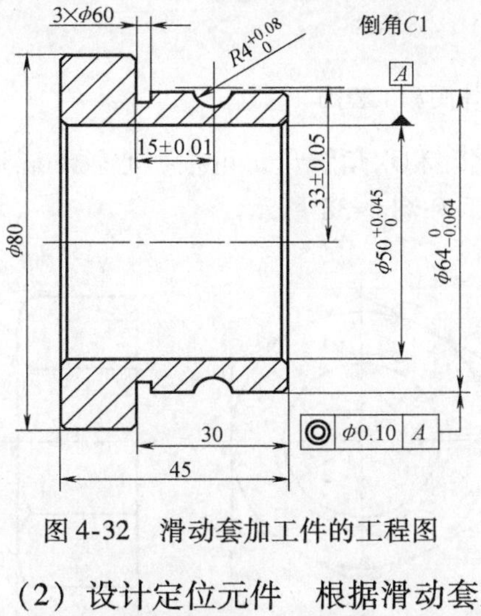

图 4-32　滑动套加工件的工程图

图 4-33　滑动套工件实体模型的定位

（2）设计定位元件　根据滑动套工件的内孔尺寸、工件长度分别设计出定位套和碟形簧片，其工程图如图 4-34 和图 4-35 所示。将两个元件按相应的配合装配到工件上，注意，此次安装的碟形簧片共 5 片。完成定位元件装配的实体图和工程图如图 4-36 所示。

2. 确定夹紧方案

本夹具是通过安装在锥柄心轴上的碟形簧片，以其外圆表面进行定位和夹紧的。因此，不需要另外的夹紧机构，只需要设计出紧固元件，将碟形簧片固定在心轴上即可。

（1）设计紧固元件　本夹紧结构采用螺旋夹紧方式，结构及其元件非常简单，且具有

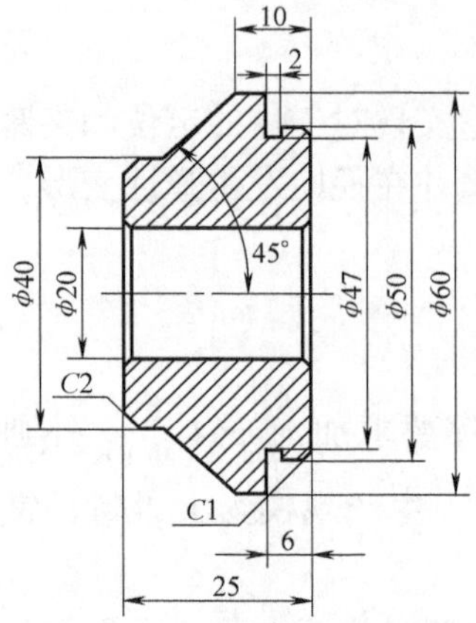

图 4-34　定位套的工程图

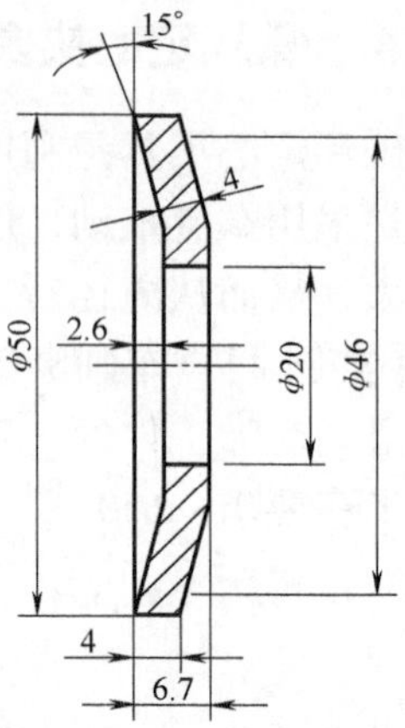

图 4-35　碟形簧片的工程图

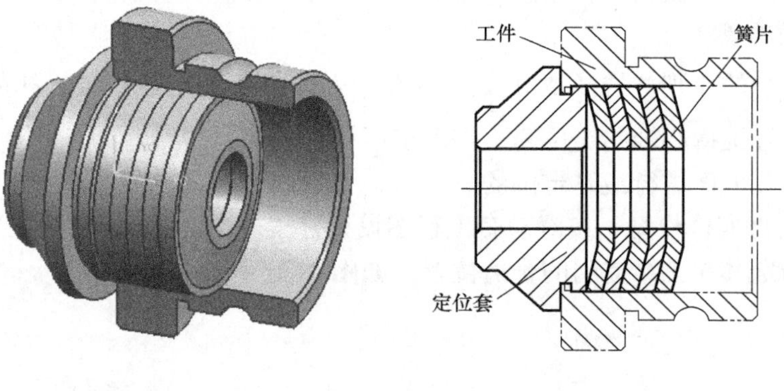

图 4-36　完成定位元件装配的实体图和工程图

良好的自锁性能，夹紧方便可靠。紧固元件分别采用挡环和六角螺母，可根据心轴和碟形簧片的尺寸进行设计。挡环和六角螺母的工程图如图 4-37 和图 4-38 所示。

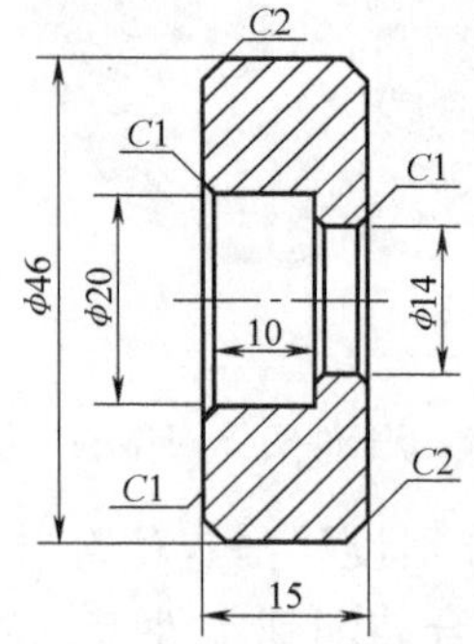

图 4-37　挡环的工程图

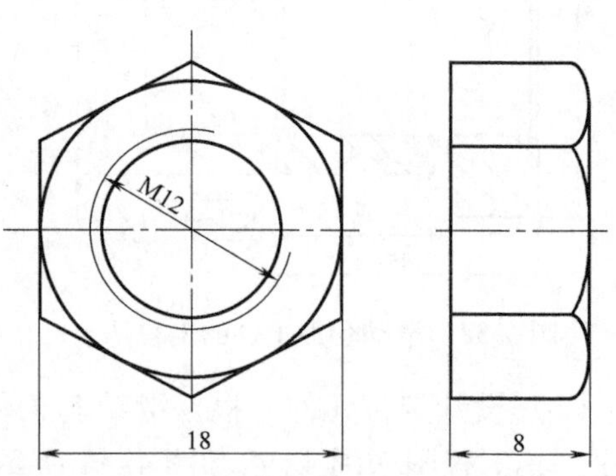

图 4-38　六角螺母的工程图

（2）组装紧固元件　根据夹紧方案将紧固元件装配到夹具结构中。在装配紧固元件时如果发现前面装配的元件位置不合适时，要通过组装紧固元件的过程将其调整过来。完成紧固元件装配的实体图和工程图如图 4-39 所示。

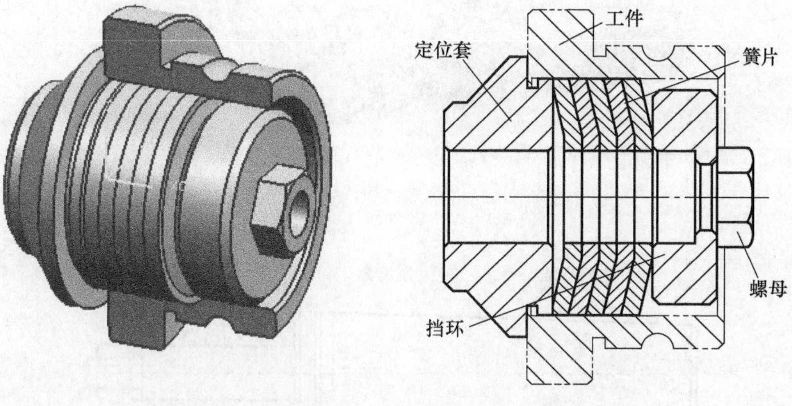

图 4-39　完成紧固元件装配的实体图和工程图

3. 确定夹具体结构

根据本夹具的结构特点，可选择莫氏 5 号锥柄心轴作为夹具体，并将所有元件组装到该夹具体上。

（1）设计夹具体　根据定位套、碟形簧片、挡环和六角螺母的尺寸，设计出莫氏 5 号锥柄心轴结构的夹具体，如图 4-40 所示。

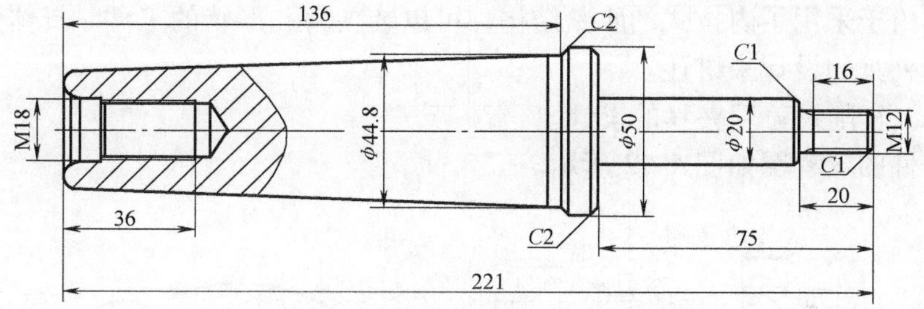

图 4-40　锥柄心轴结构的夹具体

（2）组装夹具体　依据夹具的设计方案，将夹具体组装到已完成装配的工件、定位元件和紧固元件结构中。具体操作时，可能也需要适当调整各元件之间的相互位置，以保证夹具整体结构的准确性。最后完成设计的碟片定心夹具装配的实体图和工程图如图 4-41 所示。

4. 夹具的特点

本夹具的特点是，具有较高的定位精度，非常适合大孔径、短长度工件的装夹。适合中、小批量的生产。

5. 夹具的使用方法

将夹具体（莫氏 5 号锥柄心轴）安装到车床的主轴孔中，并通过拉杆从车床主轴孔另一端紧固到心轴的螺纹孔中。

车削加工时，将工件插入到碟形簧片的外圆表面上，并靠紧夹具体的端面，使其初步定位。将六角螺母正向旋紧，通过挡环挤压碟形簧片，使碟形簧片在轴向受力时发生弹性变形，实现对工件的定位和夹紧。完成加工后，将六角螺母旋松，碟形簧片回复原始状态，工件呈松开状态，即可将工件取下。

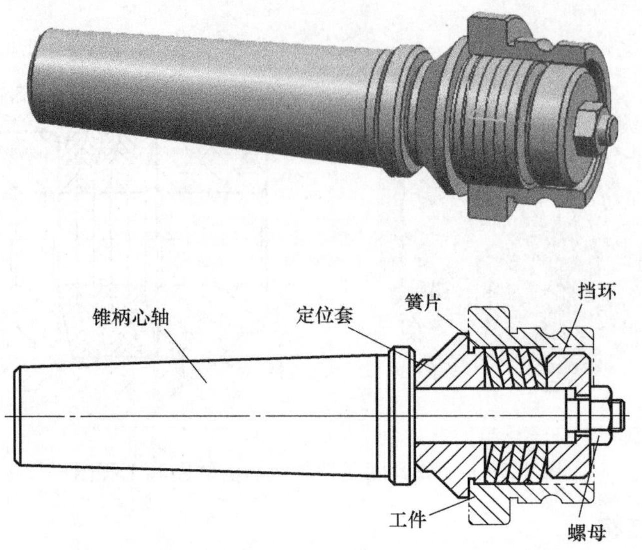

图 4-41　完成设计的碟片定心夹具装配的实体图和工程图

4.2.5　盲孔弹性夹头定心夹具的设计

盲孔弹性夹头定心夹具也是以具有弹性结构的内夹头作为定位和夹紧元件来装夹工件的。但该夹具由于采用了内拉式的胀紧结构，可以装夹盲孔形状的工件。具体的设计方法通过车削泵盖用夹具的设计来讲述。

【实例 5】　车削泵盖用夹具的设计

泵盖加工件的工程图如图 4-42 所示。

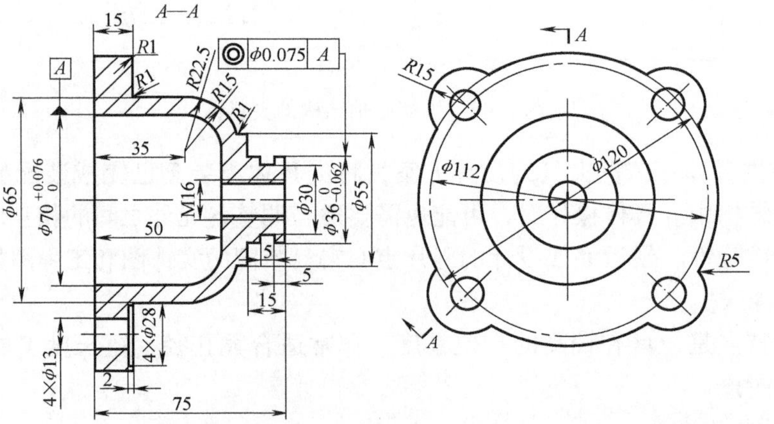

图 4-42　泵盖加工件的工程图

工序要求：$\phi70^{+0.076}_{0}$ 内孔及左端面已经加工完毕。本工序要求加工 $\phi36^{0}_{-0.062}$ 外圆及右端面、宽 5mm 直径 $\phi30$ 沟槽及相关表面、M16 螺纹孔。生产规模为大批量、常年化生产。

设计任务：泵盖工件在卧式普通车床上加工。要求从泵盖内部定位并夹紧，操作要方便，夹紧要可靠。

设计步骤及操作方法如下所述。

1. 确定定位方案

根据基准重合的原则，选择 $\phi70^{+0.076}_{0}$ 内孔及左端面作为定位基准。孔及端面的定位元件均为安装在锥柄心轴上的内夹式弹性夹头。

（1）设计工件实体模型　按泵盖工程图设计好工件的实体模型，在 UG 的装配环境下将其调入，并确定其在三维空间的指定位置上，如图 4-43 所示。

（2）设计定位元件　根据泵盖工件的内孔直径、工件长度设计出内夹式弹性夹头，如图 4-44 所示，将其按定位方案装配到工件上。完成定位元件装配的实体图和工程图如图 4-45 所示。

图 4-43　泵盖工件实体模型的定位

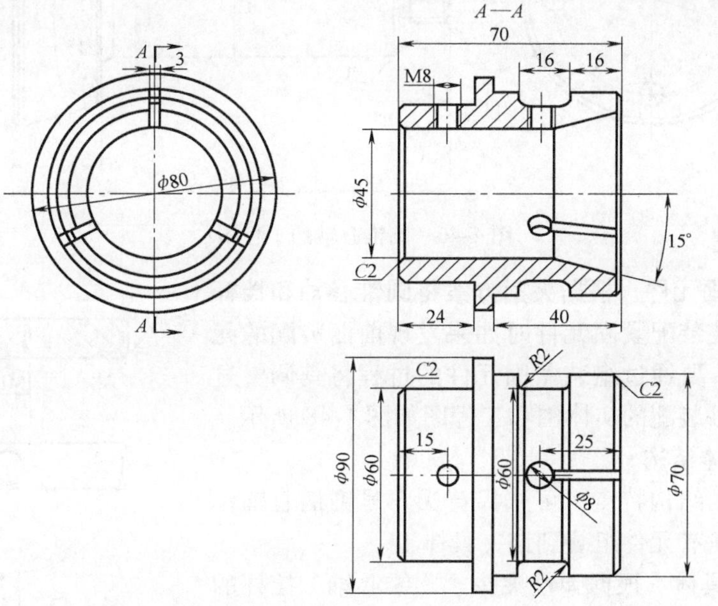

图 4-44　设计出内夹式弹性夹头

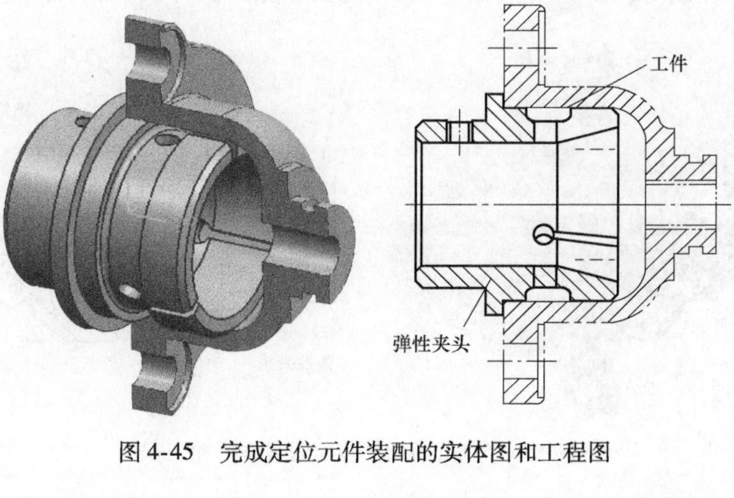

图 4-45　完成定位元件装配的实体图和工程图

2. 确定夹紧方案

该夹具是通过安装在锥柄心轴上的弹性夹头，以其外圆和端面进行定位和夹紧的。因此，并不需要另外的夹紧机构，只需要设计出紧固元件，将弹性夹头固定在锥柄心轴上，并设计出相应的拉紧元件。

（1）设计紧固元件　本夹紧结构采用外套式螺母的旋转，通过挡杆拉动圆锥心轴，使弹性夹头的外径胀大来夹紧工件。圆锥心轴和挡杆可根据弹性夹头的尺寸进行设计。圆锥心轴和挡杆的工程图如图 4-46 和图 4-47 所示。

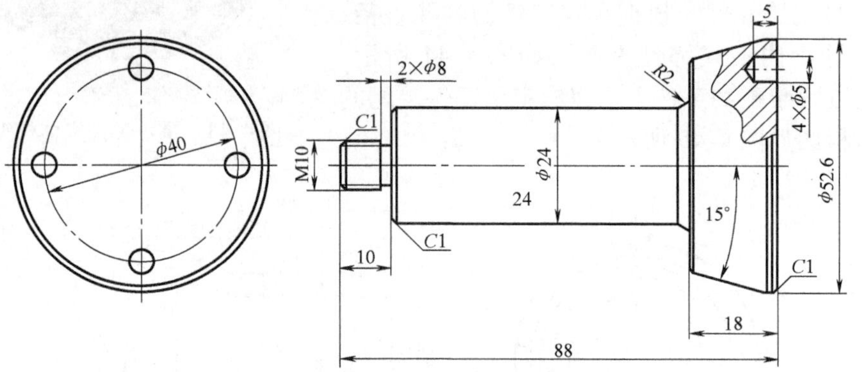

图 4-46　圆锥心轴的工程图

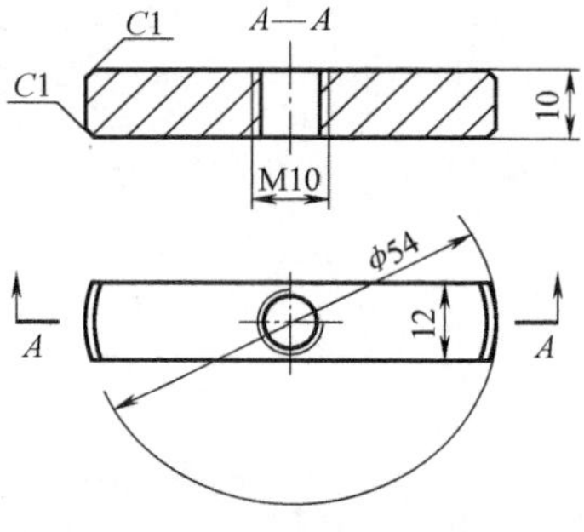

图 4-47　挡杆的工程图

（2）组装紧固元件　根据夹紧方案将圆锥心轴和挡杆装配到夹具中。在装配紧固元件时如果发现前面装配的元件位置不合适时，要通过组装紧固元件的过程将其调整过来。完成紧固元件装配的实体图和工程图如图 4-48 所示。

3. 确定夹具体结构

根据本夹具的结构特点，可选择莫氏 5 号锥柄心轴作为夹具体，并将所有元件组装到该夹具体上。

（1）设计夹具体　根据弹性夹头、圆锥心轴、挡杆的尺寸，设计出莫氏 5 号锥柄心轴结构的夹具体如图 4-49 所示。同时，在完成锥柄心轴夹具体的设计后，还要根据夹具体的结构和尺寸完成外套式螺母

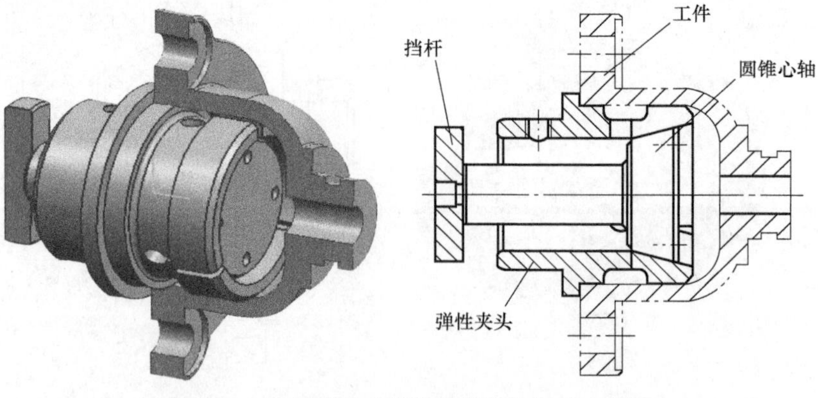

图 4-48　完成紧固元件装配的实体图和工程图

的设计。外套式螺母的工程图如图 4-50 所示。此外，为了将弹性夹头固定在锥柄心轴上，还需要设计一个定位螺钉，如图 4-51 所示。

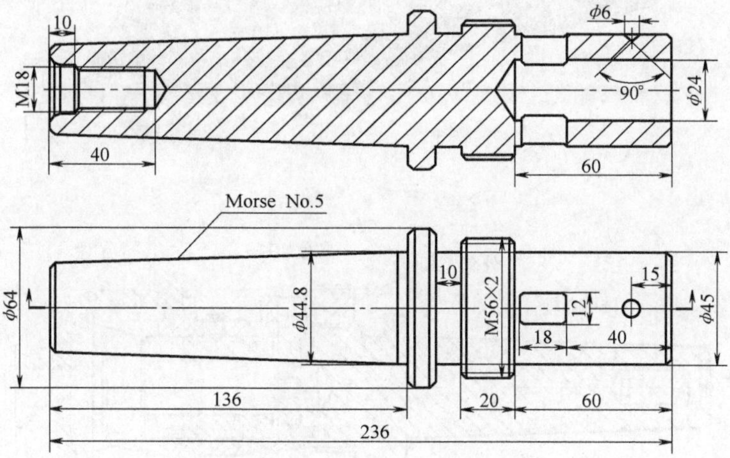

图 4-49　锥柄心轴结构的夹具体

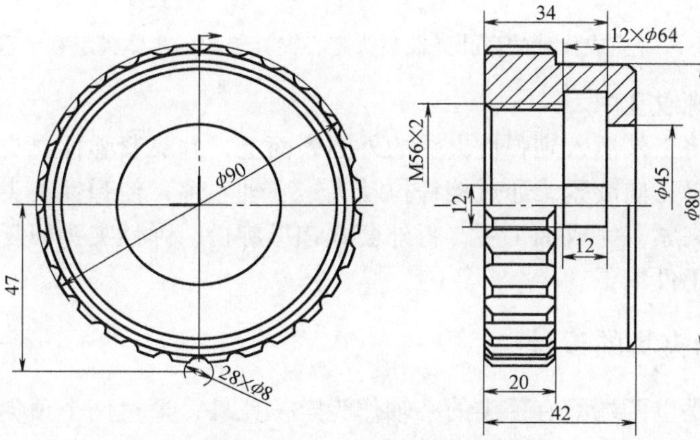

图 4-50　外套式螺母的工程图

（2）组装夹具体　依据夹具的设计方案，将夹具体、定位螺钉和外套式螺母组装到已完成装配的工件、定位元件和紧固元件结构中。具体操作时，可能也需要适当调整各元件之间的相互位置，以保证夹具整体结构的准确性。最后完成设计的盲孔弹性夹头定心夹具装配的实体模型和工程图如图 4-52 所示。

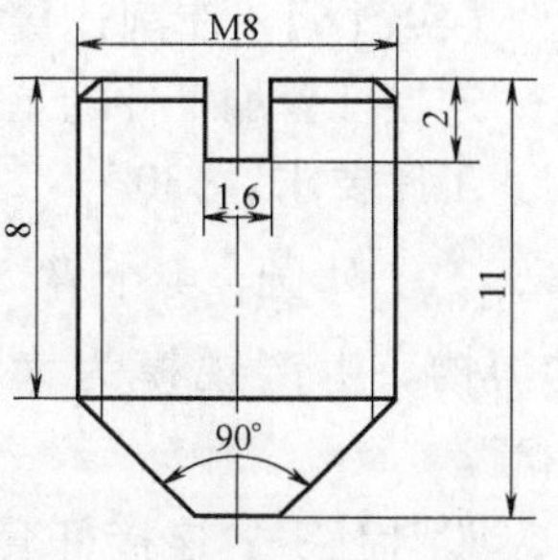

图 4-51　完成设计的定位螺钉

4. 夹具的特点

本夹具的特点是可以装夹带有盲孔结构的工件。其原理是，将弹性夹头固定在夹具体上，并且从内部拉动圆锥心轴使其发生弹性变形，从而夹紧工件。另一个特点是可以对工件进行轴向定位，以保证批量生产时快速对准刀具。本夹具适合中、小批量的生产。

5. 夹具的使用方法

将夹具体（莫氏 5 号锥柄心轴）安装到车床的主轴孔中，并通过拉杆从主轴孔另一端

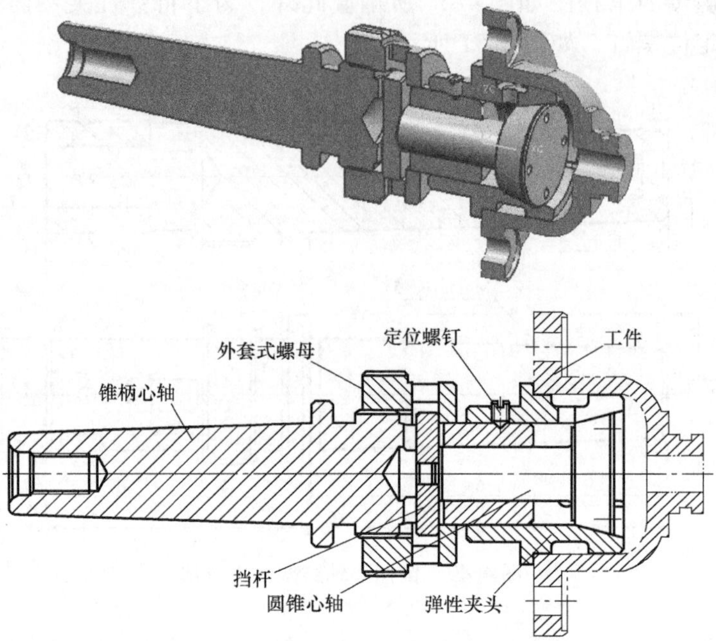

图 4-52　完成设计的盲孔弹性夹头定心夹具装配的实体模型和工程图

将其紧固到心轴的螺纹孔中。

车削加工时，将工件插入到弹性夹头的外圆表面上，并靠紧弹性夹头的端面，使其初步定位。将外套式螺母正向旋紧，通过挡杆拉动圆锥心轴左移，使弹性夹头外径胀大，实现对工件的最后定位和夹紧。完成加工后，将外套式螺母旋松，弹性夹头回复原始状态，工件呈松开状态，即可将工件取下。

4.2.6　顶尖心轴夹具的设计

顶尖心轴夹具是以两端配有顶尖的心轴作为定位元件，通过两个顶尖以工件的内孔进行定位的。夹紧方式则采用螺母和快换垫圈从工件的端面进行紧固。具体的设计方法通过车削连接杆套用夹具的设计来讲述。

【实例 6】　车削连接杆套用夹具的设计

连接杆套加工件的工程图如图 4-53 所示。

工序要求：$\phi30^{+0.045}_{0}$ 内孔、两侧端面和两侧 60°倒角已经加工完毕。本工序要求加工 $\phi40^{0}_{-0.064}$ 外圆，4 个宽 5、直径为 $\phi36$ 的沟槽。生产规模为大批量，常年化生产。

设计任务：连接杆套工件在卧式普通车床上加工。要求从工件内部定位并夹紧，操作要方便，夹紧要可靠。加工时要保证加工表面不能产生振动波纹。

设计步骤及操作方法如下所述。

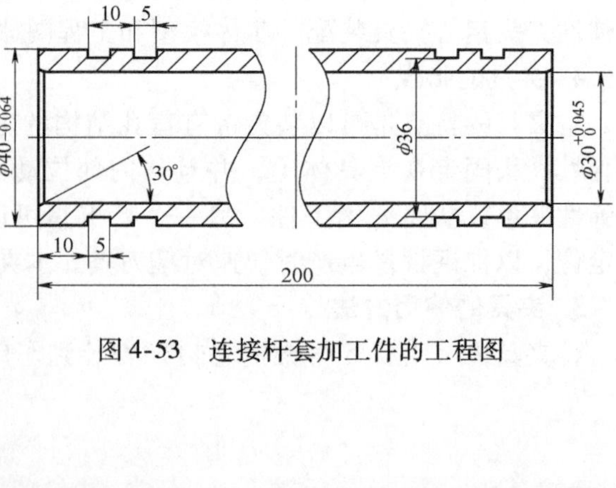

图 4-53　连接杆套加工件的工程图

1. 确定定位方案

根据基准重合的原则，选择 $\phi 30_{\ 0}^{+0.045}$ 内孔及左右两端的 60°定位倒角孔作为定位基准。孔及端面的定位元件均为安装在顶尖心轴上的两个顶尖，并选用螺母和快换垫圈进行紧固。

(1) 设计工件实体模型　按连接杆套工程图设计好工件的实体模型，在 UG 的装配环境下将其调入，并确定其在三维空间的指定位置上，如图 4-54 所示。

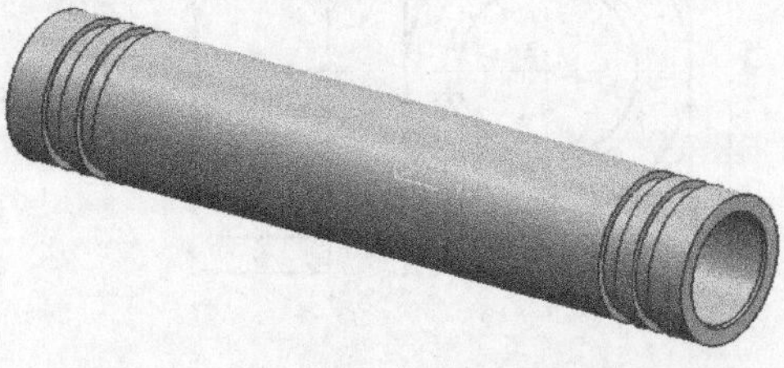

图 4-54　连接杆套工件实体模型的定位

(2) 设计定位元件　根据连接杆套工件的内孔直径、工件长度分别设计出左顶套和右顶套，如图 4-55 和图 4-56 所示。将两个顶套按定位方案装配到工件上，完成定位元件装配的实体图和工程图如图 4-57 所示。

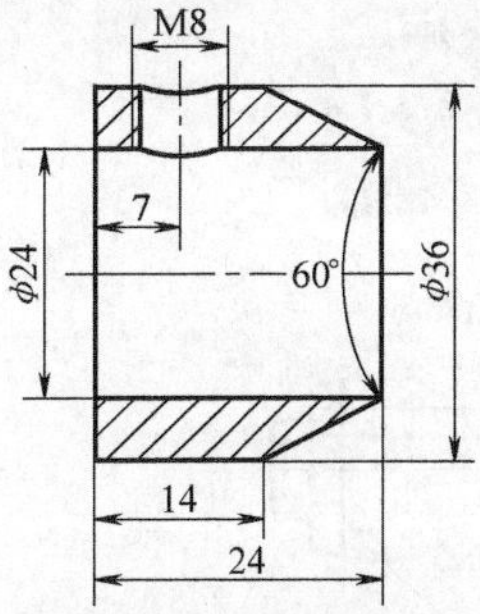

图 4-55　左顶套

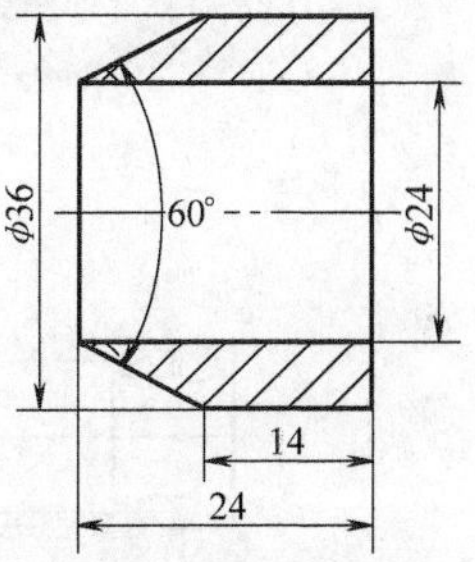

图 4-56　右顶套

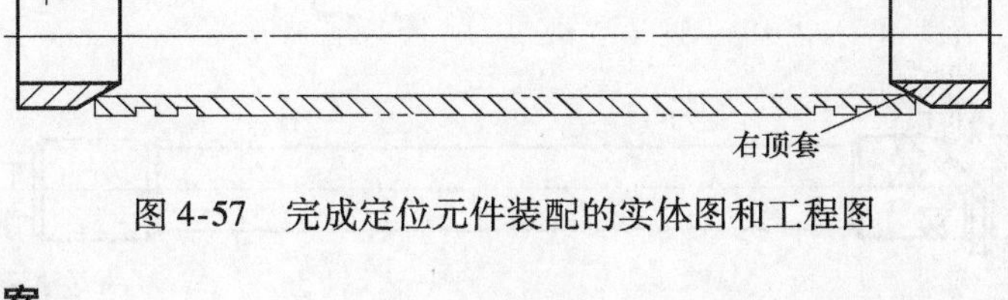

图 4-57　完成定位元件装配的实体图和工程图

2. 确定夹紧方案

该夹具是通过安装在定心轴上的左、右顶套，以其 60°圆锥面进行定位和夹紧的。因此，不需要另外的夹紧机构，只需要设计出紧固元件，将两个顶套固定在定心轴上，并设计出相应的紧固元件即可。

(1) 设计紧固元件　本夹紧结构采用六角螺母和快换垫圈的夹紧方式，从轴向将两个顶套压紧工件。六角螺母为 M12 标准螺母，设计出的六角螺母的工程图如图 4-58 所示。快换垫圈可根据螺母和右顶套的尺寸进行设计，其工程图如图 4-59 所示。

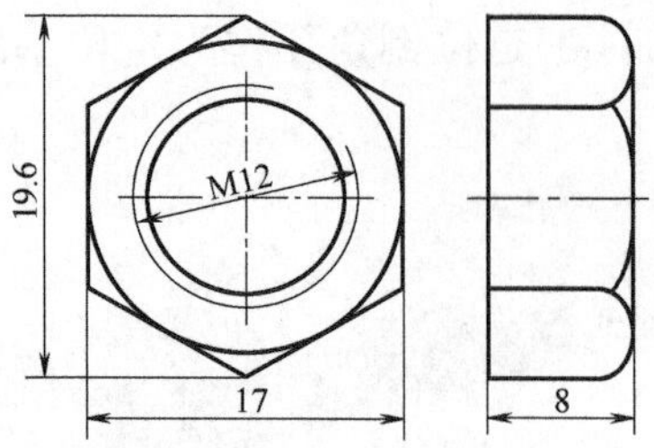

图 4-58　六角螺母的工程图

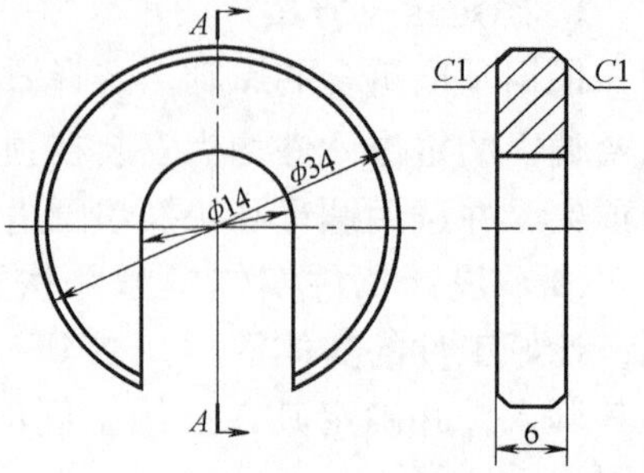

图 4-59　快换垫圈的工程图

（2）组装紧固元件　根据夹紧方案将快换垫圈和六角螺母装配到夹具中。完成紧固元件装配的实体图和工程图如图 4-60 所示。

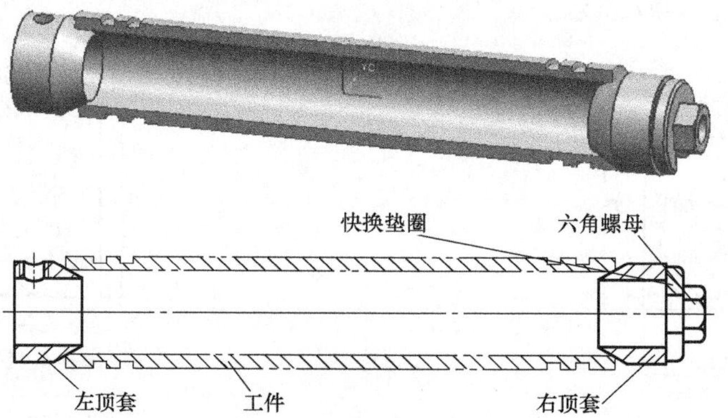

图 4-60　完成紧固元件装配的实体图和工程图

3. 确定夹具体结构

根据连接杆套夹具的结构特点，设计一根定心轴作为夹具体，并将所有元件组装到该夹具体上。

（1）设计夹具体　根据左顶套、右顶套、快换垫圈和六角螺母的尺寸，设计出的定心轴结构的夹具体如图 4-61 所示。为了将左顶套固定在定心轴上，还需要设计一个定位螺钉，如图 4-62 所示。

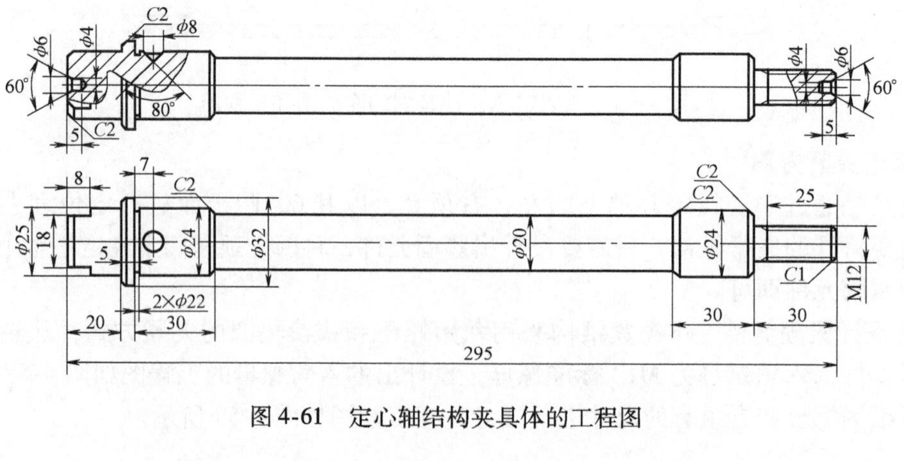

图 4-61　定心轴结构夹具体的工程图

（2）组装夹具体　依据夹具的设计方案，将夹具体和定位螺钉组装到已完成装配的工件、定位元件和紧固元件结构中。具体操作时，需要适当调整各元件之间的相互位置，以保证夹具整体结构的准确性。最后完成设计的顶尖心轴夹具装配的实体图和工程图，如图4-63所示。

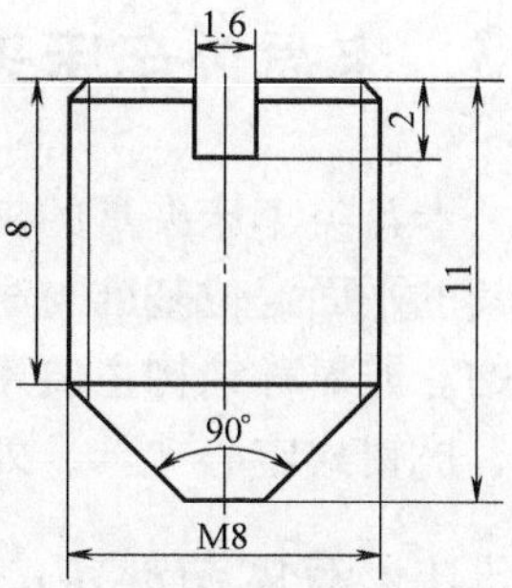

图4-62　定位螺钉的工程图

4. 夹具的特点

本夹具的一个特点是，适合装夹长度和直径比大于4的带孔工件。因为，当工件的长度超过160mm时，只靠主轴端单一夹具的夹紧不能保证加工的稳定性，切削加工时会产生振动和偏移现象。另一个特点是，可以对工件进行轴向定位，以保证批量生产时快速对准刀具。此夹具适合大批量的生产。

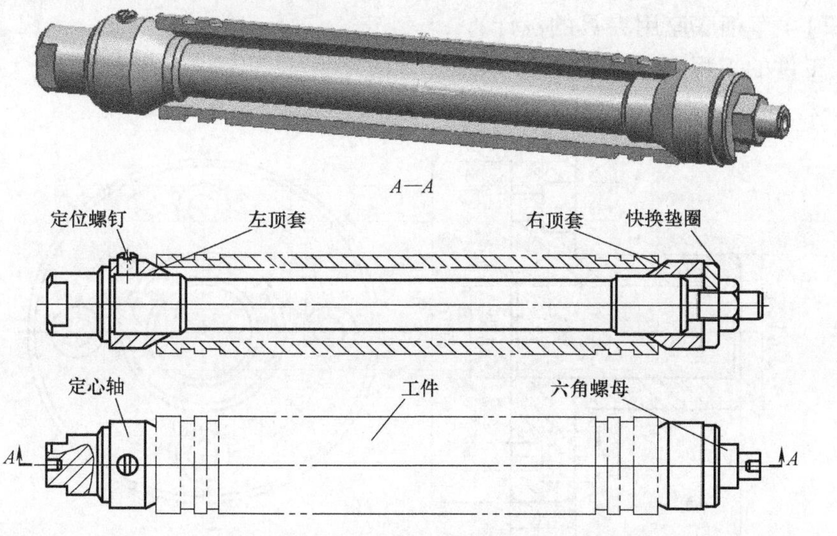

图4-63　完成设计的顶尖心轴夹具装配的实体图和工程图

5. 夹具的使用方法

将夹具体（定心轴）用车床的自定心卡盘从左端夹紧，或用插入主轴孔的固定顶尖顶住定心轴的中心孔，并用鸡心夹头卡紧定心轴左端外圆表面。右端用车床尾架上的回转顶尖顶紧定心端的中心孔中，实现定位和夹紧。

本夹具可以制造两套，当一套夹具正用于加工过程中，则使用另一套夹具对工件进行装夹，以缩短辅助操作时间，极大地提高生产效率。

具体操作时，将六角螺母松开，取下快换垫圈和右顶套，将工件插入定心轴并定位在左顶套的圆锥面上。装上右顶套和快换垫圈，拧紧六角螺母，使整个夹具定位并夹紧工件。然后，将装夹好工件的整个夹具安装到车床自定心卡盘或主轴顶尖上，摇动车床尾架上的手轮，使其上的后顶尖顶紧在定心轴右端的中心孔内，即可开始切削加工。完成加工后，反方向摇动手轮使尾架上的后顶尖右移，即可将整个夹具及工件取下，再换上另一套已装夹好工件的夹具，进行下一步的切削加工。

4.3 卡盘类车床夹具的设计

卡盘类车床夹具的夹具体多为圆盘形状，通常是以工件的圆柱面和端面作为定位基准。夹具的平面定位基准与车床主轴的轴线相垂直。具有定心夹紧机构的卡盘，其结构一般是对称的。非对称结构主要用于装夹特殊形状的工件。具体的卡盘类车床夹具有液体塑料定心夹具、虎钳式定心夹具、外圆弹性夹头定心夹具、偏摆卡盘双孔夹具等。

4.3.1 液体塑料定心夹具的设计

液体塑料定心夹具是以薄壁套作为定位元件，通过对其腔体内的液体塑料施压从而使薄壁套产生弹性变形，从工件的外圆柱表面夹紧工件。具体的设计方法通过车削底座用夹具的设计来讲述。

【实例 7】 车削底座用夹具的设计

底座加工件的工程图，如图 4-64 所示。

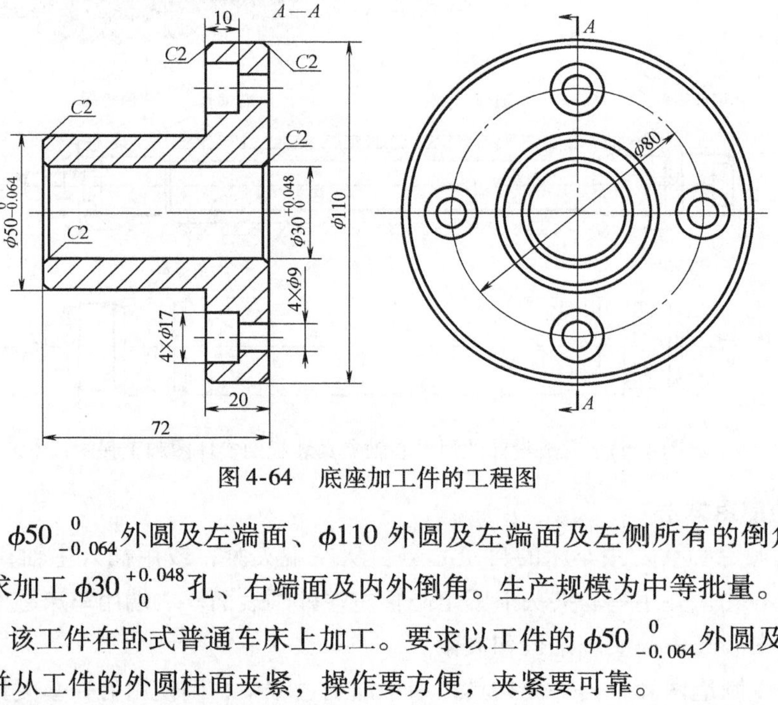

图 4-64 底座加工件的工程图

工序要求：$\phi 50^{\ 0}_{-0.064}$外圆及左端面、$\phi 110$ 外圆及左端面及左侧所有的倒角已经加工完毕。本工序要求加工 $\phi 30^{+0.048}_{\ 0}$孔、右端面及内外倒角。生产规模为中等批量。

设计任务：该工件在卧式普通车床上加工。要求以工件的 $\phi 50^{\ 0}_{-0.064}$外圆及 $\phi 110$ 的左端面进行定位，并从工件的外圆柱面夹紧，操作要方便，夹紧要可靠。

设计步骤及操作方法如下所述。

1. 确定定位方案

根据设计要求，选择 $\phi 50^{\ 0}_{-0.064}$外圆及 $\phi 110$ 外圆的左端面作为定位基准。外圆表面及左端面的定位元件采用带有型腔的薄壁套，并通过柱塞螺钉的挤压使其中的液体塑料产生压力并使其弹性变形，将工件从外圆表面夹紧。

（1）设计工件实体模型　按底座加工件工程图设计好工件的实体模型，在 UG 的装配环境下将其调入，并确定其在三维空间的指定位置，如图 4-65 所示。

（2）设计定位元件　根据底座工件的定位外圆直径、工件长度设计出定位元件即薄壁套，如图4-66所示。将薄壁套按定位方案装配到工件上，完成定位元件装配的实体图，如图4-67所示。

图4-65　底座工件实体模型的定位

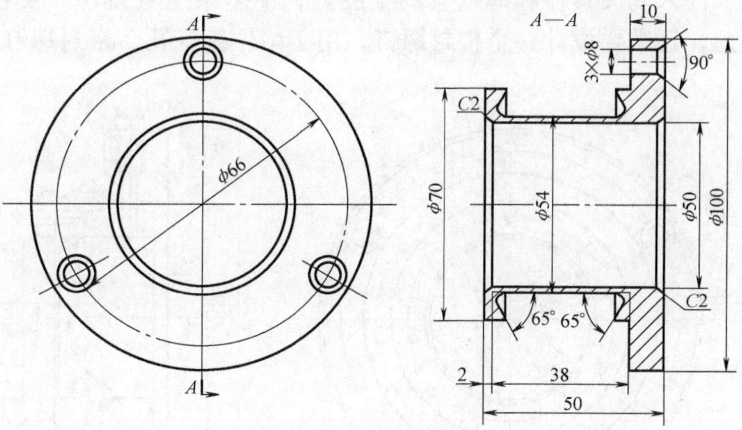

图4-66　设计的薄壁套

2. 确定夹紧方案

该夹具是通过安装在法兰式夹具体上的薄壁套进行定位和夹紧的。因此，不需要另外的夹紧机构，只需要设计出紧固元件，将薄壁套固定住即可。此外，由于采用液体塑料施压夹紧，还需要设计一个柱塞螺钉用于对液体塑料进行挤压。

图4-67　完成定位元件装配的实体图

（1）设计紧固元件　本夹紧结构需要设计沉头螺钉和柱塞螺钉，沉头螺钉用于固定薄壁套，柱塞螺钉用于对液体塑料产生压力。两个紧固元件的工程图如图4-68和图4-69所示。

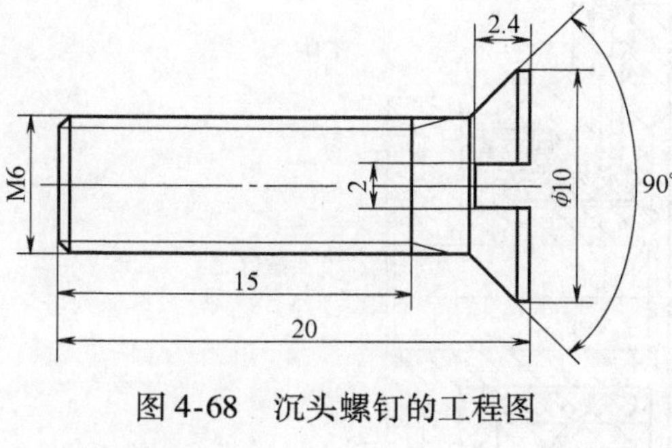

图4-68　沉头螺钉的工程图

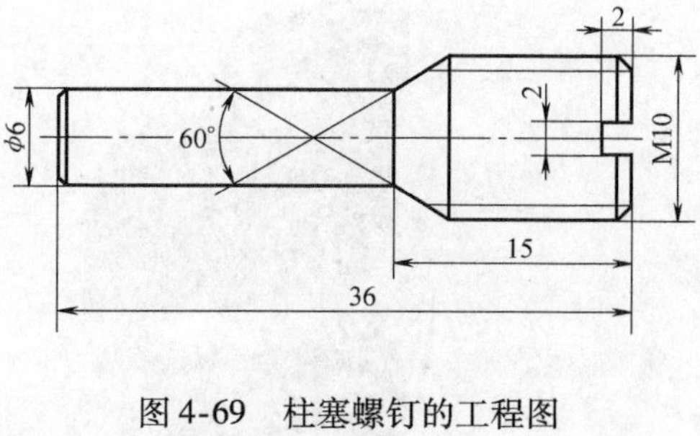

图4-69　柱塞螺钉的工程图

（2）组装紧固元件　由于本夹具中所用的紧固元件需要与夹具体配合装配，因此，不单独组装紧固元件，等完成夹具体的设计后，再进行夹具体和紧固元件的组装。

3. 确定夹具体结构

根据本夹具的结构特点，设计具有法兰盘结构的夹具体，并将所有元件组装到夹具体上。

（1）设计夹具体　根据本夹具的特点，采用法兰盘结构的夹具体，以便将装配好的夹具与车床主轴上的过渡盘相配合。设计完成的夹具体如图 4-70 所示。为了保证液体塑料能够注入到夹具体和薄壁套的空腔内，使多余空气排出，要在夹具体上设计一个排气孔。为此，还需要设计一个密封螺钉，用于堵住排气孔，密封螺钉的工程图如图 4-71 所示。

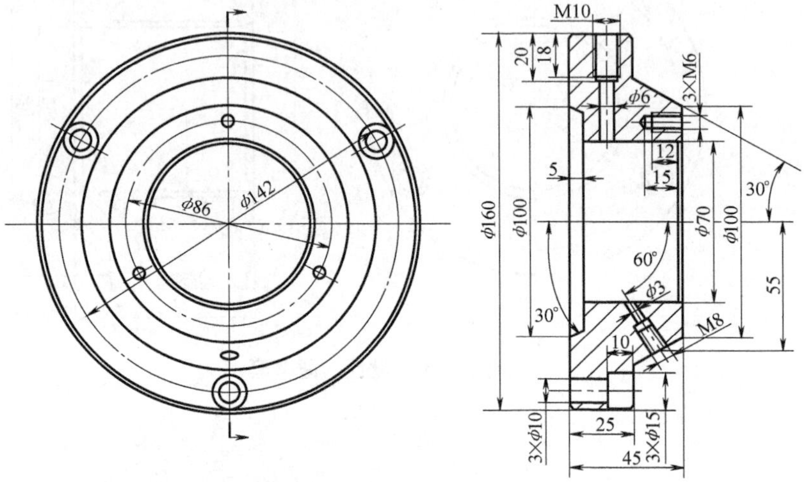

图 4-70　完成设计的夹具体

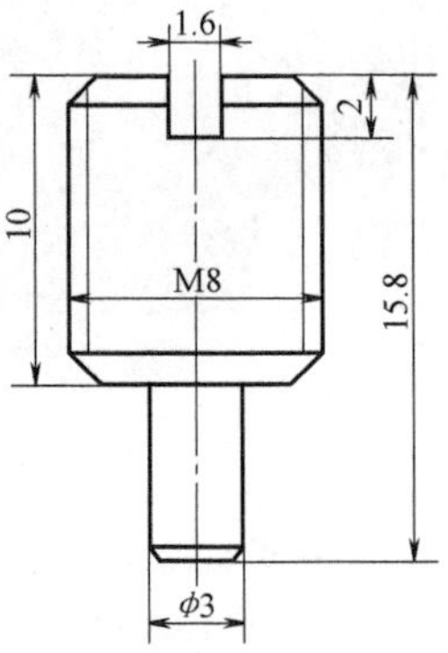

图 4-71　密封螺钉的工程图

（2）组装夹具体　根据夹具设计方案，先将夹具体和沉头螺钉装配到薄壁套上；注入液体塑料，以此表示为液体塑料的实体模型安装其上；最后再将柱塞螺钉和密封螺钉组装到已完成装配的工件和定位元件的结构中。具体操作时，需要适当调整各元件之间的相互位置，以保证夹具整体结构的准确性。最后完成设计的液体塑料定心夹具装配的实体图和工程图如图 4-72 所示。

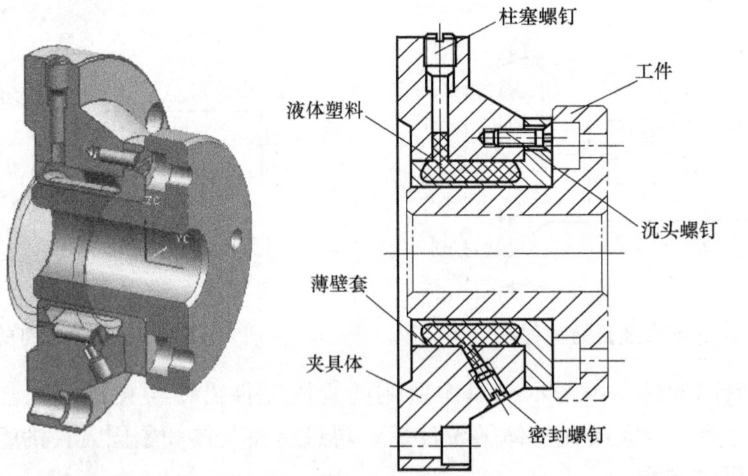

图 4-72　完成设计的液体塑料定心夹具装配的实体图和工程图

4. 夹具的特点

本夹具的特点是适合装夹已加工外圆表面且工件长度不大的回转体工件。该夹具的优点是，定位精度较高，夹紧操作省力，适用于中、小批量的生产；缺点是夹紧力较小，不适合装夹重量太重的工件。

5. 夹具的使用方法

将夹具初装好后，拆除柱塞螺钉和密封螺钉，注入液体塑料，注满后，再将密封螺钉和柱塞螺钉拧入相应的螺纹孔中。

将夹具体与车床的过渡盘相配合，并用 3 个螺栓将其固定住，使整个夹具与车床的主轴连接。

具体操作时，将工件插入薄壁套的内孔中，并使工件的左端面靠紧薄壁套的端面。用螺钉旋具旋紧柱塞螺钉，使其下部的圆柱塞对液体塑料施加压力。由于液体塑料内部压力的增大，会挤压薄壁套在径向变形，从而将工件的外圆柱表面最终定位并夹紧，即可开始车削加工。完成加工后，旋松柱塞螺钉，夹具体内部的液体塑料压力会变小，薄壁套回复原始状态，工件会与薄壁套脱离紧密接触，即可将工件取下。

4.3.2 虎钳式定心夹具的设计

虎钳式定心夹具是利用定心—夹紧元件的等距移动实现对工件的定位和夹紧的。操纵夹紧的方式是利用具有左、右双向螺纹的螺杆来控制夹紧卡爪的运动，使之同时完成定位和夹紧动作。具体的设计方法通过车削底座工件用夹具的设计来讲述。

【实例 8】 车削底座用夹具的设计

底座加工件的工程图如图 4-73 所示。

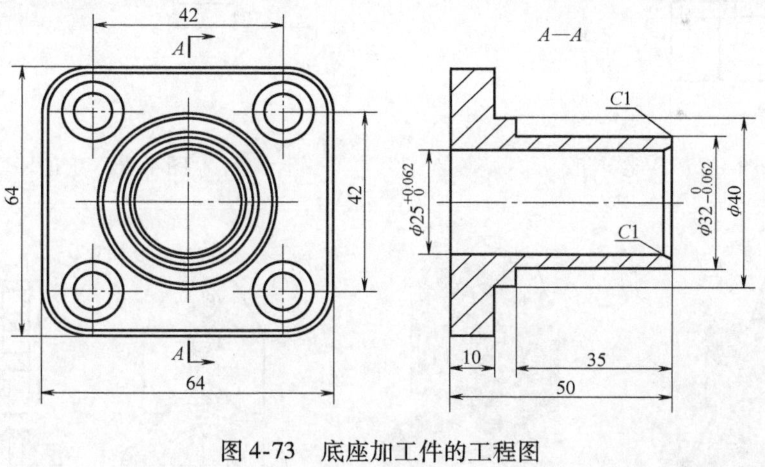

图 4-73 底座加工件的工程图

工序要求：底座工件为铸造毛坯，除底平面已加工外，其余表面均未加工。本工序要求加工 $\phi32_{-0.062}^{\ 0}$ 外圆、$\phi25_{\ 0}^{+0.062}$ 孔、右端面及内外倒角 $C1$，其余部分不加工。生产规模为小批量。

设计任务：该工件在卧式普通车床上加工。要求以工件的 64mm × 64mm 底座边缘及底平面进行定位，并从周边表面夹紧。要求底平面与孔轴线相垂直，操作方便，夹紧可靠。

设计步骤及操作方法如下所述。

1. 确定定位方案

根据设计要求，选择 64mm × 64mm 底座边缘及底平面作为定位基准，底平面紧靠在定位环的端面上。四周表面以两个等距移动的 V 形卡爪夹紧。

（1）设计工件的实体模型　按底座加工件工程图设计好工件的实体模型，在 UG 的装配环境下将其调入，并确定其在三维空间的指定位置，并将工件绕回转轴线旋转 45°，使其呈加工时的放置状态，如图 4-74 所示。

（2）设计定位元件　根据底座工件的定位基准，即 64mm × 64mm 底座边缘设计出定位元件即 V 形卡爪，如图 4-75 所示。由于 V 形卡爪没有设计成阶台形状，因此需要另外设计一个轴向定位元件，即定位环，如图 4-76 所示。这两个元件在后面的设计中要分别安装到夹紧元件和夹具体上。此时，先将两个 V 形卡爪和定位环按定位方案装配到底座工件上，使其呈夹紧状态，完成定位元件装配的实体图和工程图如图 4-77 所示。

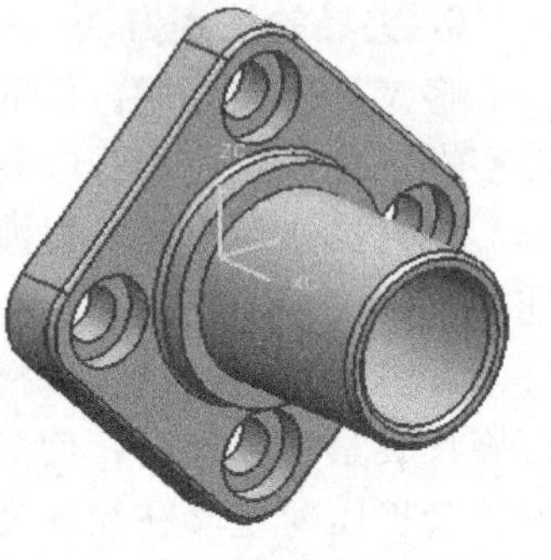

图 4-74　将底座在三维空间定位

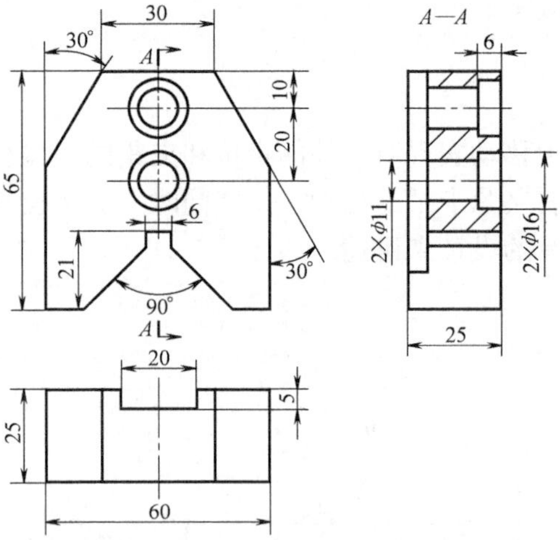

图 4-75　V 形卡爪

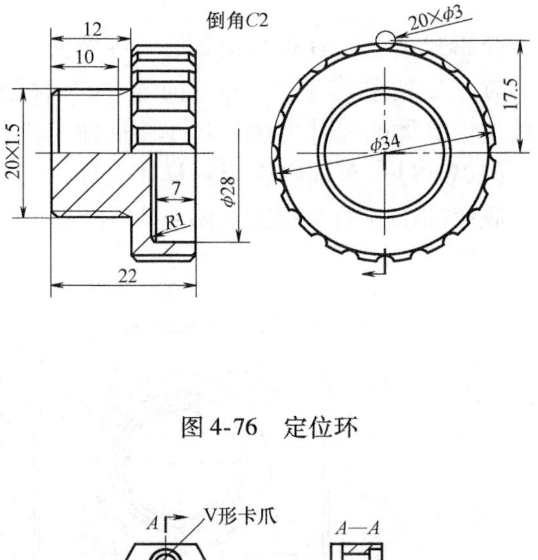

图 4-76　定位环

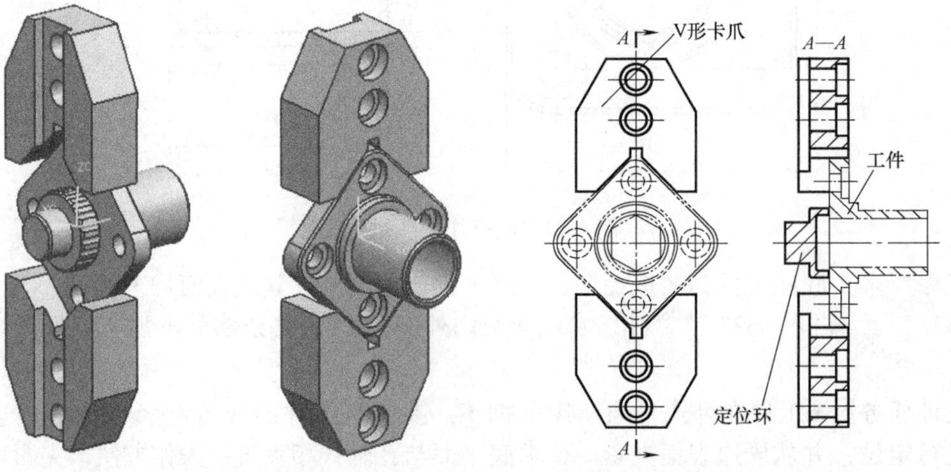

图 4-77　完成定位元件装配的实体图和工程图

2. 确定夹紧方案

该夹具拟由一个双向螺纹（左螺纹和右螺纹）螺杆和两个螺母（一个左螺纹和一个右螺纹）滑块来实现等距移动定心夹紧。两个V形卡爪就安装在两个螺母滑块上。双向螺纹螺杆将安装到卡盘结构的夹具体上。当旋转螺杆时，在双向螺纹的作用下实现定心夹紧动作。

（1）设计夹紧元件　首先，根据已完成设计的V形卡爪定位元件的结构和尺寸，先设计出螺母滑块，其中一个为左螺纹，另一个为右螺纹，如图4-78所示。

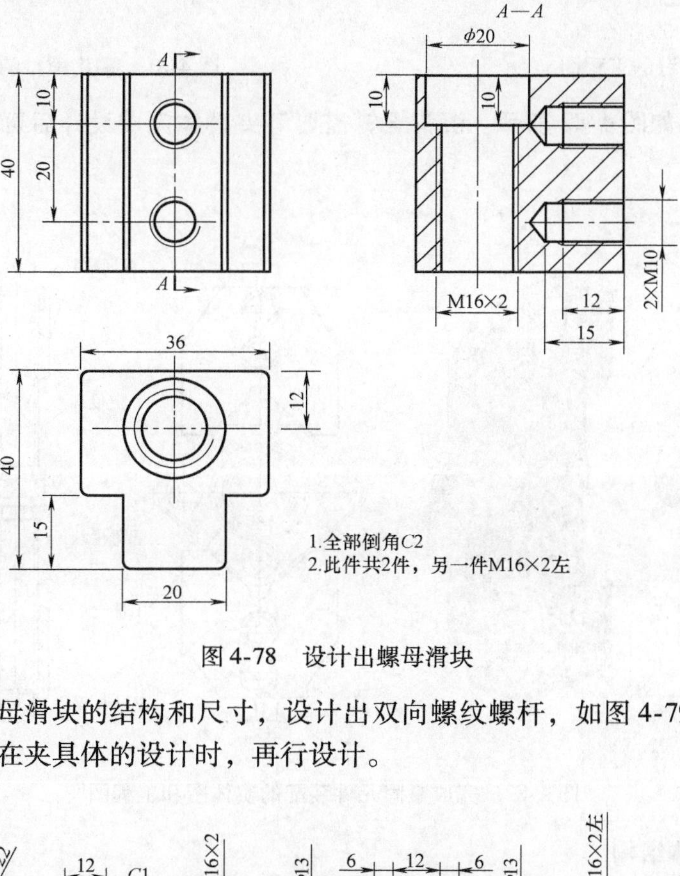

图4-78　设计出螺母滑块

其次，根据螺母滑块的结构和尺寸，设计出双向螺纹螺杆，如图4-79所示。而安装和固定螺杆的元件将在夹具体的设计时，再行设计。

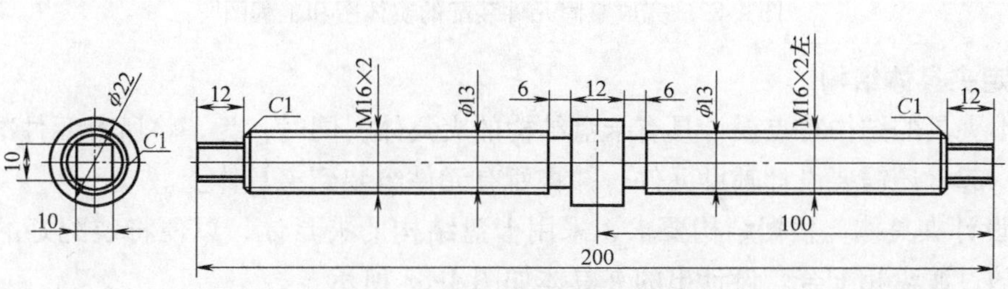

图4-79　双向螺纹螺杆的工程图

（2）设计紧固元件　根据夹具结构要求，需要设计两种紧固元件，即沉头螺钉和平头螺钉。沉头螺钉用于固定辅助元件螺杆支座和定心垫。平头螺钉用于将V形卡爪固定在螺母滑块上。沉头螺钉和平头螺钉元件的工程图如图4-80和图4-81所示。

（3）组装紧固元件　由于夹具体尚未完成设计，故先将螺母滑块和双向螺纹螺杆组装到已完成的装配结构中，再将平头螺钉装配到V形卡爪和螺母滑块上。完成紧固元件装配

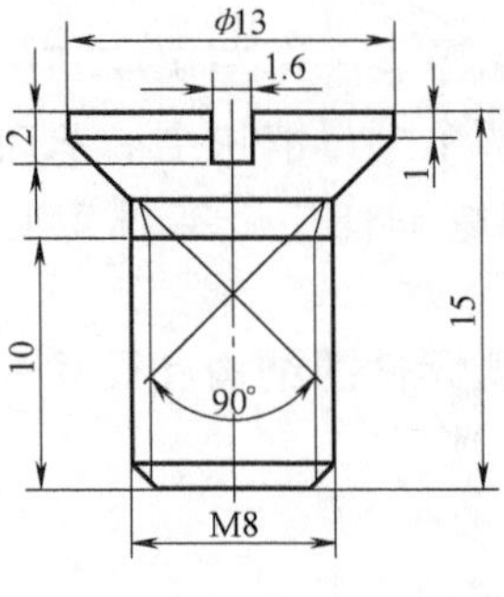

图 4-80　沉头螺钉的工程图

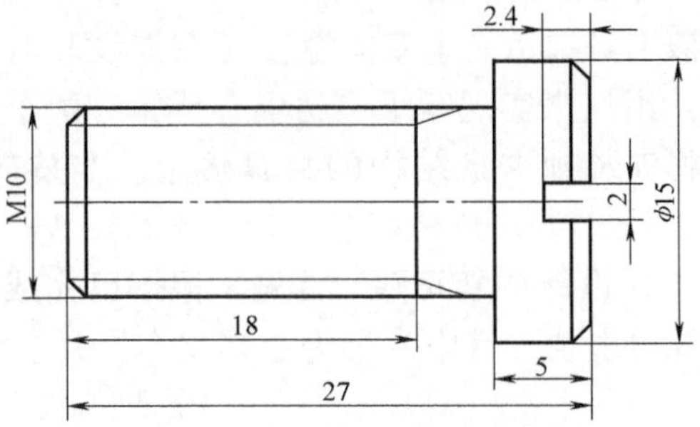

图 4-81　平头螺钉的工程图

的实体图和工程图如图 4-82 所示。沉头螺钉需要等夹具体完成设计后再装配，以固定辅助元件。

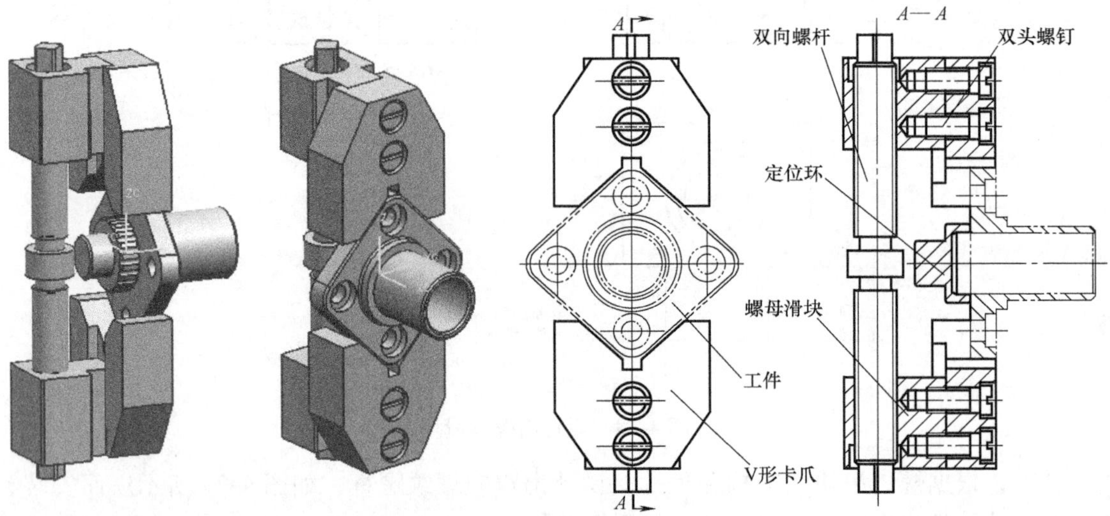

图 4-82　完成紧固元件装配的实体图和工程图

3. 确定夹具体结构

根据本夹具的结构特点设计具有卡盘结构的夹具体，同时，为了将所有元件准确地定位和连接到一起，还需要设计辅助元件，并将所有元件组装到夹具体上。

（1）设计夹具体　根据结构要求，采用卡盘结构的夹具体，以便将装配好的夹具与车床主轴上的过渡盘相配合。设计出的夹具体如图 4-83 所示。

（2）设计辅助元件　辅助元件的作用是将所有元件定位并固定在夹具体上。螺杆支座用于将双向螺纹螺杆固定在夹具体的中心位置上。完成设计的螺杆支座如图 4-84 所示。为了将用于轴向定位的定位环固定在夹具体上，还需要设计定心垫，设计完成的定心垫如图 4-85 所示。

（3）组装夹具体　首先，依据夹具的设计方案，先将夹具体装配到已完成的装配结构中。装配时要注意两点：一是夹具体的回转轴线与工件的回转轴线保持对齐；二是夹具体上

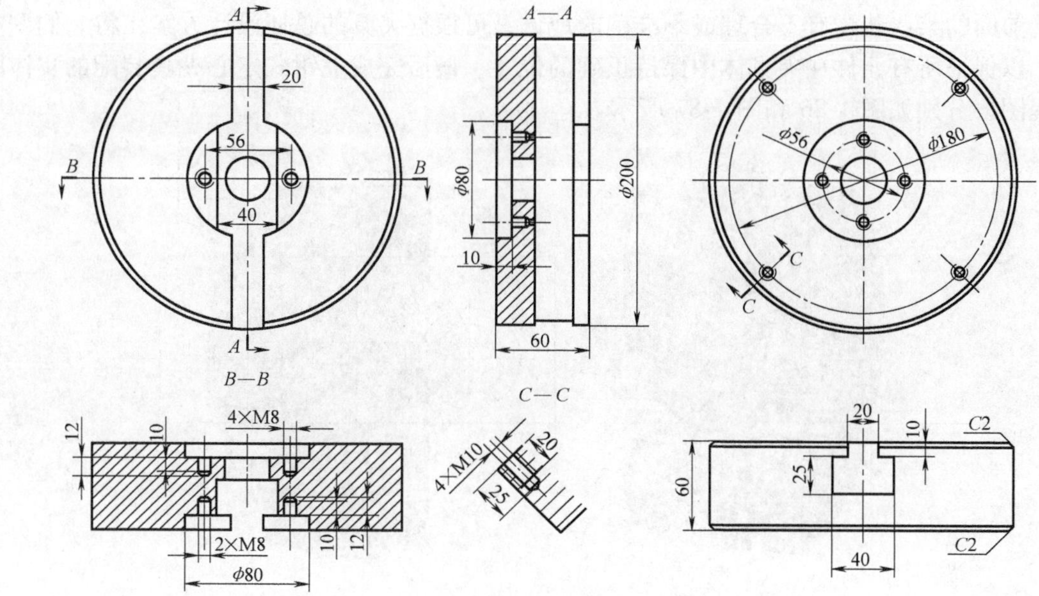

图 4-83　完成设计的夹具体

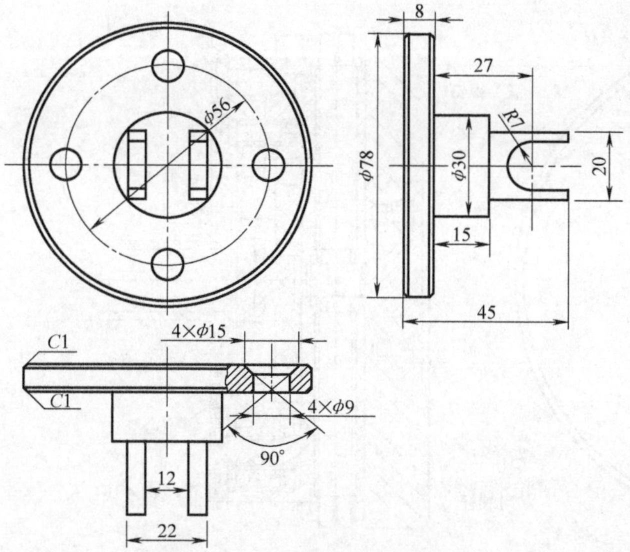

图 4-84　完成设计的螺杆支座

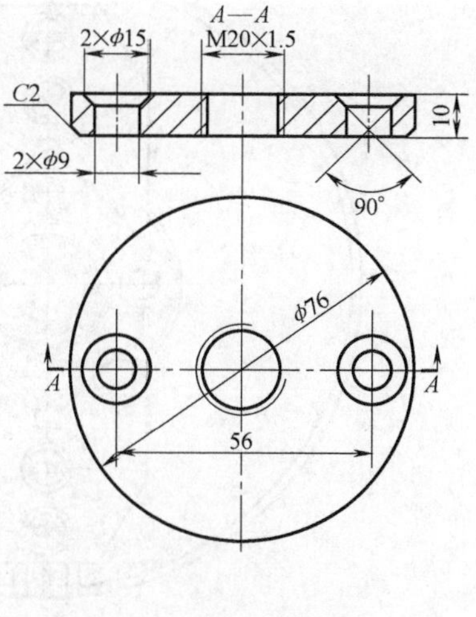

图 4-85　完成设计的定心垫

的滑槽侧面与螺母滑块的侧面保持接触。

其次，将螺杆支座装配到夹具体中，其回转轴线与夹具体的回转轴线对齐；其右端面与夹具体左端阶台孔表面接触。

再次，将定心垫装配到夹具体中，其回转轴线与夹具体的回转轴线对齐；其上的两个沉头孔中心与夹具体上两个螺纹孔中心对齐。

最后，将 6 个沉头螺钉装配到夹具体上，将螺杆支座和定心垫固定在夹具体上。

提醒读者两点：一是，在装配操作中，可能某些元件会遮挡住需要配合的部位，可暂时将无关的元件先隐藏起来，完成具体的装配操作后再将其显示出来；二是，在装配过程中，会发现前面的某些装配有不合理或不准确的地方，可根据夹具的总体设计方案，将它们调整过来，以保证所有元件在夹具体中保持正确的位置。最后完成虎钳式定心夹具装配的实体图和工程图，分别如图 4-86 和图 4-87 所示。

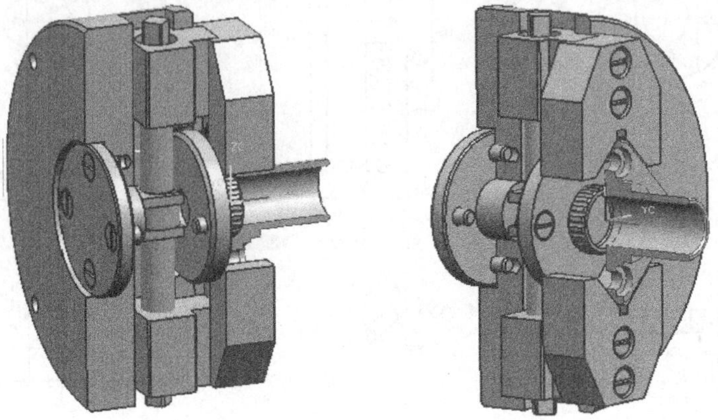

图 4-86　完成虎钳式定心夹具装配的实体图

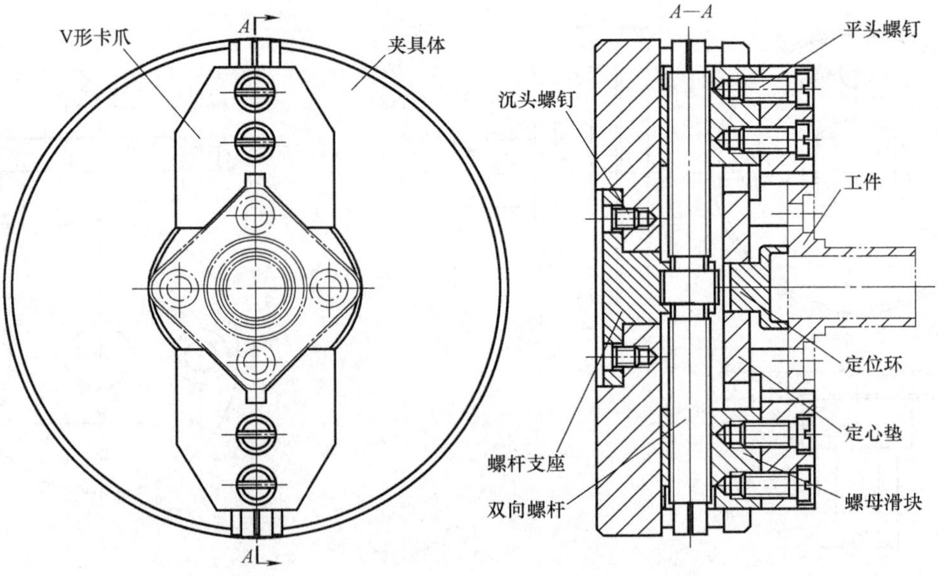

图 4-87　完成虎钳式定心夹具装配的工程图

4. 夹具的特点

本夹具的特点是，适用范围广，可以装夹以回转轴为对称轴的多种形状的工件，如圆柱体工件、正方体工件、菱形体工件等。该夹具夹紧力大，装夹牢靠，且能够自动定心。同时，夹具中的定位环，通过螺纹结构可以轴向调节位置，以便变换加工件的类型时，能够确保轴向的定位。正是由于这些显著特点，该夹具可作为多品种、小批量生产的首选夹具之一。

5. 夹具的使用方法

将夹具初装好后，安装一个标准心轴，用百分表调整工件的定心位置。如果发现存在偏差，可将V形卡爪上的平头螺钉松开，进行径向的微调，直至工件的回转轴线与夹具体的回转轴线相重合。然后，将所有螺钉紧固，完成夹具的最终装配。

将夹具体与车床的过渡盘相配合，并用4个螺栓将其固定住，使整个夹具与车床的主轴连接。

具体操作时，根据工件的长度先将定位环的轴向位置调整好，将工件插入到两个卡爪之间，并使工件的左端面靠紧定位环端面，用专用的内四方扳手正向旋紧双向螺杆，通过螺母滑块驱动两个V形卡爪同时向回转中心运动，从径向夹紧工件的表面，即可开始切削加工。完成加工后，旋松双向螺杆，两个V形卡爪松开，即可将工件取下。

4.3.3 外圆弹性夹头定心夹具的设计

外圆弹性夹头定心夹具是以具有弹性结构的外夹头作为定位和夹紧元件来装夹工件的。具体的设计方法通过车削定位轴工件用夹具的设计来讲述。

【实例9】 车削定位轴用夹具的设计

定位轴加工件的工程图如图4-88所示。

工序要求：$\phi32$ 外圆及左端面、$\phi25\,_{-0.021}^{\ 0}$ 外圆及左端面已经加工完毕。本工序要求加工 $\phi28\,_{-0.032}^{\ 0}$ 外圆、M20×1.5螺纹、$\phi26$ 和 $\phi16$ 空刀槽及右侧两个倒角 $C1$。生产规模为大批量。

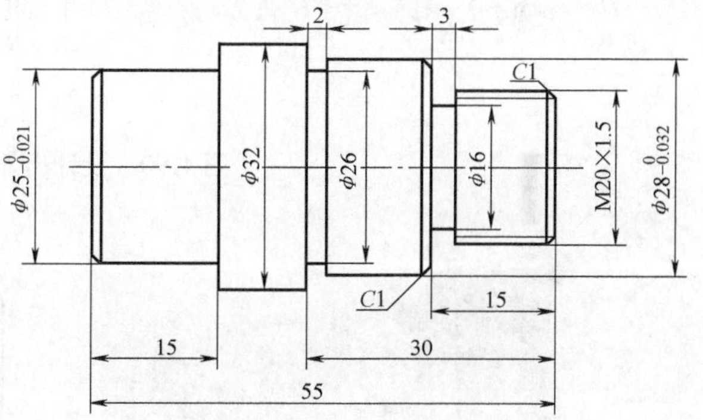

图4-88 定位轴加工件的工程图

设计任务：定位轴工件在卧式普通车床上加工。要求从工件外表面定位并夹紧，操作应方便，尽量减少工件的装夹时间，工件的夹紧要可靠，注意避免破坏已加工的表面。

设计步骤及操作方法如下所述。

1. 确定定位方案

根据基准重合的原则，选择 $\phi25\,_{-0.021}^{\ 0}$ 外圆及左端面作为定位基准。定位元件为外夹式弹性夹头。

（1）设计工件实体模型 按定位轴工程图设计好定位轴工件的实体模型，在UG的装配环境下将其调入，并安装在三维空间的指定位置，使其呈加工状态，如图4-89所示。

（2）设计定位元件 根据定位轴工件定位基准外圆的直径和长度分别设计出外夹式弹性夹头，如图4-90所示。将弹性夹头按定位配合装配到工件上，完成定位元件装配的实体图和工程图如图4-91所示。

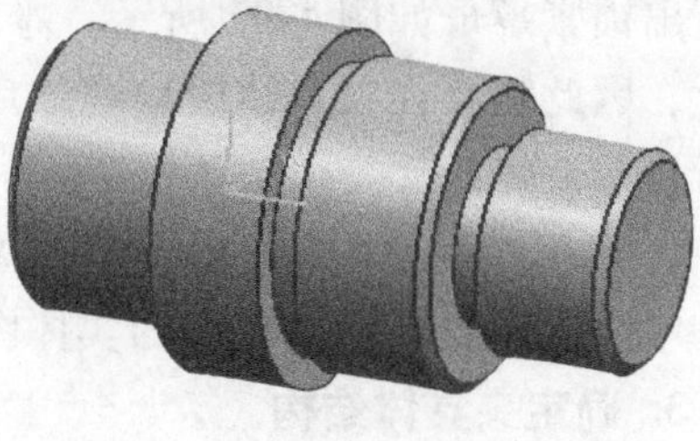
图4-89 将定位轴在三维空间定位

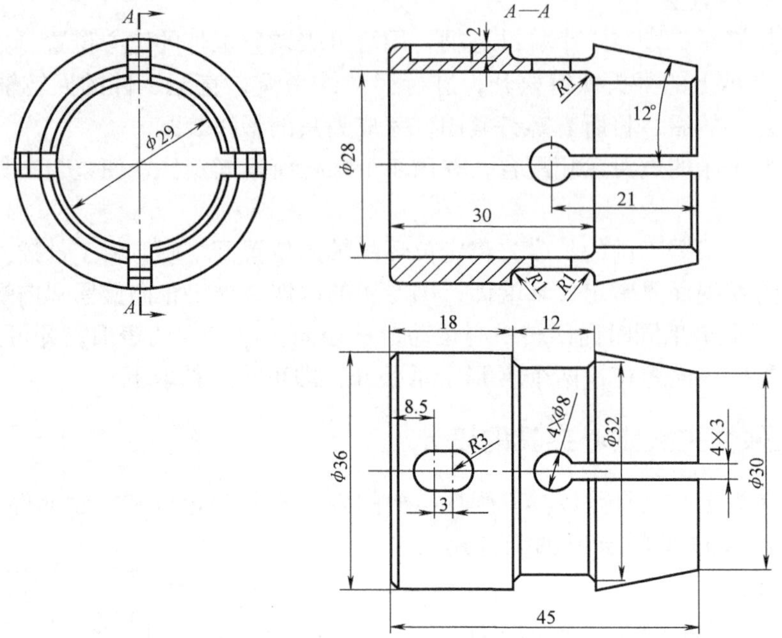

图 4-90　设计出外夹式弹性夹头

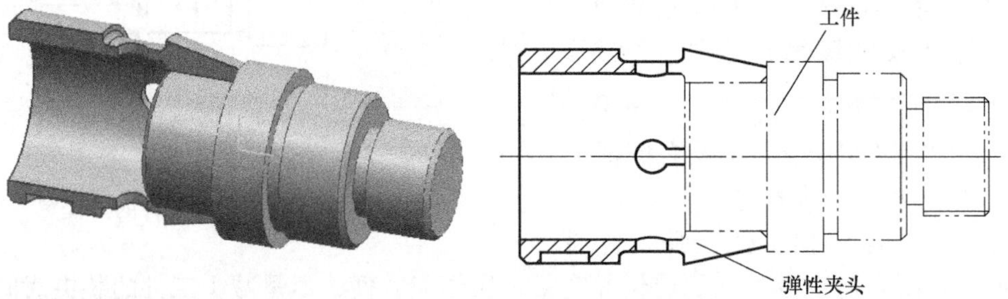

图 4-91　完成定位元件装配的实体图和工程图

2. 确定夹紧方案

该夹具是通过安装在锥柄心轴上的弹性夹头，以其内孔和端面进行定位和夹紧的。夹紧方式则采用带有内锥孔的锁紧螺母，通过向左的位移迫使弹性夹头在径向收缩，从而将工件的外圆表面夹紧。因此，夹紧元件只需要设计一个锁紧螺母。

（1）设计夹紧元件　根据弹性夹头的结构和尺寸，以及后面要设计的锥柄心轴夹具体，设计出锁紧螺母如图 4-92 所示。本结构中只有一个紧固元件，用于将弹性夹头固定在夹具体上，因此需要在夹具体设计完成后，再根据弹性夹头和锥柄心轴夹具体的具体结构和尺寸再行设计。

（2）组装夹紧元件　由于夹具体尚未完成设计，故先将锁紧螺母组装到已完成的装配结构中。完成夹紧元件装配的实体图和工程图如图 4-93 所示。

3. 确定夹具体结构

根据本夹具的结构特点，将夹具体设计成锥柄心轴结构，以便在夹具完成后与车床的主

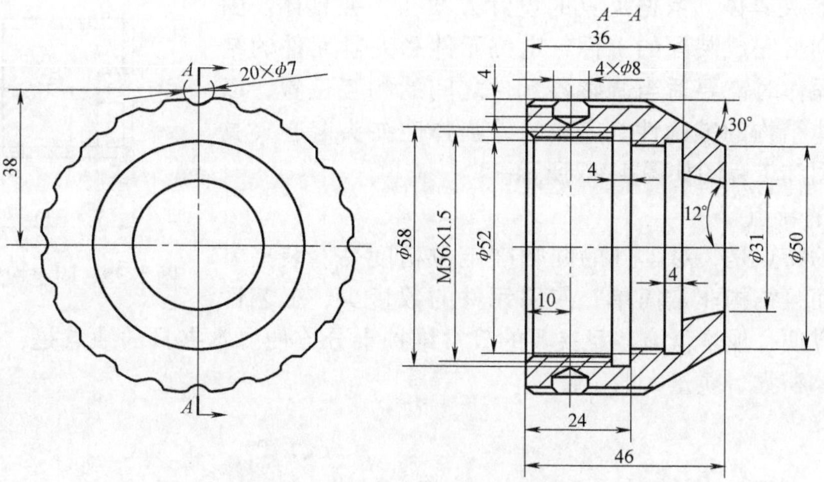

图 4-92　完成设计的锁紧螺母

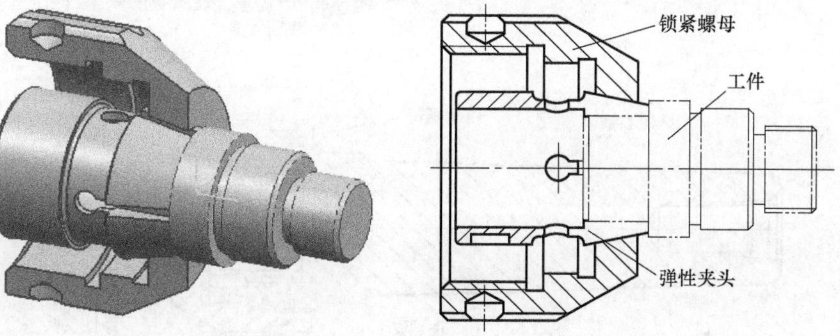

图 4-93　完成夹紧元件装配的实体图和工程图

轴孔相配合并安装。为了将弹性夹头固定在锥柄心轴上，还需要设计一个特殊的固定螺钉。

（1）设计夹具体　根据结构要求，设计锥柄心轴夹具体，其工程图如图 4-94 所示。

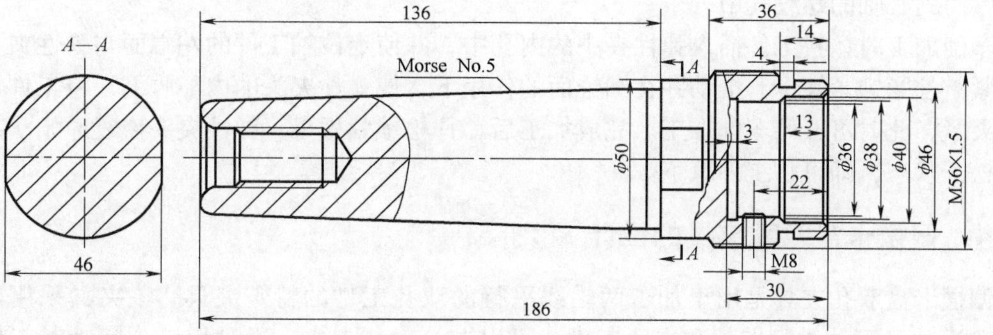

图 4-94　锥柄心轴夹具体工程图

（2）设计紧固元件　这里要设计的紧固元件，主要用于将弹性夹头固定在夹具体上，即将弹性夹头在锥柄心轴上进行轴向和旋转方向上的定位。完成的紧固元件，即固定螺钉工程图如图 4-95 所示。

(3) 组装夹具体　依据夹具的设计方案，将夹具体、固定螺钉组装到已完成装配的工件、定位元件和夹紧元件的结构中。具体操作时需要适当调整各元件之间的相互位置，以保证夹具整体结构的准确性。完成的外圆弹性夹头定心夹具装配的实体图和工程图如图 4-96 所示。

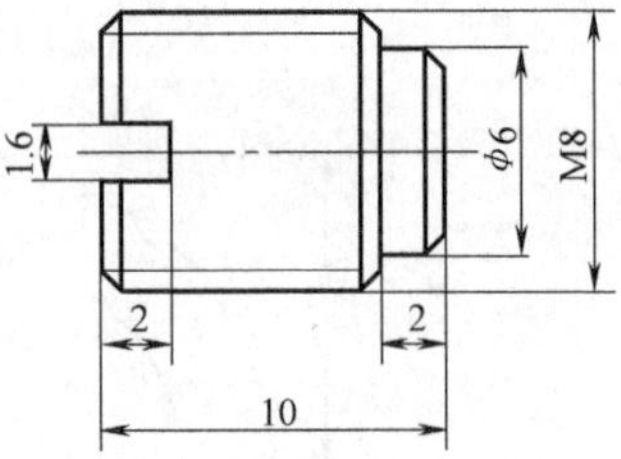

图 4-95　固定螺钉的工程图

4. 夹具的特点

本夹具的特点是，对工件的同轴度定位精度高，装夹方便、省力，而且结构非常简单、使用元件的数量少、工艺性能好、制造方便、成本低廉，且夹具的日常维护十分方便。本夹具的缺点是，夹紧力有限，不适合装夹体积大、质量大的工件。

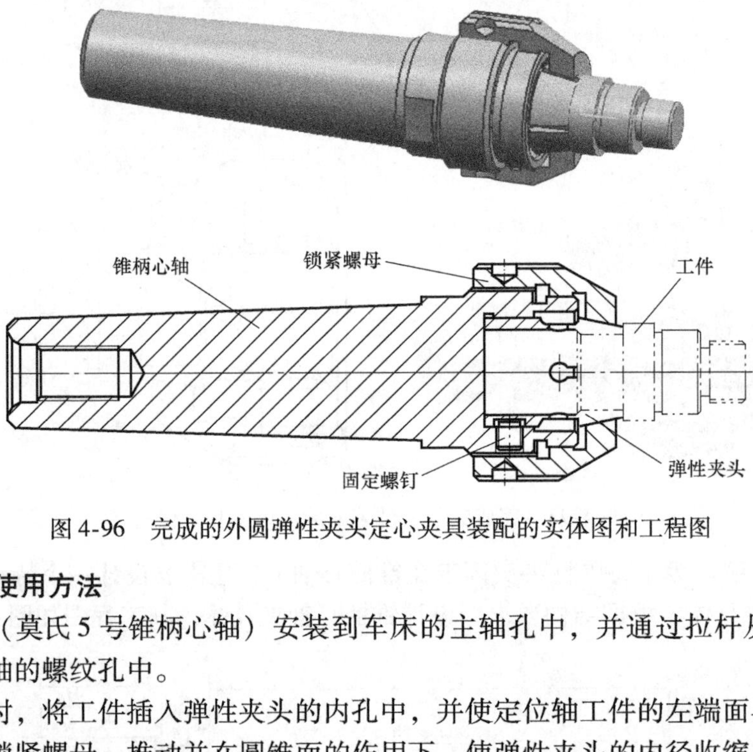

图 4-96　完成的外圆弹性夹头定心夹具装配的实体图和工程图

5. 夹具的使用方法

将夹具体（莫氏 5 号锥柄心轴）安装到车床的主轴孔中，并通过拉杆从主轴孔另一端将其紧固到心轴的螺纹孔中。

车削加工时，将工件插入弹性夹头的内孔中，并使定位轴工件的左端面与弹性夹头的端面靠紧。拧紧锁紧螺母，推动并在圆锥面的作用下，使弹性夹头的内径收缩，将工件从外圆表面夹紧，此时可开始车削加工。完成加工后，拧松锁紧螺母，弹性夹头恢复原始状态，工件呈松开状态，即可将工件取下。

4.3.4　偏摆卡盘双孔夹具的设计

偏摆卡盘双孔夹具是用于加工两轴线平行的双孔工件的特殊夹具。该夹具采用固定 V 形块和活动 V 形块进行定位和夹紧工件，可以在一次装夹中，通过偏转分度盘对工件的两个孔进行车削加工。具体的设计方法通过车削齿轮泵芯工件用夹具的设计来讲述。

【实例 10】　车削齿轮泵芯用夹具的设计

齿轮泵芯加工件的工程图如图 4-97 所示。

工序要求：此件为铸造件，除两端平面已加工完毕外，其余部分均未加工。本工序要求

加工两个 ϕ35H7 内孔，两孔中心距 32 ±0.05。生产规模为中等批量。

设计任务：该工件在卧式普通车床上加工。要求以工件上下两个圆弧面和一侧端面定位，从两个圆弧面夹紧，并要求夹具在一次装夹中完成两个孔的车削加工。工件的夹紧要可靠，操作方便。

设计步骤及操作方法如下所述。

1. 确定定位方案

由于作为齿轮泵芯工件的径向定位基准是毛坯表面，因此选择左侧的已加工平面和上下两个圆弧面进行定位。定位元件为两个 V 形块，上部的圆弧面由固定 V 形块定位，下部的圆弧面由活动 V 形块作为辅助定位和夹紧。

（1）设计工件实体模型　按齿轮泵芯工件的工程图设计好工件的实体模型，在 UG 的装配环境下将其调入，并确定其在三维空间的指定位置，如图 4-98 所示。将齿轮泵芯上孔的轴线位置确定为加工状态的位置。

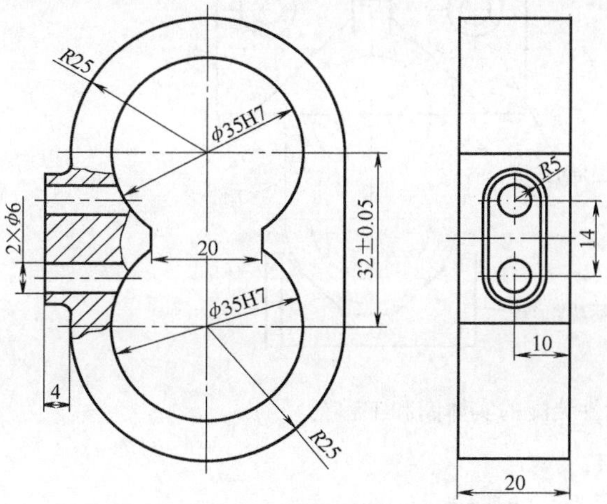

图 4-97　齿轮泵芯加工件的工程图

图 4-98　将齿轮泵芯安装定位

（2）设计定位元件　根据工件的定位表面，即上下两个圆弧面，分别设计出固定 V 形块和活动 V 形块。考虑工件需要轴向定位并留出车刀的探头空间，两个 V 形块都设计出平面阶台。活动 V 形块还要设计出滑动斜面，以便作为导轨之用。固定 V 形块和活动 V 形块的工程图，分别如图 4-99 和图 4-100 所示。完成两个 V 形块的设计后，先将它们按定位方案装配到工件上，使其呈夹紧状态。完成定位元件装配的实体图和工程图如图 4-101 所示。

2. 确定分度方案

由于本夹具需要在一次装夹中完成两个平行孔的加工，因此需要增加一个分度机构。要求分度机构在完成一个孔的加工后，转动分度盘，使其对定到下一个定位孔上，将下一个孔的轴线位置对准车床主轴的轴线上。具体的分度方式，拟采用偏摆方式，即将分度盘以偏距的旋转中心旋转一定角度，使下一个孔的中心处在加工位置。要实现这一目的，需要设计出分度盘、销座、定位套、定位销、中心轴、弹簧、拉钮等分度元件。

（1）设计分度元件　首先，根据定位元件（两个 V 形块）的结构及尺寸、工件两个孔的中心距和夹具体的配合情况，完成设计的分度盘如图 4-102 所示。

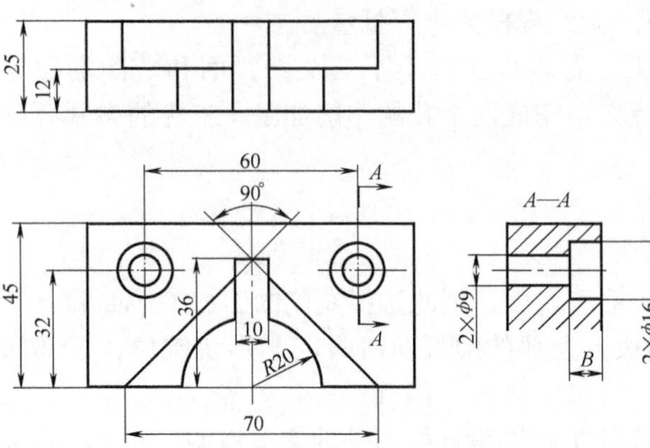

图 4-99　固定 V 形块的工程图

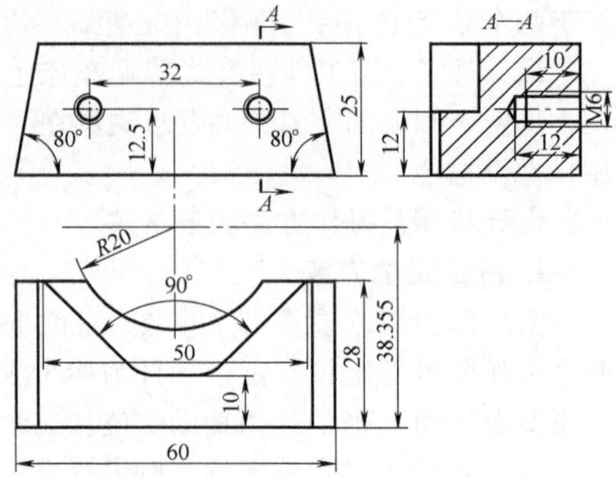

图 4-100　活动 V 形块的工程图

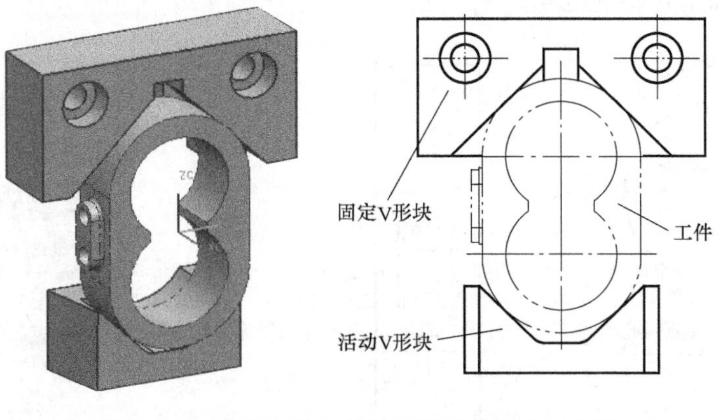

图 4-101　完成定位元件装配的实体图和工程图

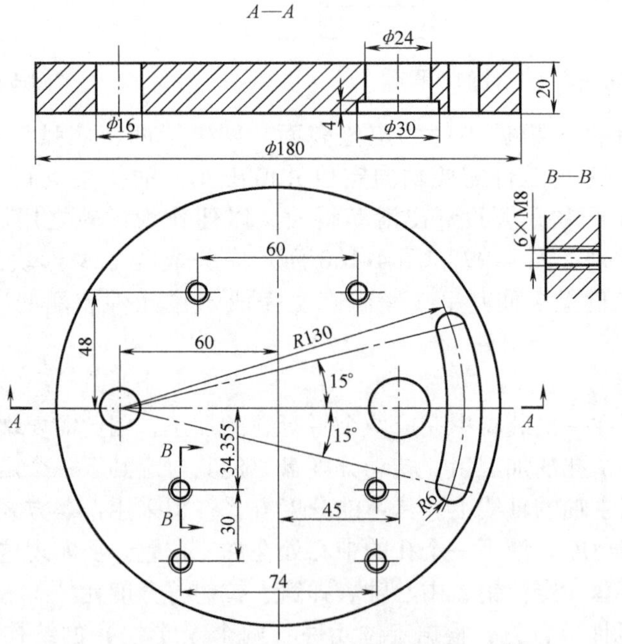

图 4-102　完成设计的分度盘

其次，根据分度盘的结构和尺寸，设计出销座、定位套、定位销、定位弹簧、中心轴、拉钮、卡销，其工程图如图 4-103 至图 4-109 所示。

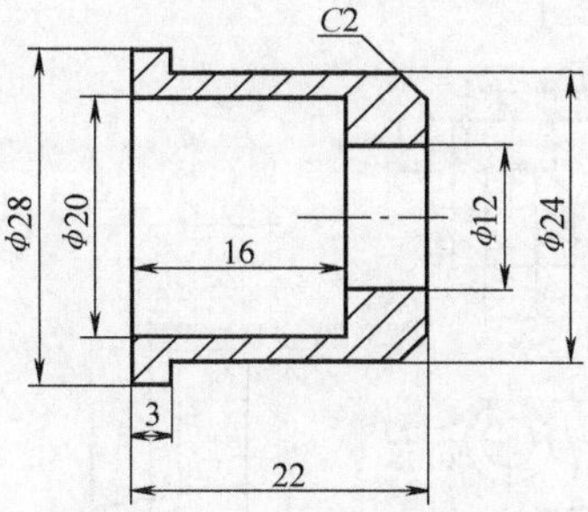

图 4-103　销座的工程图

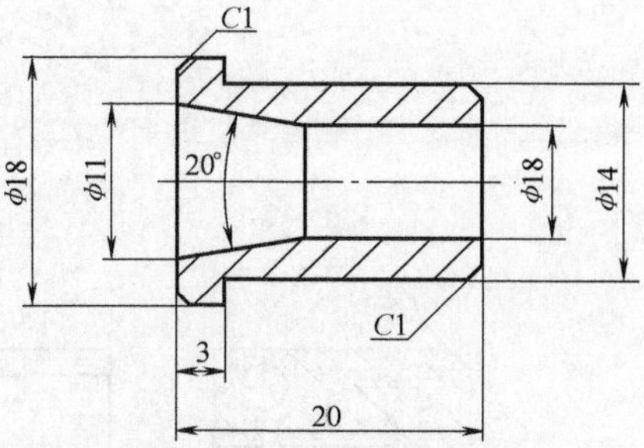

图 4-104　定位套的工程图

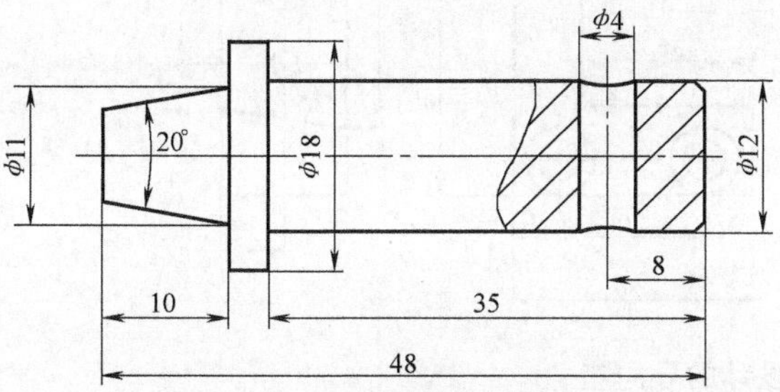

图 4-105　定位销的工程图

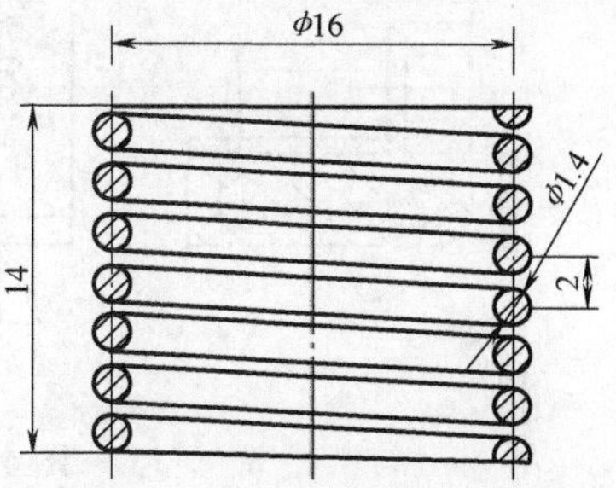

图 4-106　定位弹簧的工程图

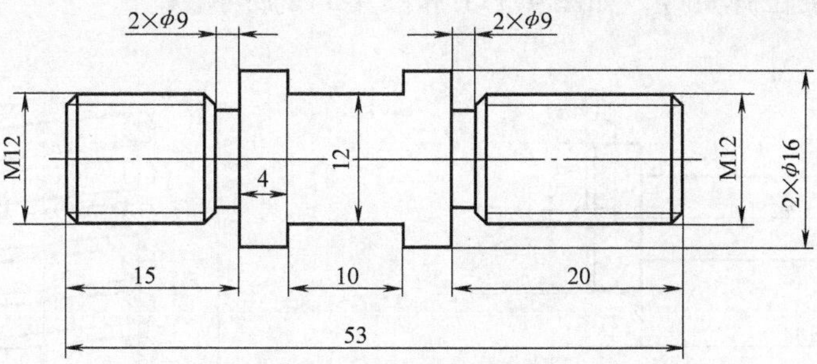

图 4-107　中心轴的工程图

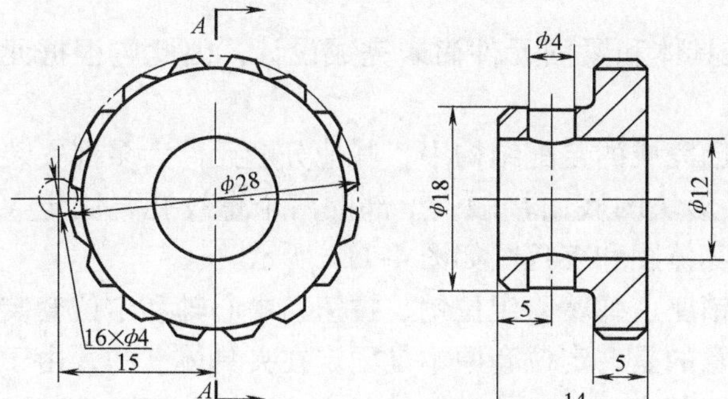

图 4-108　拉钮的工程图

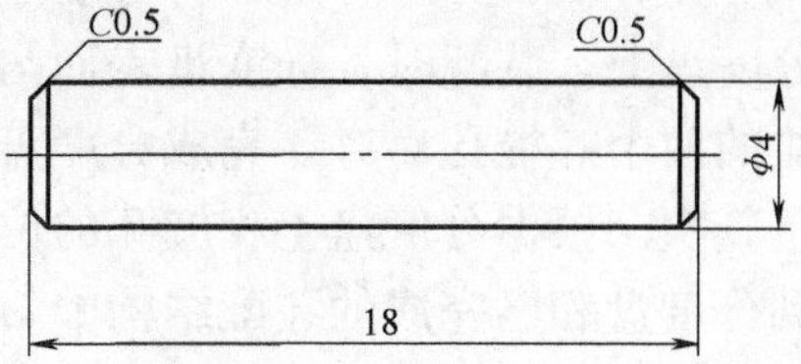

图 4-109　卡销的工程图

（2）设计导向元件　首先，根据分度盘和活动 V 形块的结构和尺寸，完成设计用于限定活动 V 形块的径向滑动的导向座，如图 4-110 所示。

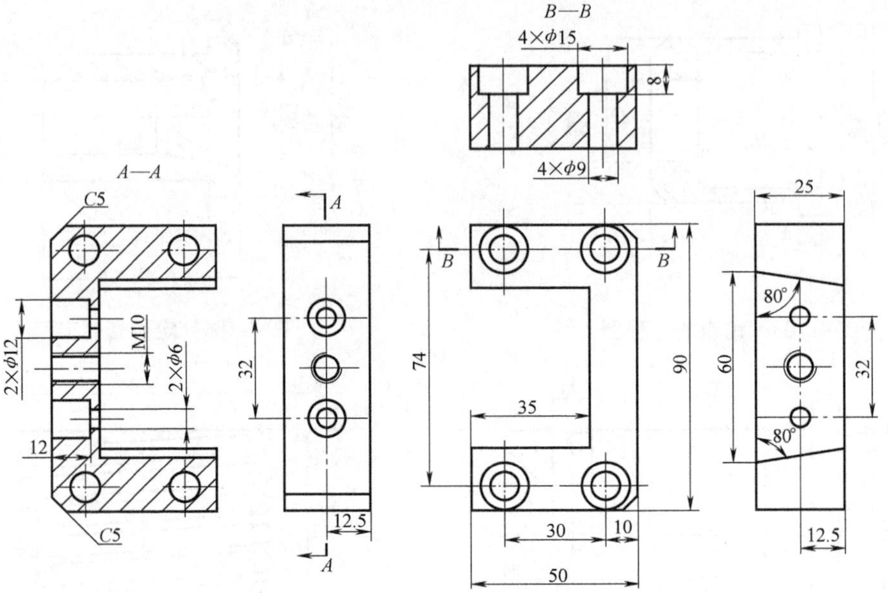

图 4-110　完成设计的导向座

其次，根据分度盘、导向座、活动 V 形块的结构和尺寸，完成设计用于使活动 V 形块回复原位的拉销、复位弹簧等，如图 4-111 和图 4-112 所示。

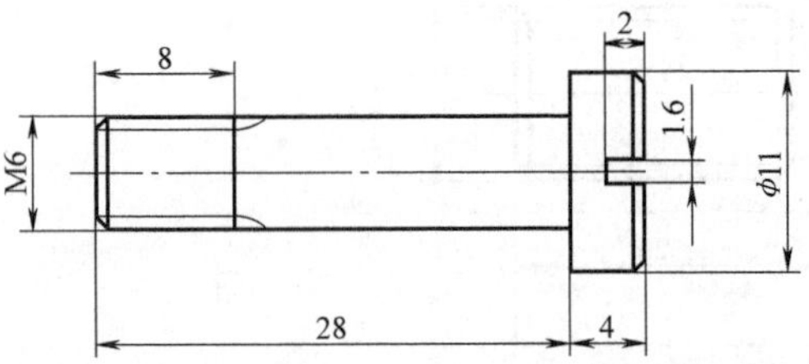

图 4-111　完成设计的拉销

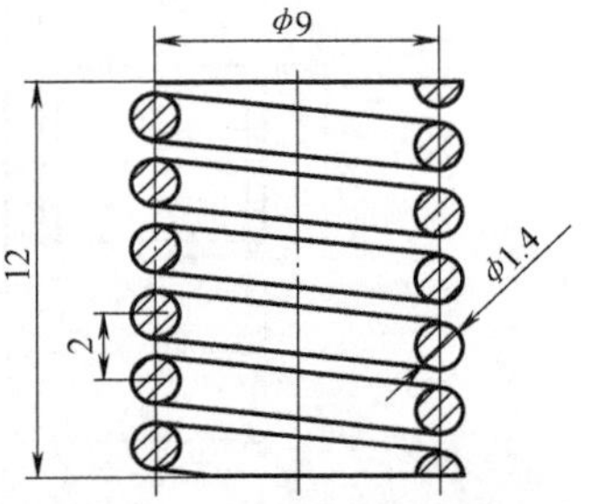

图 4-112　完成设计的复位弹簧

（3）组装分度元件和导向元件　由于夹具体和紧固元件尚未完成设计，因此应根据元件之间的关联性，按顺序进行装配。

首先，根据分度方案，将分度盘装配到已完成的装配结构中，其他分度元件大多都安装在分度盘上。装配时，分度盘表面与两个 V 形块的底面接触；上部的两个螺纹孔与固定 V 形块的两个螺栓孔对齐。完成分度盘装配的实体图和工程图如图 4-113 所示。

其次，根据分度盘上相应孔的位置，将销座、弹簧、定位销、拉钮、中心轴和定位套装配到分度盘和已完成的装配结构中。需要注意的是，定位套原本是固定在夹具体上的，由于夹具体尚未设计，因此在装配操作中，应先将其中心与定位销轴线对齐。完成分度元件装配的结构如图 4-114 所示。

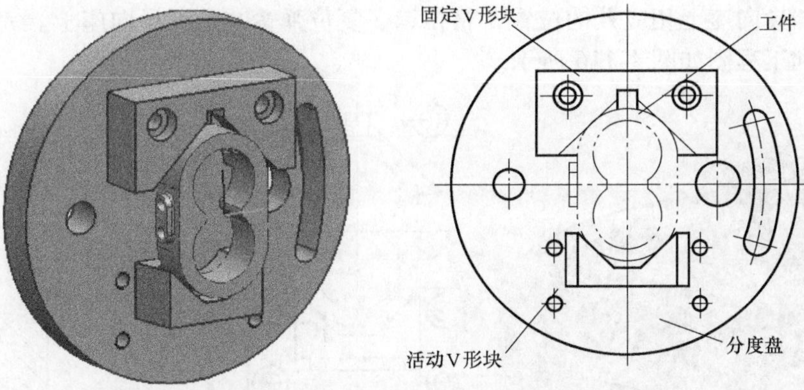

图 4-113　完成分度盘装配的实体图和工程图

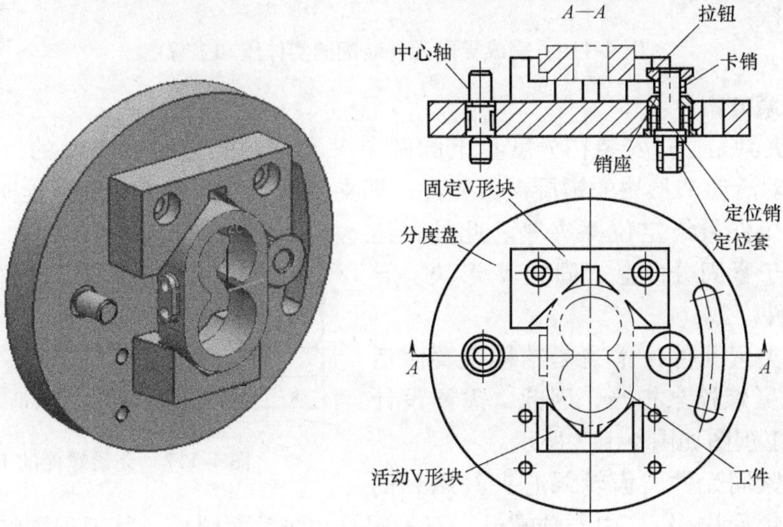

图 4-114　完成分度元件装配的结构

再次，根据导向方案，先将导向座装配到分度盘上，其他导向元件都安装在导向座上。装配时，导向座底面与分度盘表面接触；4 个螺栓孔与分度盘下部的 4 个螺纹孔对齐。完成导向座装配的实体图和工程图如图 4-115 所示。

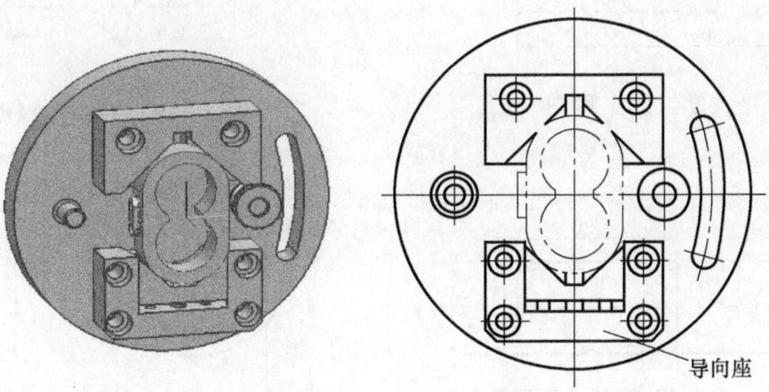

图 4-115　完成导向座装配的实体图和工程图

最后，根据导向座上相应孔的位置，将拉销、复位弹簧装配到导向座上。完成导向元件装配的实体图和工程图如图 4-116 所示。

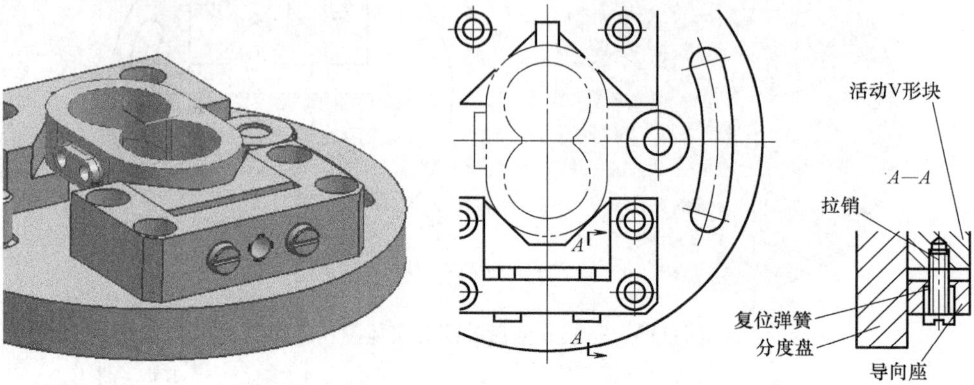

图 4-116 完成导向元件装配的实体图和工程图

3. 确定夹紧方案

齿轮泵芯夹具是通过安装在分度盘上的两个 V 形块进行定位和夹紧的。因此，需要设计一个用于推动活动 V 形块的螺旋夹紧元件，即夹紧螺栓。当拧紧夹紧螺栓时，推动活动 V 形块上移，将工件最终定位并夹紧。此外，还需要设计出用于紧固分度盘、固定 V 形块、导向座的紧固元件。

（1）设计夹紧元件 本夹紧结构主要由活动 V 形块和夹紧螺栓来担当，因此，需要设计夹紧螺栓，其工程图如图 4-117 所示。

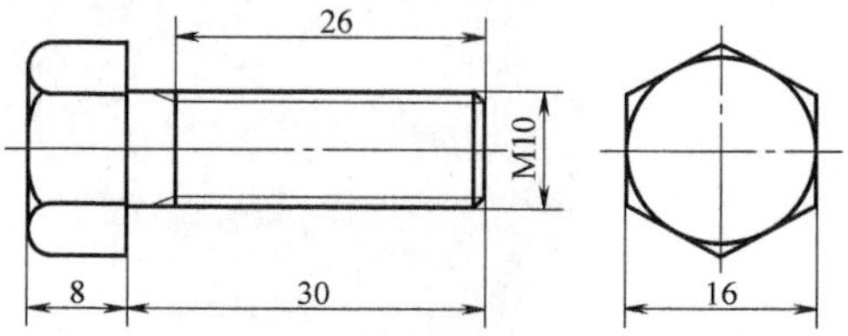

图 4-117 夹紧螺栓的工程图

（2）设计紧固元件 齿轮泵芯夹具用到的所有紧固元件有平头螺钉、中心轴螺母、双头螺栓和法兰面螺母，其工程图如图 4-118 至图 4-121 所示。

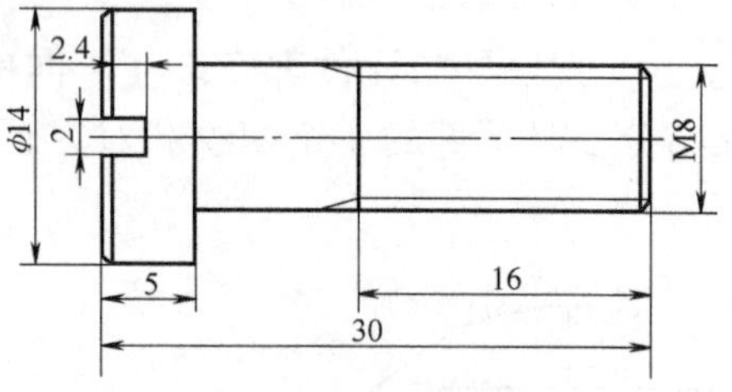

图 4-118 平头螺钉的工程图

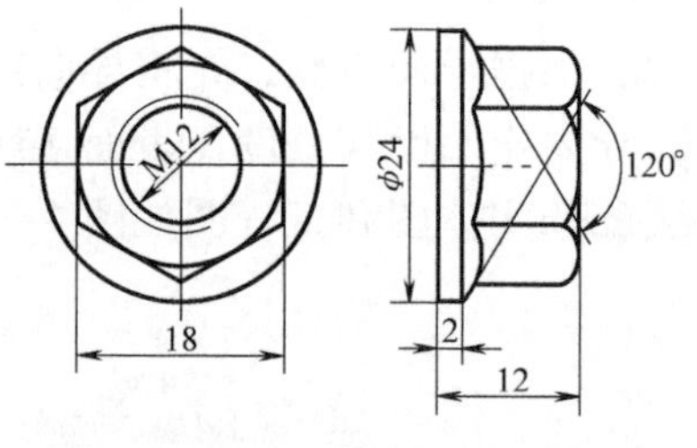

图 4-119 中心轴螺母的工程图

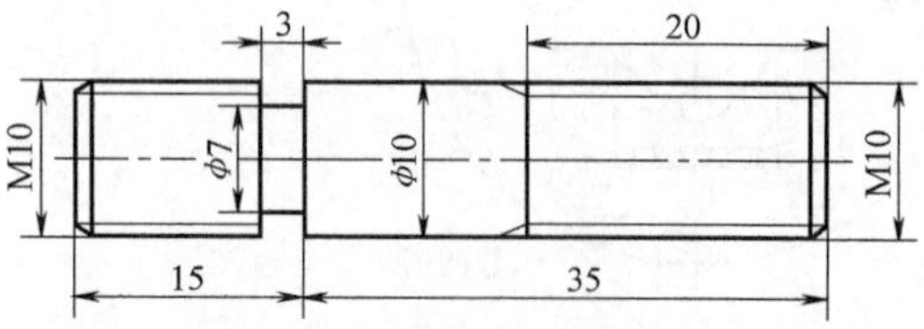

图 4-120 双头螺栓的工程图

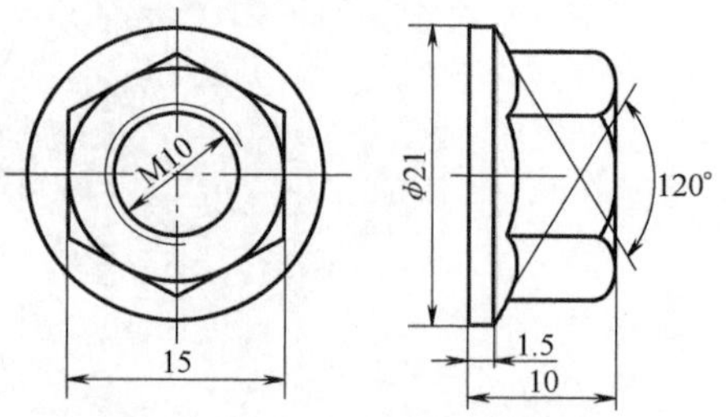

图 4-121 法兰面螺母的工程图

(3) 组装夹紧元件和紧固元件　由于夹具体尚未设计和装配，因此先根据夹紧方案将夹紧螺栓组装到导向座上；将6个平头螺钉分别组装到固定V形块和活动V形块上，将它们固定在分度盘上；将中心轴螺母组装到分度盘上。其余的紧固元件要等到夹具体完成设计和装配后，再进行组装。完成平头螺钉和中心螺母元件装配的实体图和工程图如图4-122所示。

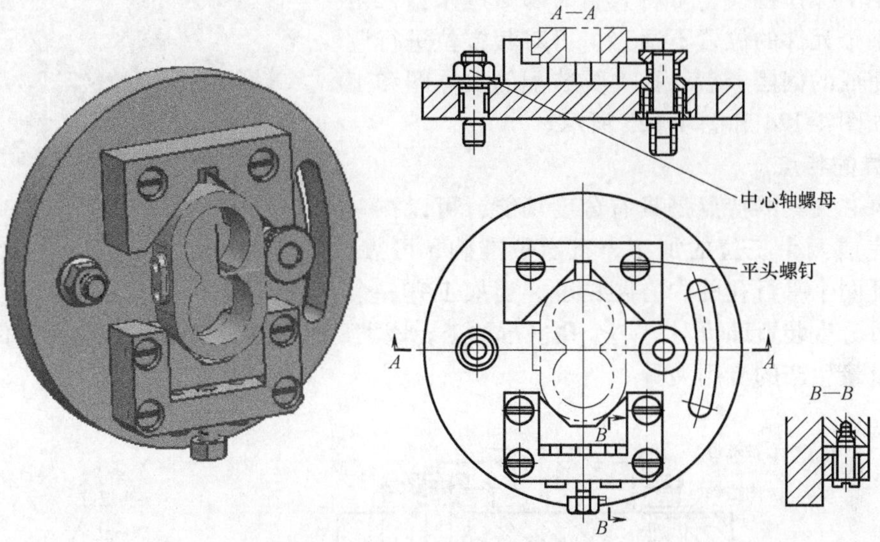

图4-122　完成平头螺钉和中心螺母元件装配的实体图和工程图

4. 确定夹具体结构

根据齿轮泵芯夹具的结构特点，将夹具体设计成卡盘类的结构，以便与车床附件分度盘相配合装配。此外，前面设计的所有元件连同工件都装配到该夹具体上。

(1) 设计夹具体　根据结构设计要求，采用卡盘结构的夹具体。在设计夹具体时，要注意与分度盘的结构和尺寸相匹配。完成夹具体的工程图如图4-123所示。

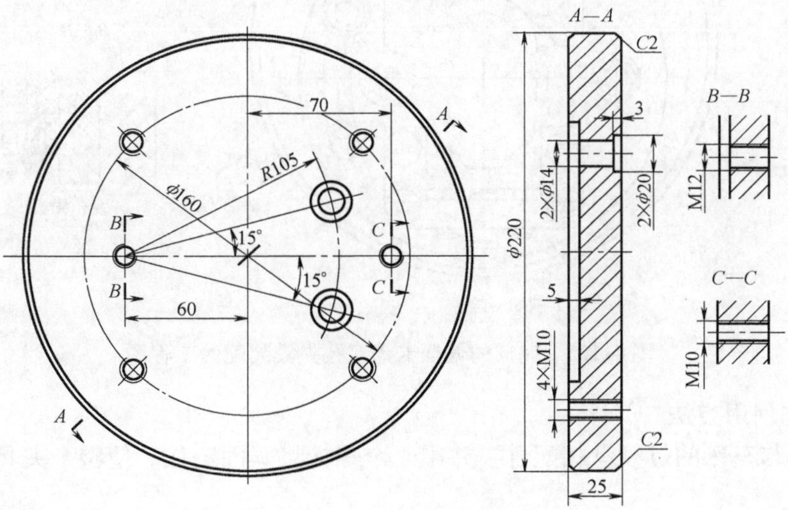

图4-123　夹具体的工程图

（2）组装夹具体　根据齿轮泵芯夹具设计的整体方案，先将夹具体组装到已完成的装配结构中。然后，将尚未组装的紧固元件组装到夹具体上，将分度盘等其他元件固定在夹具体上。

在装配操作中，还是要注意两点：一是如果某些个元件遮挡了操作视线，可将其暂时隐藏起来；二是如果发现某个元件的位置不适当，可对其方位进行调整。最后完成的偏摆卡盘双孔夹具装配的实体图和工程图分别如图 4-124 和图 4-125 所示。

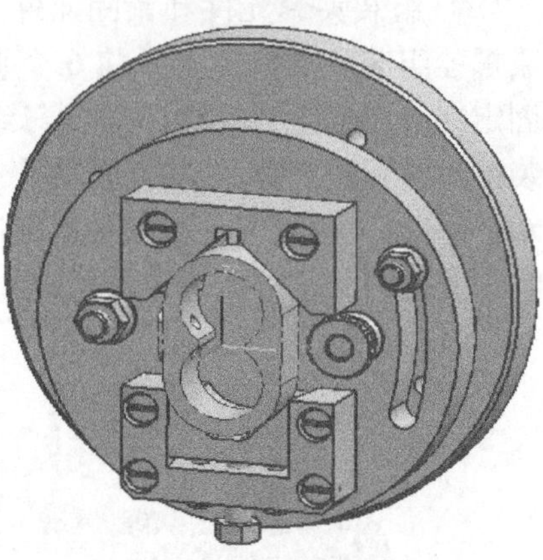

图 4-124　完成的偏摆卡盘双孔夹具装配的实体图

5. 夹具的特点

齿轮泵芯夹具的特点是具有分度功能，可以在一次装夹中完成两个工位的加工，且定位准确、可靠，有效地保证两个平行孔的中心距精度。当加工完一个孔后，通过分度装置即可对另一个孔进行加工。该类型夹具非常适合平行双孔工件的车削加工，是大批量生产的专用夹具。

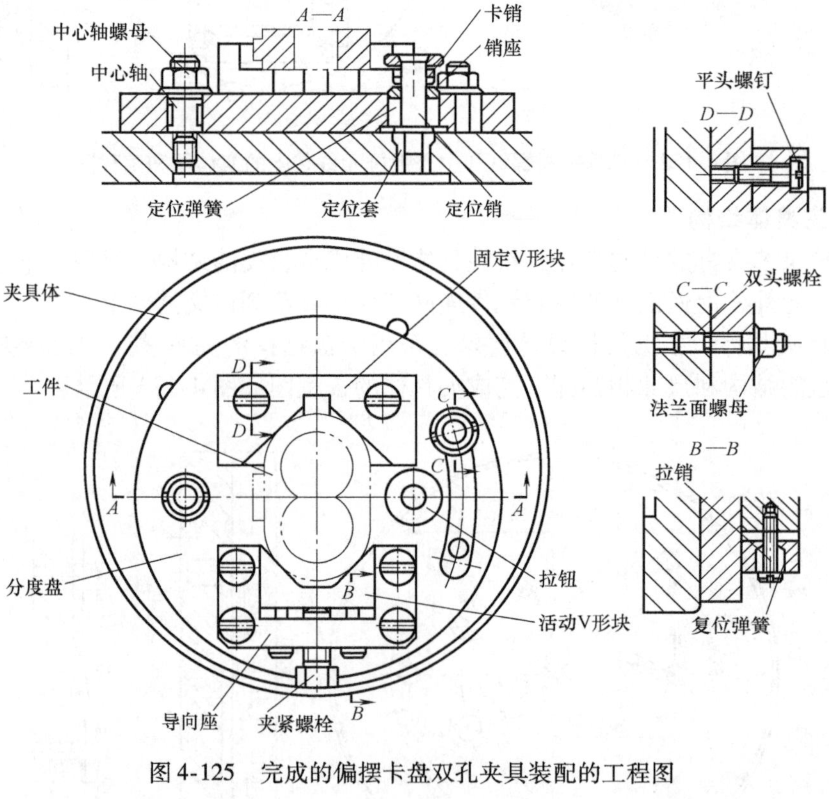

图 4-125　完成的偏摆卡盘双孔夹具装配的工程图

6. 夹具的使用方法

将夹具体与车床的过渡盘相配合，并用 4 个螺栓将其固定住，使整个夹具与车床的主轴连接。

具体操作方法：将工件放在两个 V 形块之间，且将工件的端面靠紧两个 V 形块的定位平面上。拧紧夹紧螺栓，推动活动 V 形块向上移动，使工件夹紧在两个 V 形块之间。由于固定 V 形块是经过定位调整的，当工件被夹紧后，其上边孔的轴线也被定位，与车床主轴的轴线同轴，即可开始切削加工。

当完成上边孔的加工后，先松开法兰面螺母，再松开中心轴螺母。用手拉起拉钮，拔出定位销，将分度盘逆时针旋转一定角度，当另一个孔的定位套对准定位销时，在定位弹簧的作用下，定位销会自动插入其中，完成第二个孔的定位。再分别将中心轴螺母和法兰面螺母拧紧，即可对下边孔进行加工。图 4-126 所示为加工下边孔时工件在夹具中的定位情况。

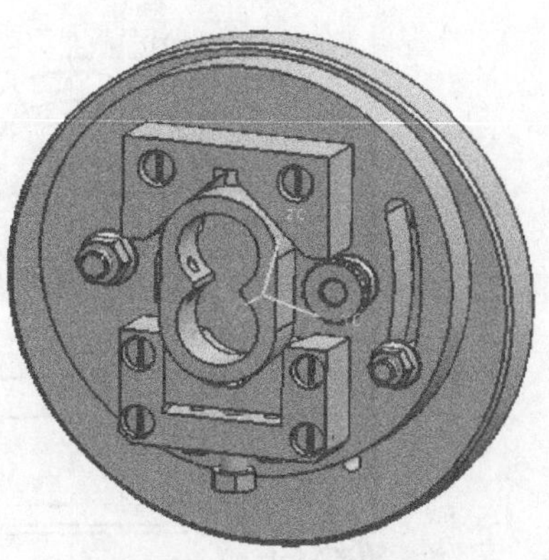

图 4-126　加工下边孔时工件在夹具中的定位情况

当完成了两个孔的加工后，旋松夹紧螺栓，活动 V 形块在复位弹簧和拉销的作用下，自动下移，脱离了工件的夹紧表面，即可将工件取下。

4.4　角铁类车床夹具的设计

角铁类车床夹具的夹具体呈角铁形状，其结构都是不对称的。通常，将定位元件和夹紧机构固定在角铁内侧的两个垂直平面上。此类夹具主要用于壳体、支座、杠杆、接头等零件的回转面或端面的加工。具体的角铁类车床夹具有垂直布局定位夹具、水平布局定位夹具、成角度布局定位夹具等。

4.4.1　垂直布局定位夹具的设计

垂直布局定位夹具，是指利用角铁内侧与主轴轴线平行的平面作为工件的主要定位基准的车床夹具。下面介绍的垂直布局定位夹具是加工双轴座工件的专用夹具，其定位基准是工件的底平面和一个与底面平行的轴孔，其定位元件分别是基准台和菱形销。工件的夹紧是通过遮盖式压板，用螺旋压紧方式来实现的。具体的设计方法通过车削双轴座工件用夹具的设计来讲述。

【实例 11】　车削双轴座工件用夹具的设计

双轴座加工件的工程图如图 4-127 所示。

工序要求：双轴座工件为铸造件，两个底平面、两侧平面、$\phi12^{+0.05}_{0}$ 孔已加工完毕。本工序要求加工 $\phi44^{+0.065}_{0}$ 和 $\phi52$ 两个轴孔。生产规模为中等批量。

设计任务：该工件在卧式普通车床上加工。要求以工件的底平面及 $\phi12^{+0.05}_{0}$ 孔作为主要定位基准。轴向以 $\phi44^{+0.065}_{0}$ 孔的一侧端面进行定位。工件用压板从上部的圆弧面压向工件的底面夹紧。要求装卸方便，夹紧可靠。

设计步骤及操作方法如下所述。

1. 确定定位方案

由于双轴座工件底面已加工完毕，采用此平面作为基础定位基准，限制了工件 3 个自由度。再选择已加工完毕的 $\phi12^{+0.05}_{0}$ 孔作为定位基准，限制 2 个自由度。轴向的定位基准选择

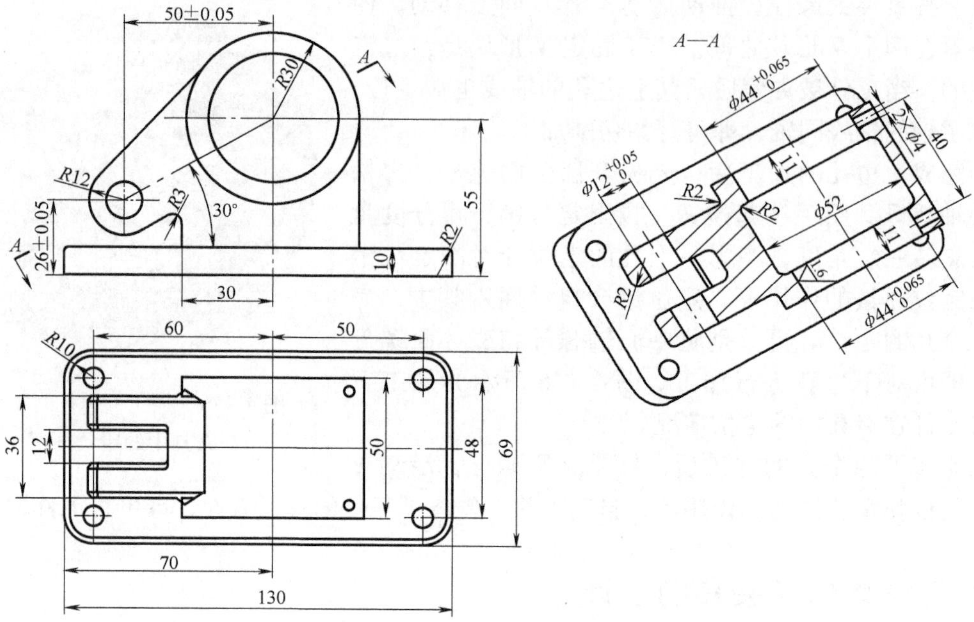

图 4-127　双轴座加工件的工程图

已加工的一侧平面。至此，可以实现对工件的完全定位。

（1）设计工件实体模型　按双轴座工件的工程图设计好工件的实体模型，在 UG 的装配环境下将其调入，并确定其在三维空间的指定位置，将工件待加工的 $\phi44^{+0.065}_{0}$孔的轴线位置确定为加工状态位置，如图 4-128 所示。

（2）设计定位元件　根据工件的各个定位基准面，即底平面、$\phi12^{+0.05}_{0}$孔表面和内侧平面，分别设计出定位块、菱形销和定位套。定位块和菱形销可按前面讲述的定位元件进行设计；考虑到便于观察刀具的加工状态，定位套需要设计成缺口形式。这 3 个定位元件的工程图，分别如图 4-129、图 4-130 和图4-131所示。完成 3 个定位元件的设计后，将它们按定位方案装配到双轴座工件上，使其呈最终定位状态。完成定位元件装配的实体图和工程图如图 4-132 所示。

图 4-128　将双轴座实体模型在三维空间中安装定位

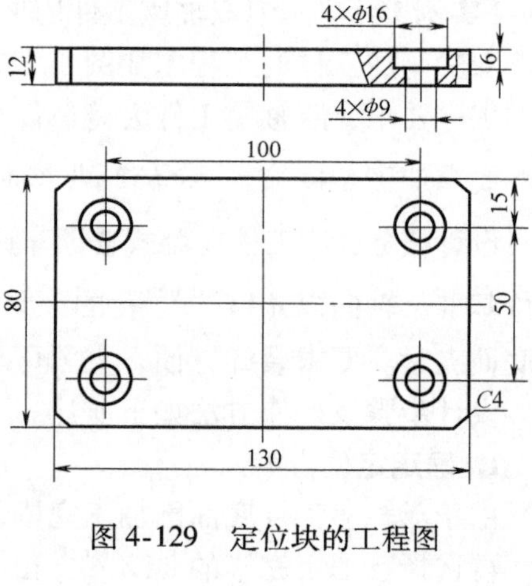

图 4-129　定位块的工程图

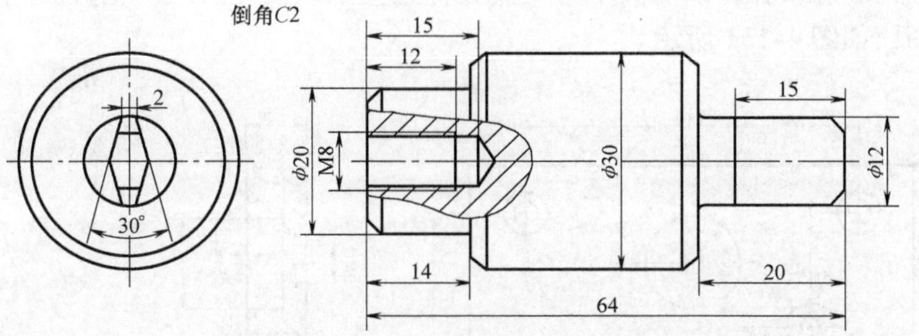

图 4-130　菱形销的工程图

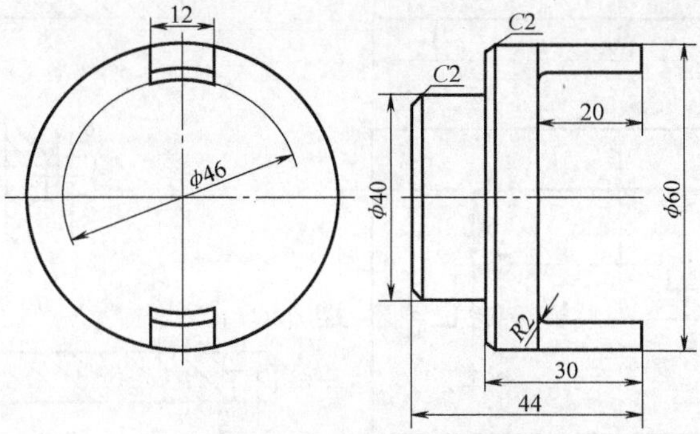

图 4-131　定位套的工程图

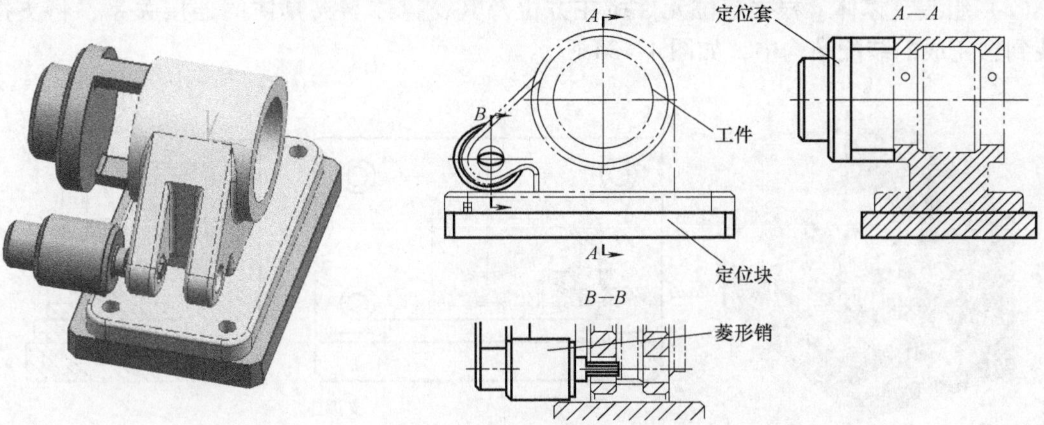

图 4-132　完成定位元件装配的实体图和工程图

2. 确定支撑方案

由于本夹具的所有定位元件和夹紧元件并不是直接安装在夹具体上，而是安装在支撑体上，是通过这个支撑体将这些元件关联起来。因此，要单独设计一个支撑体，这个支撑体就是角铁形式的弯板。

（1）设计支撑体元件　根据工件的总体尺寸、各类元件的尺寸及方案的布局构想，设计出角铁形式的90°弯板作为支撑体。设计支撑体时要考虑在其上面安装定位元件和夹紧元件的所有定位孔、螺纹孔，以及其本身与夹具体连接的螺栓孔的准确位置。完成设计的支撑体元件工程图，如图 4-133 所示。

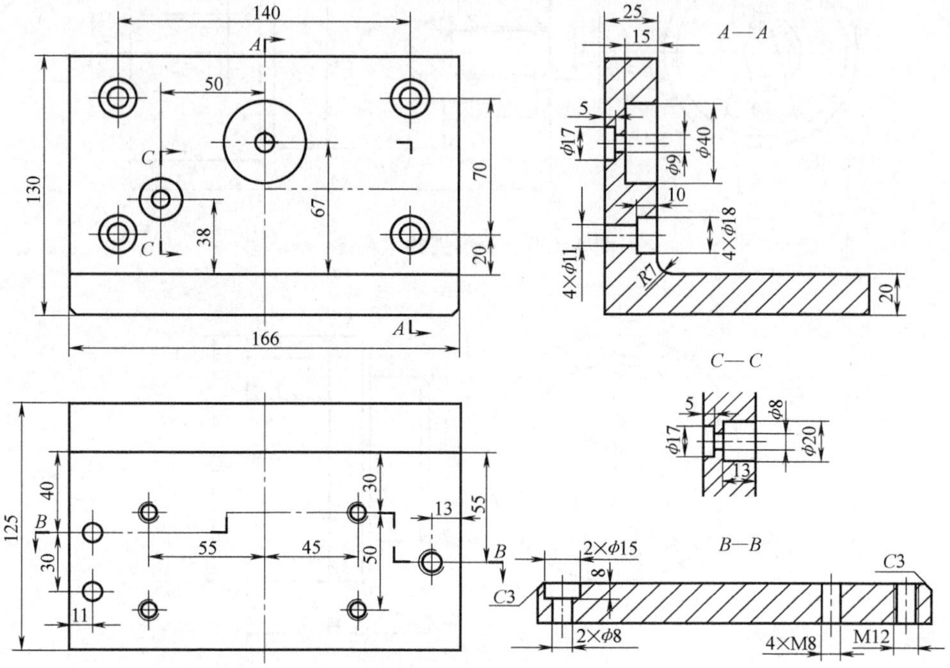

图 4-133　完成设计的支撑体元件工程图

（2）组装支撑体　根据定位元件所在方位及其支撑体与夹具体的连接关系，将支撑体组装到已完成的装配结构中，如图 4-134 所示。

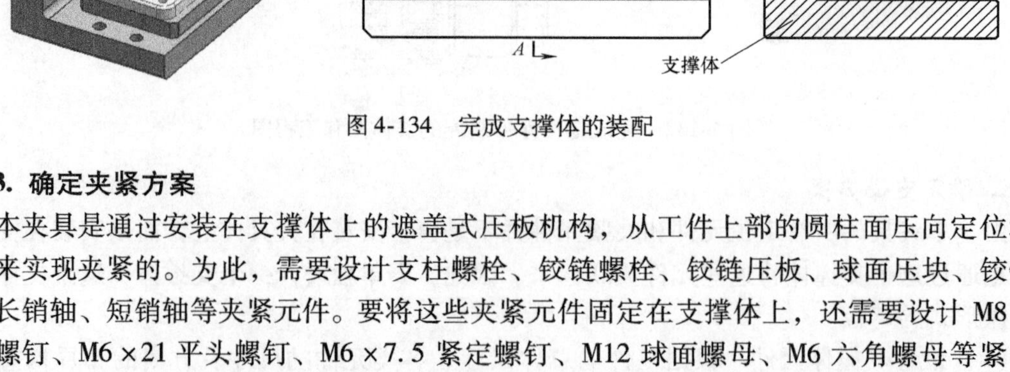

图 4-134　完成支撑体的装配

3. 确定夹紧方案

本夹具是通过安装在支撑体上的遮盖式压板机构，从工件上部的圆柱面压向定位块表面，来实现夹紧的。为此，需要设计支柱螺栓、铰链螺栓、铰链压板、球面压块、铰链支座、长销轴、短销轴等夹紧元件。要将这些夹紧元件固定在支撑体上，还需要设计 M8 ×20 平头螺钉、M6 ×21 平头螺钉、M6 ×7. 5 紧定螺钉、M12 球面螺母、M6 六角螺母等紧固元件。此外，还将用于紧固支撑体至夹具体的紧固元件 M10 ×24 平头螺钉也一并设计完成。

（1）设计夹紧元件　本夹紧结构的元件有支柱螺栓、铰链螺栓、铰链压板、球面压块、铰链支座、长销轴、短销轴共 7 个。设计时要根据工件、定位元件、支撑体的结构及其上的特征尺寸来进行，确保这些夹紧元件尺寸的准确性。图 4-135 至图 4-141 所示分别是上述夹紧元件的工程图。

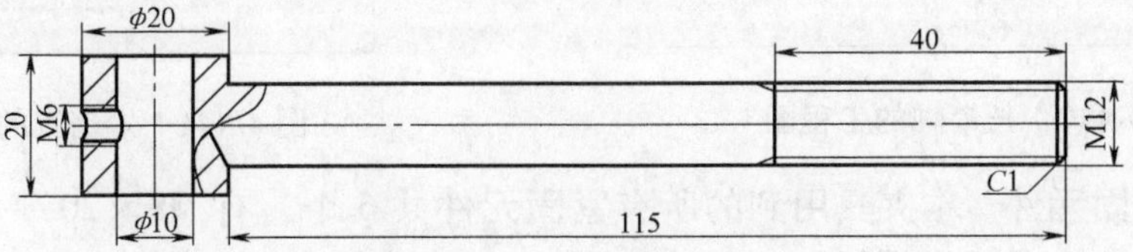

图 4-135　支柱螺栓的工程图

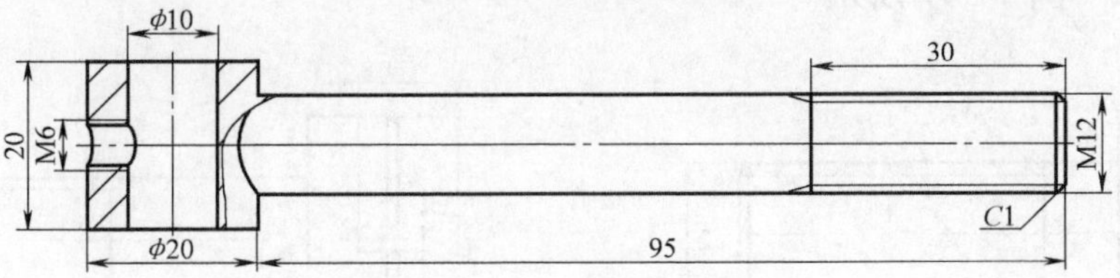

图 4-136　铰链螺栓的工程图

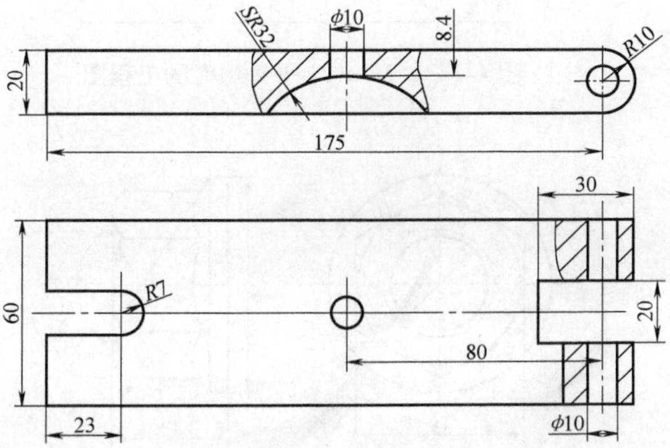

图 4-137　铰链压板的工程图

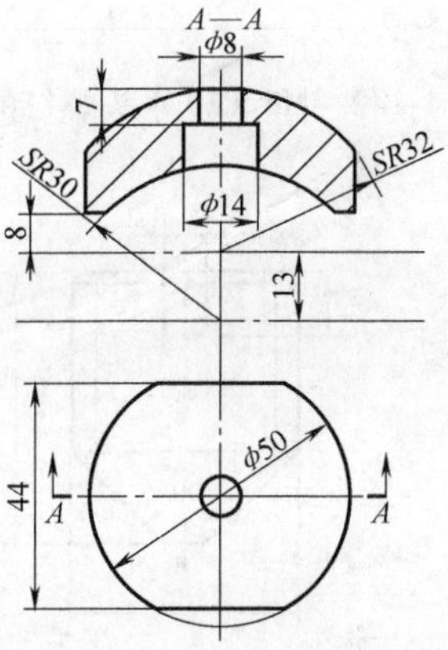

图 4-138　球面压块的工程图

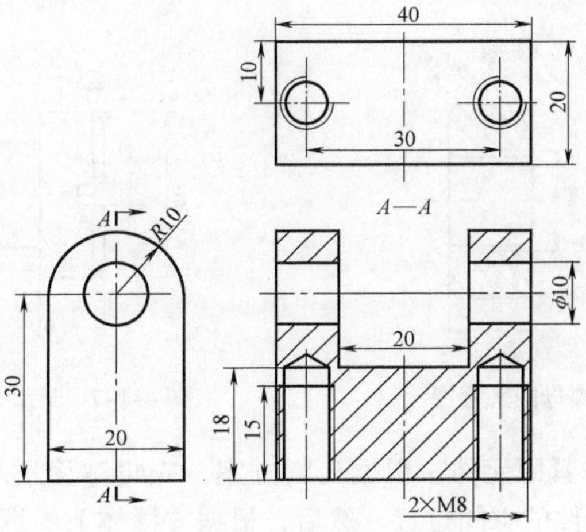

图 4-139　铰链支座的工程图

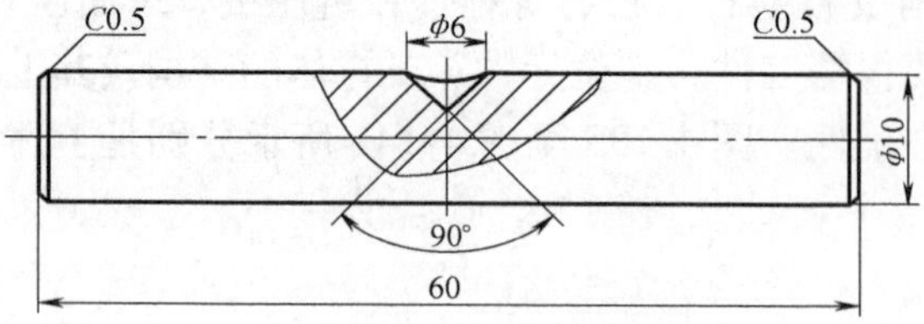

图 4-140　长销轴的工程图

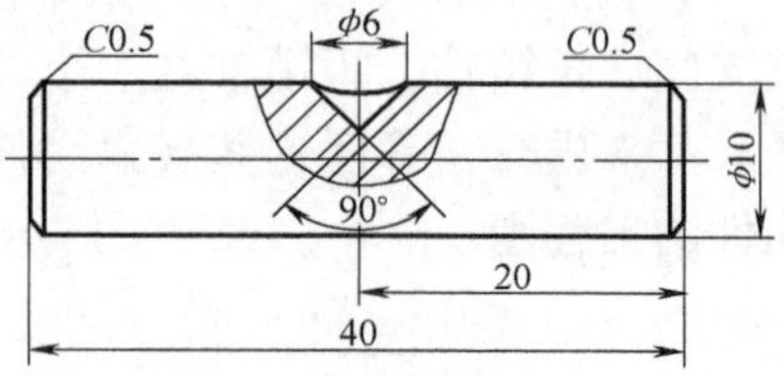

图 4-141　短销轴的工程图

（2）设计紧固元件　本夹具用到的所有紧固元件共 6 个，有 M8 ×20 平头螺钉、M6 ×21 平头螺钉、M6 ×7. 5 紧定螺钉、M12 球面螺母、M6 六角螺母、M10 ×24 平头螺钉，其工程图如图 4-142 ~ 图 4-147 所示。

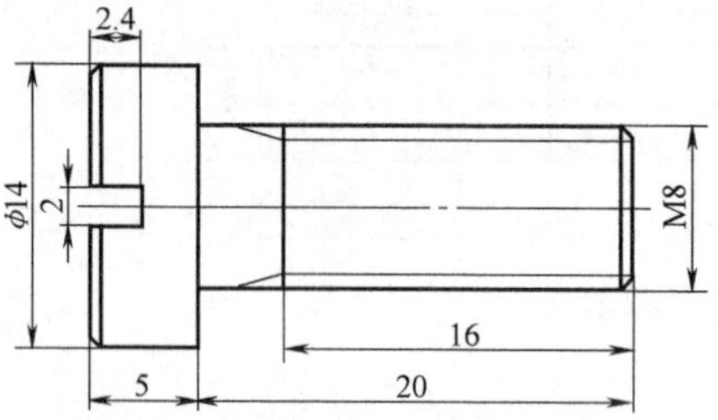

图 4-142　M8 ×20 平头螺钉的工程图

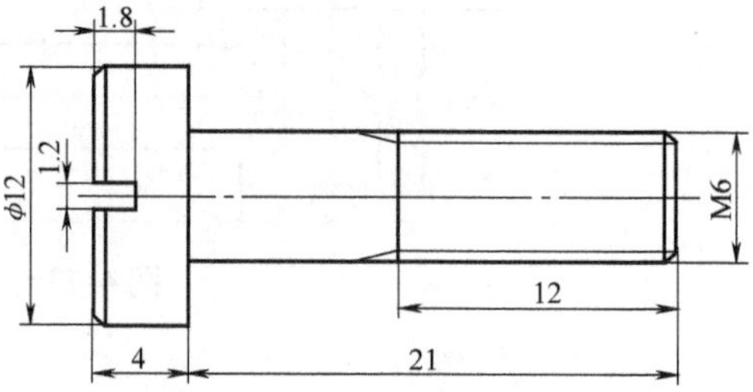

图 4-143　M6 ×21 平头螺钉的工程图

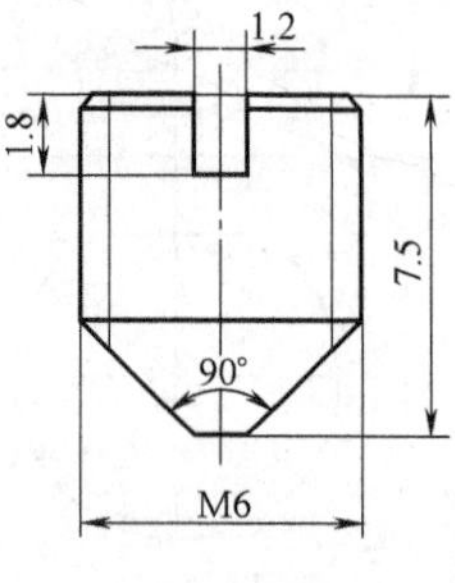

图 4-144　M6 ×7. 5 紧定螺钉的工程图

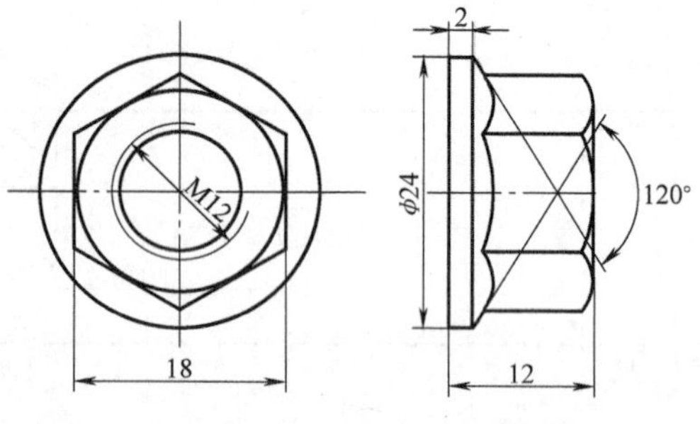

图 4-145　M12 球面螺母的工程图

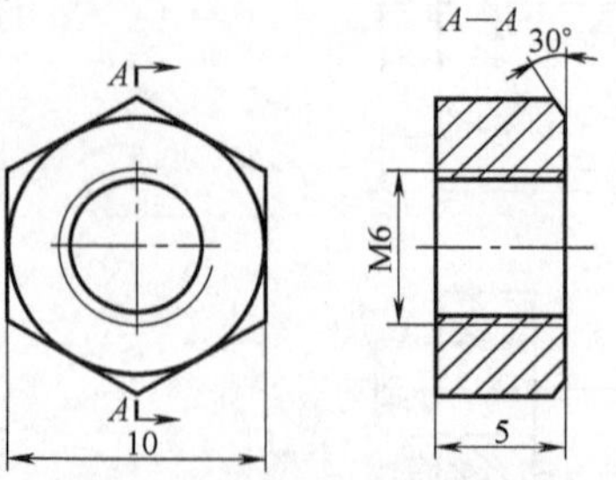

图 4-146　M6 六角螺母的工程图

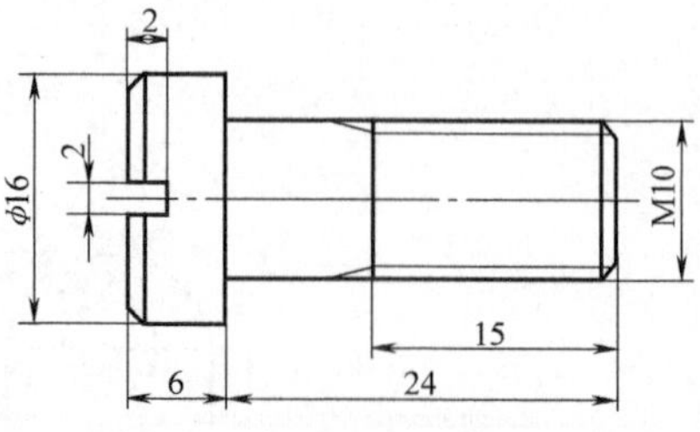

图 4-147　M10 ×24 平头螺钉的工程图

（3）组装夹紧元件和紧固元件　根据夹紧方案，先将球面压块装配到工件上部的圆柱面上，以确定其他夹紧元件的空间位置。然后，根据支撑体上的螺纹孔和球面压块所在的位置，将其他夹紧元件装配到夹具结构中。最后，将紧固元件装配到夹具结构中。其装配的实

体图和工程图如图 4-148 和图 4-149 所示。注意，有 4 个 M10×24 平头螺钉暂不安装，需要等到夹具体设计完成后，再用这 4 个螺钉将支撑体与夹具体紧固在一起。

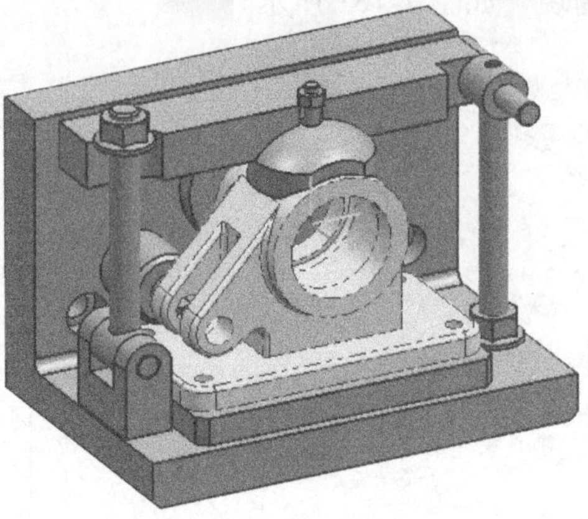

图 4-148　完成夹紧元件和紧固元件装配的实体图

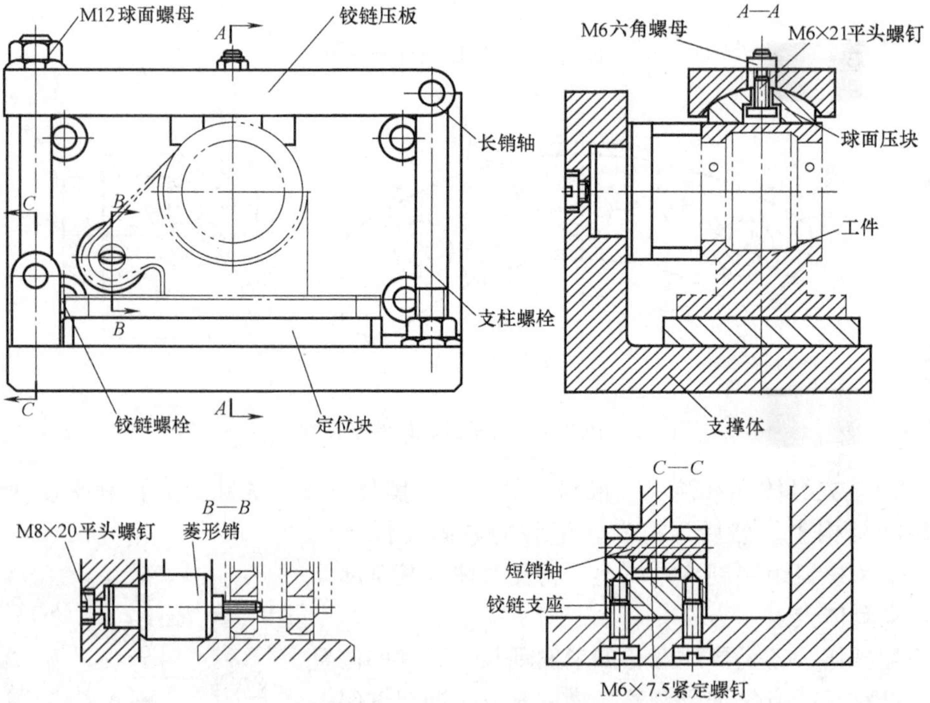

图 4-149　完成夹紧元件和紧固元件装配的工程图

4. 确定夹具体结构

根据角铁类夹具的结构特点，同样将夹具体设计成卡盘形式的结构，以便与车床附件中的过渡盘相配合装配。夹具体在夹具结构中要承载着支撑体及其上面所有的夹具元件。同时，由于本夹具的重心明显偏移，需要设计一个平衡块，以消除切削过程中所产生的抖动现象。

（1）设计夹具体和平衡块　根据结构要求，采用卡盘结构的夹具体，在设计夹具体时

要注意它不仅与过渡盘的结构和尺寸相匹配，同时，还要与支撑体的结构和尺寸相匹配。完成设计的夹具体如图 4-150 所示。平衡块的设计需要进行多次的测试和调整，以达到最佳的平衡效果。最后完成的平衡块，如图 4-151 所示。

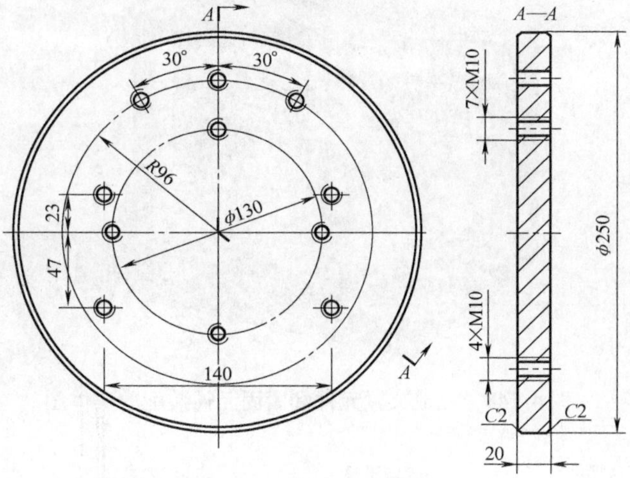

图 4-150　完成设计的夹具体

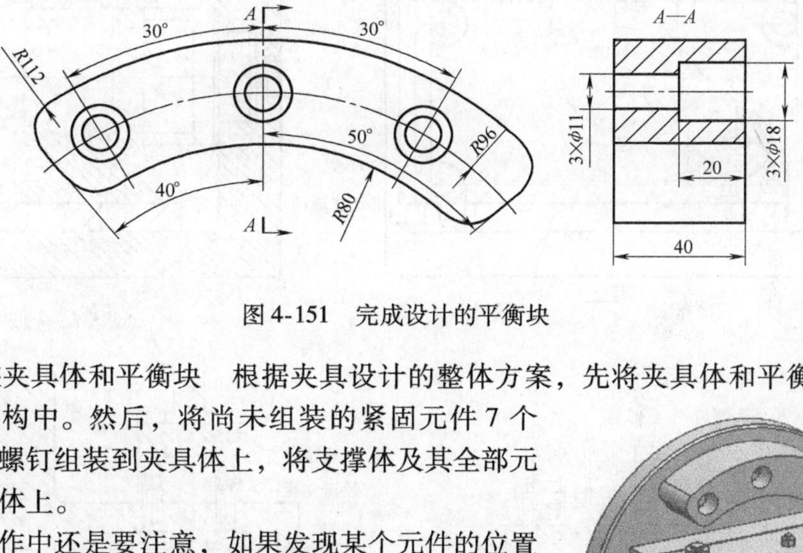

图 4-151　完成设计的平衡块

（2）组装夹具体和平衡块　根据夹具设计的整体方案，先将夹具体和平衡块组装到已完成的装配结构中。然后，将尚未组装的紧固元件 7 个 M10×24 平头螺钉组装到夹具体上，将支撑体及其全部元件固定在夹具体上。

在装配操作中还是要注意，如果发现某个元件的位置不适当，可对其的方位进行调整。最后完成车削双轴座夹具装配的实体图和工程图，分别如图 4-152 和图 4-153 所示。

图 4-152　完成车削双轴座夹具装配的实体图

5. 夹具的特点

本夹具的特点是以平面、轴孔和孔端面作为定位基准，实现了完全定位，且定位准确可靠。在加工操作中，工件的装夹和拆卸都非常方便。采用遮盖式压板夹紧机构，夹紧牢固，能充分保证车削加工中工件不会发生振动，是中、小型批量生产的理想专用

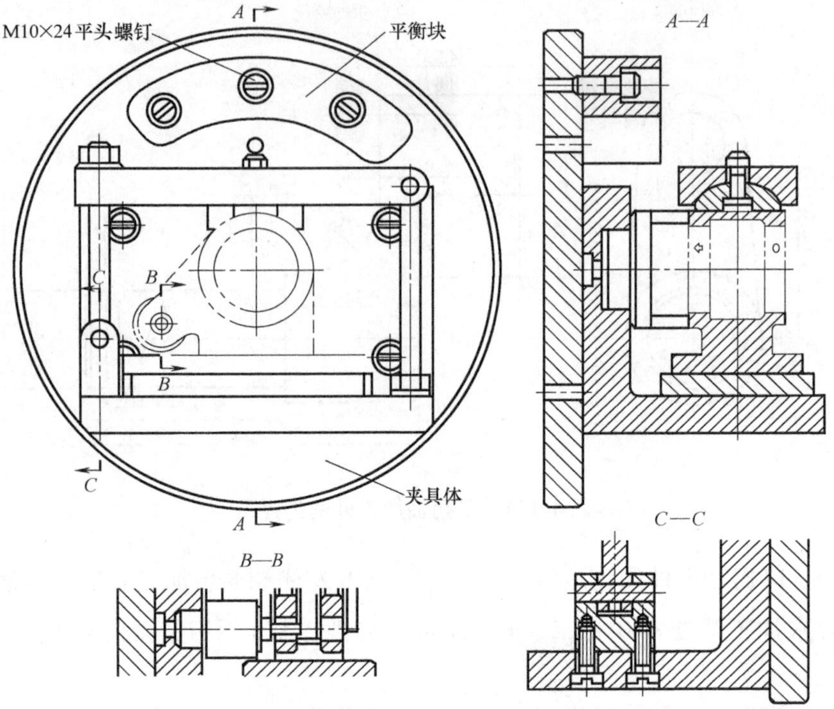

图4-153　完成车削双轴座夹具装配的工程图

夹具。

6. 夹具的使用方法

将夹具体与车床的过渡盘相配合，并用4个螺栓将其固定住，使整个夹具与车床的主轴连接。由于本夹具加装了一个平衡块，在将其组装到夹具体上之后，需要在车床上进行平衡调试，如果未达到平衡状态，就需要对平衡块进行减重处理，即将平衡块取下，再进行加工。因此，在设计平衡块时，先根据估算值，将其尺寸加大，充分留有再加工的余量。这个过程可能要重复多次，直至达到一个比较满意的效果。

具体操作方法：先把遮盖式压板翻开，将工件放在定位块平面上，并使其小轴孔插入菱形销中，工件的内侧端面紧靠在定位套的端面上。定位无误后，将遮盖式压板旋转至工作位置上，使球面压块压向工件上部的圆柱面；再将铰链螺栓旋转至压板的开口槽中；拧紧球面螺母，使球面压块压紧工件上部表面，即可开始车削加工。

4.4.2　水平布局定位夹具的设计

水平布局定位夹具是指，利用角铁内侧与主轴轴线平行的平面作为工件的主要定位基准的车床夹具。下面介绍的水平布局定位夹具是加工单拐轴工件的专用夹具，其定位基准是工件的轴孔、孔端面和下部的圆柱表面，其定位元件分别是定位轴、轴端面和活动V形块。工件的夹紧是由螺旋压板和等距移动的卡爪两部分夹紧机构来完成的。具体的设计方法通过车削单拐轴工件用夹具的设计来讲述。

【实例12】　车削单拐轴用夹具的设计

单拐轴加工件的工程图，如图 4-154 所示。

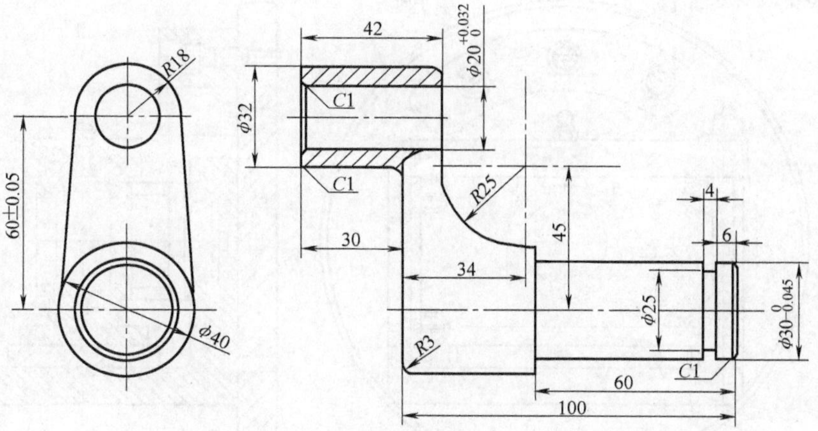

图 4-154　单拐轴加工件的工程图

工序要求：单拐轴工件为铸造件，$\phi20^{+0.032}_{0}$孔及左侧端面已加工完毕，其他部位均未加工。本工序要求加工两处 $\phi30^{\ 0}_{-0.045}$、长 60mm 的外圆、$\phi25$ 退刀槽及倒角 1。生产规模为中等批量。

设计任务：该工件在卧式普通车床上加工。要求以工件的 $\phi20^{+0.032}_{0}$孔及左侧端面作为主要定位基准，限制工件 5 个自由度；以 $\phi40$ 未加工的圆柱面作为辅助定位基准，限制工件绕轴孔旋转的自由度。要求定位准确，夹紧牢靠，车削过程中不能产生振动。

设计步骤及操作方法如下所述。

1. 确定定位方案

由于单拐轴工件上的 $\phi20^{+0.032}_{0}$孔及左侧端面已加工完毕，采用此孔及左侧端面作为主要定位基准，限制 5 个自由度。再选择单拐轴工件 $\phi40$ 下面的圆柱面作为辅助定位基准，限制一个旋转自由度。至此，可以实现对工件的完全定位。

（1）设计工件实体模型　按单拐轴工程图设计好工件的实体模型，在 UG 的装配环境下将其调入，并确定其在三维空间的指定位置，将单拐轴工件待加工的 $\phi30^{\ 0}_{-0.045}$圆柱的轴线位置确定为加工状态位置，如图 4-155所示。

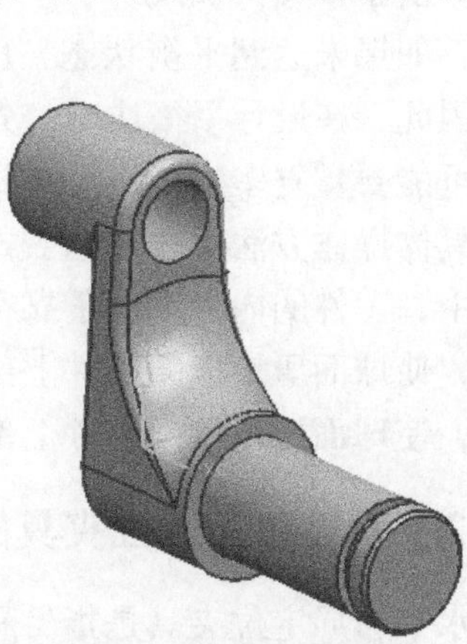

图 4-155　将单拐轴实体模型在三维空间中定位

（2）设计定位元件　根据单拐轴工件的各个定位基准面，即 $\phi20^{+0.032}_{0}$孔及左侧端面、$\phi40$ 圆柱面，分别设计完成定位轴和活动 V 形块，如图 4-156 和图 4-157 所示。完成两个定位元件的设计后，将它们按定位方案装配到单拐轴工件上，完成定位元件装配的实体图和工程图如图 4-158 所示。

2. 确定支撑方案

由于本夹具的所有定位元件和夹紧元件不是直接安装在夹具体上，而是安装在支撑体上

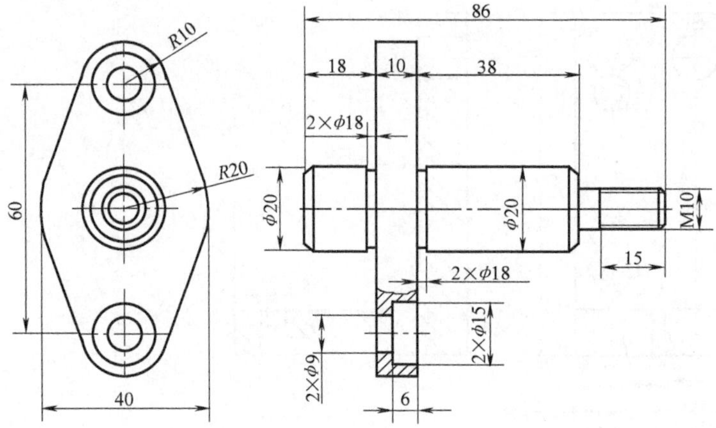

图 4-156　完成设计的定位轴

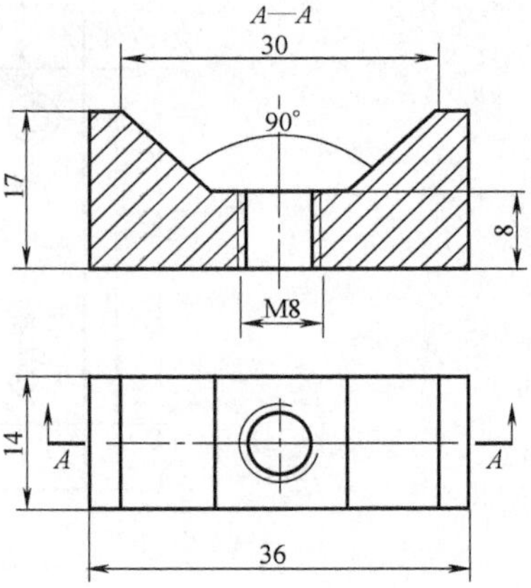

图 4-157　完成设计的活动 V 形块

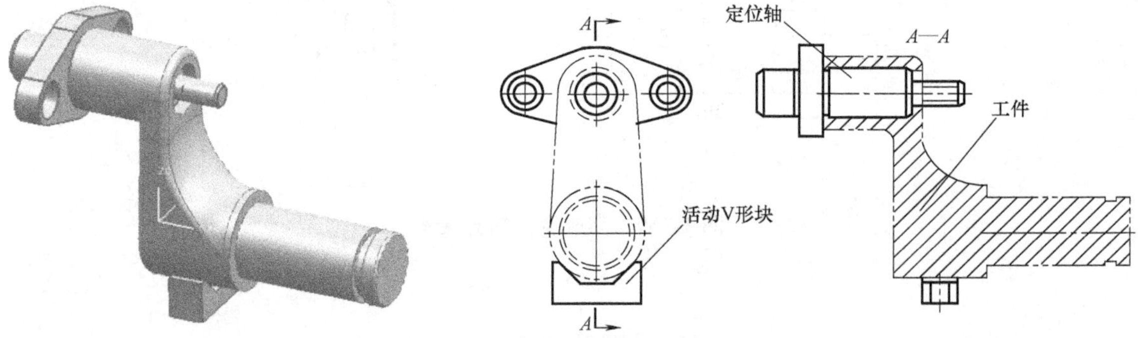

图 4-158　完成定位元件装配的实体图和工程图

并通过支撑体将这些元件关联起来，因此，要单独设计一个支撑体，这个支撑体就是角铁形式的弯板。

（1）设计支撑体元件　根据单拐轴工件的总体尺寸、各类元件的尺寸及布局方案的构想，设计出角铁形式的90°弯板作为支撑体。设计支撑体时要考虑在其上面安装定位元件和夹紧元件的所有定位孔、螺纹孔，以及其本身与夹具体连接的螺栓孔的准确位置。完成设计的支撑体工程图，如图 4-159 所示。

（2）组装支撑体　根据定位元件所在的方位及后面支撑体与夹具体的连接关系，将支撑体组装到已完成的装配结构中，如图 4-160 所示。

3. 确定夹紧方案

单拐轴夹具是通过安装在支撑体上的螺旋压板机构和等距移动卡爪机构来实现夹紧的。为此，需要设计定位基座、快换垫圈、旋紧螺母、弹簧、左卡爪、右卡爪、小铰轴、撑紧螺栓等夹紧元件。要将这些夹紧元件固定在支撑体上，还需要设计 M8 ×20 平头螺钉、M6 ×20 平头螺钉和 M8 ×40 平头螺钉等紧固元件。

（1）设计夹紧元件　本夹紧结构的元件有定位基座、快换垫圈、旋紧螺母、弹簧、左卡爪、右卡爪、小铰轴、撑紧螺栓，共 8 个。设计时要根据工件、定位元件、支撑体的结构

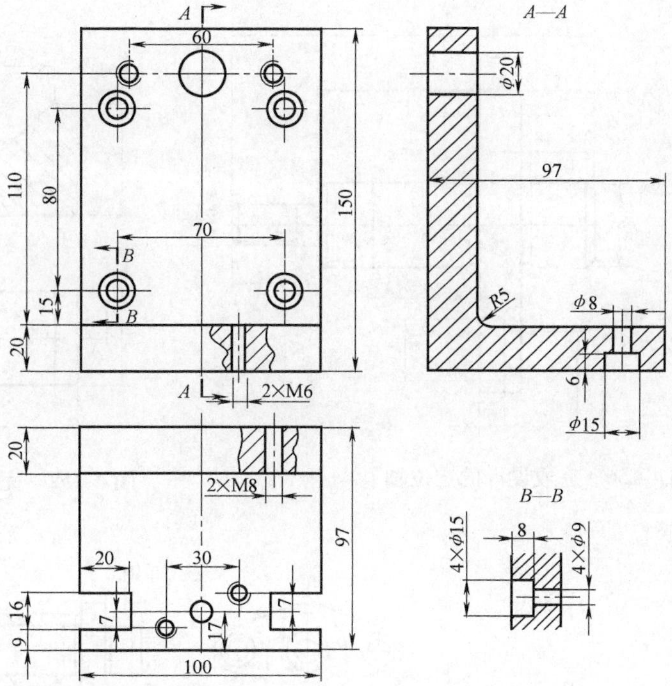

图 4-159　完成设计的支撑体

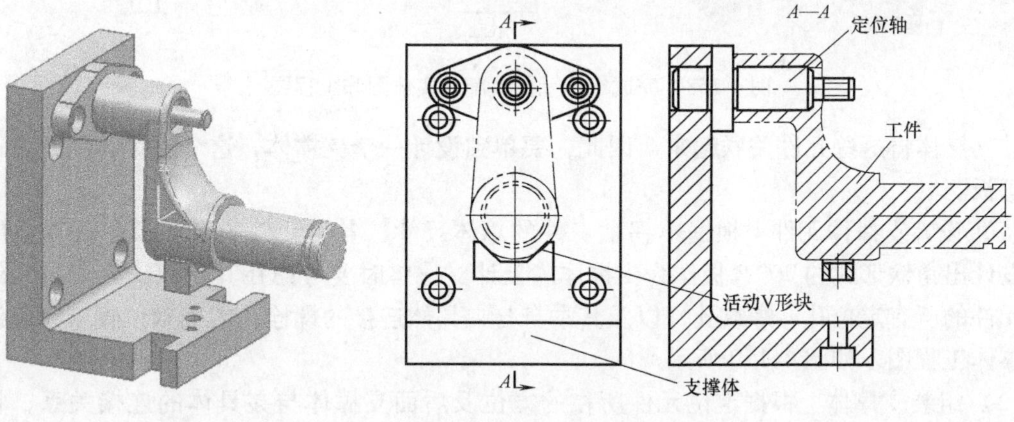

图 4-160　完成支撑体的装配

和其上的特征尺寸来进行，确保这些夹紧元件尺寸的准确性。图 4-161 至图 4-168 所示分别为上述夹紧元件的工程图。

（2）设计紧固元件　本夹具用到的所有紧固元件共 3 个，即 M8 ×20 平头螺钉、M6 ×20 平头螺钉和 M8 ×40 平头螺钉，其工程图如图 4-169 ~ 图 4-171 所示。

（3）组装夹紧元件和紧固元件　根据夹紧方案，由于左右卡爪、活动 V 形块、弹簧等夹紧元件和紧固元件都安装到定位基座上，因此，先将定位基座装配到支撑体的底平面上，

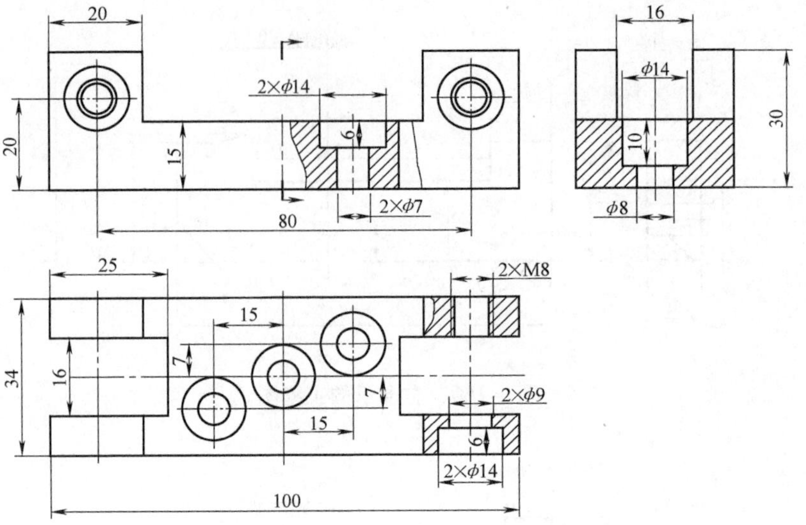

图 4-161　定位基座的工程图

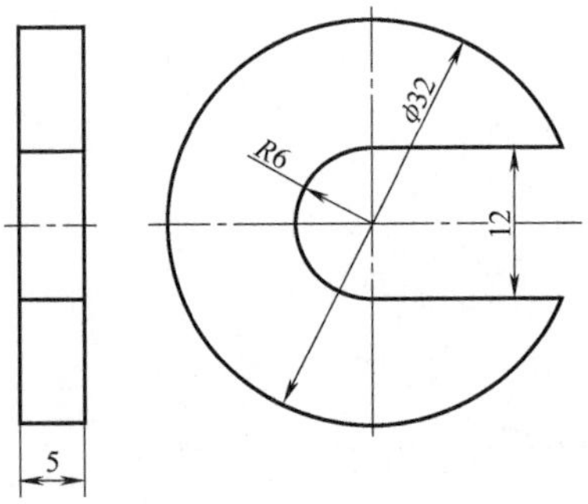

图 4-162　快换垫圈的工程图

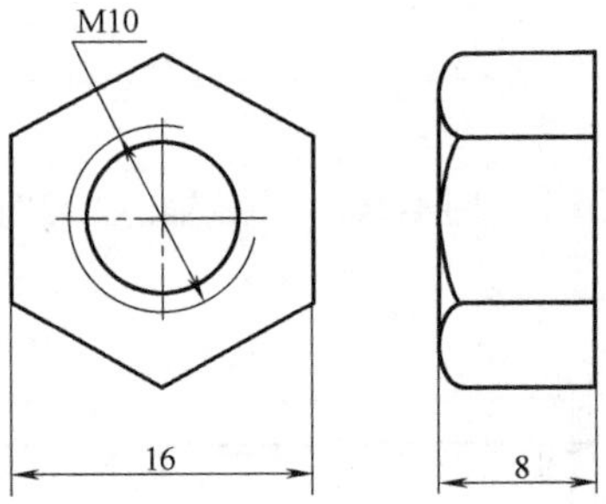

图 4-163　旋紧螺母的工程图

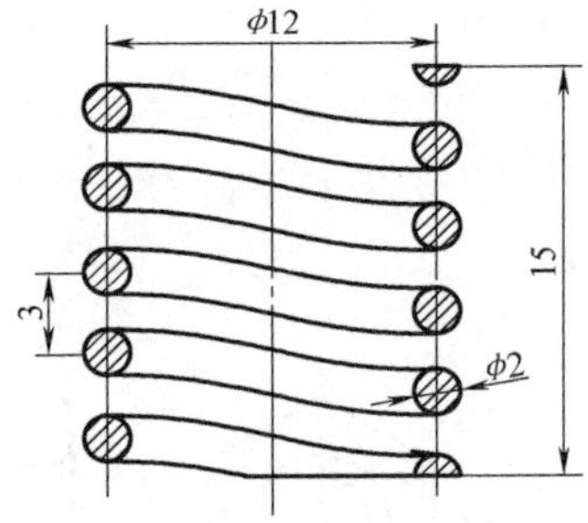

图 4-164　弹簧的工程图

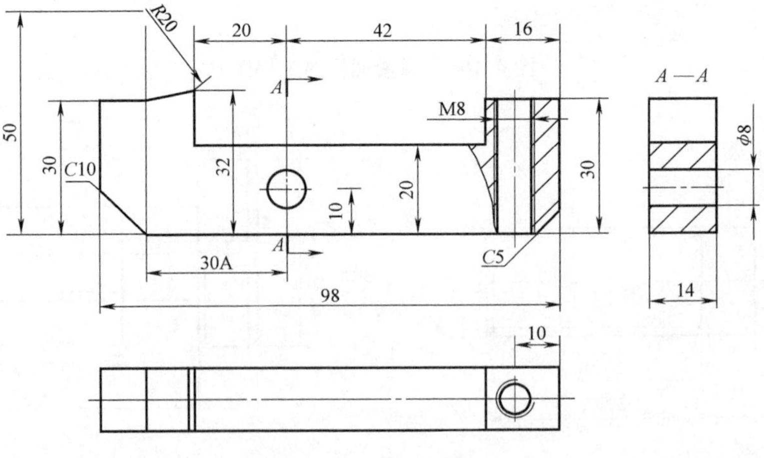

图 4-165　左卡爪的工程图

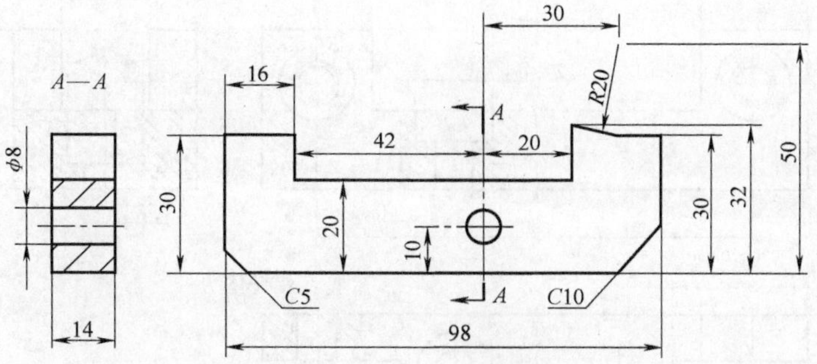

图 4-166　右卡爪的工程图

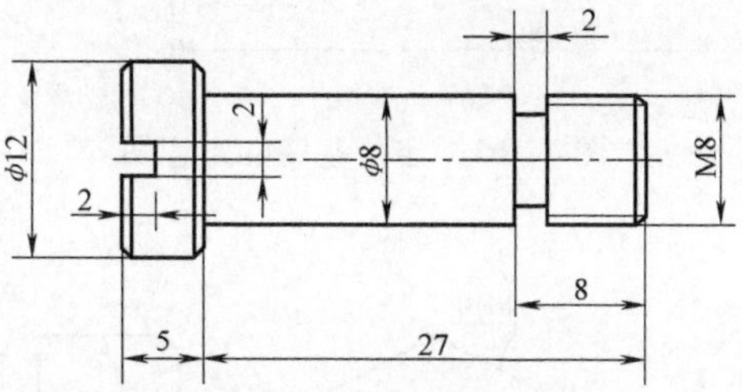

图 4-167　小铰轴的工程图

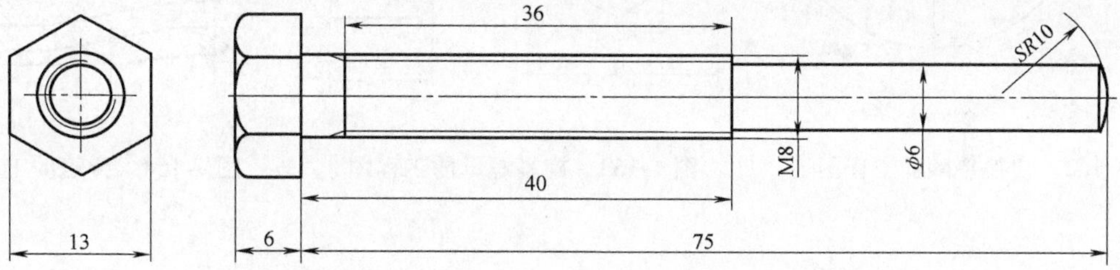

图 4-168　撑紧螺栓的工程图

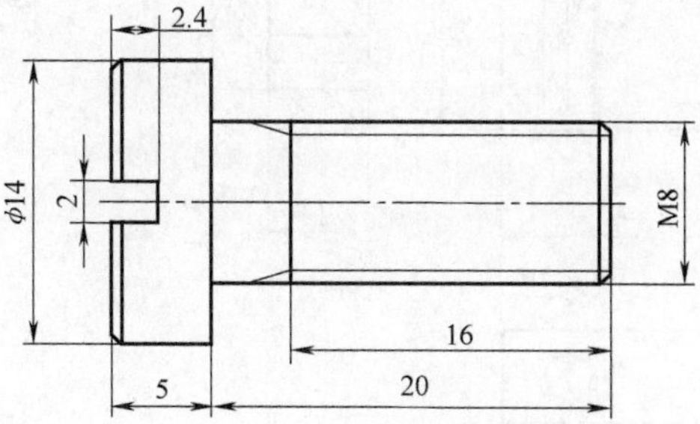

图 4-169　M8×20 平头螺钉的工程图

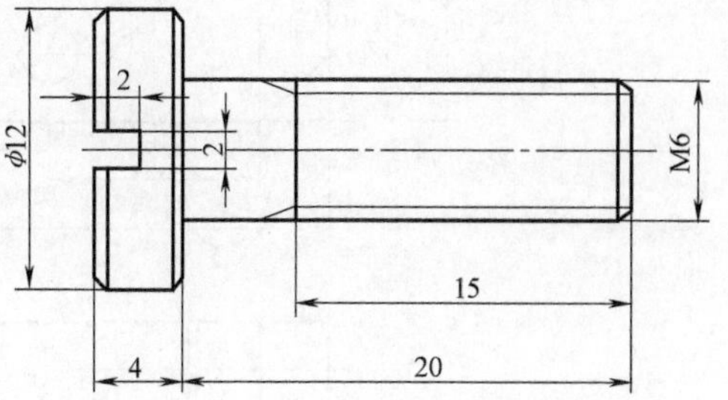

图 4-170　M6×20 平头螺钉的工程图

以确定其他夹紧元件的空间位置。然后，根据定位基座和支撑体上螺纹孔的位置，将快换垫圈、旋紧螺母、左右卡爪、弹簧、小铰轴、撑紧螺栓等夹紧元件装配到夹具结构中。最后，将紧固元件装配到夹具结构中。完成夹紧元件和紧固元件装配的工程图如图 4-172 所示。

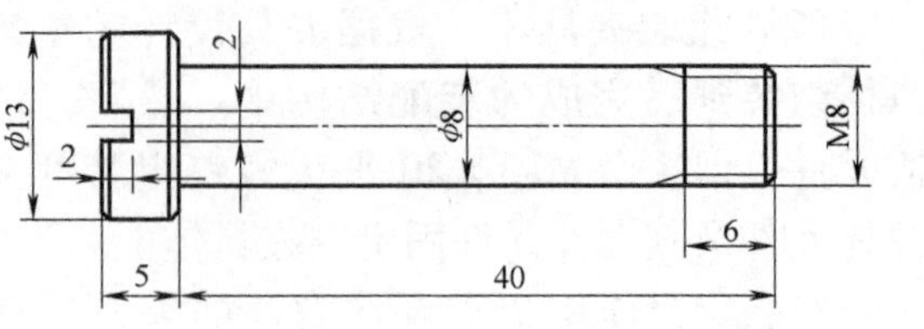

图 4-171　M8 ×40 平头螺钉

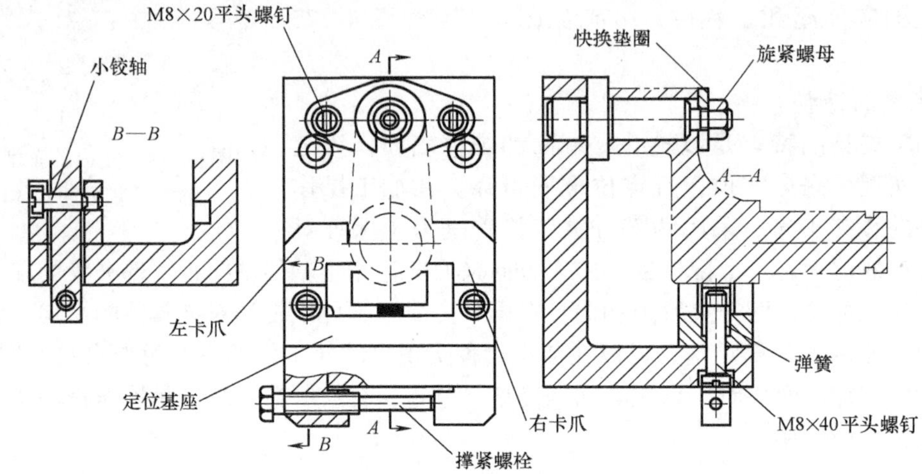

图 4-172　完成夹紧元件和紧固元件装配的工程图

4. 确定夹具体结构

根据角铁类夹具的结构特点，同样将夹具体设计成卡盘结构形式，以便与车床附件中的过渡盘相配合装配。夹具体在夹具结构中要承载支撑体及其上面所有的夹具元件。从夹具的总体结构看，没有明显的重心偏移现象，因此，不需要单独装配平衡块。

(1) 设计夹具体　根据结构要求，采用卡盘结构的夹具体。在设计夹具体时，要注意它不仅与过渡盘的结构和尺寸相匹配，同时，还要与支撑体的结构和尺寸相匹配。完成设计的夹具体如图 4-173 所示。

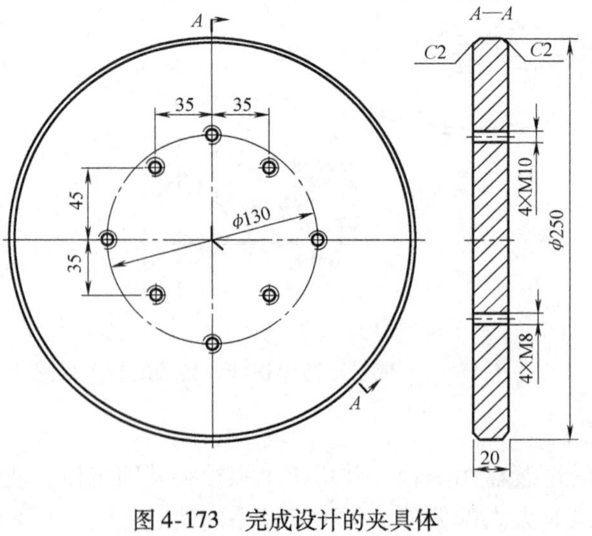

图 4-173　完成设计的夹具体

（2）组装夹具体　根据夹具设计的整体方案，先将夹具体组装到已完成的装配结构中。然后，将尚未组装的紧固元件，即 4 个 M10 ×20 平头螺钉组装到夹具体上，将支撑体元件及其全部元件固定在夹具体上。

在装配操作中仍需要注意，如果发现某些元件的位置不适当，可对其进行方位调整。最后，完成的车削单拐轴夹具装配的实体图和工程图，分别如图 4-174 和图 4-175 所示。

图 4-174　完成的车削单拐轴夹具装配的实体图

5. 夹具的特点

单拐轴夹具的特点是以轴孔、端面和圆柱表面作为定位基准，实现了完全定位，且定位准确可靠。在加工操作中，工件的装夹牢靠。采用两部分夹紧机构是为了保证对工件进行有效地固定。上部夹紧的施力方向是面向车床主轴的轴向；下部夹紧的施力方向是面对实际加工部位，两个夹紧力相向且在同一力线上，可以抵消对夹具体的影响。辅助定位采用活动 V 形块与弹簧结构，可以在装夹过程实现自动使工件的中心对准夹具的回转中心。从整体设计和加工效果看，该夹具结构简单，紧凑，容易制造。缺点是操作稍许费时，比较适合小批量生产使用。

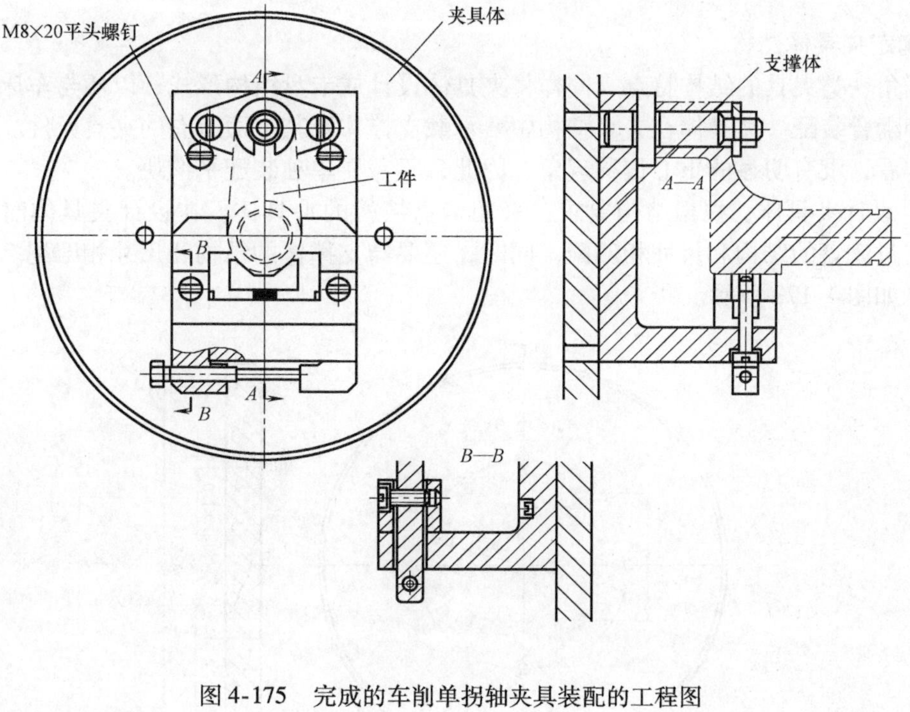

图 4-175　完成的车削单拐轴夹具装配的工程图

6. 夹具的使用方法

将夹具体与车床的过渡盘相配合，并用 4 个螺栓将其固定住，使整个夹具与车床的主轴连接。由于总体结构没有太大的偏移，可不安装平衡块。

具体操作方法：将单拐轴工件插入定位轴中，并使其端面靠紧定位轴肩平面。将工件摆正，其下部的未加工圆柱面对正在活动 V 形块的凹槽中，让弹簧自动使 V 形块定位。工件定位后，装上快换垫圈，拧紧旋紧螺母；再拧紧撑紧螺栓，使左右卡爪把单拐轴工件从下部的圆柱面左右夹紧，即可开始切削加工。

加工完成后，只要分别松开旋紧螺母和撑紧螺栓，将快换垫圈取下，即可更换下一个工件，开始新的加工操作。

4.4.3 成角度布局定位夹具的设计

成角度布局定位夹具其主要定位基准，与角铁内两个相互垂直平面中任何一个既不平行也不垂直，而是倾斜一定角度。下面讲述的成角度布局定位夹具是加工弯管接头的专用夹具，其主要定位基准是工件上的底面孔及底平面，其倾斜 30°角度的外圆柱面为辅助定位面，用于限定旋转自由度。针对选定的定位基准，选择定位支承块、定位短轴和活动 V 形块作为定位元件。工件的夹紧选择两个平行布置的钩形压板，并用螺旋夹紧机构来完成。具体的设计方法通过弯管接头工件用夹具的设计来讲述。

【实例 13】 车削弯管接头用夹具的设计

弯管接头工件的工程图如图 4-176 所示。

工序要求：弯管接头工件为铸造毛坯件，除 $\phi40^{+0.10}_{0}$孔及其底面已加工完毕，其他部位均未加工。本工序只要求加工 $\phi35^{0}_{-0.10}$、长 15mm 的外圆面。本工件的加工精度要求不高，但必须保证弯管轴线与底平面成 30°角，生产规模为大批量。

设计任务：弯管接头工件在卧式普通车床上加工。要求以工件的 $\phi40^{+0.10}_{0}$孔及其底面作为主要定位基准，限制工件 5 个自由度；以 $\phi42$ 未加工的圆柱面作为辅助定位基准，限制工件绕底孔旋转的自由度。要求定位准确，夹紧可靠牢固，车削过程中不能产生振动。

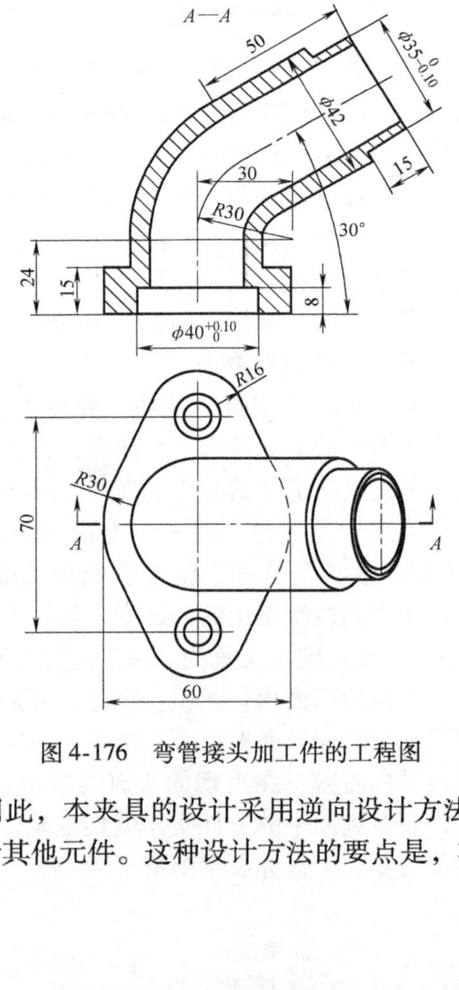

图 4-176 弯管接头加工件的工程图

设计步骤及操作方法如下所述。

1. 确定定位方案

由于弯管接头工件上 $\phi40^{+0.10}_{0}$孔及其底面已加工完毕，采用此孔及端面作为主要定位基准，限制 5 个自由度。再选择工件 $\phi42$ 的未加工圆柱面作为辅助定位基准，限制 1 个旋转自由度。至此，可以实现对工件的完全定位。

由于本工件成倾斜 30°角安装到三维空间中，并且与车床主轴保持同轴关系，使得与其接触的所有夹具元件在三维坐标系中的位置关系变得复杂。因此，本夹具的设计采用逆向设计方法，即先设计总装配结构，后设计直接关联元件，再设计其他元件。这种设计方法的要点是，在

总装配结构中，除了安装的工件实体外，预先插入几个空的（无任何实体结构）元件，以确定它们的空间位置及与工件的关联关系。再分别激活这些空的元件，通过创建关联复制的操作，提取工件的相关边界、特征及其尺寸等设计要素。由提取的这些设计要素，再分别对单个元件进行实体设计，从而保证设计操作的准确性和关联性，也有效地保证夹具整体设计的有序进行。具体的设计过程和操作方法在下面的弯管接头夹具中会详细地讲述。

（1）设计工件实体模型　按弯管接头工程图设计好工件的实体模型，在 UG 的装配环境下将其调入，并确定其在三维空间的指定位置。需要注意的是，此次弯管接头工件的实体模型不是用绝对方式安装在三维工作空间中，而是必须事先在三维坐标系的 YC—ZC 基准平面上绘制一个圆曲线，如图 4-177 所示。然后，将弯管接头工件实体模型以装配方式与圆曲线进行中心配合，并确保工件端面与 YC—ZC 基准平面保持对齐配合，如图 4-178 所示。

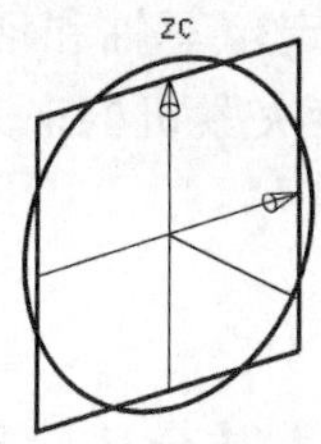

图 4-177　绘制圆曲线

图 4-178　完成弯管接头工件实体模型与圆曲线的中心配合

（2）设计定位元件　由于弯管接头工件的定位基准面处于倾斜的平面上，与水平面成 30°角，且其上将要安装的定位短轴是倾斜放置的。用于辅助定位的活动 V 形块也要与工件弯管的外圆表面保持相切状态。因此，在设计定位元件之前，先设计出弯管接头夹具的总装配结构，以确定其与工件密切接触元件的相对位置。

在已完成实体工件装配的三维空间中，预先创建三个空元件（没有实体、草图及曲线轮廓的空集模型）。

操作方法：单击【装配】→【组件】→【创建新的组件】命令，在弹出的“类选择”工具条上单击“确定”按钮，在出现“选择部件名”对话框时，输入一个文件名（如 cg-13-01）后，单击“确定”按钮，如图 4-179 所示。此后，又弹出“创建新的组件”对话框，如图 4-180 所示。对这个对话框，不需要重新设定任何选项及参数，全部保持默认值即可。直接单击上面的“确定”按钮，结束预装空元件的操作。如此反复三次，即可在装配结构中预装三个空元件。完成以上操作后，要对所创建的文件进行保存。将工作界面右侧的“装配导航器”打开，就会看到预装的三个空元件文件（cg-13-01、cg-13-02、cg-13-03）已经插入到装配结构的列表中，如图 4-181 所示。

1）设计定位支承块。由于定位支承块的定位面与工件底面接触，其空间位置和尺寸大小与工件的底面密切相关。因此，可采用关联复制的方法，提取弯管接头工件的图形要素。用鼠标将装配导航器打开，选中 cg-13-01 文件选项（将其作为定位支承块的空元件文件），单击鼠标右键，在出现的快捷菜单中，选择【转为工作部件】命令，如图 4-182 所示。此时，会看到原来的工件实体模型变暗。单击【插入】→【关联复制】→【WAVE 几何链接器】菜单命令。工作界面中弹出“WAVE　几何链接器”对话框。将上面第一行第三个图标（草

图 4-179 “选择部件名”对话框

图 4-180 “创建新的组件”对话框

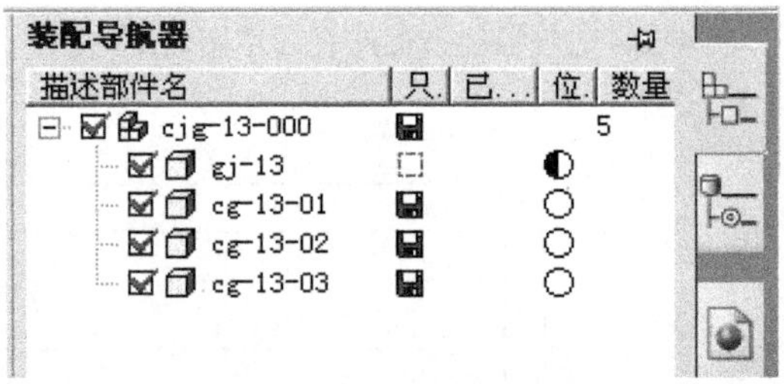

图 4-181 装配结构列表

图/线串）选中，再用鼠标将工件的底面草图轮廓选中，如图 4-183 所示。此时，对话框上的“确定”按钮激活，单击“确定”按钮结束此次操作。至此，完成了提取工件图形轮廓的操作。注意，必须保存该装配文件。

将保存的文件路径找到，将空元件文件（cg-13-01）打开，会看到该文件已经含有弯管接头工件底面草图轮廓曲线，如图 4-184 所示。依据这个草图轮廓和所在的空间位置，就可以进行定位支承块的实体设计了。最后完成设计的定位支承块的实体图和工程图，分别如图 4-185 和图 4-186 所示。

2）设计活动 V 形块。活动 V 形块的 90°凹槽的两个定位面与工件的圆柱面接触，其空间位置和尺寸大小与工件的圆柱面密切相关。因此，也采用关联复制的方法，提取弯管接头工件的图形要素。具体的操作方法与前述相同。用鼠标将装配导航器打开，选中 cg-13-02 文

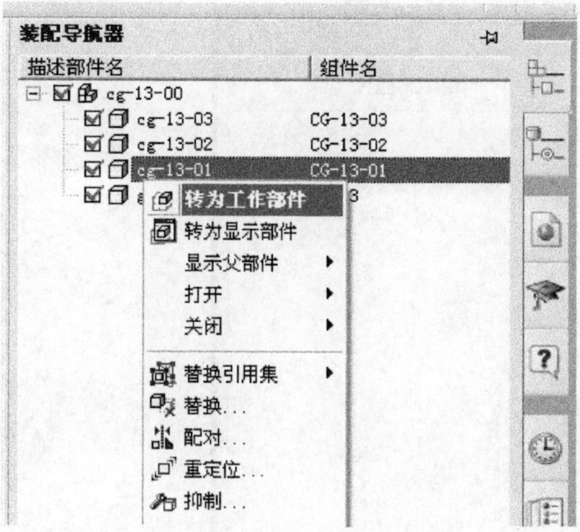

图 4-182　选择【转为工件部件】命令

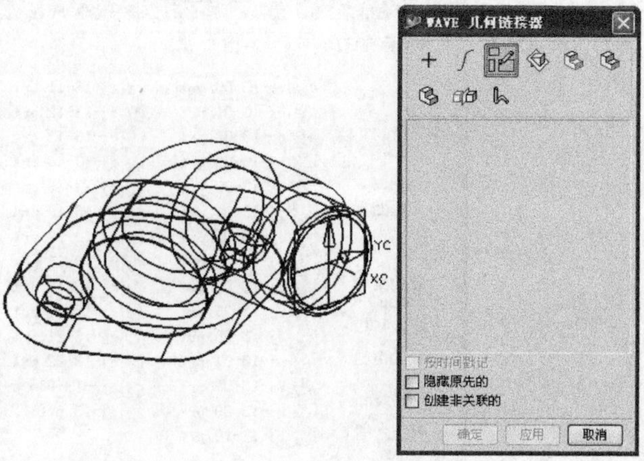

图 4-183　将工件的底面草图轮廓选中

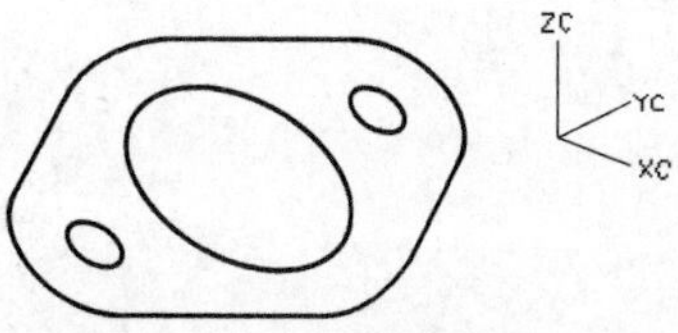

图 4-184　弯管接头工件底面草图轮廓曲线

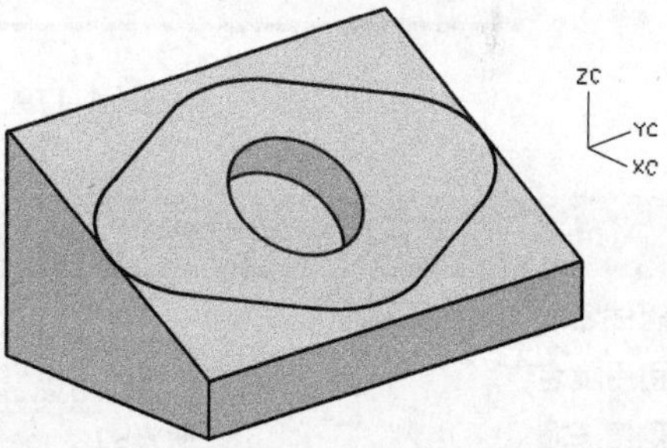

图 4-185　完成设计的定位支承块的实体图

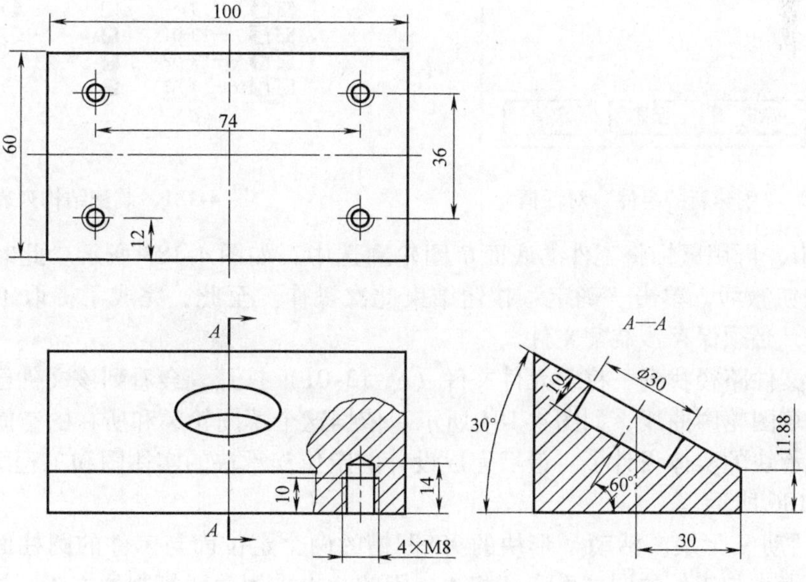

图 4-186　完成设计的定位支承块的工程图

件选项（将其作为活动 V 形块的空元件文件），单击鼠标右键，在出现的快捷菜单中选择【转为工作部件】命令，如图 4-182 所示。也会看到原来的工件实体模型变暗。单击【插入】→【关联复制】→【WAVE 几何链接器】菜单命令。工作界面中弹出“WAVE 几何链接器”对话框。将上面第一行第五个图标（面）选中，再用鼠标将弯管接头工件上转弯处的圆柱面选中，如图 4-187 所示。此时，对话框上的“确定”按钮激活，单击“确定”按钮结束这项操作。至此，完成了提取弯管接头工件圆柱面的操作。注意，必须保存一下该装配文件。

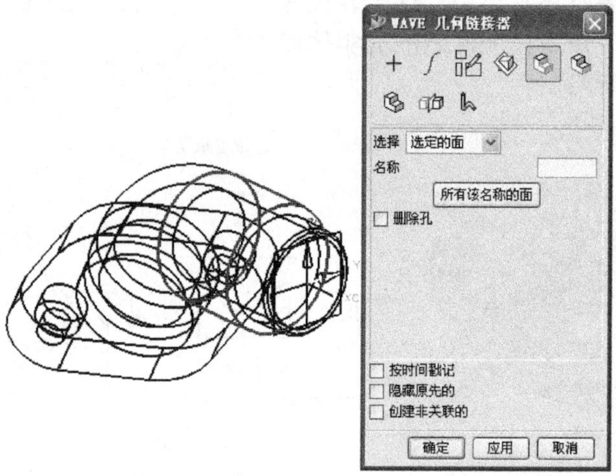

图 4-187　提取弯管接头工件上转弯处的圆柱面选中

将保存的文件路径找到，将空元件文件（cg-13-02）打开，会看到该文件已经含有弯管接头工件圆柱面的图形，如图 4-188 所示。根据这个圆柱面图形及其所在的空间位置，就可以进行活动 V 形块的实体设计了。最后，完成设计的活动 V 形块的实体图和工程图如图 4-189 所示。

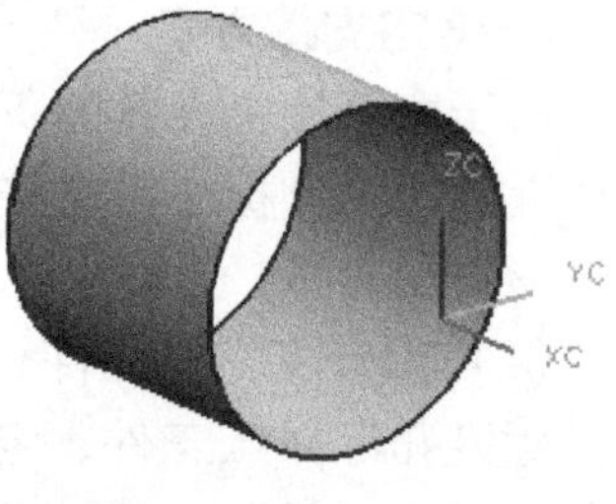

图 4-188　弯管接头工件圆柱面

3）设计定位短轴。由于定位短轴直接装配到定位支承块上，并与工件的定位基准孔 $\phi40^{+0.10}_{0}$ 相配合，其空间位置和配合关系并不复杂，不必采用逆向设计的关联复制方法，

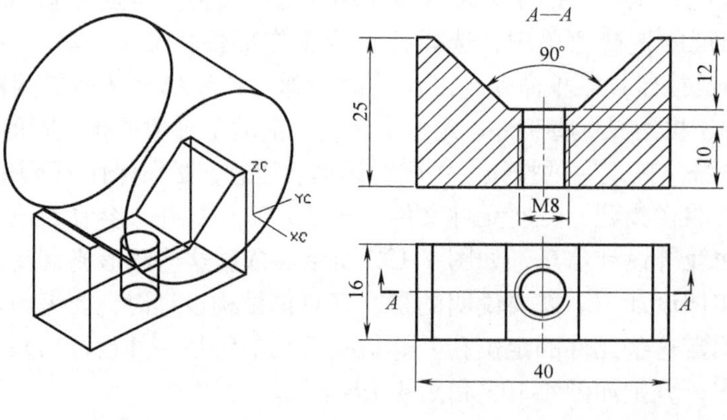

图 4-189　完成设计的活动 V 形块的实体图和工程图

可直接用传统的方法进行设计。完成设计的定位短轴如图 4-190 所示。

（3）组装定位元件　根据定位方案将定位支承块装配到工件的底面上；定位短轴装配到工件的定位基准孔中；活动 V 形块装配到工件下部的圆柱面上。在具体的装配操作中，可将前两个元件所提取的图形要素显示出来，这样装配操作会更快捷和准确。完成定位元件装配的实体图和工程图如图 4-191 所示。

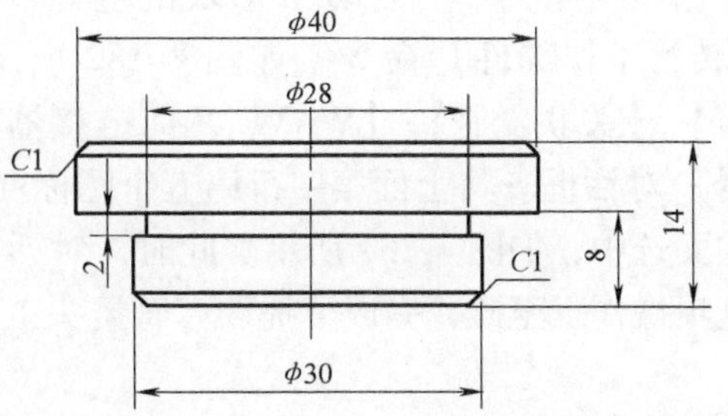

图 4-190　完成设计的定位短轴

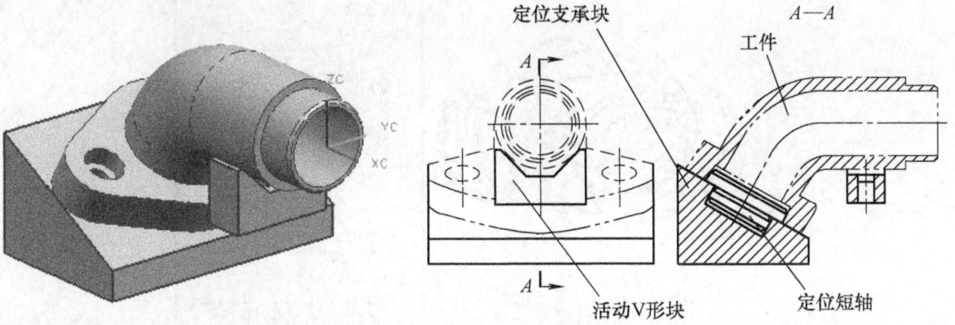

图 4-191　完成定位元件装配的实体图和工程图

2. 确定支撑方案

由于弯管接头夹具的所有定位元件和夹紧元件不是直接安装在夹具体上，而是安装在支撑体上。通过支撑体将这些元件关联起来，因此，要单独设计一个支撑体，这个支撑体也是角铁形式的弯板。

（1）设计支撑体元件　由于支撑体的空间位置、结构尺寸及其上面的特征要素（定位孔、螺钉孔等）与工件、定位支承块和活动 V 形块都有关联关系。因此，也需要运用关联复制的方法，提取相关的图形要素，仍采用前面的方法将需要的图形、边界、曲线等提取出来。

用鼠标将“装配导航器”打开，选中 cg-13-03 选项（将其作为支撑体的空元件文件），单击鼠标右键，在出现的快捷菜单中，选择【转为工作部件】命令。单击【插入】→【关联复制】→【WAVE几何链接器】菜单命令。工作界面中弹出“WAVE 几何链接器”对话框。将上面相应的图标选中，再用鼠标将工件、定位支承块、活动 V 形块的相关图形要素选中。完成要素提取操作后，单击“确定”的按钮，关闭对话框。注意，必须保存一下该装配文件。

将保存的文件路径找到，将空元件文件（cg-13-03）打开，会看到该文件已经有了相关的图形、边界、曲线等设计信息，如图 4-192 所示。依据这些图形要素及其空间位置，就可以进行支撑体的实体设计了。需要说明的是，在具体结构设计时，要考虑后面其他元件所在的空间位置，将固定这些元件的定位孔、螺钉孔等细节特征一并设计出来。最后，完成的支撑体实体和工程图，分别如图 4-193 和图 4-194 所示。

（2）组装支撑体　根据定位元件所在方位及后面支撑体与夹具体的连接关系，将支撑体

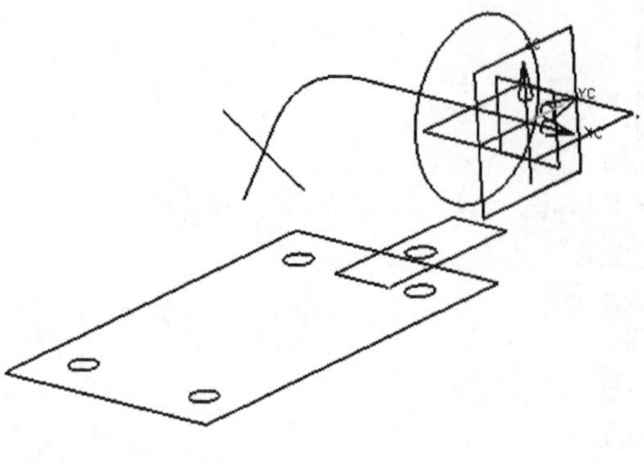

图 4-192　支撑体文件中提取的图形要素

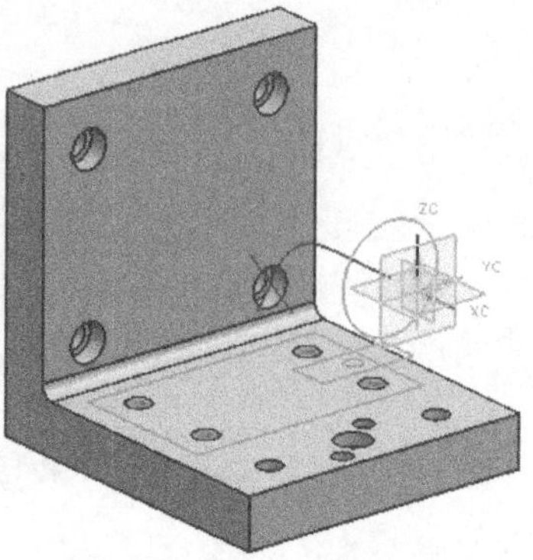

图 4-193　完成的支撑体实体图

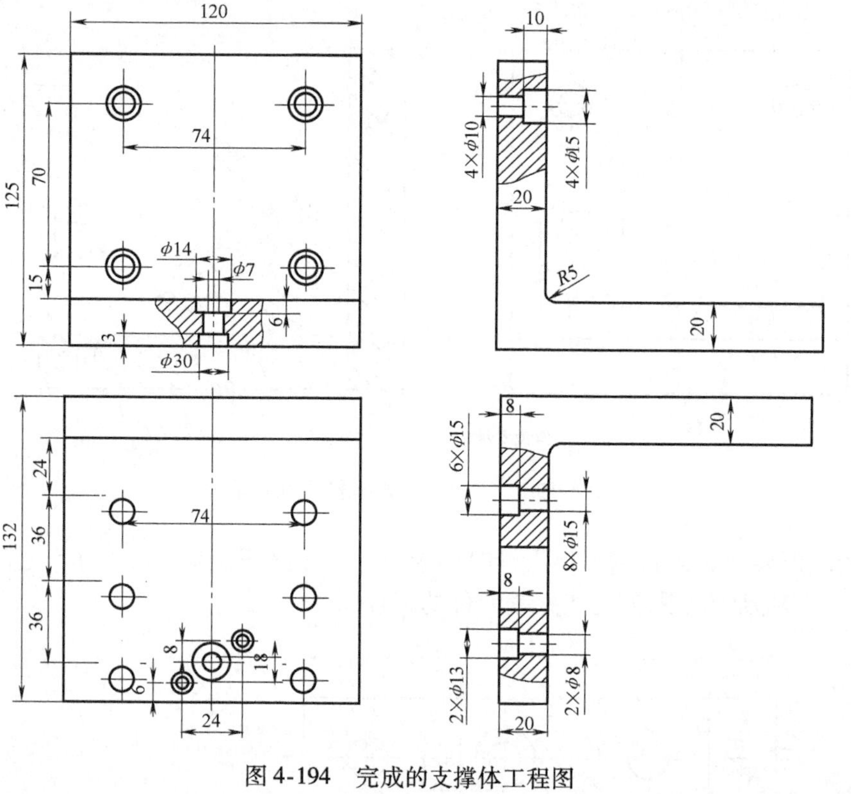

图 4-194　完成的支撑体工程图

组装到已完成的装配结构中，图 4-195 和图 4-196 分别为装配实体图和装配工程图。

3. 确定夹紧方案

弯管接头夹具是通过安装在支撑体上的钩形压板联动夹紧机构实现对工件夹紧的。为此需要设计定位基座、钩形压板、拉杆螺栓、铰链座、小铰轴、杠杆、$\phi10$ 弹簧和 $\phi12$ 弹簧等夹紧元件。要将这些夹紧元件固定在支撑体上，还需要设计 M8 ×20 平头螺钉、M6 ×20 平头螺钉和 M8 ×28 平头螺钉、M8 螺母、$\phi10$ 垫圈等紧固元件。

（1）设计夹紧元件　本夹紧结构的元件有定位基座、钩形压板、拉杆螺栓、铰链座、小铰轴、杠杆、$\phi10$ 弹簧、$\phi12$ 弹簧共 8 个。设计时要根据工件、定位元件、支撑体的结构和其上的特征尺寸来进行，如有必要对某些紧固元件的设计也可采用关联复制的方法，提取

图 4-195　完成的支撑体装配的实体图

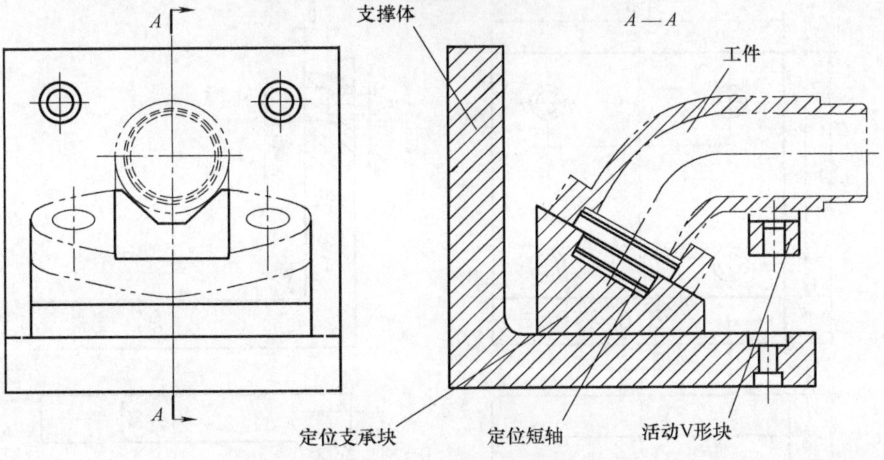

图 4-196　完成的支撑体装配的工程图

相关元件的图形要素，以作为具体设计时的参考。务必保证这些夹紧元件尺寸的准确性。图 4-197 至图 4-204 所示分别为上述夹紧元件的工程图。

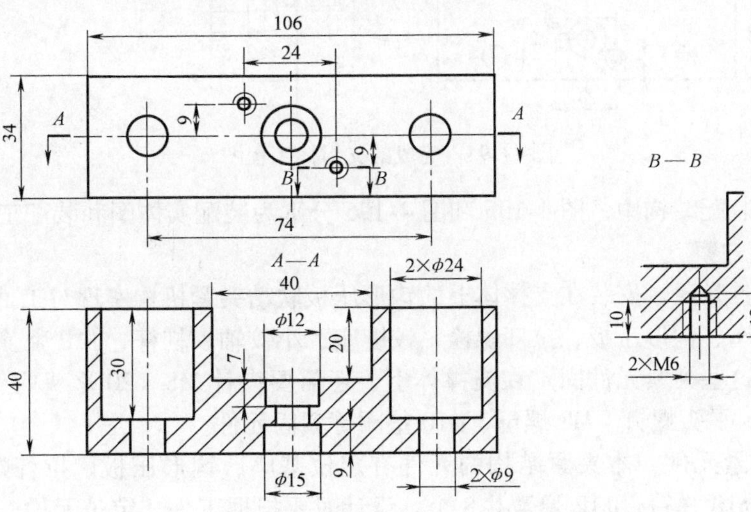

图 4-197　定位基座的工程图

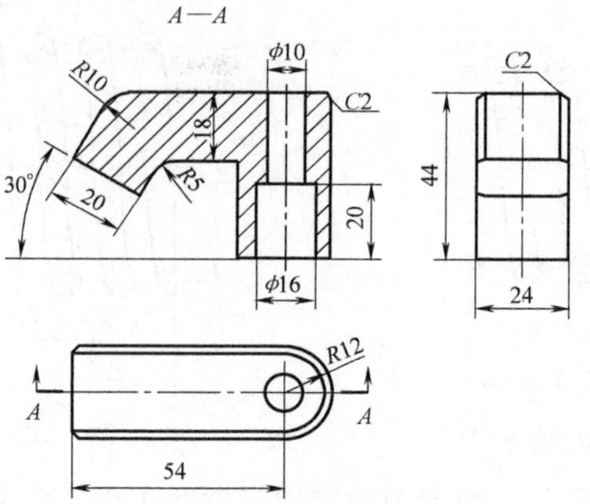

图 4-198　钩形压板的工程图

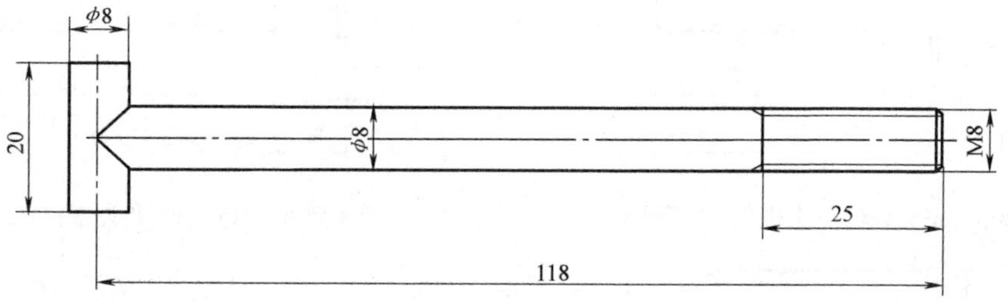

图 4-199　拉杆螺栓的工程图

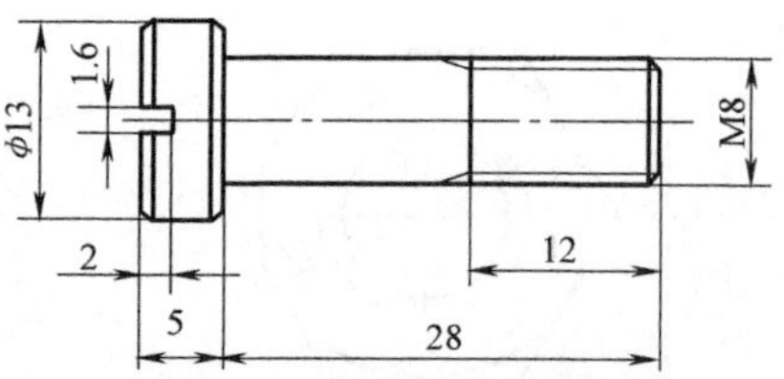

图 4-201　小铰轴（M8×28 平头螺钉）的工程图

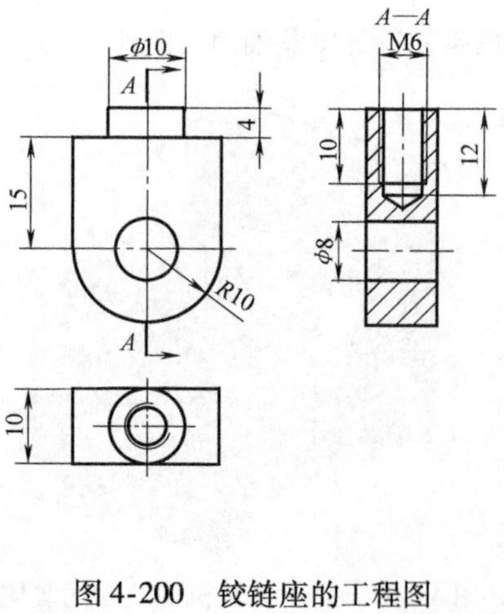

图 4-200　铰链座的工程图

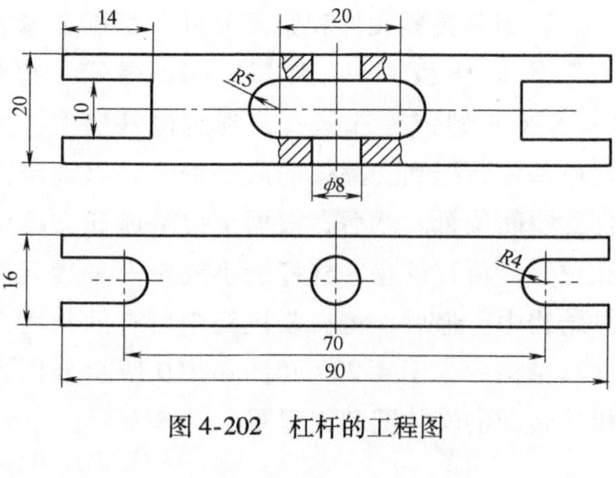

图 4-202　杠杆的工程图

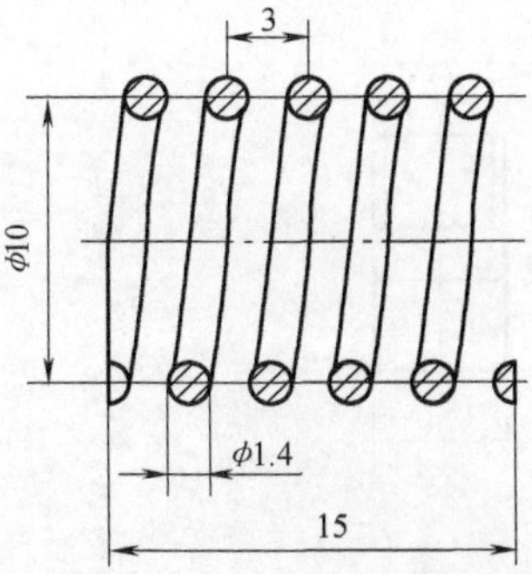

图 4-203　φ10 弹簧的工程图

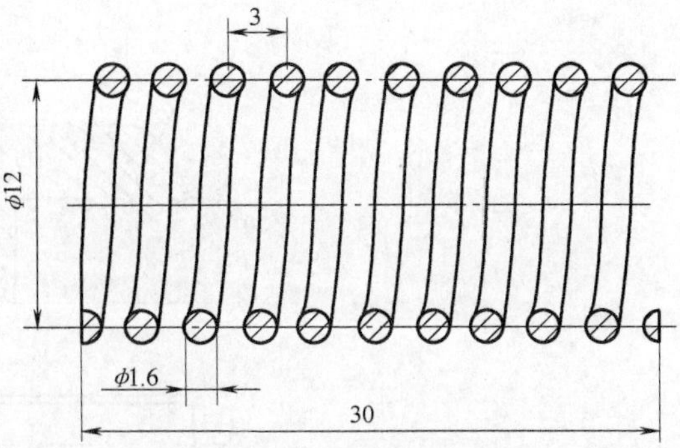

图 4-204　φ12 弹簧的工程图

（2）设计紧固元件　夹紧机构用到的紧固元件共 4 个，即 M8 ×20 平头螺钉、M6 ×20 平头螺钉、M8 螺母、φ10 垫圈，其工程图如图 4-205 至图 4-208 所示。

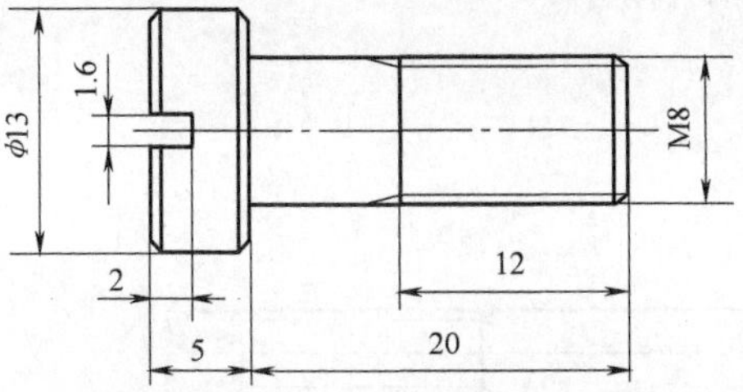

图 4-205　M8 ×20 平头螺钉的工程图

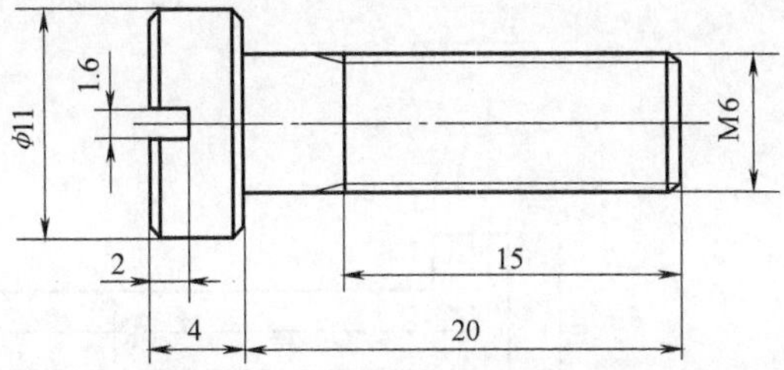

图 4-206　M6 ×20 平头螺钉的工程图

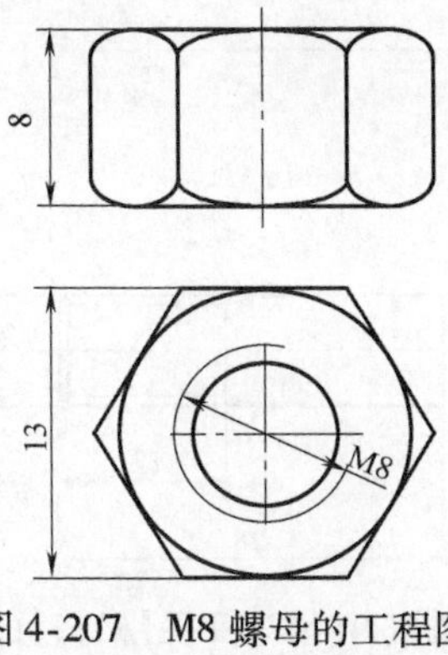

图 4-207　M8 螺母的工程图

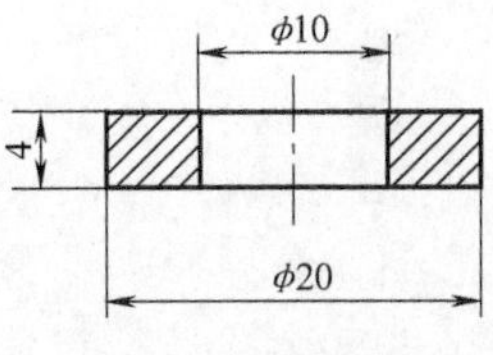

图 4-208　φ10 垫圈的工程图

（3）组装夹紧元件和紧固元件　根据夹紧方案，由于两个钩形压板、φ12 弹簧、φ10 弹簧、拉杆螺栓、M8 ×28 平头螺钉等都是安装到定位基座上，因此，先将定位基座装配到支撑体的底平面上，以确定其他夹紧元件的空间位置。然后，根据定位基座和支撑体上的螺纹孔位置，将铰链座、杠杆、小铰轴等夹紧元件装配到夹具结构中。最后，将夹紧机构中所有的紧固元件装配到夹具结构中，图 4-209 和图 4-210 所示分别为完成夹紧机构装配的实体图和工程图。

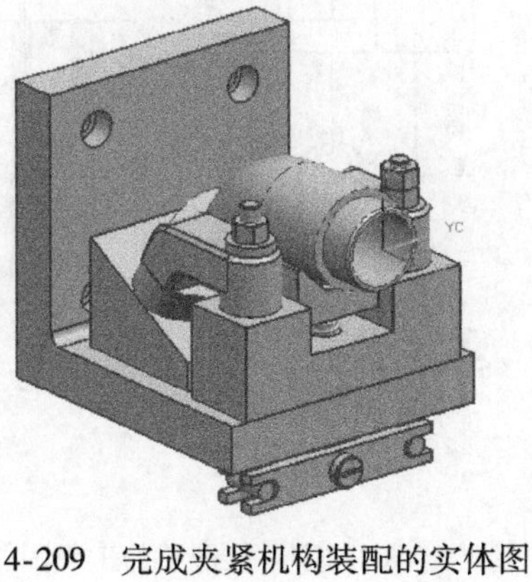

图 4-209　完成夹紧机构装配的实体图

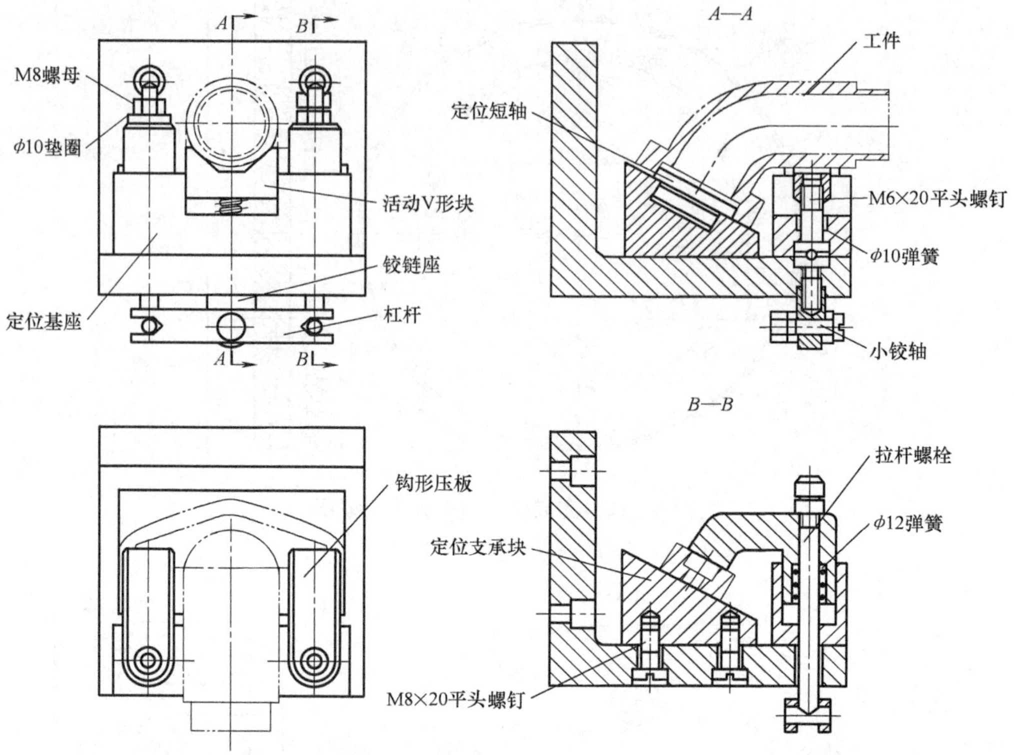

图 4-210　完成夹紧机构装配的工程图

4. 确定夹具体结构

根据角铁类夹具的结构特点，同样将夹具体设计成卡盘式结构，以便与车床附件中的过渡盘相配合。夹具体在夹具结构中要承载着支撑体及其上面所有的夹具元件。同时，由于弯管接头夹具的重心明显偏移，需要设计一个平衡块，以消除切削过程所产生的抖动现象。此外，由于弯管接头工件的主要定位基准面与夹具体的主轴线倾斜 30°角，在车削加工中很难测量其轴向尺寸。因此，还需要专门设计一个对刀杆，用来测定加工圆柱面的长度尺寸。

（1）设计夹具体　根据结构要求，采用卡盘结构的夹具体。在设计夹具体时，要注意它不仅与过渡盘的结构和尺寸相匹配，同时，还要与支撑体的结构和尺寸相匹配。完成设计的夹具体工程图如图 4-211 所示。

（2）设计平衡块　平衡块是直接安装到夹具体上的，设计时要注意支撑体所占据的位置，只能设置在支撑体上方的空间位置上。同时，平衡块的设计需要进行多次的测试和调整，以达到最佳的平衡效果。完成设计的平衡块工程图如图 4-212 所示。为将平衡块安装和固定在夹具体上，还需要设计出紧固元件，即 M8 × 55 的平头螺钉，其工程图如图 4-213 所示。

（3）设计对刀杆　由于空间位置所限，对刀杆只能安装到平衡块上。设计对刀杆时要注意测算好工件端面至平衡块端面之间的距离。对刀杆可以设计成螺栓柱形式，以便于轴向位置的调整，其工程图如图 4-214 所示。同时，为了便于调整和紧固对刀杆，还需要设计一个紧固螺母，其工程图如图 4-215 所示。

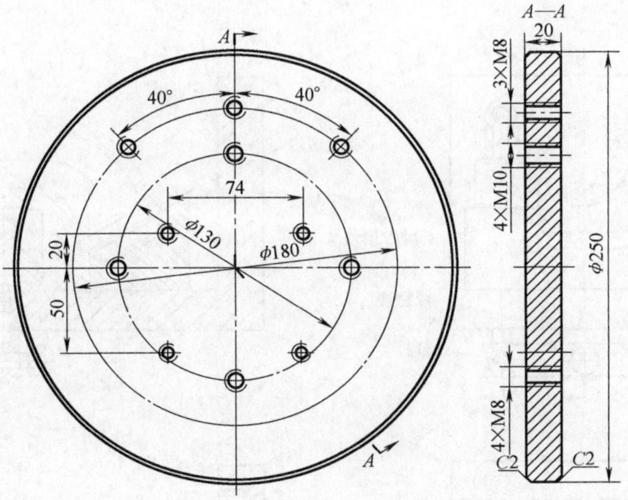

图 4-211　完成设计的夹具体工程图

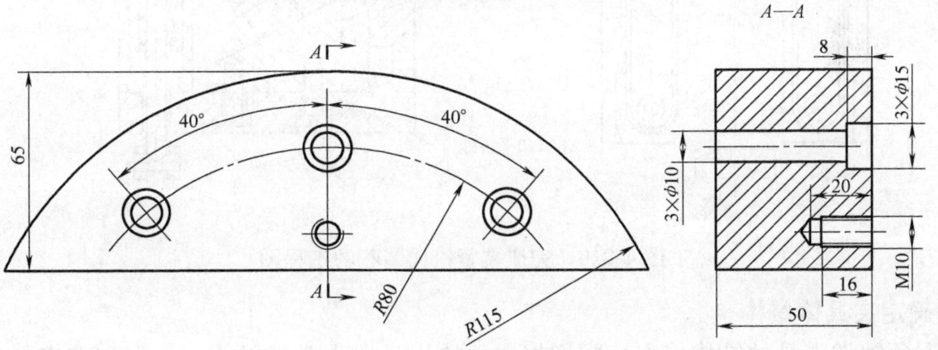

图 4-212　完成设计的平衡块工程图

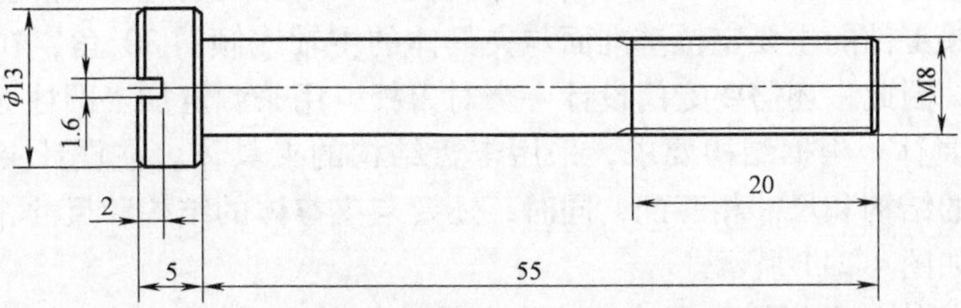

图 4-213　完成设计的 M8 ×55 平头螺钉工程图

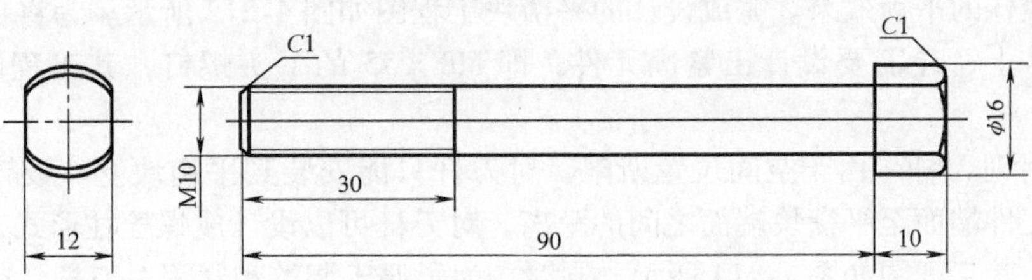

图 4-214　完成设计的对刀杆工程图

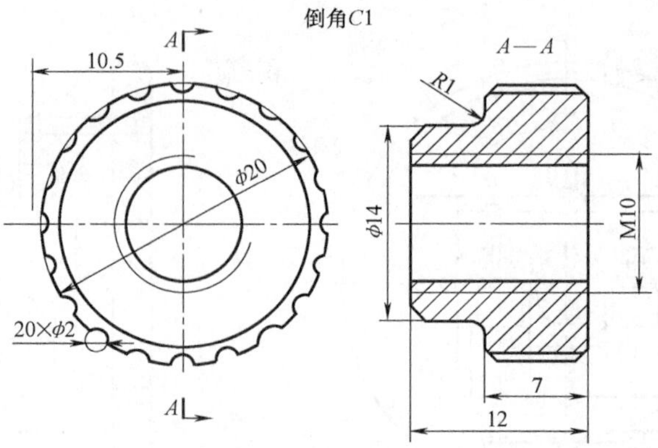

图 4-215　完成设计的紧固螺母工程图

(4) 组装夹具体等元件　根据夹具设计的整体方案，先将夹具体和平衡块组装到已完成的装配结构中。再将对刀杆及紧固螺母组装到平衡块上。然后，将尚未组装的紧固元件 M8 ×55、M8 ×20 平头螺钉组装到夹具体上，将支撑体及其全部元件固定在夹具体上。

在装配操作中，还是要注意：一，如果发现某个元件的位置不适当，可对其进行方位调整；二，如果某个元件的结构或尺寸不适当，就要重新编辑或修改。最后，完成车削弯管接头夹具装配的实体图和工程图，分别如图 4-216 和图 4-217 所示。

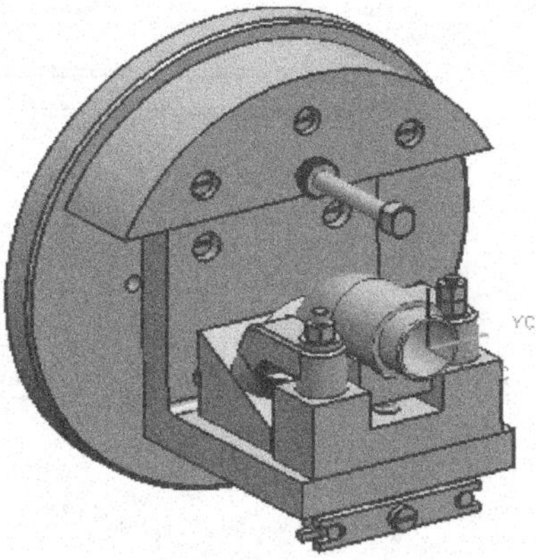

图 4-216　完成车削弯管接头夹具装配的实体图

5. 夹具的特点

弯管接头夹具的特点是以底孔、端面和圆柱表面作为定位基准，实现了完全定位，且定位准确可靠。在加工操作中，工件的装夹牢靠。采用两个钩形压板联动夹紧机构，夹紧力压向工件的底面，夹紧力大。辅助定位采用活动 V 形块与弹簧结构，可以在装夹过程实现自动使工件的中心对准夹具的回转中心。从整体设计和加工效果看，结构简洁、紧凑。由于采用了联动夹紧方式，操作十分方便，省时省力，非常适合大批量生产使用。

6. 夹具的使用方法

将夹具体与车床的过渡盘相配合，并用 4 个螺栓将其固定住，使整个夹具与车床的主轴连接。由于夹具结构上存在明显的重心偏移现象，因此配装了平衡块装置，用以抵消加工中产生的抖动问题。

具体操作方法：将工件插入定位短轴中，并使底面靠紧定位支承块的平面上。将工件摆正，使其下部的毛坯圆柱面对正在活动 V 形块的凹槽中，让弹簧自动使 V 形块定位。工件定位后，拧紧左侧的螺母，在联动夹紧机构的作用下，使两侧的钩形压板同时压向工件底座的表面，将工件牢固地固定在夹具体上，即可开始切削加工。在加工过程中，通过测量刀具刃口至对刀杆端面的距离，即可控制加工件的轴向长度尺寸。加工完毕后，旋松左侧的螺

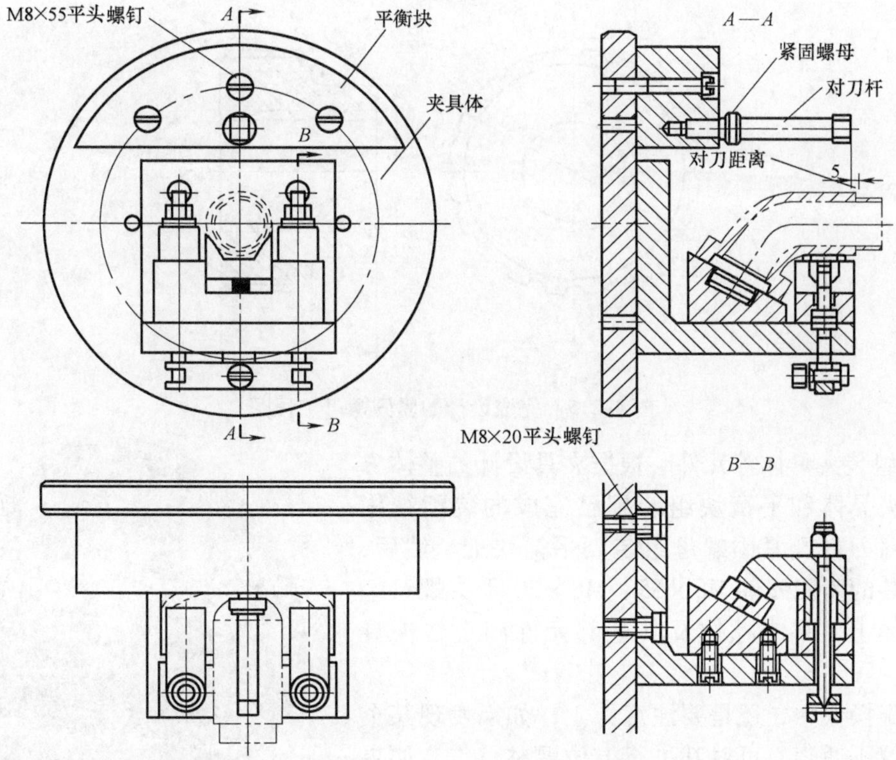

图 4-217　完成车削弯管接头夹具装配的工程图

母，在安装在钩形压板内部弹簧的作用下，两个压板会自动弹起。分别将两个钩形压板顺时针和逆时针旋转 90°，即可将工件取下。

第 5 单元　铣床夹具的设计

单元要点：简述铣床夹具的分类、设计要点和设计步骤。重点讲述单件铣床夹具（以下简称“单件铣夹具”）、多件铣床夹具（以下简称“多件铣夹具”）和分度铣床夹具（以下简称“分度铣夹具”）的设计应用实例。

5.1　铣床夹具的分类及设计要点和步骤

铣床夹具主要用来加工零件上的平面、沟槽、缺口、花键以及型面等。按照铣削时进给方式的不同，通常将铣床夹具分为直线进给、圆周进给和曲线进给（靠模）三种类型。其中，直线进给方式的铣床夹具应用最为普遍，本书只介绍此类铣床夹具。

5.1.1　铣床夹具的类型

铣床夹具按其使用范围的大小，可分为通用铣床夹具和专用铣床夹具两大类。通用铣床夹具主要有平口虎钳、自定心卡盘或单动卡盘等。此类铣床夹具已经标准化，成为工业商品，由专门的厂家标准化生产，故本书只讲述专用铣床夹具的设计。专用铣床夹具按其应用的铣床类型的不同，分为卧式铣床夹具和立式铣床夹具。专用铣床夹具按其装夹工件特点的不同，又可分为单件铣夹具、多件铣夹具和分度铣夹具。

1. 单件铣夹具

单件铣夹具，是指在加工中夹具一次只装夹一个工件，完成特定表面加工的专用夹具。单件铣夹具按工件的主要定位基准表面特征的不同分为外圆面定位夹具、内孔面定位夹具和平面定位夹具等。

2. 多件铣夹具

多件铣夹具，是指在加工中夹具一次装夹多个工件，同时完成多个工件相同特征面加工的专用夹具。多件铣夹具也是按工件主要定位基准表面特征分为外圆面定位夹具、内孔面定位夹具和平面定位夹具等。

3. 分度铣夹具

分度铣夹具，是指在加工中对工件一次性装夹而完成多工位相同特征面加工的专用夹具。此类夹具的结构可分为两个部分，即固定部分和转动（或移动）部分。工件是固定在转动（或移动）机构上，当完成一个特征面的加工后，工件会随可动部分机构转过一定角度或移动一定距离，对下一个特征面进行加工，直至完成全部加工内容。分度铣床夹具按一次装夹工件的数量划分，分为单件分度铣夹具和多件分度铣夹具。分度铣夹具按工件的主要定位基准表面的不同，又可分为外圆面定位夹具和内孔面定位夹具等。

5.1.2　铣床夹具的设计要点

铣床夹具是通过定位键安装在铣床的工作台上的，并依靠专门的对刀装置决定铣刀相对

于工件加工表面的位置。对铣床夹具的设计有如下要求。

1. 夹具应具有足够的夹紧力

由于铣削过程不是连续切削，且加工余量一般较大，不但所需的切削力较大，切削力的大小和方向随时都可能变化，会在铣削过程中产生振动。因此，铣床夹具必须要具有足够的夹紧力，以防止工件在夹具中松动。

2. 夹具应具有足够的刚性

鉴于上述原因，夹具不但应有足够的夹紧力，夹具本身还必须具有足够的刚性。工件的加工表面应尽量不超出夹具体或工作台外。在确保夹具具有足够排屑空间的前提下，尽量降低夹具的高度。建议夹具的高宽比 $h/w \leqslant 1 \sim 1.25$。

3. 要考虑工件毛坯状况

对于以铸造、锻造毛坯面定位的夹具，应以毛坯图作为设计夹具的依据，以免因毛坯余量尺寸和形状误差影响定位的可靠性和合理性。

4. 增设辅助支承

为减轻毛坯误差和铣削中可能发生的变形，在薄弱部位要适当增设辅助支承，以加强夹具的总体刚性。

5. 夹具应具有自锁功能

为了防止工件在加工过程中，因振动而使夹紧产生松脱现象，夹紧装置应具有足够的自锁能力。

6. 夹具应具有必要的对刀装置

为了调整和确定夹具与铣刀的相对位置，应正确选用对刀装置。对刀装置应设置在方便使用塞尺和易于观察的位置，并应放置在铣刀开始切入工件的一端。

7. 夹具中应具有足够的排屑空间

由于铣削过程中会产生大量切屑，因此要确保排屑通畅，且要安排有足够的排屑和容屑空间。同时，根据加工的需要，要考虑冷却液的浇入和排除。

5.1.3 铣床夹具的设计步骤

使用 UG 软件进行铣床夹具的设计，一是，要明确工件的加工工艺要求，分析工件工程图所注明的加工精度、已加工和未加工的表面，特别是要明确未加工的铸造毛坯或锻造毛坯表面。二是，确定工件的加工方式和定位方案，选择合适的定位元件或支承元件，初步设计出此类元件，并将这些元件的实体与工件的实体组装到一起。三是，确定夹紧方案，初步设计出夹紧机构和元件，并将这些元件按配合关系组装到一起。四是，确定是否设置对刀装置，如果有对刀装置，应根据工件加工表面的要求，设计出对刀块等相关元件，并预组装到装配结构中。最后，确定夹具体结构，设计出夹具体及其与机床的连接方式，并通过夹具体将夹具所有元件装配到一起。

完成上面几个设计步骤后，还需要对整个夹具进行调整，如对某些定位元件、导向元件、夹紧元件、对刀元件等进行具体结构及尺寸的修改和编辑，使之完全满足最终的设计功能要求。具体的设计步骤如下。

1. 确定定位方案

按拟定的定位方案，根据工件工程图、工序要求和设计任务，选择工件的定位基准。采

用 UG 的建模应用模块，设计出工件的实体模型，并按照实际加工方位将其固定在三维空间上。设计出所有的定位元件的实体模型，并根据相应的配合关系组装到已完成安装的工件中。

2. 确定夹紧方案

按拟定的夹紧方案，根据工件和定位元件的结构及尺寸，设计出所有夹紧元件和相关紧固元件的实体模型，并按相应的配合方式组装到已完成的装配结构中。在装配过程中，如发现配合不合适的地方，对前面所设计的元件进行修改更正，并调整装配结构。

3. 确定对刀装置

依据工件加工表面的方位，构思具体的对刀装置，设计出对刀元件及其相关的定位和紧固元件的实体模型，并按对刀装置与工件加工表面的位置，预先装配到已完成的装配结构中或空间的相应位置上。在设计时，要注意对刀装置需与哪些元件保持一定的配合关系和连接方式。

4. 确定夹具体结构

按拟定的夹具结构，根据工件、定位元件、夹紧元件和对刀装置，设计出夹具体、相关紧固元件和辅助元件的实体模型，并按照相应的配合方式组装到已完成的装配结构中。在装配过程中，如发现配合不合适的地方，应对前面所设计的元件进行修改更正，并调整装配结构。完成全部装配后，要检验整个夹具结构是否能满足设计任务目标，如果有差错，要对相关元件进行修改编辑，并重新调整装配结构，直至实现设计目标。

5. 绘制夹具工程图

按照设计任务要求，采用 UG 的制图应用模块，绘制全部的夹具元件和夹具装配工程图，并根据第 1 单元的 1.5 夹具中常用的公差配合的内容，对全部图样进行技术标注。

在后面的铣床夹具设计实例中，省去了步骤“5　绘制夹具工程图”的部分内容，以减少叙述篇幅，重点放在设计的实用方法上。

5.2　单件铣夹具的设计

单件铣夹具在使用中一次只装夹一个工件，对其特定的一个或若干个表面进行加工。因铣削工件的毛坯情况不同，要注意正确地选择工件的定位基准表面。对已加工表面和未加工（特别是铸造、锻造毛坯）表面，在设计定位元件时要有所不同。依据主要定位基准表面的不同特点，具体的单件铣夹具有，外圆面定位单件铣夹具、内孔面定位单件铣夹具和平面定位单件铣夹具等。

5.2.1　外圆面定位单件铣夹具的设计

外圆面定位单件铣夹具，其主要定位基准是选择工件已加工的外圆柱面，再选择其他表面作为辅助定位面。此类夹具通常采用固定 V 形块和活动 V 形块来夹紧工件。具体的设计方法通过小卡轴工件的加工来讲述。

【实例 14】 铣削小卡轴用夹具的设计

小卡轴加工件的工程图如图 5-1 所示。

工序要求：工件所有车削加工的圆柱面都已经加工完毕。本工序要求加工宽为 $8^{\ 0}_{-0.10}$、

长为 10 的扁柱，即铣削两个平面。生产规模为大批量。

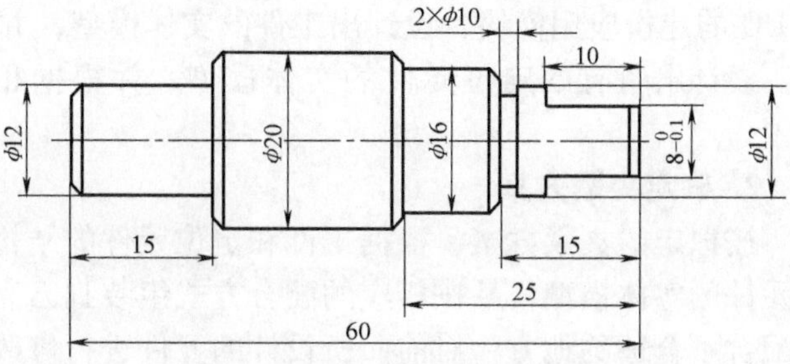

图 5-1　小卡轴加工件的工程图

设计任务：该工件在卧式铣床上加工。要求以 ϕ20 圆柱面作为主要定位基准，并在此处夹紧。夹具的操作应快捷方便，夹紧可靠，尽量缩短工件的装夹时间。铣削加工时采用两把三面刃片铣刀，调整两把铣刀的间距为 8mm，一次进刀加工完毕。要求夹具设置对刀装置，以便确定刀具的加工位置。

设计步骤及操作方法如下所述。

1. 确定定位方案

根据定位要求，选择 ϕ20 圆柱面作为主要定位基准面。将该圆柱面的左端面作为辅助定位基准面。本工序只限制工件 5 个自由度即可。定位元件分别为固定 V 形块和活动 V 形块，辅助定位平面就设定在 V 形块的平面上。

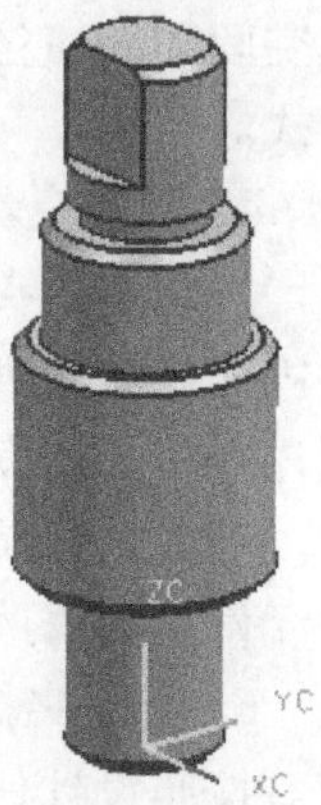

图 5-2　小卡轴实体模型的定位

（1）设计工件的实体模型　按小卡轴工程图设计出工件的实体模型，在 UG 的装配环境下将其调入，并按加工时的状态，将其固定在三维空间适合的位置上，如图 5-2 所示。

（2）设计定位元件　根据工件的外圆柱面直径和长度尺寸，分别设计出固定 V 形块和活动 V 形块。其上的细部构造可粗略地设计出，待与其他元件装配发现问题时再作调整和编辑。设计好的 V 形块分别如图 5-3

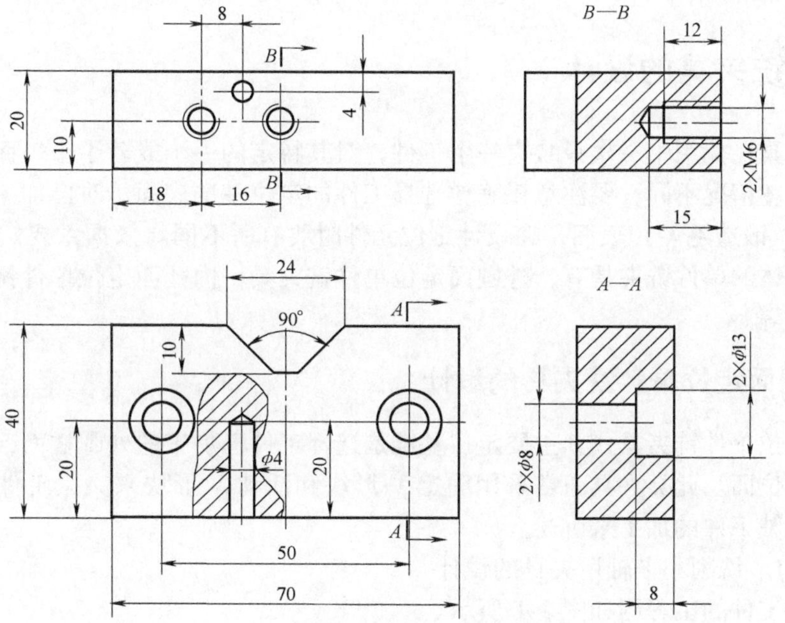

图 5-3　固定 V 形块

和图5-4所示。这两个定位元件只是主要定位基准元件，还需要设计一个对小卡轴轴向定位的辅助定位元件，用于固定小卡轴的一个平面。同时，这个辅助定位元件还起到支承固定V形块的作用，这个元件就是支承板。在设计支承板时，要注意它与活动V形块的配合和相互位置，同时，还要考虑到它本身与夹具体之间的安装问题。设计完成的支承板如图5-5所示。

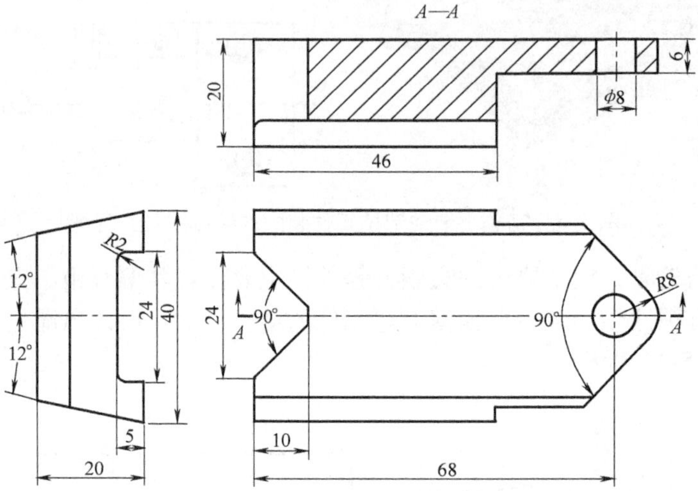

图5-4　活动V形块

(3) 组装定位元件　根据定位方案的构思，将设计好的固定V形块、活动V形块和支承板，按相应的配合关系装配到小卡轴工件上。完成小卡轴定位元件装配的实体图和工程图如图5-6所示。

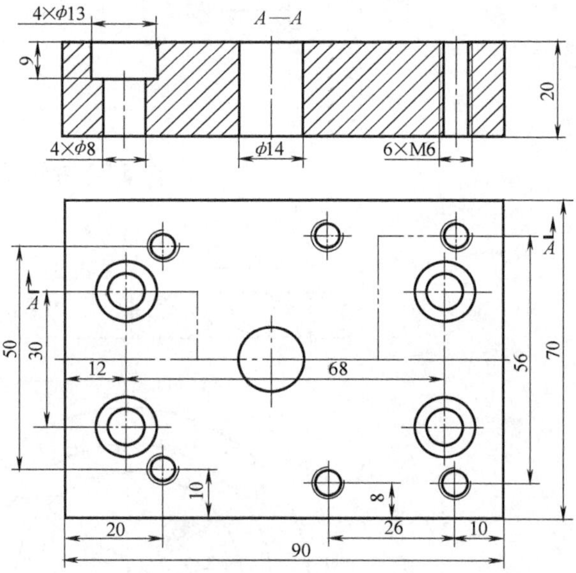

图5-5　支承板

2. 确定夹紧方案

外圆面定位夹具需要利用工件的圆柱面将工件夹紧。利用活动V形块的移动从工件定位的圆柱面处施加压力，将其夹紧到固定V形块上。因此，本夹具的两个V形块既是定位元件，也是主要的直接夹紧元件。夹紧的方式采用偏心槽轮机构，当旋转偏心槽轮时，通过安装在偏心槽中的滑柱使活动V形块移动，实现夹具动作。为了实现这一夹紧操作，还需要其他一些辅助夹紧元件，如偏心槽轮、导轨板及轮轴等。

(1) 设计夹紧元件　根据定位元件固定V形块、活动V形块和支承板的结构和尺寸，先设计出导轨板。要注意，导轨板与活动V形块的斜面相配合。导轨板的工程图如图5-7所示。再依据活动V形块的移动行程，设计偏心槽轮和轮轴，其工程图如图5-8和图5-9所

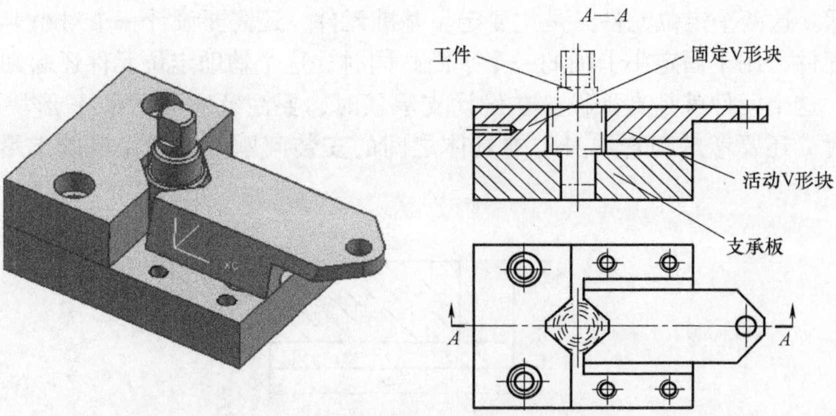

图 5-6　完成小卡轴定位元件装配的实体图和工程图

示。在设计偏心槽轮时，除了要考虑夹紧行程外，也要注意其偏心距不宜过大，以保证偏心槽轮具有良好的自锁性能。最后，根据上述元件的结构尺寸，设计出滑柱、操作柄，其工程图如图 5-10 和图 5-11 所示。

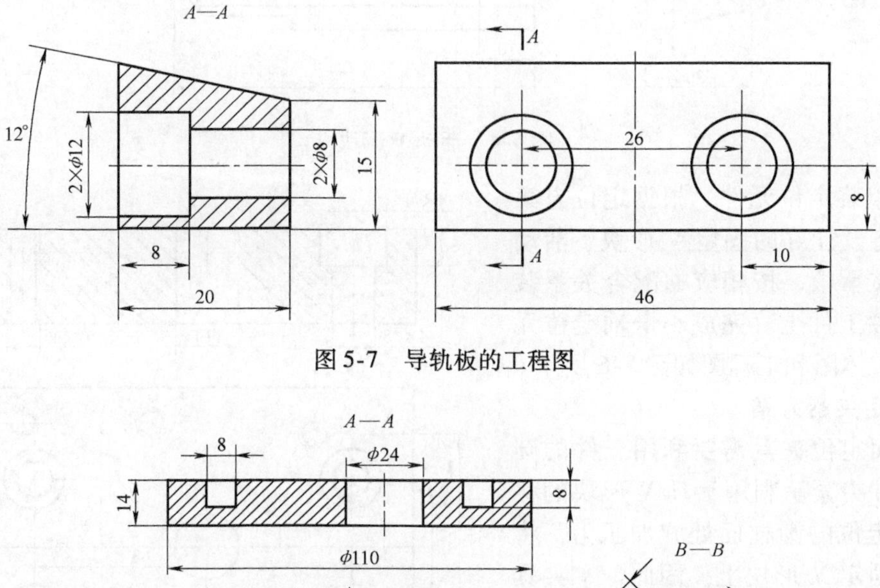

图 5-7　导轨板的工程图

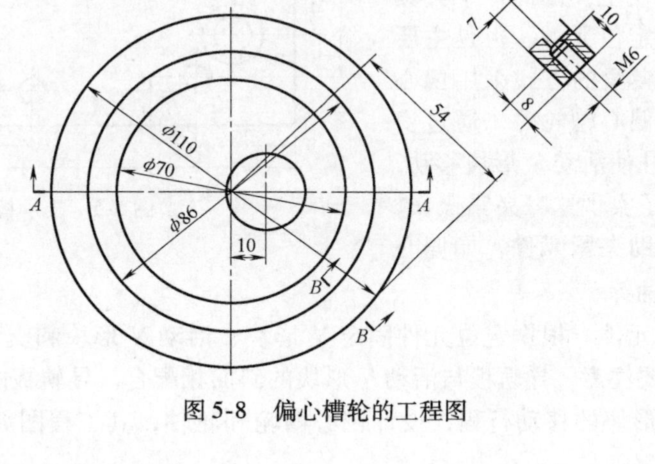

图 5-8　偏心槽轮的工程图

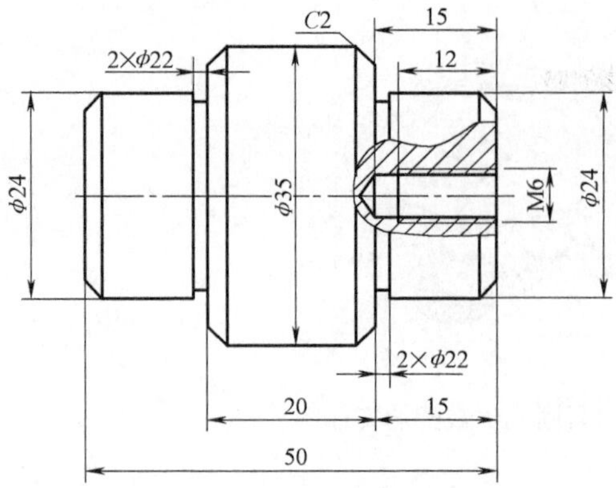

图 5-9　轮轴的工程图

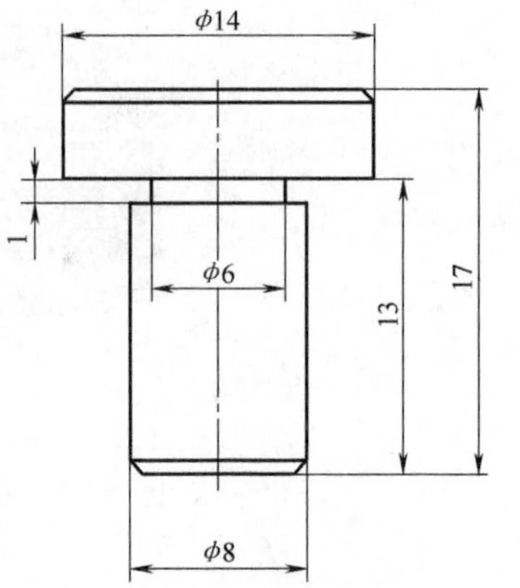

图 5-10　滑柱的工程图

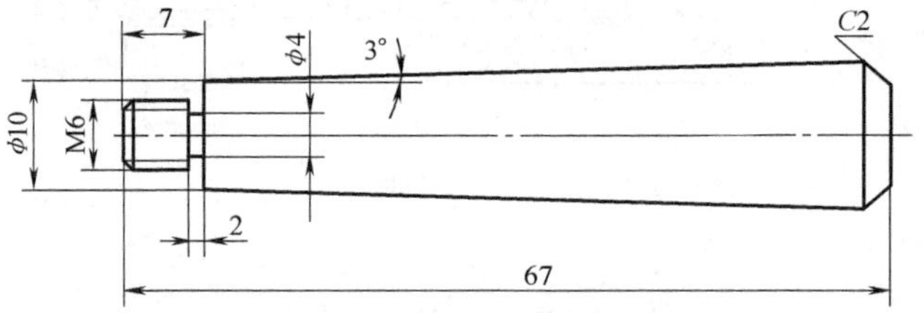

图 5-11　操作柄的工程图

（2）设计紧固元件　在夹紧机构中所用到的紧固元件主要是尺寸不同的沉头螺钉和平头螺钉，这两种螺钉用来将定位元件和紧固元件固定在支承板或夹具体上，M6×10 沉头螺钉和 M6×20 平头螺钉，如图 5-12 和图 5-13 所示。为了将轮轴固定在夹具体上，还需要设计一个垫圈，如图 5-14 所示。

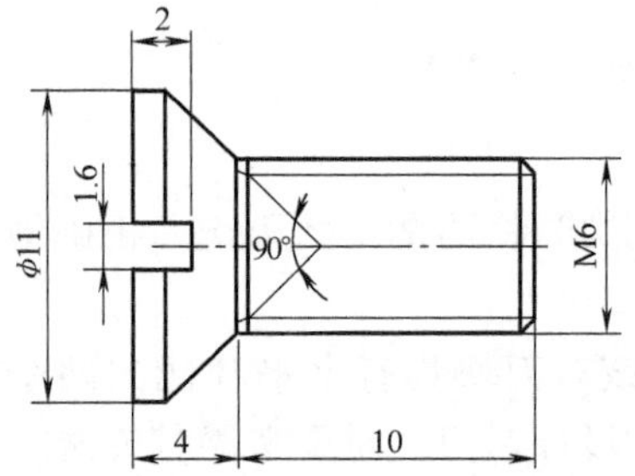

图 5-12　M6×10 沉头螺钉

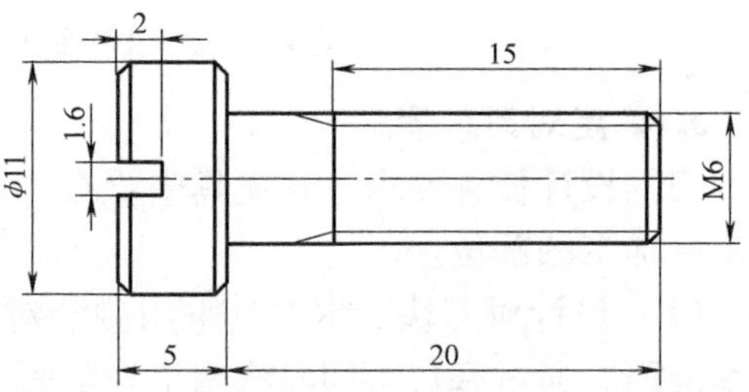

图 5-13　M6×20 平头螺钉

（3）组装夹紧机构　根据夹紧方案，首先将夹紧元件组装到装配结构中，然后，再将紧固元件装配到相应的元件上。需要注意的是，由于夹具体尚未设计出来，在装配偏心槽轮和轮轴时，应根据夹具的总体方案，先将它们与直接接触的定位元件或夹紧元件保持应有的配合关系，固定在空间的一定位置上。完成小卡轴夹紧元件和紧固元件装配的实体图和工程图，分别如图 5-15 和图 5-16 所示。

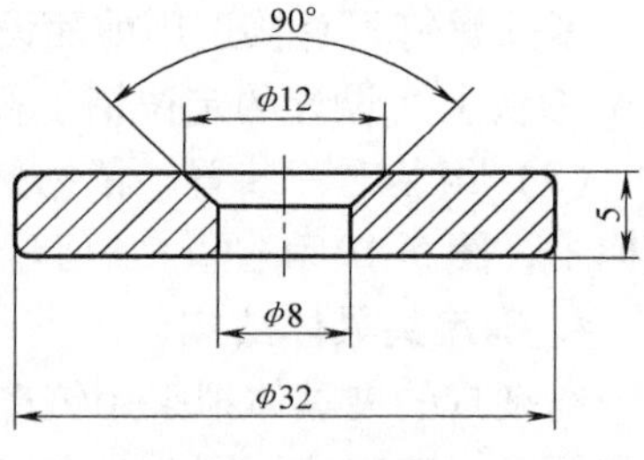

图 5-14　垫圈

图 5-15　完成小卡轴夹紧元件和紧固元件装配的实体图

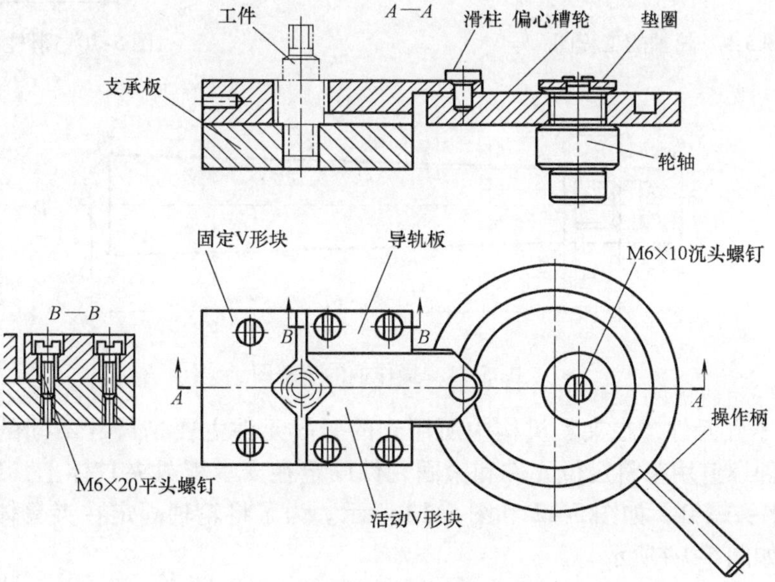

图 5-16　完成小卡轴夹紧元件和紧固元件装配的工程图

3. 确定对刀装置

根据设计任务要求，在夹具中要有对刀装置，以便在铣削时将两把三面刃铣刀正确地对准工件加工的部位。

（1）设计对刀块　本夹具采用侧装对刀块结构形式。该对刀块具有水平和侧向两个对刀基准面，通过塞尺可同时将两个切削面一次对刀完成。在设计对刀块时要考虑其安装位置及对刀的方便性。设计的对刀块的工程图如图 5-17 所示。

（2）设计对刀装置上的紧固元件　对刀装置中所用的紧固元件主要是紧固螺钉和定位销。紧固螺钉可直接选用前面设计的 M6 ×20 平头螺钉。定位销主要用于将对刀块定位在固定 V 形块上，设计的定位销工程图如图 5-18 所示。

（3）组装对刀装置　依据对刀方案，将对刀块及其紧固元件组装到已完成夹具的装配结构中，图 5-19 和图 5-20 所示分别为完成的对刀装置装配的实体图和工程图。

4. 确定夹具体结构

本夹具的夹具体拟采用铸造毛坯的平板式结构。设计夹具体时，主要考虑其承载性、刚性和便于加工制造，同时，在满足承载全部夹具元件的前提下，尽量减小其体积和重量。由

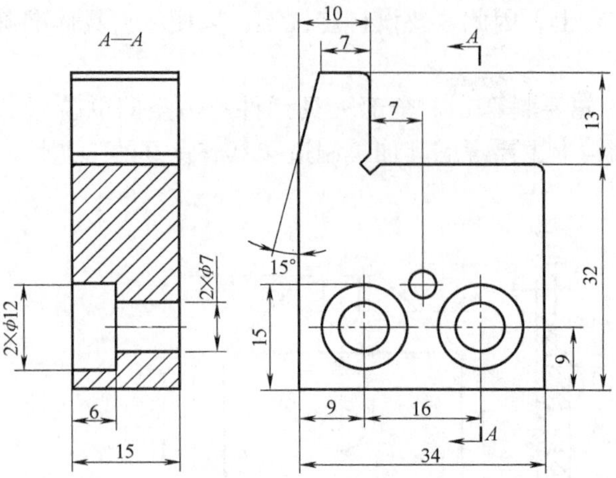

图 5-17　对刀块的工程图

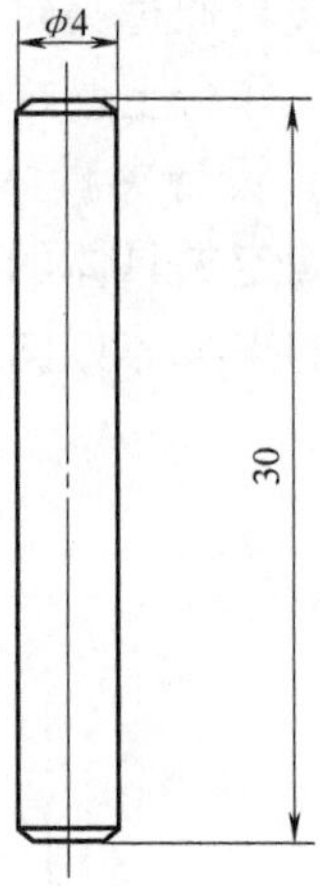

图 5-18　定位销的工程图

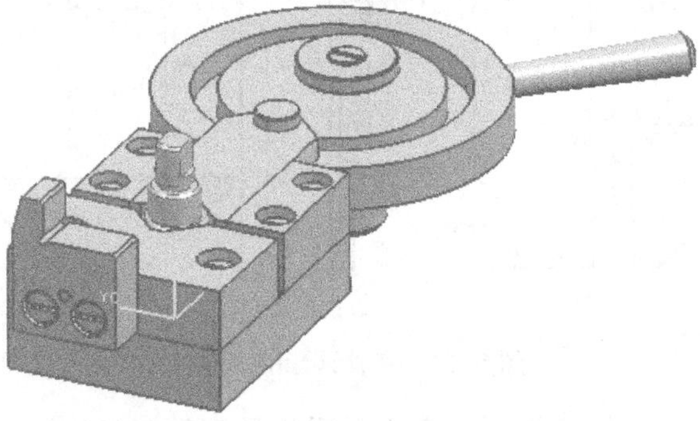

图 5-19　完成的对刀装置装配的实体图

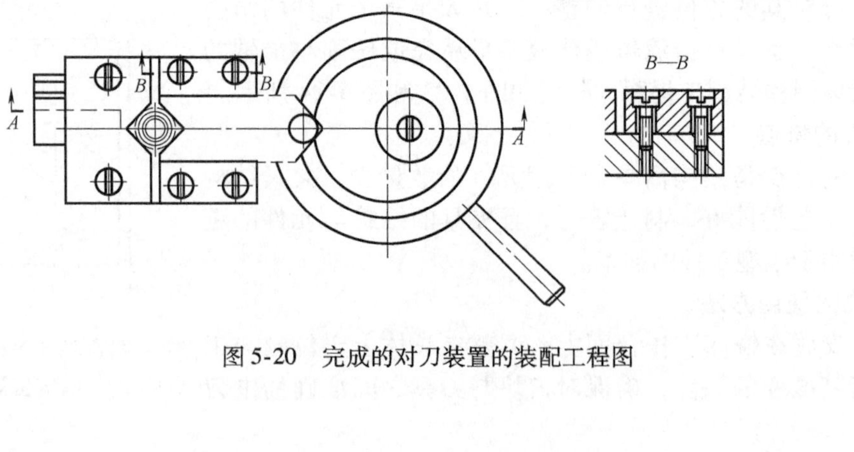

图 5-20　完成的对刀装置的装配工程图

于整个夹具通过夹具体安装在铣床的工作台上，因此，要设计定位键，以便将夹具体准确地固定在工作台上。

（1）设计夹具体　在设计夹具体时，先要测算一下全部夹具元件所占空间的位置和大小，以确定夹具体的总体尺寸。在细部结构上主要考虑其加工制造应具有良好的工艺性。完成设计的夹具体如图 5-21 所示。

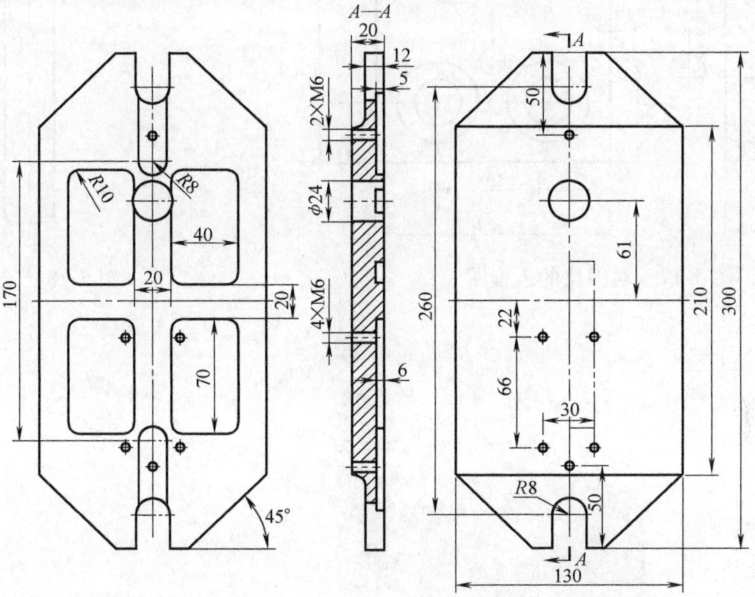

图 5-21　完成设计的夹具体

（2）设计定位键　定位键可按《机床夹具零件及部件　定位键》（JB/T 8016—1999）A 型进行设计，完成设计的定位键如图 5-22 所示。此外，还需要设计 M6×15 平头螺钉，用作紧固定位键，其工程图与 M6×20 平头螺钉相似（图 5-13 所示），不再用图表示。

（3）组装夹具体等元件　根据夹具设计的整体方案，先将夹具体组装到已完成的装配结构中；再将定位键组装到夹具体上；最后，将尚未组装的相应的紧固元件，即 M6×20 沉头螺钉组装到装配结构中。至此，完成整个夹具的全部装配操作。

在装配操作中，还是要注意，一是如果发现某个元件的位置不适当，可对其的方位进行调整；二是如果某个元件的结构或尺寸不适当，就要重新编辑或修改。最后完成铣削小卡轴的夹具装配实体图和装配工程图，分别如图 5-23 和图 5-24 所示。

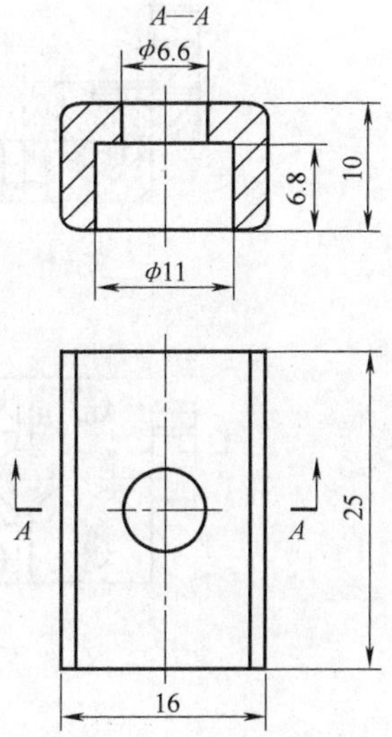

图 5-22　完成设计的定位键

5. 夹具的特点

本夹具的特点是结构简单，所用元件的数量少，夹具结构及其元件的工艺性能好、制造容易，且夹具的维护与元件的更换方便，适用于小型零件的加工。

6. 夹具的使用方法

将夹具安放在铣床工作台面上，调整夹具体上定位键与工作台定位槽基准面的间隙，确保对刀块与刀具之间准确的进刀

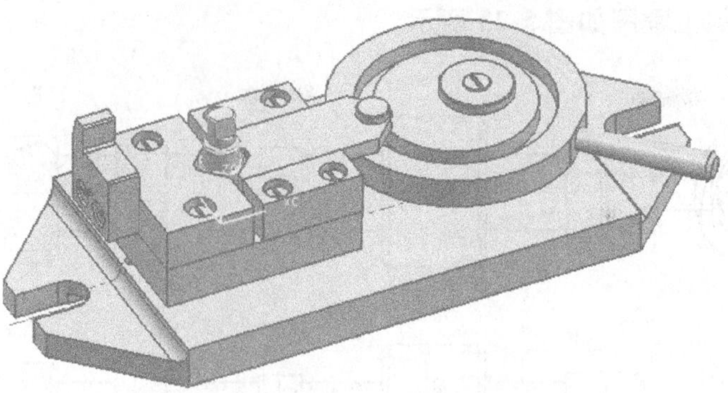

图 5-23　完成的铣削小卡轴的夹具装配实体图

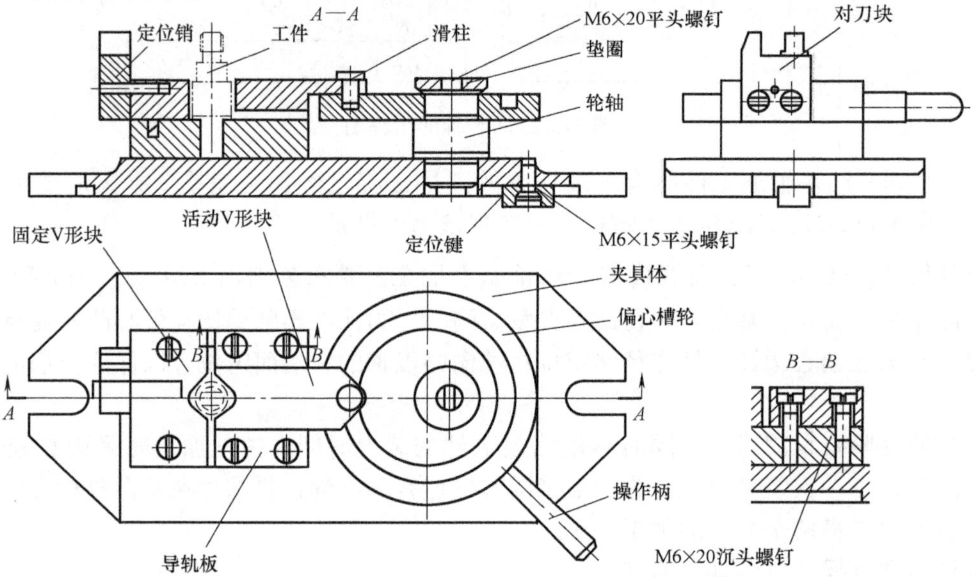

图 5-24　铣削小卡轴的夹具装配工程图

方位。然后，用紧固螺栓将夹具固定在工作台上。

铣削加工前，通过操作柄、偏心槽轮，先将活动 V 形块移动（相对固定 V 形块）到最大间距位置处。将工件插入支承板的孔中，径向表面靠紧固定 V 形块的 90°定位面；工件 $\phi20$（图 5-1）处的端面与支承板上表面接触。通过操作柄旋转偏心槽轮，在偏心槽螺旋的推动下，滑柱会带动活动 V 形块向左移动，使工件定位并同时夹紧。操纵铣床工作台，使并排装夹的两把三面刃铣刀的侧向刃和径向刃，分别与对刀块的两个对刀面（借助于塞尺）调整至准确位置，即可开始铣削加工。加工完成后，反方向旋转偏心槽轮，使活动 V 形块松开，即可将工件取下，进行下一个工件的加工操作。

仍需要说明的是在每个夹具元件的工程图设计中，为使图面简洁，没有标注尺寸配合公差和结构之间的几何公差。夹具装配工程图中也没有注明配合公差和相互位置公差，讲述重点放在了夹具的结构设计和设计方法上。具体的尺寸配合公差和相互位置公差的标注设计，可参考第 1 单元的 1.5 夹具中常用的公差配合的内容。

【实例 15】　铣削凸轮轴用夹具的设计

凸轮轴加工件的工程图如图5-25所示。

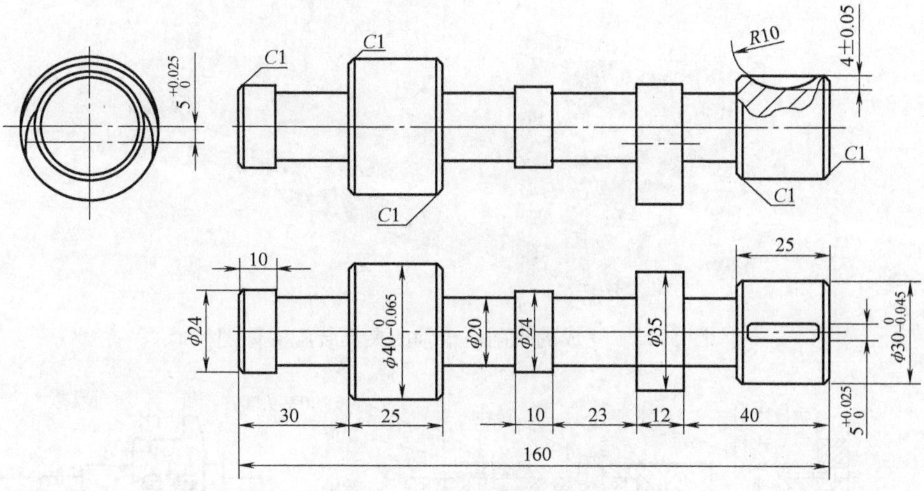

图5-25　凸轮轴的工程图

工序要求：凸轮轴加工件所有车削加工的圆柱面都已经加工完毕。本工序要求加工宽$5^{+0.025}_{0}$、深4 ± 0.05、$R10$的半圆键槽。生产规模为大批量。

设计任务：该凸轮轴工件在卧式普通铣床上加工。要求分别以$\phi30^{0}_{-0.045}$和$\phi40^{0}_{-0.065}$两个圆柱面作为主要定位基准，并在此处夹紧。同时，为保证半圆键槽与偏心凸轮在直径方向相对应，要求在偏心圆柱面处作径向定位；轴向则以轴的右端面定位，以保证键槽的轴向位置准确。

夹具的夹紧要牢固可靠，同时尽量缩短工件的装夹时间。铣削加工时采用直径$\phi28$的三面刃片铣刀，一次装夹完成。为保证半圆键槽位置的准确，要求为夹具设置对刀装置，以便确定铣刀的纵横两个方向的加工位置。

设计步骤及操作方法如下所述。

1. 确定定位方案

根据定位要求，选择凸轮轴$\phi30^{0}_{-0.045}$和$\phi40^{0}_{-0.065}$两个圆柱面作为主要定位基准。该工件的加工需要两个辅助定位基准，即以凸轮轴的右端面作为轴向定位基准；以偏心凸轮圆柱面作为旋转方向定位基准。因此，本工序需要限制6个自由度，实现完全定位。由于该零件不同于前面的零件，其长度比较长，如果只设一个固定定位点作为主要定位基准，在加工过程中刚性会很差，容易产生振动或偏移现象。为此，本夹具的主要定位元件采用两个固定V形块，而辅助定位元件则分别选用一个限位钉和一个活动V形块。限位钉用于轴向定位，活动V形块用于旋转方向的定位。

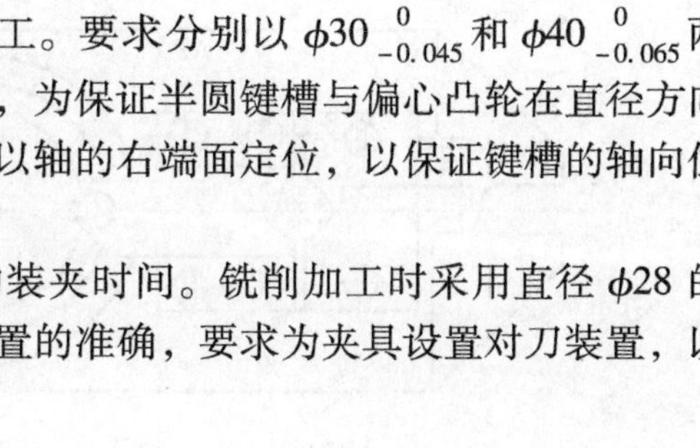

图5-26　凸轮轴实体模型的定位

（1）设计工件的实体模型　按凸轮轴工程图设计出工件的实体模型，在UG的装配环境下将其调入，并按加工时的状态，将其固定在三维空间的适合位置上，如图5-26所示。

（2）设计定位元件　根据凸轮轴工件定位的

三处外圆柱面的直径和长度尺寸，分别设计出两个固定 V 形块、一个活动 V 形块和一个限位钉。三种定位元件的细部构造可粗略地设计，待后面的元件设计完成并逐步装配后，再随时作调整和修改。需要注意的是，虽然都是固定 V 形块，但由于定位的两个圆柱面尺寸不一致，其具体的尺寸是不一样的，后面的夹紧元件也应如此。完成的 4 个定位元件如图 5-27 至图 5-30 所示。

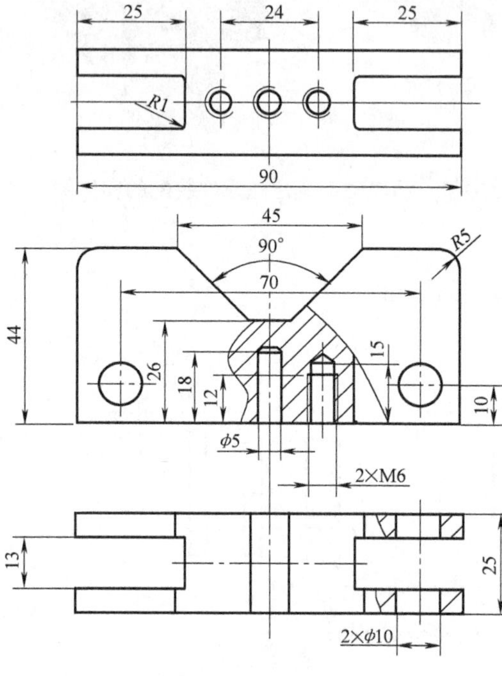

图 5-27　ϕ40 圆柱面的固定 V 形块

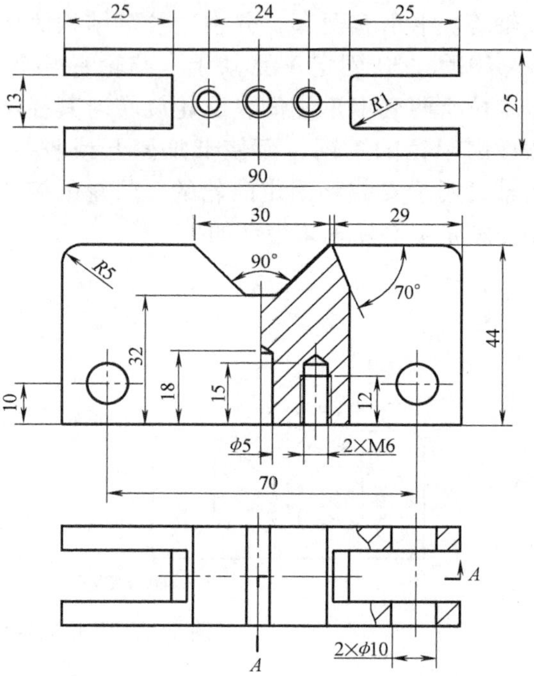

图 5-28　ϕ30 圆柱面的固定 V 形块

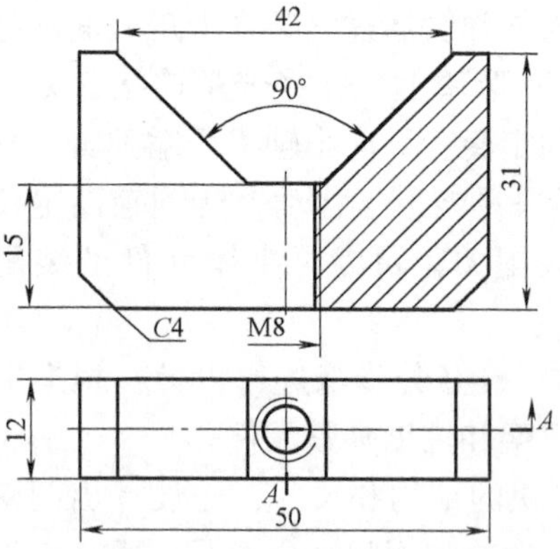

图 5-29　活动 V 形块

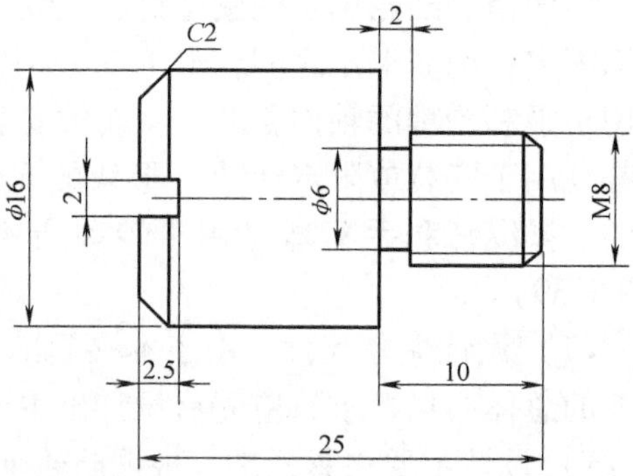

图 5-30　限位钉

（3）组装定位元件　根据定位方案，将设计好的两个固定 V 形块、一个活动 V 形块和限位钉，分别按其定位关系装配到凸轮轴工件上，其装配实体图和装配工程图分别如图5-31 和图 5-32 所示。

2. 确定夹紧方案

本夹具的夹紧与前面的夹具不同，因工件较长，需要在两处从工件侧上方进行夹紧。这样既能保证对工件的牢固夹紧，又能保证工件的装拆方便。

本夹具的主要夹紧元件有卡爪、凸轮、轮轴等。卡爪有两套，分别用铰链结构固定在$\phi40$和$\phi30$固定V形块上。凸轮有两个，分别位于两套卡爪之间，凸轮旋转时其径向表面因半径的不同，而使卡爪张开或收拢。轮轴是用于安装和固定凸轮的，凸轮的旋转动作就是依靠轮轴来带动的。

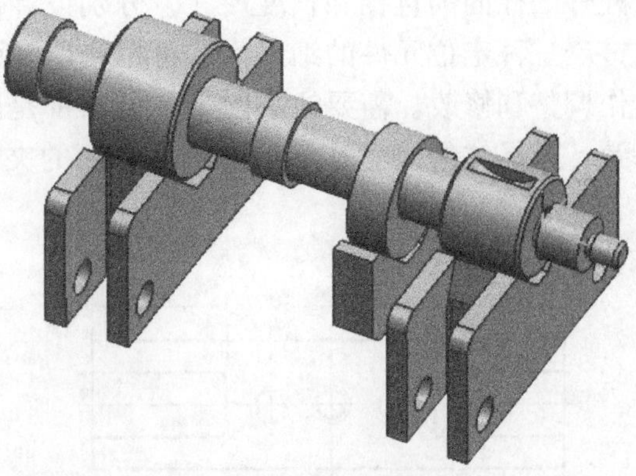

图 5-31　凸轮轴夹具定位元件装配的实体图

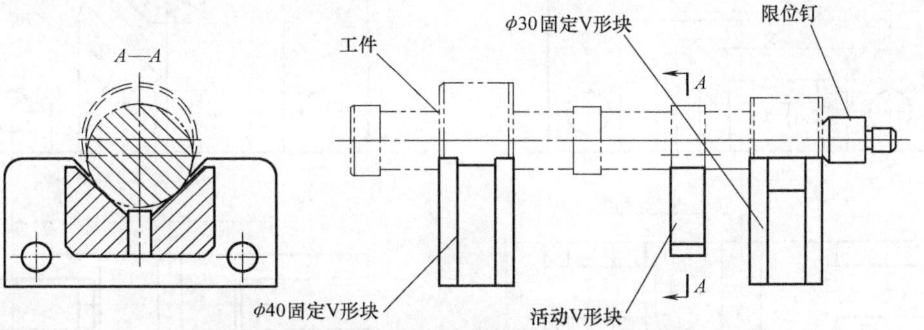

图 5-32　凸轮轴夹具定位元件装配的工程图

因本夹具的特殊夹紧方式，需要设置一个支撑架，用于安装或固定所有的主要夹紧元件及下面的辅助夹紧元件。支撑架是固定在夹具体上的，起到支撑和定位夹紧元件的作用。

辅助夹紧元件较多，有拉伸弹簧、卡爪轴、挡圈、挂钉、导向小轴、压缩弹簧、固定套、导向销、凸轮销、销紧螺钉、操纵杆、手柄球等。拉伸弹簧通过安装在卡爪底面的挂钉分别固定在两套卡爪之间，卡爪轴分别安装在两个固定V形块上，并将卡爪连接起来。挡圈用于限制轮轴的轴向移动，将轮轴安装到支撑架上。固定套、导向小轴、压缩弹簧、导向销都是用于安装或限定活动V形块的元件，使活动V形块只能上下移动，达到辅助定位的目的。操纵杆和手柄球是用于转动凸轮轴的。具体的装配关系可参见夹紧元件的装配图(图5-39)。

（1）设计夹紧元件　由于本夹具的夹紧元件比较多，最好分步骤进行设计。根据夹紧方案的总体布局要求，应先后设计出主要夹紧元件、支撑架和辅助夹紧元件。

1）设计主要夹紧元件。根据凸轮轴、两个固定V形块的结构和尺寸，先设计出两套卡爪，即卡爪1和卡爪2。注意，这两个卡爪与两个固定V形块的相互配合关系，两个卡爪的工程图如图5-33和图5-34所示。再根据两个卡爪的结构及其之间的尺寸设计出凸轮，如图5-35所示。为减少夹具元件的数量，在设计卡爪及其装配关系时，应使两个卡爪之间的横向距离保持一致，这样就可以使用同一种规格的凸轮。最后，根据凸轮和卡爪的结构及其配合情况设计出轮轴，如图5-36所示。

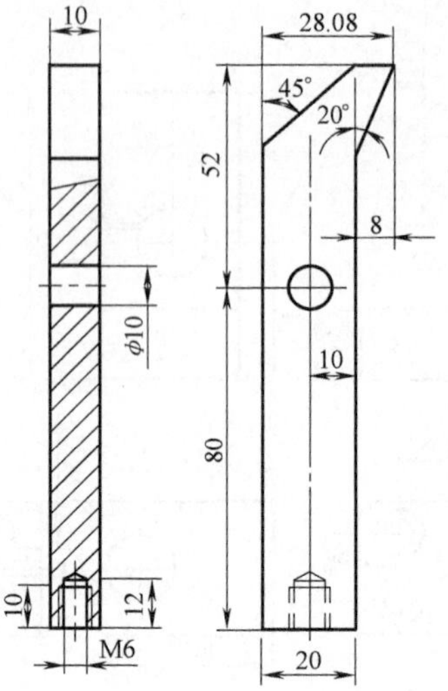

图 5-33　卡爪 1

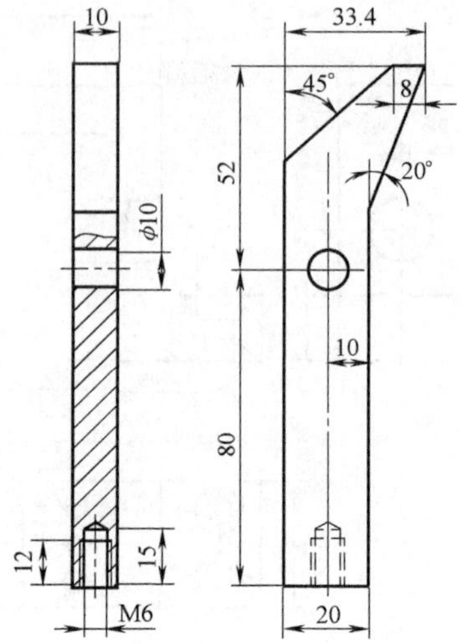

图 5-34　卡爪 2

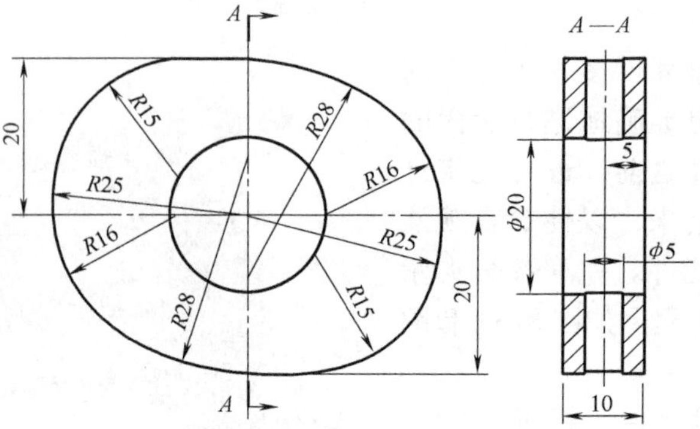

图 5-35　凸轮

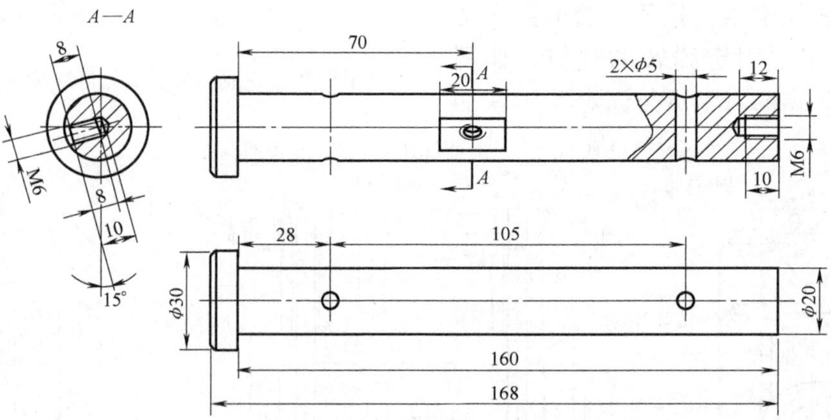

图 5-36　轮轴

2）设计支撑架。根据凸轮轴、固定 V 形块、卡爪、轮轴和凸轮的结构、尺寸以及它们之间的相互配合位置，设计出支撑架，如图 5-37 所示。注意，在设计轮轴时，如果发现前面所设计的元件在结构和尺寸上有不合适的情况，则应及时加以修改和调整。

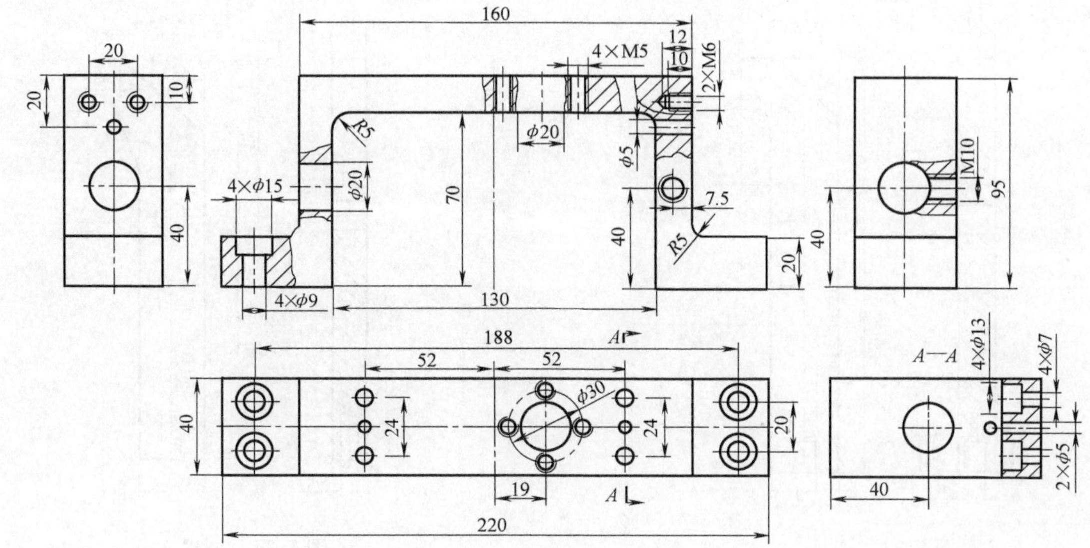

图 5-37　支撑架

由于本夹具的夹紧元件多，相互之间的关联也比较多，为更准确地进行后面的设计，在设计辅助元件之前，最好先将已完成设计的元件组装起来，以便更直观地设计后面的辅助夹紧元件。完成部分夹紧元件装配的实体图和工程图如图 5-38 和图 5-39 所示。

3）设计辅助夹紧元件。根据两对卡爪之间的距离设计出的拉伸弹簧，如图 5-40所示。根据卡爪与拉伸弹簧的配合关系，设计出用于固定弹簧的挂钉，如图 5-41所示。根据两对卡爪与固定 V 形块的

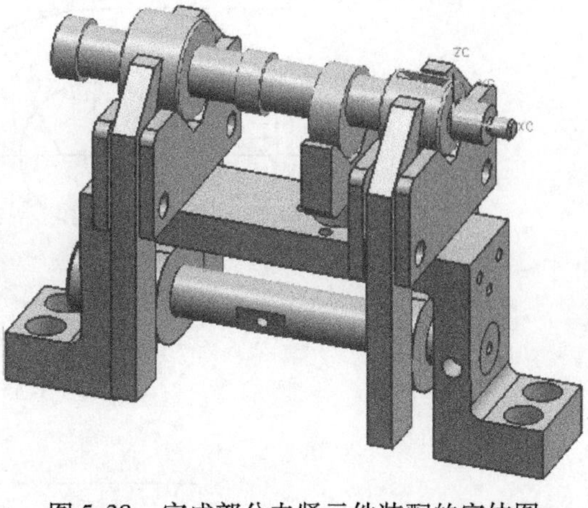

图 5-38　完成部分夹紧元件装配的实体图

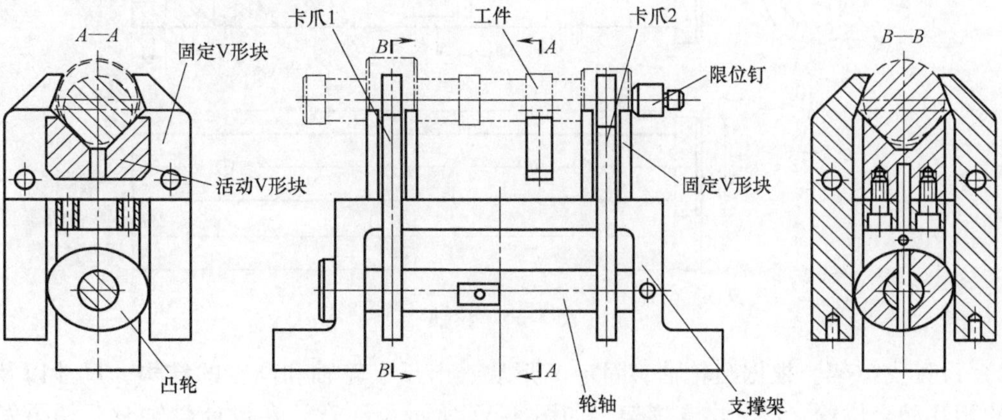

图 5-39　完成部分夹紧元件装配的工程图

结构和配合关系，设计出的卡爪轴，如图 5-42 所示。

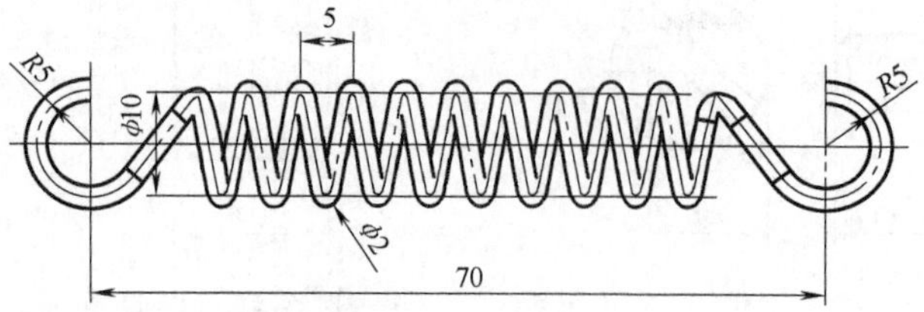

图 5-40　拉伸弹簧

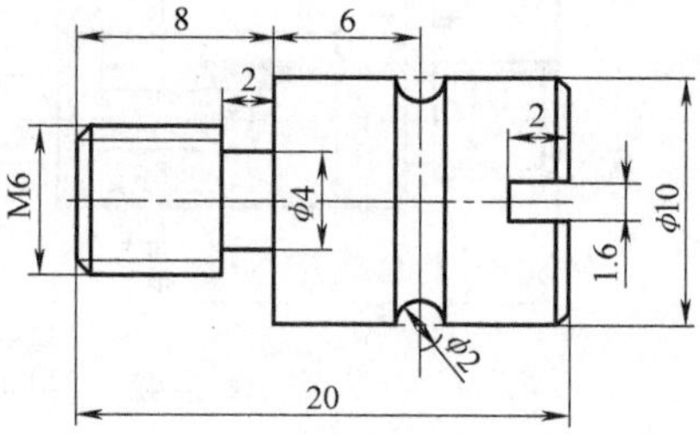

图 5-41　挂钉

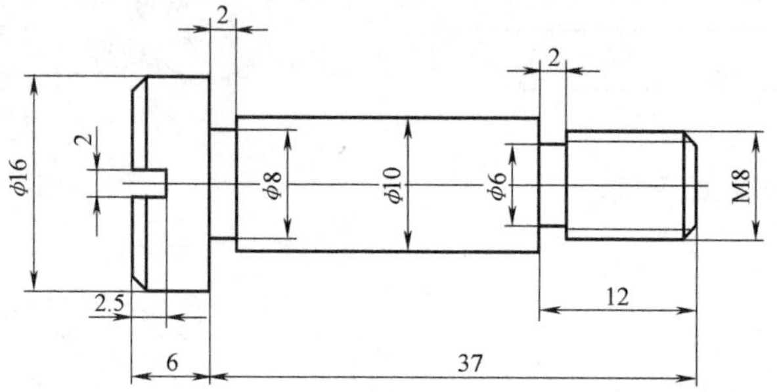

图 5-42　卡爪轴

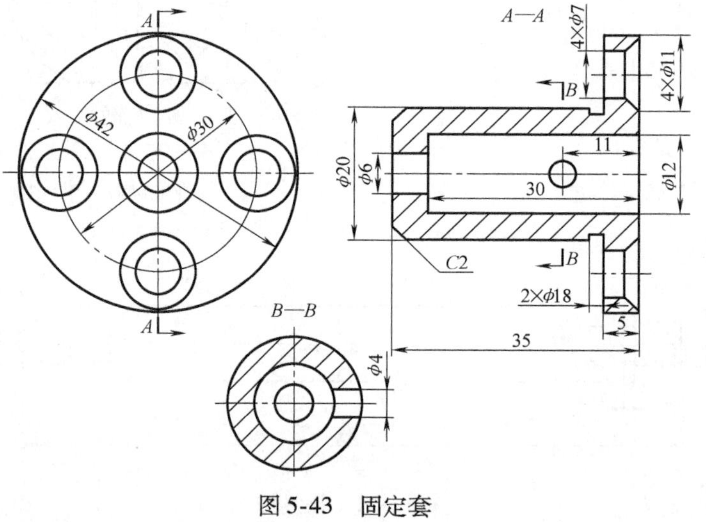

图 5-43　固定套

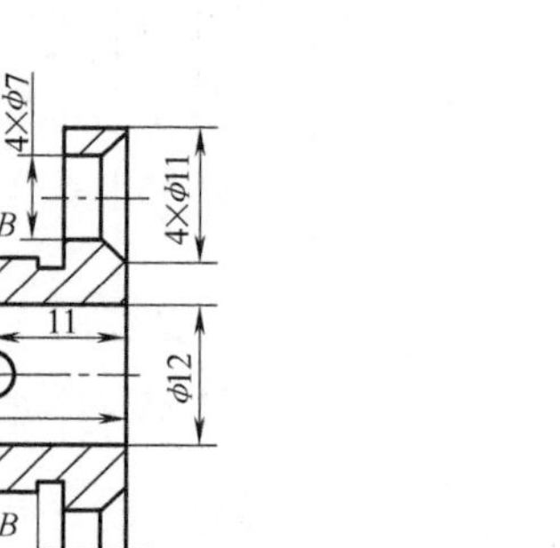

图 5-44　压缩弹簧

根据活动 V 形块和支撑架的结构及配合关系设计出的固定套，如图 5-43 所示。根据固定套和活动 V 形块的结构及其配合关系，分别设计出压缩弹簧、导向小轴和导向销，如图 5-44 至图 5-46 所示。

根据凸轮和轮轴的结构及配合关系设计出的凸轮销，如图 5-47 所示。根据轮轴和支撑架的结构及配合关系设计出的锁紧螺钉和挡圈，如图 5-48 和图 5-49 所示。最后，根据轮轴的结构与尺寸，设计出手柄球和操纵杆，如图 5-50 和图 5-51 所示。

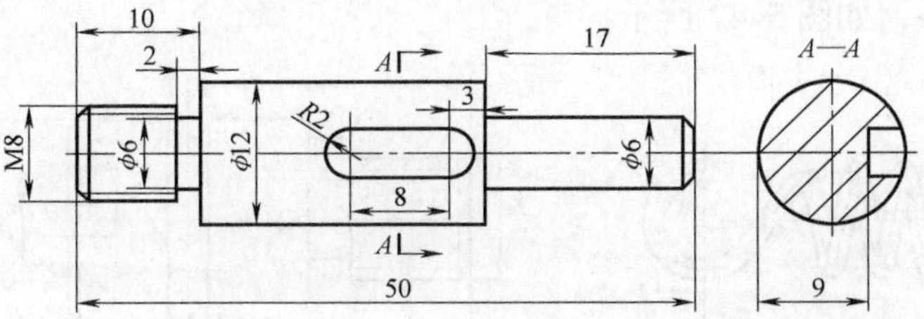

图 5-45　导向小轴

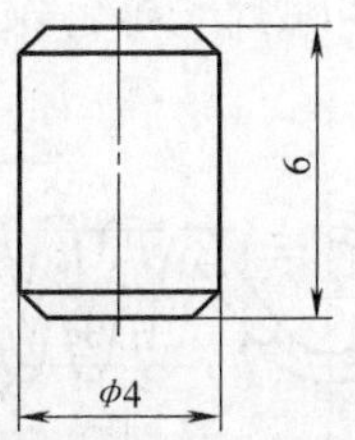

图 5-46　导向销

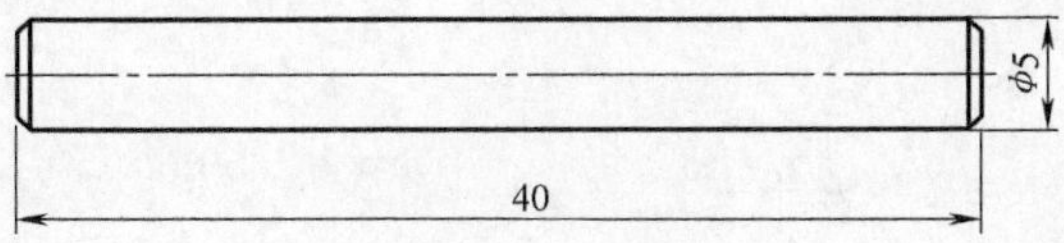

图 5-47　凸轮销

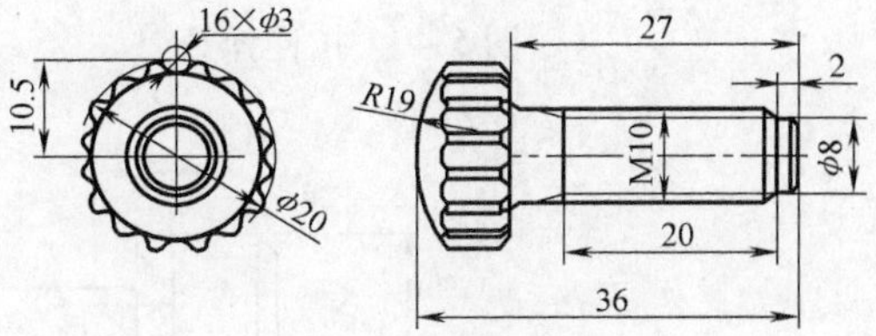

图 5-48　锁紧螺钉

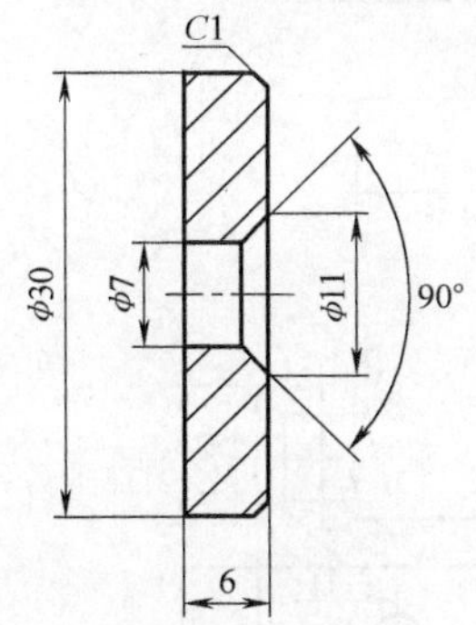

图 5-49　挡圈

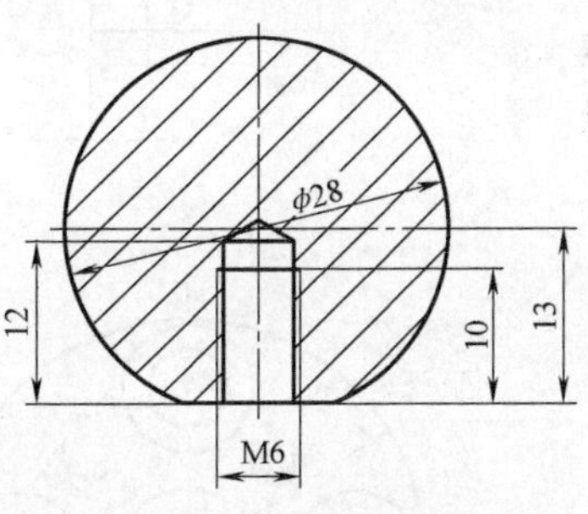

图 5-50　手柄球

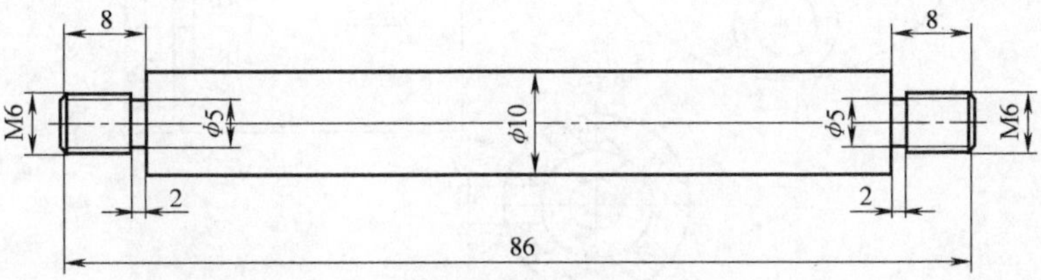

图 5-51　操纵杆

（2）设计紧固元件　在夹紧机构中所用到的紧固元件主要是结构和尺寸不同的螺钉、螺母、销钉、垫圈等。具体的紧固元件为 M6 ×15 沉头螺钉，M8 ×20 和 M6 ×20 平头螺钉，M8 和 M6 螺母，ϕ5 ×25 销钉，ϕ9 垫圈等。为节省篇幅，不再给出这些紧固元件的工程图，读者可根据本书各夹具的总装配图和相应标准自行设计。

（3）组装夹紧机构　因为前面已经完成了主要夹紧元件和支撑架的装配。可根据夹紧方案，先将所有的辅助夹紧元件装配到已完成的装配结构上。装配设计中，要注意后装配的元件与已装配的元件之间保持正确的配合关系。如果发现有偏差的情况，应该对具体元件的结构、尺寸及配合方式进行必要的调整和编辑。完成所有夹紧元件的装配后，再将所有的紧

固元件组装到装配结构中。最后，完成夹紧和紧固元件装配的实体图和工程图，分别如图 5-52 和图 5-53 所示。

3. 确定对刀方案

根据设计任务要求，在夹具中要有对刀装置，以便在铣削半圆键槽时使刀具正确地对准工件的加工部位。

（1）设计对刀块　本夹具采用侧装对刀结构形式。对刀装置由两个元件组成，即 Y 方向的对刀块和 X 方向的对刀调整螺钉。刀具对刀时，先将 $\phi28$ 三面刃铣刀的径向面对准对刀调整螺钉的端面，再将铣刀的侧面对准对刀块的基准面，然后，进行铣

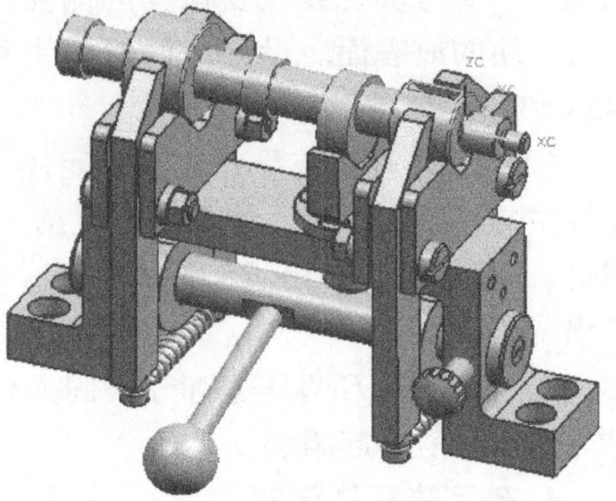

图 5-52　完成夹紧和紧固元件装配的实体图

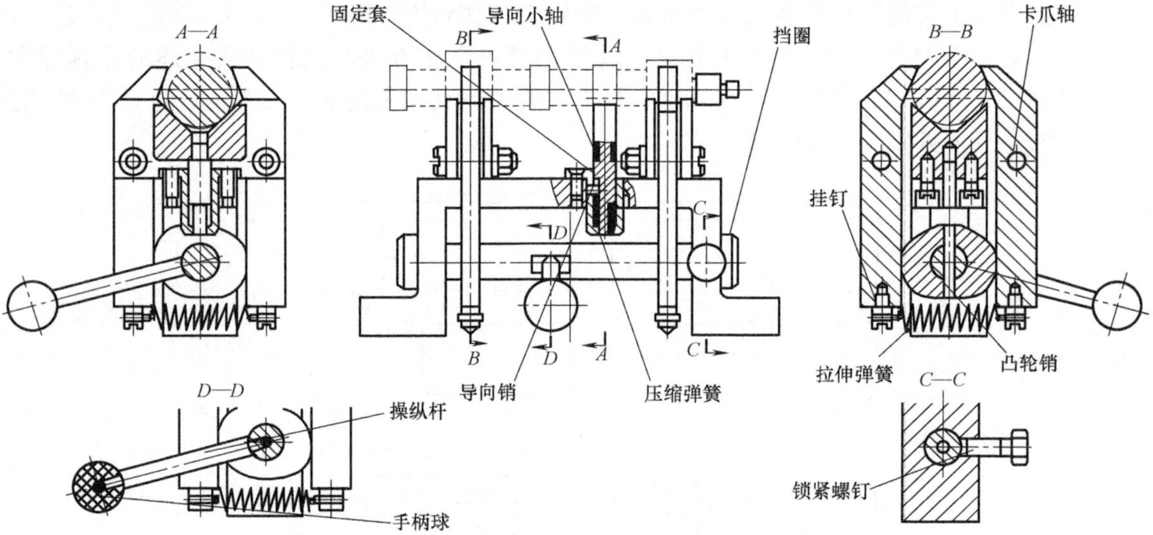

图 5-53　完成夹紧和紧固元件装配的工程图

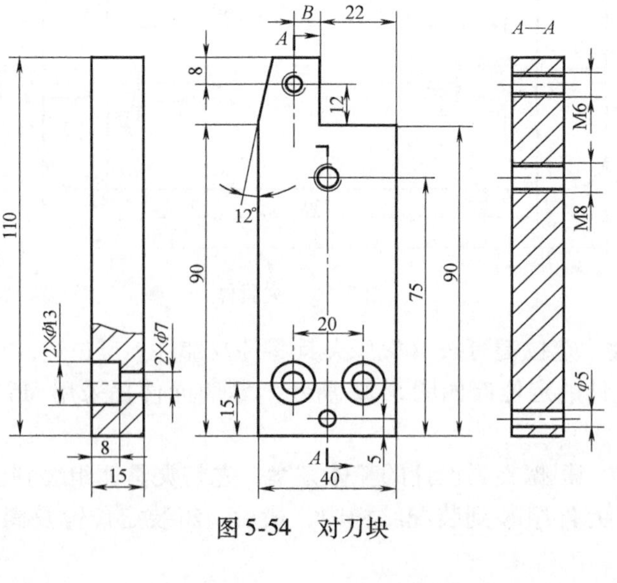

图 5-54　对刀块

削加工。对刀块安装在支撑架的侧面，而对刀调整螺钉则安装在对刀块的前表面。设计出的对刀块和对刀调整螺钉分别如图5-54和图5-55所示。

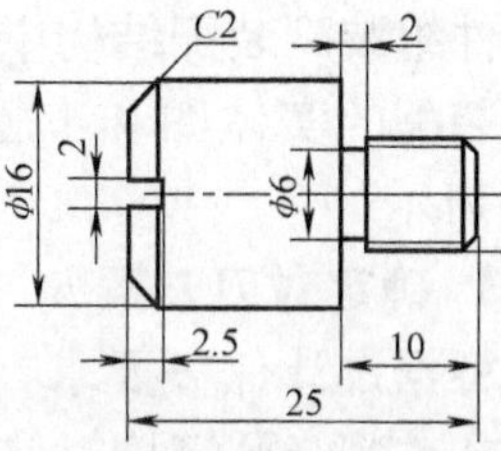

图5-55　对刀调整螺钉

（2）设计对刀装置上的紧固元件　对刀装置中所用的紧固元件主要是紧固螺钉、螺母和定位销。紧固元件是M6×20平头螺钉、M6螺母和$\phi 5\times 25$圆柱销，这些元件都是标准件，不再给出工程图。

对刀块、对刀调整螺钉等紧固元件设计好后，可等到夹具体完成设计后一起组装。

4. 确定夹具体结构

本夹具的夹具体仍采用铸造毛坯的平板式结构。设计夹具体时，在满足承载全部夹具元件的前提下，尽量减小其体积和重量。由于整个夹具通过夹具体安装在铣床的工作台上，因此，需要设计定位键，以便将夹具体准确地固定在工作台上。

（1）设计夹具体　在设计夹具体时，先要测算一下全部夹具元件所占空间的位置和大小，以确定夹具体的总体尺寸。在细部结构上主要考虑其加工制造应具有良好的工艺性。完成设计的夹具体如图5-56所示。

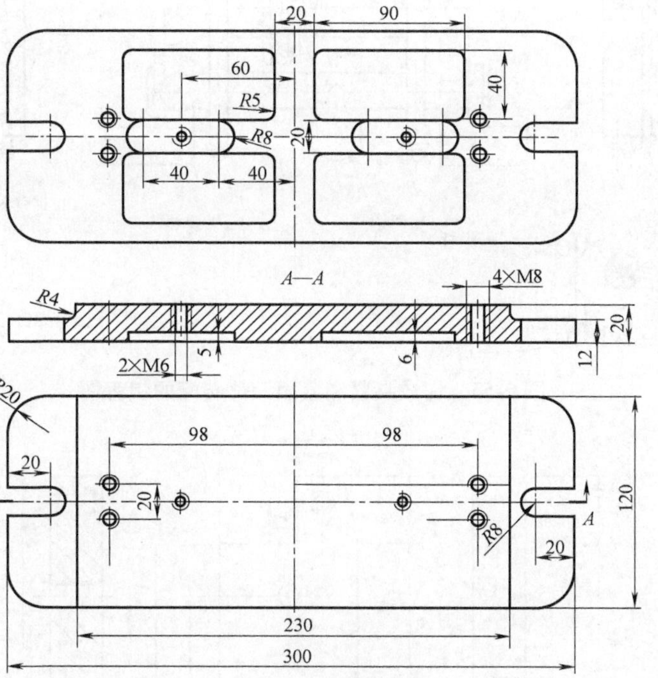

图5-56　夹具体

（2）设计定位键　定位键可按《机床夹具零件及部件　定位键》（JB/T 8016—1999）A型进行设计。完成设计的定位键如图5-22所示。紧固元件仍采用M6×20平头螺钉，用于紧固定位键。

（3）组装夹具体　根据夹具设计的整体方案，先将夹具体组装到已完成的装配结构中；再将前面完成的对刀元件组装到装配结构中；最后，组装定位键及尚未组装的其他紧固元

件。至此，完成铣削凸轮轴夹具的全部设计。该夹具的装配实体图和装配工程图分别如图 5-57 和图 5-58 所示。

5. 夹具的特点

本夹具的特点是，在长度方向上有两处定位点，工件的定位准确可靠。在两处定位点都设有夹紧装置，且能够实现联动夹紧，操作方便快捷。在限制旋转方向自由度上，采用弹簧驱动的活动 V 形块进行自动控制。本夹具适合中、小型零件的加工。

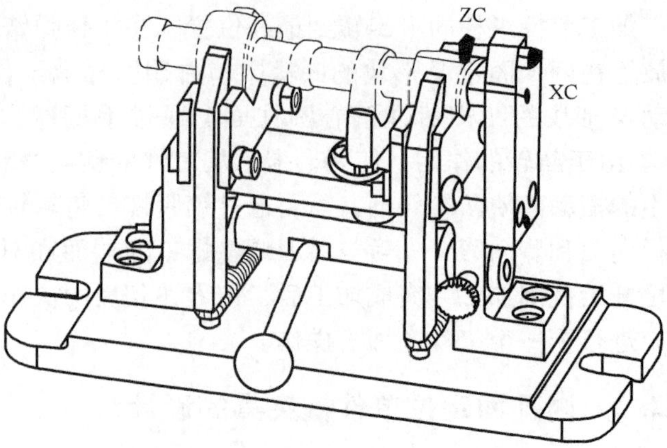

图 5-57　铣削凸轮轴夹具的装配实体图

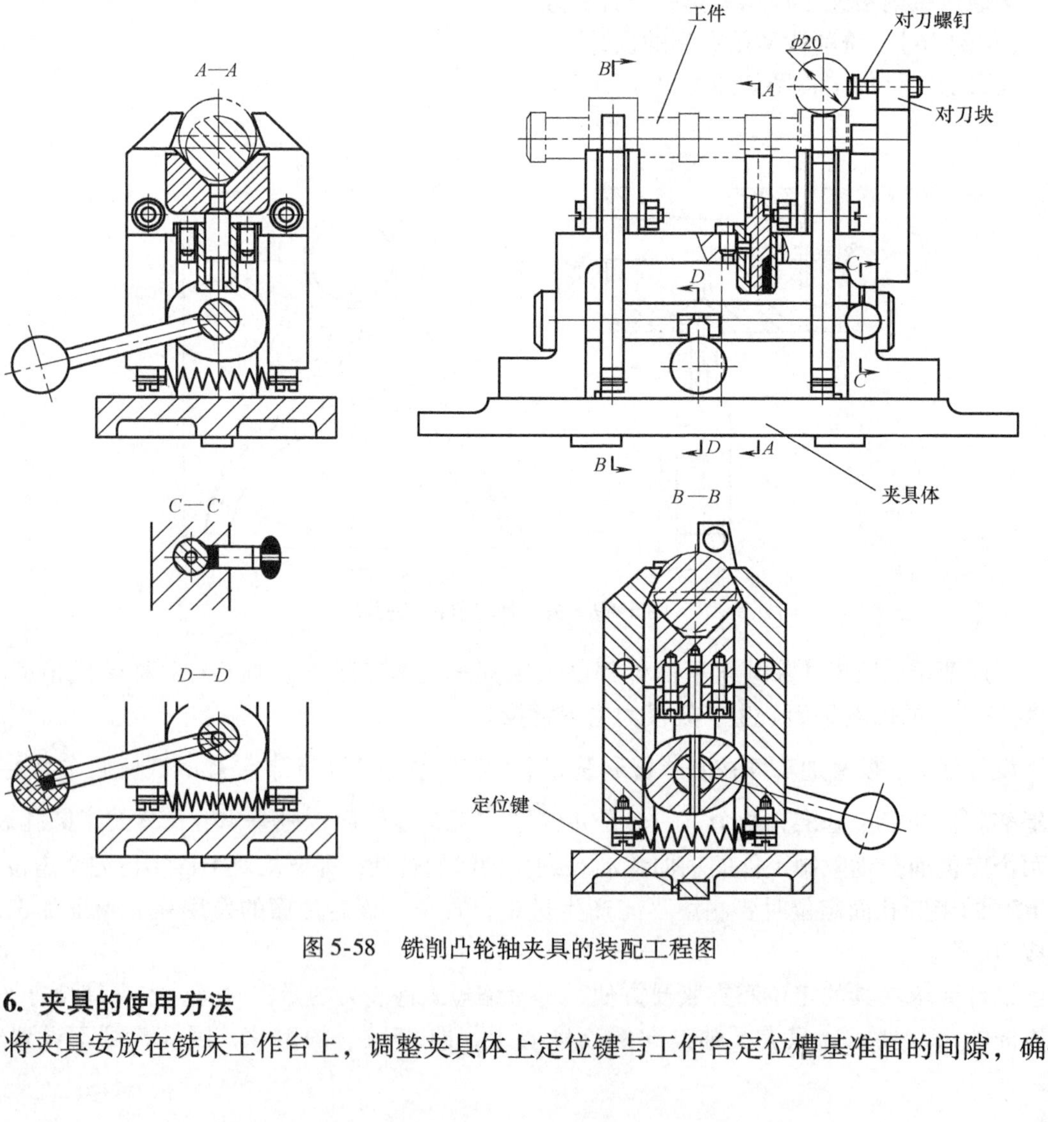

图 5-58　铣削凸轮轴夹具的装配工程图

6. 夹具的使用方法

将夹具安放在铣床工作台上，调整夹具体上定位键与工作台定位槽基准面的间隙，确保

对刀块与刀具之间准确的进刀方位。然后，用紧固螺栓将夹具固定在工作台上。

加工前操纵杆向上旋转到最高位置，在拉伸弹簧的作用下，两套卡爪呈张开状态。将工件放置在两个固定V形块的凹槽中，右端面靠紧限位钉的定位面上，偏心圆柱面向下，使活动V形块的凹槽对准偏心圆柱面。通过手柄球、操纵杆，旋转轮轴使凸轮向下旋转约15°。由于凸轮的作用，使两套卡爪从工件的侧上方将工件牢固地夹紧。为防止加工中可能产生的振动而使凸轮转动，需要通过锁紧螺钉将轮轴锁紧。操纵铣床工作台，使三面刃铣刀的径向刃和侧向刃，先后与对刀调整螺钉的端面和对刀块的对刀面对准，调整至加工位置，即可开始铣削加工。完成加工后，按上述相反的操作步骤，使两处卡爪张开，即可将工件取下，进行下一个工件的加工操作。

5.2.2 内孔面定位单件铣夹具的设计

内孔面定位单件铣夹具，其主要定位基准是工件已加工的内孔圆柱面，再选择其他表面作为辅助定位面。此类夹具通常采用心轴及其端面进行定位，并从端面夹紧工件。具体的设计方法通过铣削拨叉工件用夹具的设计讲述。

【实例16】 铣削拨叉用夹具的设计

拨叉加工件的工程图如图5-59所示。

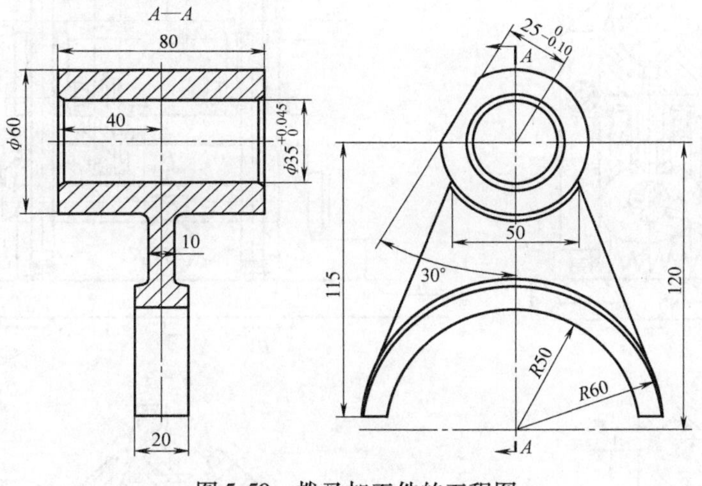

图5-59 拨叉加工件的工程图

工序要求：该工件除倾斜平面外都已加工完毕。本工序要求加工与对称轴成角度30°、长度$25_{-0.10}^{0}$的倾斜平面。生产规模为中等批量。

设计任务：拨叉加工件在卧式普通铣床上加工。要求以$\phi35_{0}^{+0.045}$孔的圆柱面作为主要定位基准。辅助定位基准有两个，一个是$\phi35_{0}^{+0.045}$孔的左端面；另一个是*R*50的半圆孔表面。这两个定位面分别限制工件的轴向移动和绕孔轴线的转动，即要求对工件实行完全定位。在用*R*50的半圆孔面定位时要注意不能产生过定位现象，该定位面的作用是要保证加工倾斜面成30°角。

设计要求夹具的定位和夹紧要方便，尽量缩短工件装夹的操作时间。本夹具没有x和y轴方向的尺寸要求，只有z轴方向的高度要求，即$25_{-0.10}^{0}$的尺寸，因此，可不设置对刀

装置。

设计步骤及操作方法如下所述。

1. 确定定位方案

根据定位要求，选择 $\phi35^{+0.045}_{0}$ 孔的圆柱面作为主要定位基准。该工件的加工需要两个辅助定位基准，即以拨叉的左端面作为轴向辅助定位基准；以 *R*50 的半圆孔表面作为旋转方向辅助定位基准。因此，本工序需要限制工件的 6 个自由度，实现完全定位。本夹具的主要定位元件为长心轴。辅助定位元件分别为长心轴的轴肩端面和一个弹性定位环套。定位环套主要用于限制工件的旋转自由度。

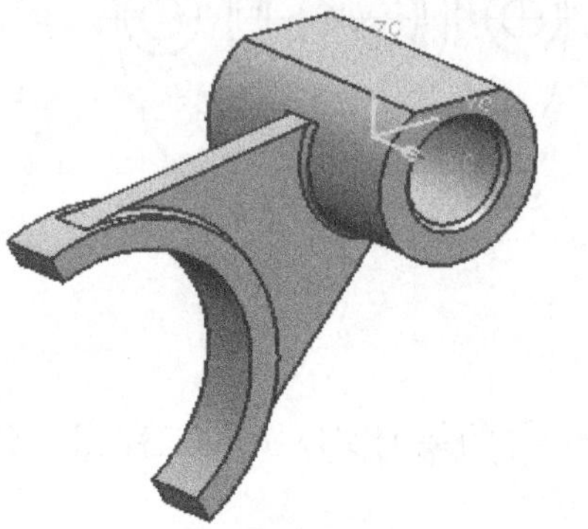

图 5-60　拨叉工件实体模型的定位

（1）设计工件实体模型　根据拨叉工件的工程图设计出工件的实体模型，在 UG 的装配环境下将其调入，并按加工时的状态，将其固定在三维空间的适合位置上，如图 5-60 所示。

（2）设计定位元件　根据拨叉工件的主要定位基准 $\phi35^{+0.045}_{0}$ 孔的尺寸，设计出夹具的主要定位元件，即长心轴，如图 5-61 所示。注意，长心轴元件同时担当拨叉工件中心和轴向定位的作用，限制了工件的 5 个自由度。根据图 5-59 所示拨叉半圆孔的直径尺寸 *R*50、角度 30°和长度 120，设计出的（弹性）定位环套如图 5-62 所示。在设计定位环套时，应考虑其结构必须保证不能对长度 120 产生过定位的情况，同时，其具体结构要具有良好的可操作性，即有效地限定旋转自由度。为确定定位环套的空间位置，需设计定位轴，同时该定位轴也起到将定位环套连接到夹具体上的作用。设计的定位轴如图 5-63 所示。

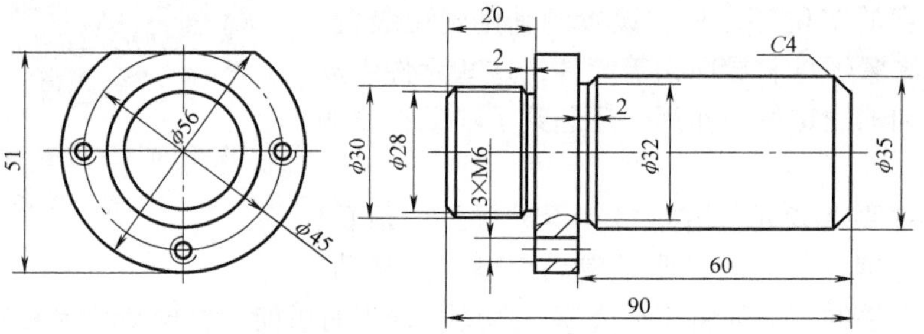

图 5-61　长心轴

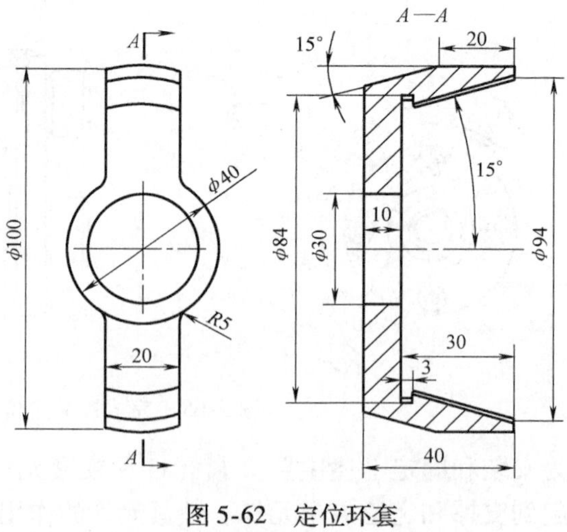

图 5-62　定位环套

（3）组装定位元件　根据定位方案，将设计好的三个定位元件，即长心轴、定位轴和定位环套，分别按其定位关系装配到拨叉工件上。完成拨叉定位

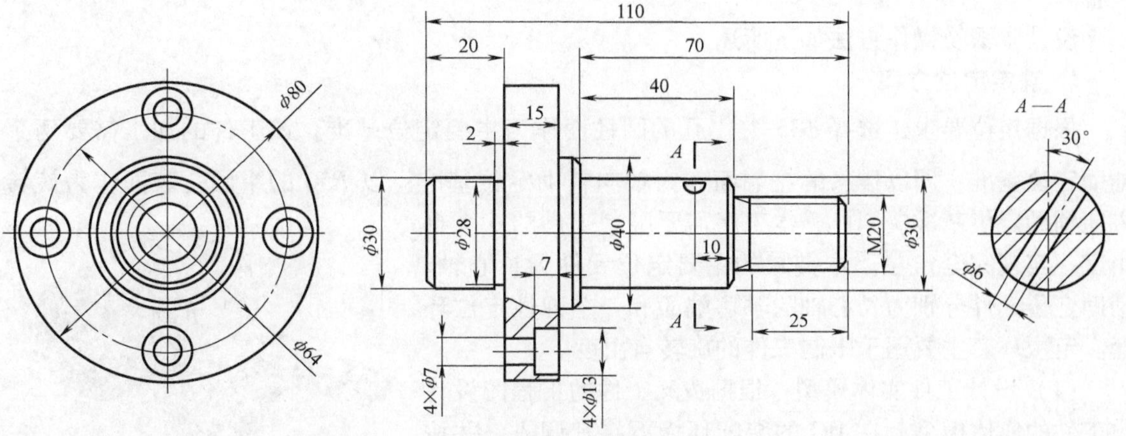

图 5-63　定位轴

元件的装配实体图和工程图，分别如图 5-64 和图 5-65 所示。

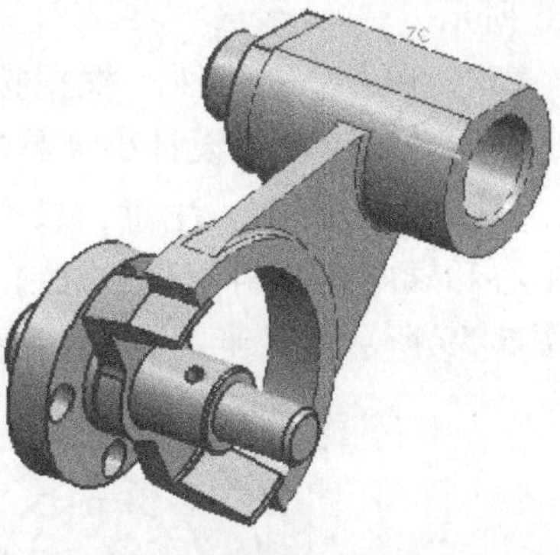

图 5-64　完成拨叉定位元件装配的实体图

2. 确定夹紧方案

内孔面定位夹具通常从内孔一侧的端面将工件夹紧。本夹具采用螺旋操纵机构，通过螺杆、滑动螺母、顶套等作为主要夹紧元件，从工件的右端进行夹紧。在限制旋转自由度的定位环套处，设置的辅助定位装置，其上有锥套、胀紧螺母、导向销等元件，这些元件组成的装置不仅起到辅助定位的作用，还起到了辅助夹紧的作用。

本夹具的主要夹紧元件有螺杆、滑动螺母、顶套、导向钉等。通过螺杆的旋转，驱动滑动螺母向左移动，推动顶套压紧工件的右端面将工件夹紧。为防止加工时可能产生振动影响夹紧的可靠性，还需设置锁紧装置。锁紧装置中的元件有锁紧螺套、锁紧心套、锁紧螺杆等。

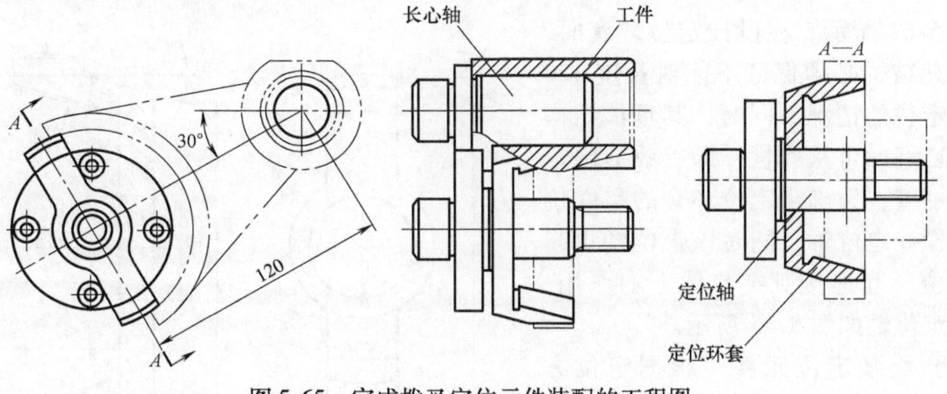

图 5-65　完成拨叉定位元件装配的工程图

为安装和固定上述主要夹紧元件和锁紧元件，需要设置一个尾架。尾架固定在夹具体上，起到支撑和定位夹紧元件、锁紧元件的作用。

辅助夹紧元件主要是操纵件，如手轮和手柄等。手轮和手柄的作用就是操纵螺杆的正反方向的旋转动作。

（1）设计夹紧元件　由于本夹具的夹紧元件比较多，可分步骤进行设计。根据夹紧方案的总体布局要求，应先后设计出主要夹紧元件、尾架和辅助夹紧元件。

1）设计主要夹紧元件。根据工件和长心轴的结构和尺寸，设计出顶套、螺杆、滑动螺母，其螺杆和滑动螺母均设计成左螺纹，以便符合正常的夹紧操作习惯。3 个主要夹紧元件的工程图如图 5-66 至图 5-68 所示。用于导向滑动螺母的导向钉需要等尾架完成设计后才能进行设计。

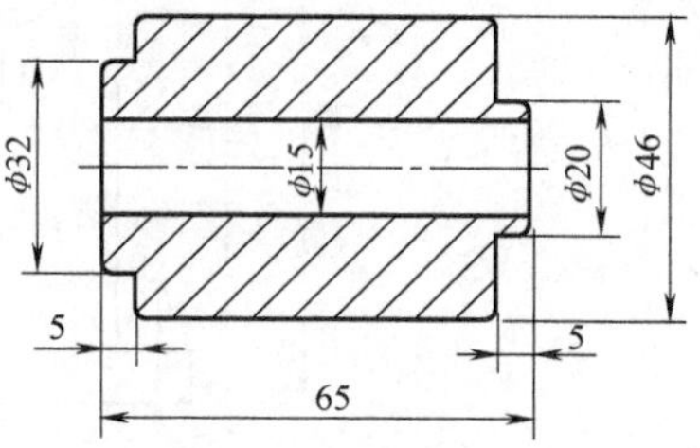

图 5-66　顶套的工程图

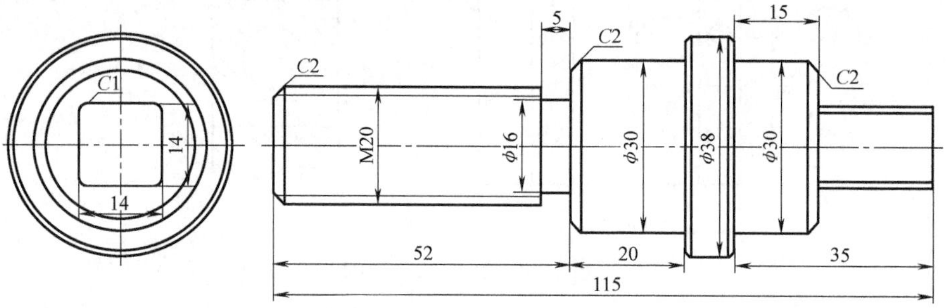

图 5-67　螺杆的工程图

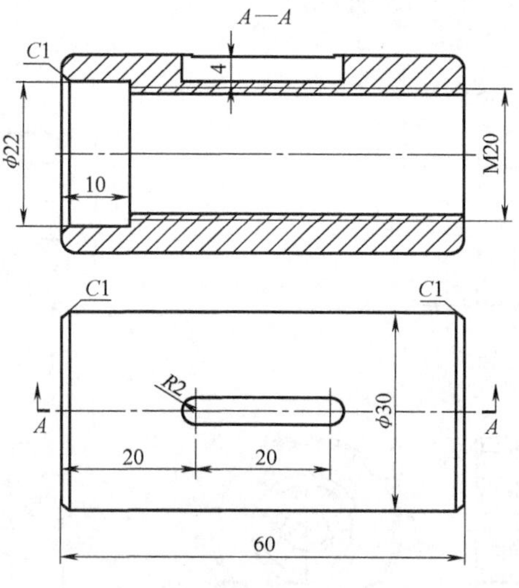

图 5-68　滑动螺母的工程图

2）设计尾架。根据拨叉夹具的总体结构和尺寸，以及螺杆、滑动螺母、顶套等元件的相互位置，设计出尾架，其工程图如图 5-69 所示。在设计尾架时，如果发现以上夹紧元件和锁紧元件在结构和尺寸上有不合适的地方，要及时进行修改和调整，以保证其与尾架有正确的配合关系。

3）设计锁紧元件。根据滑动螺母、尾架的结构、尺寸和配合关系，设计出锁紧螺套、

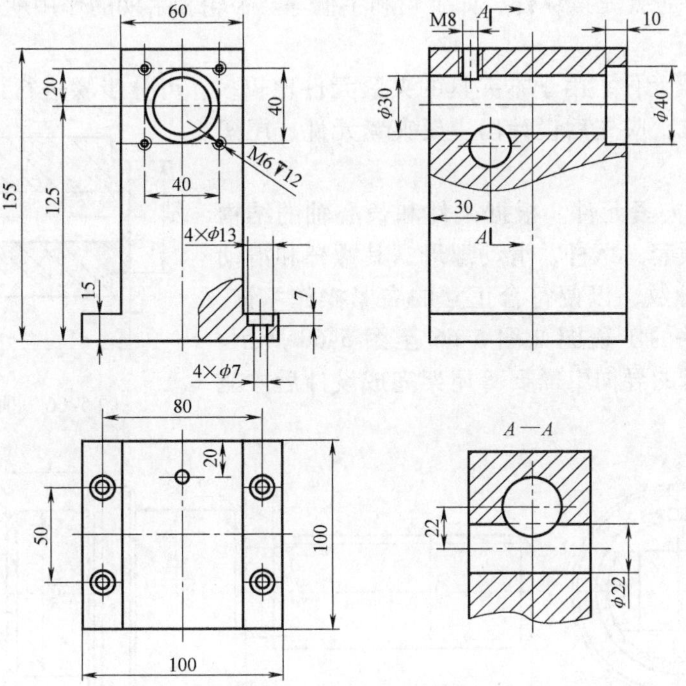

图 5-69　尾架的工程图

锁紧心套和锁紧螺杆，其工程图如图 5-70 至图 5-72 所示。同时，将用于导向滑动螺母的导向钉也设计出来，其工程图如图 5-73 所示。

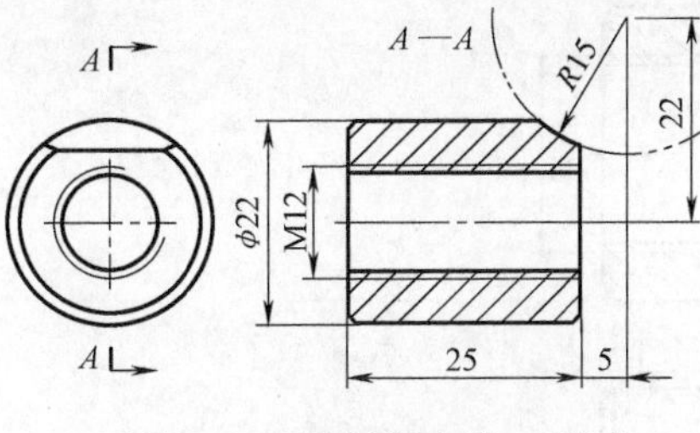

图 5-70　锁紧螺套的工程图

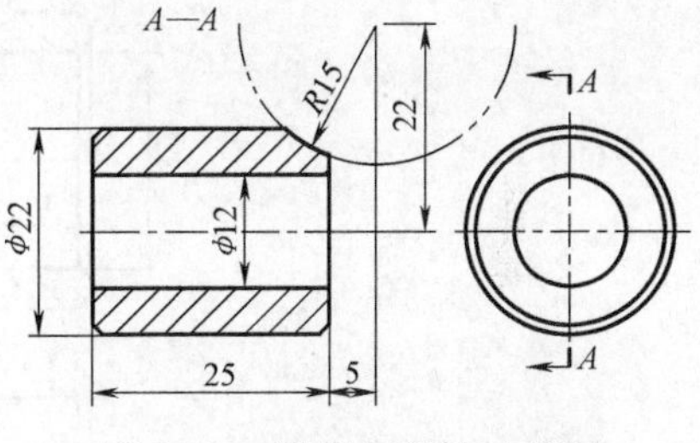

图 5-71　锁紧心套的工程图

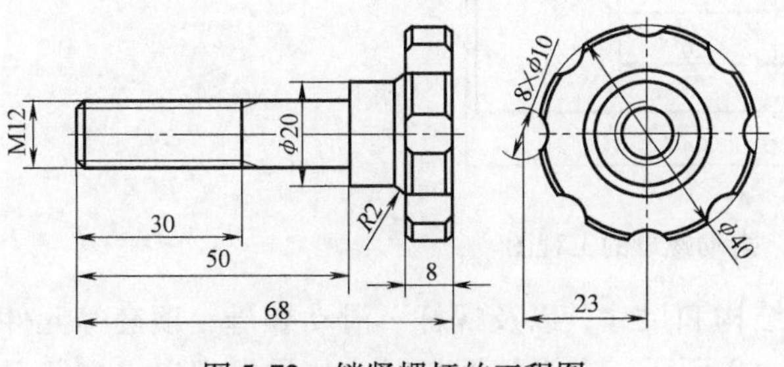

图 5-72　锁紧螺杆的工程图

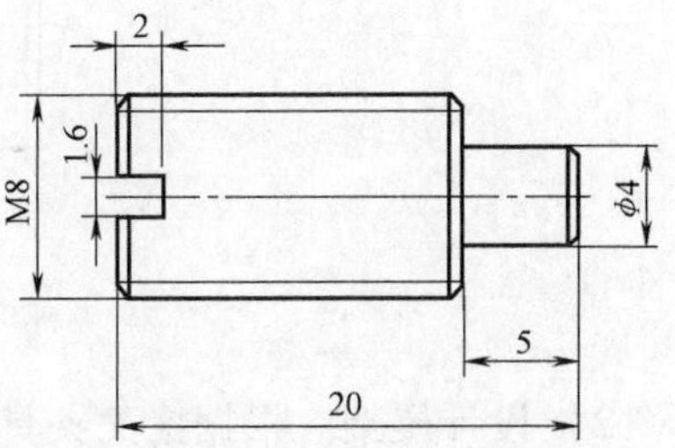

图 5-73　导向钉的工程图

4）设计辅助夹紧元件。辅助夹紧元件分为两个部分，即主要定位机构中的辅助夹紧元件和辅助定位机构中的辅助夹紧元件。

主要定位机构中的辅助夹紧元件就是操纵件，即手轮和手柄。设计手轮时主要参考螺杆

的结构和尺寸。手柄要依据手轮的尺寸来确定。手轮和手柄两个操纵件的工程图如图 5-74 和图 5-75 所示。

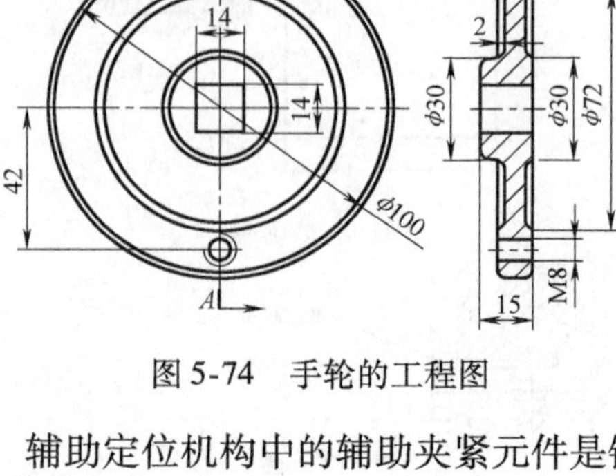

图 5-74　手轮的工程图

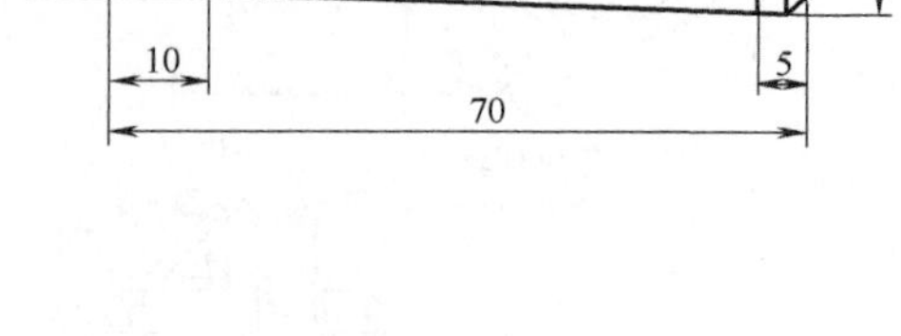

图 5-75　手柄的工程图

辅助定位机构中的辅助夹紧元件是锥套、胀紧螺母和导向销。这三个元件的设计可根据定位轴、定位环套的结构和尺寸来进行，其工程图如图 5-76 至图 5-78 所示。

图 5-76　锥套的工程图

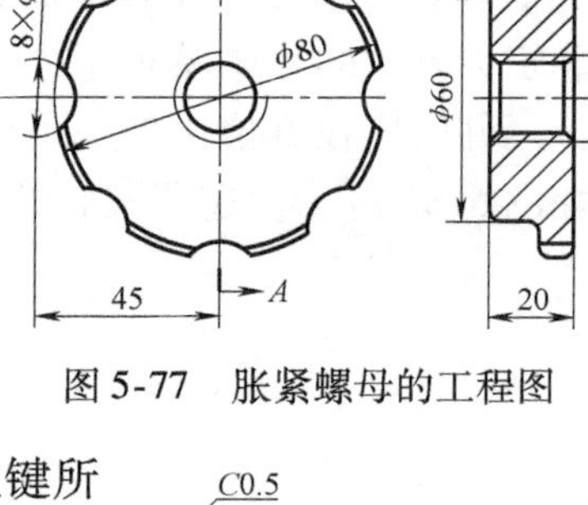

图 5-77　胀紧螺母的工程图

（2）设计紧固元件　本夹紧机构中和后面定位键所用到的紧固元件只有 M6×20、M6×10 平头螺钉和 M6×15 沉头螺钉。不再给出这些元件的工程图。

（3）组装夹紧机构　根据夹紧方案，先将所有的主要夹紧元件、锁紧元件和尾架装配到已完成定位元件装配的结构中。装配设计时，要注意查看是否有需要调整的元件及其结构和尺寸的修改情况；再将主要定位机构中的辅助夹紧元件装配到相应的结构中；最后将辅助定位机构中的辅助夹紧元件装配到夹具中。最终完成的拨叉夹具夹紧机构装配的实体图和工程图，分别如图 5-79 和图 5-80 所示。

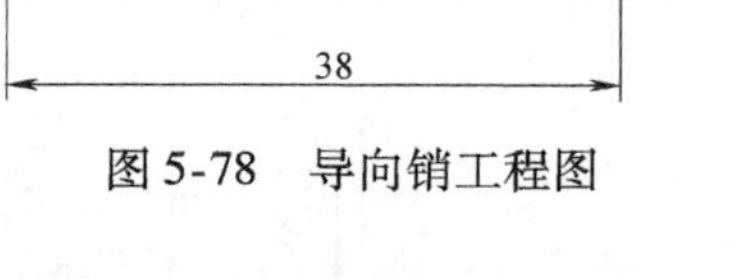

图 5-78　导向销工程图

3. 确定夹具体结构

本夹具的夹具体采用铸造毛坯的角铁式结构。设计夹具体时，主要考虑它的刚性和结构的紧凑性，在薄弱部位可增设加强筋板。由于整个夹具是通过夹具体安装在铣床的工作台上，因此，需

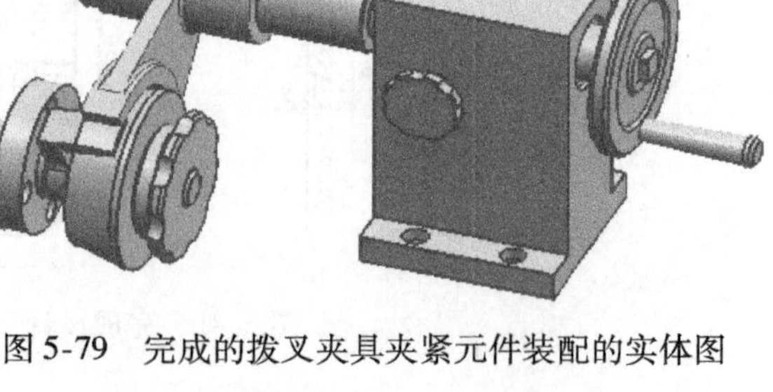
图 5-79　完成的拨叉夹具夹紧元件装配的实体图

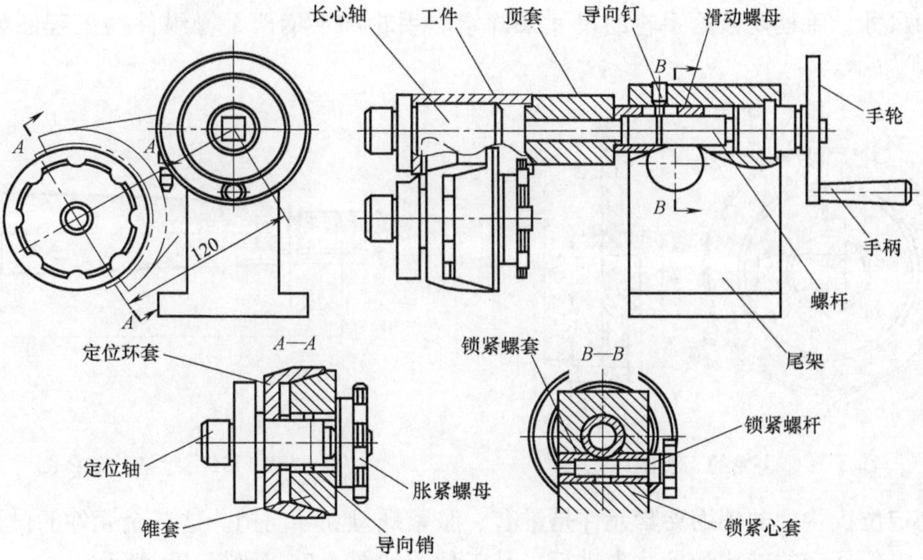

图 5-80　完成拨叉夹具夹紧元件装配的工程图

要设计定位键，以便将夹具体准确地固定在工作台上。

（1）设计夹具体　在设计夹具体时，先依据已经完成装配的夹具结构，测量出各部位的尺寸，再确定夹具体的总体尺寸。在夹具体的具体结构上主要考虑两方面问题：一是能合理地安排各个元件的所在方位；二是夹具体本身具有良好的加工工艺性。完成设计的拨叉夹具体工程图如图 5-81 所示。在尾架后端还应加装一个端盖，用于固定螺杆的轴向位置，设

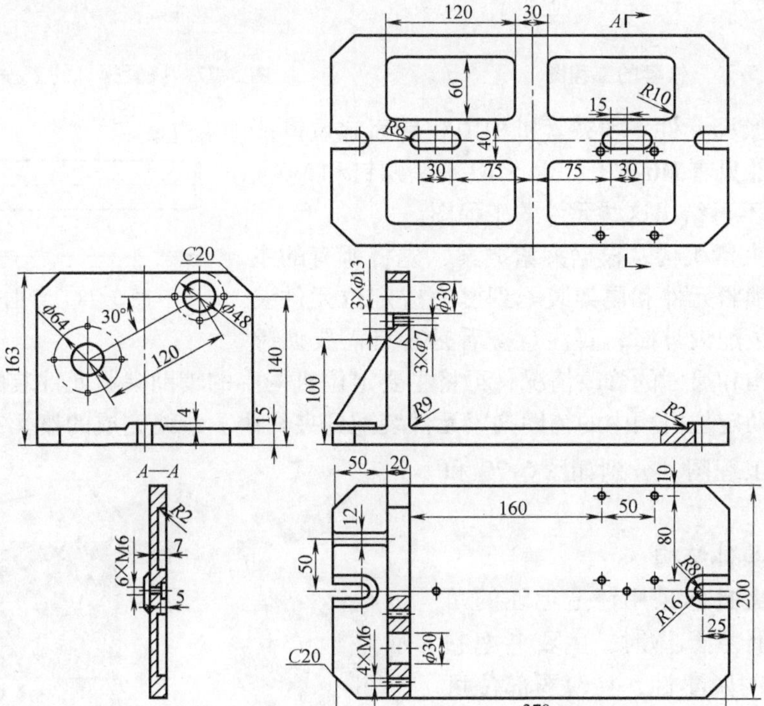

图 5-81　完成设计的拨叉夹具体工程图

计的端盖工程图如图 5-82 所示。

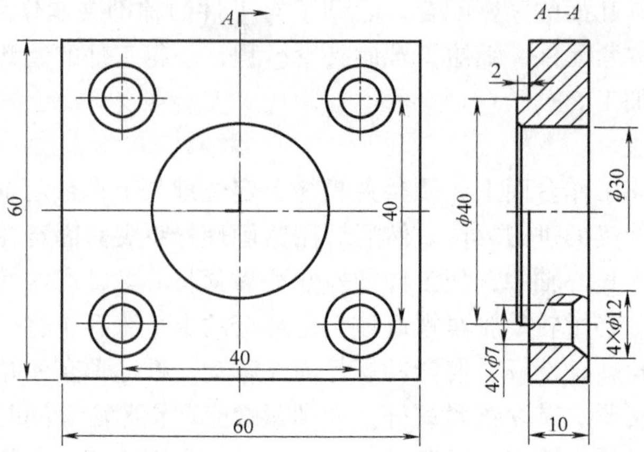

图 5-82　端盖工程图

（2）设计定位键　定位键可按《机床夹具零件及部件　定位键》（JB/T 8016—1999）A 型进行设计，完成设计的夹具体定位键如图 5-22 所示。固定定位键所用的紧固元件采用 M6×10 平头螺钉。

（3）组装夹具体等元件　根据铣削拨叉用夹具设计的整体方案，先将其夹具体和端盖组装到已完成的装配结构中；再组装定位键；最后将所有紧固元件组装上去。至此，完成铣削拨叉夹具的全部设计。该夹具装配的实体图和装配工程图，分别如图 5-83 和图 5-84 所示。

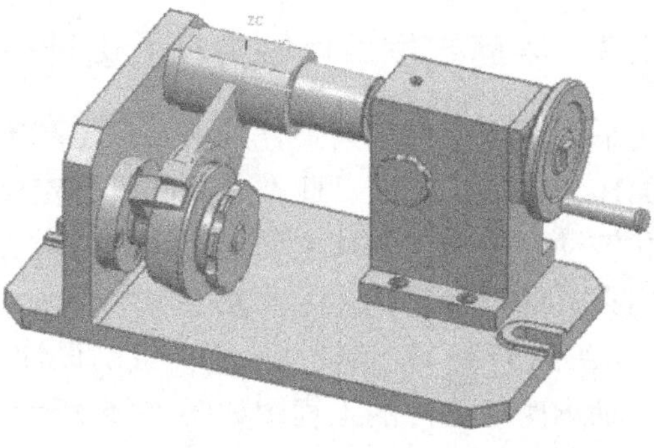

图 5-83　铣削拨叉夹具的装配实体图

4. 夹具的特点

铣削拨叉用夹具的特点是采用带肩的长心轴和定位环套作为定位元件，实现了对工件的

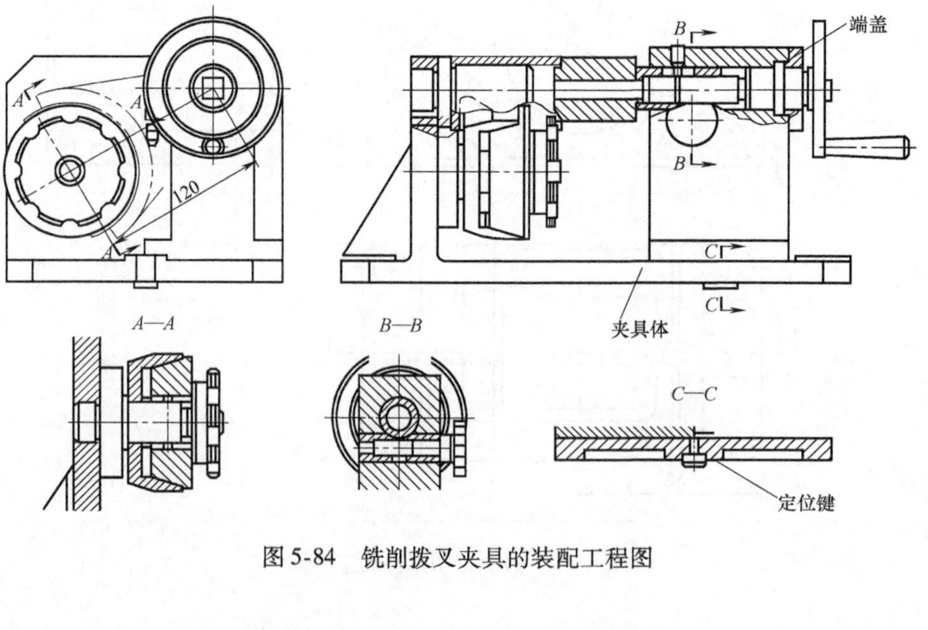

图 5-84　铣削拨叉夹具的装配工程图

完全定位。定位环套采用了削边形式，避免了两个轴距之间产生过定位现象。同时，通过锥套圆锥面与定位环套锥孔面的紧密配合，起到了对工件的辅助夹紧作用。在主夹紧机构中，使用了顶套作为过渡夹紧元件，缩短了螺旋夹紧行程，使得工件的装卸都非常快捷。本夹具适合中、小型零件的加工。

5. 夹具的使用方法

将夹具安放在铣床工作台面上，调整夹具体上定位键与工作台定位槽基准面的间隙，确保对刀块与刀具之间准确的进刀方位。然后，用紧固螺栓将夹具固定在工作台上。

加工前将工件插入长心轴中，使工件的左端面靠紧长心轴轴肩端面上；同时使工件半圆孔对准在定位环套上。轻微转动胀紧螺母使定位环套的卡爪张开，将工件在旋转方向上准确定位。通过手柄、手轮转动螺杆，使滑动螺母向左移动，推动顶套使其左端面压紧工件的端面，确保工件可靠地夹紧。转动锁紧螺杆，使锁紧螺套和锁紧心套同时向中心移动，将滑动螺母锁住。再转动胀紧螺母使定位环套进一步将工件在下面将工件夹紧。此时，工件实现完全定位并被夹紧，即可开始铣削加工。完成加工后，按相反的操作步骤，即可将工件取下，进行下一个工件的加工操作。

5.2.3 平面定位单件铣夹具的设计

平面定位单件铣夹具，其主要定位基准是选择工件已加工或未加工的平面，再选择其他表面作为辅助定位面。此类夹具的具体定位方式比较复杂，应根据工件结构的特点来确定主要和辅助定位面，并从主要定位面方向对工件进行夹紧。具体的设计方法通过铣削轴承座工件用夹具的设计来讲述。

【实例17】 铣削轴承座用夹具的设计

轴承座加工件的工程图如图5-85所示。

工序要求：工件除与轴承盖相配合的止口槽外都已加工完毕。本工序要求加工与底面呈

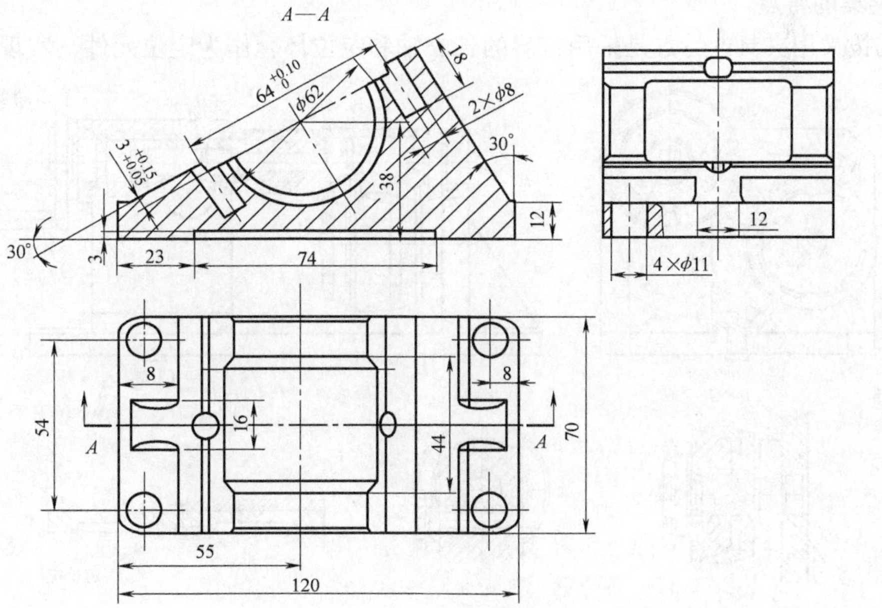

图5-85 轴承座加工件的工程图

30°夹角、宽 $64^{+0.10}_{0}$、深 $3^{+0.15}_{+0.05}$的止口槽。生产规模为中等批量。

设计任务：该工件在卧式普通铣床上加工。要求以轴承座已完成加工的底平面作为主要定位基准。辅助定位基准分别以轴承座相互垂直的两个侧面进行定位。这两个侧面定位基准分别限制工件两个方向的直线移动和绕主平面法线轴的转动，即要求对工件实行完全定位。

要求夹具的定位和夹紧要牢固可靠，工件的装夹和拆卸要方便。由于轴承座止口槽的位置关系到与轴承盖的紧密配合，因此应设置对刀装置，以保证切削加工的准确和方便。

设计步骤及操作方法如下所述

1. 确定定位方案

根据定位要求，选择轴承座工件底平面作为主要定位基准。再选择工件底座的长侧面和短侧面两个平面作为辅助定位面。这样可以限制工件的 6 个自由度，实现完全定位。本夹具则采用呈 30°角的三角形基体和平板形的定位板作为主要定位元件。辅助定位元件则采用三个定位钉，两个布置在底座的长侧面，一个布置在底座的短侧面上，依靠定位钉的圆柱面进行定位。

（1）设计工件的实体模型　按轴承座工件的工程图设计出工件的实体模型，在 UG 的装配环境下将其调入，并按加工时的状态，将其固定在三维空间的适合位置上，如图 5-86 所示。

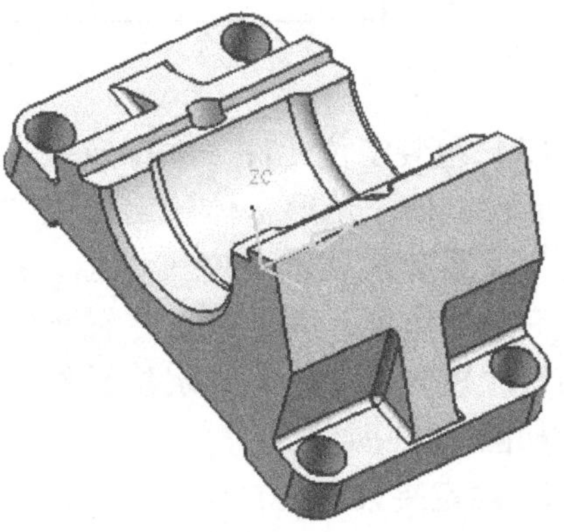

图 5-86　轴承座实体模型的定位

（2）设计定位元件　根据工件定位的主要基准即轴承底平面，分别设计出三角形基体和定位板，如图 5-87 和图 5-88 所示。这两个元件既确定了工件的加工角度，又限制工件的 3 个自由度，即两个转动和一个直线移动。再设计三个定位钉，以其圆柱面对轴承座侧平面进行定位，又可以限制 3 个自由度，即两个直线移动和一个转动。这三个定位钉都固定在定位板的表面上。设计的定位钉如图 5-89 所示。

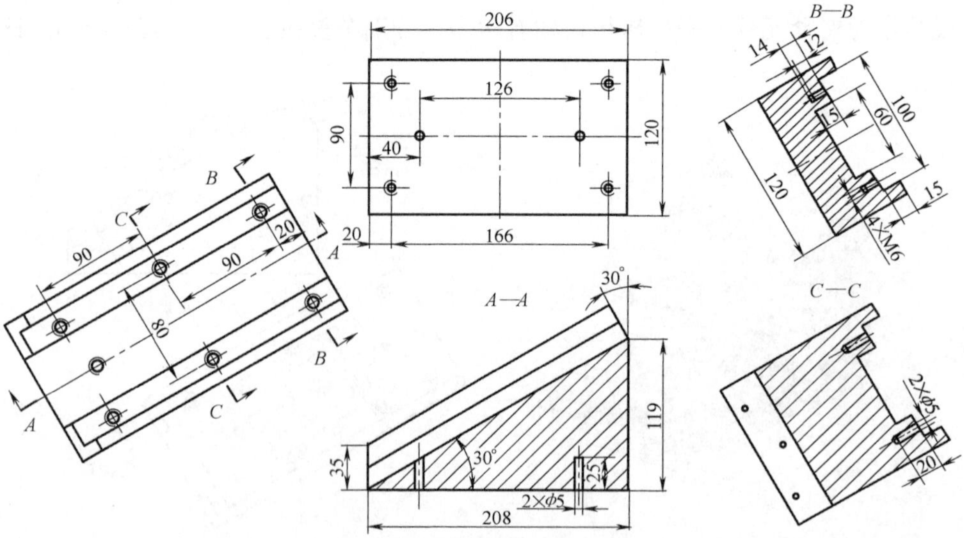

图 5-87　完成设计的三角形基体

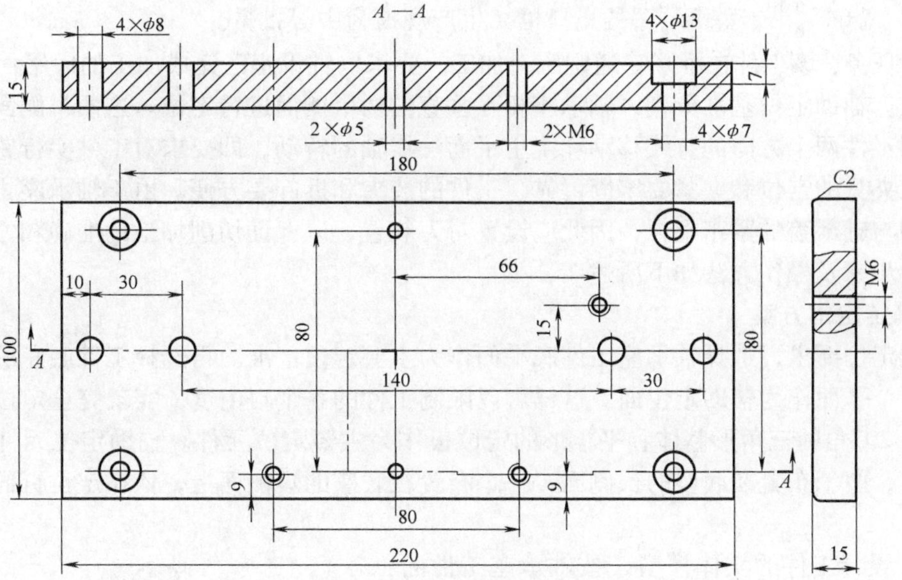

图 5-88　完成设计的定位板

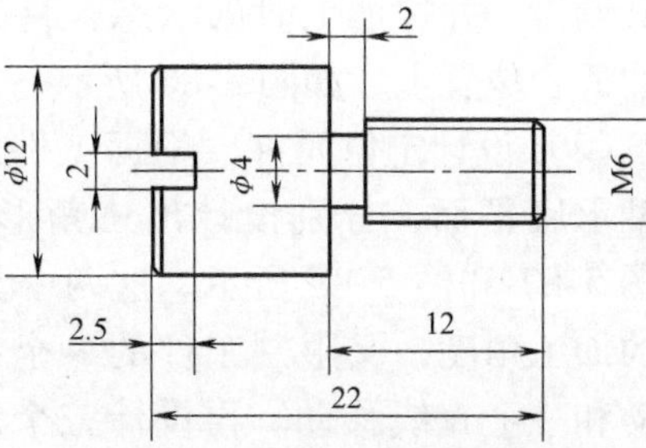

图 5-89　完成设计的定位钉

（3）组装定位元件　根据定位方案，将设计好的定位元件，即三角形基体、定位板和定位钉，分别按其定位关系装配到轴承座工件上。注意，3 个定位钉应成三角形布置，两个布置在轴承座的长侧面上，一个布置在短侧面上。完成定位元件装配的实体图和工程图如图 5-90 所示。

2. 确定夹紧方案

平面定位夹具一般从主要定位基准面的法线方向将工件进行夹紧，使工件牢固地压向定位面上，以保证切削加工时有足够的刚性。本夹具采用螺旋压板机构，选用压紧螺母、螺杆、开口垫圈、翻转压板等作为夹紧元件。螺旋压板机构有两套，分别布置在工件短侧面的两侧。选用翻转

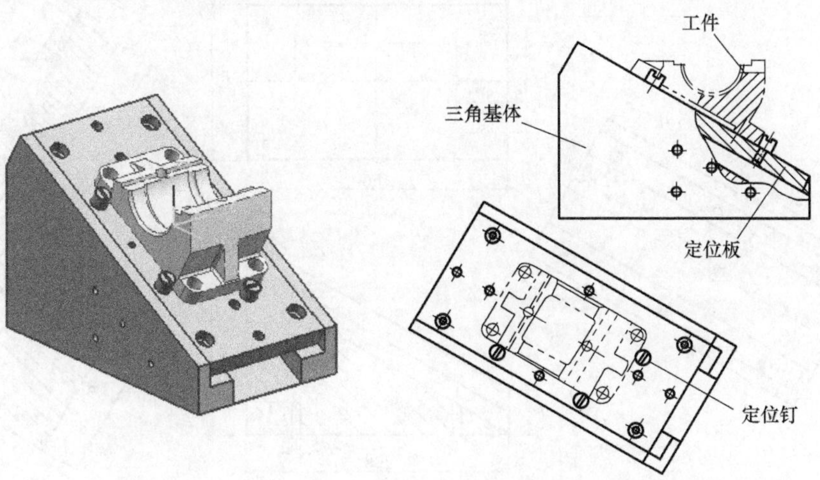

图 5-90　完成定位元件装配的实体图和装配工程图

压板形式，主要是为了工件的装夹和拆卸方便。选用螺旋压紧方式，是为了保证有足够的夹紧力和可靠的自锁性能。

（1）设计夹紧元件　根据工件的结构和尺寸，首先，设计出翻转压板，因为它的结构和尺寸直接关系到其他夹紧元件的设计。设计翻转压板时要兼顾工件两侧的细部结构，使两个压板具有相同的结构和尺寸，以减少元件的种类。完成设计的翻转压板如图 5-91 所示。其次，依据翻转压板的结构和尺寸，设计出压板支座、螺杆、压紧螺母，如图 5-92 至图 5-94所示。最后，依据上述元件的结构和尺寸，完成设计出开口垫圈和支座轴，如图 5-95 和图 5-96 所示。

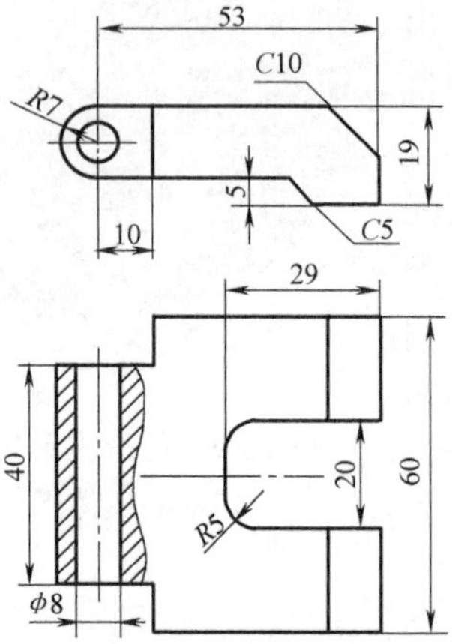

图 5-91　完成设计的翻转压板

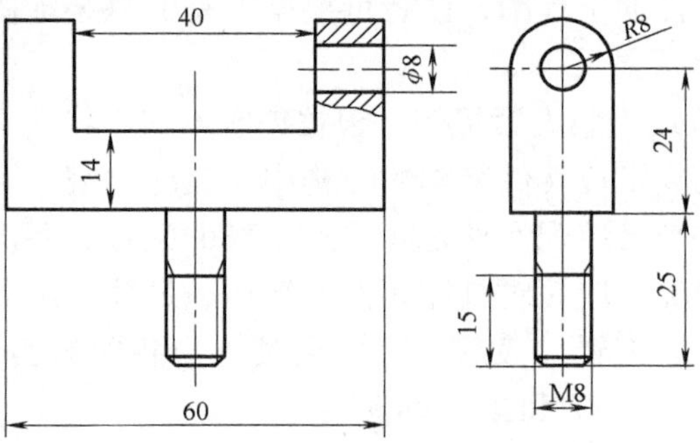

图 5-92　完成设计的压板支座

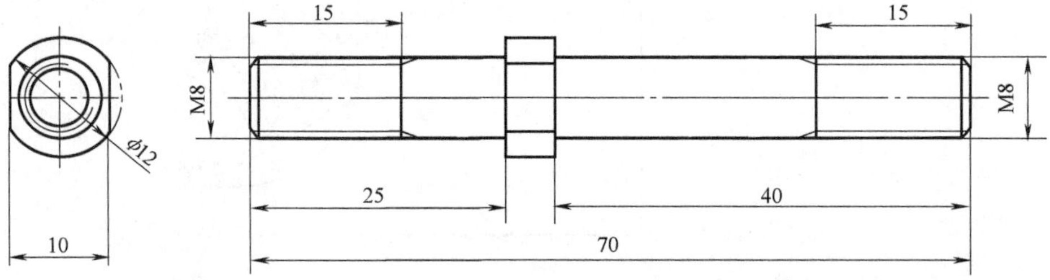

图 5-93　完成设计的螺杆

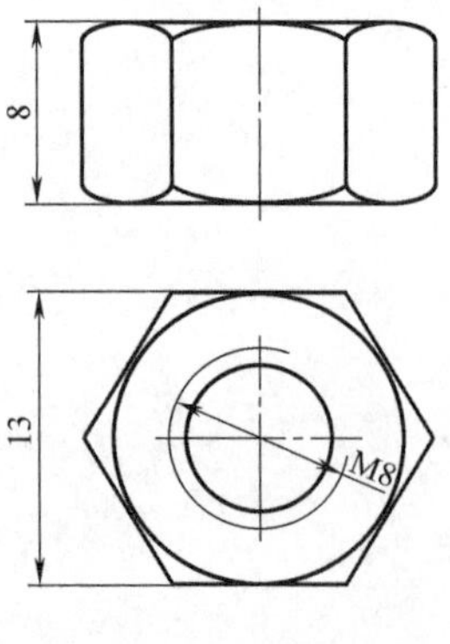

图 5-94　完成设计的压紧螺母

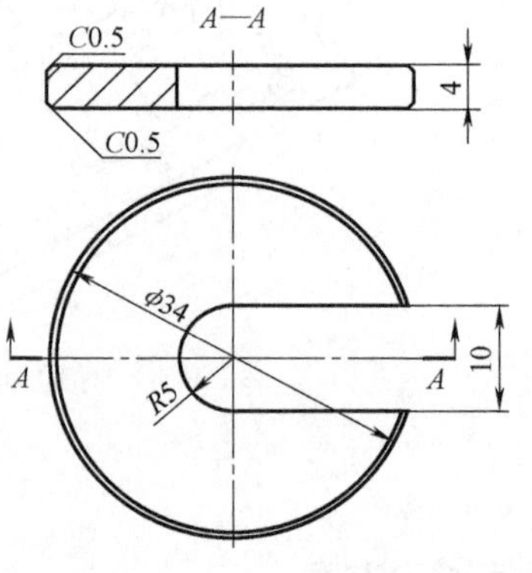

图 5-95　完成设计的开口垫圈

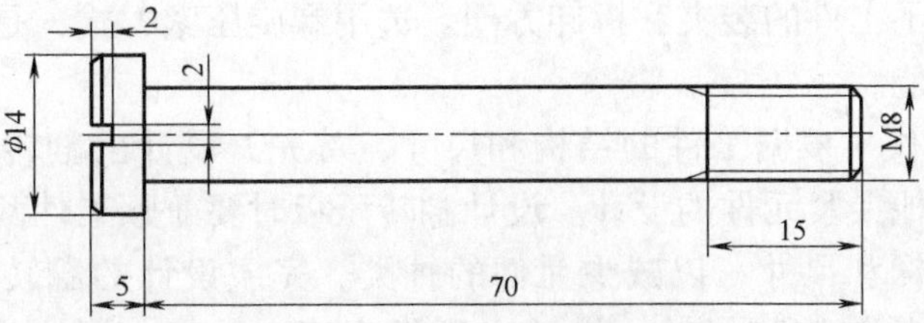

图 5-96　完成设计的支座轴

(2) 设计紧固元件　本夹紧机构中所用到的紧固元件主要有 M8×20 平头螺钉、M6×20 平头螺钉、M6×15 沉头螺钉、M8 螺母、M6 螺母、$\phi5\times30$ 销钉等。为节省篇幅，不再给出这些元件的工程图，读者可根据夹具的总装配图和国家标准自行设计。

(3) 组装夹紧机构　根据夹紧方案，将所有夹紧元件装配到已完成定位元件装配的结构中。装配过程中，要注意后装配的元件与已装配元件之间保持正确的配合关系。如果发现有偏差的情况，应该对具体元件的结构、尺寸及配合方式进行必要的调整和编辑。最后，完成夹紧机构装配的实体图和工程图，分别如图 5-97 和图 5-98 所示。

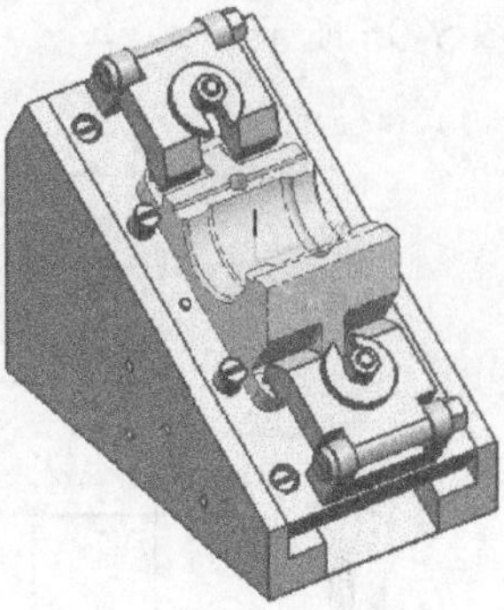

图 5-97　完成夹紧机构装配的实体图

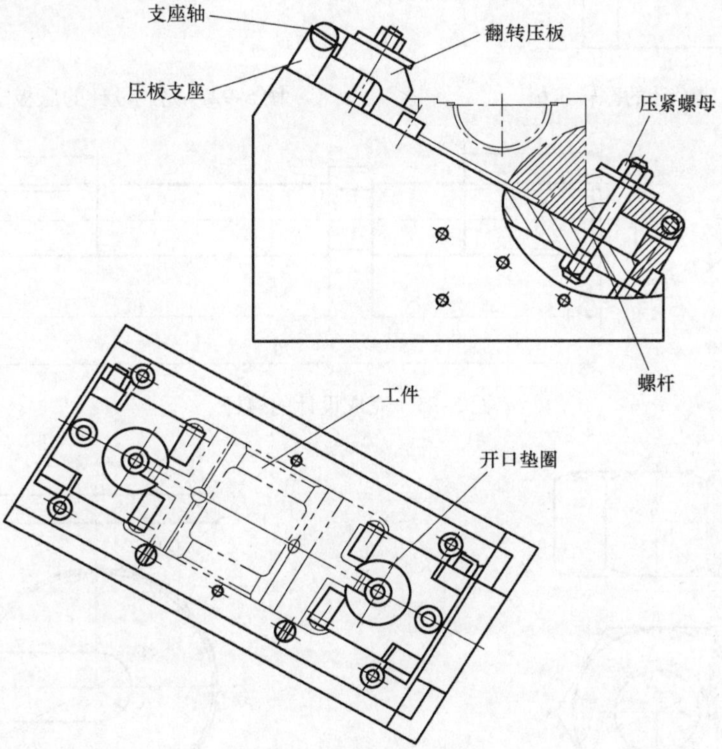

图 5-98　完成夹紧机构装配的工程图

3. 确定对刀方案

根据设计任务要求，在夹具中要有对刀装置，以便在铣削止口槽时使刀具正确地对准工

件的加工部位。

（1）设计对刀块　本夹具采用侧装对刀结构形式。对刀块为板形结构，通过沉头螺钉和销钉安装固定在三角基体上。对刀块上有三个对刀面，即开口槽内的两个侧平面和上平面。三个对刀面分别用于对准三面刃铣刀相对应的刃口面，以保证止口槽的加工宽度和深度。设计完成的对刀块如图 5-99 所示。

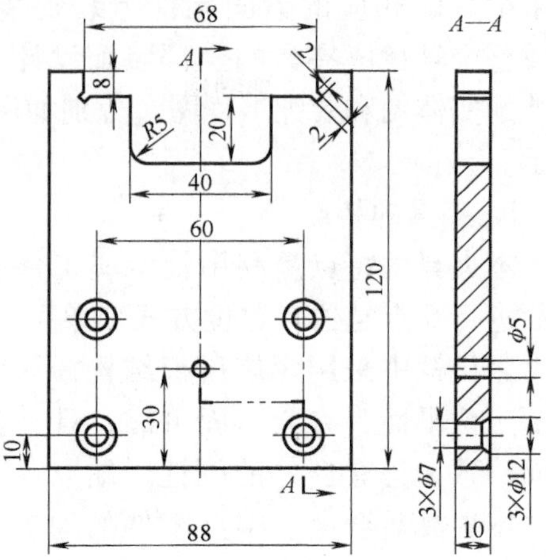

图 5-99　完成设计的对刀块

（2）设计对刀装置上的紧固元件　对刀装置中的紧固元件只有 M6×15 沉头螺钉和 $\phi5\times30$ 销钉。具体的结构和尺寸与上述的相同。

（3）组装对刀装置　对刀块及其紧固元件设计完成后，可等到夹具体完成设计后一起组装。

4. 确定夹具体结构

本夹具的夹具体仍采用铸造毛坯的平板式结构。设计夹具体时，主要考虑其刚性和便于加工制造，同时，在满足承载全部夹具元件的前提下，尽量减小其体积和重量。由于整个夹具通过夹具体安装在铣床的工作台上，因此，要设计定位键，以便将夹具体准确地固定在工作台上。

（1）设计夹具体　在设计夹具体时，先要测算一下全部夹具元件所占空间的位置和大小，以确定夹具体的总体尺寸。在细部结构上主要考虑其加工制造应有良好的工艺性。完成设计的轴承座夹具体如图 5-100 所示。

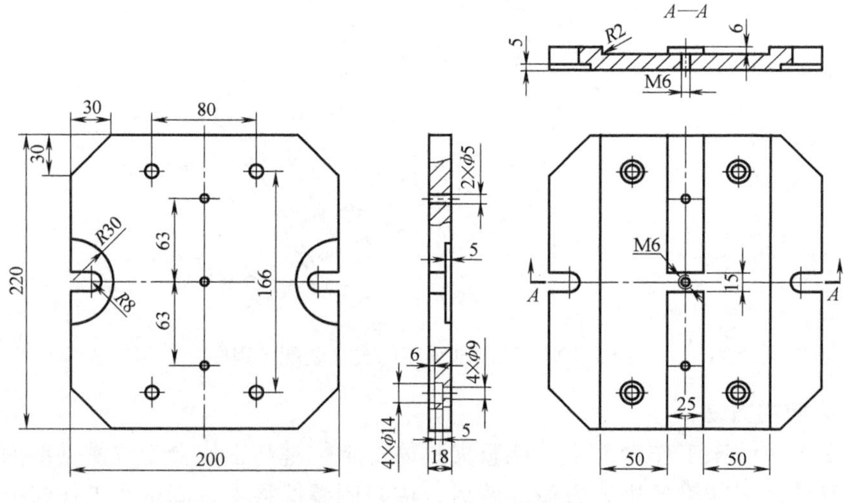

图 5-100　完成设计的轴承座夹具体

（2）设计定位键　定位键仍按《机床夹具零件及部件　定位键》（JB/T 8016—1999）A 型进行设计，完成的定位键如图 5-22 所示。用于固定的定位键仍是 M6×20 平头螺钉。

（3）组装夹具体等元件　根据轴承座夹具设计的整体方案，先将对刀块组装到三角形基体上；然后将夹具体组装到已完成的装配结构中；再将定位键组装到夹具体上；最后，将

尚未组装的相应的紧固元件组装到装配结构中。至此，完成整个轴承座夹具的全部装配设计。铣削轴承座的夹具装配实体图和装配工程图，分别如图 5-101 和图 5-102 所示。

5. 夹具的特点

本夹具的特点是利用轴承座工件底座的底平面和侧平面进行 6 点定位。定位方式简单可靠，操作方便快捷。在夹紧机构中采用螺旋压板结构，从工件的上表面压向主要定位平面，夹紧牢固可靠，且夹紧力方向与切削力方向一致，具有良好的刚性。缺点是，夹紧操作有些费时。本夹具适合大、中型零件的加工，适用于小批量生产的需要。

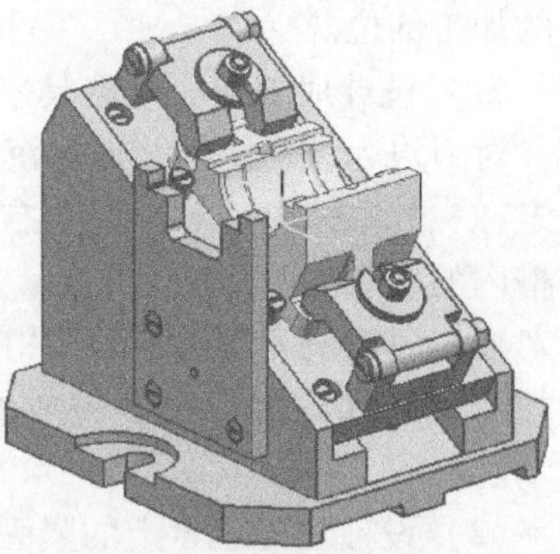

图 5-101　铣削轴承座的夹具装配实体图

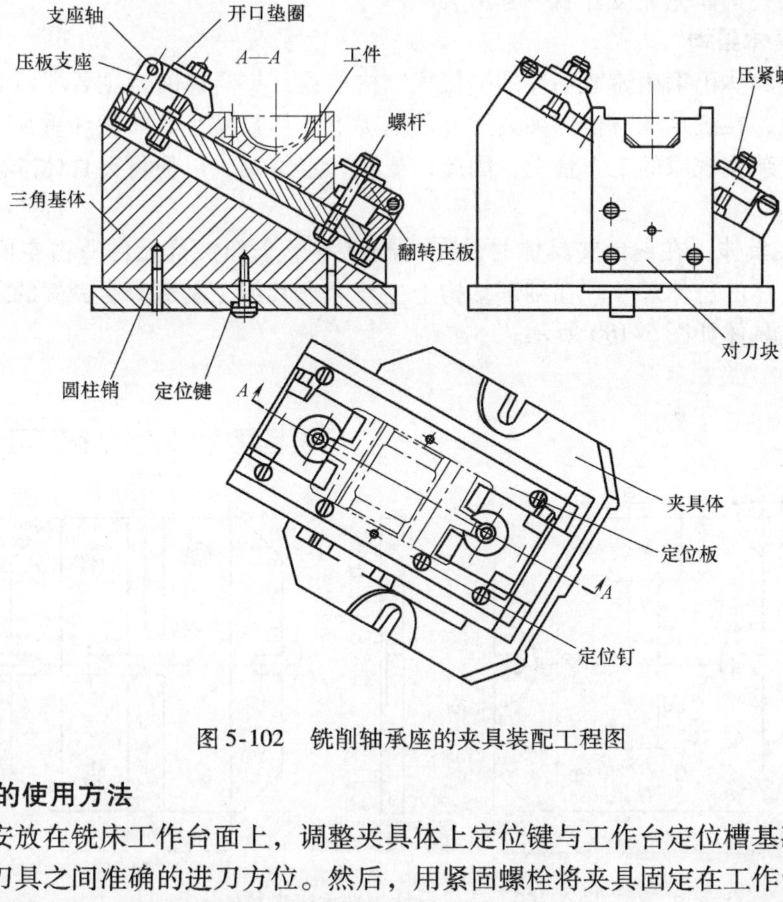

图 5-102　铣削轴承座的夹具装配工程图

6. 夹具的使用方法

将夹具安放在铣床工作台面上，调整夹具体上定位键与工作台定位槽基准面的间隙，确保对刀块与刀具之间准确的进刀方位。然后，用紧固螺栓将夹具固定在工作台上。

加工时将工件放置在呈倾斜布置的定位板上，长侧面靠紧两个成直线布置的定位钉圆柱面上，短侧面靠紧单个定位钉的圆柱面上，使其完全定位。转动两侧的翻转压板使其夹紧面压向工件的表面。装上开口垫圈，旋紧压紧螺母，将工件夹紧在定位板上。调整铣床工作台的位置，使铣刀的刃口面对准相应的对刀块基面，即可开始切削加工。完成加工后，旋松压紧螺母，取下开口垫圈，反方向转动翻转压板，即可将工件取下，进行下一个工件的加工。

【实例 18】 铣削偏摆拨杆用夹具的设计

偏摆拨杆加工件的工程图如图 5-103 所示。

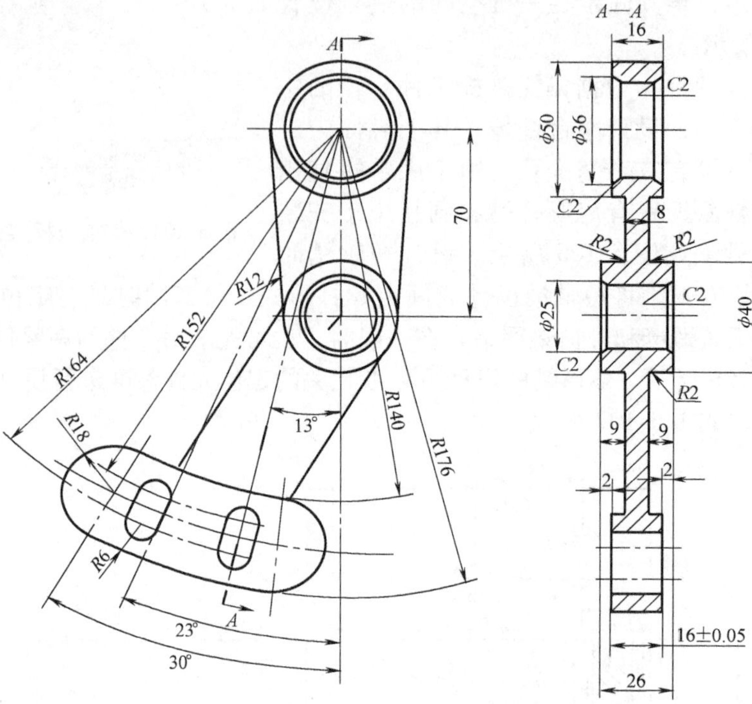

图 5-103 偏摆拨杆加工件的工程图

工序要求：工件的毛坯为铸造件，两个孔及其端面已经加工完毕。本工序要求加工偏摆盘厚度为 16 ±0. 05 的端面，此处两侧的毛坯余量各为 2mm，均需加工到位。生产规模为大批量。

设计任务：该工件在立式普通铣床上用盘铣刀进行加工。要求以中心孔所在平面作为主要定位基准。辅助定位基准分别以中心孔 $\phi25$ 和上偏孔 $\phi36$ 进行定位。由于此件只加工厚度方向的尺寸，只需保证垂直方向的准确定位，因此，两个孔的定位只起到在水平方向的大概位置即可。

要求此工件两个面的加工都要在本夹具上完成，夹具设计时要考虑到工件的翻转定位问题。为保证加工的方便和准确，要求设置对刀装置，并且工件的两次装夹都要以对刀基准进行刀具的定位。

设计步骤及操作方法如下所述。

1. 确定定位方案

根据定位要求，选择 $\phi25$ 中心孔所在的平面作为主要定位基准。再选择 $\phi25$ 和 $\phi36$ 两个孔作为辅助定位面。$\phi25$ 孔表面的定位采用短轴销，$\phi36$ 孔表面的定位采用菱形销，以防止产生过定位现象。这两个轴销的作用是限制工件在平面上的大致位置，目的是将工件的切削面置于适合加工的空间上，因此作为辅助定位之用。需要注意的是，菱形销要在平面上设置两处，成对称布置在水平中心线的上下两边。另一处的菱形销是用于加工工件另一侧的表面时进行定位的。

（1）设计工件的实体模型　按偏摆拨杆工件图设计出工件的实体模型，在 UG 的装配环境下将其调入，并按加工时的状态，将其固定在三维空间的适合位置上，如图 5-104 所示。

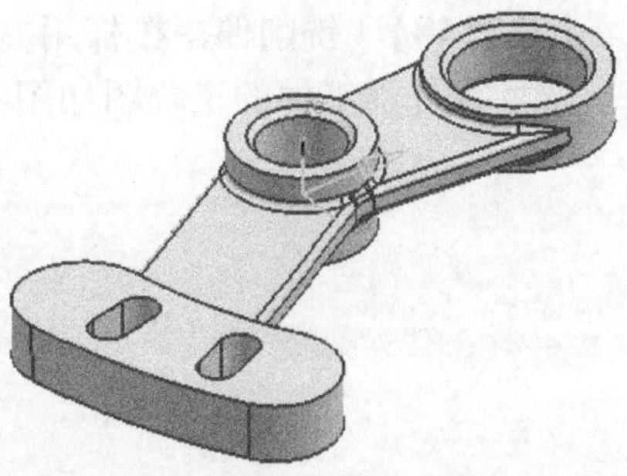

图 5-104　偏摆拨杆实体模型的定位

（2）设计定位元件　根据偏摆拨杆工件定位的主要基准即中心孔平面，设计座台基体，其上表面为定位平面。上表面应设有三个基准孔，用于固定短轴销和两个菱形销。侧面设置有矩形孔槽和圆孔用于安装辅助支承机构元件，如图 5-105 所示。设计短轴销时要考虑工件的夹紧方式，将短轴销设计成固定螺杆形式，使其同时具有定位功能和夹紧功能，这样当它与压紧螺母和开口垫圈组合在一起时，也可完成对工件的夹紧任务。设计完成的短轴销如图 5-106 所示。菱形销的设计可参考相关的定位元件标准进行设计，两处的菱形销是完全一样的，如图 5-107 所示。

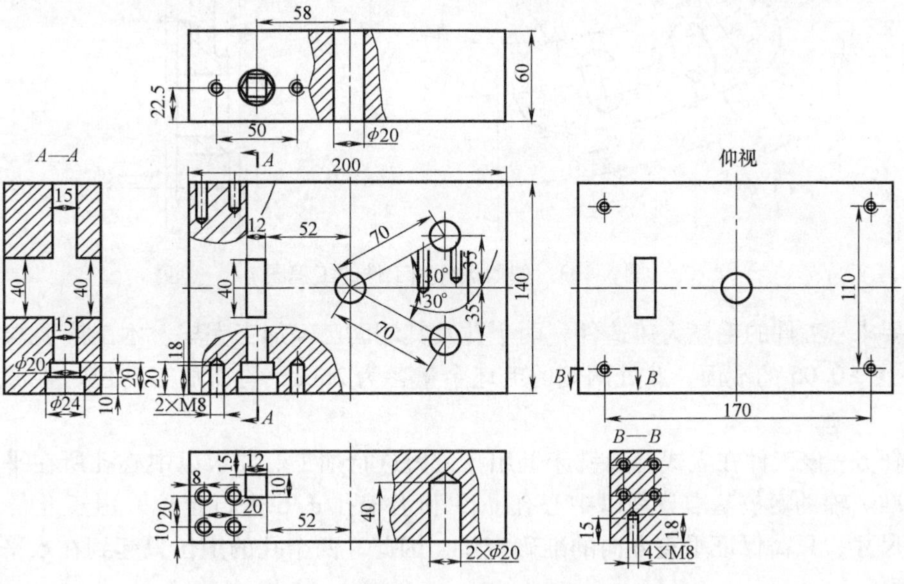

图 5-105　座台基体

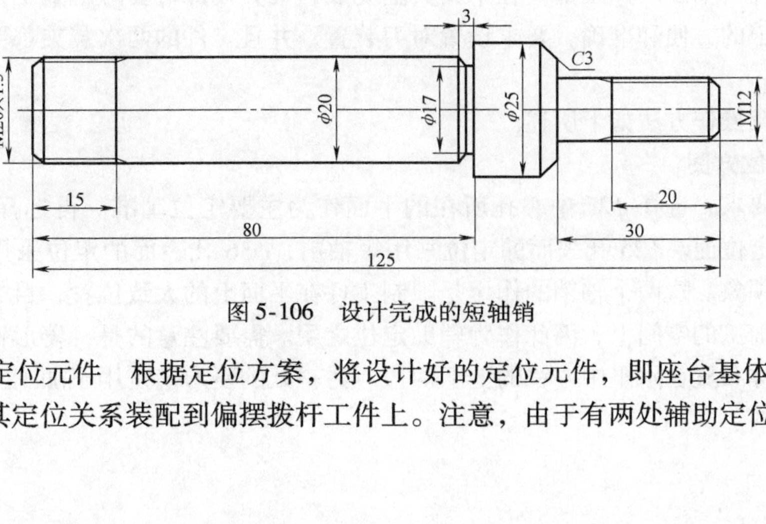

图 5-106　设计完成的短轴销

（3）组装定位元件　根据定位方案，将设计好的定位元件，即座台基体、短轴销和菱形销，分别按其定位关系装配到偏摆拨杆工件上。注意，由于有两处辅助定位的菱形销，可

先按工件现在的位置组装一个，另一个暂时安装在基体的另外的基准孔中，先不与工件配合。完成定位元件装配的实体图和工程图，分别如图 5-108 和图 5-109 所示。

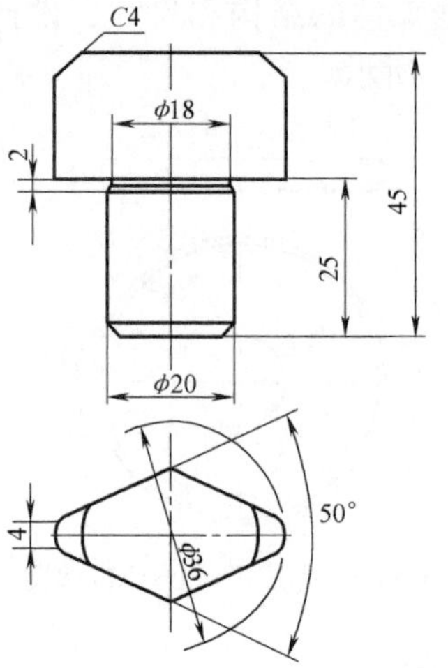

图 5-107　完成设计的菱形销

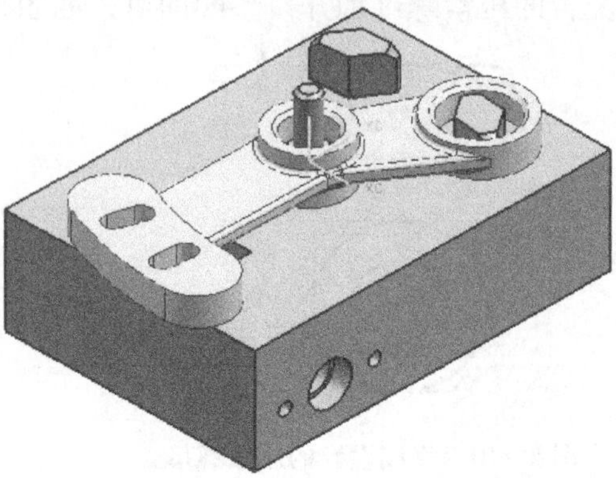

图 5-108　完成定位元件装配的实体图

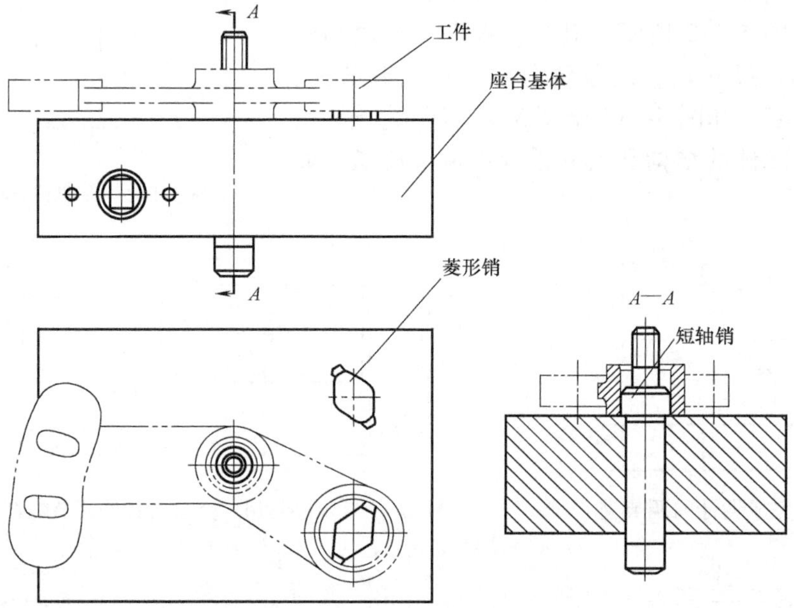

图 5-109　完成定位元件装配的工程图

2. 确定夹紧方案

由于偏摆拨杆夹具仍属平面定位夹具，其夹紧方向应从上向下夹紧工件表面，以保证有可靠的刚性。本夹具采用螺旋压板机构，通过压紧螺母、螺杆（短轴销）和开口垫圈作为夹紧元件。夹紧的部位设在工件的中心孔处，使夹紧力处在工件的中部，这样受力均匀，夹紧可靠。选用螺旋压紧方式，仍是为保证有足够的夹紧力和可靠的自锁性能。

由于工件的加工部位处于基体表面的悬空状态，为保证对工件的夹紧具有较好的刚性，需要设置辅助支承机构。辅助支承机构的元件有支承块、调节楔、调节螺杆、座套、调节旋

钮、固定销等。支承块通过这些元件在工件悬空部位的下部支承工件，以增加工件在夹具中的刚性，防止加工中可能产生的振动。

（1）设计夹紧元件　由于夹紧机构非常简单，只要依据工件的结构和尺寸，设计出与螺杆配合的压紧螺母和开口垫圈即可，如图 5-110 和图 5-111 所示。

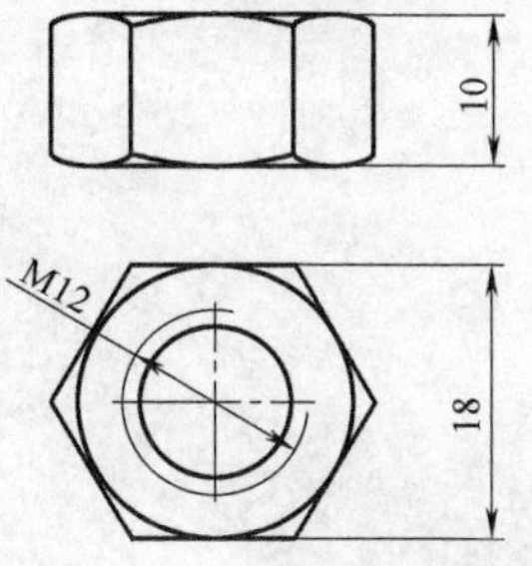

图 5-110　完成设计的压紧螺母

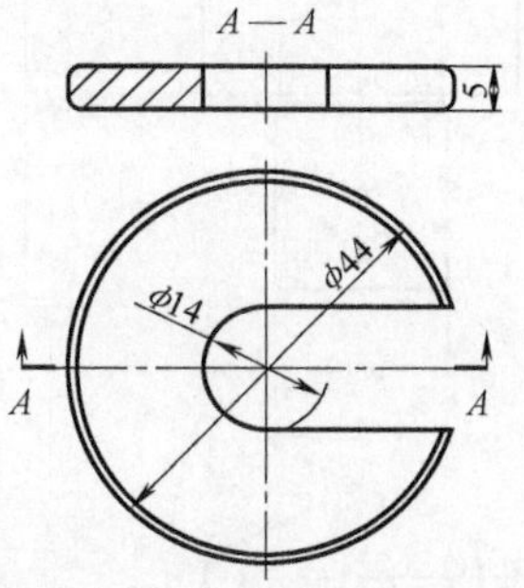

图 5-111　完成设计的开口垫圈

（2）设计辅助支承元件　在辅助支承机构中，首先要根据工件与座台基体的相对位置设计出支承块，支承块的作用就是从工件的下面将工件顶住。完成设计的支承块如图 5-112 所示。其次，根据支承块和座台基体的结构、尺寸及相对位置分别设计出调节楔、调节螺杆和座套，如图 5-113 至图 5-115 所示。最后，依据上述支承元件的结构和尺寸设计出调节旋钮，如图 5-116 所示。

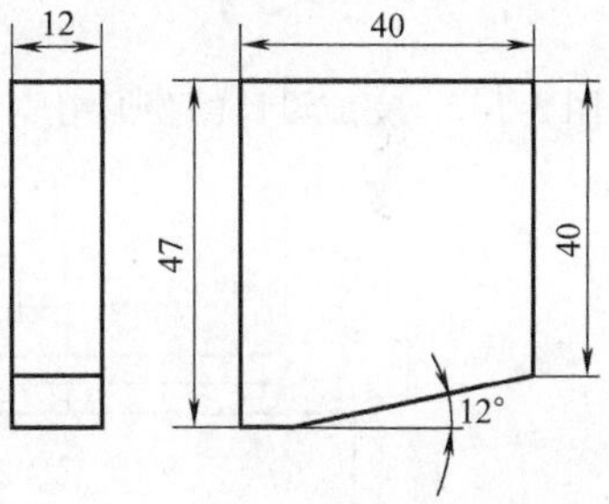

图 5-112　完成设计的支承块

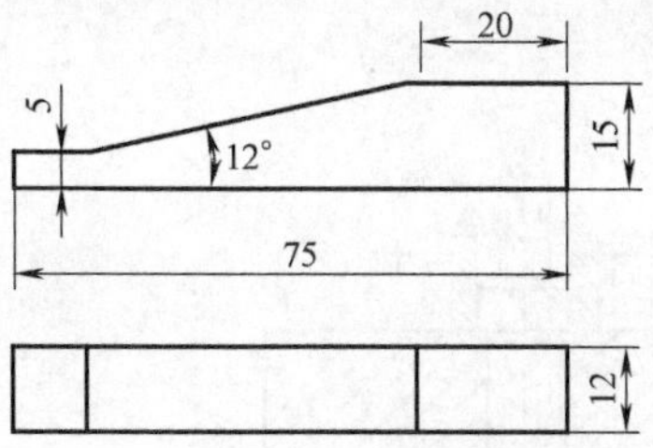

图 5-113　完成设计的调节楔

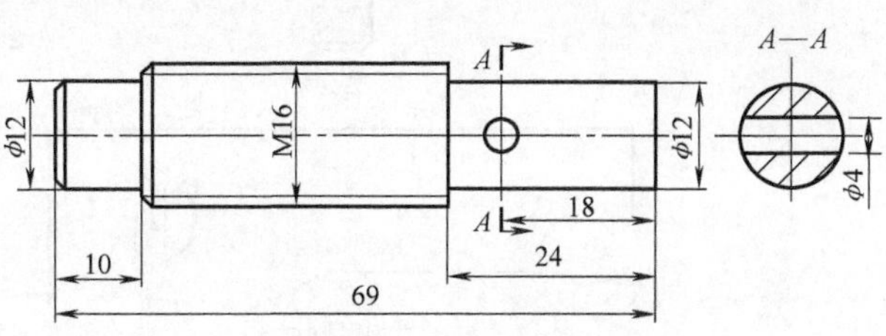

图 5-114　完成设计的调节螺杆

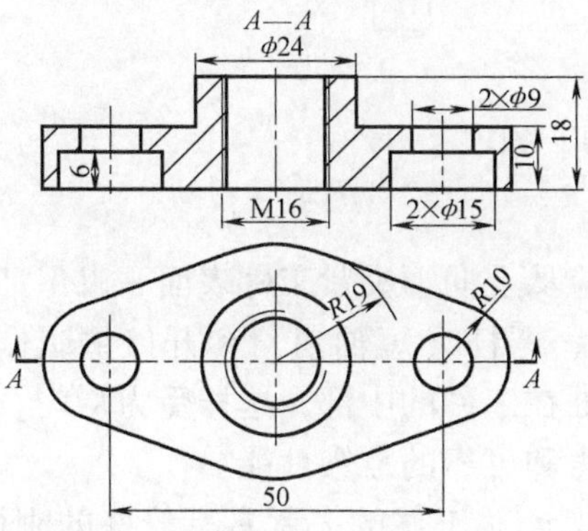

图 5-115　完成设计的座套

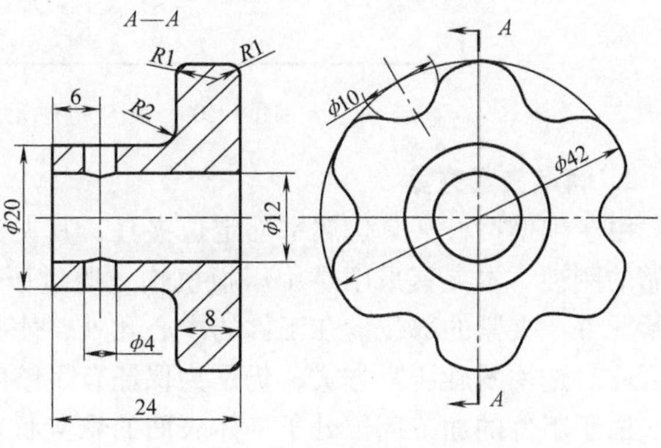

图 5-116　完成设计的调节旋钮

（3）设计紧固元件　本夹紧机构中所用到的紧固元件锁紧螺母比较特殊，需要单独设计，此元件是用于将短轴销（螺杆）紧固在基体上，且安装在基体内部。完成设计的锁紧螺母如图5-117所示。其他紧固元件主要有M8×20、M6×20平头螺钉、$\phi4\times20$、$\phi5\times20$销钉等。为节省篇幅，不再给出这些紧固元件的工程图。

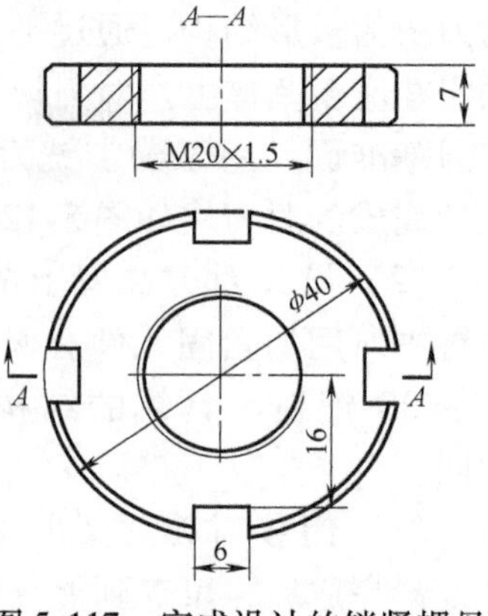

图5-117　完成设计的锁紧螺母

（4）组装夹紧机构　根据夹紧方案，将所有夹紧元件和辅助支承元件装配到已完成定位元件装配的结构中。装配过程中，要注意将支承元件按工件夹紧状态进行装配。由于夹具的三维设计是用逆向方法进行的，在后面的组装中肯定会出现一些不匹配的地方，发现后应及时更正。具体方法是，已完成装配的结构不要变动，只要将其中需要修改的元件文件打开，对其结构或尺寸进行重新编辑，并加以保存。然后，再返回到装配结构中，并使用更新命令，对所有的视图进行更新操作，并对装配文件再进行保存，即可完成修改设计操作。最后，完成夹紧机构装配的实体图和工程图，分别如图5-118和图5-119所示。

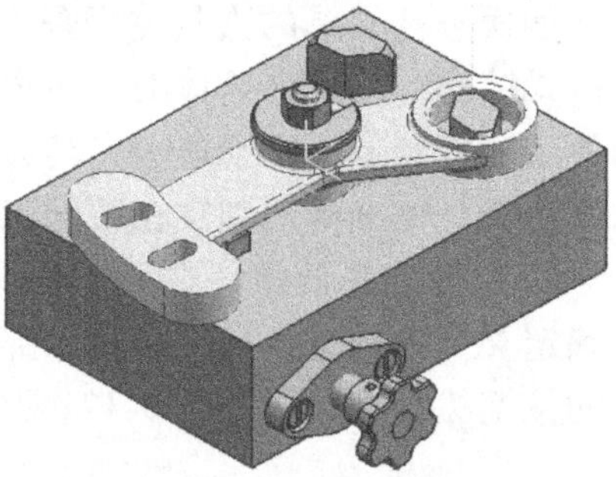
图5-118　完成偏摆拨杆夹紧元件装配的实体图

3. 确定对刀方案

根据设计任务要求，在夹具中要有对刀装置，本夹具的对刀装置非常简单，只需要在垂直方向设置一个用于对准加工深度的对刀块即可。

（1）设计对刀块　本夹具采用侧装对刀结构形式。

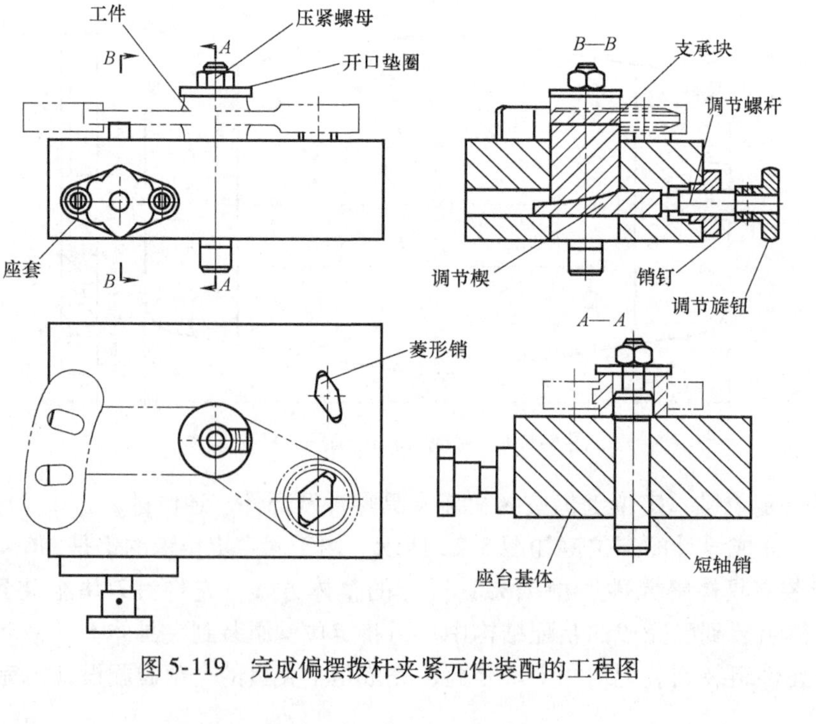

图5-119　完成偏摆拨杆夹紧元件装配的工程图

对刀块为板形结构，通过平头螺钉和销钉安装固定在座台基体上。对刀块上只有一个水平的对刀基准面，用于确定铣刀刃口的高度位置。设计完成的对刀块如图 5-120 所示。

（2）设计对刀装置上的紧固元件　对刀装置中所用的紧固元件有 M6 ×20 平头螺钉和 $\phi5\times20$ 销钉。具体的结构和尺寸与上述的相同。

（3）组装对刀装置　对刀块及其紧固元件设计完成后，可等到夹具体完成设计后一起组装。

4. 确定夹具体结构

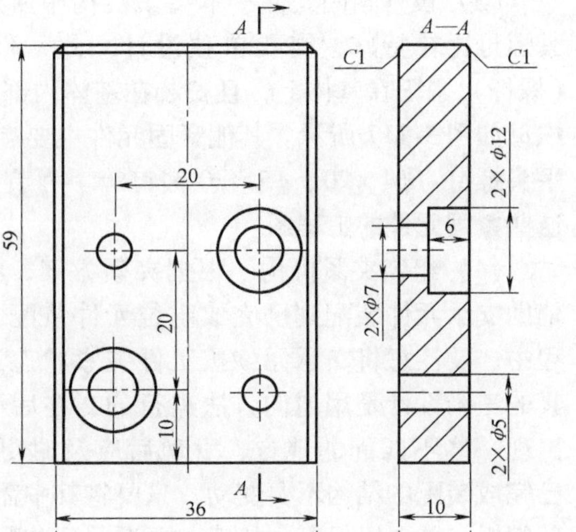

图 5-120　完成设计的对刀块

偏摆拨杆夹具的夹具体仍采用铸造毛坯的平板式结构。设计夹具体时，主要考虑其刚性和便于加工制造。由于整个夹具通过夹具体安装在铣床的工作台上，因此，要设计定位键，以便将夹具体准确地固定在铣床工作台上。

（1）设计夹具体　在设计夹具体时，先要依据全部夹具元件所占空间的位置和大小，来确定夹具体的总体尺寸。在细部结构上主要考虑其加工制造应具有良好的工艺性。完成设计的偏摆拨杆夹具体如图 5-121 所示。

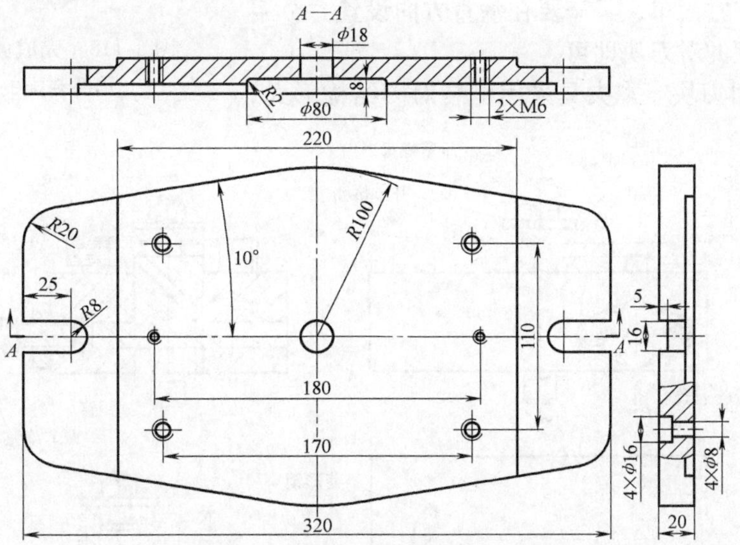

图 5-121　完成设计的偏摆拨杆夹具体

（2）设计定位键　定位键仍按《机床夹具零件及部件　定位键》（JB/T 8016—1999）A 型进行设计，完成设计的定位键如图 5-22 所示。用于固定定位键的仍是 M6 ×20 平头螺钉。

（3）组装夹具体等元件　根据夹具设计的整体方案，先将对刀块组装到座台基体上；然后将夹具体组装到已完成的装配结构中；再将定位键组装到夹具体上；最后，将尚未组装的相应紧固元件组装到装配结构中。至此，完成整个夹具的全部装配设计。完成设计的铣削

偏摆拨杆夹具装配的实体图和工程图，分别如图 5-122 和图 5-123 所示。

5. 夹具的特点

本夹具的特点是采用两孔一面进行定位，其中平面作为主要的定位基准面，而两个孔面则作为辅助定位面。采用这种定位方式是因为工件上下两个平面均需在本夹具上进行装夹和加工。当工件的一个表面加工完后，将工件翻转过来，用另一个菱形销进行辅助定位，就可以对另一个表面进行加工，实现了一具两工位的加工，节省了夹具的设计和制造费用。此夹具适合于中、小型零件的大批量规模生产的需要。

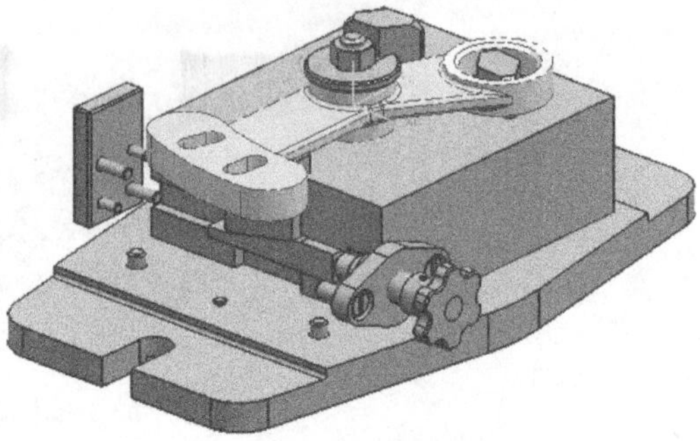

图 5-122　完成设计的铣削偏摆拨杆夹具装配的实体图

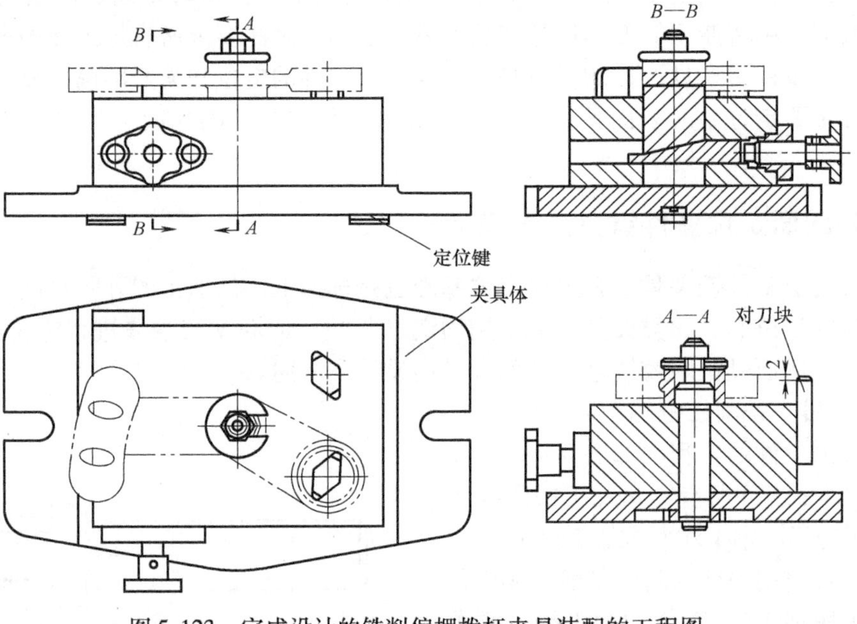

图 5-123　完成设计的铣削偏摆拨杆夹具装配的工程图

6. 夹具的使用方法

将夹具安放在铣床工作台面上，调整夹具体上的定位键与工作台定位槽基准面的间隙，确保对刀块与刀具之间准确的进刀方位。然后用紧固螺栓将夹具固定在工作台上。

加工时，将工件中心孔插入短轴销中，另一个孔则插入其中的一个菱形销中，并使底面放置在座台基体的表面上。装上开口垫圈，旋紧压紧螺母，将工件牢固地夹紧在基体上。拧动调节旋钮，通过调节螺杆推动调节楔，使支承块从下面顶住工件的底面，确保工件可靠地支承住悬空部位。调整铣床工作台上下高度，使铣刀的刃口面对准对刀块的基准平面，即可开始切削加工。完成一个面的加工后，反方向拧松调节旋钮，使支承块下落脱离对工件底面的支承；再旋松压紧螺母，取下开口垫圈，将工件翻转过来，重新将工件的中心孔插入到短轴销中，而另一个孔则插入到另外的菱形销中，并按上述过程将工件重新夹紧和支承固定，如图 5-124 所示，即可对另一个面进行加工。

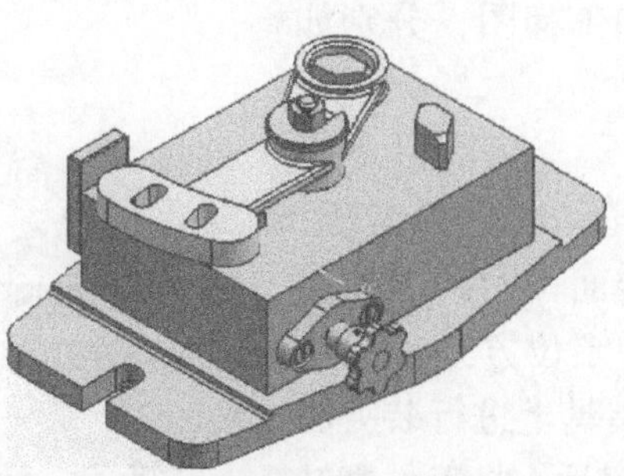

图 5-124　加工偏摆拨杆另一个面的定位和夹紧

5.3　多件铣夹具的设计

多件铣夹具，即在使用中一次可以装夹多个相同工件，同时完成工件相同特征面的加工。多件铣加工中所使用的刀具形状和尺寸是一定的，因此要求所有加工面的布置方位也必须是一致的。多件铣夹具设计的重点是要确保多个工件的定位和夹紧准确可靠。多件铣夹具也是按工件主要定位基准表面特征划分为外圆面定位夹具、内孔面定位夹具和平面定位夹具等。

5.3.1　外圆面定位多件铣夹具的设计

外圆面定位多件铣夹具，其主要定位基准也是选择工件已加工的外圆柱面，再选择其他表面作为辅助定位面。此类夹具一般采用固定 V 形块、活动 V 形块来进行定位和夹紧工件。具体的设计方法通过铣削铰链轴工件用夹具的设计来讲述。

【实例 19】 铣削铰链轴用夹具的设计

铰链轴加工件的工程图如图 5-125 所示。

工序要求：工件所有需车加工的圆柱面都已经加工完毕。本工序要求加工厚 14、长 35 的扁柱，即铣削扁柱的两个平面（$\phi10$ 孔在后面的工序加工）。工件的加工精度要求不高，但要求装夹操作方便快捷，尽可能地提高生产效率。生产规模为大批量。

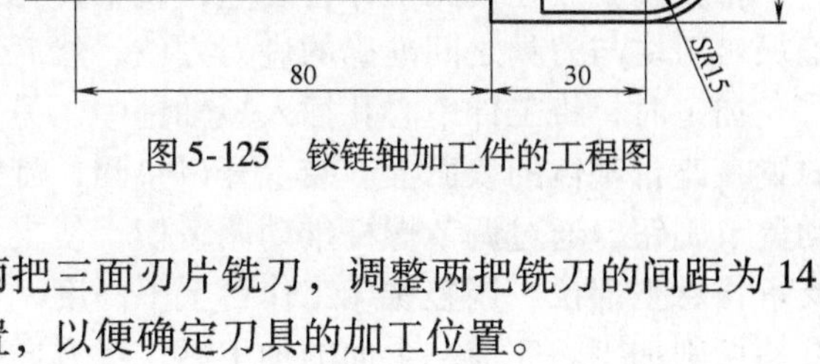

图 5-125　铰链轴加工件的工程图

设计任务：该工件在卧式普通铣床上加工。要求以 $\phi20$ 圆柱面作为主要定位基准，并在此处夹紧。要求夹具能够一次装夹多个工件，操作应方便省时，夹紧可靠，尽量缩短工件的装夹时间。铣削加工时采用两把三面刃片铣刀，调整两把铣刀的间距为 14，一次进刀加工完成。要求给夹具设置对刀装置，以便确定刀具的加工位置。

设计步骤及操作方法如下所述。

1. 确定定位方案

根据定位要求，选择 $\phi20$ 圆柱面作为主要定位基准面。将该圆柱面的左端面作为辅助

定位基准面。本工序只需限制工件 5 个自由度即可。本夹具拟设定一次装夹 5 个工件，通过夹紧操作同时使 5 个工件定位并夹紧。定位元件均为 V 形块，其中有 2 个单面 V 形块和 4 个双面 V 形块。所有 V 形块呈水平布置，装配到固定导板的凹槽中，工件的辅助定位平面就设定在 V 形块的平面上。

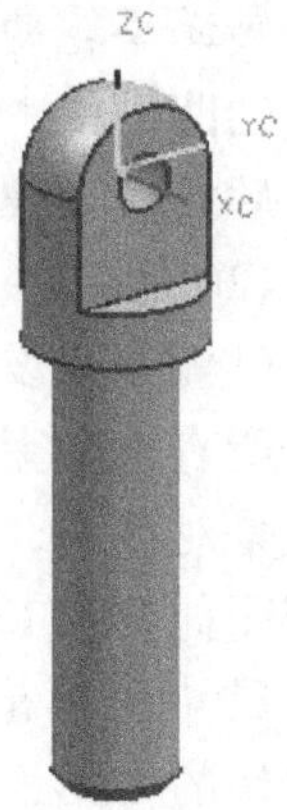

图 5-126　铰链轴实体模型的定位

（1）设计工件的实体模型　按铰链轴工程图设计出工件的实体模型，在 UG 的装配环境下将其调入，并按加工时的状态，将其固定在三维空间的合适位置上。由于定位元件尚未设计，可先安装铰链轴 1 个工件，其实体模型如图 5-126 所示。

（2）设计定位元件　根据工件的外圆柱面直径和长度尺寸，分别设计单面 V 形块和双面 V 形块。无论是单面 V 形块，还是双面 V 形块，都是卧式放置，其上表面作为工件的辅助定位基准面，两种 V 形块的工程图如图 5-127 和图 5-128 所示。

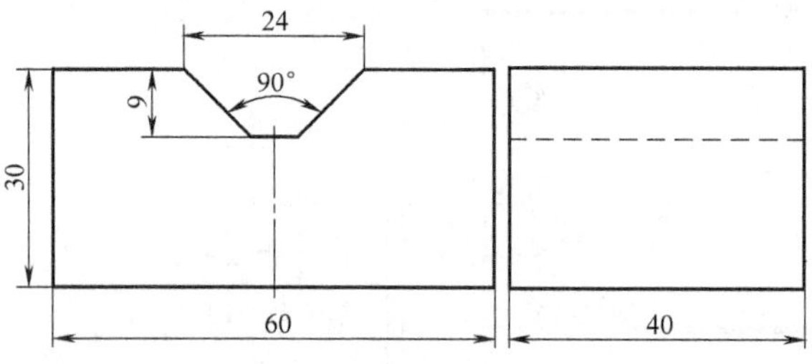

图 5-127　单面 V 形块工程图

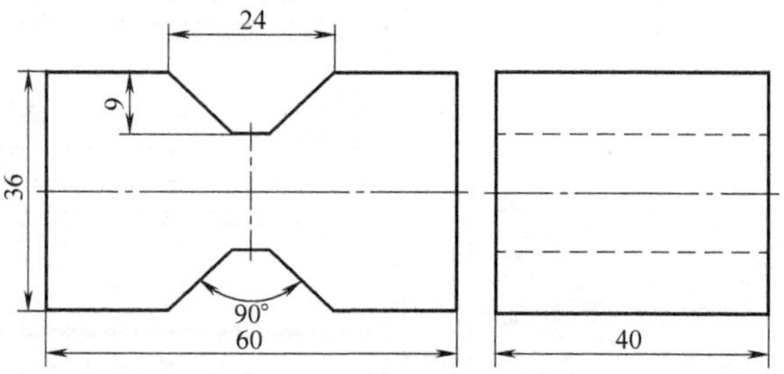

图 5-128　双面 V 形块工程图

（3）组装定位元件　根据定位方案，将设计好的单面 V 形块、双面 V 形块和其余 4 个工件，按相应的配合关系与第 1 个工件组装到一起呈直线布置。注意，本夹具共需要 2 个单面 V 形块和 4 个双面 V 形块，完成装配的定位元件和 5 个工件如图 5-129 所示。

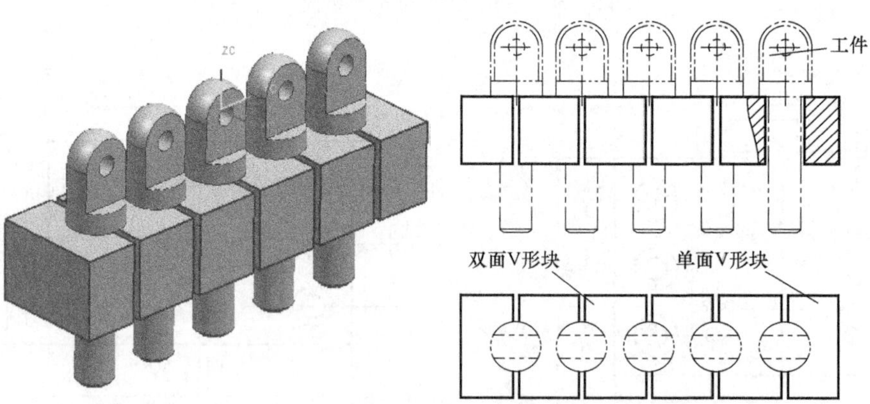

图 5-129　完成装配的定位元件和 5 个工件

2. 确定夹紧方案

外圆面定位夹具一般从工件的圆柱面将工件夹紧。利用活动 V 形块的移动从工件定位的圆柱面处施加压力，将其夹紧到固定 V 形块上。本夹具的所有 V 形块，包括单面 V 形块和双面 V 形块既是定位元件，也是直接的夹紧元件。夹紧方式采用螺旋推动联动夹紧机构。

通过转动手轮使螺杆旋转推进，连续地从右向左推动所有 V 形块移动，将 5 个工件压紧在 V 形块的凹槽中。为了实现这一夹紧操作，还需要其他一些辅助夹紧元件，如固定导板、前端板、后端板、螺杆和手轮。

（1）设计夹紧元件　作为定位元件的单面 V 形块和双面 V 形块同时也是直接的夹紧元件，已经完成设计，只需设计出辅助夹紧元件即可。固定导板是辅助夹紧元件中最重要的元件，所有 V 形块都安装在固定导板上的导向槽中，限定 V 形块只能沿直线方向移动。固定导板是对称的，只需设计一个，可依据 V 形块的结构和尺寸来进行。完成设计的固定导板工程图如图 5-130 所示。前、后端板都是安装和固定在固定导板上的，可依据固定导板的结构、尺寸和 V 形块的移动行程进行设计。前端板的作用是固定最左端的 V 形块，同时担当对刀块的作用，即将它设计成对刀块形式。后端板固定在固定导板上，同时担当固定螺母的作用，即将它设计成固定螺母形式。螺杆和手轮都是操纵元件，用来操纵螺杆的旋转。前端板、后端板、螺杆和手轮的工程图分别如图 5-131 至图 5-134 所示。

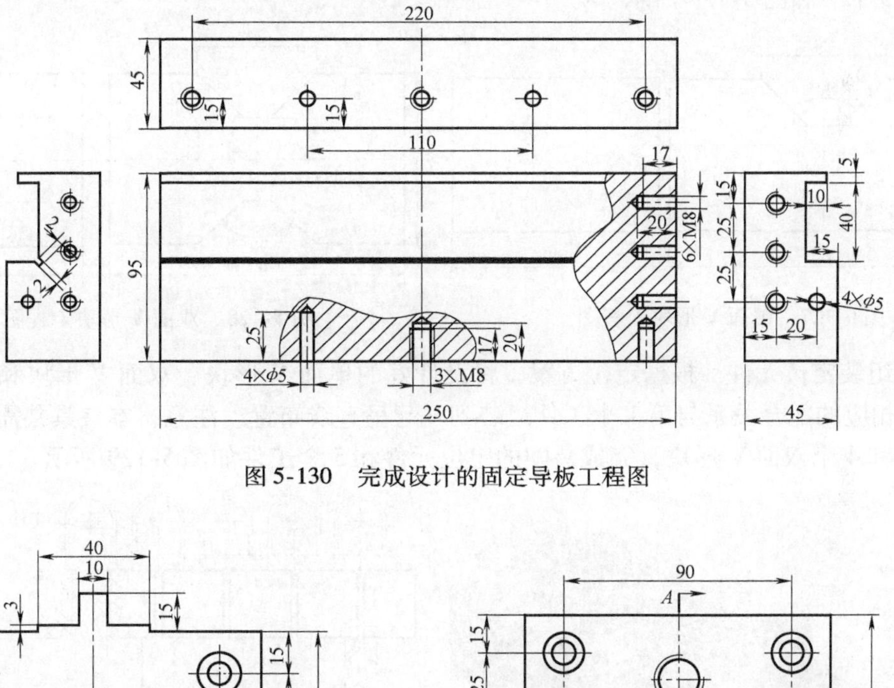

图 5-130　完成设计的固定导板工程图

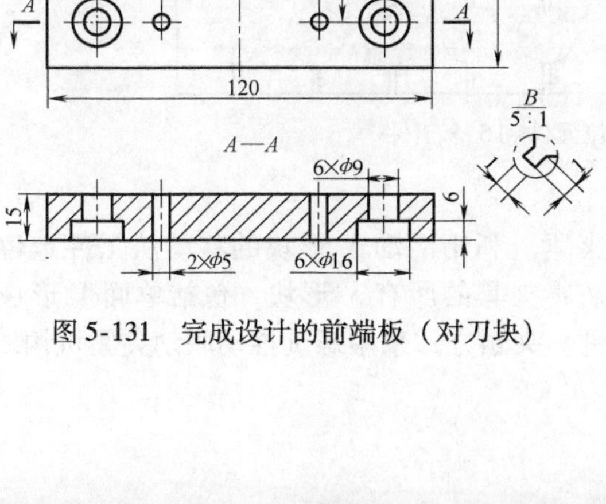

图 5-131　完成设计的前端板（对刀块）

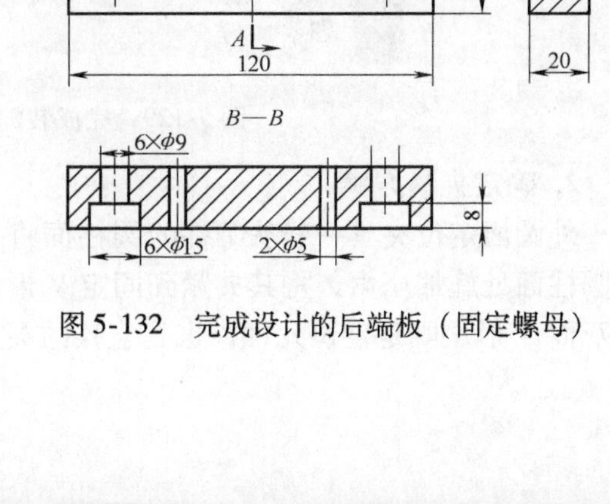

图 5-132　完成设计的后端板（固定螺母）

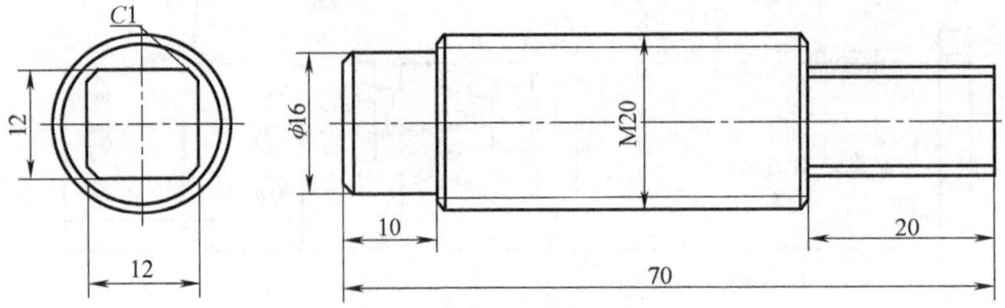

图 5-133　螺杆工程图

（2）设计紧固元件　本夹紧机构中所用到的紧固元件只有 M8 × 20 平头螺钉和 $\phi 5 \times 30$ 圆柱销。后面在定位键的设计中要用到 M6 × 20 平头螺钉，在此一并设计出来。这里不再给出这些元件的工程图。

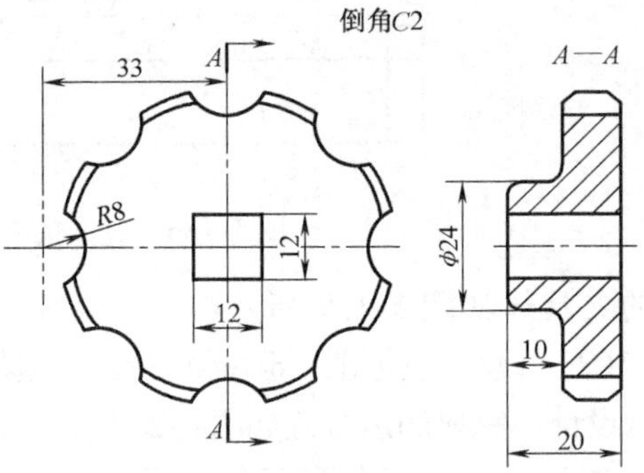

图 5-134　完成设计的手轮

（3）组装夹紧机构　根据夹紧方案，首先将夹紧元件组装到装配结构中，然后，再将紧固元件装配到相应的元件上。需要注意的是，由于夹具体尚未设计，在装配前后两个固定导板时，应根据夹具的总体方案，先将它们与直接接触的定位元件或夹紧元件保持应有的配合关系，固定在空间的一定位置上。完成设计的夹紧元件和紧固元件装配的实体图和工程图，分别如图 5-135 和图 5-136 所示。

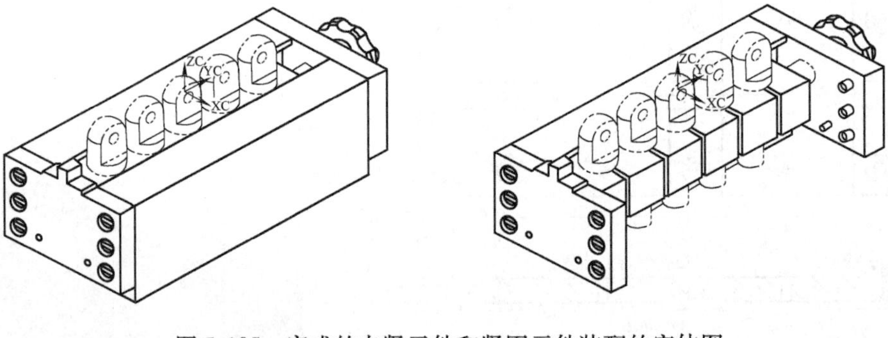

图 5-135　完成的夹紧元件和紧固元件装配的实体图

由于对刀装置已在设计夹紧元件中完成，不需再另外进行设计，可直接进入夹具体的设计步骤。

3. 确定夹具体结构

本夹具的夹具体仍采用铸造毛坯的平板式结构。设计夹具体时，主要考虑其刚性和便于加工制造。由于整个夹具通过夹具体安装在铣床的工作台上，因此，要设计定位键，以便将夹具体准确地固定在工作台上。

（1）设计夹具体　在设计夹具体时，还是根据全部夹具元件所占空间的位置和大小，来确定夹具体的总体尺寸。在细部结构上主要考虑其加工制造应具有良好的工艺性。完成设

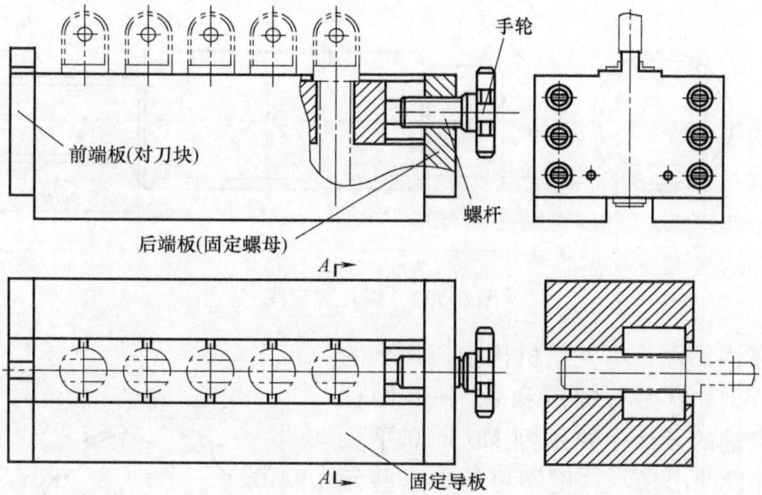

图 5-136　完成的夹紧元件和紧固元件装配的工程图

计的夹具体如图 5-137 所示。

（2）设计定位键　定位键仍按《机床夹具零件及部件　定位键》（JB/T 8016—1999）A 型进行设计，完成的定位键如图 5-22 所示。用于固定定位键的仍是 M6×20 平头螺钉。

（3）组装夹具体等元件　根据夹具设计的整体方案，将夹具体组装到已完成的装配结构中；再将定位键组装到夹具体上；最后，将尚未组装的相应的紧固元件组装到装配结构中。至此，完成整个夹具的全部装配设计。完成的铣削铰链轴夹具的装配实体图和装配工程图，分别如图 5-138 和图 5-139 所示。

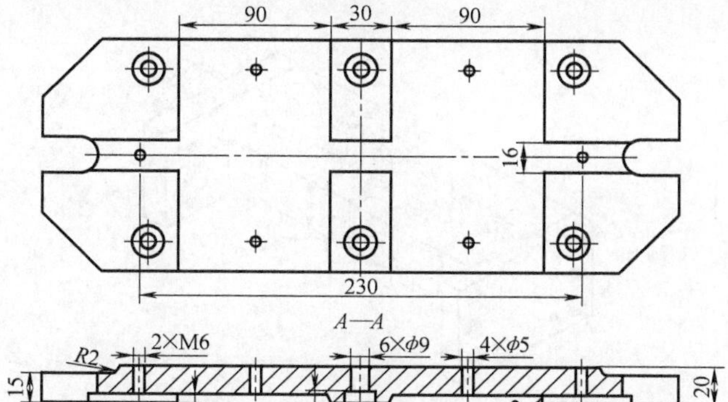

图 5-137　完成设计的夹具体

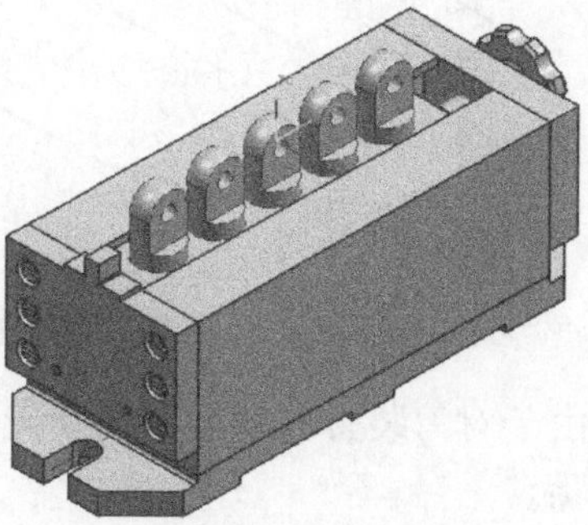

图 5-138　完成铣削铰链轴夹具装配的实体图

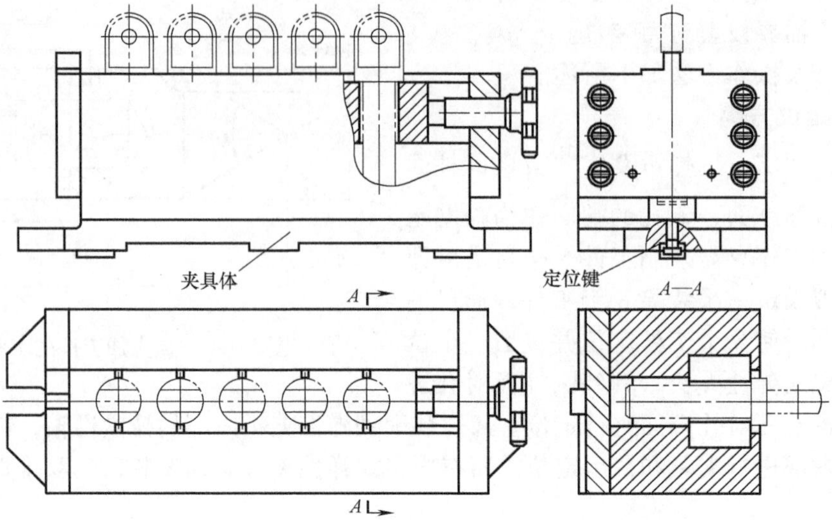

图 5-139　完成铣削铰链轴夹具装配的工程图

4. 夹具的特点

铣削铰链轴夹具的特点是采用成直线排列的 V 形块对工件的外圆面进行定位。一次可装夹 5 个工件，并且运用螺旋夹紧方式实现一次操作联动夹紧，极大地提高了生产效率，减轻了劳动强度。此夹具结构简单，所用元件较少，适合于小型零件的大批量规模生产的要求。

5. 夹具的使用方法

将夹具安放在铣床工作台面上，调整夹具体上定位键与工作台定位槽基准面的间隙，确保对刀块与刀具之间准确的进刀方位。然后用紧固螺栓将夹具固定在工作台上。

加工时依次将 5 个工件插入对应的 V 形块凹槽中，通过手轮旋紧螺杆，依次推动 V 形块向左移动，直至将所有工件夹紧。调整铣床工作台上下的高度，使铣刀的刃口面对准对刀块的基准平面，即可开始切削加工。完成加工后，旋松螺杆，即可将所有工件取下，进行下一组工件的加工。

5.3.2　内孔面定位多件铣夹具的设计

内孔面定位多件铣夹具，其主要定位基准是工件已加工的内孔圆柱面，再选择其他表面作为辅助定位面。此类夹具通常采用心轴元件进行定位，并从内孔或端面夹紧工件。具体的设计方法通过铣削顶尖工件用夹具的设计来讲述。

【实例 20】　铣削顶尖用夹具的设计

顶尖加工件的工程图如图 5-140 所示。

工序要求：工件所有面都已加工完毕。本工序要求加工 $\phi12$（半径 6）、与中心线高度 10 的偏口平面，加工精度要求不高。生产规模为大批量。

设计任务：该工件在立式普通铣床上用底部半径为 6 的鼓形棒铣刀进行加工。要求以 $\phi30^{+0.045}_{0}$ 孔的圆柱面作为主要定位基准，辅助定位基准为此孔的端面。此件的加工只需限制 5 个自由度。

要求夹具的定位和夹紧要方便快捷，尽量缩短工件装夹的操作时间。为提高生产效率，

一次应装夹多个工件。为保证多个工件加工尺寸的一致性，需要设置对刀装置。

设计步骤及操作方法如下所述。

1. 确定定位方案

根据定位要求，选择 $\phi 30^{+0.045}_{0}$ 孔的圆柱面作为主要定位基准面，该孔的端面作为辅助定位基准面。本工序只需限制工件 5 个自由度即可。本夹具拟设定一次装夹 8 个工件，通过一次夹紧操作同时使 8 个工件定位并夹紧。定位元件采用内夹式弹性夹头，其外圆柱面对孔进行定位，肩台端面对孔端面进行定位。通过装配到弹性夹头内部的拉紧锥轴，使弹性夹头胀开，从工件内部进行夹紧和最后定位。所有内夹式弹性夹头立式安装，成双排直线布置在夹具体表面上。

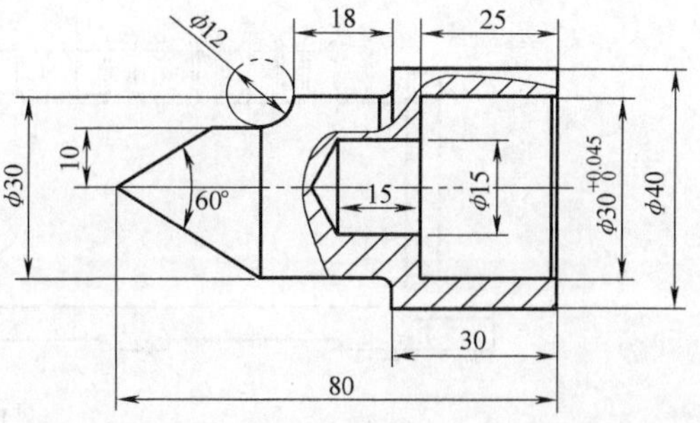

图 5-140　顶尖加工件的工程图

（1）设计顶尖工件的实体模型　按顶尖加工件工程图设计出工件的实体模型，在 UG 的装配环境下将其调入，并按加工时的状态，将其固定在三维空间的适合的位置上，如图 5-141 所示。

（2）设计定位元件　根据工件的 $\phi 30^{+0.045}_{0}$ 孔及其长度尺寸，设计出的内夹式弹性夹头如图 5-142 所示。

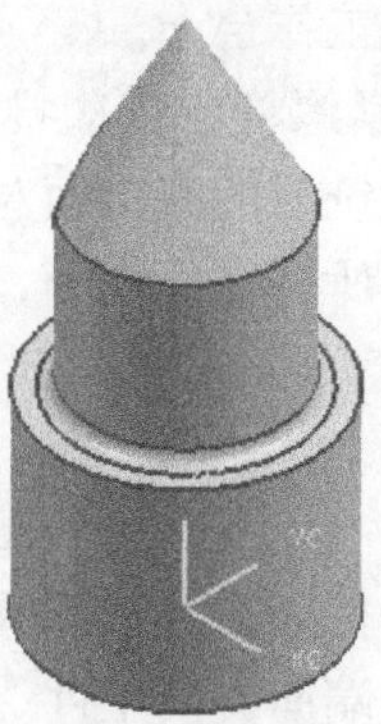
图 5-141　顶尖实体模型的定位

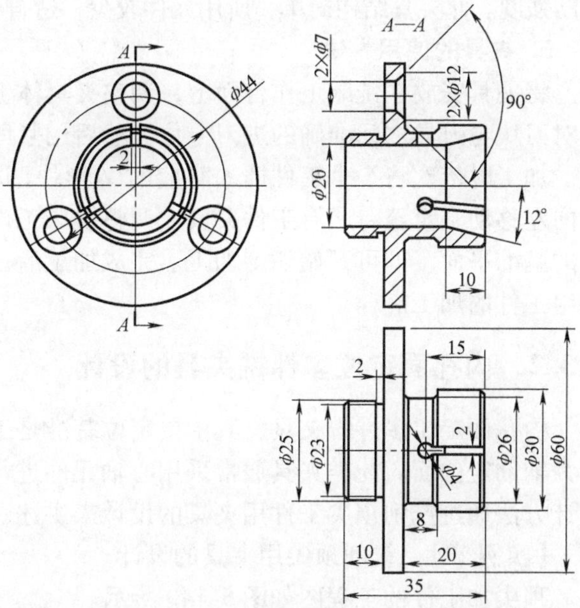

图 5-142　完成设计的内夹式弹性夹头

（3）组装定位元件　根据定位方案，将设计好的第一个弹性夹头先组装到工件上。然后，将第一个工件和第一个弹性夹头组合成一个组件，用线性阵列方法将其余 7 个组件装配到三维空间中。这 8 个组件成两行、4 列布置，行距为 100，列距为 80。完成的 8 个定位元件和工件装配的实体图和工程图，如图 5-143 所示。

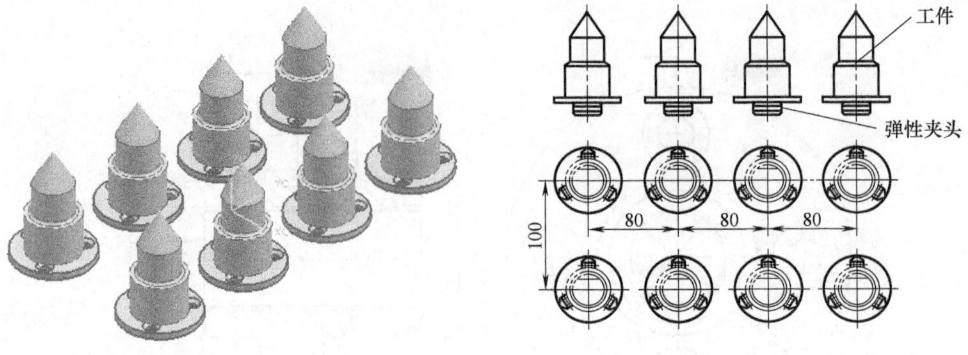

图 5-143　完成 8 个定位元件和工件装配的实体图和工程图

2. 确定夹紧方案

内孔面定位一般从孔表面或孔端面对工件进行夹紧。由于本夹具作为主要定位元件的内夹式弹性夹头既是定位元件，也是夹紧元件，所以拟采用从工件内部夹紧的方式。通过移动安装在弹性夹头内的拉紧锥轴，使弹性夹头胀开对工件夹紧。因此，弹性夹头和拉紧锥轴是夹紧机构中的主要夹紧元件。为实现这一夹紧操作，还需要其他的辅助夹紧元件，如螺杆、螺套、联动拉板、调节螺钉、导柱和垫圈。在夹紧操作中，通过旋紧螺杆，推动联动拉板下移，而调节螺钉和垫圈将拉紧锥轴与联动拉板固定在一起。当联动拉板下移时会拉动拉紧锥轴使弹性夹头胀开，从而将工件从内部夹紧。

（1）设计夹紧元件　作为定位元件的弹性夹头同时也是直接夹紧元件，虽已经完成设计，但还需要设计另一个主要夹紧元件，即拉紧锥轴和其他的辅助夹紧元件。拉紧锥轴的设计可根据弹性夹头的结构和尺寸来进行，其工程图如图 5-144 所示。辅助夹紧元件的设计可根据弹性夹头和拉紧锥轴的结构和尺寸及 8 个工件的所在位置来进行，图 5-145 至图 5-150 所示分别为螺杆、螺套、联动拉板、调节螺钉、导柱和垫圈的工程图。

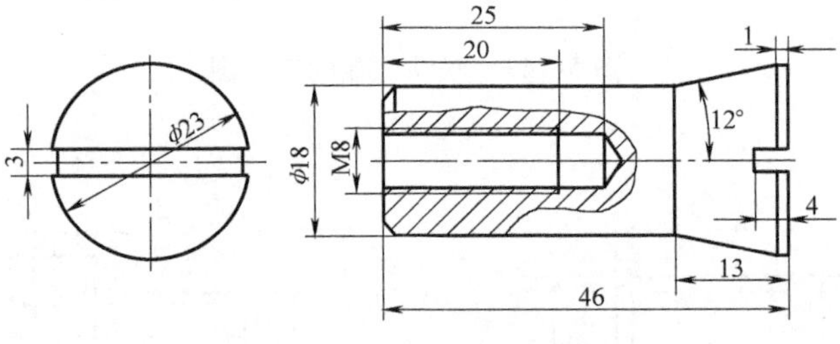

图 5-144　拉紧锥轴的工程图

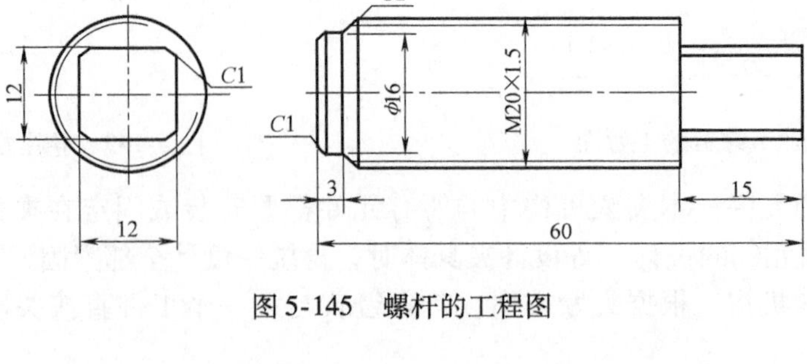

图 5-145　螺杆的工程图

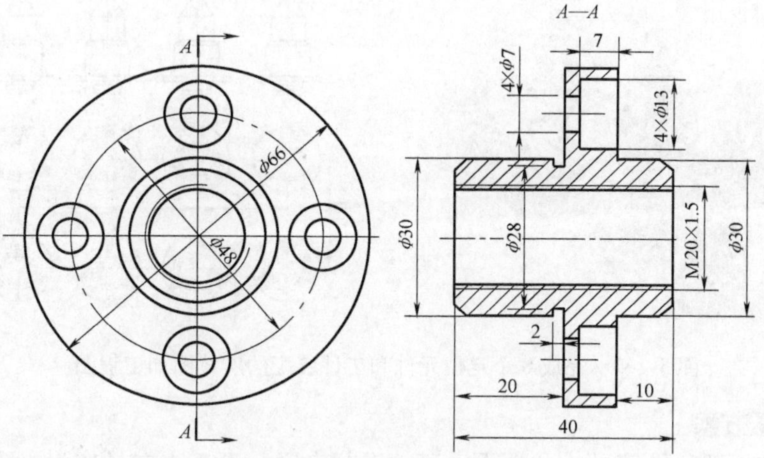

图 5-146　螺套的工程图

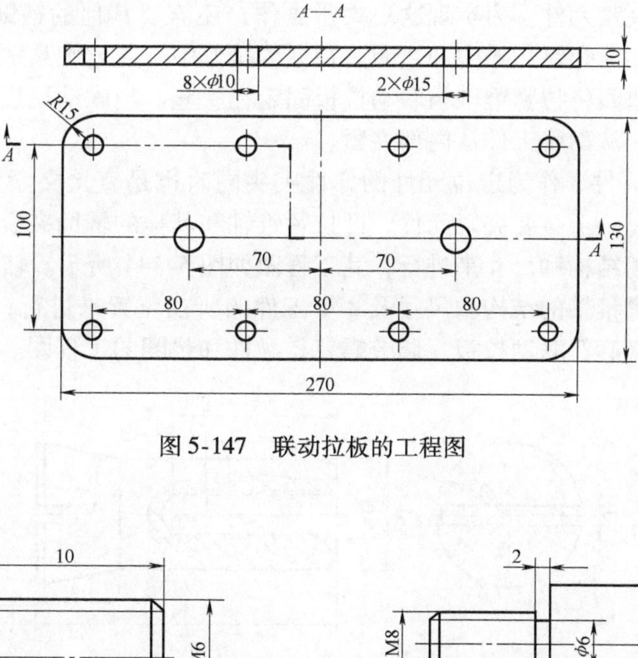

图 5-147　联动拉板的工程图

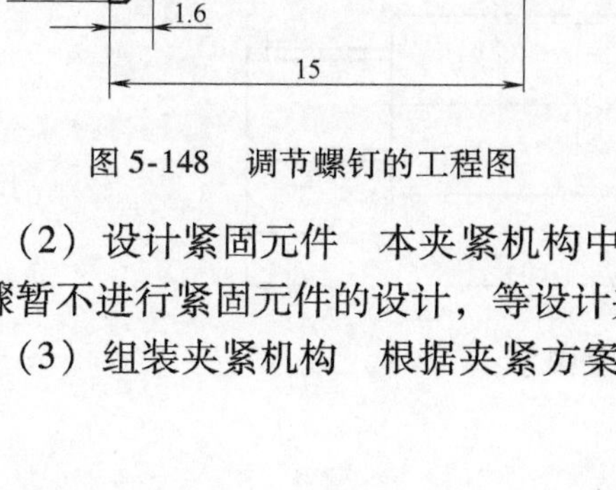

图 5-148　调节螺钉的工程图

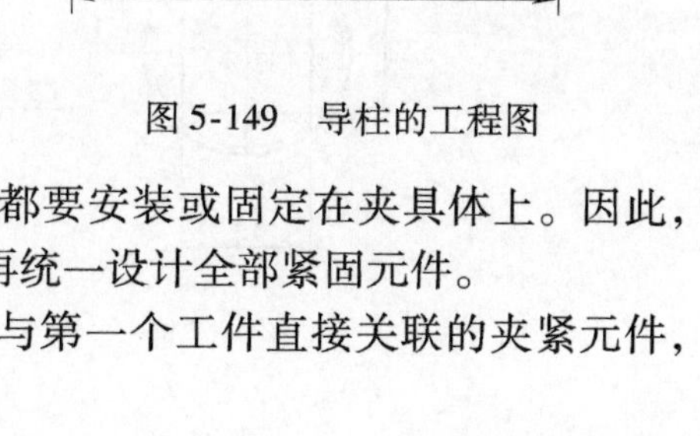

图 5-149　导柱的工程图

（2）设计紧固元件　本夹紧机构中的所有元件都要安装或固定在夹具体上。因此，此步骤暂不进行紧固元件的设计，等设计夹具体时，再统一设计全部紧固元件。

（3）组装夹紧机构　根据夹紧方案，首先组装与第一个工件直接关联的夹紧元件，即

将弹性夹头、拉紧锥轴、调节螺钉、垫圈等元件组合成一个组件。然后，用线性阵列方法装配到已布置的 8 个工件上。其次，根据完成装配的夹紧元件所在位置，将联动拉板和导柱装配到 8 组装配组件上。最后，根据联动拉板在空间的位置，将螺套和螺杆组装上去，并将其放置在 2 行 4 列布局的几何中心位置上。最终完成所有夹紧元件装配的实体图和工程图，分别如图 5-151 和图 5-152 所示。

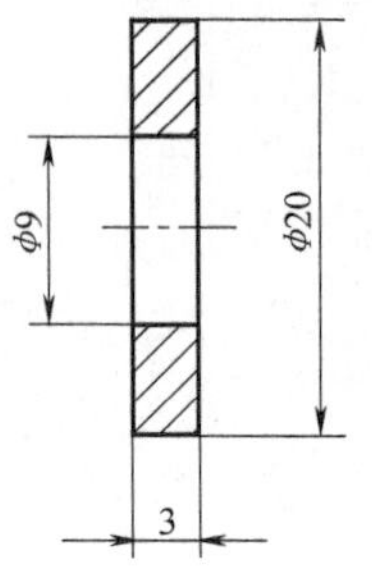

图 5-150　垫圈的工程图

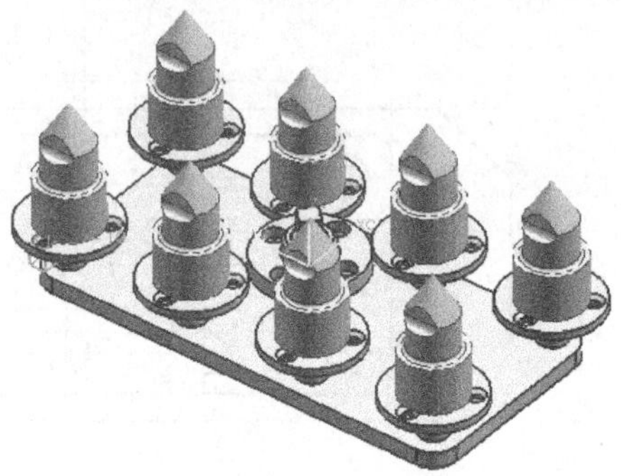

图 5-151　完成的夹紧元件装配的实体图

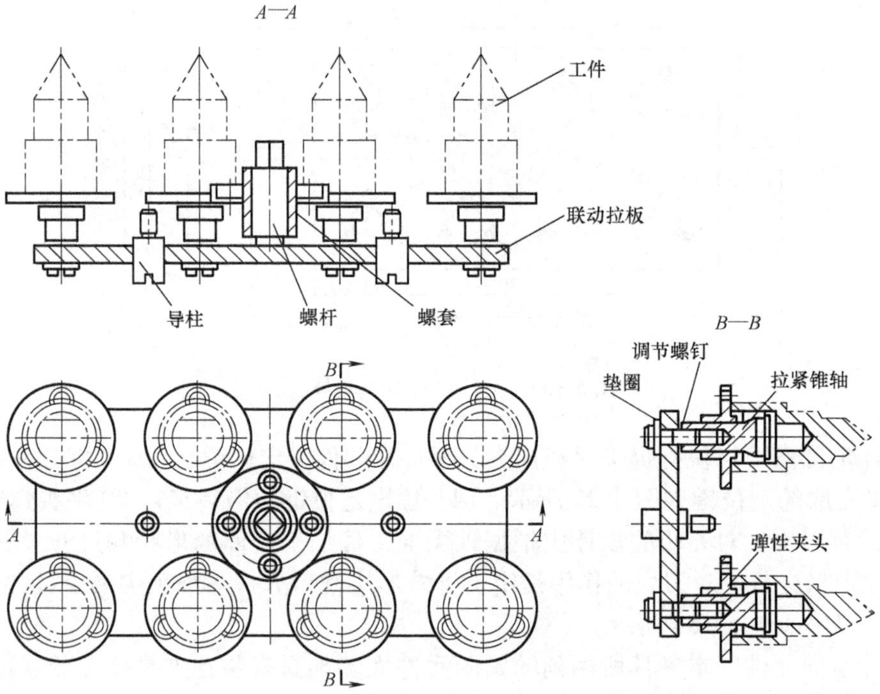

图 5-152　完成的夹紧元件装配的工程图

3. 确定夹具体结构

本夹具的夹具体拟采用铸造毛坯箱式结构。由于夹具中的所有定位元件和夹紧元件都直接安装在夹具体上，在设计夹具体时，主要考虑与这些元件相互位置的配合，并要注意夹紧

操作的方便。因为整个夹具是通过夹具体安装在铣床的工作台上的，因此，要设计定位键，以便将夹具体准确地固定在工作台上。同时，在此步骤中将对刀块也设计出来，对刀块就安装在夹具体上。

（1）设计夹具体　在设计顶尖夹具体时，先要根据全部夹具元件所占空间的位置和配合关系，来确定夹具体的总体尺寸。在细部结构上主要考虑与所有直接接触的定位元件和夹紧元件的正确配合。完成设计的夹具体如图 5-153 所示。

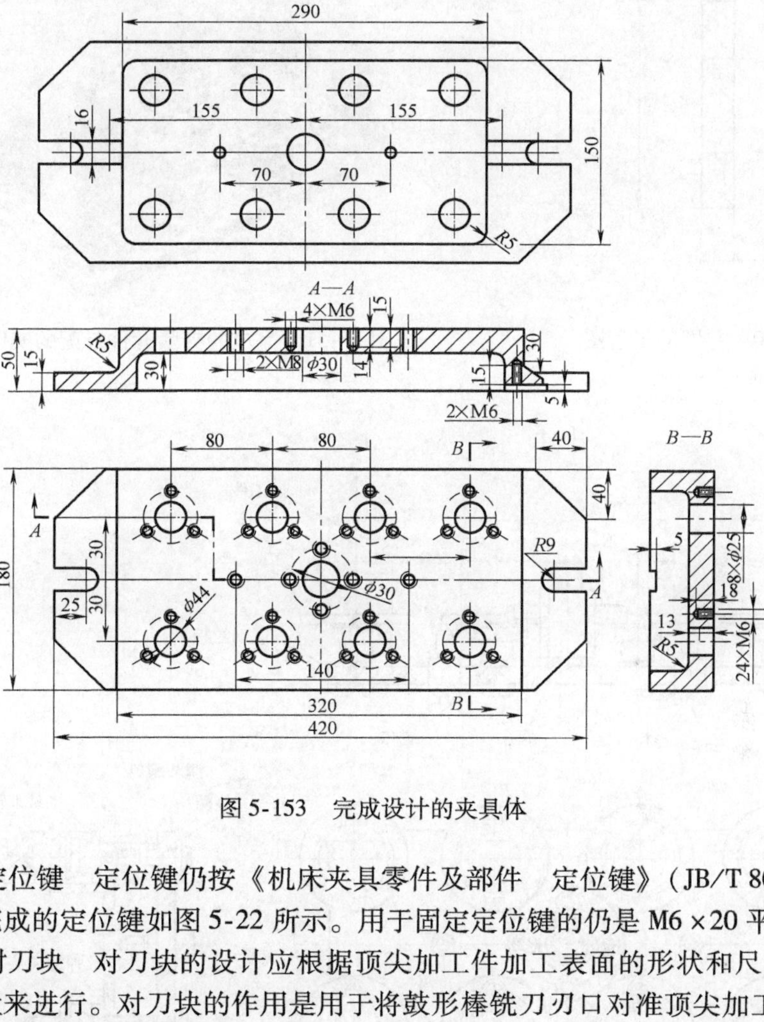

图 5-153　完成设计的夹具体

（2）设计定位键　定位键仍按《机床夹具零件及部件　定位键》（JB/T 8016—1999）A 型进行设计，完成的定位键如图 5-22 所示。用于固定定位键的仍是 M6×20 平头螺钉。

（3）设计对刀块　对刀块的设计应根据顶尖加工件加工表面的形状和尺寸及其在夹具体上的安装位置来进行。对刀块的作用是用于将鼓形棒铣刀刃口对准顶尖加工件的加工面。完成设计的对刀块如图 5-154 所示。

（4）设计紧固元件　本夹具所用到的紧固元件大多都是安装在夹具体上的，可依据所有关联元件的结构、尺寸和相互位置进行设计。需要的紧固元件有 M8×25 平头螺钉、M6×20 平头螺钉、M6×15 沉头螺钉和 $\phi5\times20$ 圆柱销。

（5）组装夹具体等元件　根据夹具设计的整体方案，先将夹具体组装到已完成的装配结构中。装配时要注意与已完成装配元件的正确配合关系；然后，将对刀块和定位键组装到装配结构中。最后，将所有紧固元件组装上去。至此，完成整个顶尖夹具的全部装配设计。完成铣削顶尖夹具装配的实体图和装配工程图，分别如图 5-155 和图 5-156 所示。

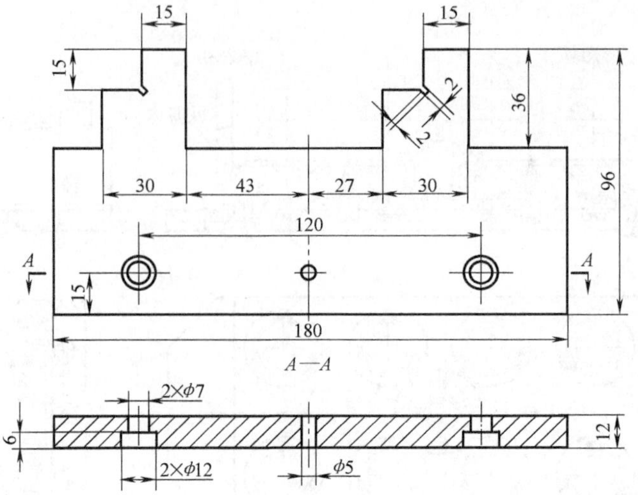

图 5-154　完成设计的对刀块

4. 夹具的特点

顶尖夹具的特点是采用成 2 行 4 列矩形排列的内夹式弹性夹头，对工件的内孔表面进行定位。一次可装夹 8 个工件，并且运用螺旋夹紧方式实现一次操作联动夹紧，提高了生产效率，节省了装夹操作时间。此夹具结构简单，所用元件较少，适合于小型零件的大批量规模生产的要求。

图 5-155　完成的铣削顶尖夹具装配的实体图

5. 夹具的使用方法

将夹具安放在铣床工作台面上，调整夹具体上定位键与工作台定位槽基准面的间隙，确保对刀块与刀具之间准确的进刀方位。然后用紧固螺栓将夹具固定在工作台上。

加工时依次将 8 个工件插入对应的弹性夹头定位孔中，通过特制扳手旋紧螺杆，推动联动拉板下移。联动拉板的下移又通过调节螺钉使拉紧锥轴下移，在圆锥体的作用下将弹性夹头外径胀开，从而将工件从内部定位并夹紧。为保证联动拉板向下移动能够可靠地同时拉动拉紧锥轴，可通过调节螺钉来调整联动拉板与拉紧锥轴之间的距离。当夹紧全部工件后，调整铣床工作台的上下高度，使鼓形棒铣刀的刃口面对准对刀块的基准平面，即可开始切削加工。完成加工后，旋松螺杆，即可将所有工件取下，进行下一组工件的加工。

【实例 21】　铣削双轴卡座用夹具的设计

双轴卡座加工件的工程图如图 5-157 所示。

工序要求：工件上 $\phi16$、$\phi26^{+0.05}_{0}$ 两个孔及上下端面都已加工完毕。本工序要求加工长度 22、成 45°角的平面（其上的两个小孔不在本工序加工），加工精度要求不高。生产规模为大批量。

设计任务：该工件在立式普通铣床上用机夹式盘铣刀进行加工。要求以 $\phi26^{+0.05}_{0}$ 和 $\phi16$

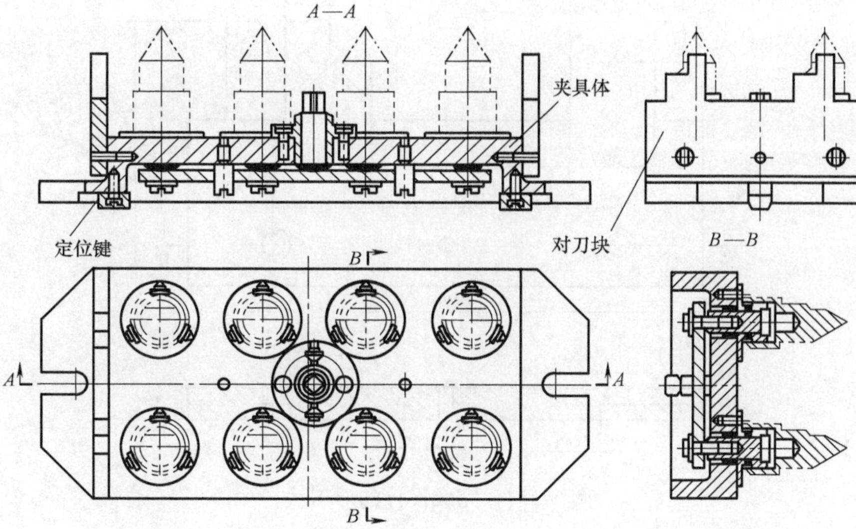

图 5-156　完成的铣削顶尖夹具装配的工程图

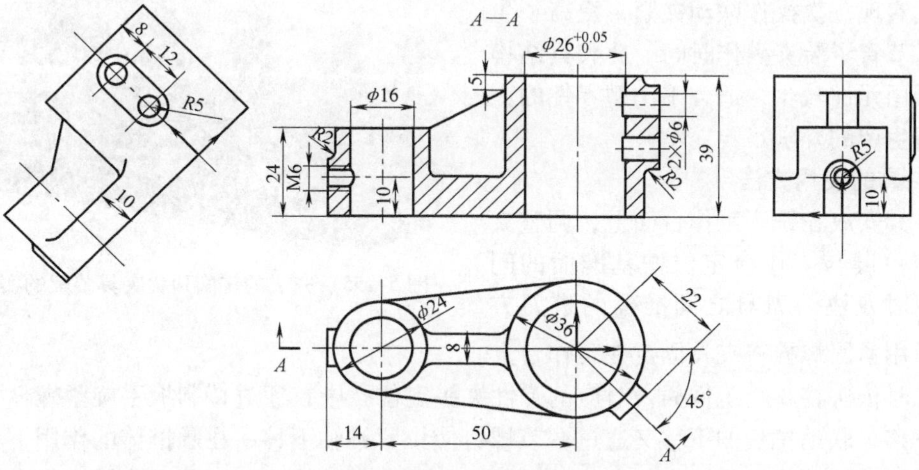

图 5-157　双轴卡座加工件的工程图

两个孔及其底平面作为定位基准。其中 $\phi 26_{\ 0}^{+0.05}$ 孔表面作为主要定位基准，$\phi 16$ 孔表面和底面作为辅助定位基准。为避免产生过定位，$\phi 16$ 孔的定位应采用菱形销进行定位。

要求夹具的定位和夹紧要方便快捷，缩短工件装夹的操作时间。为提高生产效率，可考虑分装方式，即工件的定位与初步装夹在夹具外进行，且一次应装夹多个工件。由于加工面只进行深度方向的加工，则可不设对刀装置，利用夹具左端的固定座平面进行对刀。

设计步骤及操作方法如下所述。

1. 确定夹具总体结构

根据设计任务对生产效率提出的要求，本夹具设计成两个独立的部分，即定位机构和夹紧机构。定位机构只承担工件的安装和定位工作，并在夹具体外进行。夹紧机构只承担对定

位机构的承载定位和夹紧控制。

2. 确定定位机构

定位机构拟采用独立的装夹方式，实现工件的装夹在机床（夹具总体结构）之外进行，即利用铣削加工过程完成对工件的装夹操作。按这一思路，将定位机构设计成单独的定位架。在定位架中有定位架板、双孔压板、菱形心轴和定位心轴等定位元件。通过这些元件将多个工件组装在一起，并得到定位。本机构采用两套定位架，每个可一次安装 4 个工件，两套定位架共可安装 8 个工件。每个定位架的结构是一样的，但安装工件的方式稍有不同。当工件安装到前后两个定位架上之后，即可将它们同时安装到夹具上，经过夹紧后，即可进行加工作业。这样通过一次装夹能够同时对 8 个工件进行加工。

（1）设计定位元件　根据双轴卡座工件上两个孔的尺寸及其间的距离，设计出定位架板、双孔压板、菱形心轴和定位心轴。对两个轴的设计，在长度尺寸上要考虑安装 4 个工件之所用以及安装的尺寸。这 4 个定位元件的工程图如图 5-158 至图 5-161 所示。

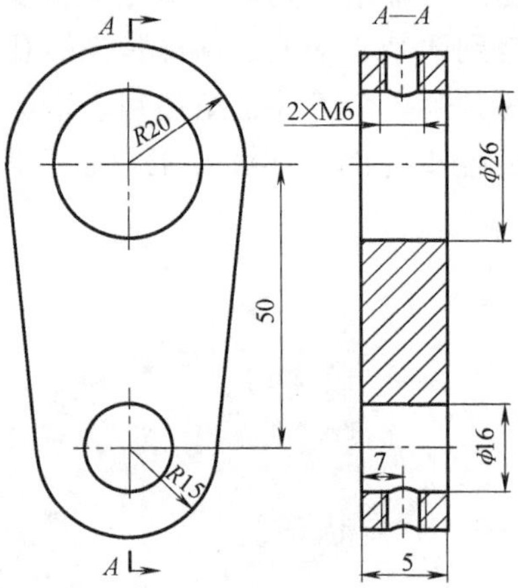

图 5-158　定位架板的工程图

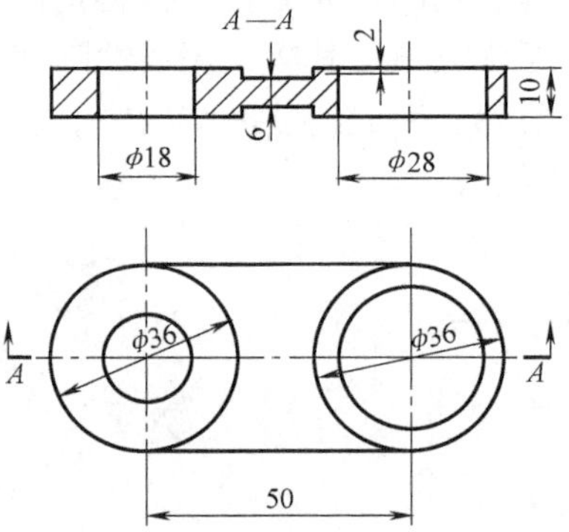

图 5-159　双孔压板的工程图

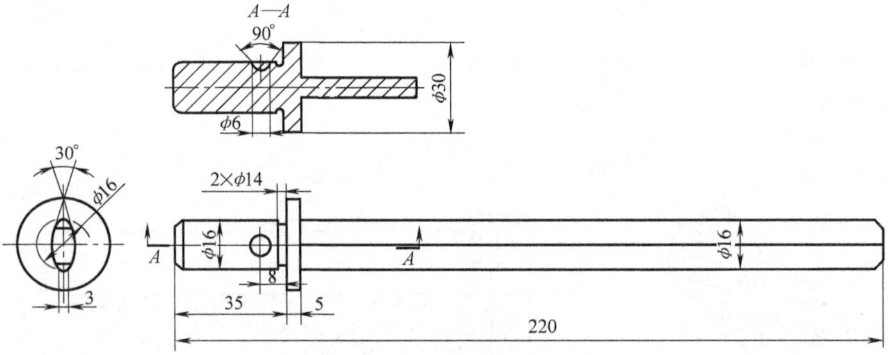

图 5-160　菱形心轴的工程图

（2）设计紧固元件　在定位架中只有 M6 × 10 紧定螺钉，可参考《开槽锥端紧定螺钉》（GB/T 71—1985）和两个心轴上的定位孔进行设计，其工程图如图 5-162 所示。

（3）组装定位架　在组装定位架之前，先按双轴卡座工件的工程图设计出工件的实体模型。在 UG 的装配环境下先将实体模型调入到工作界面，并按加工时的状态，将其固定在三维空间的适合位置上。注意，一定要使工件与加工的平面成水平放置，如图 5-163 所示。

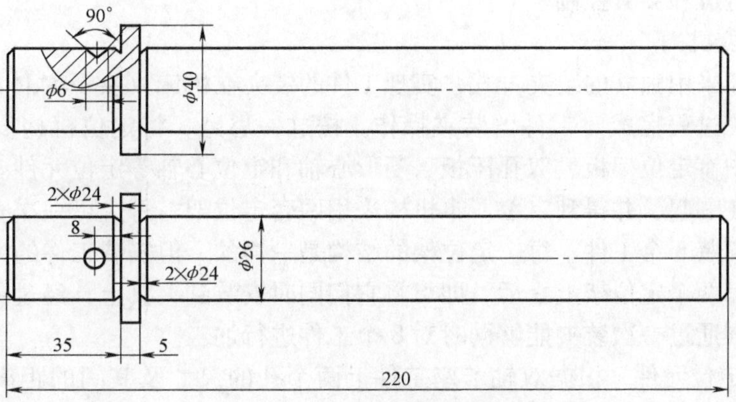

图 5-161　定位心轴的工程图

然后根据定位方案，将设计好的定位心轴、菱形心轴组装到双轴卡座上，要注意两个心轴与工件上两个孔的径向方位。再将定位架板组装到两个心轴上，保证紧定螺孔与轴上定位锥孔成中心配合关系。其次，用线性阵列方法，将其余 3 个工件也组装到心轴上。最后，将双孔压板组装到已完成的装配结构中。前定位架装配工件的实体图和工程图分别如图 5-164 和图 5-165 所示。

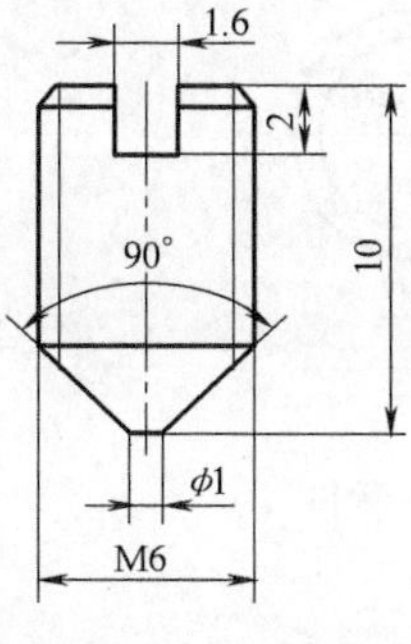

图 5-162　紧定螺钉的工程图

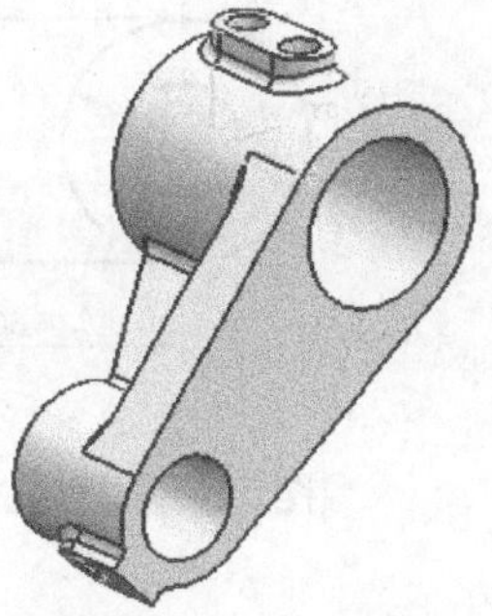

图 5-163　双轴卡座实体模型的定位

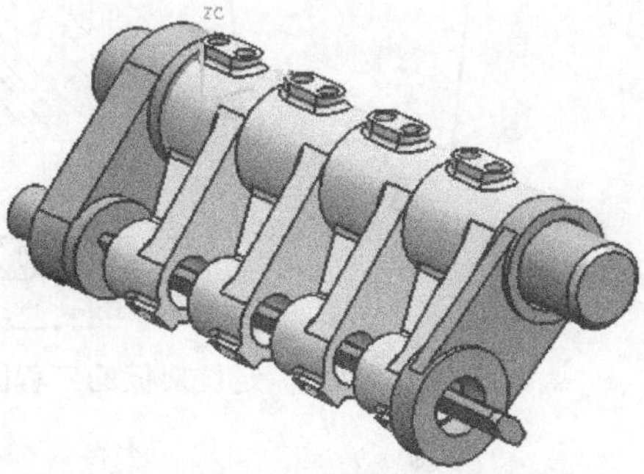

图 5-164　前定位架装配工件的实体图

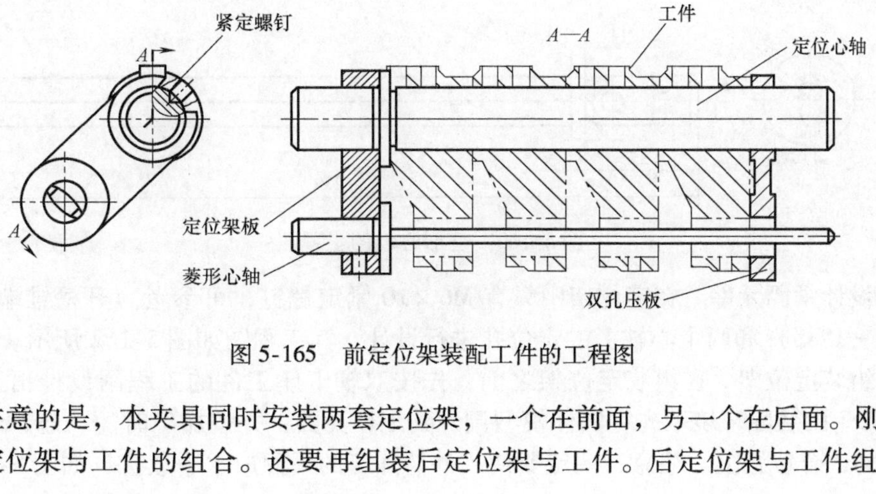

图 5-165　前定位架装配工件的工程图

需要注意的是，本夹具同时安装两套定位架，一个在前面，另一个在后面。刚刚完成组装的是前定位架与工件的组合。还要再组装后定位架与工件。后定位架与工件组装到一起

时，其定位平面稍有不同，即工件底平面与定位架板的朝向正好相反。完成装配的后定位架装配工件的实体图和工程图如图 5-166 和图 5-167 所示。

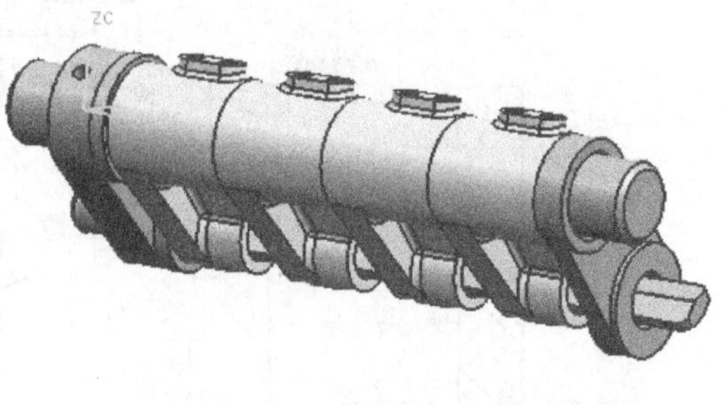

图 5-166　后定位架装配工件的实体图

3. 确定夹紧方案

夹紧机构采用独立的夹紧方式，即夹紧的对象是针对两套定位架来进行设计的。当定位架安装好工件后，整体组装到夹紧机构上。因此，夹紧机构不仅需要夹紧元件，也需要针对定位架的定位元件。定位元件主要是根据定位架板和两个心轴的结构、尺寸和相互位置来设计，使之正确地固定在夹具总体结构中。夹紧元件可根据定位架及装配工件的情况来设计。夹紧方式拟采用水平放置的螺旋压板形式，通过手轮（螺母）、中心轴、滑动推座等元件，使两套定位架及工件压紧到固定基座和夹具体的表面上。

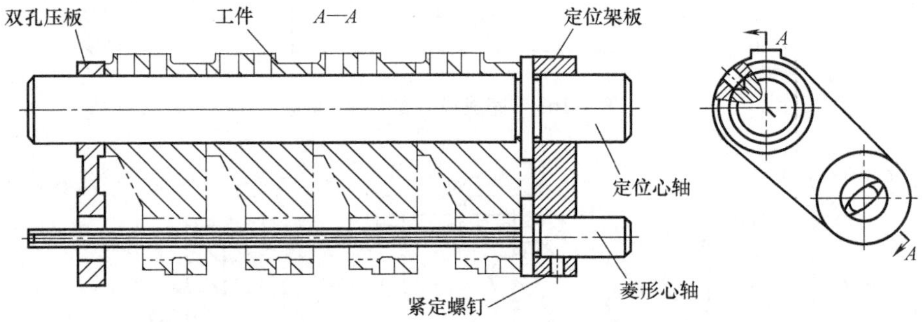

图 5-167　后定位架装配工件的工程图

（1）设计定位元件　夹紧机构中的定位元件同时也承担夹紧的作用，主要有固定基座、滑动推座、燕尾板等。固定基座和滑动推座可根据定位架板的结构和尺寸来设计，如图 5-168 和图 5-169 所示。燕尾板的作用是对滑动推座从水平面上进行定位，并执行导轨的功能，使滑动推座只能沿轴向移动。燕尾板上的两个斜面与滑动推座上的燕尾槽相配合，因此，设计时要注意这两个元件的尺寸配合。燕尾板的工程图如图 5-170 所示。

（2）设计夹紧元件　夹紧机构中的夹紧元件主要承担对定位架的紧固作用，主要有中心轴、手轮（螺母）、手柄、锁紧螺母、弹簧、压紧螺母、固定螺栓等。中心轴是连接固定基座和滑动推座的最主要夹紧元件，其上有 M16 螺纹，起着螺杆的作用，同时也承担对滑动推座的移动导向作用。中心轴工程图如图 5-171 所示。手轮用于移动滑动推座，其上有 M16 的孔螺纹，起着螺母的作用，其工程图如图 5-172 所示。锁紧螺母用来将中心轴紧固到固定基座上；弹簧安装在中心轴上，一端紧靠锁紧螺母端面，另一端紧靠滑动推座端面，当松开对定位架的夹紧时，使滑动推座自动离开夹紧位置，以方便定位架的拆卸；手柄安装到手轮上用于操纵手轮；这些元件的工程图如图 5-173 至图 5-175 所示。压紧螺母和固定螺栓在垂直方向上将滑动推座紧固在夹具体上，其工程图如图 5-176 和图 5-177 所示。

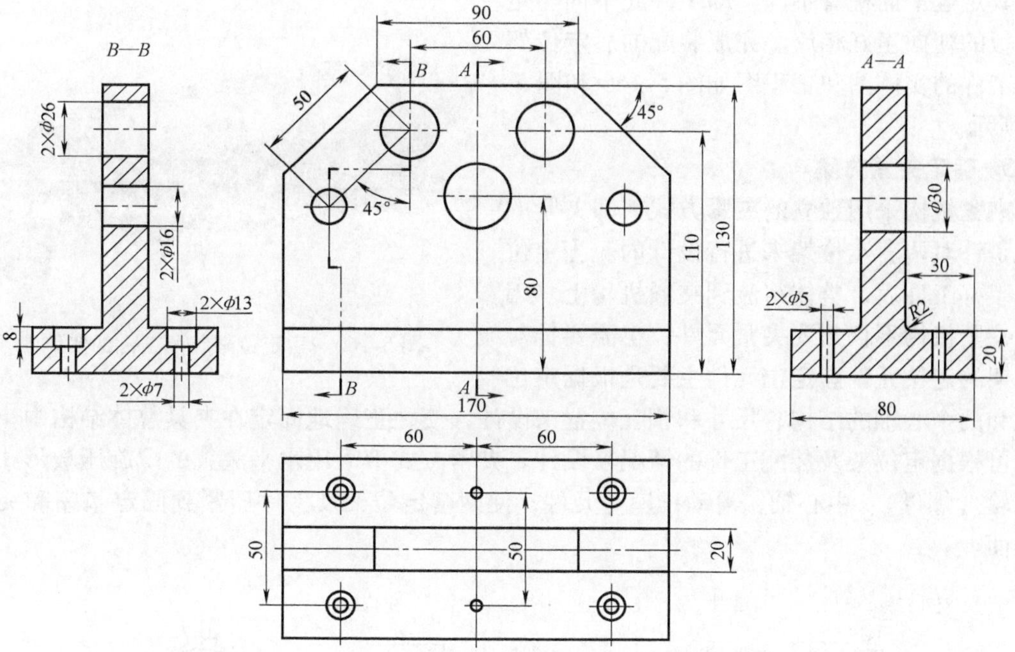

图 5-168　完成设计的固定基座

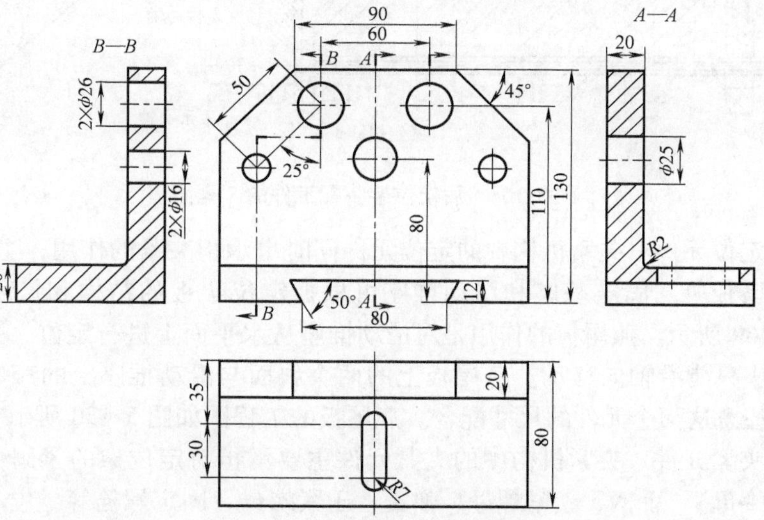

图 5-169　完成设计的滑动推座

（3）设计紧固元件　夹紧机构和整个夹具中的紧固元件有 M6 ×30、M6 ×20 平头螺钉、$\phi5\times30$ 定位销。这些元件可参照相应的标准和应用紧固元件的结构和尺寸来自行设计。

（4）组装夹紧元件　根据定位方案和夹紧方案，并参考定位架及安装工件时的位置尺寸，先将固定基座安装到三维空间的适当位置上。然后，再根据固定基座的位置将其他所有定位元件、夹紧元件和紧固元件组装上去。由于夹具体尚未设计，有些紧固件可暂不安装。完成装配的夹紧机构实体图和工程图如图 5-178 和图 5-179 所示。

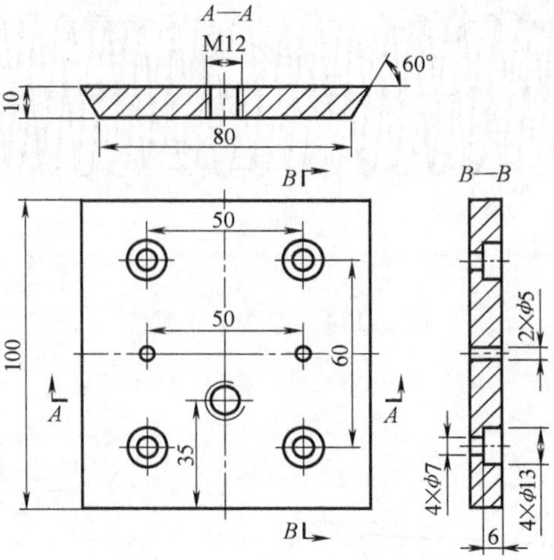

图 5-170　燕尾板的工程图

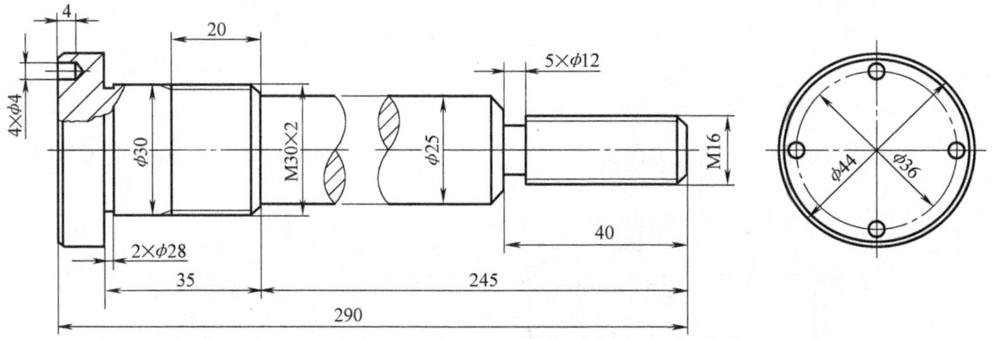

图 5-171　中心轴的工程图

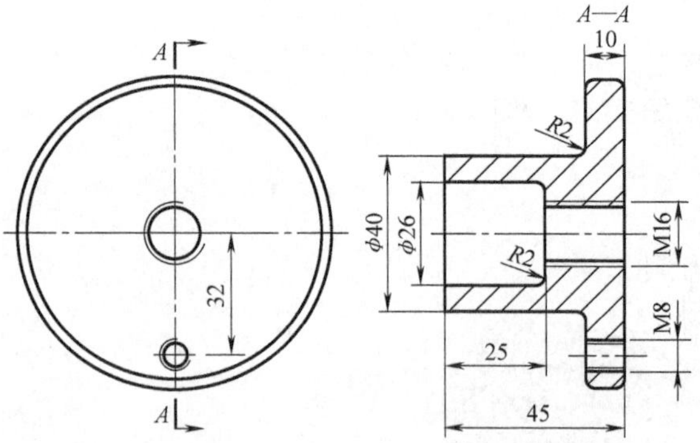

图 5-172　手轮（螺母）的工程图

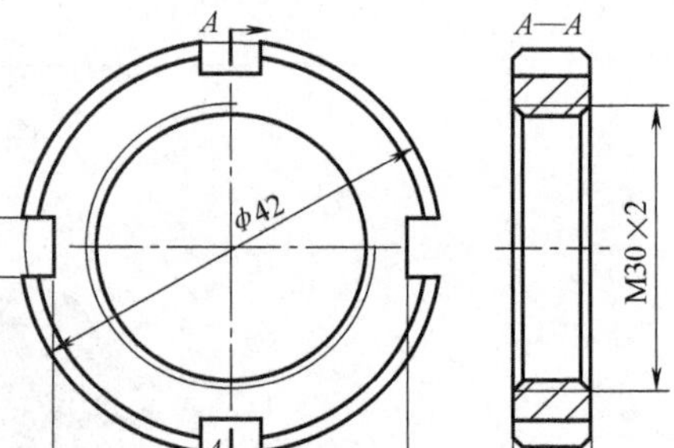

图 5-173　锁紧螺母的工程图

4. 确定夹具体结构

双轴卡座夹具的夹具体拟采用铸造毛坯的板式结构。由于夹紧机构及其附带的定位架是直接安装在夹具体上的，在设计夹具体时，主要考虑与夹紧机构的配合关系。本夹具体仍要设计定位键，以便将夹具体准确地固定在工作台面上。本夹具不需要对刀装置。

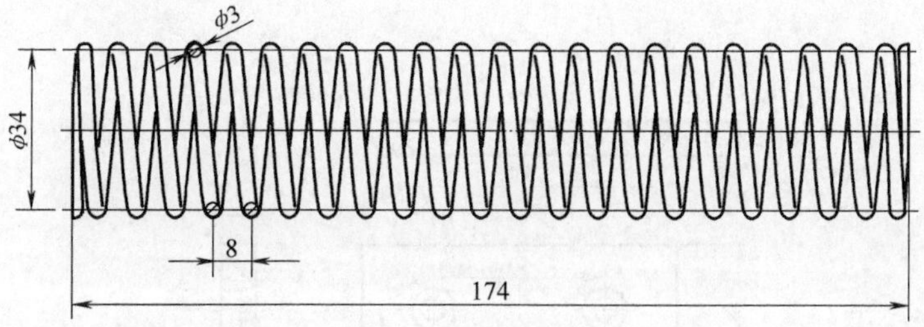

图 5-174　弹簧的工程图

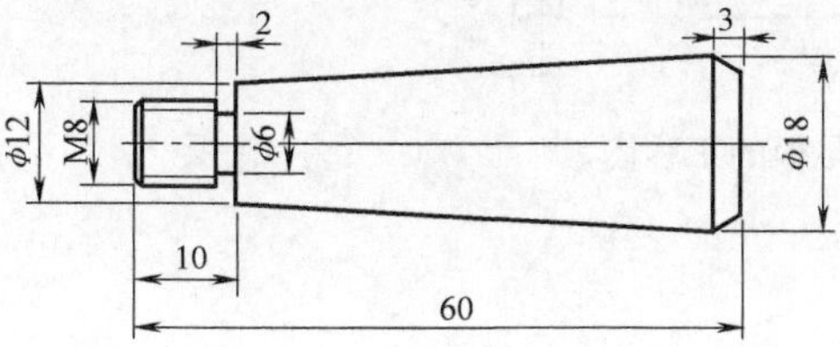

图 5-175　手柄的工程图

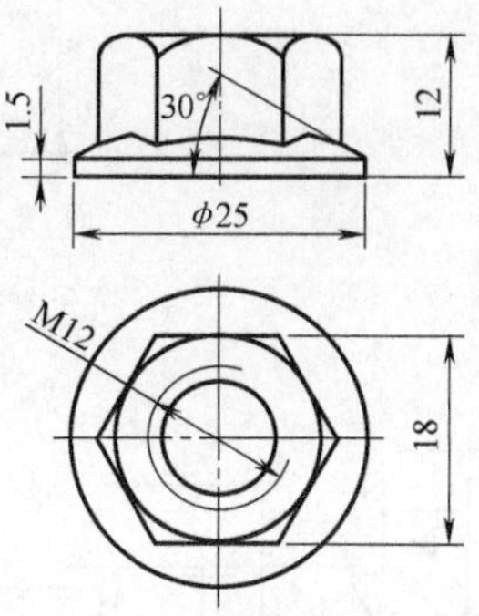

图 5-176　压紧螺母的工程图

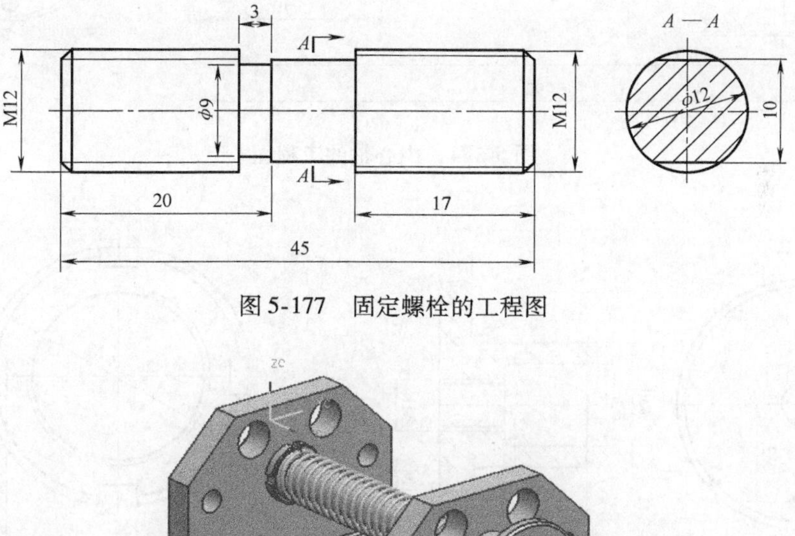

图 5-177　固定螺栓的工程图

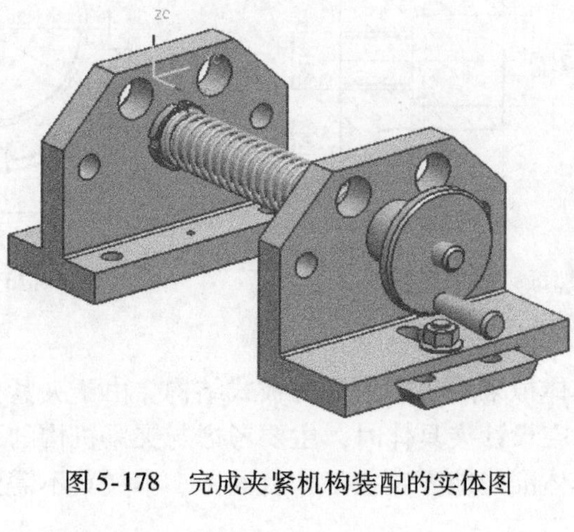

图 5-178　完成夹紧机构装配的实体图

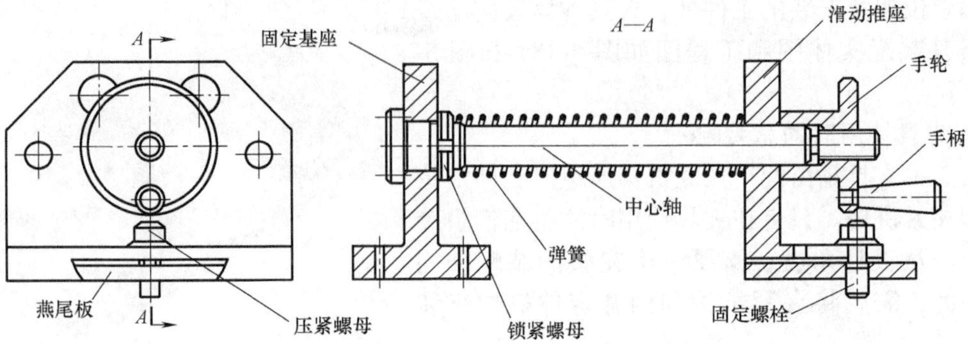

图 5-179　完成夹紧机构装配的工程图

（1）设计夹具体　在设计夹具体时，要根据全部夹具元件所占空间的位置和配合关系，来确定夹具体的总体尺寸。在细部结构上主要考虑与所有直接接触的定位元件和夹紧元件的正确配合，特别是用于固定燕尾板的定位销和螺钉所在的位置。完成设计的夹具体如图 5-180 所示。

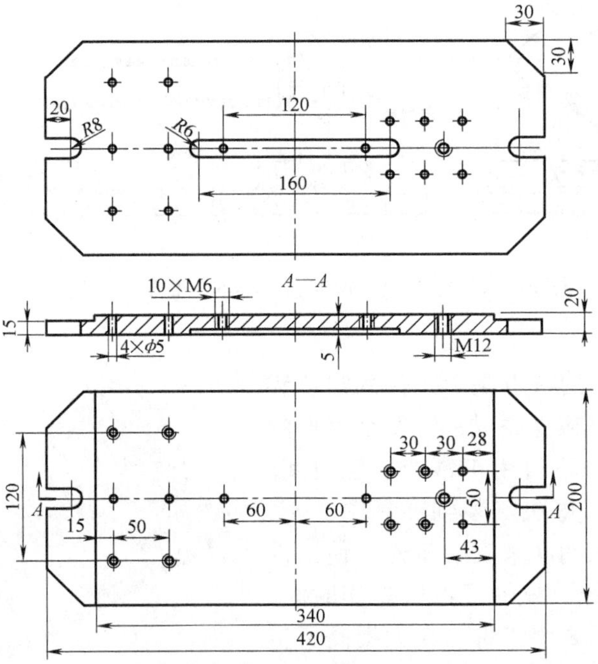

图 5-180　完成设计的双轴卡座的夹具体

（2）设计定位键　定位键仍按《机床夹具零件及部件　定位键》（JB/T 8016—1999）A 型进行设计，完成的定位键如图 5-22 所示。用于固定定位键的仍是 M6×20 平头螺钉。

在夹具体设计时不需要再设计另外的紧固元件。

（3）组装夹具体　根据双轴卡座夹具设计的整体方案，先将夹具体组装到已完成的夹紧机构装配结构中，装配时要注意与已完成装配元件的正确配合关系。再将定位键组装到装

配结构中。最后，将所有紧固元件组装上去。至此，除定位架及安装的工件外，夹具本体装配已经完成，其装配实体图和工程图如图 5-181 和图 5-182 所示。

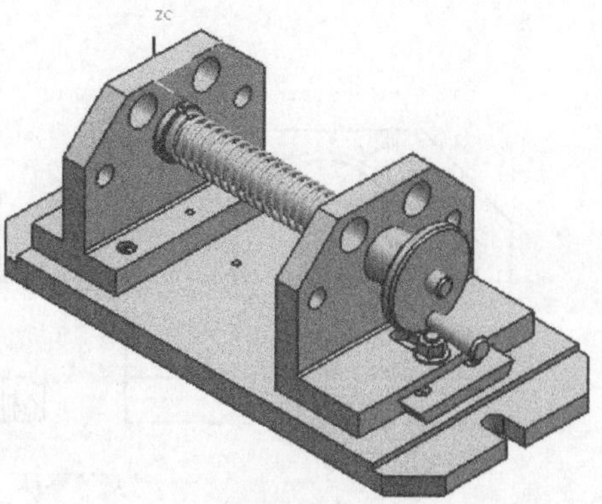

图 5-181　完成的双轴卡座夹具本体装配的实体图

5. 夹具使用时的总装配

由于本夹具是由两个独立机构所组成，即定位机构和夹紧机构。只有在夹具使用时才将它们组装到一起。从设计角度，需要一个完整的装配结构图。因此，需要将夹紧机构和两套定位机构组装起来。

在 UG 的装配应用模块环境下，将已完成的夹紧机构文件打开。先调入后定位架及其安装的工件（后定位架组件），以固定基座上相应的定位孔作为定位基准，将其装配上去。再按相同的步骤，将前定位架组件组装到装配结构中。最后完成铣削双轴卡座夹具装配的实体图和工程图如图 5-183 和图 5-184 所示。

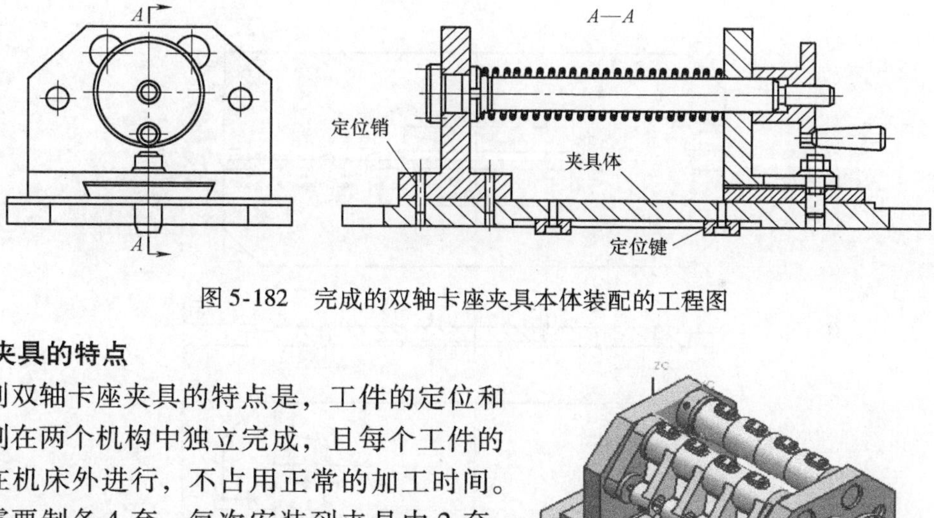

图 5-182　完成的双轴卡座夹具本体装配的工程图

6. 夹具的特点

铣削双轴卡座夹具的特点是，工件的定位和夹紧分别在两个机构中独立完成，且每个工件的安装是在机床外进行，不占用正常的加工时间。定位架需要制备 4 套，每次安装到夹具中 2 套，另外 2 套可在铣削加工期间来安装工件。使工件的装夹与加工同步进行，减少了占机操作时间，且一次可以装夹和加工 8 个工件，大大提高了生产效率。

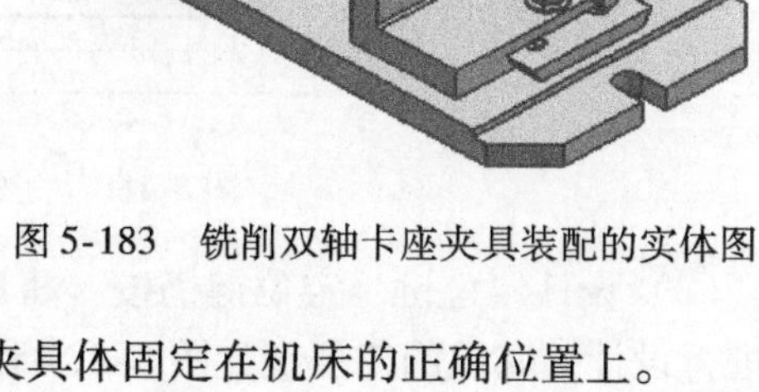

图 5-183　铣削双轴卡座夹具装配的实体图

7. 夹具的使用方法

将夹具本体安放在铣床工作台面上，调整夹具体上的定位键与工作台定位槽基准面的间隙，将夹具体固定在机床的正确位置上。

首次加工时，将 8 个工件分别安装在两个定位架上，安装定位后，将前后两个定位架再安装到夹具本体上。通过手柄转动手轮，在螺杆和螺母的作用下，推动滑动推座向固定基座方向移动，从而将两个定位机构夹紧。再拧紧压紧螺母，使滑动推座在垂直方向上紧固在夹

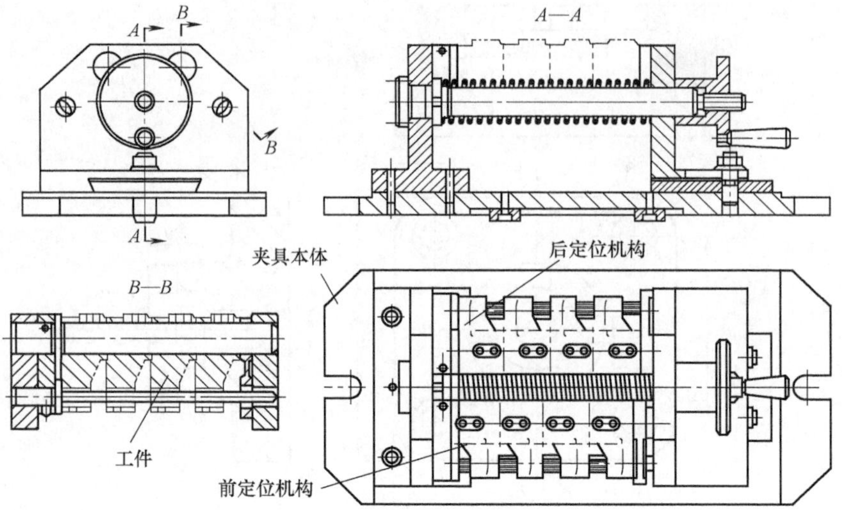

图 5-184　铣削双轴卡座夹具装配的工程图

具体上。利用固定基座上端面可以对准铣刀刃口位置，即可开始铣削加工。

在对定位机构上的工件进行加工期间，可以在另外两个备装的定位架上安装工件，以便在前面 8 个工件加工完毕后，立即将备装的两个定位架及工件安装到夹具本体上，进行下一轮的加工。

5.3.3　平面定位多件铣夹具的设计

平面定位多件铣夹具，其主要定位基准是选择工件已加工或未加工的平面，再选择其他表面作为辅助定位面。具体定位方式应根据工件结构的特点来确定主要和辅助定位面，并从主要定位面方向对工件进行夹紧。具体的设计方法通过铣削轴端座工件用夹具的设计来讲述。

【实例 22】　铣削轴端座用夹具的设计

轴端座加工件的工程图如图 5-185 所示。

工序要求：工件上其他表面已加工完毕。本工序要求加工工件上部宽 $10^{+0.10}_{0}$、深 10 的十字定位槽。加工精度要求不高，但要保证十字定位槽相互垂直（成 90°）。生产规模为大批量。

设计任务：该工件在卧式普通铣床上加工。要求以轴端座已完成加工的底面作为主要定位基准。辅助定位基准分别以轴端座相互垂直的两个侧面进行定位。这两个侧面定位基准分别限制工件两个方向的直线移动和绕主平面法线轴的转动，即要求对工件实行完全定位。

要求夹具的定位和夹紧要可靠，工件的装夹和拆卸要方便。由于轴端座十字定位槽必须保证相互垂直，并处于中心位置，因此应设置对刀装置，以保证铣削加工的准确和方便。同时，由于是大批量生产，夹具最好能实现一次装夹多个工件，以提高生产效率。

设计步骤及操作方法如下所述。

1. 确定定位方案

根据定位要求，选择轴端座底平面作为主要定位基准。再选择工件底座的两个侧面平面作为辅助定位面。这样可以限制工件的 6 个自由度，实现完全定位。由于夹具要求实现一次

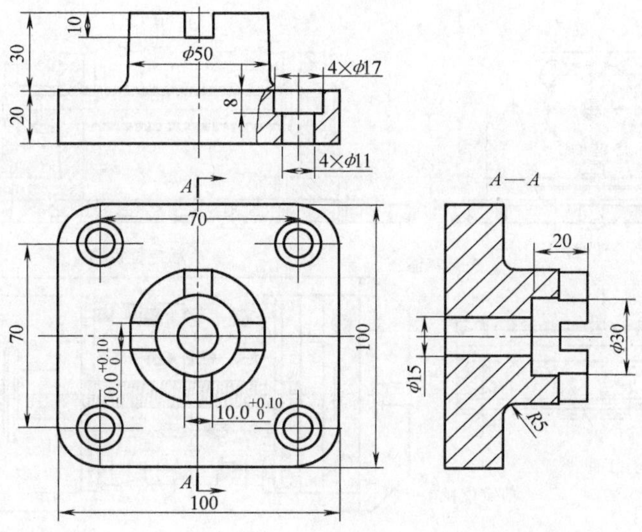

图 5-185　轴端座的工程图

装夹多个工件，且工件在水平面上具有几何图形完全对称的特性，拟设定一次装夹 4 个工件，成完全对称布置。同时，需要加工的十字槽其加工面是在两个方向，成垂直布局。在卧式普通铣床上加工，需要加工完一个方向的端口槽后，将工件旋转 90°并重新定位后，再加工另一个方向的端口槽。

要实现这一设计目标，工件的定位和夹紧应分开进行，且工件一旦定位后，不能再改变原有的位置。为此，本夹具需要一个特殊的定位元件，既能保证工件的正确定位，又能使工件旋转 90°，使新的加工面与先前的加工面保持垂直状态。根据这一设计思路，将这个特殊的定位元件设计成可以旋转的定位盘形式。定位盘中心是一个正方形的槽，4 个工件以其底面为主要定位基准，每个工件上的两个侧面与方形槽的侧面靠紧，为辅助定位基准。为使工件可靠地定位在应有的基准面上，需要设计一个十字压块。当压块压紧工件时，能同时保证 4 个工件的三个定位面准确定位。定位盘的几何中心开有一个轴孔，用于安装中心轴，以便定位盘能够旋转。

（1）设计工件的实体模型　按轴端座工件工程图设计出工件的实体模型（图 5-186），暂不进行三维空间安装，等定位盘设计出来后一起组装。

（2）设计定位元件　本夹具定位元件只有一个，即定位盘。根据工件结构、尺寸及 4 个工件所占据的位置，设计的定位盘为正方形，中间是深度为 15 的正方形平底槽，四周外侧面为倾斜 5°的斜面，中心为台阶孔，其工程图如图 5-187 所示。

（3）组装定位元件　根据定位方案，首先将设计好的定位元件，即定位盘安装到三维空间中，使之处于加工状态的位置。再将第一个工件组装到定位盘中定位槽的左上角位置上。最后用矩形阵列的方法将其余三个工件组装到定位盘的定位槽中。完成定位元件及 4 个工件的装配实体图和装配工程图如图 5-188 所示。

2. 确定分度方案

由于在本夹具上加工的工件需要两个加工工位，即当一个方向的端口槽加工完成后要旋转 90°，再对另一方向的端口槽进行加工，因此要设计分度机构。分度方式是利用布置在定

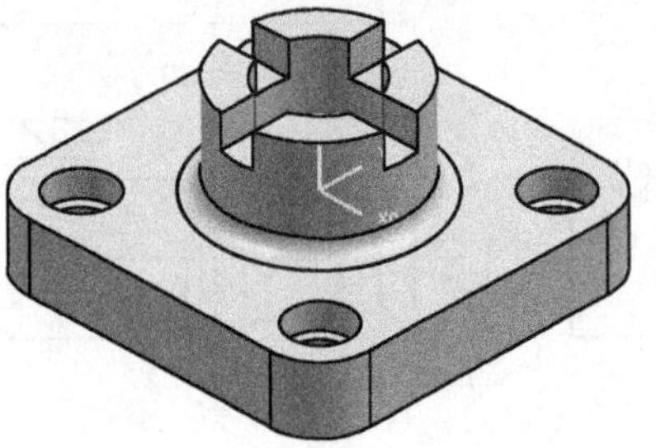

图 5-186　轴端座实体模型

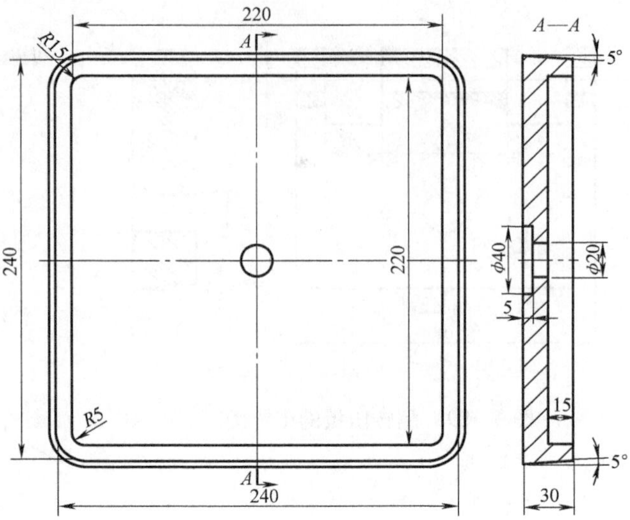

图 5-187　定位盘的工程图

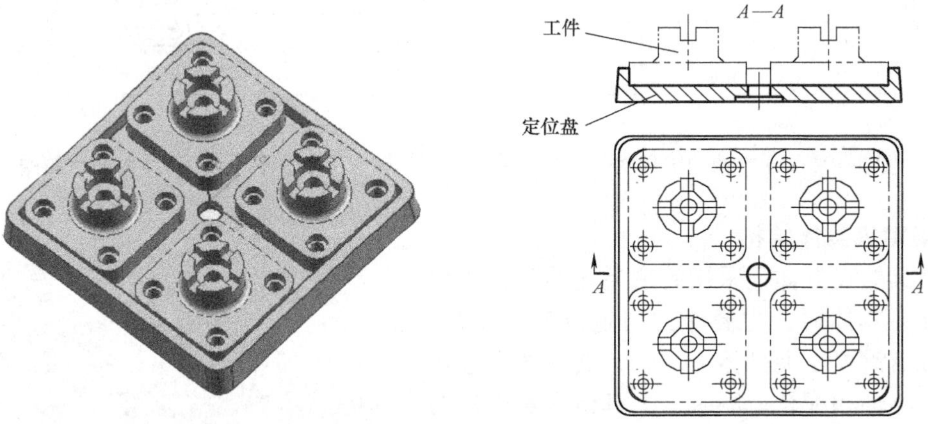

图 5-188　完成定位元件及 4 个工件装配的实体图和工程图

位盘左右两处的斜面翻转压板来进行分度定位的。当定位盘旋转 90°后，将翻转压板压向定位盘，使压板的挤压斜面与定位盘四周斜面紧密接触，从而将定位盘固定在夹具体上。

（1）设计分度元件　本分度机构比较特殊，不需要另外的分度盘和对定销，起分度作用的主要元件是带有斜面的翻转压板。辅助分度元件有压板支座、支座轴和旋转拉钮。压板支座用于将翻转压板固定在夹具体上，并确定翻转压板的位置。支座轴用于将翻转压板和压板支座以铰链方式连接在一起。旋转拉钮用于操纵翻转压板的开合及打开锁紧状态。完成设计的翻转压板的工程图如图 5-189 所示。压板支座、支座轴和旋转拉钮的工程图如图 5-190 至图 5-192 所示。此步骤可暂不设计紧固元件。

（2）组装分度元件　根据分度方案，按各个元件之间的配合关系，将它们组装到已完成的装配结构中。注意，上述的分度元件为两套，分别安装在定位盘的左右两侧，其装配实体图和装配工程图，如图 5-193 和图 5-194 所示。

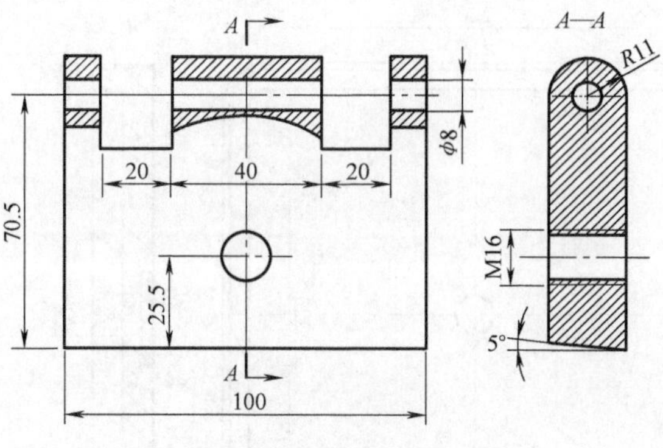

图 5-189　翻转压板的工程图

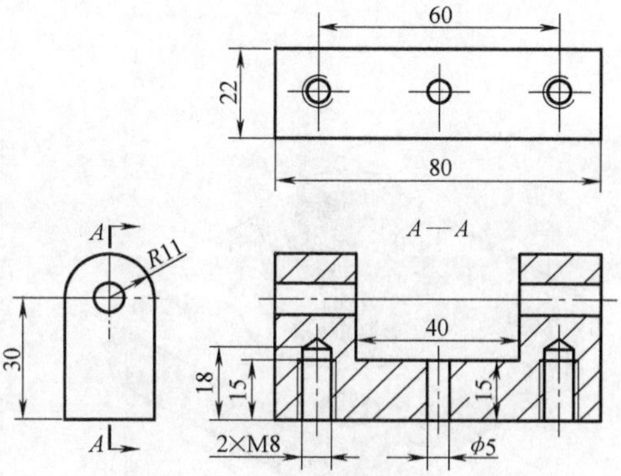

图 5-190　压板支座的工程图

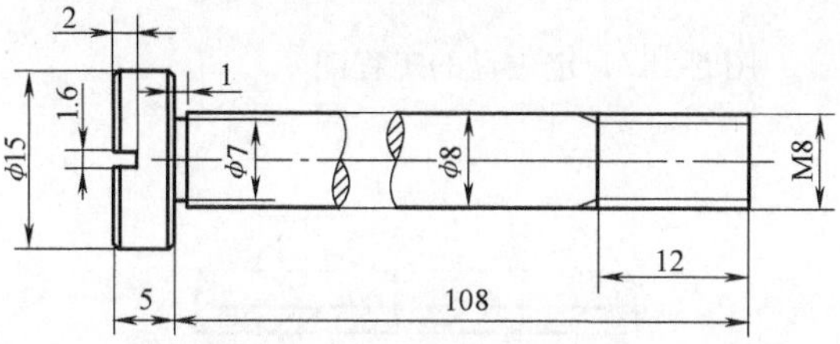

图 5-191　支座轴的工程图

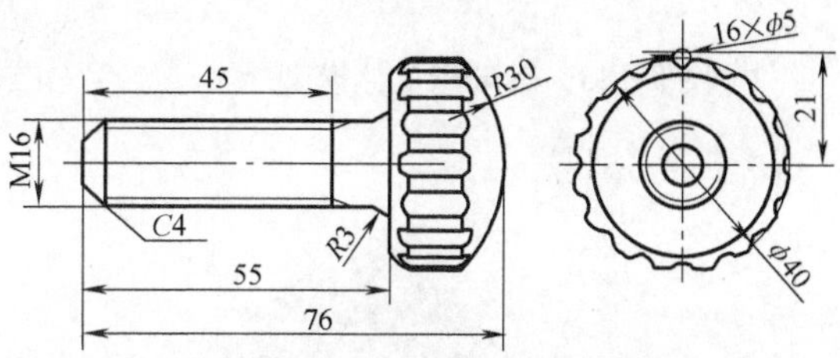

图 5-192　旋转拉钮的工程图

3. 确定夹具体结构

本夹具的夹具体仍采用铸造毛坯的平板式结构。设计夹具体时，主要考虑与定位盘的配合，因为定位盘需要在夹具体上旋转，其上的中心孔还要与中心轴相配合。同时，夹具体本身也是夹紧机构中的元件，担当固定定位盘的作用。此外，整个夹具通过夹具体安装在铣床的工作台上，因此，要设计定位键，以便将夹具体准确地固定在工作台上。

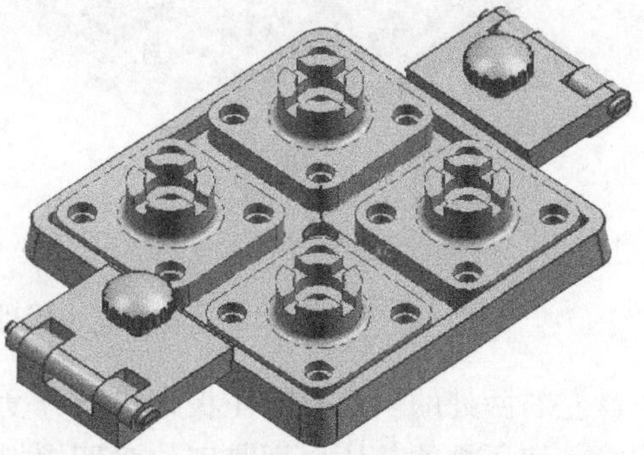

图 5-193　完成分度元件装配的实体图

（1）设计夹具体　在设计夹具体时，主要根据定位盘的固定和旋转方位来确定，其总体尺寸要满足定位盘旋转时不与其他元件发生刮碰。用于安装和固定压板支座的螺纹孔、定位孔位置能有足够的空间。完成设计的夹具体如图 5-195 所示。

（2）设计定位键　定位键仍按《机床夹具零件及部件　定位键》（JB/T 8016—1999）A 型进行设计，完成的定位键如图 5-22 所示。用于固定定位键的仍是 M6 × 20 平头螺钉。

（3）组装夹具体　根据夹具的整体方案，先将夹具体组装到已完成的装配结构中；再将定位键组装到夹具体上；完成夹具体和定位键装配的实体图和工程图如图 5-196 和图 5-197 所示。

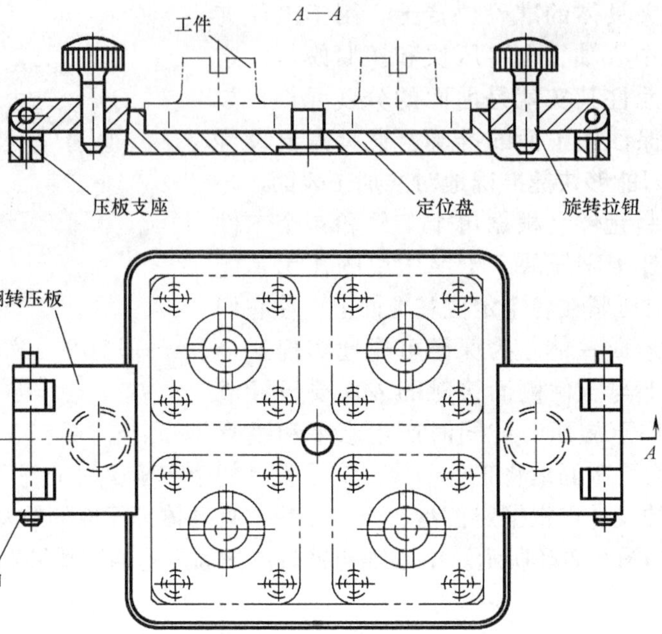

图 5-194　完成分度元件装配的工程图

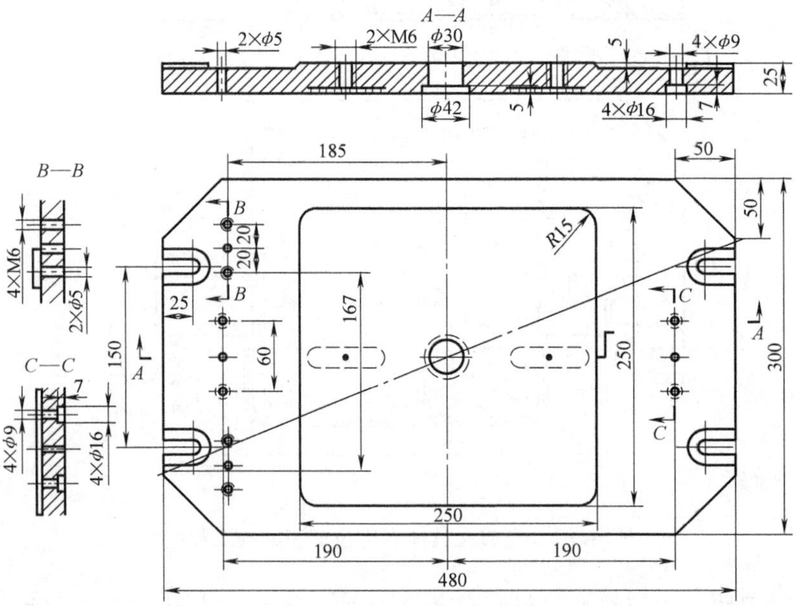

图 5-195　完成设计的夹具体

4. 确定夹紧方案

根据夹具设计的总体方案，其上的夹紧机构实际上分为两个部分，一是工件在定位盘上的固定与夹紧；二是定位盘在夹具体上的固定与夹紧。工件的夹紧是要保证其与定位盘形成一体，在加工过程中或转位时都能牢固地定位在定位盘上应有的位置。定位盘的夹紧是要保

证其与夹具体形成一体，在加工过程中或旋转定位后牢固地定位在夹具体的准确位置上。用于工件夹紧的主要元件有中心轴、十字压块和压紧螺母。定位盘夹紧的主要元件其实就是前面的分度元件，如翻转压板等。为保证加工面的准确，夹具需要设置对刀块，以便铣刀能够快捷准确地对准加工表面。

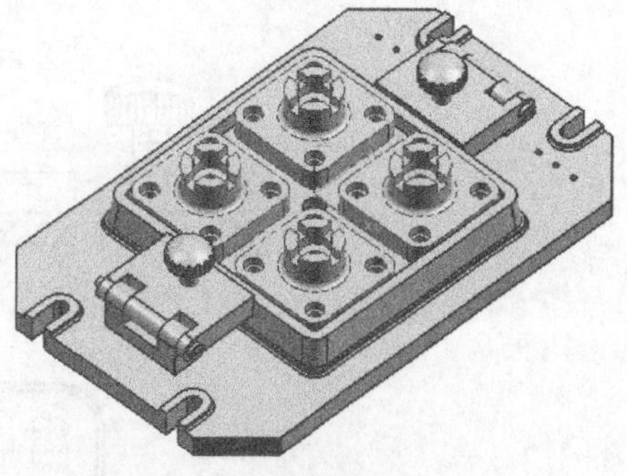

图 5-196　完成夹具体和定位键装配的实体图

（1）设计夹紧元件　根据单个工件和 4 个工件排列的尺寸，设计十字压块。十字压块的作用是能够将 4 个工件同时压紧在各个定位基准面上，使它们牢固地与定位盘形成一体。为保证可靠地实现这个目的，十字压块上与工件侧面接触的表面要设计成斜楔形状，使其向下施压时能同时产生水平和垂直两个方向的挤压力，牢固地将工件卡住。完成设计的十字压块的工程图如图 5-198 所示。中心轴和压紧螺母的设计可根据定位盘、十字压块、夹具体等元件的结构和尺寸来进行，其工程图如图 5-199 和图 5-200 所示。中心轴与夹具体的固定是通过垫圈和沉头螺钉来完成的。

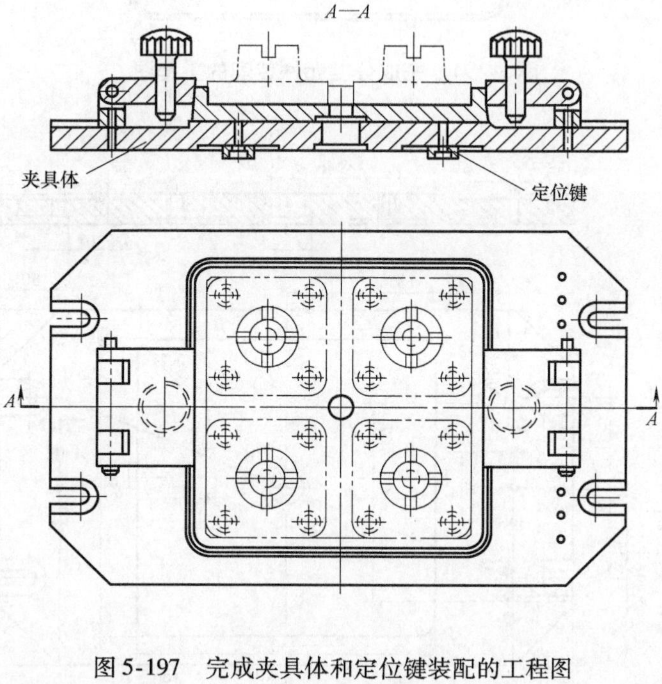

图 5-197　完成夹具体和定位键装配的工程图

（2）设计对刀块　对刀块的设计可依据工件加工表面在夹具体上的空间位置和尺寸来进行。对刀块的作用是将铣刀刃口对准端口槽的加工面，完成设计的对刀块如图 5-201 所示。

（3）设计紧固元件　本夹具所用到的紧固元件用来将压板支座和对刀块固定到夹具体上，主要有 M8×25 平头螺钉、M6×20 平头螺钉、M8 螺母、M6 螺母和 $\phi5\times30$ 定位销。读者可根据相关元件的尺寸自行设计。

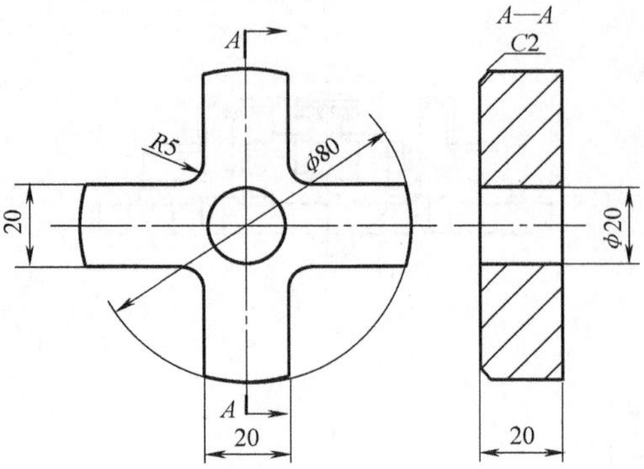

图 5-198　十字压块的工程图

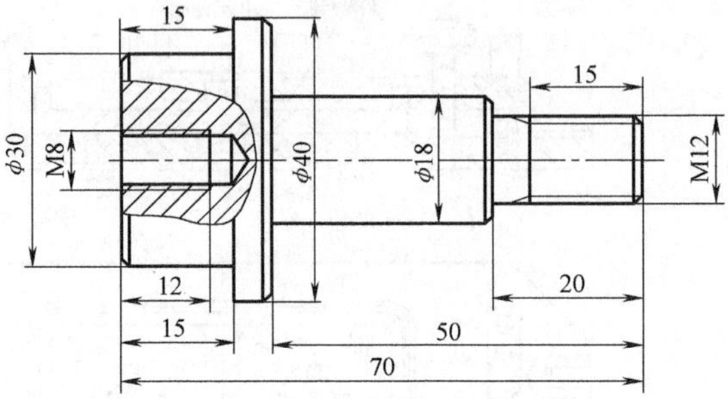

图 5-199　完成设计的中心轴

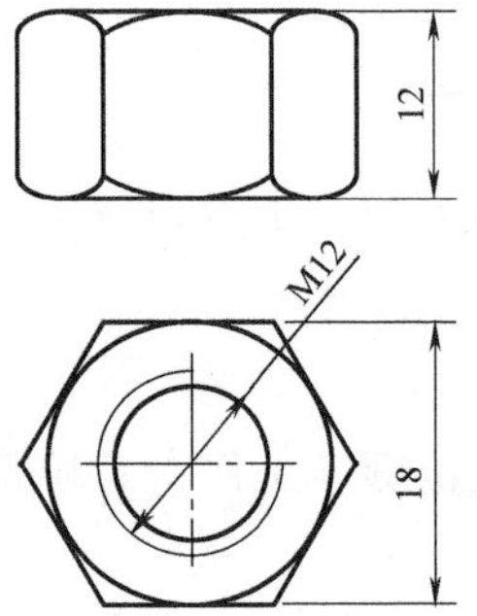

图 5-200　压紧螺母的工程图

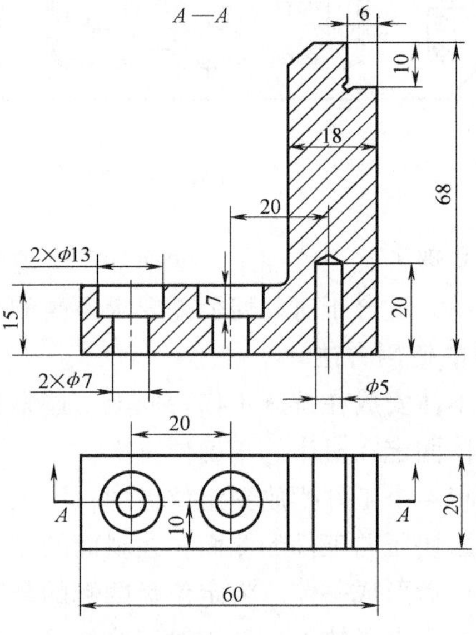

图 5-201　完成设计的对刀块

（4）夹具的总体组装　根据夹具设计的总体方案，将所有夹紧元件、对刀块和紧固元件组装到夹具体的对应位置上。在组装过程中应注意元件之间的正确配合关系，如发现配合不准确的地方，要及时对相关元件的结构、尺寸及相互位置进行必要的调整。至此，完成了铣削轴端座夹具的全部设计，其装配实体图和装配工程图分别如图 5-202 和图 5-203 所示。

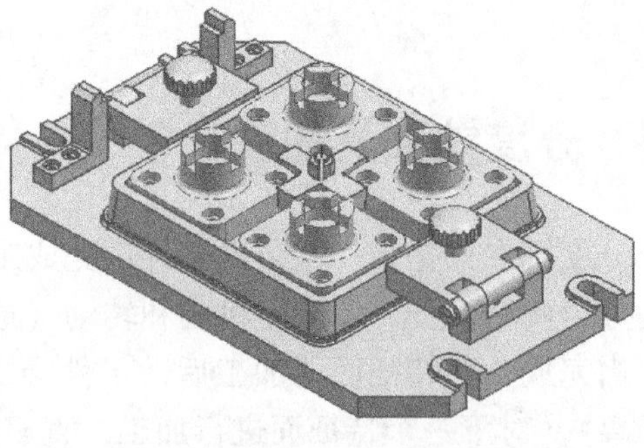

图 5-202　铣削轴端座夹具装配的实体图

5. 夹具的特点

本夹具的特点是工件的定位非常快捷，夹紧操作省时省力，一次可以装夹和加工 4 个

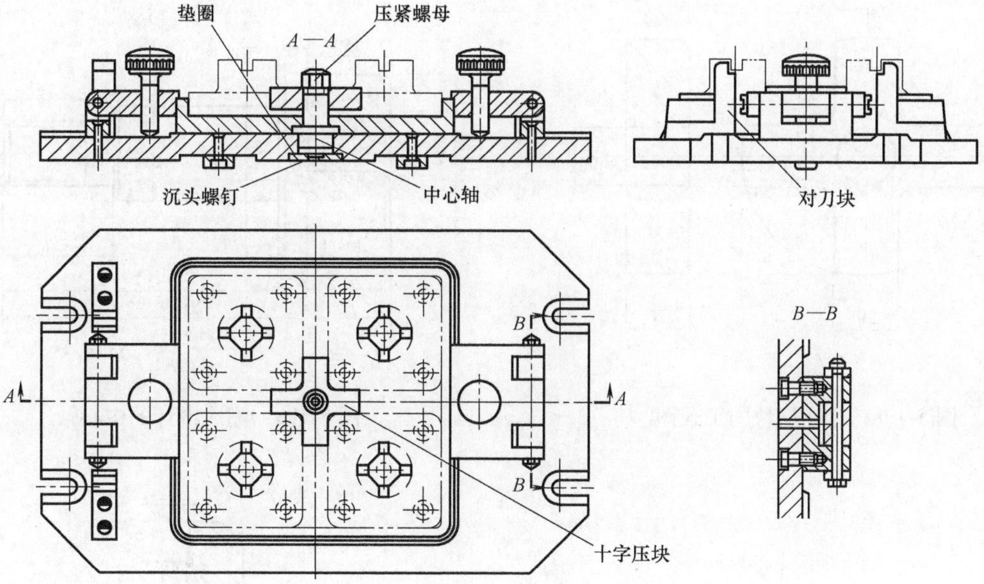

图 5-203　铣削轴端座夹具装配的工程图

工件，而且实现了两工位加工。变换加工工位的方式也十分方便，生产效率比较高。缺点是定位精度不高，适合于对几何公差要求不高的小型零件的加工。

6. 夹具的使用方法

将夹具本体安放在铣床工作台面上，调整夹具体上的定位键与工作台定位槽基准面的间隙，将夹具体固定在机床的正确位置上。

加工时将4个工件摆放到定位盘中，让工件的侧面靠紧定位盘的四周定位面。旋紧压紧螺母使十字压块压向工件的侧面，在斜面的作用下推动4个工件夹紧在定位盘的定位基准面上，并与定位盘形成一体。将定位盘两侧的翻转压板关闭并压紧定位盘外侧的斜面，使定位盘牢靠地夹紧到夹具体上。利用对刀块的基准面将同轴安装的两个三面刃铣刀调整至准确的加工位置，即可开始切削加工。完成一个工位的加工后，拧动旋转拉钮，使翻转压板顶起，将翻转压板打开。将定位盘旋转90°，重新闭合翻转压板并压紧，开始下一个工位的加工。完成全部加工后，旋松旋紧螺母，抬起十字压块，即可将工件取下，进行下一组工件的加工。

5.4　分度铣夹具的设计

分度铣夹具是指一次装夹工件后完成工件上多个部位特征面加工的专用夹具。夹具中的结构分为两个部分，即固定机构和转动（或移动）机构。工件安装在转动（或移动）机构上，当完成一个特征面的加工后，工件会随转动（或移动）机构转过一定角度（或移动一定距离），对下一个特征面进行加工，直至完成全部加工内容。分度铣夹具按工件的主要定位基准表面的不同，分为外圆面定位夹具和内孔面定位夹具等。

5.4.1 外圆面定位分度铣夹具的设计

外圆面定位分度铣夹具，其主要定位基准是选择工件已加工的外圆柱面，再选择其他表面作为辅助定位面。此类夹具通常采用自动定心方式来夹紧工件。具体的设计方法通过铣削削边小轴工件用夹具的设计来讲述。

【实例 23】 铣削削边小轴用夹具的设计

削边小轴加工件的工程图如图 5-204 所示。

工序要求：工件所有车加工的圆柱面都已经加工完毕。本工序要求加工距中心点长度为 12 ±0.08 的三个削边平面，三个平面成正三角形分布。要求三个平面的法向圆周角均为 120°。生产规模为中等批量。

设计任务：该加工件在卧式普通铣床上加工。要求以 $\phi25$ 圆柱面作为主要定位基准，并在此处夹紧。分度应准确可靠，工件的装夹操作要方便快捷。铣削加工时采用单面刃片铣刀，要求夹具设置对刀装置，以便在精加工时确定刀具的准确位置。

设计步骤及操作方法如下所述。

1. 确定定位方案

根据定位要求，选择 $\phi25$ 圆柱面作为主要定位基准面。将该圆柱面的左端面作为辅助定位基准面。本工序只限制工件 5 个自由度即可。定位元件采用外夹式弹性夹头，其内孔面为主要定位基准，弹性夹头内的端面为辅助定位基准。工件插入外夹式弹性夹头定位孔中后，需要通过外锥套的旋紧，从而让夹头的孔径收缩，才能使工件精确地定位。因此，应将外锥套一并设计出来。

（1）设计工件的实体模型　按削边小轴工程图设计出工件的实体模型，在 UG 的装配环境下将其调入，并按加工时的状态，将其固定在三维空间的适合位置上，如图 5-205 所示。

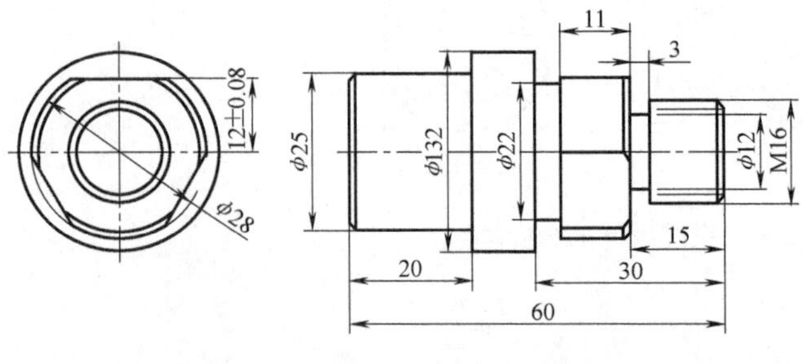

图 5-204　削边小轴加工件的工程图

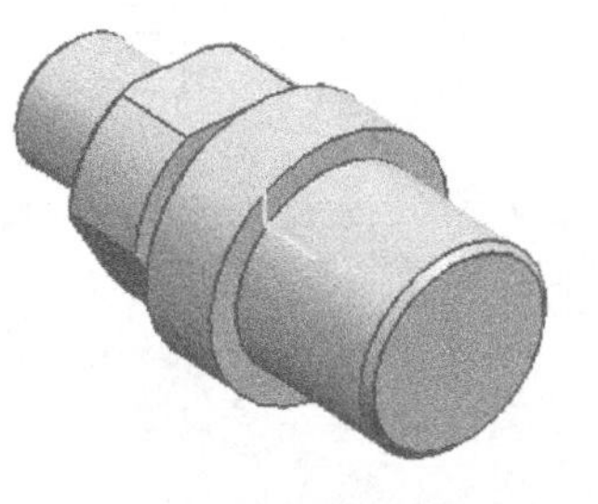

图 5-205　削边小轴实体模型的定位

（2）设计定位元件　根据工件的定位圆柱面直径和长度尺寸，完成设计的外夹式弹性夹头，其结构采用四瓣状卡爪形式，如图 5-206 所示。弹性夹头需要安装和固定在分度轴上，当分度旋转时弹性夹头与分度轴保持同步旋转，因此，要特别设计一根分度轴。分度轴设计成台阶状，其中的一段削成三个平面，呈正三角形分布，形状与工件的三个削边面相同，其目的是用这三个圆缺平面来进行 120°圆周角的分度定位。完成设计的分度轴如图 5-207 所示。再根据弹性夹头的结构和尺寸，设计完成与之配合的外锥套，如图 5-208 所示。

（3）组装定位元件　根据定位方案的构思，将设计好的弹性夹头、分度轴和外锥套，按相应的配合关系组装到削边小轴上，其装配实体图和装配工程图如图 5-209 和图 5-210 所示。

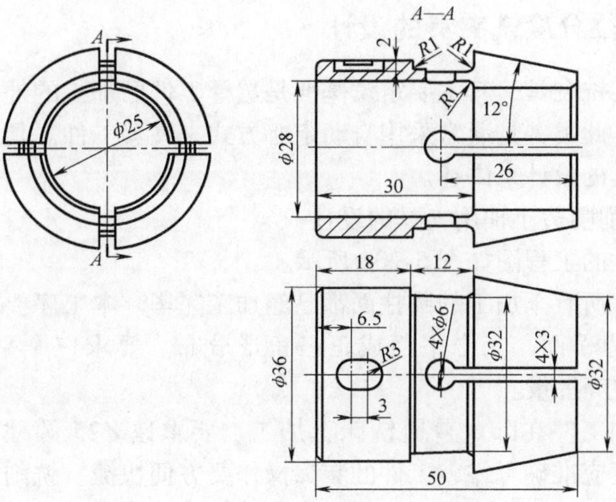

图 5-206　完成设计的外夹式弹性夹头

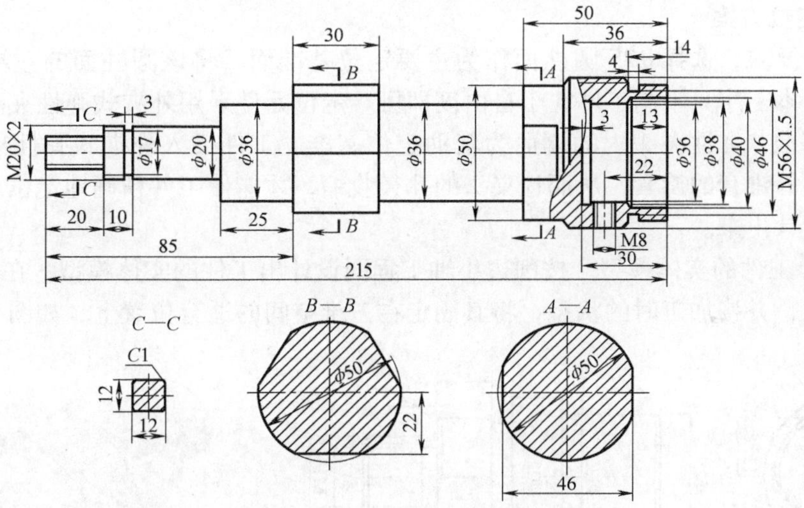

图 5-207　完成设计的分度轴

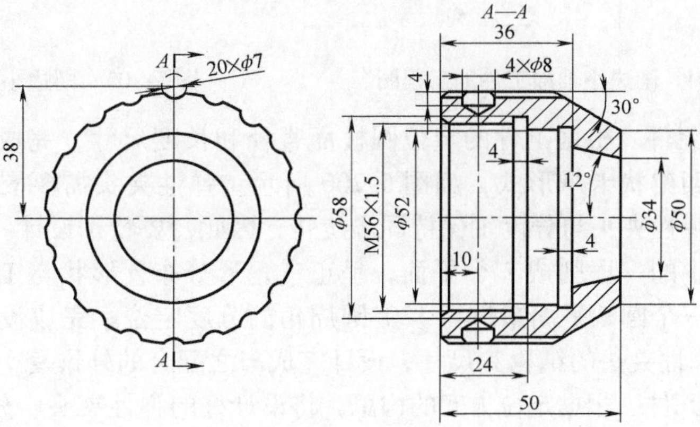

图 5-208　外锥套

2. 确定分度方案

由于工件要铣削3个呈正三角形分布的圆缺面，在加工过程中需要有对应的3个加工工位，即每加工完一个圆缺平面后工件要旋转120°，进行分度操作。本夹具拟采用三等分多边形分度装置。在分度装置中，凸轮轴是最主要的元件，当分度轴上的一个圆缺平面旋转至法面向下的位置时，将凸轮轴上的偏心圆柱面旋转至与其相切状态，使加工工位准确定位并夹紧。为了能正确地控制分度轴和凸轮轴的旋转角度，需要分别设计两个特殊的操纵手轮，即分度手轮和定位手轮。

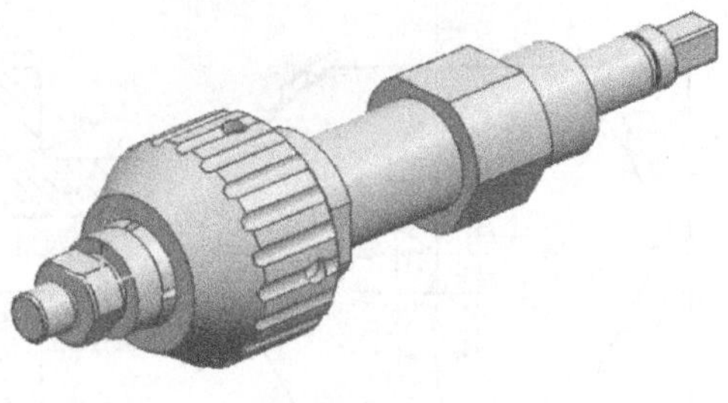

图5-209　完成定位元件装配的实体图

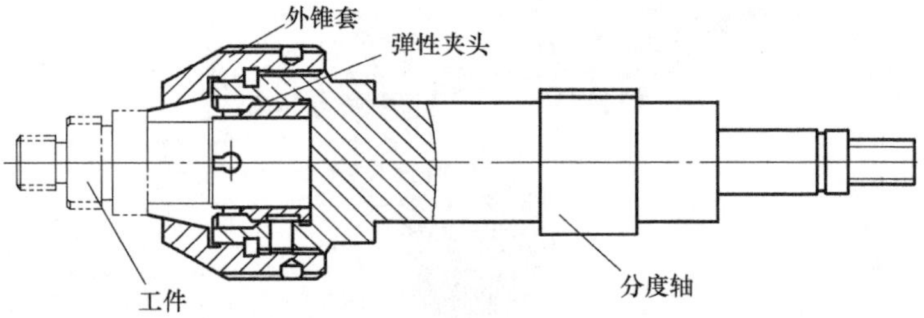

图5-210　完成定位元件装配的工程图

（1）设计分度元件　前面设计的用于安装弹性夹头的分度轴实际上也是分度元件之一。另一个主要分度元件就是凸轮轴，其作用是当偏心圆柱面与分度轴上的圆缺平面相切时，才能保证精确定位。凸轮轴的结构和尺寸，与分度轴的圆缺平面及两轴的空间角度和位置密切相关，设计时应特别注意。完成设计的凸轮轴如图5-211所示。操纵分度轴和凸轮轴旋转的两个手轮比较特殊，分别设计成三边圆缺和单边圆缺的形状，以指示两个轴的特定旋转状态，图5-212和图5-213分别为完成设计的操纵分度轴的分度手轮和操纵凸轮轴的定位手轮。

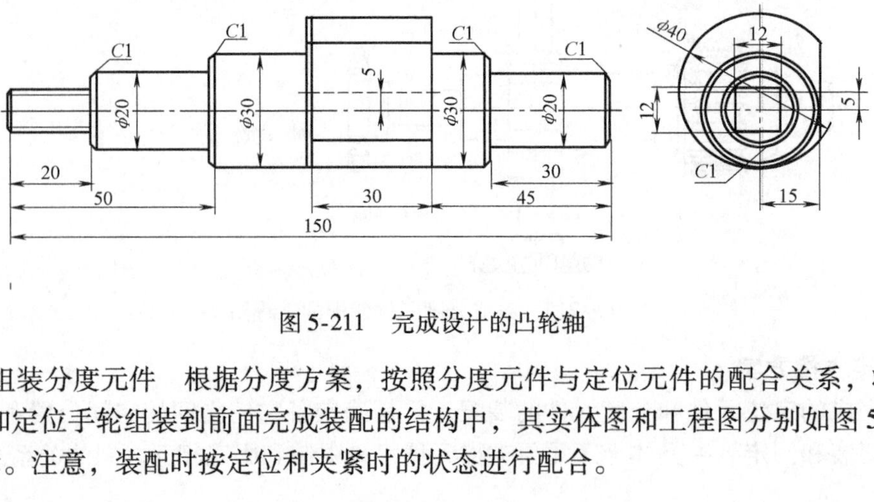

图5-211　完成设计的凸轮轴

（2）组装分度元件　根据分度方案，按照分度元件与定位元件的配合关系，将凸轮轴、分度手轮和定位手轮组装到前面完成装配的结构中，其实体图和工程图分别如图5-214和图5-215所示。注意，装配时按定位和夹紧时的状态进行配合。

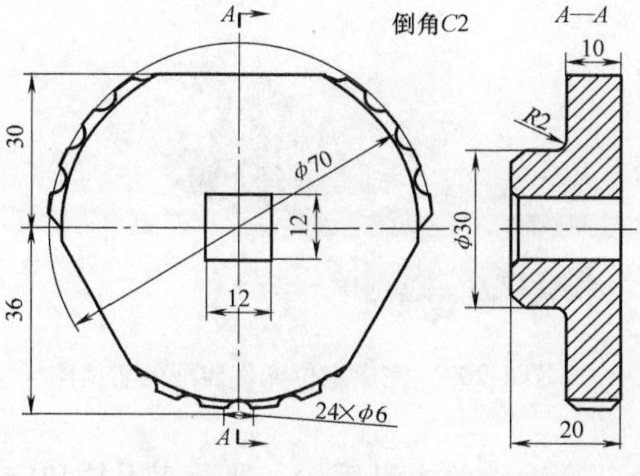

图 5-212　完成设计的分度手轮

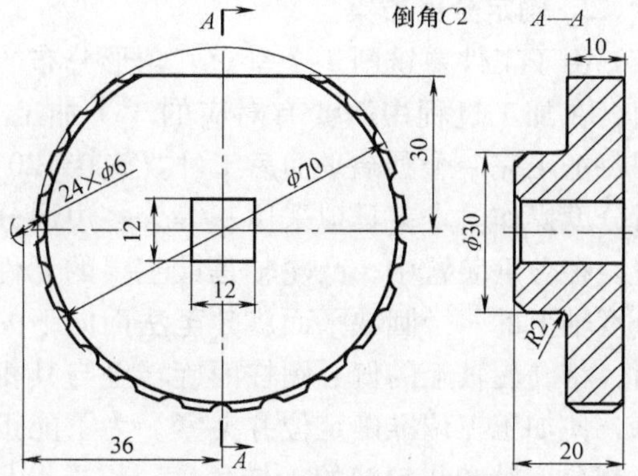

图 5-213　完成设计的定位手轮

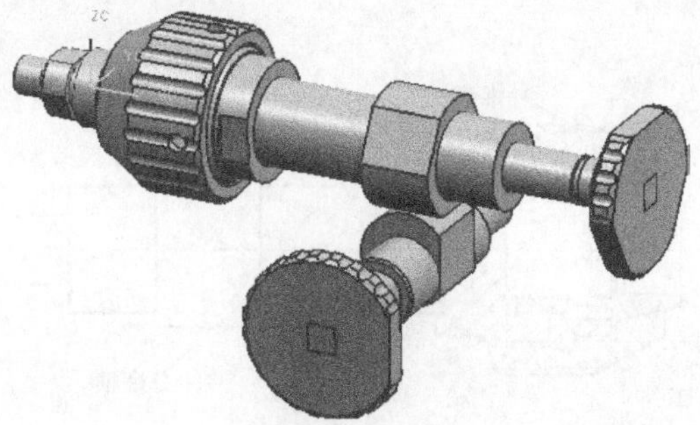

图 5-214　完成分度元件装配的实体图

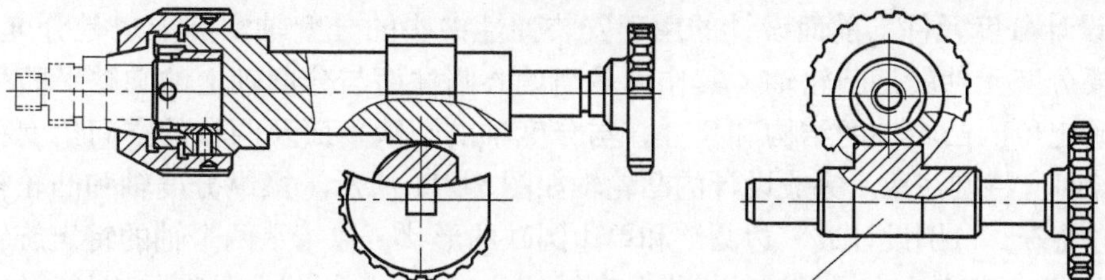

图 5-215　完成分度元件装配的工程图

3. 确定支撑方案

前面完成的定位元件和分度元件的装配，只是确定了它们之间的空间位置和配合关系，要将它们安装和固定到夹具体上还需要支撑元件，来限制和固定相互之间的关系。其中最主

要的支撑元件是基座，基座是所有定位元件和分度元件安装的基础。为了将分度轴和定位轴固定在指定基座的位置上，还需要其他一些支撑元件，如固定分度轴的左法兰盘、右法兰盘，固定凸轮轴的前后法兰盘，限定分度轴轴向位置的锁紧螺母等。

此外，从完成的装配结构看，基座的前表面距工件的加工面距离过远，工件安装在分度轴上形成了一个悬臂结构，切削过程中可能会发生振动。为避免这种情况出现，需要设置辅助支承装置。为此，拟采用活动 V 形块及螺旋调整机构来增强工件的加工刚性。

（1）设计支撑元件　基座的设计应根据两个轴的结构、尺寸和相互配合位置来进行，如图 5-216 所示。其他支撑元件的设计可根据基座与两个轴的配合关系与位置进行。图 5-217 至图 5-220 分别为完成设计的左法兰盘、右法兰盘、前后法兰盘（前后是一样的）和锁紧螺母。

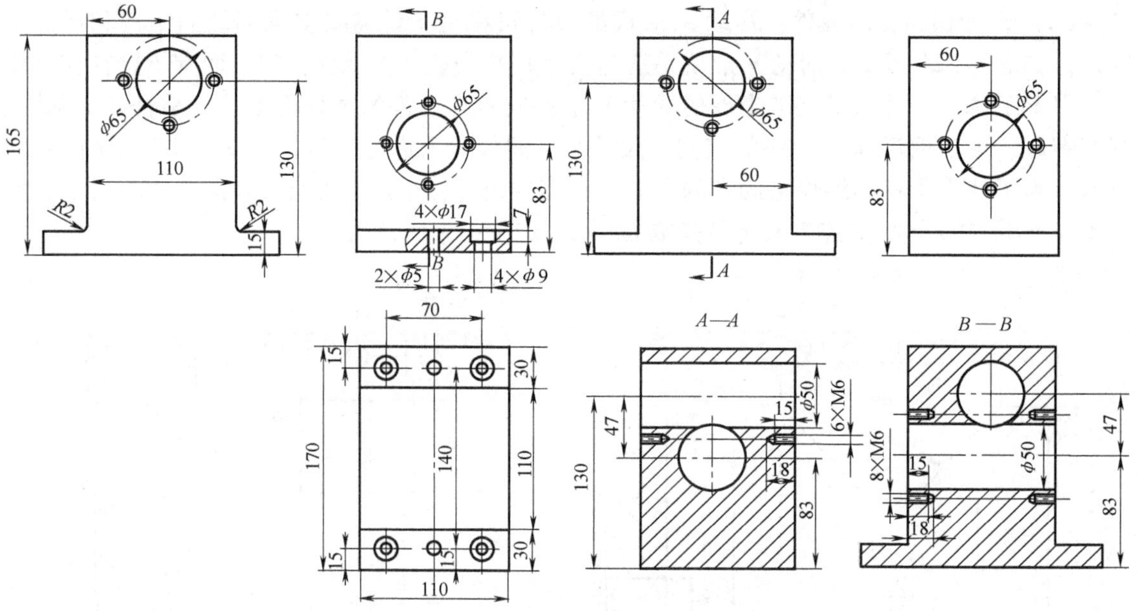

图 5-216　完成设计的基座

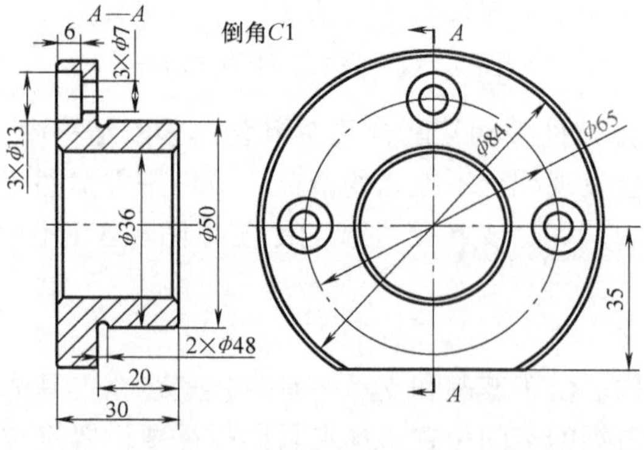

图 5-217　完成设计的左法兰盘

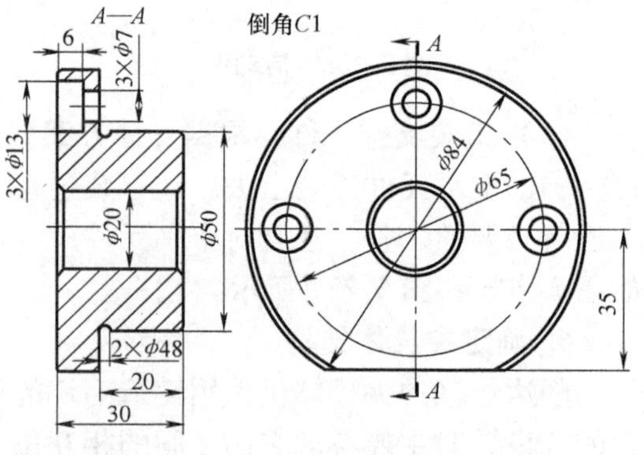

图 5-218　完成设计的右法兰盘

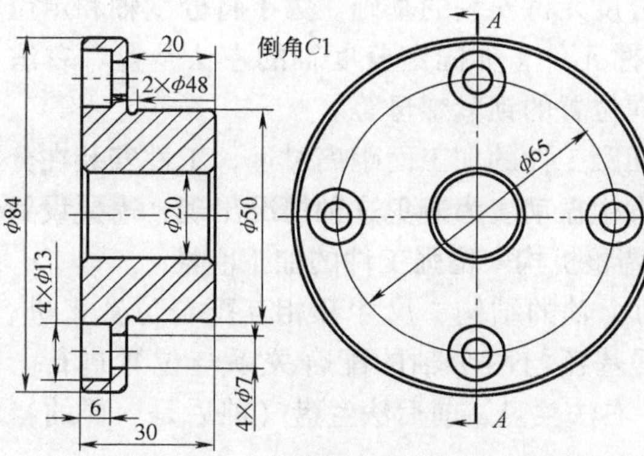

图 5-219　完成设计的前后法兰盘

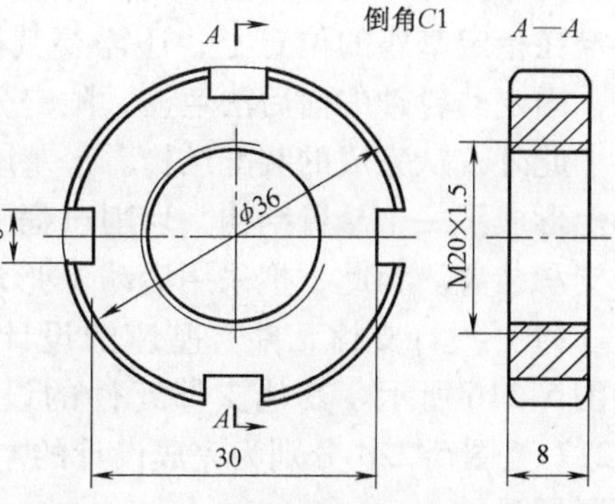

图 5-220　完成设计的锁紧螺母

（2）设计辅助支承元件　活动 V 形块的设计可根据工件需要支承部位的结构和尺寸来进行，如图 5-221 所示。活动 V 形块是通过支承杆来安装在支承座上的，而支承杆在支承座上可以上下调节，并通过调节螺母使活动 V 形块支承在工件的圆柱面上。支承杆、支承座、调节螺母，可根据活动 V 形块的结构、尺寸和空间位置来进行设计，如图 5-222 至图 5-224 所示。为了使支承杆始终保持固定的方向，还需要设计一个定向螺钉，如图 5-225 所示。而活动 V 形块与支承杆的连接和定位是靠 $\phi5\times24$ 定位销来保证的。

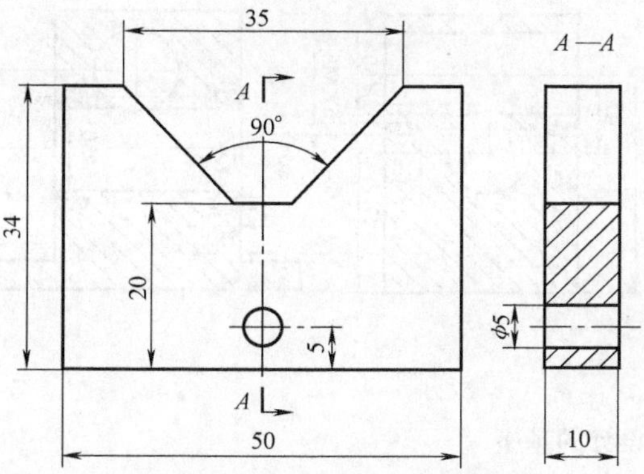

图 5-221　活动 V 形块

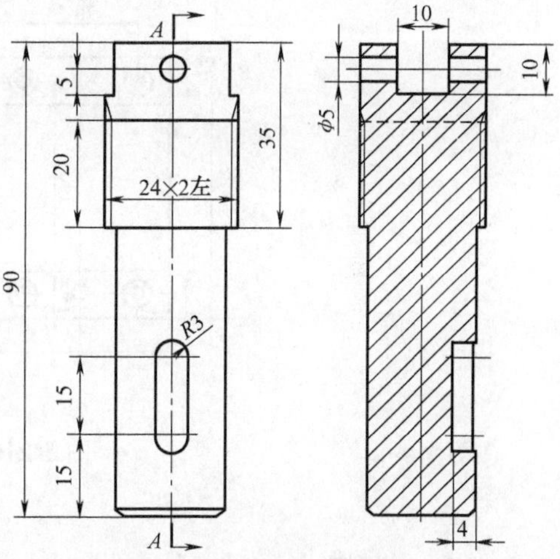

图 5-222　完成设计的支承杆

（3）组装支撑元件　根据支撑方案，先将支撑元件按相互配合关系组装到装配结构中；再将辅助支承元件组装上去。在组装过程中可能会发现配合不准确的情况，应根据方案的要求进行必要的调整，甚至对个别元件尺寸进行修改。完成支撑元件装配的实体图和工程图，如图 5-226 和图 5-227 所示。

4. 确定夹具体结构

削边小轴的夹具体仍采用铸造毛坯的板式结构。由于基座和支承座是直接安装在夹具体上的，设计时主要考虑它们之间的相互位置和所占据的空间位置。本夹具同样需要设置定位键和对刀块，定位键布置在夹具体的底部，而对刀块则安装在支承座上。

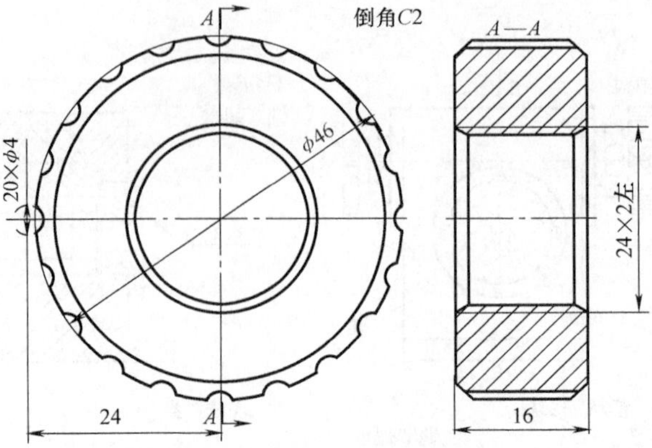

图 5-223　完成设计的调节螺母

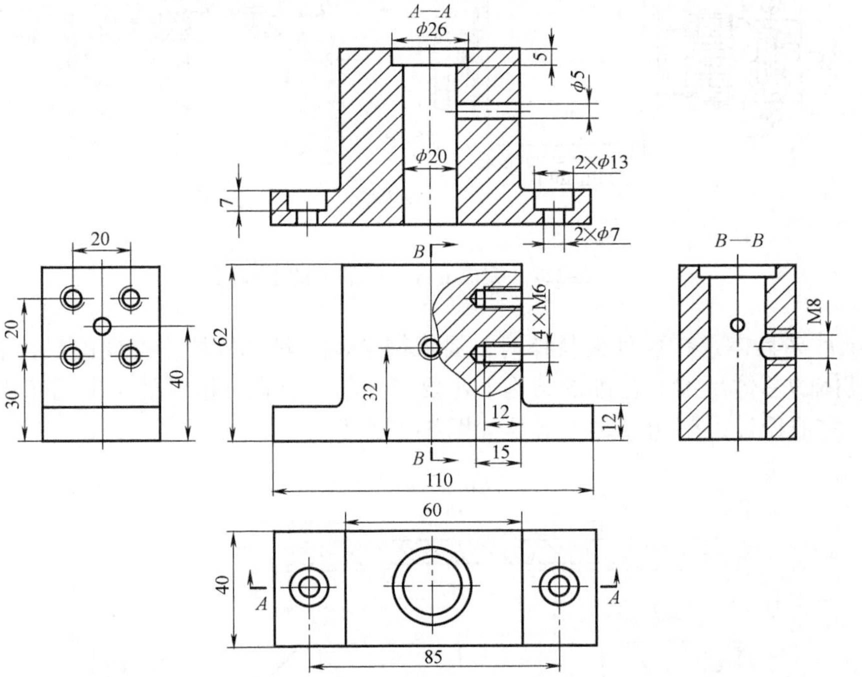

图 5-224　完成设计的支承座

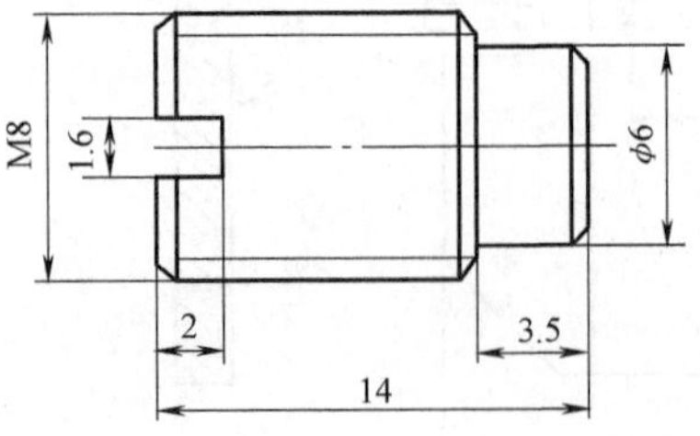

图 5-225　定向螺钉

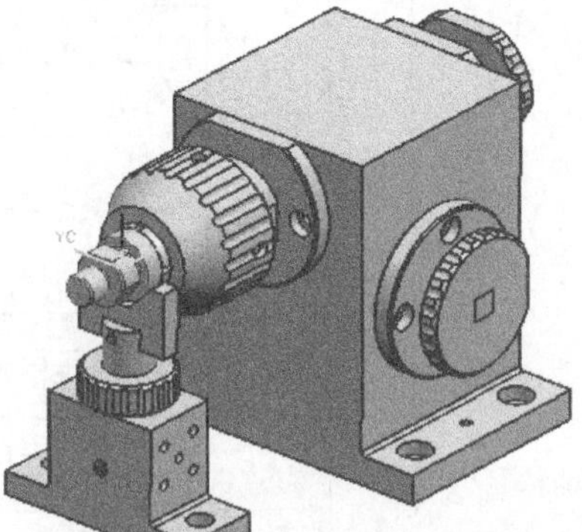

图 5-226　完成支撑元件装配的实体图

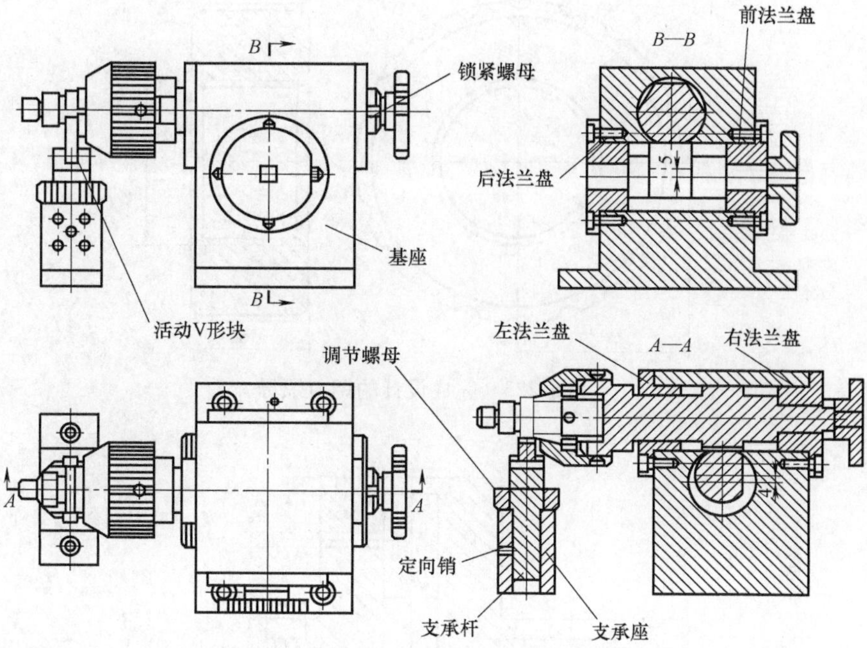

图 5-227　完成支撑元件装配的工程图

（1）设计夹具体　在设计夹具体时，要依据全部夹具元件所占空间的尺寸和配合位置，来确定夹具体的总体尺寸。在细部结构上主要考虑与所有直接接触的定位元件和夹紧元件的正确配合。完成设计的削边小轴夹具体如图 5-228 所示。

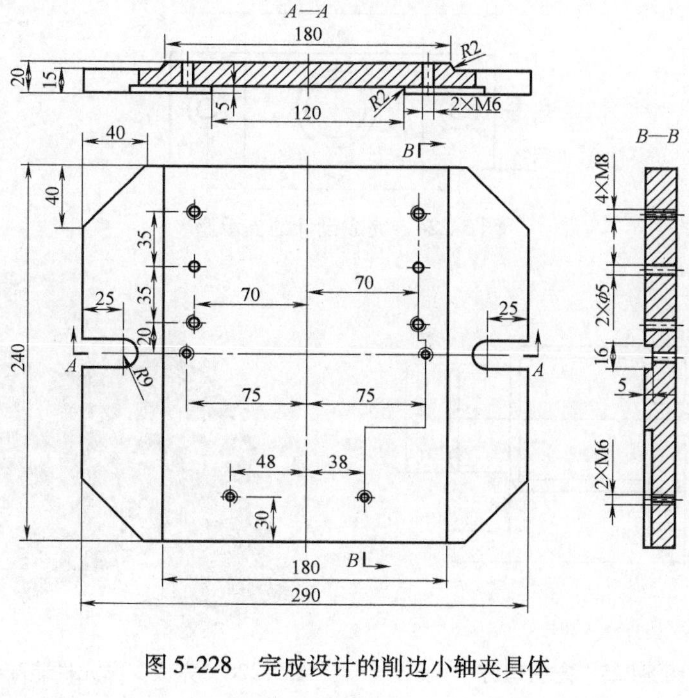

图 5-228　完成设计的削边小轴夹具体

（2）设计定位键　定位键仍按《机床夹具零件及部件　定位键》（JB/T 8016—1999）A型进行设计，完成设计的定位键如图5-22所示。用于固定定位键的仍是M6×20平头螺钉。

（3）设计对刀块　对刀块的设计可根据工件加工表面在夹具体上的空间位置和尺寸来进行。对刀块的基准面应低于加工表面2，以便用塞尺进行调整对刀。完成设计的对刀块如图5-229所示。

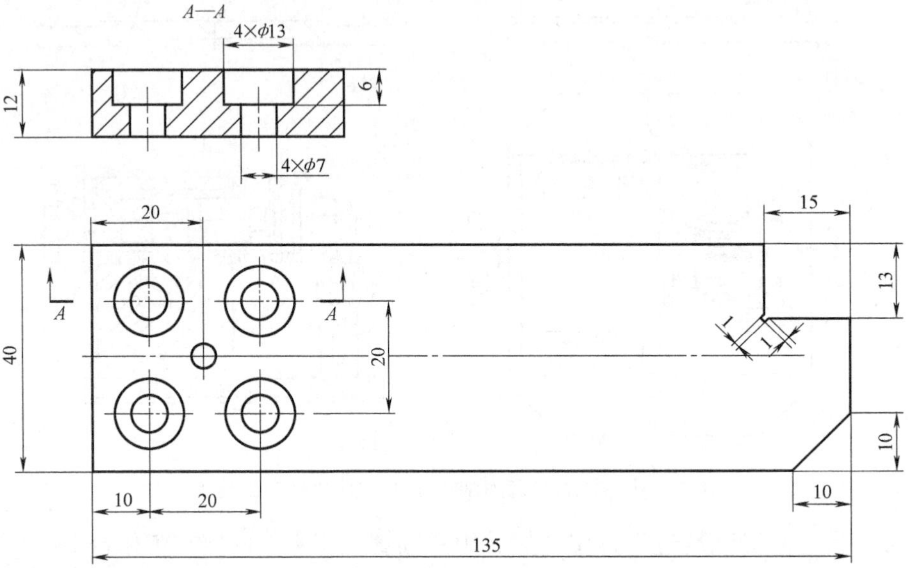

图5-229　完成设计的对刀块

（4）设计紧固元件　本夹具所用到的紧固元件是用于将基座和支承座固定到夹具体上的，主要有M8×25平头螺钉、M6×20平头螺钉、ϕ5×30定位销和ϕ5×24定位销。读者可根据相关元件的尺寸自行设计。

（5）组装夹具体　根据夹具设计的整体方案，先将夹具体组装到已完成的夹紧机构装配结构中，装配时要注意与已完成装配元件的正确配合关系。再将定位键组装到夹具体上。其次，将对刀块组装配到支承座上。最后，将所有紧固元件组装到整个夹具对应位置上。完成的铣削削边小轴夹具装配的实体图和工程图如图5-230和图5-231所示。

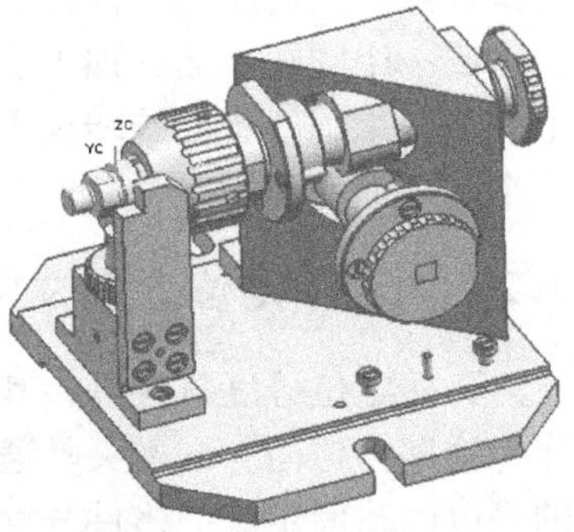

图5-230　完成的铣削削边小轴夹具装配的实体图

5. 夹具的特点

削边小轴夹具的特点是采用非常成熟的外夹式弹性夹头装夹工件，定位准确可靠。分度采用三等分多边形分度装置，结构简单，且在分度操作中同时完成最后的定位和夹紧。缺点是由于工件伸出基座距离较长，需要额外增加辅助支承装置，且只适合小型工件加工的需要。

6. 夹具的使用方法

将夹具安放在铣床工作台面上，调整夹具体上定位键与工作台定位槽基准面的间隙，确

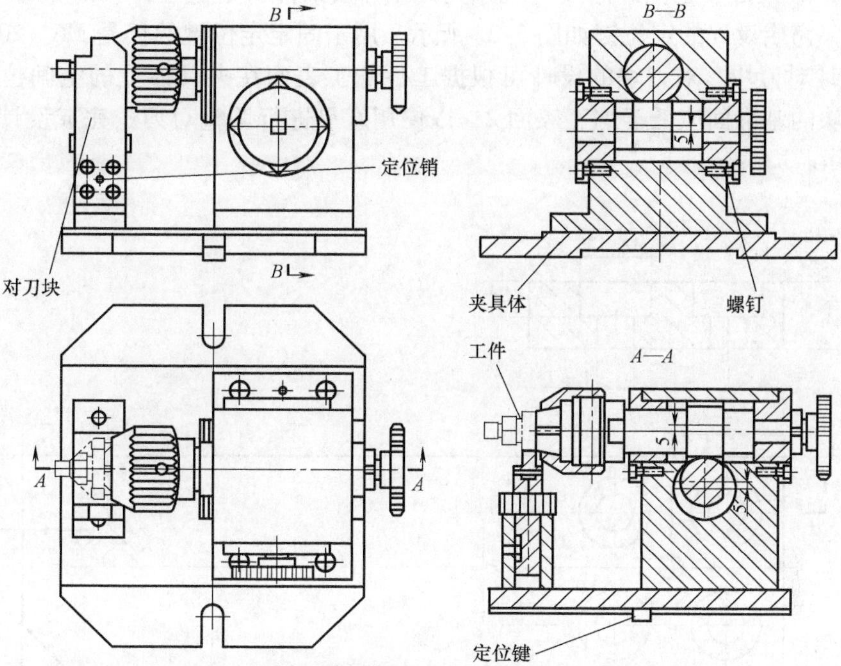

图 5-231 完成的铣削削边小轴夹具装配的工程图

保对刀块与刀具之间准确地进刀方位。然后用紧固螺栓将夹具固定在工作台上。

加工时将工件插入弹性夹头的定位孔中，使工件的台阶端面靠紧夹头外端面，旋紧外锥套使工件夹紧。旋转分度手轮使三个圆缺面中的一个平面处于水平位置，再旋转定位手轮让手轮的圆缺平面尽量呈垂直状态，会使凸轮轴的偏心圆柱面与分度轴中的一个圆缺平面相切并夹紧，此时削边小轴工件被最后定位。通过对刀块调整铣刀的切削位置，即可开始切削加工。完成一个圆缺平面的加工后，反方向旋松定位手轮，分度轴与凸轮脱离接触。将分度手轮上的下一个圆缺平面旋转至水平位置，再旋紧定位手轮使工件精确定位并夹紧，即可开始下一个圆缺面的加工。

5.4.2 内孔面定位分度铣夹具的设计

内孔面定位分度铣夹具，其主要定位基准是选择工件已加工的内孔表面，再选择其他表面作为辅助定位面。此类夹具通常采用心轴及其端面进行定位，并从端面夹紧工件。下面介绍的是以内孔面定位的多件分度铣夹具的设计。

【实例 24】 铣削锁紧螺母用夹具的设计

锁紧螺母加工件的工程图如图 5-232 所示。

工序要求：工件除内螺纹 M80 ×2 外都已加工完毕。本工序要求加工外圆柱面上 4 个均布的宽 8、深 7 的开口槽。生产规模为大批量。

设计任务：该工件在卧式普通铣床上加工。要求以 M80 ×2 螺纹孔底径 ϕ77.84 及端面作为定位基准。在圆周方向上不要求定位，即只需限制工件 5 个自由度。只要求 4 个开口槽相互垂直对称，并使它们的中心对正。加工精度要求不高。要求夹具的定位和夹紧要方便，一次能装夹多个工件。加工时选用三面刃片铣刀，要求设置对刀装置，便于准确地确定加工位置。

设计步骤及操作方法如下所述。

1. 确定定位方案

根据定位要求，选择 $\phi77.84$ 螺纹底孔的圆柱面作为主要定位基准，螺母的端面作为辅助定位基准，只限制 5 个自由度即可。本夹具拟采用长心套作为主要定位元件。辅助定位则以长心套端面作为定位基准。本夹具一次装夹 10 个工件，以开口垫圈、固定螺杆、螺母在端面夹紧。由于一次装夹 10 个工件，则在轴线方向的长度较长，需要设置尾架支撑机构，从右端将固定螺杆顶住。

(1) 设计工件的实体模型　按锁紧螺母工程图设计出工件的实体模型，在 UG 的装配环境下将其调入，并按加工时的状态，将其固定在三维空间的适合位置上。然后，用线性阵列方法，将其余 9 个工件（共 10 件）一并装配到一起，如图 5-233 所示。

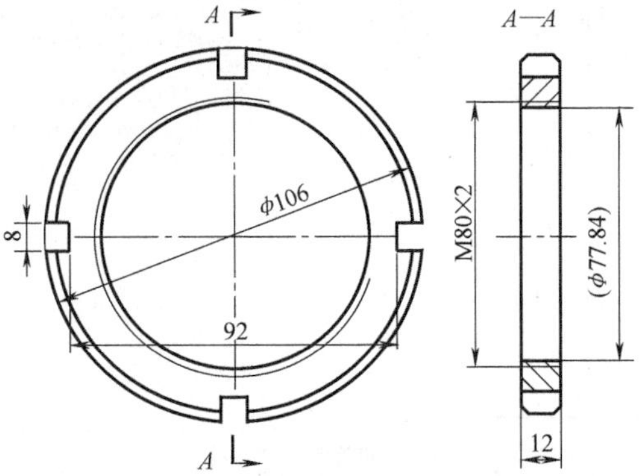

图 5-232　锁紧螺母加工件的工程图

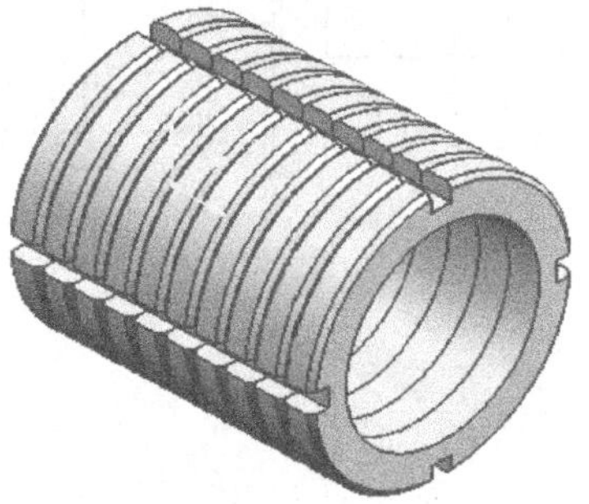

图 5-233　10 个锁紧螺母工件装配的实体模型

(2) 设计定位元件　根据锁紧螺母工件定位的主要基准 $\phi77.84$ 孔尺寸，以及 10 个工件的总长度，设计出长心套，用于支撑和定位 10 个工件的空间位置。长心套右端是方形孔，用于穿过固定螺杆，其结构如图 5-234 所示。依据长心套的结构和尺寸设计出固定螺杆，用于将长心套固定在基座上，同时，用于将工件紧固在长心套上。完成设计的固定螺杆如图 5-235 所示。尾架支撑机构中的顶尖也属于定位元件，可根据固定螺杆的结构和尺寸进行设计，如图 5-236 所示。

(3) 组装定位元件　根据定位方案，将设计好的 3 个定位元件，即长心套、固定螺杆和顶尖，分别按其定位关系装配到锁紧螺母工件上，其装配的实体图和装配的工程图分别如图 5-237 和图 5-238 所示。

2. 确定夹紧与支撑方案

内孔面定位一般从孔表面或孔端面对工件进行夹紧。本夹具是以固定在长心套上的固定螺杆、开口垫圈和夹紧螺母作为主要的夹紧元件。当旋紧夹紧螺母时，通过开口垫圈将 10 个工件夹紧在长心套上。

为了保证工件装夹的稳固和加工时的刚性，需要在夹具后部设置支撑机构，将安装工件的长心套和固定螺杆顶住。支撑机构中除顶尖外，还有尾架、端盖、螺杆、锁紧旋钮、手轮、手柄等。通过手轮、手柄使螺杆旋转，推动顶尖（担当螺母作用）向左移动，从而将固定螺杆顶住。再拧紧锁紧旋钮，防止顶尖松动。尾架和端盖在这个机构中起支撑作用。

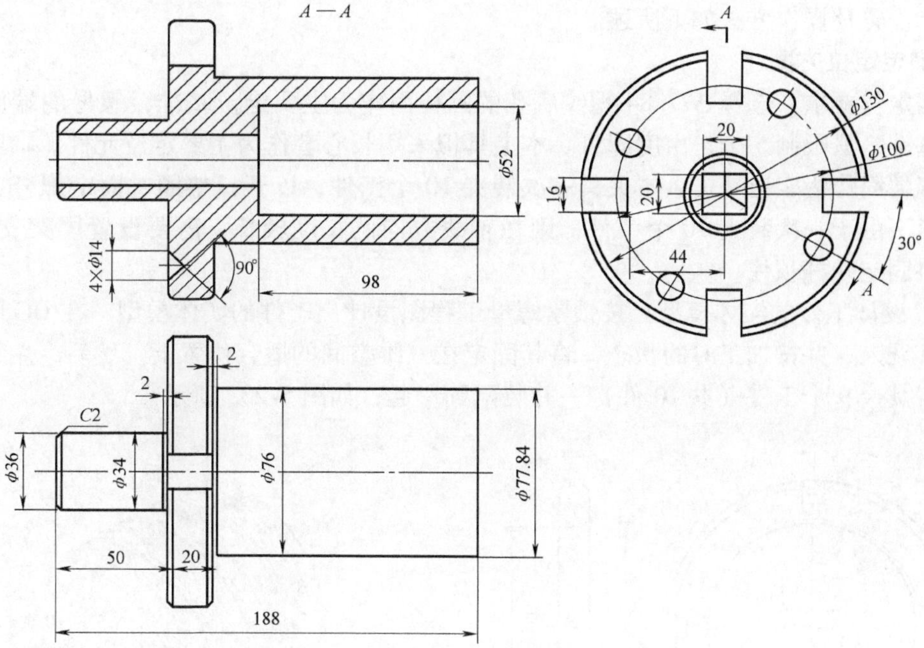

图 5-234 长心套的结构

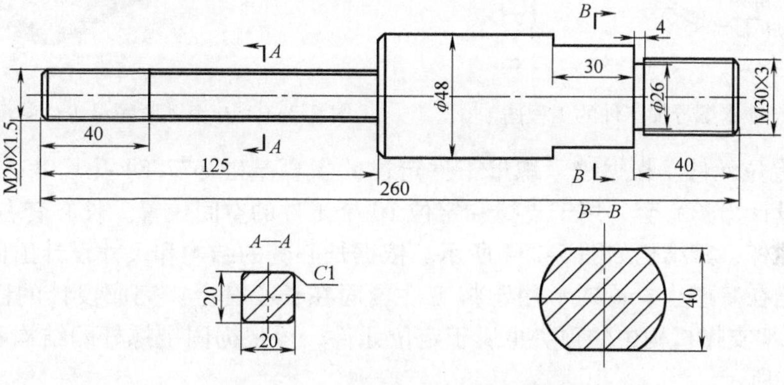

图 5-235 完成设计的固定螺杆

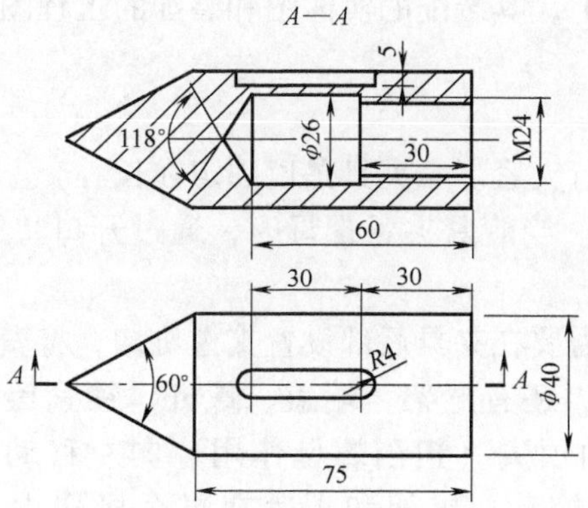

图 5-236 顶尖

图 5-237 锁紧螺母定位元件装配的实体图

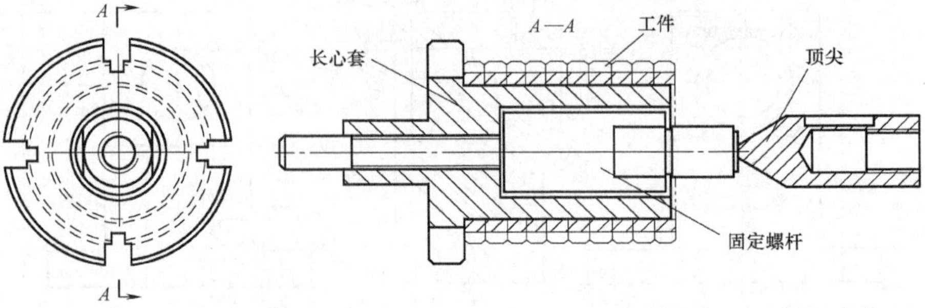

图 5-238　锁紧螺母定位元件装配的工程图

（1）设计夹紧元件　作为定位元件的长心轴、定心卡爪、定心锥轴已经完成设计。还需要设计的夹紧元件就是开口垫圈和夹紧螺母，可根据上述元件的结构、尺寸及配合关系来进行，如图 5-239 和图 5-240 所示。

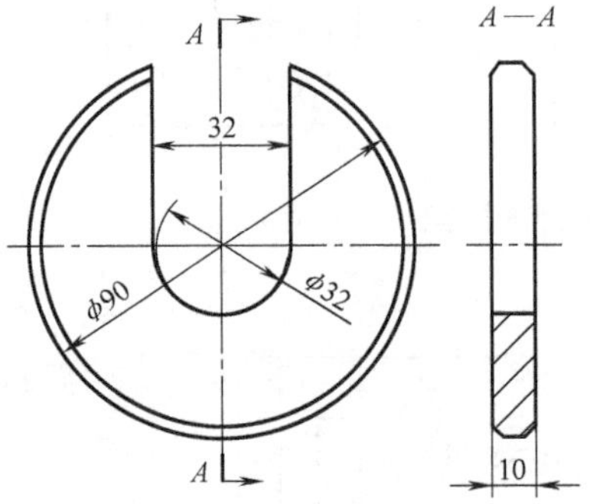

图 5-239　完成设计的开口垫圈

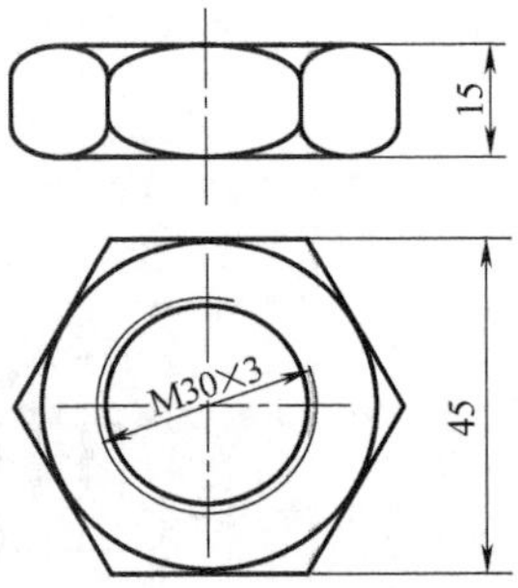

图 5-240　完成设计的夹紧螺母

（2）设计支撑元件　尾架和端盖的设计可根据顶尖的结构、尺寸及空间位置来进行，如图 5-241 和图 5-242 所示。其他支撑元件可依据顶尖、尾架、端盖元件及相互配合关系进行设计，图 5-243 至图 5-247 为锁紧旋钮、手轮、手柄、定位球销、螺杆的工程图。

（3）组装夹紧与支撑元件　首先根据夹紧方案，将开口垫圈和夹紧螺母组装到已完成定位元件装配的结构中。检查装配结构中是否有配合不当的地方，如有应及时修改相应元件的设计或调整配合关系。然后，根据完成装配的夹紧元件、定位元件的配合关系和空间位置，将尾架、螺杆、锁紧旋钮、端盖、手轮、手柄等支撑元件组装上去。最后完成夹紧和支撑元件装配的实体图和工程图，如图 5-248 和图 5-249 所示。

3. 确定分度方案

因为本夹具需要对锁紧螺母工件上四个开口槽进行加工，每完成一个工位的铣削后，就要将工件旋转 90°再加工下一个开口槽，因此，需要设置分度机构。由于工件上四个开口槽的加工精度要求不高，拟采用四等分球面销对定机构，其结构比较简单。分度元件有球面对定销、调节钮、弹簧和销套。球面对定销、弹簧和调节钮都组装到销套上，构成一个单独的对定组件。这个对定组件安装在基座的对定孔中，销套与基座构成紧密的静配合。在长心轴的左端面上开有一个对定锥孔，当定位组件与锁紧螺母工件旋转到一个指定工位时，在弹簧的作用下球面对定销就会插入对定锥孔中实现分度定位。

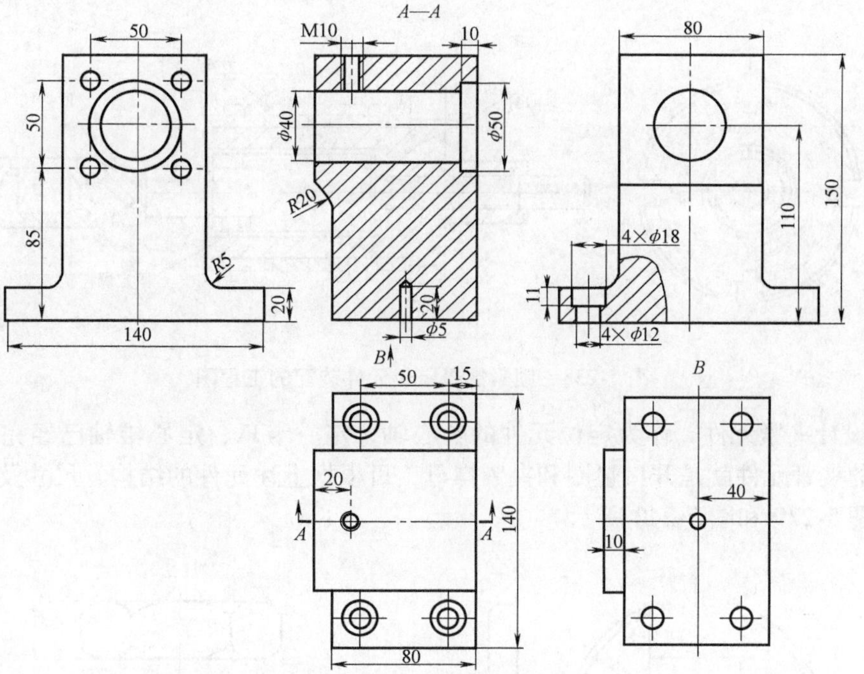

图 2-241　完成设计的尾架

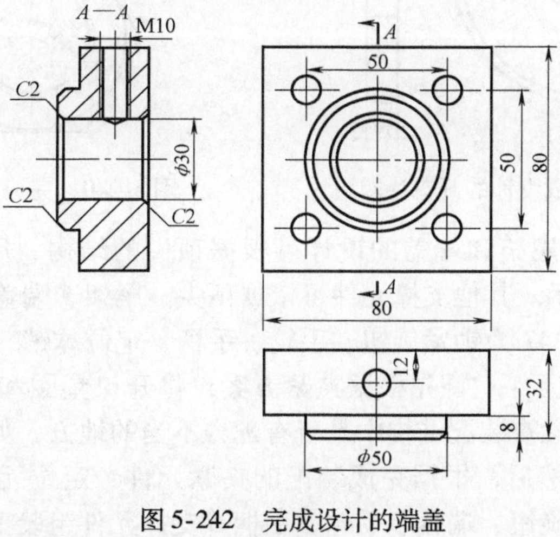

图 5-242　完成设计的端盖

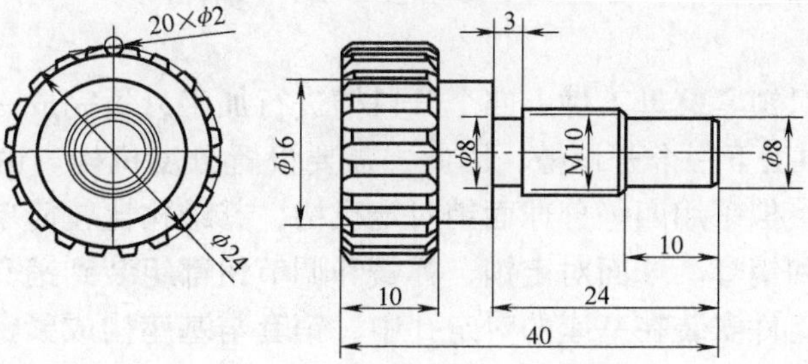

图 5-243　锁紧旋钮的工程图

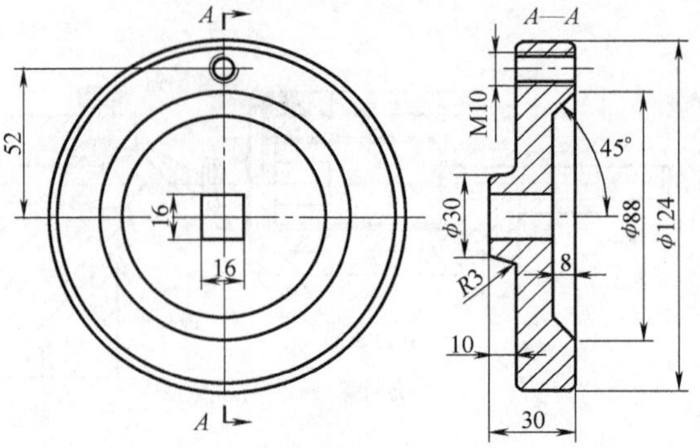

图 5-244　手轮的工程图

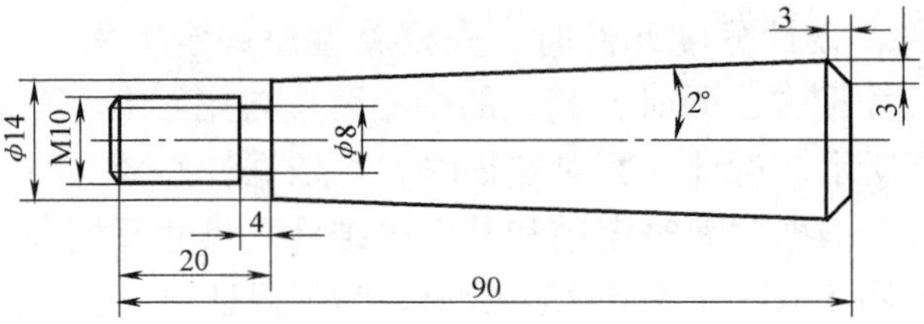

图 5-245　手柄的工程图

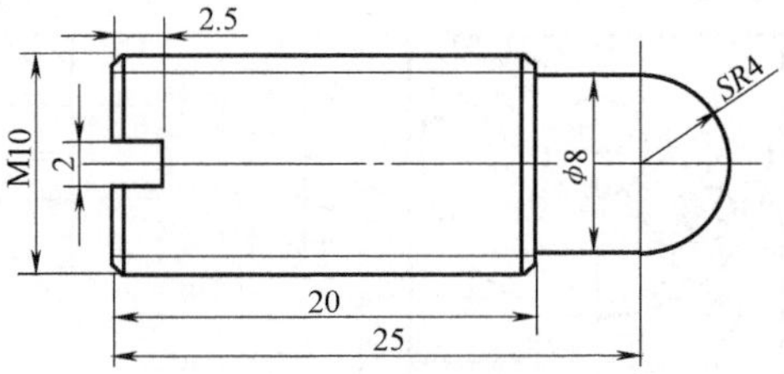

图 5-246　定位球销的工程图

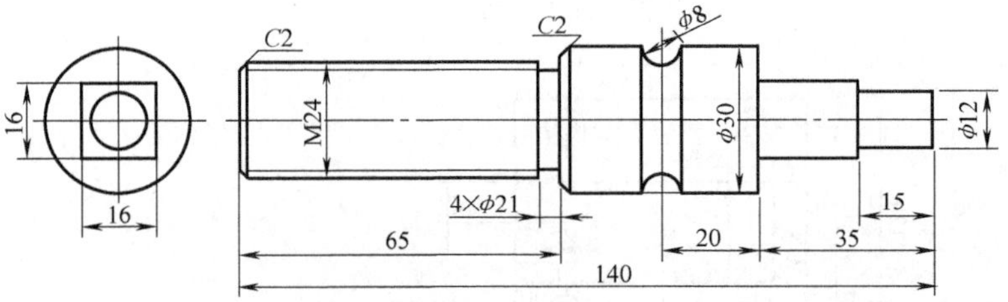

图 5-247　螺杆的工程图

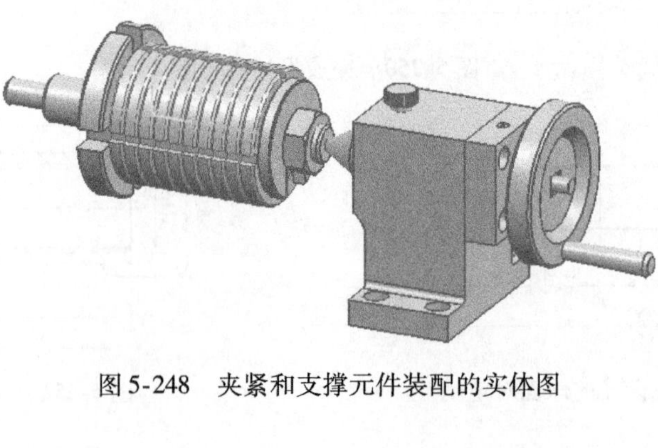

图 5-248　夹紧和支撑元件装配的实体图

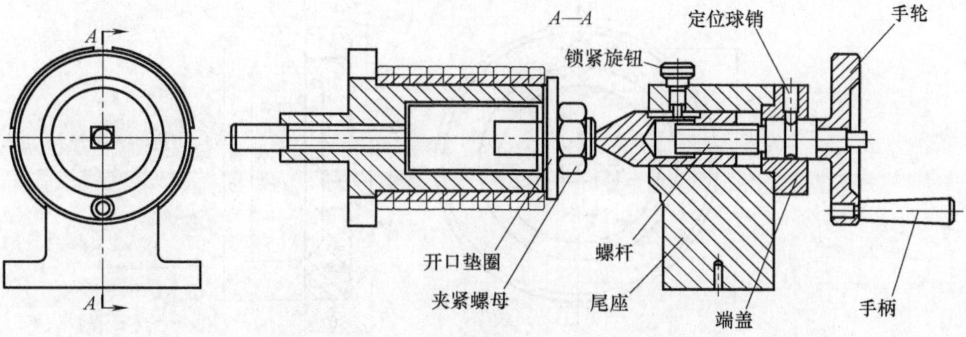

图 5-249　夹紧和支撑元件装配的工程图

（1）设计分度元件　设计分度元件时，先要将基座确定下来。基座的设计要综合考虑其与长心套的结构和尺寸配合，同时，其上的中心孔应与尾架中心孔的高度保持一致。完成设计的基座如图 5-250 所示。设计球面对定销时，可依据长心套上的对定孔来确定其结构和尺寸，如图 5-251 所示。根据球面对定销和基座的结构、尺寸及配合关系，分别将销套、弹簧、拉钮设计出来，如图 5-252 至图 5-254 所示。为了保证长心套能固定在基座上，需要分

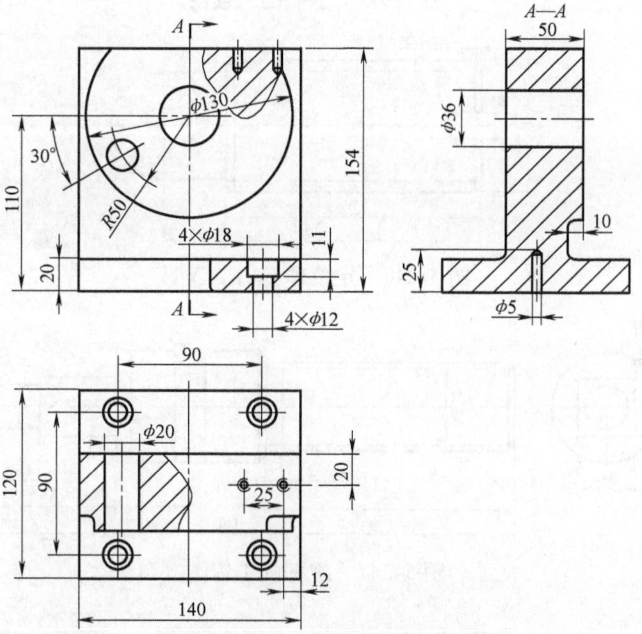

图 5-250　完成设计的基座

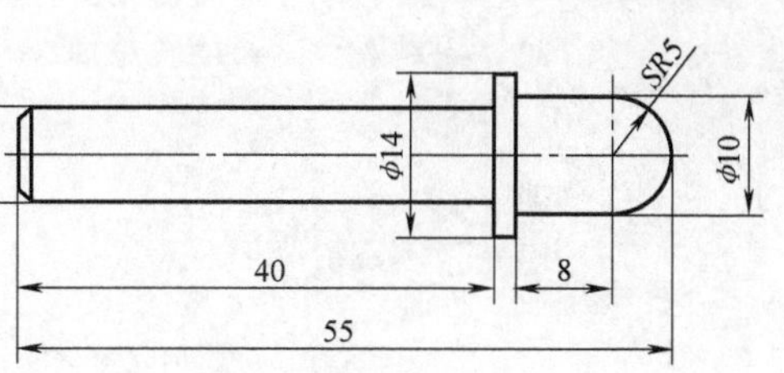

图 5-251　完成设计的球面对定销

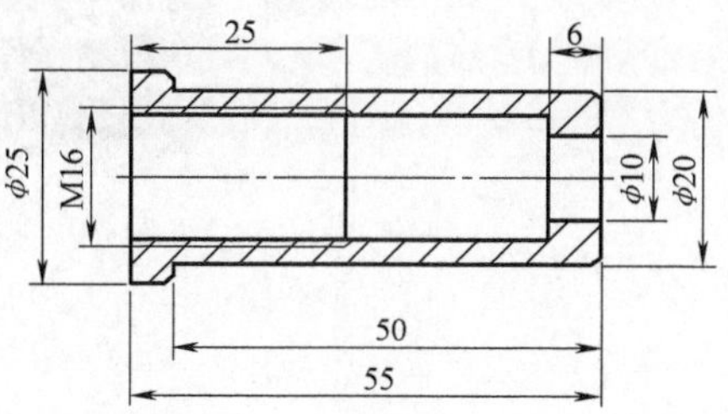

图 5-252　完成设计的销套

别设计出固定螺母和锁紧螺母。前者用于将长心套在轴向上固定住，使长心套只能转动，不能移动；后者用于分度操作完成后将长心套锁紧，不能转动。固定螺母和锁紧螺母如图 5-255 和图 5-256 所示。

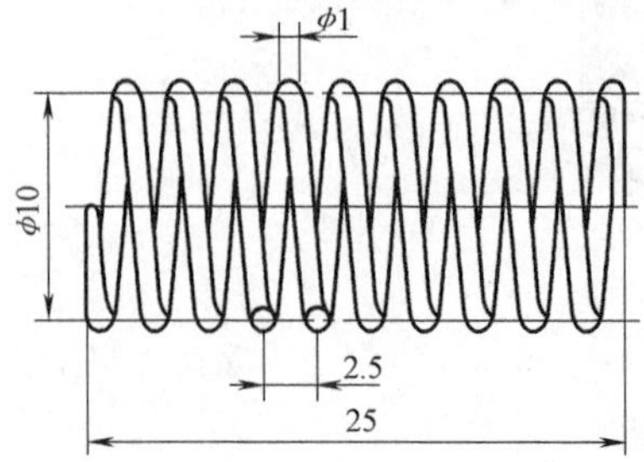

图 5-253　完成设计的弹簧

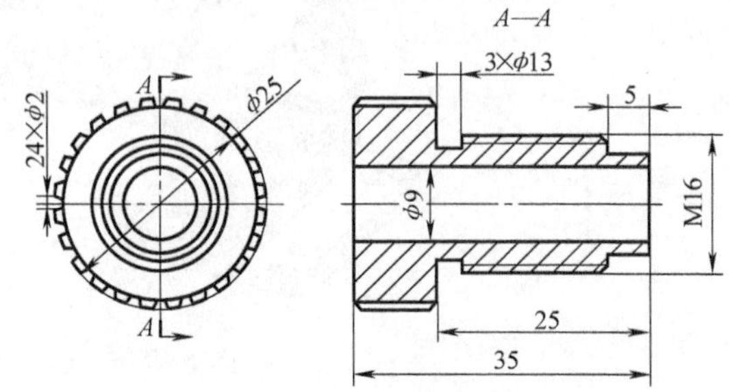

图 5-254　完成设计的调节钮

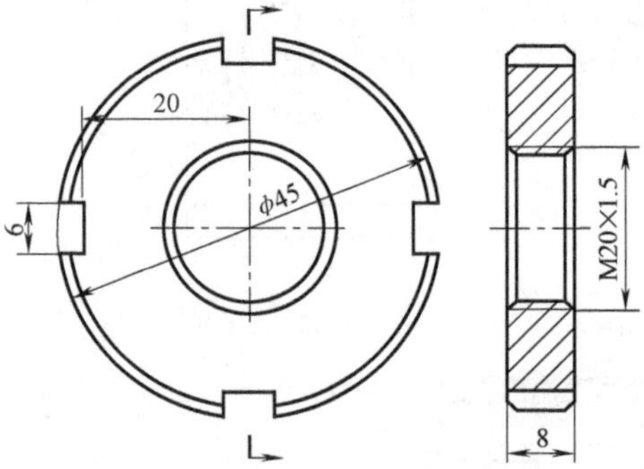

图 5-255　完成设计的固定螺母

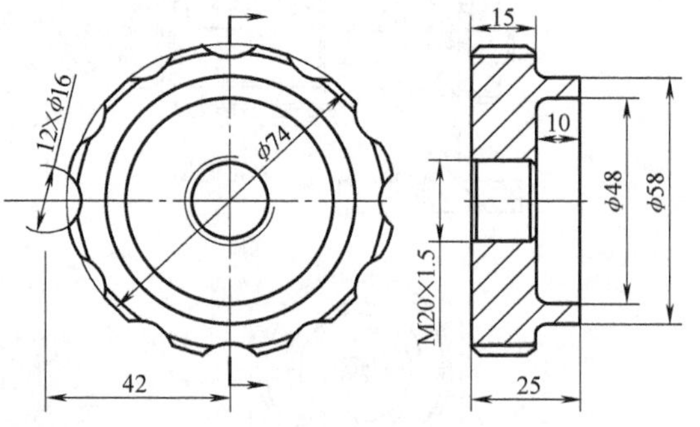

图 5-256　完成设计的锁紧螺母

(2) 组装对定组件　对定组件是一个相对独立的机构，只有 4 个元件，即销套、球面对定销、弹簧和调节钮，可将它们单独地装配起来，然后，再将这个组件装配到已完成的装配结构中。完成对定组件装配的结构如图 5-257 所示。

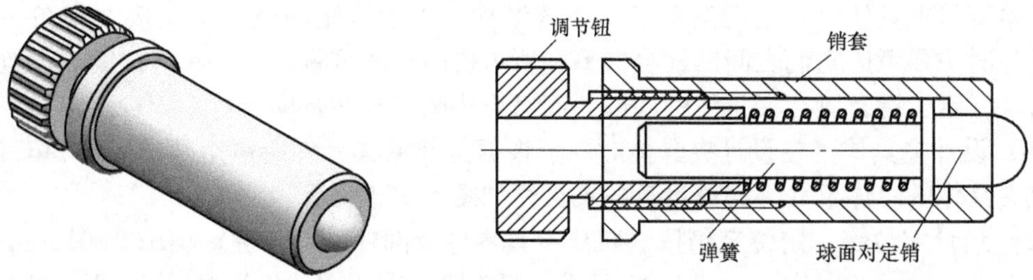

图 5-257　完成对定组件装配的结构

(3) 组装分度元件　根据分度方案，首先，将基座组装到夹具的装配结构中，装配时注意与长心套的准确配合。其次，将对定组件装配到基座上，组件中的销套与其上的孔为紧密配合。最后，将固定螺母和锁紧螺母组装到固定螺杆上。完成分度元件装配的实体图和工程图，如图 5-258 和图 5-259 所示。

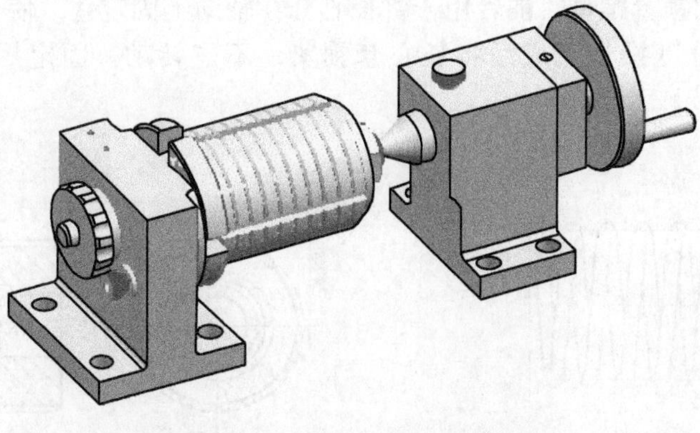

图 5-258　分度元件装配的实体图

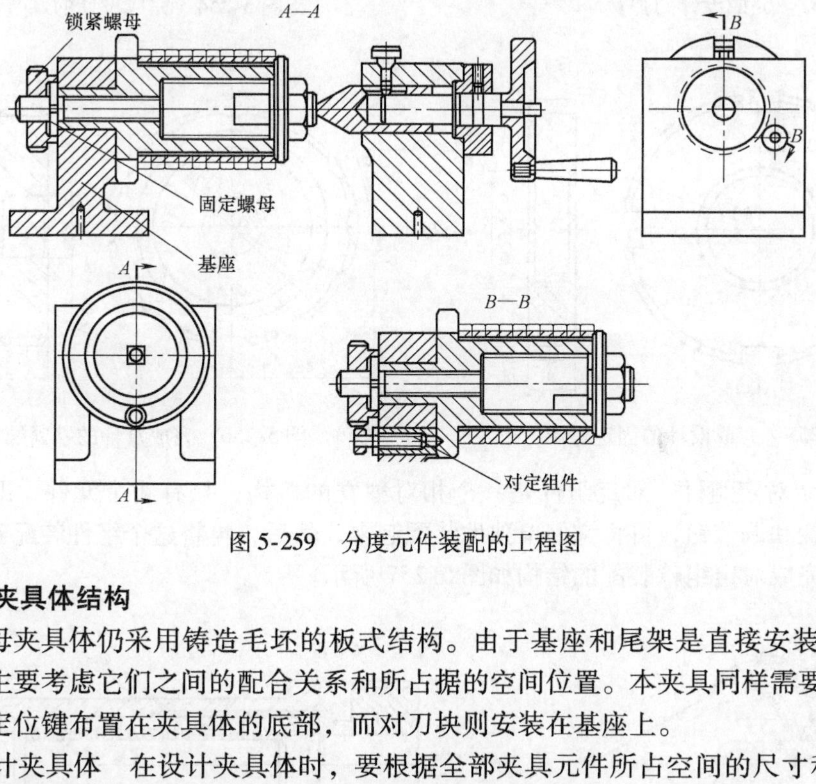

图 5-259　分度元件装配的工程图

4. 确定夹具体结构

锁紧螺母夹具体仍采用铸造毛坯的板式结构。由于基座和尾架是直接安装在夹具体上的，设计时主要考虑它们之间的配合关系和所占据的空间位置。本夹具同样需要设置定位键和对刀块，定位键布置在夹具体的底部，而对刀块则安装在基座上。

（1）设计夹具体　在设计夹具体时，要根据全部夹具元件所占空间的尺寸和配合位置，来确定夹具体的总体尺寸。完成设计的夹具体如图 5-260 所示。

（2）设计定位键　定位键仍按《机床夹具零件及部件　定位键》（JB/T 8016—1999）A 型进行设计，完成的定位键如图 5-22 所示。用于固定定位键的仍是 M6 ×20 平头螺钉。

（3）设计对刀块　对刀块的设计可根据工件加工表面在夹具体上的空间位置和尺寸来进行。本对刀块的基准面主要是针对开口槽的侧平面，而水平基准面是利用基座的顶部平面来进行对刀，这是因为受空间位置的限制所至。完成设计的对刀块如图 5-261 所示。

（4）设计紧固元件　锁紧螺母夹具所用到的紧固元件是用于将基座和尾架固定到夹具体上的，主要有 M10 ×24 内六角螺钉、M6 ×20 平头螺钉、ϕ5 ×30 定位销。读者可根据相关元件的尺寸自行设计。

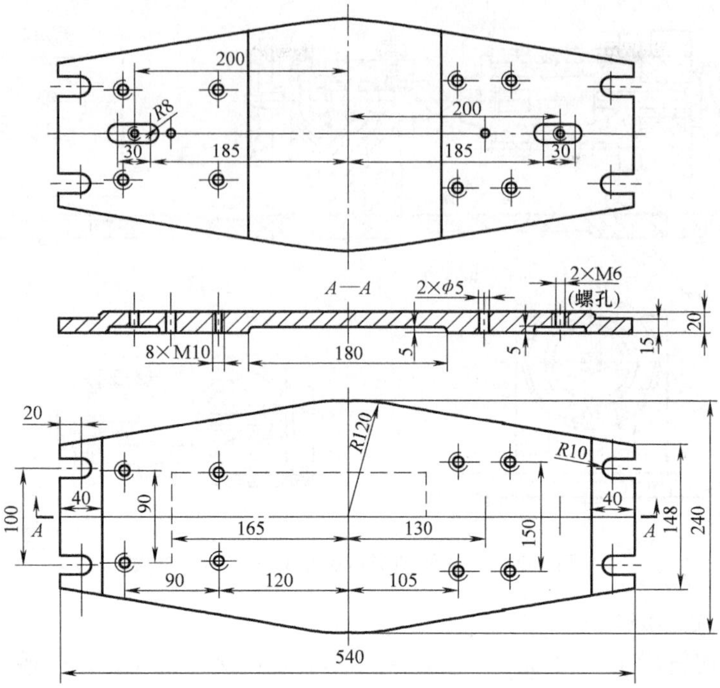

图 5-260　完成设计的夹具体

（5）组装夹具体　根据夹具设计的整体方案，先将夹具体组装到已完成的装配结构中，装配时要注意与已完成装配元件的正确配合关系。再将定位键组装到夹具体上。接着将对刀块组装到基座上。最后，将所有紧固元件组装到整个夹具的对应位置上。完成铣削锁紧螺母夹具装配的实体图和工程图，如图 5-262 和图 5-263 所示。

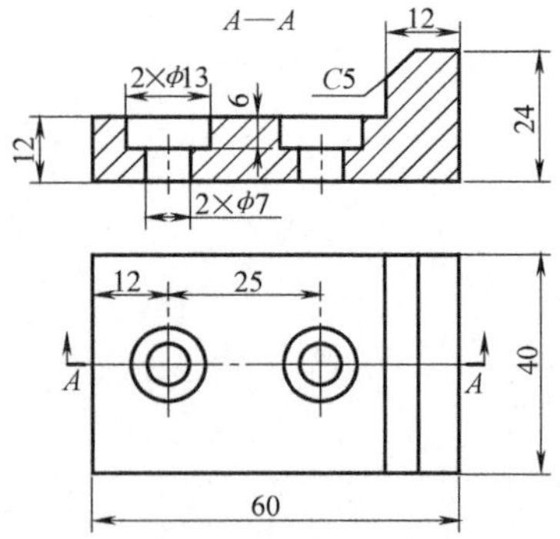

图 5-261　完成设计的对刀块

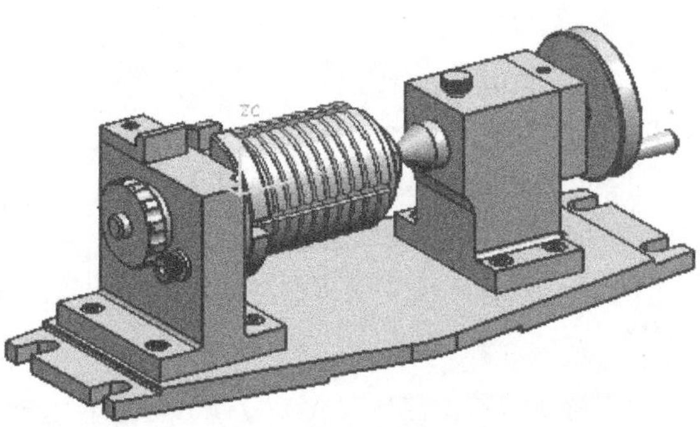

图 5-262　铣削锁紧螺母夹具装配的实体图

5. 夹具的特点

锁紧螺母夹具的特点是采用心轴与端面的典型定位方式，并从端面对工件夹紧。夹具一次可装夹 10 个工件，一次对刀后即可完成一个工位的加工。由于加工精度要求不高，选用了最简单的球销对定方式。夹具结构比较紧凑，操作也比较方便。缺点是分度的定位精度不是很高，只适合精度要求不高的加工件。

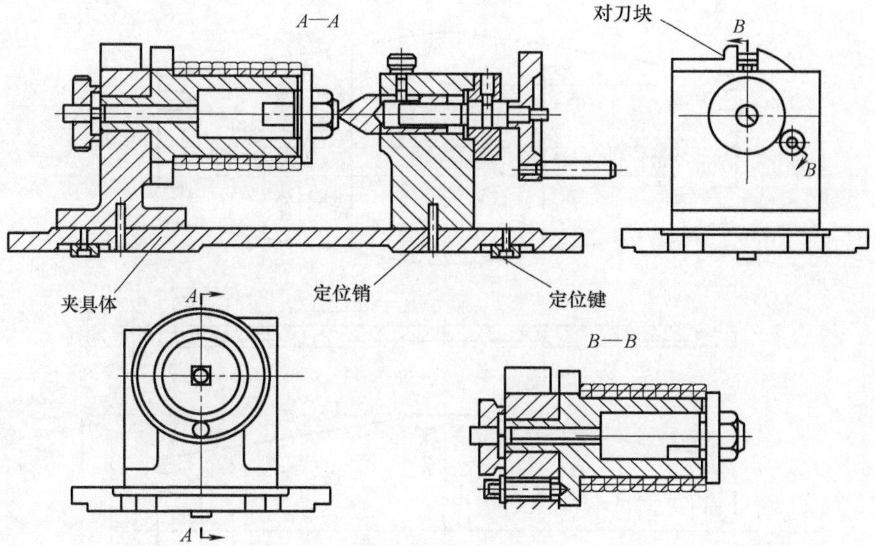

图 5-263　铣削锁紧螺母夹具的装配工程图

6. 夹具的使用方法

将夹具安放在铣床工作台面上，调整夹具体上定位键与工作台定位槽基准面的间隙，确保对刀块与刀具之间准确的进刀方位。然后用紧固螺栓将夹具固定在工作台上。

加工时将 10 个工件依次装到长心套上，转动手轮通过螺杆使尾架上的顶尖顶住固定螺杆的中心孔。插入开口垫圈，拧紧夹紧螺母将工件夹紧在长心套上。旋紧左边的锁紧螺母，使长心套及工件牢固地固定在夹具体上。通过对刀块调整铣刀的切削位置，即可开始切削加工。完成一个开口槽的加工后，旋松锁紧螺母，将长心套旋转 90°，当球面对定销在弹簧的作用下卡入下一个对定锥孔时，再拧紧锁螺母，即可开始下一个开口槽的加工。

第6单元　钻床夹具的设计

单元要点：简述钻床夹具的分类、设计要点和设计步骤。重点介绍典型钻床夹具设计的应用实例，即固定式钻床夹具、移动式钻床夹具、回转式钻床夹具、翻转式钻床夹具和覆盖式钻床夹具等。

6.1　钻床夹具的分类及设计要点和步骤

钻床夹具主要用于对工件上的孔进行钻、扩、铰、锪及攻螺纹等。使用钻床夹具有利于保证被加工孔相对其定位基准轴与各孔之间的尺寸精度和位置精度，同时可以显著地提高生产效率。

6.1.1　钻床夹具的类型

钻床夹具的种类比较多，根据加工孔的分布情况和钻模板结构的特征，一般分为固定式夹具、移动式夹具、回转式夹具、翻转式夹具、覆盖式夹具等。在这些夹具类型中，部分钻床夹具已经形成标准化的结构，用户只需要设计专门的钻套和钻模板即可。本书着重介绍针对具体加工件而设计的专用钻床夹具。

1. 固定式钻床夹具

固定式钻床夹具在使用过程中，夹具及工件在机床上的位置固定不变。通常用于在立式钻床上加工直径较大的单孔或在摇臂钻床上加工平行的孔系。

在立式钻床上安装夹具时，通常将装在机床主轴上的定位心轴或加工刀具插入钻套中，以确定夹具或钻模板的位置，然后将夹具紧固固定。在摇臂钻床上安装夹具时，只要保证所有加工的孔系轴线与机床主轴保持平行，并保证摇臂上主轴能够覆盖到全部加工孔的范围内，即可将夹具固定下来。

2. 移动式钻床夹具

移动式钻床夹具用于钻削中、小型工件同一表面上轴线平行的多个孔。此类夹具一般不需要紧固在机床的固定位置上，因为加工孔的直径较小，工件的重量较轻，可以在操作中直接用手移动夹具至不同的加工位置。采用移动式夹具，要求被加工孔的直径不能太大，一般孔径应不大于10mm，否则因切削扭矩过大，会造成加工的不稳定性和危险性。

3. 回转式钻床夹具

回转式钻床夹具是应用最多的夹具，用于加工同一圆周上的平行孔系或分布在圆周上的径向孔系。此类夹具有立轴回转、卧轴回转和斜轴回转三种形式。回转式夹具也需要将其紧固在机床的工作台上，具体的固定方法与固定式夹具基本相同。回转式夹具非常适合于大规模生产，并且可以在任何种类的钻床上使用。

4. 翻转式钻床夹具

翻转式钻床夹具主要用于加工中、小型工件分布在不同表面上的孔。此类夹具的结构比

较简单，但每次对孔的加工都需要找正钻套相对刀具的位置，辅助操作时间较长，而且夹具的翻转也比较费力。因此，夹具连同工件的总重量不能太重，加工批量也不宜过大。

5. 覆盖式钻床夹具

覆盖式钻床夹具没有夹具体，只有钻模板。在钻模板上除安装钻套外，还安装有定位元件和夹紧装置。使用时可以直接将钻模板定位到工件的定位基准面上，并将钻模板夹紧即可进行钻削加工。覆盖式夹具的结构比较简单，多用于大中型工件上的小孔的加工。由于夹具在使用时需要连同工件一起移动，所以其重力不宜太大，在设计时要尽可能地减轻重量或者采用铸铝材料。

6.1.2 钻床夹具的设计要点

钻床夹具中的关键元件是钻模板和钻套。钻模板所选用的形式通常取决于夹具的类型和加工孔的特点。钻套是安装在钻模板或夹具体上的，其作用是确定加工孔的位置和引导刀具准确地加工。对钻床夹具的设计有如下要求。

1. 钻床夹具类型的选择

在设计钻床夹具时，首要的是正确地选择夹具形式。可根据工件的结构、尺寸、重量、加工孔的大小、加工精度、生产规模等，来确定夹具的结构类型。选择时要注意以下几点。

（1）加工孔的直径较大，工件和夹具的重量较重，孔的加工精度要求较高时，宜采用固定式结构。

（2）加工孔的直径较小，工件和夹具的重量较轻，同一表面上加工孔的数量较多时，宜采用移动式结构。

（3）加工件在不同表面上有多个需要加工的孔、各孔之间的位置精度要求较高时，可采用翻转式结构。但工件和夹具的总重量不能太大。

（4）加工同一圆周上的平行孔系或分布在同一圆周上的径向孔系时，宜采用回转式结构。

（5）加工大、中型工件上同一表面或平行表面上的多个小孔时，可采用覆盖式结构。

2. 钻套的选择和要求

钻套在夹具中不仅决定着孔加工的准确性和精度，还影响着夹具使用的方便性、可维护性和生产效率。钻套类型的选择（可参见第 2 单元　夹具基本元件的设计）和设计要注意以下几点。

（1）固定钻套　结构简单，钻孔精度高，适用于单一钻孔工序和小批量生产使用。

（2）可换钻套　当钻套发生磨损或孔径有变化时，便于及时更换。

（3）快换钻套　当工件需要钻、扩、铰多工序的加工时，能够迅速更换不同直径的钻套。

（4）特殊钻套　当工件形状比较特殊或多孔的间距非常小时，为保证加工的稳定性就需要设计特殊结构的钻套。

3. 钻模板的选择和要求

钻模板通常安装在夹具体或支撑体上，有时因结构的特殊情况可能会与夹具上的其他元件相连接。由于钻模板担负着安装钻套的作用，其上安装孔的位置决定着加工孔的位置精度，因此要特别注意其结构形式。在具体设计时，要考虑钻模板的结构形式能够方便工件的

装夹与拆卸。钻模板的典型结构有如下几种可供选择。

（1）固定式钻模板　钻模板与夹具体（或其他元件）固定在一起，不可移动或转动。固定式结构的钻套，其位置精度较高，刚性好，适合加工孔的位置精度要求高的工件和大批量生产情况。

（2）铰链式钻模板　钻模板与夹具体（或其他元件）为铰链连接，可以绕铰链轴翻转，以方便工件的装夹和拆卸。

（3）移动式钻模板　钻模板在保持水平位置不变的情况下，沿垂直方向上下移动，以方便工件的装夹和拆卸。

（4）可卸式钻模板　钻模板设计成独立的结构体，根据加工的实际需要可通过夹具上的特殊定位元件随时安装固定，或者单独使用（如覆盖式钻床夹具）。

无论以上哪种钻模板，在设计时都要注意保证钻套轴线位置的准确性和本身的强度、刚性。

4. 夹具体的要求

钻床夹具的夹具体结构形式比较复杂多样，应根据加工件的具体情况选择合适的结构，同时注意以下几点。

（1）夹具体应具有足够的强度和刚性。

（2）钻套轴线最好与夹具体的承载面保持垂直或水平，保证钻削过程中刀具不致发生倾斜或折断。

（3）夹具体应设置支脚，以减少底面与机床工作台的接触面积，确保夹具旋转的平稳性。同时力求夹具的重心落在四个支脚所形成的支承面内。

（4）在满足强度和刚性的前提下，尽量减轻重量，特别是移动式夹具。

6.1.3　钻床夹具的设计步骤

使用UG软件进行钻床夹具的设计要关注几点：首先，是加工孔的特征、孔所在位置、孔的尺寸和精度、工件结构形式，这些因素在很大程度上决定着加工方法的选择。其次，是工件哪些表面已加工完毕，哪些尚未加工，哪些是原始毛坯表面，因为表面的情况不同，直接影响着定位基准的选择。最后，根据工件的结构特征、定位表面状况、加工精度和生产批量来选择夹具的类型。具体的设计步骤如下。

1. 确定总体结构

根据上面所列出的影响因素和工序的具体要求，选择最合适的夹具类型，如固定式、移动式、回转式、覆盖式、翻转式等。从工件的定位、夹紧和分度方式，确定钻模板的结构形式。

2. 确定定位方案

根据夹具总体结构方案，按工件的特征、工序的要求和设计任务，确定工件的定位基准。应用UG的建模应用模块，设计出工件的实体模型，并按实际加工方位固定在三维空间中。设计出所有定位元件的实体模型，并根据相应的配合关系组装到已完成安装的结构中。

3. 确定夹紧方案

根据定位方案，按工件和定位元件的结构及尺寸，设计出所有夹紧元件的实体模型，并按相应的配合方式组装到已完成的装配结构中。对完成的装配结构，要检查是否存在配合不

当，如结构和尺寸有不匹配的情况，则应及时进行修改和调整。

4. 确定分度方案

对于回转式夹具，应根据加工孔的分布状况、孔的精度要求、定位和夹紧方式，确定具体的分度方法和结构形式。在不影响加工要求的情况下，尽量选择最简单的分度方式，以减少元件的数量和制造难度。

5. 确定钻模结构

在完成定位、夹紧和分度机构的设计后，根据总体方案来确定钻模的具体结构。按已完成设计和装配的结构，设计出钻模板、钻套及其固定元件，并组装到夹具结构中。

6. 确定夹具体结构

根据总体结构方案以及完成设计的定位元件、夹紧元件、分度元件和钻模元件，设计出夹具体、支撑体及全部紧固元件，并按相应的配合关系组装到已完成的装配结构中。在装配过程中，如发现配合不当的地方，要对前面所设计的元件进行修改更正，并调整装配结构。完成全部装配后，要检验整个夹具结构是否能满足设计目标要求，如果有差错，要对相关元件进行修改编辑，并重新调整装配结构，直至实现设计目标。

7. 绘制夹具工程图

按设计任务要求，用 UG 的制图应用模块，绘制全部的夹具元件和夹具装配的工程图，并根据第 1 单元的 1.5 节夹具中常用的公差配合的内容，对全部图样进行技术标注。

在后面的钻床夹具设计实例中，省去了步骤 7 的内容，以减少叙述篇幅，重点放在了夹具设计的实用方法上。

6.2 固定式钻床夹具的设计

固定式钻床夹具是固定在机床工作台上使用的夹具。固定式夹具在立式钻床上的安装是通过定位心轴或适用的刀具（如钻头、铰刀等）对准钻套孔来进行定位的。在摇臂钻床上的安装可不必用此方法定位，只要保证所有的加工孔处于可加工范围内，将夹具固定在机床工作台上即可。固定式钻床夹具按钻模的结构特点，分为固定式固定钻模夹具、固定式翻转钻模夹具和固定式移动钻模夹具。

6.2.1 固定式固定钻模夹具的设计

固定式固定钻模夹具是指夹具中的钻模板固定在夹具体或支撑体上不动的固定式钻床夹具。由于钻套是直接安装在钻模板上的，钻套也始终保持固定状态，因此此类夹具的加工精度比较高。但是，这种形式的夹具在某些情况下可能会遇到工件的装夹和拆卸不方便的情况，因此，应用的场合则受到很大限制。固定钻模夹具的具体设计方法通过钻削套筒加工件用夹具的设计来讲述。

【实例 25】 钻削套筒用固定钻模夹具的设计

套筒加工件的工程图如图 6-1 所示。

工序要求：工件所有的表面都已经加工完毕。本工序要求加工 $\phi78$ 外圆柱面上 M8 螺纹孔的底孔 $\phi6.5$。该孔位于径向圆柱面上，与主孔轴线相垂直，距上端面长度为 22。生产规模为大批量。

设计任务：该工件在立式钻床上加工。要求以 $\phi42^{+0.062}_{0}$ 台阶孔、上端面及宽度 60 圆缺面的一侧平面作为定位基准，并从一侧端面夹紧。孔的加工直接选用 $\phi6.5$ 钻头钻削完成。由于生产批量大，要求工件的装夹操作方便快捷。

设计步骤及操作方法如下所述。

1. 确定总体结构

套筒工件只有一个需要加工的孔，且在立式钻床上加工，操作比较简单，因此，确定采用固定式夹具。工件的安装和夹紧可从侧面完成，可选择最简单的固定钻模结构。夹具中的定位、夹紧和钻模元件都可以直接安装在夹具体上，无需另外的支撑体。

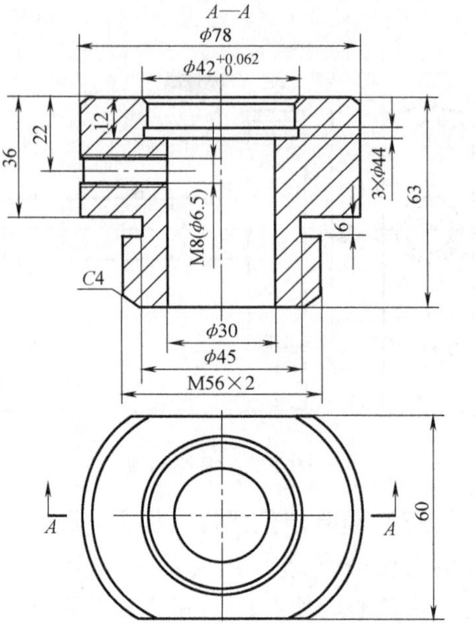

图 6-1　套筒加工件的工程图

2. 确定定位方案

根据定位要求，选择 $\phi42^{+0.062}_{0}$ 圆孔面作为主要定位基准面。将该孔的上端面和圆缺一侧平面作为辅助定位基准面。因此本工序需要完全定位。定位元件分别为定位心套及其端面和滑动的定位销块。定位心套直接安装在夹具体上。用于限制工件转动的定位装置则由定位销块、销座、弹簧和限定螺母组成。

（1）设计工件的实体模型　按套筒的工程图设计出工件的实体模型，在 UG 的装配环境下将其调入，并按加工时的状态，将其固定在三维空间的适合位置上，如图 6-2 所示。

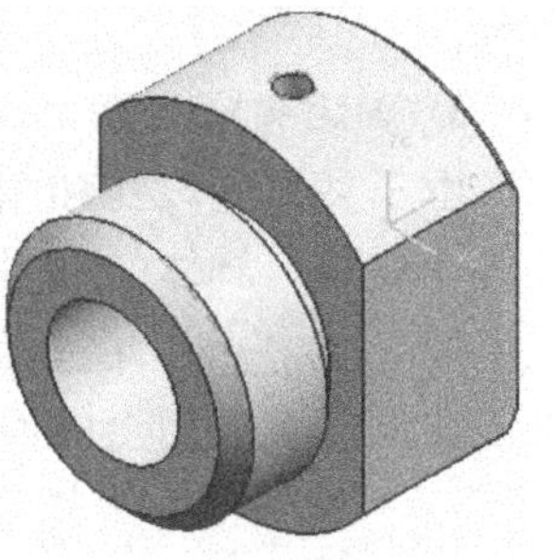
图 6-2　套筒工件实体模型的定位

（2）设计定位元件　根据套筒工件的定位孔直径和长度，完成设计的主要定位元件即定位心套，如图 6-3 所示。再根据圆缺一侧的平面及其在空间的位置完成弹簧、定位销块、销座和限定螺母（标准的 M8 螺母，可自行设计），如图 6-4 至图 6-6所示。

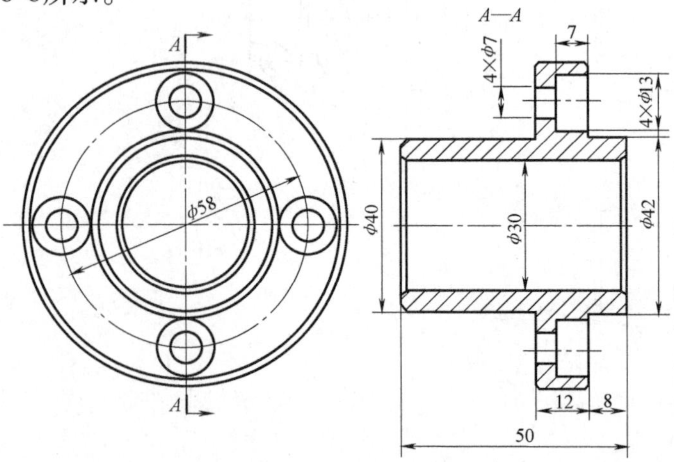

图 6-3　完成设计的定位心套

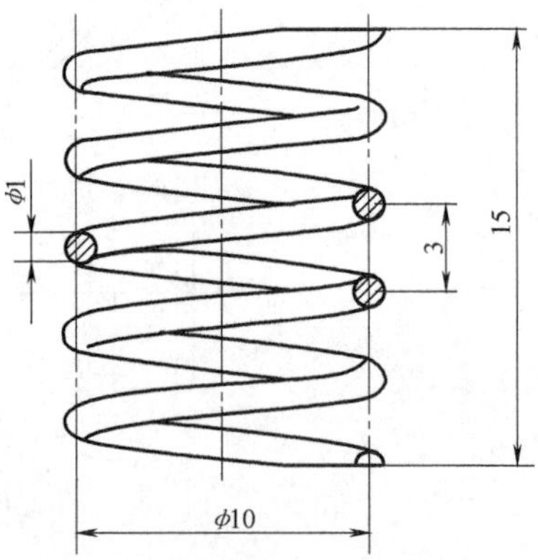

图 6-4　完成设计的弹簧

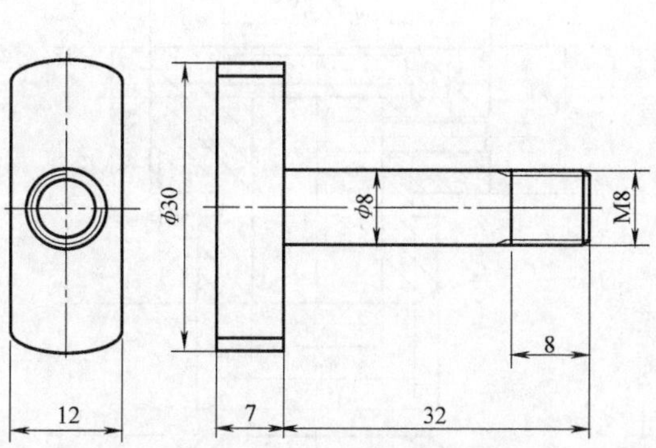

图 6-5 定位销块

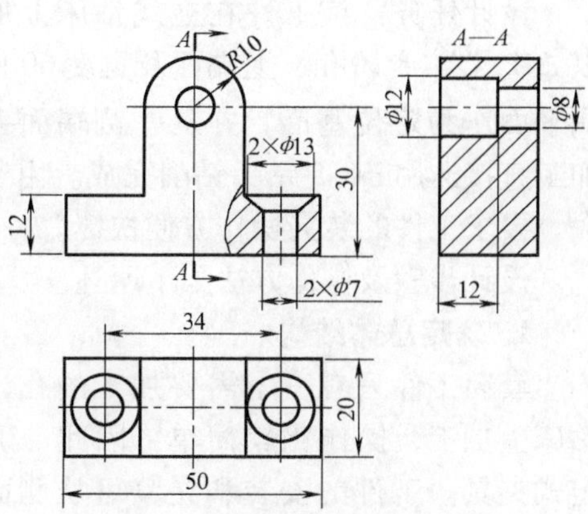

图 6-6 销座

(3) 组装定位元件　根据定位方案，首先，将设计好的定位心套组装到套筒工件上。然后，根据套筒工件、定位心套所在的空间位置，将弹簧、定位销块、销座和限定螺母组装上去。注意，限制工件转动的定位装置要安装在套筒工件的前面，圆缺平面的中心处。完成定位元件装配的实体图和工程图，如图 6-7 和图 6-8 所示。

图 6-7 完成定位元件装配的实体图

3. 确定夹紧方案

由于夹具是以孔和端面作为主要定位基准的，因此，本夹具可以采用螺旋压板方式对工件进行夹紧。具体的夹紧元件有拉紧螺杆、拉紧螺母、回转压板、操纵杆等。拉紧螺杆安装在定位心套中，并穿过套筒工件的内孔。通过操纵杆正向旋转拉紧螺母，使螺杆右移，从而将压在工件左端面上的回转压板拉紧，将工件夹紧。

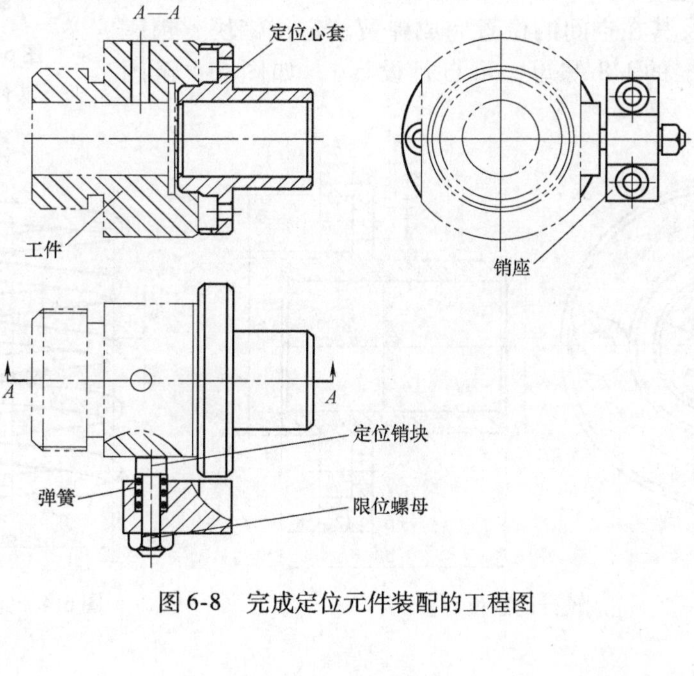

图 6-8 完成定位元件装配的工程图

鉴于夹紧元件以及已安装的定位元件大多都是安装在夹具体上，为此，需要在此步骤将夹具体事先设计出来。

（1）设计夹紧元件　首先，根据套筒工件、定位心套的配合情况及空间位置，完成拉紧螺杆和拉紧螺母的设计，如图 6-9 和图 6-10 所示。然后，根据螺杆、螺母的结构和尺寸，将回转压板和操纵杆设计出来，如图 6-11 和图 6-12 所示。由于这些元件都是直接安装在夹具体上的，因此将夹具体也设计出来以便组装定位。

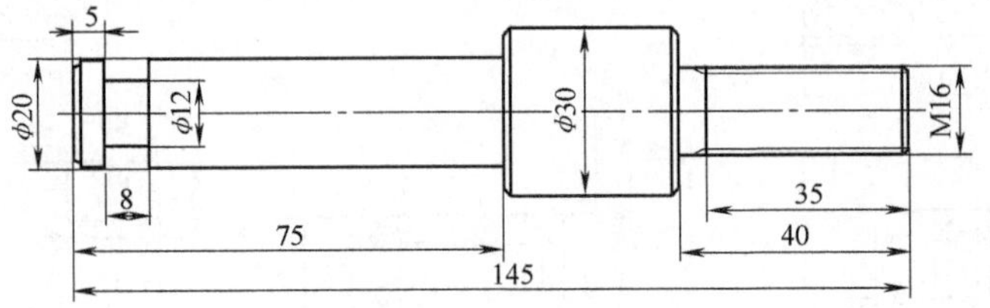

图 6-9　完成设计拉紧螺杆

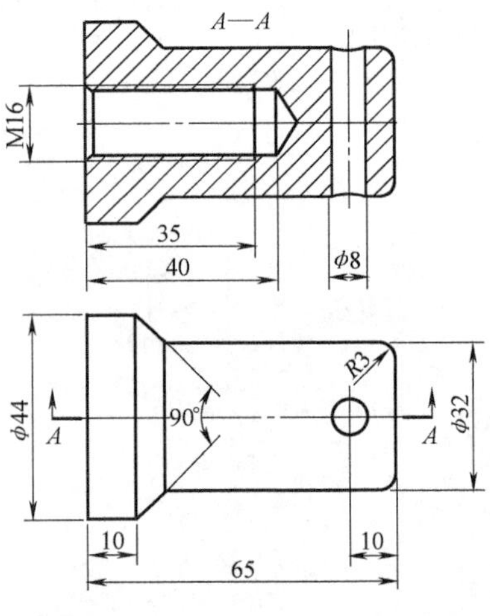

图 6-10　完成设计的拉紧螺母

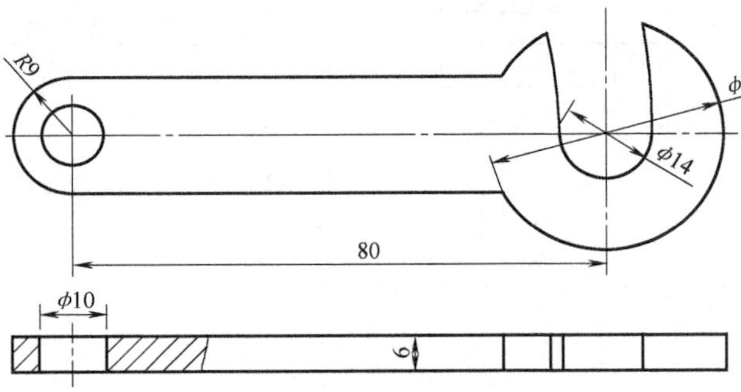

图 6-11　完成设计的回转压板

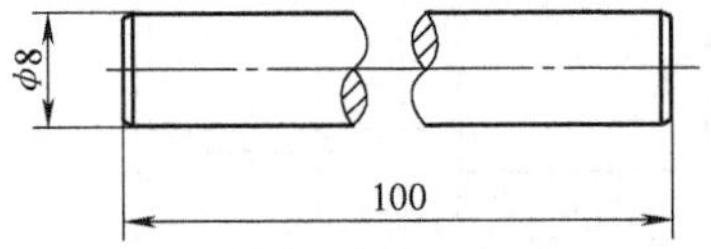

图 6-12　完成设计的操纵杆

（2）设计夹具体　为简化夹具结构，不再设置另外的支撑元件，全部元件都直接装配到夹具体上。设计夹具体时，可根据定位元件、夹紧元件以及它们之间的配合关系和空间位置来进行。夹具体采用铸造件，其形态为 T 形结构，底面设计成 4 个支承脚，如图 6-13 所示。

（3）设计固定元件　固定元件只有一个轴钉，用来将回转压板固定在夹具体底座的前面，如图 6-14 所示。

（4）组装夹紧元件　首先，根据已经装配定位元件的配合关系和空间位置，将夹具体组装上去，并检查一下是否存在配合不当的情况，如有问题，应及时进行调整。然后，根据夹紧方案，将所有的夹紧元件按相应的配合关系装配到夹具结构中。此时，仍需要检查所有装配的元件是否准确到位，如存在个别元件的结构或尺寸有误，应做修改和编辑，确保整个结构符合设计要求。完成夹具体和夹紧元件装配的实体图和工程图，如图 6-15 和图 6-16 所示。

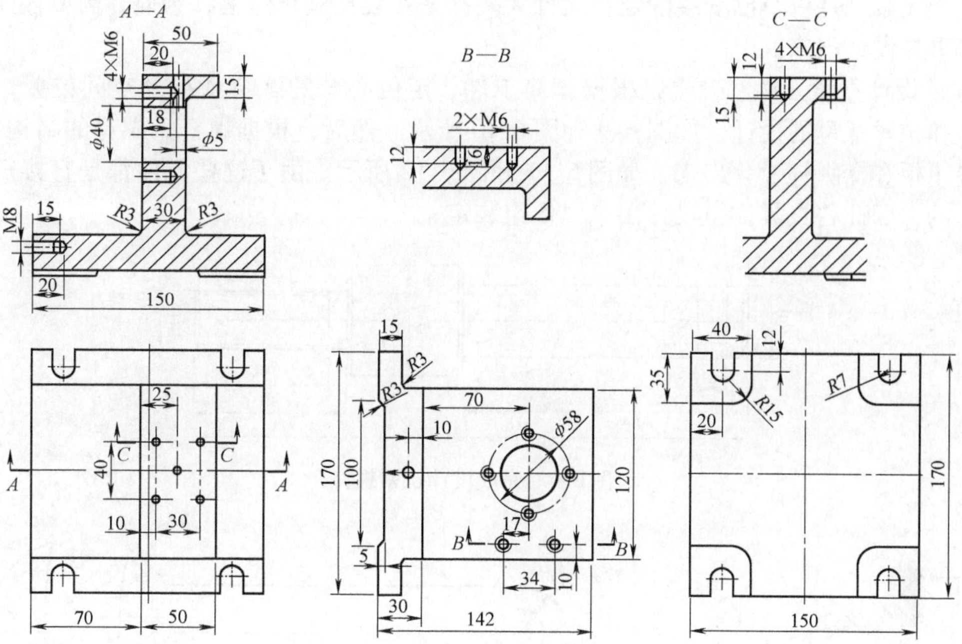

图 6-13　设计完成的套筒夹具体

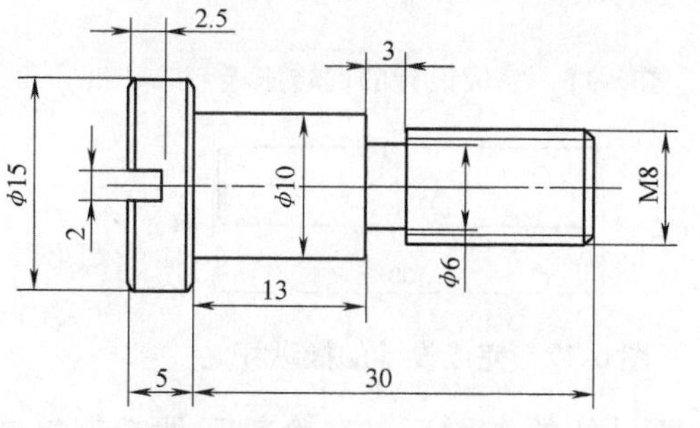

图 6-14　完成设计的轴钉

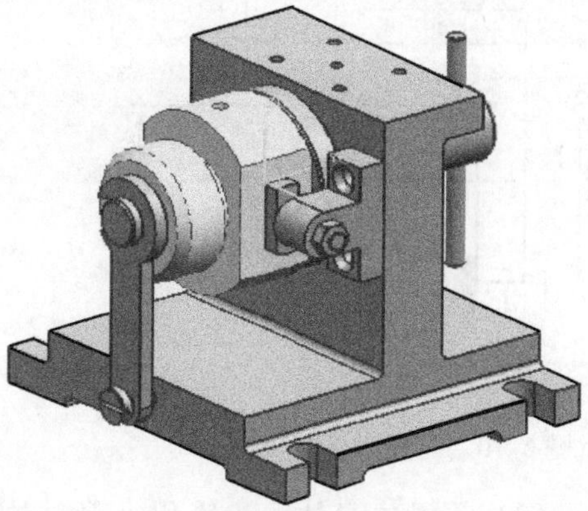

图 6-15　完成夹具体和夹紧元件装配的实体图

4. 确定钻模结构

根据总体方案，拟采用固定钻模板结构，并将其直接安装和固定在夹具体上。钻套也采用固定式钻套，直接装配到钻模板上。

（1）设计钻模板　根据套筒工件相对夹具体的空间位置和尺寸，确定钻模板的结构和尺寸，保证安装钻套的钻孔中心对准套筒工件上所要加工孔的轴线。完成设计的钻模板如图 6-17 所示。

（2）设计钻套　钻套的设计可参照《机床夹具零件及部件　固定钻套》（JB/T 8045.1—1999），并根据加工孔尺寸 $\phi6.5$ 来确定。完成设计的钻套如图 6-18 所示。

（3）设计紧固元件　根据已经完成设计和装配的全部元件，将所有夹具中用到的紧固元件一并设计出来，有 M8×15 沉头螺钉、M6×20 沉头螺钉、M6×20 平头螺钉、M8 螺母、

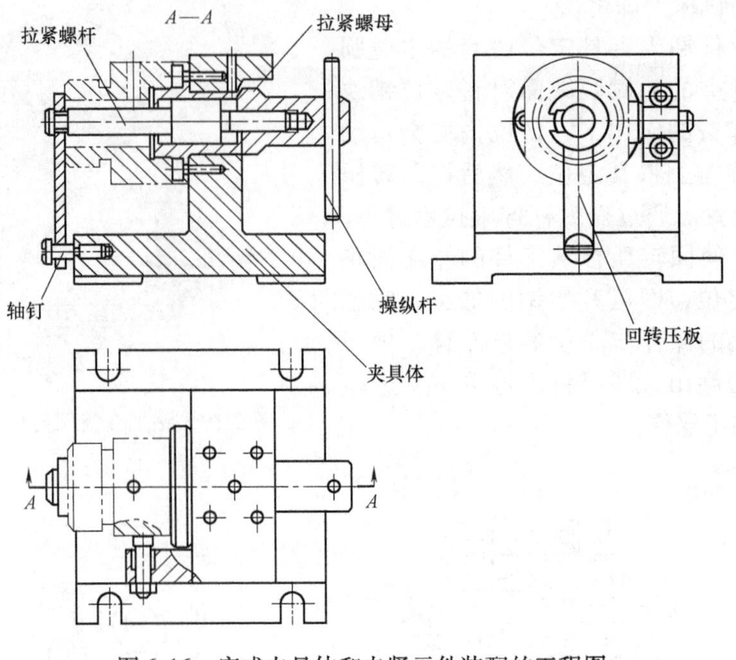

图 6-16　完成夹具体和夹紧元件装配的工程图

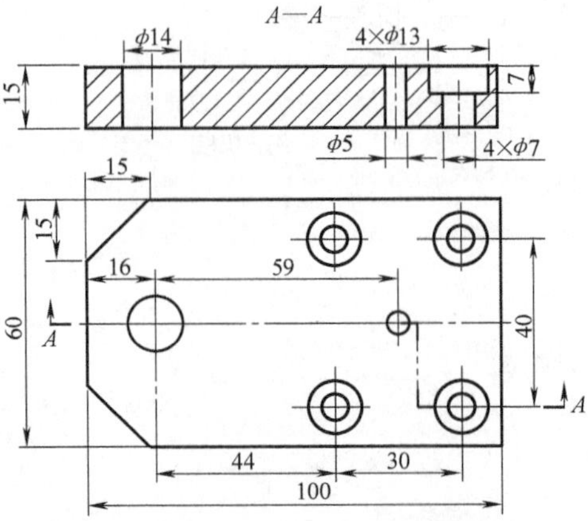

图 6-17　完成设计的钻模板

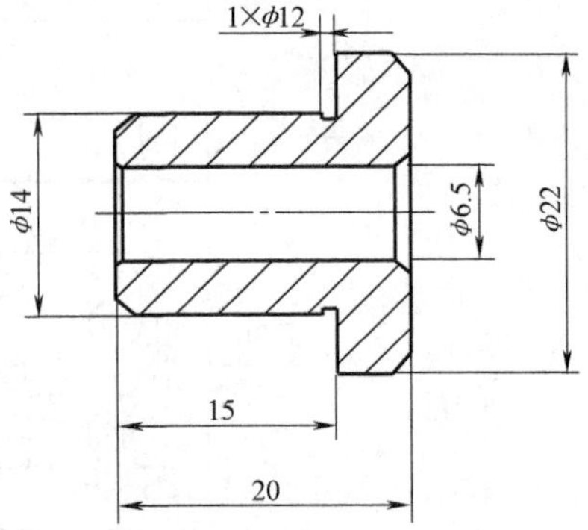

图 6-18　完成设计的钻套

$\phi 5 \times 30$ 圆柱销。

（4）组装钻模元件　按夹具总体方案，将钻模板、钻套和所有的紧固元件组装到已完成装配的结构中。在装配过程可能会发现配合不准确的地方，应针对具体情况对个别元件的尺寸进行修改，配合不当的也要调整过来。至此，完成整个钻削套筒用固定钻模夹具的设计，其装配的实体图和工程图如图 6-19 和图 6-20 所示。

5. 夹具的特点

本夹具的特点是结构简单紧凑，所用元件的数量少，且夹具操作方便快捷，适合在立式钻床或台钻上对零件单孔的加工，可用于大批量生产。

6. 夹具的使用方法

将夹具安放在钻床工作台面上，将插入机床主轴的定位心轴或适用的刀具对正钻套孔，

再将夹具紧固在机床上即可。

加工时把工件插入夹具定位心套的定位圆柱面上，使工件上的一侧圆缺面对正定位销块的定位面，在弹簧的作用下，定位销块会自动将工件在旋转方向上将其定位。然后将回转压板旋转至压紧位置。通过操纵杆拧紧拉紧螺母，拉紧螺杆右移，使回转压板从工件的左端面将其夹紧并最终定位，即可开始钻削加工。完成加工后，按相反的操作步骤使螺杆左移，把回转压板从压口槽旋出，即可将工件取下，进行下一个工件的加工操作。

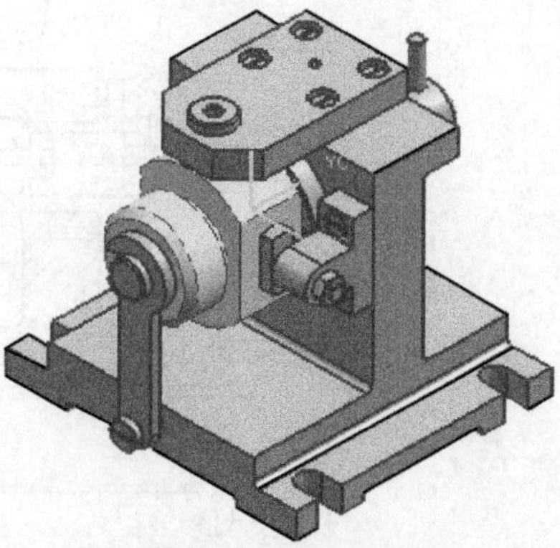

图 6-19　钻削套筒用夹具装配的实体图

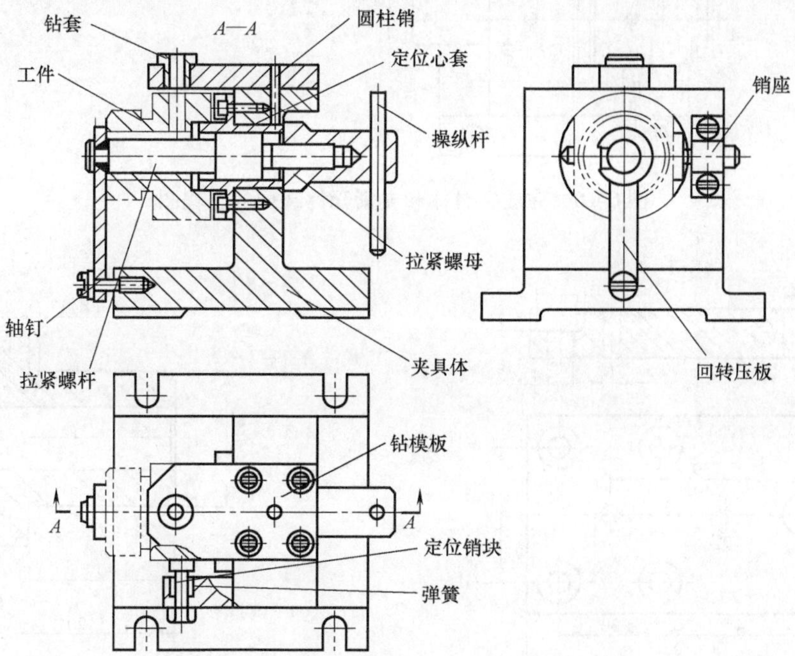

图 6-20　钻削套筒用夹具装配的工程图

6.2.2　固定式翻转钻模夹具的设计

固定式翻转钻模夹具是指夹具中的钻模板是以铰链方式安装在夹具体或支撑体上，当工件定位装夹后，将其翻转至工作状态。采用翻转式钻模板主要是方便工件的装夹与拆卸，因而在具体设计时要注意钻模板在工作状态的准确定位。翻转钻模夹具的具体设计方法通过钻削座架加工件的加工来讲述。

【实例 26】　钻削座架用翻转钻模夹具的设计

座架加工件的工程图如图 6-21 所示。

工序要求：座架工件所有的表面都已经加工完毕。本工序要求加工 $\phi40$ 外圆柱面上的孔 $\phi12$。该孔位于径向圆柱面上，与 $\phi25$ 孔轴线相垂直，距端面长度为 15。生产规模为大

批量。

设计任务：座架工件在立式钻床上加工。要求以 $\phi30^{+0.052}_{0}$ 孔、下端面及水平方向上的 $\phi25$ 孔作为定位基准，并从上端面夹紧。孔的加工直接选用 $\phi12$ 钻头钻削完成。由于生产批量大，要求工件的装夹操作方便快捷。

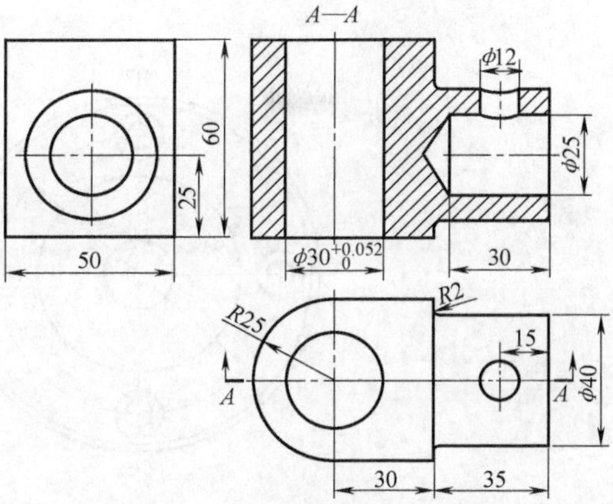

图 6-21　座架加工件的工程图

设计步骤及操作方法如下所述。

1. 确定总体结构

座架在立式钻床上只加工一个 $\phi12$ 孔，虽无特别要求，加工精度也要求不高，但因定位和装夹操作受到空间限制，因此，需要采用可翻转式的钻模板结构。钻模板以铰链方式固定在夹具体上，使用时可将其闭合或打开，以便于工件的装拆。夹具中的定位、夹紧和钻模元件都可以直接安装在夹具体上，无需另外的支撑体。

2. 确定定位方案

根据定位要求，选择 $\phi30^{+0.052}_{0}$ 圆孔面作为主要定位基准面。将该孔的下端面和水平方向上 $\phi25$ 孔作为辅助定位基准面。因此本工序需要完全定位。定位元件分别为定位心轴、定位轴座和菱形销轴。定位轴座直接固定在夹具体上，用于工件底平面的定位。定位心轴安装在轴座上，用于对工件定位孔的定位。菱形销轴则通过销轴套安装在夹具体的立支板上，用于工件旋转方向上的定位。

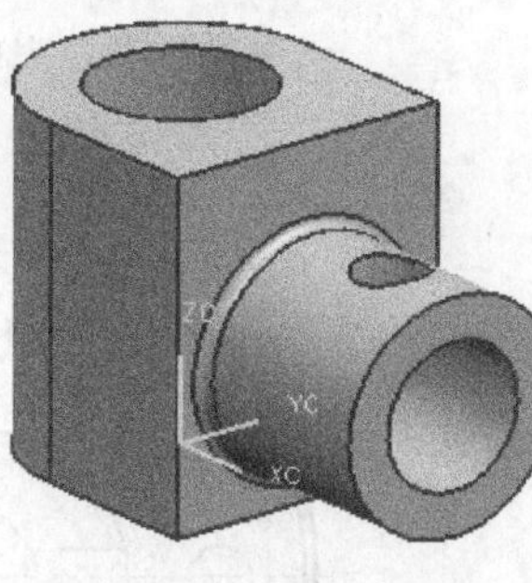

图 6-22　座架实体模型的定位

（1）设计工件的实体模型　按座架工程图设计出工件的实体模型，在 UG 的装配环境下将其调入，并按加工时的状态，将其固定在三维空间的适合位置上，如图 6-22 所示。

（2）设计定位元件　根据工件的定位孔直径和长度，设计出主要定位元件即定位心轴和定位轴座，如图 6-23 和图 6-24 所示。再根据 $\phi25$ 孔及所在位置，设计出菱形销轴如图 6-25 所示。由于菱形销轴并不是直接安装在夹具体上，且在工件的装夹和拆卸操作中需要左右移动其位置。因此，还要完成设计用于安装和确定其位置的相关的定位元件，即弹簧、销轴套、拉钮及固定销（$\phi5\times30$ 圆柱销）等，如图 6-26 至图 6-28 所示。

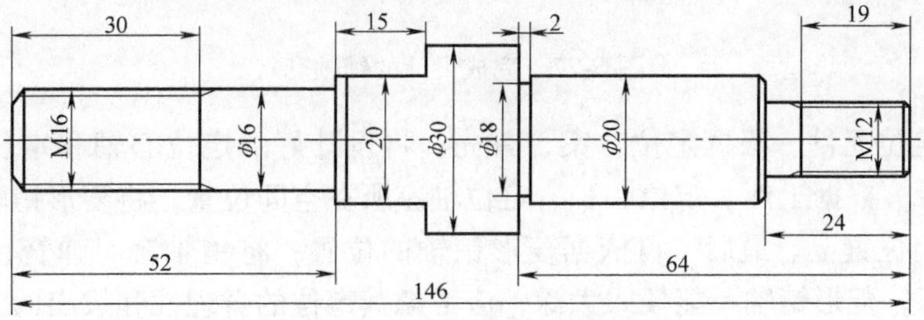

图 6-23　完成设计的定位心轴

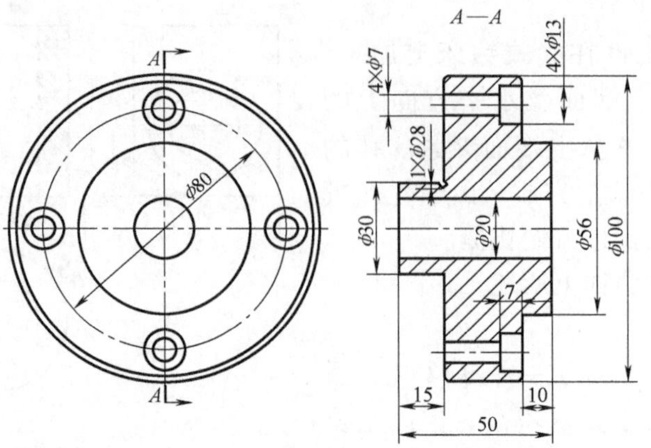

图 6-24　完成设计的定位轴座

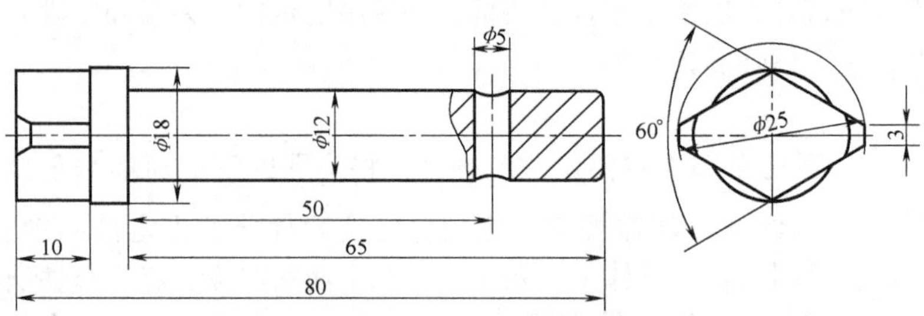

图 6-25　完成设计的菱形销轴

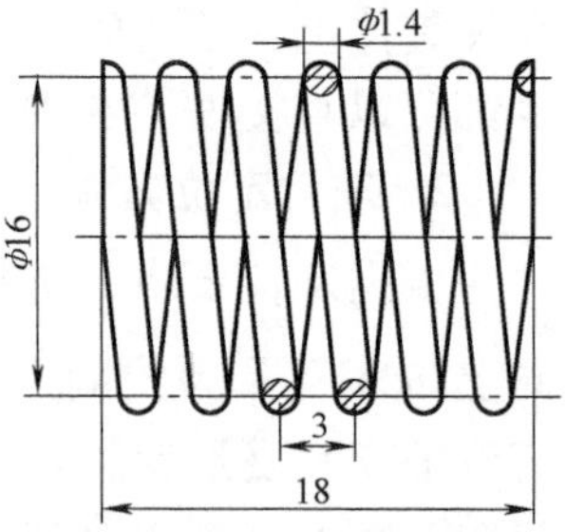

图 6-26　完成设计的弹簧

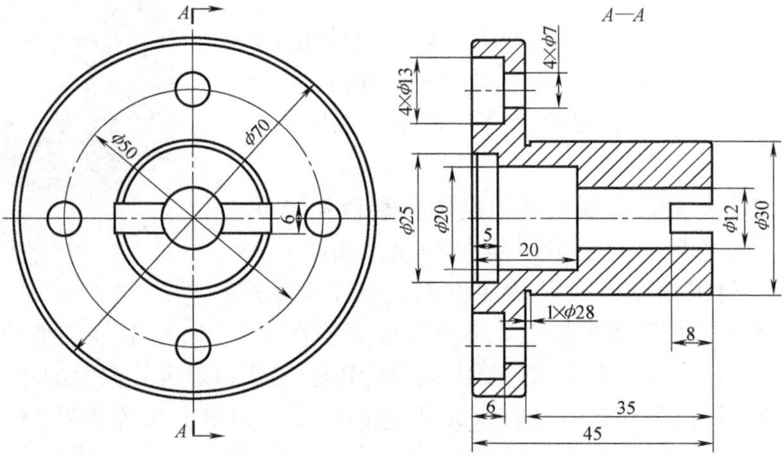

图 6-27　完成设计的销轴套

（3）组装定位元件　根据定位方案，首先，将设计好的定位心轴和定位轴座组装到座架工件上。然后，根据工件、定位心轴、定位轴座所在空间位置，将菱形销轴组装到座架工件 $\phi25$ 孔的适当位置上。最后，再依据菱形销轴的位置，将销轴套、弹簧、拉钮及固定销组装上去。注意，菱形销轴不能插入太深，应考虑其定位的合理性和拔出的方便性。完成定位元件装配的实体图和工程图，如图 6-29 所示。

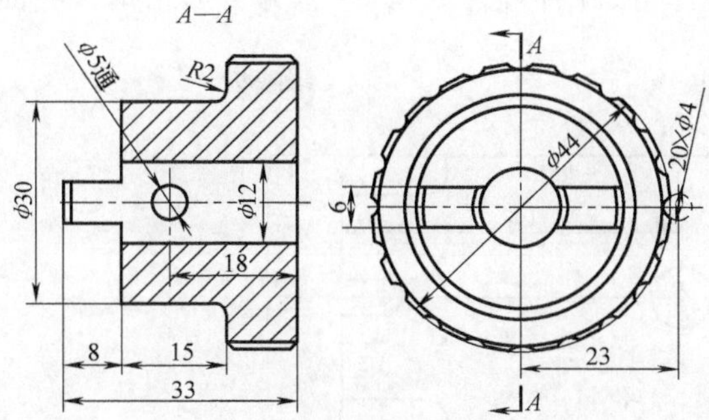

图 6-28　完成设计的拉钮

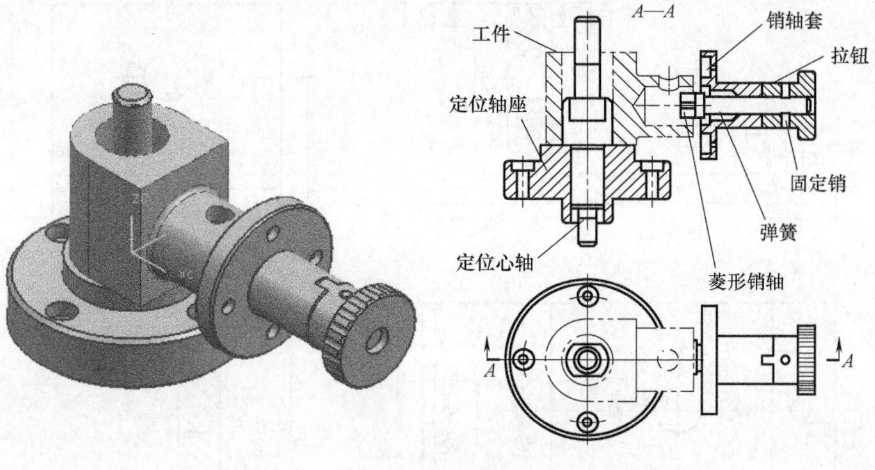

图 6-29　定位元件装配的实体图和工程图

3. 确定夹紧方案

由于夹具是以孔和端面作为主要定位基准的，因此，本夹具仍采用螺旋压板方式对座架工件进行夹紧。具体的夹紧元件有开口垫圈、M16 螺母、ϕ12 平垫圈、M12 螺母。这些元件都安装在定位心轴上，并与定位轴座接触。当旋紧 M16 螺母时，通过开口垫圈将座架工件表面压紧在定位轴座上。

鉴于夹紧元件以及已安装的定位元件都安装在夹具体上，因此，在此步骤就将夹具体事先设计出来。

（1）设计夹紧元件　首先，根据工件、定位心轴和定位轴座的配合关系及空间位置，将开口垫圈、M16 螺母、ϕ12 平垫圈、M12 螺母设计出来，在此只给出开口垫圈的工程图（图 6-30），其余 3 个夹紧元件都是标准紧固件。由于定位心轴和定位轴座需要与夹具体直接配合，因此将夹具体也设计出来以便组装定位。

（2）设计夹具体　为简化夹具结构，不再设置另外的支撑元件，全部元件都直接装配到夹具体上。设计夹具体时，可依据定位元件、夹紧元件以及它们之间的配合关系

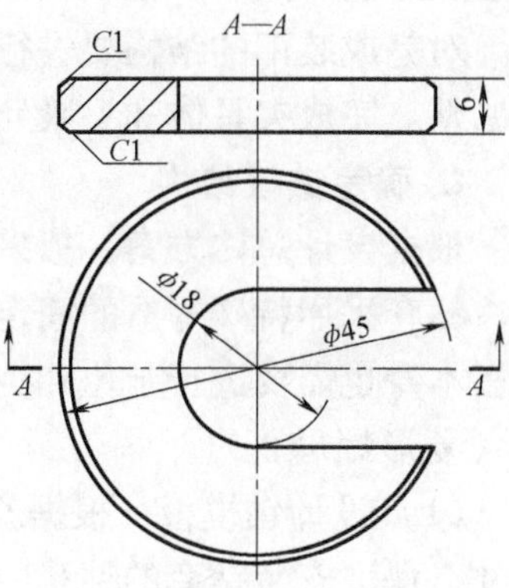

图 6-30　开口垫圈的工程图

和空间位置来进行。夹具体可采用铸造件，其形态为T形结构，底面设计成4个支承脚，其工程图如图6-31所示。

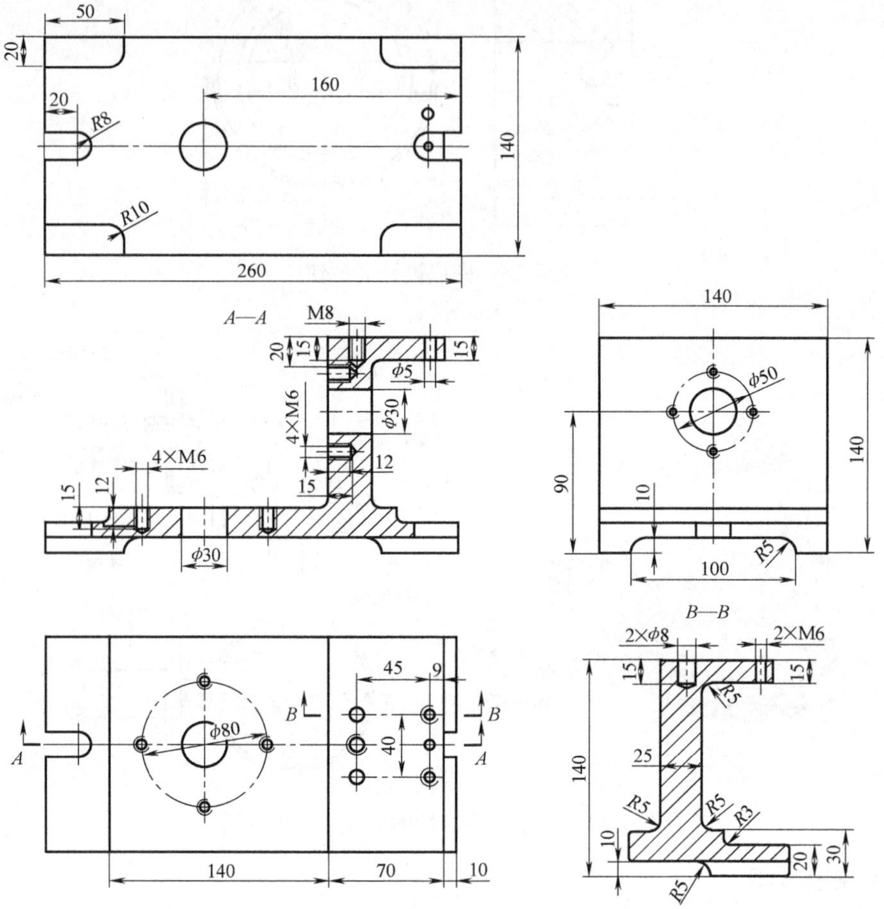

图6-31　完成设计的夹具体的工程图

（3）组装夹紧元件　首先，根据已经装配的定位元件的配合关系和空间位置，将夹具体组装上去。然后，根据夹紧方案，将所有的夹紧元件按相应的配合关系装配到夹具结构中。对完成装配的结构要进行检查，看所有元件是否符合设计要求，发现问题及时进行修改和调整。完成夹具体和夹紧元件装配的实体图和工程图，如图6-32所示。

4. 确定钻模结构

根据设计总体方案，拟采用翻转钻模板结构，以铰链方式通过铰链座将其安装在夹具体上。钻套采用特殊构造的固定式钻套，直接固定到钻模板上。由于采用翻转式钻模结构，钻模板本身也需要进行定位和夹紧，因此，要设计出用于固定钻模板的支承钉和特殊的紧固螺母（菱形螺母）。

（1）设计钻模板　根据座架工件相对夹具体的空间位置和尺寸，确定钻模板的结构和尺寸，保证安装钻套的钻孔中心对准工件上所要加工孔的轴线，完成设计的钻模板如图6-33所示。钻模板是通过铰链座、铰链轴、固定销（标准件）和M8螺母（标准件）安装到夹

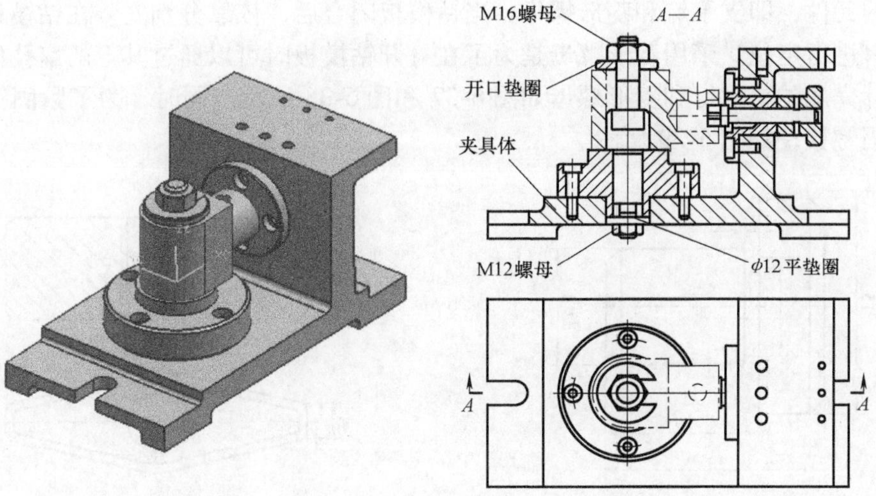

图 6-32　完成夹紧元件装配的实体图和工程图

具体上的，因此，在设计钻模板的同时将这些相关元件也设计出来，如图 6-34 ~ 图 6-35 所示。

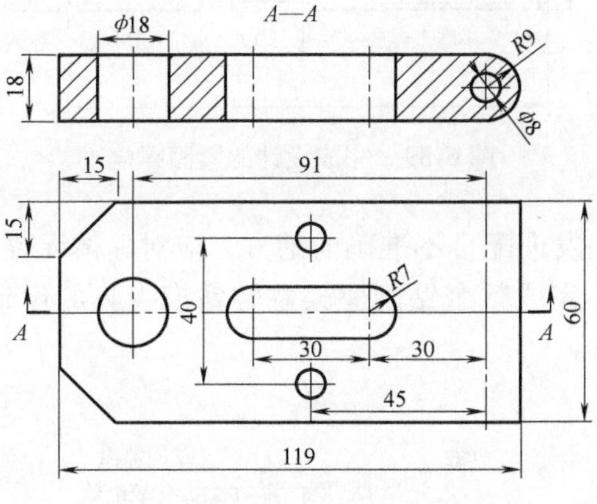

图 6-33　完成设计的钻模板

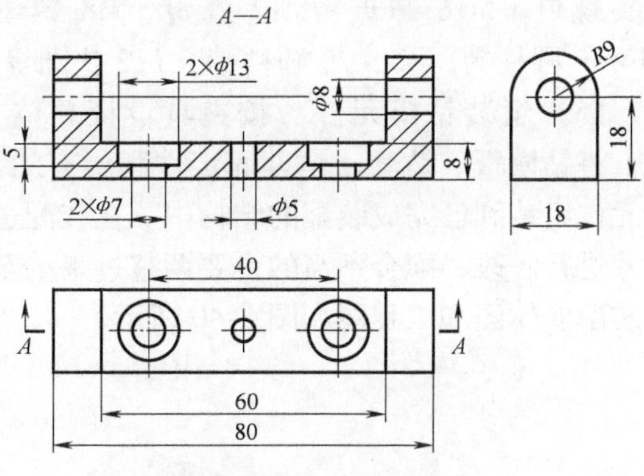

图 6-34　完成设计的铰链座

（2）设计钻套　由于被加工孔的表面距离钻模板表面过大，钻头的悬空长度太长，需要设计特殊的钻套，以缩短钻套与工件加工表面的距离，如图 6-36 所示。

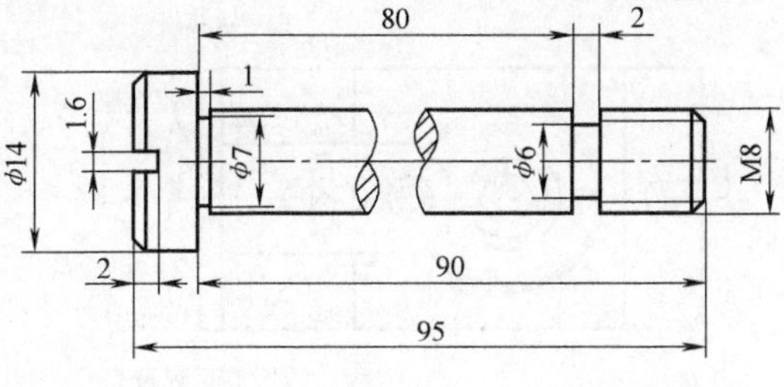

图 6-35　完成设计的铰链轴

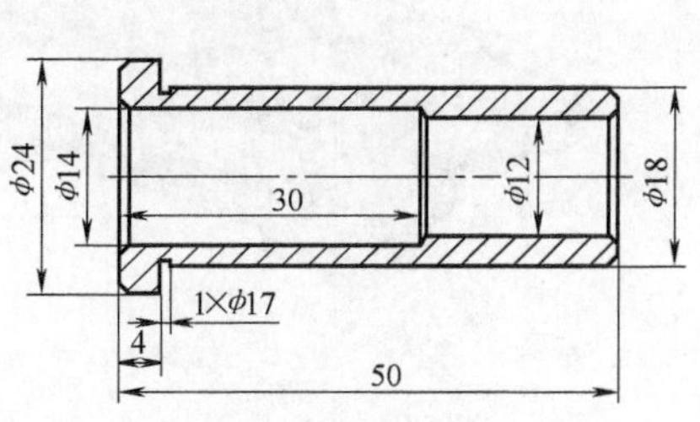

图 6-36　完成设计的钻套

（3）设计钻模固定件　翻转式钻模板需要按工作状态进行定位，因此，要设计出确定垂直方位的元件，即支承钉和菱形螺母。当钻模板闭合后，依靠分别安装在钻模板和夹具体上的支承钉进行定位。采用菱形螺母是为了在打开钻模板时可以通过其上的扁孔使其方便地翻转。设计完成的支承钉和菱形螺母如图 6-37 和图 6-38 所示。同时，为了紧固钻模板还要设计出紧固螺栓，如图 6-39 所示。

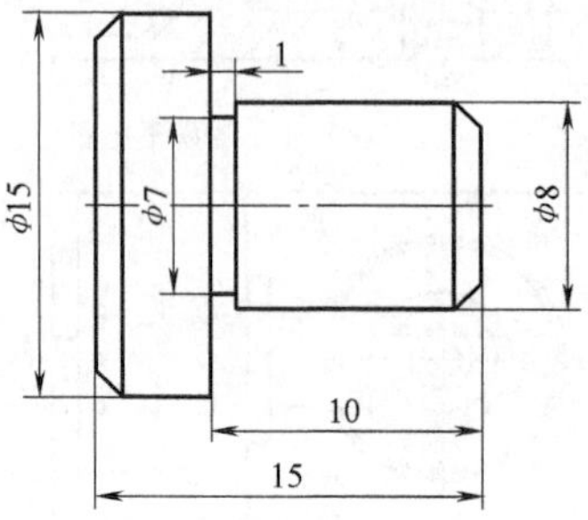

图 6-37　完成设计的支承钉

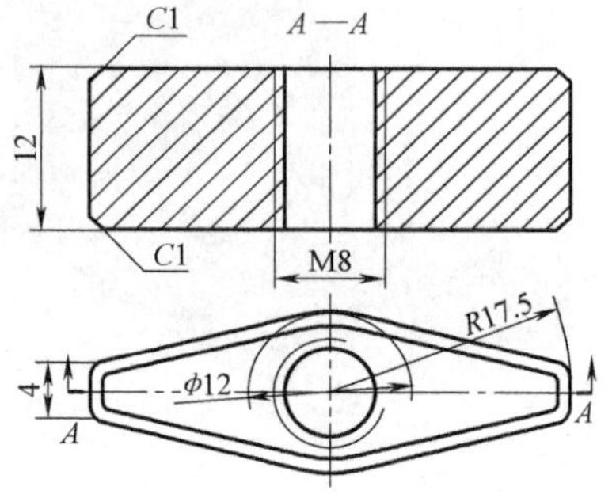

图 6-38　完成设计的菱形螺母

（4）设计紧固元件　根据已经完成设计和装配的全部元件，将夹具中所用到的紧固元件一并设计出来，有 M6 × 15 平头螺钉、M6 × 25 平头螺钉、M16 螺母、M12 螺母、M8 螺母、$\phi5\times30$ 圆柱销、$\phi5\times20$ 圆柱销、$\phi12$ 垫圈等。

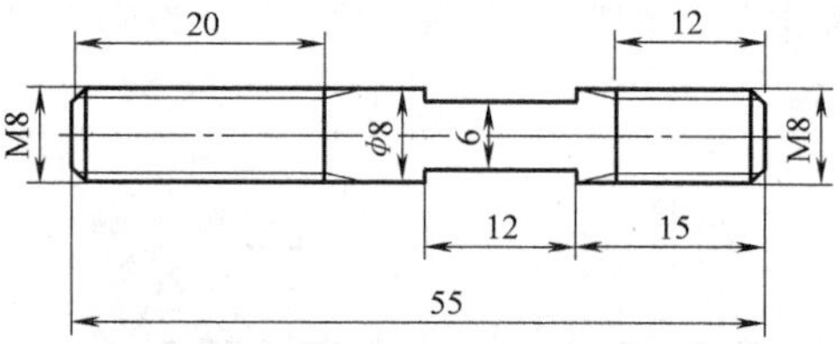

图 6-39　完成设计的紧固螺栓

（5）组装钻模元件　按夹具设计总体方案，将钻模板、钻套、钻模固定件和所有的紧固元件组装到已完成装配的结构中。在装配过程如发现配合不准确的地方，应对具体元件的尺寸进行修改，配合不当的也要调整过来。至此，完成整个钻削座架翻转钻模夹具的设计，其装配实体图和工程图如图 6-40 所示。

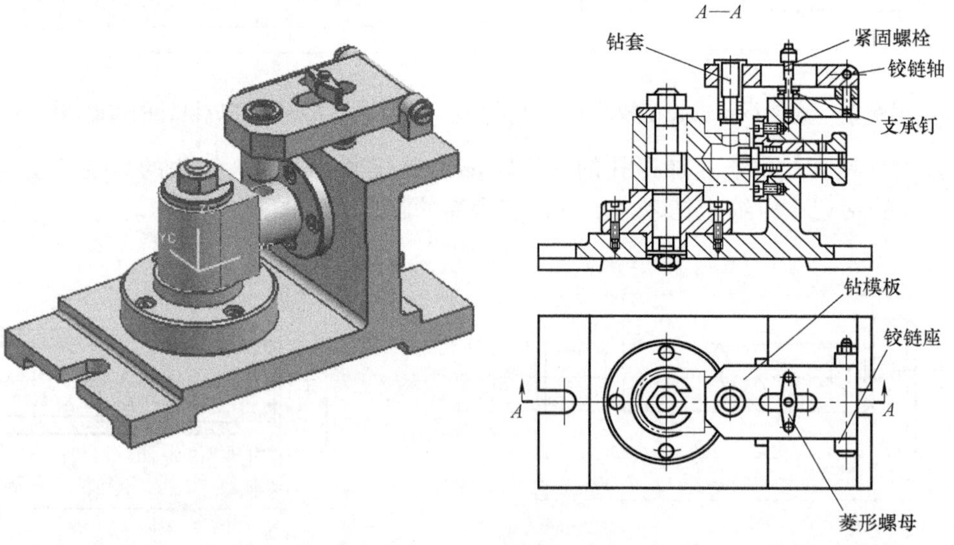

图 6-40　钻削座架夹具装配的实体图和工程图

5. 夹具的特点

本夹具的特点是结构比较简单，采用翻转式钻模结构可以适应多种复杂零件加工装拆的要求，定位准确可靠，夹紧操作方便，适合在立式钻床或台钻上使用，可用于大批量生产。

6. 夹具的使用方法

将夹具安放在钻床工作台面上，将插入机床主轴的定位心轴或适用的刀具对正钻套孔，再将夹具紧固在机床上即可。

加工时把座架工件插入到夹具定位心轴的定位圆柱面上，底面放在定位轴座上。将拉钮上的两个凸台插入销轴套的凹槽中，菱形销轴对正工件上的水平孔，使其在旋转方向上定位。拧紧 M16 螺母，使开口垫圈压住工件的上表面，将工件夹紧，即可开始钻削加工。完成加工后，按相反的操作步骤，旋松夹紧螺母，取下开口垫圈；再将拉钮拔出凹槽旋转 90°，使菱形销轴退出定位孔，即可将工件取下，进行下一个座架工件的加工操作。

6.2.3 固定式移动钻模夹具的设计

固定式移动钻模夹具是指夹具中的钻模板以直线移动方式安装在夹具或支撑体上，当工件定位装夹后，将其移动至工作状态。采用移动式钻模板也是为了方便工件的装夹与拆卸。根据具体加工件的情况，也可直接将移动式钻模板作为夹紧的主要元件，以简化夹具的结构。移动式钻模夹具的具体设计方法通过钻削角法兰加工件用夹具的设计来讲述。

【实例 27】 钻削角法兰用移动钻模夹具的设计

角法兰加工件的工程图如图 6-41 所示。

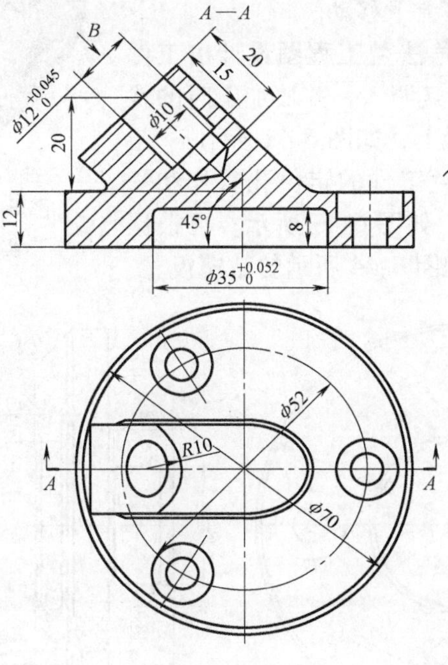

图 6-41　角法兰加工件的工程图

工序要求：角法兰工件所有的表面都已经加工完毕。本工序要求加工与底平面成 45° 夹角的 $\phi10$ 和 $\phi12^{+0.045}_{0}$ 同轴孔。生产规模为中等批量。

设计任务：该工件在立式钻床上加工。要求以 $\phi35^{+0.052}_{0}$孔、下端面及45°角平面作为定位基准。夹紧方式可从45°角平面处，直接用移动钻模板进行夹紧。由于工件需要加工的孔的直径不同，且 $\phi12^{+0.045}_{0}$孔要求有较高的精度，因此，需要设计快换钻套，以便迅速更换不同直径的钻套。钻 $\phi10$ 孔时直接选用 $\phi10$ 的钻头；钻 $\phi12$ 孔时应选用 $\phi11.8$ 的钻头；最后，用 $\phi12$ 铰刀进行铰孔加工。要求夹具的定位和夹紧操作要方便迅速。

设计步骤及操作方法如下所述。

1. 确定总体结构

角法兰工件在立式钻床上要进行三次孔加工操作，即钻削 $\phi10$ 孔、钻 $\phi11.8$ 孔和铰削 $\phi12^{+0.045}_{0}$孔。由于工件的定位和装夹受到空间限制，因此，拟采用移动式的钻模板结构。钻模板安装在夹具体中的滑动轴上，应用时可使其向下或向上移动，以便工件的装拆。同时，利用钻模板对工件进行夹紧，以简化夹具的结构，提高工作效率。孔加工所用的三个钻套均采用快换式钻套。夹具中的定位元件和钻模元件都可以直接安装在夹具体上，无需另外的支撑体。

2. 确定定位方案

根据定位要求，选择 $\phi35^{+0.052}_{0}$ 圆孔面作为主要定位基准面。将该孔的下端面和 $\phi12^{+0.045}_{0}$孔所在平面作为辅助定位基准面。因此本夹具需要完全定位。定位元件主要是短心轴，即其外圆柱面和轴肩端面。另一个定位元件就是钻模板，当其压向工件的表面时就会限制工件旋转方向的自由度。短心轴直接固定在夹具体上，钻模板则安装在滑动轴上，使其能够上下移动。

(1) 设计工件的实体模型　按角法兰工程图设计出工件的实体模型，在 UG 的装配环境下将其调入，并按加工时的状态，将其固定在三维空间的适合位置上，如图 6-42 所示。

(2) 设计定位元件　根据角法兰工件的定位孔直径和长度，设计出主要定位元件即短心轴，如图 6-43 所示。再根据 $\phi12^{+0.045}_{0}$孔及所在位置，设计完成如图 6-44 所示的钻模板。

图 6-42　角法兰工件实体模型的定位

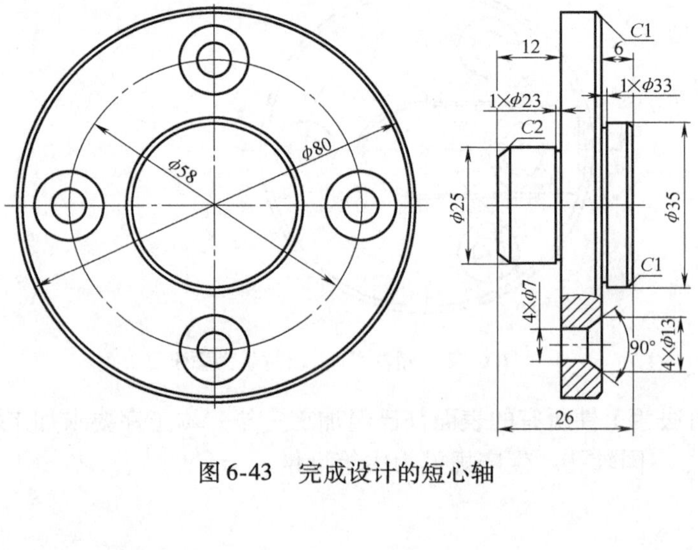

图 6-43　完成设计的短心轴

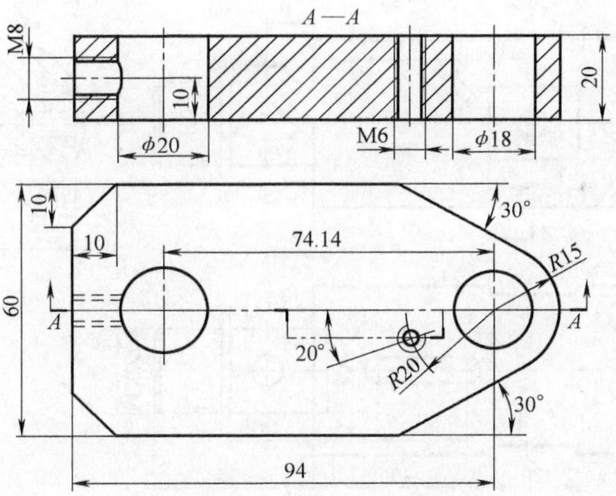

图 6-44　完成设计的钻模板

（3）组装定位元件　根据定位方案，首先，将设计好的短心轴组装到工件上。然后，根据工件、短心轴所在的空间位置，将钻模板组装到工件上，其底面压紧工件的上表面。完成定位元件装配的实体图和工程图，如图 6-45 所示。

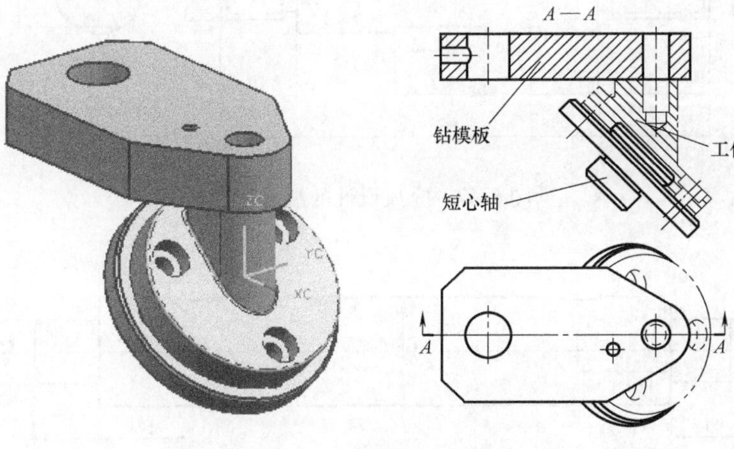

图 6-45　定位元件装配的实体图和工程图

3. 确定夹紧方案

根据夹具设计总体方案，利用移动式钻模板直接对工件进行夹紧，因此，将钻模板作为主要的夹紧元件。钻模板安装在滑动轴上并加以固定。滑动轴则安装在夹具体的垂直轴孔中，使其能够向下或向上滑动。当安装其上的钻模板底面压紧工件表面时，将滑动轴锁紧，即完成工件的夹紧操作。为实现钻模板及滑动轴的夹紧动作，还需要设计相关的操作元件和固定元件，如滑动销、铰链轴、摆动板、提拉杆、固定螺母、锁紧螺母等。由于这些元件都要直接或间接地安装在夹具体上，因此，在此步骤将夹具体也事先设计出来。

（1）设计夹紧元件　首先，根据钻模板结构、尺寸及空间位置，完成设计的滑动轴如图 6-46 所示。再根据滑动轴的结构与相关元件的配合关系，将滑动销、铰链轴、摆动板、提拉杆等设计出来，如图 6-47 至图 6-50 所示。

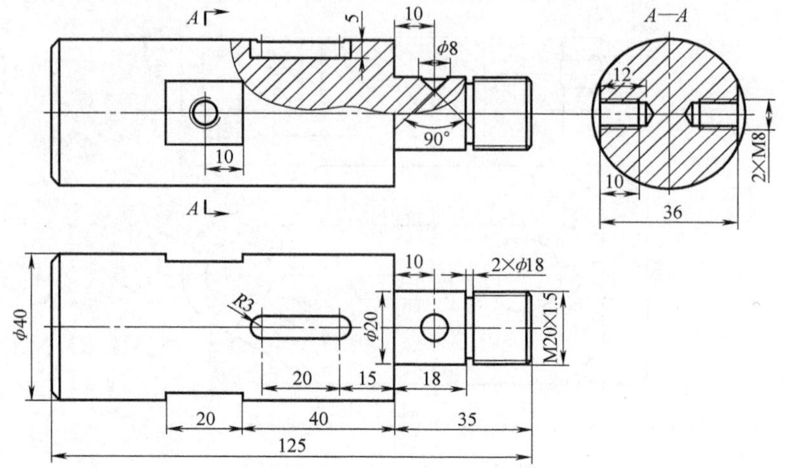

图 6-46　完成设计的滑动轴

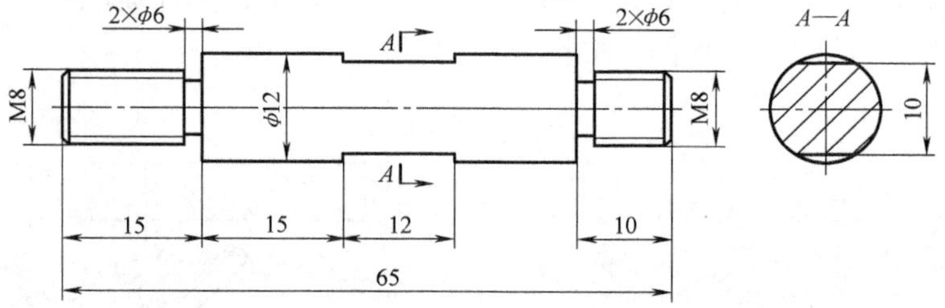

图 6-47　完成设计的滑动销

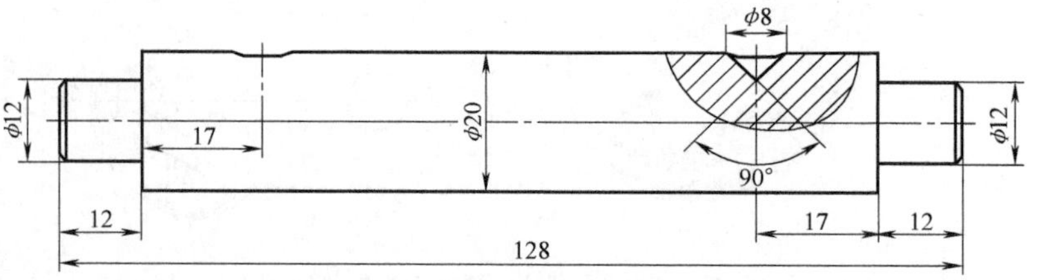

图 6-48　完成设计的铰链轴

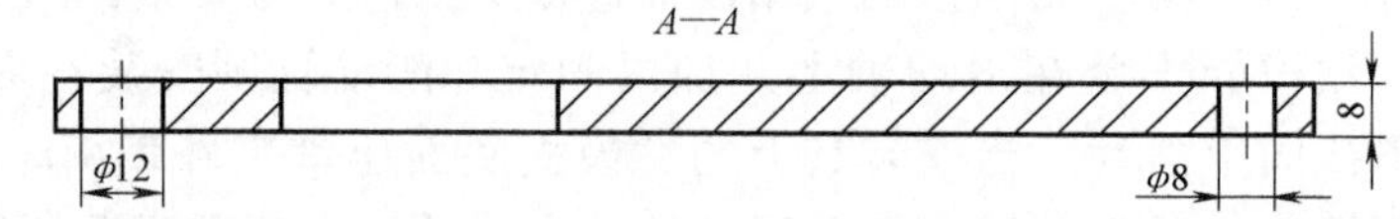

图 6-49　完成设计的摆动板

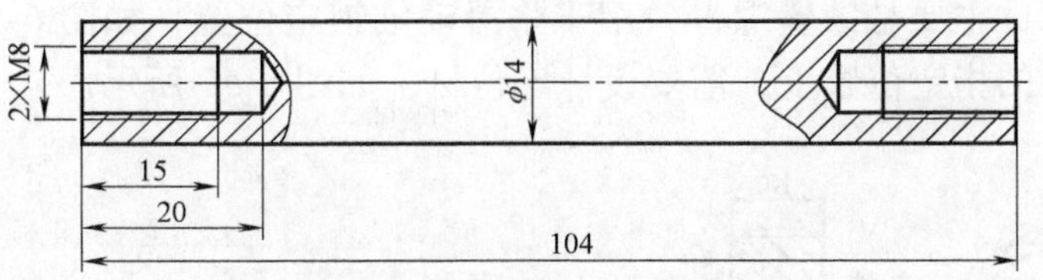

图 6-50　完成设计的提拉杆

（2）设计夹具体　本夹具仍直接采用夹具体作为支撑元件，全部元件都直接装配到夹具体上。夹具体的设计，可根据定位元件、夹紧元件以及它们之间的配合关系和空间位置来进行。夹具体可采用铸造件，其形态为带有斜面的 T 形结构，如图 6-51 所示。

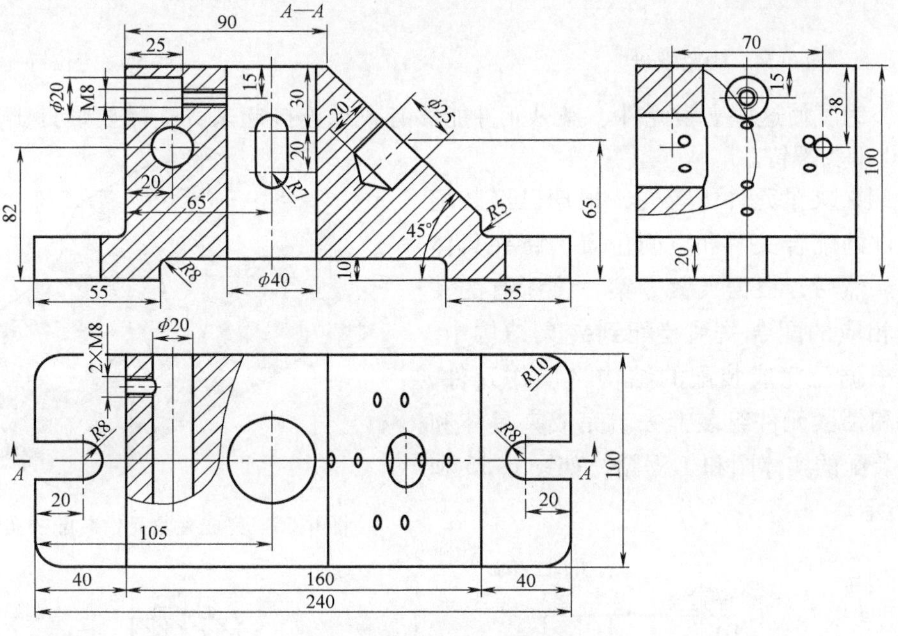

图 6-51　完成设计的夹具体

（3）设计固定元件和锁紧元件　夹具的固定元件主要是开口圆螺母，用于将钻模板和滑动轴固定在一起，如图 6-52 所示。为保证滑动轴只能移动不能转动，需要设计导向销，如图 6-53 所示。

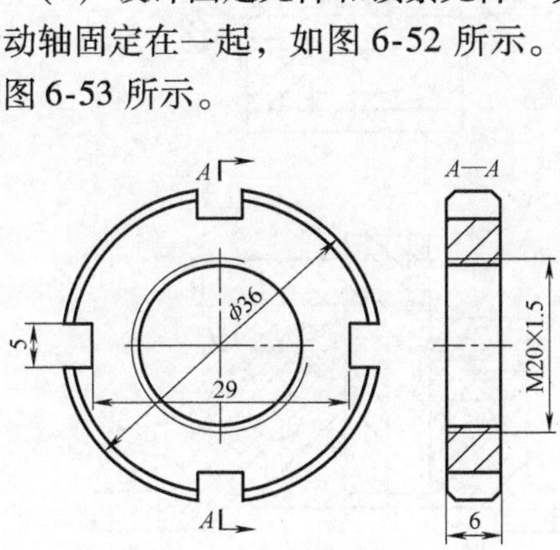

图 6-52　开口圆螺母

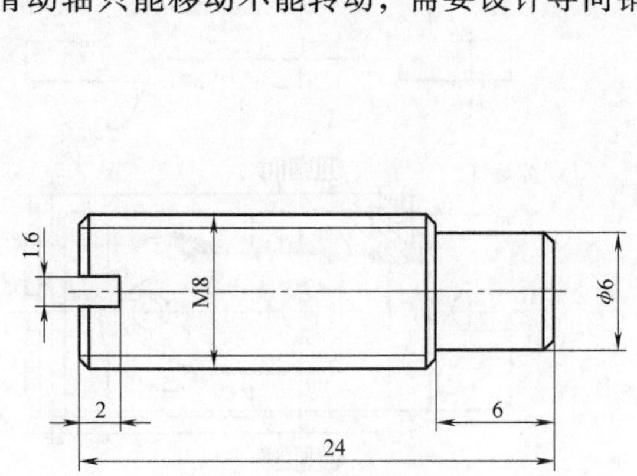

图 6-53　导向销

夹具的锁紧元件主要是锁紧螺母，用于将滑动轴锁定位置，如图 6-54 所示。为使铰链轴固定在夹具体中的指定位置上，需要设计定位钉，如图 6-55 所示。

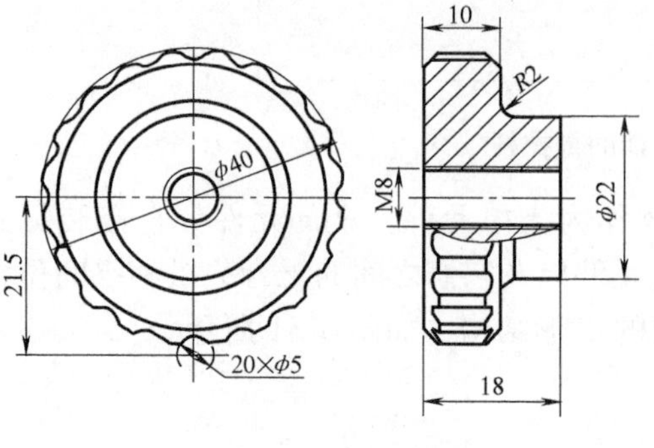

图 6-54　锁紧螺母

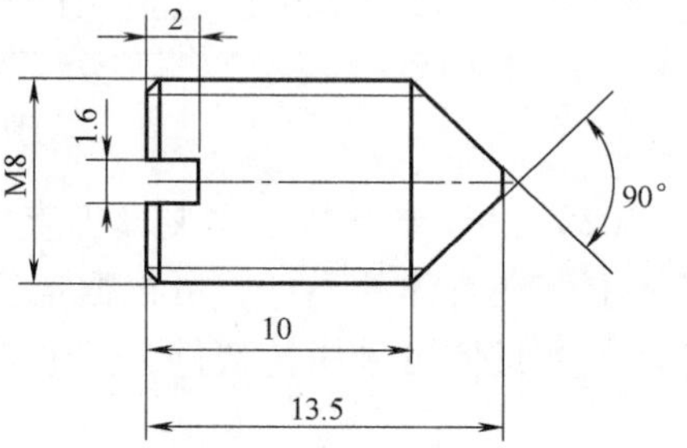

图 6-55　定位钉

此外，为了使这些夹紧元件、操纵元件能够有效地连接起来，还需要设计出紧固螺钉，即 M8 × 20 平头螺钉。

（4）组装夹紧元件　首先，根据已经装配的定位元件的配合关系和空间位置，将夹具体组装上去。然后，根据夹紧方案，将所有的夹紧元件按相应的配合关系装配到夹具结构中。最后，再根据已完成装配的结构将操作元件、固定元件和锁紧元件组装上去。完成夹具体和夹紧元件装配的实体图和工程图，如图 6-56 和图 6-57 所示。

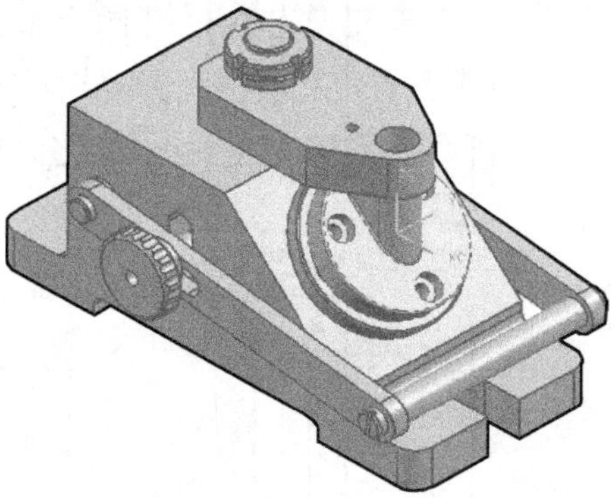

图 6-56　完成夹紧元件装配的实体图

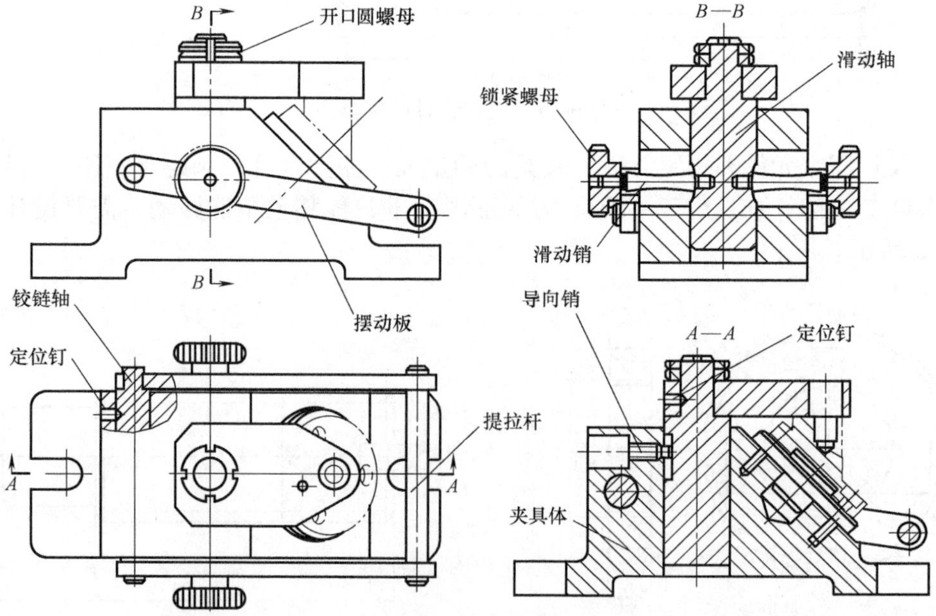

图 6-57　完成夹紧元件装配的工程图

4. 确定钻模结构

根据夹具设计总体方案，采用移动式钻模板结构，且钻模板已完成设计。此步骤主要是设计钻套和夹具中所用到的紧固元件。角法兰工件的加工因孔的尺寸不同，需要有3个钻套，即ϕ10、ϕ11.8和ϕ12不同内径的钻套。这3个钻套除孔径不同外，其外部结构和尺寸是一样的，因此，为简化表述，只设计ϕ12孔径的铰孔钻套。钻套采用快换结构，以便能迅速更换。

（1）设计钻套　ϕ12孔径的铰孔钻套，可参照《机床夹具零件及部件　快换钻套》（JB/T 8045.3—1999）和钻模板的尺寸进行设计。完成设计的钻套如图6-58所示。同时，将用于紧固快换钻套的M6×15平头螺钉也一并设计出来。

（2）设计紧固元件　本夹具所用到的紧固元件有M8×10紧定螺钉、M6×20沉头螺钉和M8×20平头螺钉，可自行设计。

（3）组装钻套及所有元件　按夹具总体方案，将钻套和所有的紧固元件组装到已完成装配的结构中。在装配过程中如发现配合不准确的地方，应对具体元件的尺寸进行修改，配合不当的也要调整过来。至此，完成整个钻削角法兰移动钻模夹具的设计，其装配实体图和工程图，如图6-59和图6-60所示。

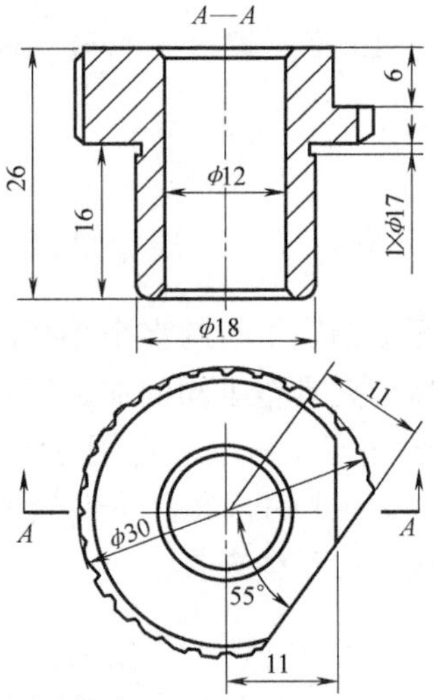

图6-58　完成设计的钻套

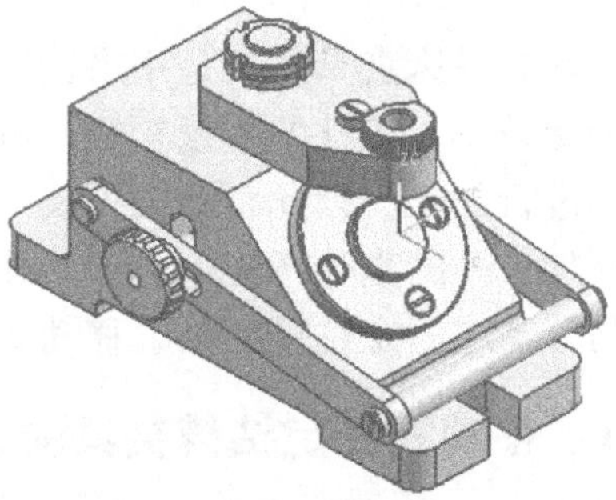

图6-59　钻削角法兰夹具装配的实体图

5. 夹具的特点

本夹具的特点是钻模板的移动、固定与工件的定位和夹紧结合起来，实现同步进行。操作简便快捷，省时省力，工作效率高，适合中小型零件的加工。

6. 夹具的使用方法

将夹具安放在钻床工作台面上，将插入机床主轴的定位心轴或适用的刀具对正钻套孔，再将夹具紧固在机床上即可。

加工时把工件插入夹具短心轴的定位圆柱面上，底面放在其底座平面上。压下提拉杆使摆动板向下转动，通过滑动销使滑动轴向下移动，带动钻模板下移，压向工件表面将工件夹紧并最终定位。拧紧锁紧螺母将滑动轴和钻模板紧固，即可开始钻削加工。完成加工后，按相反的操作步骤，旋松锁紧螺母，抬起提拉杆使钻模板上移，即可将工件取下，进行下一个

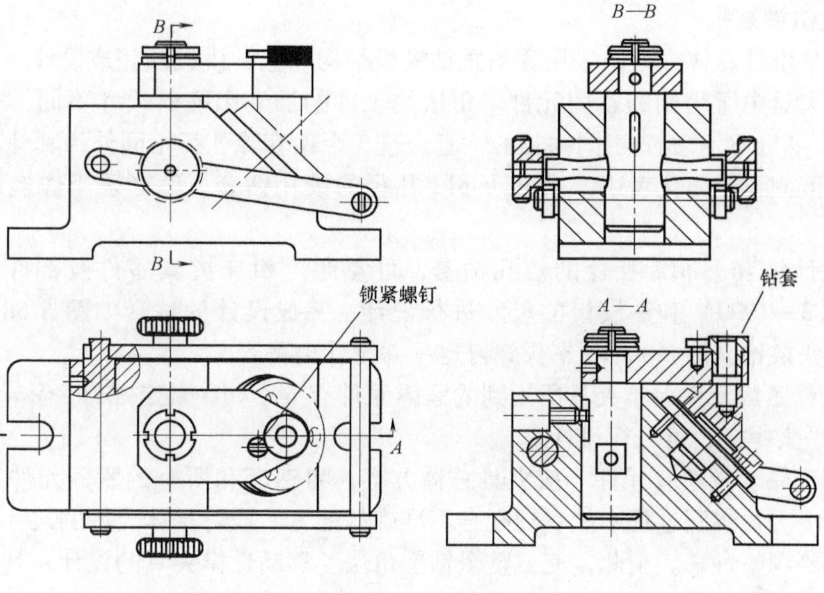

图 6-60　钻削角法兰夹具装配的工程图

工件的加工操作。钻削不同直径的孔时，将锁紧螺钉（M6 × 15 平头螺钉）松开，便可更换不同直径的钻套。

6.3　移动式钻床夹具的设计

移动式钻床夹具主要是用来钻削中、小型工件同一表面上轴线平行的多个小孔。由于孔的直径比较小，工件的重量较轻，可以在操作中直接用手移动夹具至不同的加工位置，对多个小孔进行加工。因此，此类夹具一般不需要紧固在机床的固定位置上。选用移动式夹具，要求被加工孔的直径不能太大，其孔径以不大于 10 为宜。移动式钻床夹具按钻模的结构特点分为移动式固定钻模夹具、移动式翻转钻模夹具和移动式移动钻模夹具。

6.3.1　移动式固定钻模夹具的设计

在移动式固定钻模夹具中，钻模板也是直接固定在夹具体或支撑体上的。在夹具设计中通常优先选择固定钻模结构，其主要原因是钻套也固定不动，加工孔的位置精度比较高。另外，由于钻模板和钻套都是固定的，因而其结构非常简单。但是，当工件的装夹和拆卸受到空间位置限制时，就不能采用这种结构。移动式固定钻模夹具的具体设计方法通过钻削限位环套加工件用夹具的设计来讲述。

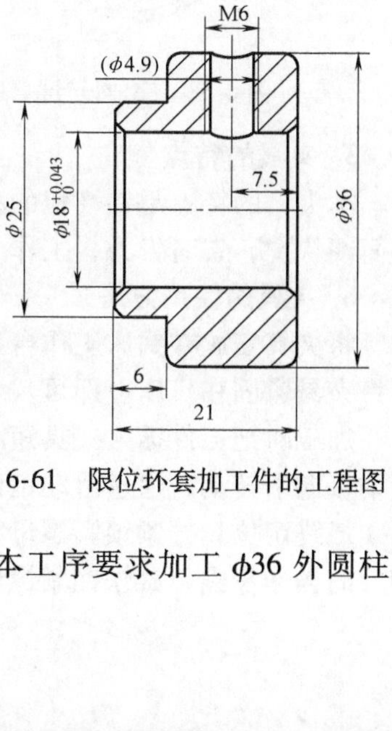

图 6-61　限位环套加工件的工程图

【实例 28】　钻削限位环套用固定钻模夹具的设计

限位环套加工件的工程图如图 6-61 所示。

工序要求：限位环套工件所有的表面都已经加工完毕。本工序要求加工 $\phi36$ 外圆柱面

上的 M6 螺纹底孔，其直径为 $\phi4.9$，孔轴线与工件轴线相垂直。工件的加工无特殊要求，精度要求也不高，生产规模为大批量。

设计任务：该工件可在小型立式钻床或台式钻床上加工。要求以 $\phi18^{+0.043}_{0}$ 孔及其端面作为定位基准，在旋转方向上没有定位要求。螺纹底孔的加工直接选用 $\phi4.9$ 钻头一次钻削完成。要求夹具的操作简便、快捷，尽可能提高生产效率。

设计步骤及操作方法如下所述。

1. 确定总体结构

限位环套工件的加工简单，精度要求不高，以使用方便和追求生产效率为主要设计目标。由于加工孔的直径比较小，可采用移动式固定钻模夹具，在台钻上加工。为提高工作效率，夹具可一次装夹 2 个工件，以心轴方式定位，并用螺旋压板进行夹紧。

2. 确定定位方案

根据定位要求，选择 $\phi18^{+0.043}_{0}$ 孔面作为主要定位基准面，将该孔的右端面作为辅助定位基准面，本工序只需限制 5 个自由度即可。定位元件采用定位心套，其圆柱面为孔定位，端面为平面定位。鉴于同时装夹 2 个工件，用于定位的定位心套也使用 2 个，对称布置安装在夹具体的两侧。为准确地确定定位元件的安装位置，可事先将夹具体设计出来。

（1）设计夹具体　本夹具体采用铸造件，其形状为 T 形结构。由于夹具体体积较小，底座设计成平底结构。在夹具体设计时，应考虑定位元件和夹紧元件的安装基准，完成设计的夹具体如图 6-62 所示。

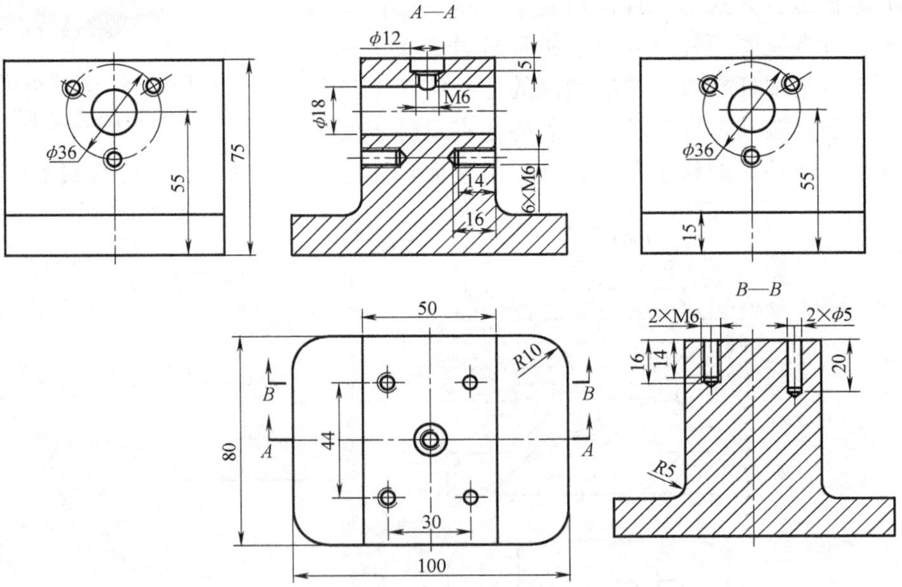

图 6-62　完成设计的夹具体

（2）设计工件的实体模型　按限位环套工程图设计出工件的实体模型，待定位元件设计完成后再进行组装。

（3）设计定位元件　根据限位环套工件的定位孔直径和长度，以及夹具体的结构，完成设计的定位元件即定位心套，如图 6-63 所示。

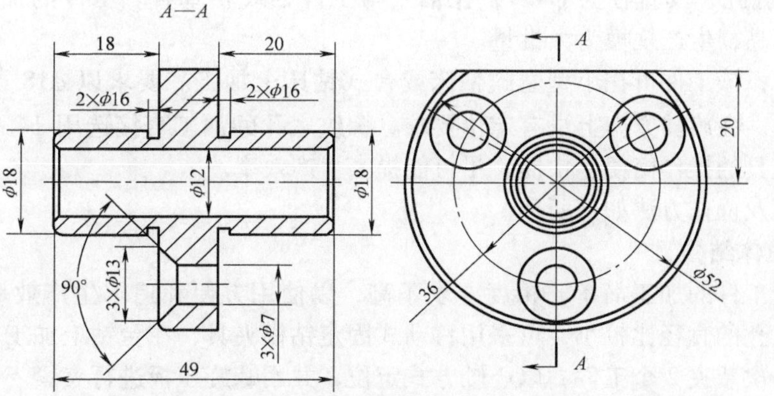

图 6-63　完成设计的定位心套

（4）组装定位元件　根据定位方案，首先，将完成设计的夹具体固定在适当的空间位置上。然后，将定位心套组装到夹具体上。最后，将完成设计的限位环套工件实体模型组装到定位元件上。完成定位元件装配的实体图和工程图，如图 6-64 和图 6-65 所示。

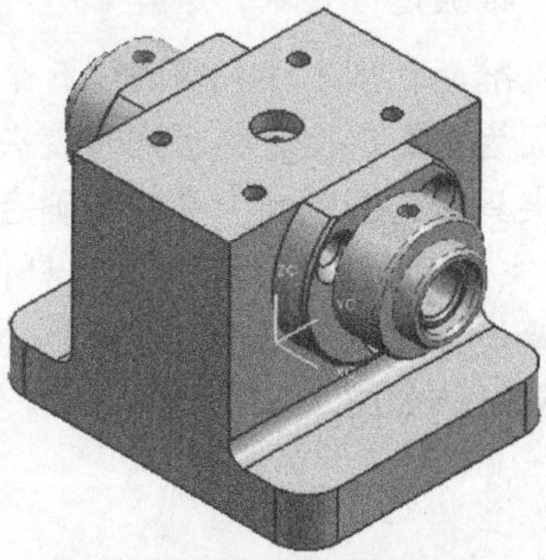

图 6-64　完成定位元件装配的实体图

3. 确定夹紧方案

由于夹具是以孔和端面作为主要定位基准的，因此，本夹具采用螺旋压板方式对工件进行夹紧。本夹具的夹紧元件比较少，只有拉紧螺杆、开口压板和拉紧螺母。通过拉紧螺母，使拉紧螺杆右移，迫使两侧的压板将 2 个工件同时夹紧。为限制拉紧螺杆的转动，需要在夹具体上安装一个导向螺钉，使其只能移动不能转动。由于夹具体已经完成设计，本步骤只需将夹紧元件

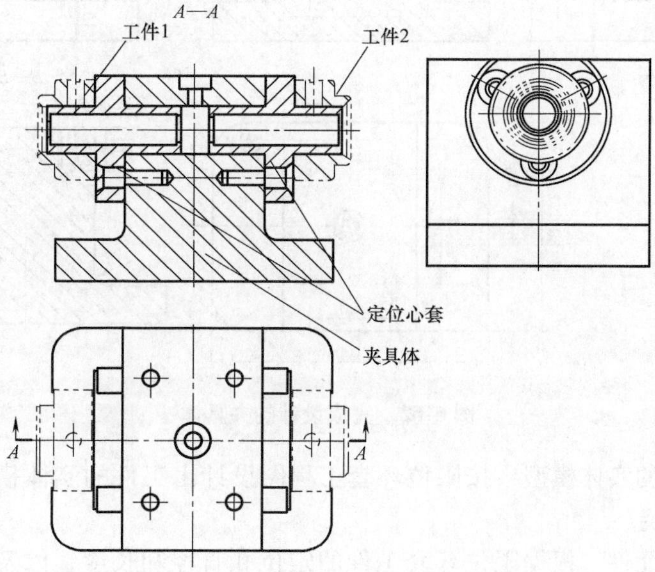

图 6-65　完成的定位元件装配的工程图

和导向螺钉设计出来，组装到装配结构中即可。

（1）设计夹紧元件　首先，根据工件、定位心套的配合情况及空间位置，将拉紧螺杆和拉紧螺母（M10标准螺母，自行设计）设计出来。完成设计的拉紧螺杆如图6-66所示。然后，根据螺杆的结构和尺寸，将开口压板和导向螺钉设计出来，如图6-67和图6-68所示。

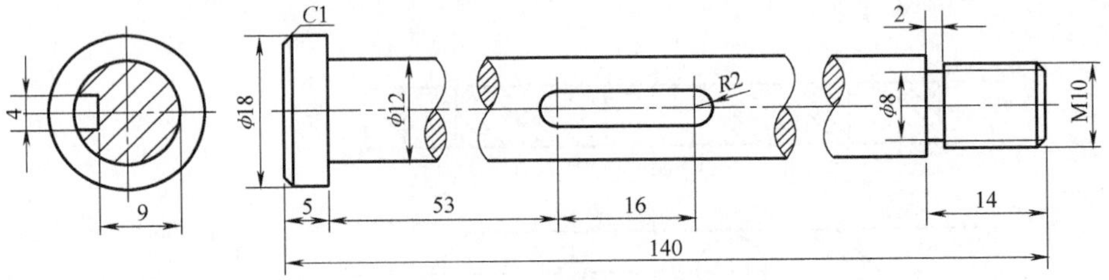

图6-66　完成设计的拉紧螺杆

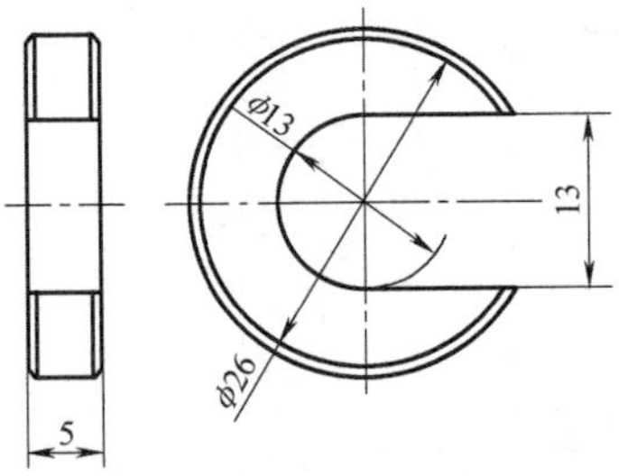

图6-67　完成设计的开口压板

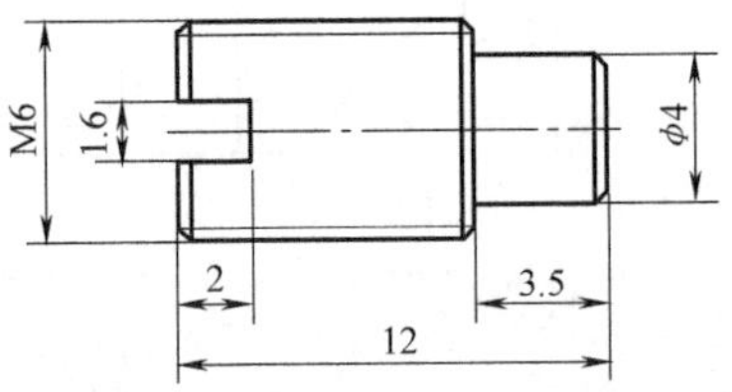

图6-68　完成设计的导向螺钉

（2）组装夹紧元件　根据夹紧方案，将所有的夹紧元件按相应的配合关系装配到限位环套夹具结构中。注意，两个压板是否在合适的位置上，以及导向螺钉是否对准螺杆的导向槽中。完成夹紧元件装配的实体图和工程图，如图6-69和图6-70所示。

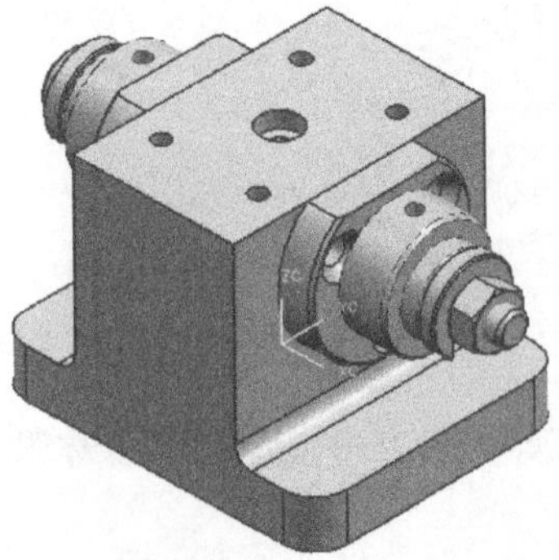

图6-69　完成夹紧元件装配的实体图

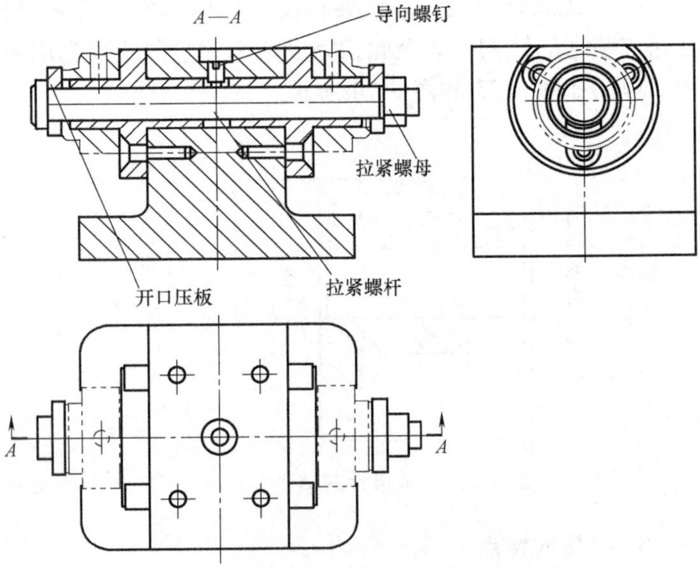

图6-70　完成夹紧元件装配的工程图

4. 确定钻模结构

根据夹具设计总体方案，选用固定钻模板结构，并将其直接安装和固定在夹具体上。钻套也采用固定式钻套，直接装配到钻模板上。

（1）设计钻模板　根据限位环套工件相对夹具体的空间位置和尺寸，确定钻模板的结构和尺寸，保证安装钻套的钻孔中心对准工件上所要加工的两个孔的轴线。完成设计的钻模板如图 6-71 所示。

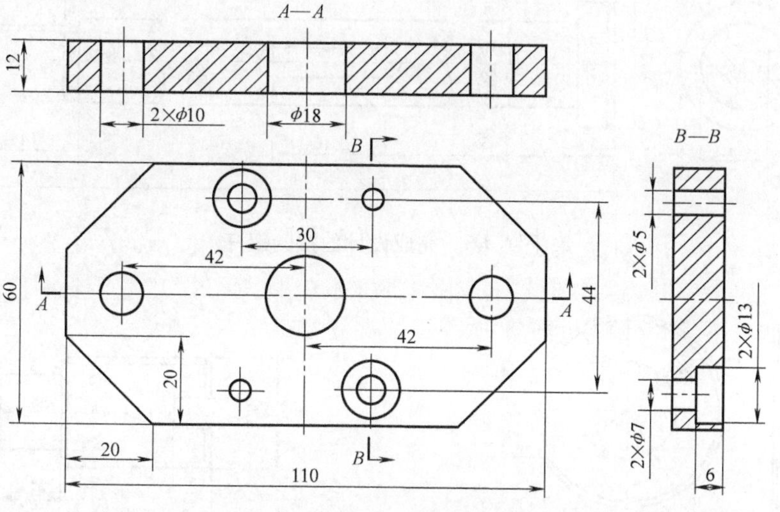

图 6-71　完成设计的钻模板

（2）设计钻套　钻套的设计可参照《机床夹具零件及部件　固定钻套》（JB/T 8045.1—1999），并依据加工孔尺寸 $\phi4.9$ 来确定。完成设计的钻套如图 6-72 所示。

（3）设计紧固元件　根据已经完成设计和装配的全部元件，将所有夹具中用到的紧固元件一并设计出来，有 M6 ×20 沉头螺钉、M6 ×20 平头螺钉、M10 螺母、$\phi5\times30$ 圆柱销。

（4）组装钻模元件　按夹具设计总体方案，将钻模板、钻套和所有的紧固元件组装到已完成装配的结构中。至此，完成整个钻削限位环套用固定钻模夹具的设计，其装配实体图和工程图如图 6-73 和图 6-74 所示。

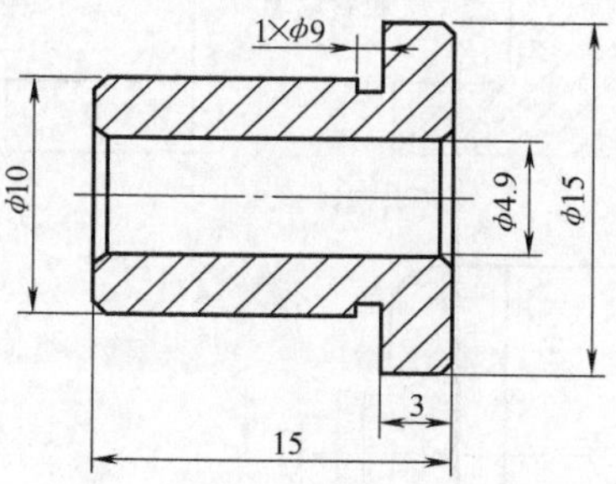

图 6-72　完成设计的钻套

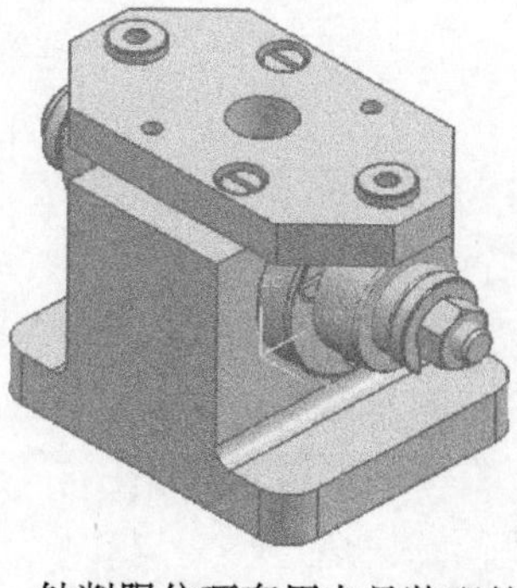

图 6-73　钻削限位环套用夹具装配的实体图

5. 夹具的特点

本夹具的特点是体积小、重量轻、结构简单、操作方便，可任意移动，且一次可装夹 2

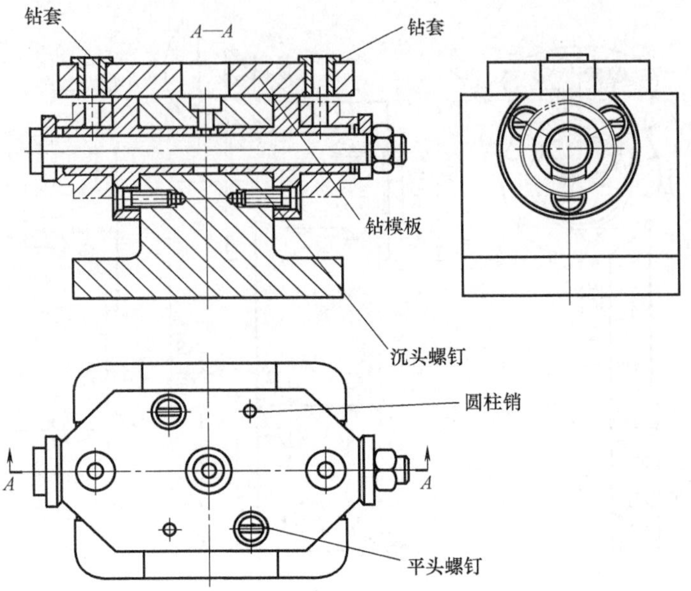

图 6-74　钻削限位环套用夹具装配的工程图

个工件。适合小型零件的加工。

6. 夹具的使用方法

本夹具不需要固定在机床的工件台上，加工不同孔时，用手将其移动至加工位置上即可。

加工时把工件插入定位心套的定位圆柱面上，并使工件的端面靠紧心套的定位平面上。将两个开口压板分别装在两个工件的压紧面上，拧紧拉紧螺母，拉紧螺杆会向右移动，同时将 2 个工件夹紧，即可开始钻削加工。

6.3.2　移动式翻转钻模夹具的设计

在移动式翻转钻模夹具中，钻模板也是以铰链方式安装在夹具体或支撑体上。当工件定位装夹后，将其翻转至工作状态。由于钻模板可以翻转，方便了工件的装夹和拆卸，特别是当工件的安装受到夹具空间上的限制时，就显得非常必要。移动式翻转钻模夹具的具体设计方法，通过钻削定位挂摆加工件用夹具的设计来讲述。

【实例 29】　钻削定位挂摆用翻转钻模夹具的设计

定位挂摆加工件的工程图如图 6-75 所示。

工序要求：工件所有的表面都已经加工完毕。本工序要求加工 $\phi35^{+0.05}_{0}$ 孔端面上成 20° 夹角分布的 3 个锥形定位孔，直径为 $\phi6$，锥角为 90°。工件无其他特别要求，生产规模为中等批量。

设计任务：该工件可在小型立式钻床或台式钻床上加工。要求以 $\phi35^{+0.05}_{0}$ 孔、孔端面及侧面的 18 × 12 小矩形凸台平面作为定位基准，即要求对工件进行完全定位。3 个锥形孔的加工直接选用 $\phi6$ 钻头进行钻削。要求对孔的定位准确，工件的装夹操作要方便。

设计步骤及操作方法如下所述。

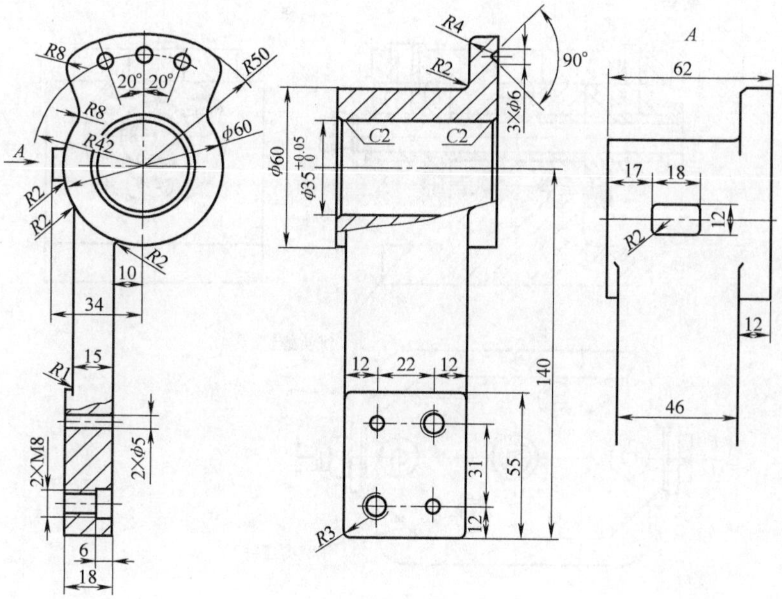

图 6-75　定位挂摆

1. 确定总体结构

定位挂摆工件的加工比较简单，切削量非常小，在夹具设计时主要考虑工件定位准确，装夹操作要方便快捷。虽然孔径比较小，切削力也不大，但因作为定位基准的孔与需要加工的孔之间距离太近，如采用固定钻模结构会造成工件装夹的困难。因此拟选用翻转钻模结构，在台钻上加工。在钻模板上按 3 个锥孔的分布位置，组装 3 个钻套，通过手动方式来移动夹具，完成 3 个定位锥孔的加工。工件采用螺旋压板结构进行夹紧固定。

2. 确定定位方案

根据定位要求，选择 $\phi35^{+0.05}_{0}$孔面作为主要定位基准面，孔的左端面和侧面的小矩形凸台平面作为辅助定位基准面，完全限制工件的 6 个自由度。主定位元件选用定位心套，其圆柱面为孔定位，端面为平面定位。次定位元件选用滑动销钉，以其端面限定工件旋转自由度；滑动销钉用弹簧来控制，使之形成浮动定位，以免产生过定位现象。

（1）设计工件的实体模型　按定位挂摆工程图设计出工件的实体模型，在 UG 的装配环境下将其调入，并按加工时的状态，将其固定在三维空间的适合位置上，如图 6-76 所示。

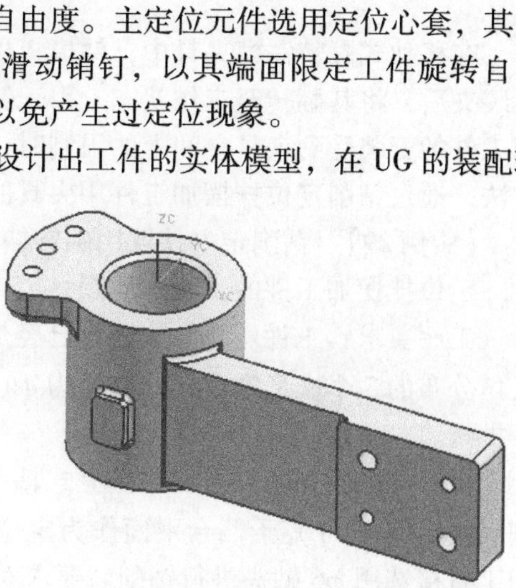

图 6-76　将定位挂摆实体模型定位

（2）设计定位元件　根据工件的定位孔直径和长度，设计出主定位元件，即定位心套，如图 6-77 所示。确定了主定位元件的位置后，即可根据定位心套和工件凸台的位置设计次定位元件，以限制工件的旋转自由度。次定位元件包括滑动销钉、限位螺母、弹簧和侧支架，设计这些元件时要注意相互之间的配合关系。完成设计的次定位元件如图 6-78 ~ 图 6-81 所示。

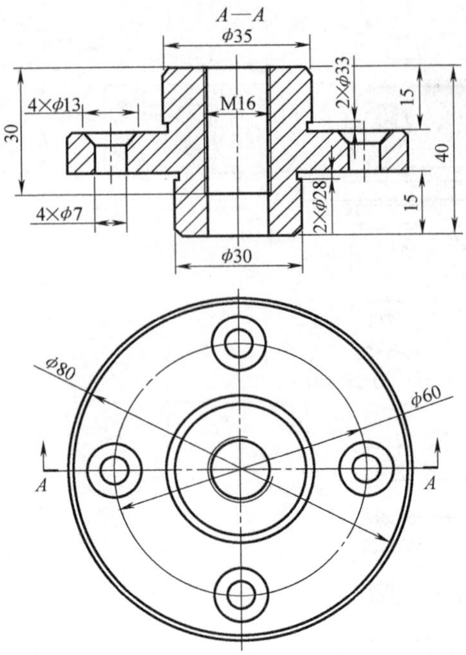

图 6-77　完成设计的定位心套

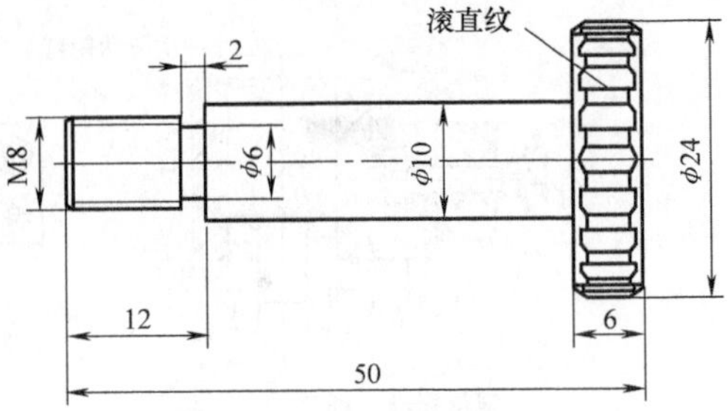

图 6-78　完成设计的滑动销钉

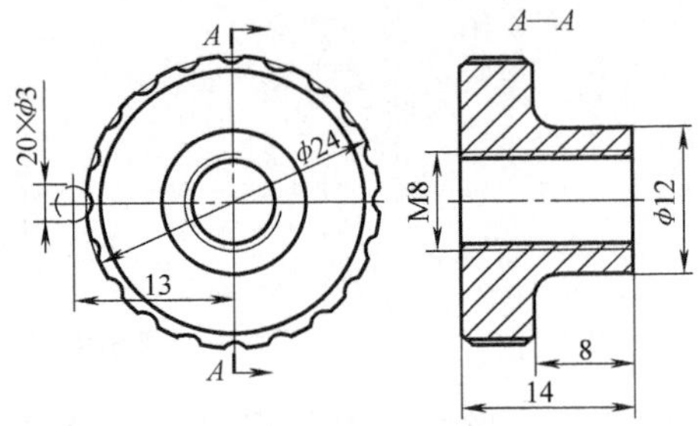

图 6-79　完成设计的限位螺母

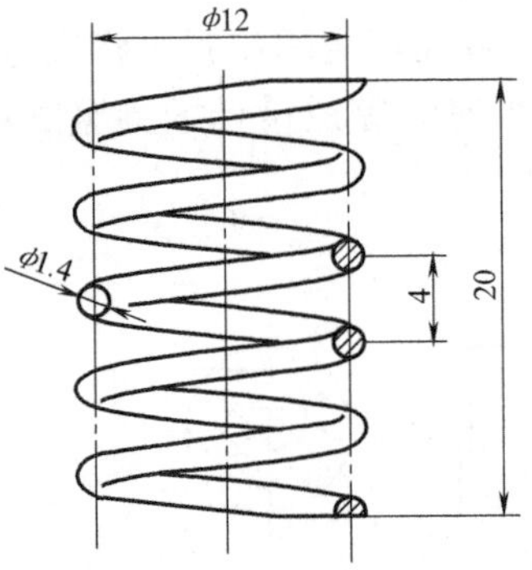

图 6-80　完成设计的弹簧

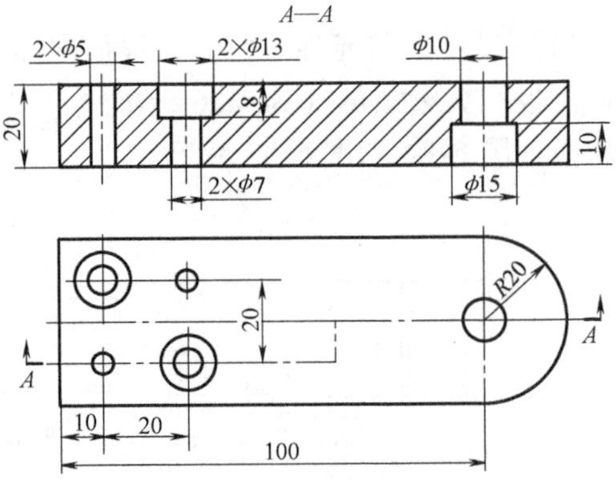

图 6-81　完成设计的侧支架

(3) 组装定位元件　根据定位方案，首先，将设计好的定位心套组装到定位挂摆工件上。然后，根据工件、定位心套所在的空间位置，将滑动销钉按定位基准和空间位置组装到工件上。最后，根据滑动销钉的位置，将弹簧、限位螺母和侧支架组装上去。完成所有定位元件装配的实体图和工程图，如图 6-82 和图 6-83 所示。

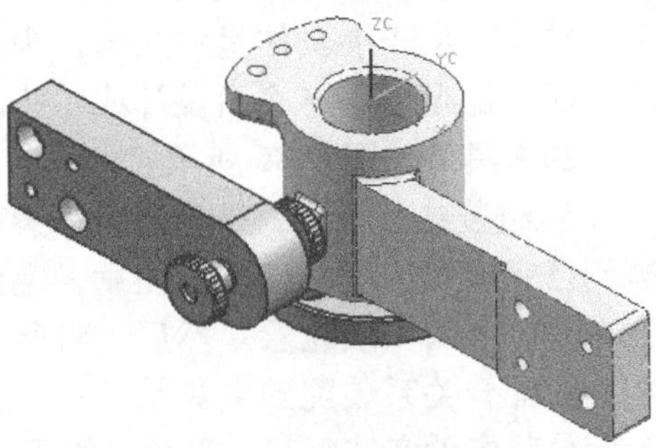

图 6-82　定位元件装配的实体图

3. 确定夹紧方案

由于夹具是以孔和端面作为主要定位基准的，因此，本夹具采用螺旋压板方式对工件进行夹紧。本夹具的夹紧元件比较少，只有夹紧螺杆、开口压板和夹紧螺母。夹紧螺杆固定在

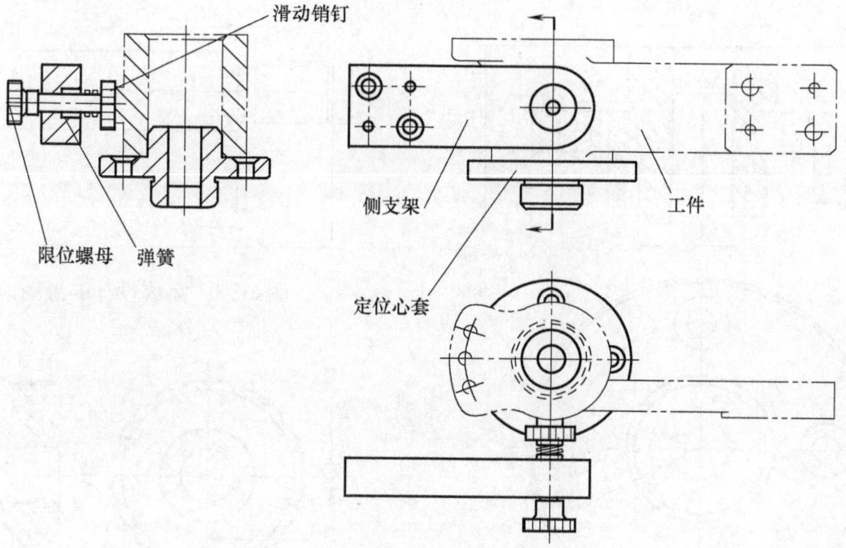

图 6-83　定位元件装配的工程图

定位心套上，当拧紧夹紧螺母时，使开口压板将工件压紧在定位心套的表面上。由于定位心套和侧支架都是安装在夹具体上的，因此，在设计夹紧元件时，将夹具体也一并设计出来。

（1）设计夹紧元件　首先，根据工件、定位心套的配合情况与空间位置，将夹紧螺杆、开口压板和夹紧螺母（为 M16 标准螺母，自行设计）设计出来。完成设计的夹紧螺杆和开口压板如图 6-84 和图 6-85 所示。

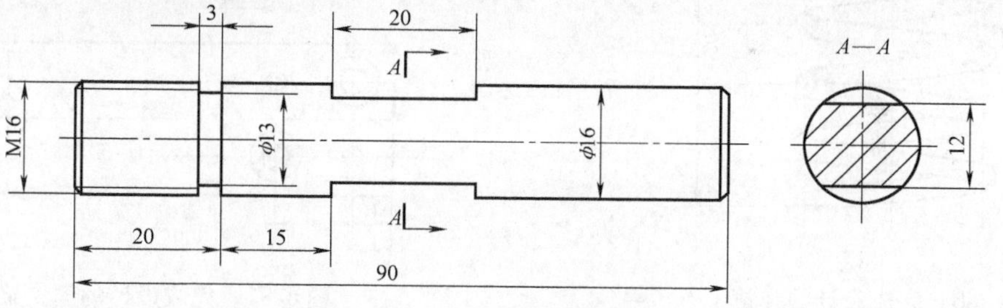

图 6-84　完成设计的夹紧螺杆

（2）设计夹具体　本夹具体采用铸造件，其形态为 L 形结构。由于夹具体呈狭长形，为减轻重量和加强底平面的稳固性，将底面设计成 4 个支脚状态，完成设计的夹具体如图 6-86 所示。

（3）组装夹紧元件　根据夹紧方案，先将夹具体组装到已完成的装配结构中。注意，定位心套和侧支架在夹具体上的安装位置。然后，将所有的夹紧元件按相应的配合关系装配到夹具结构中。完成夹具体和夹紧元件装配的实体图和工程图，如图 6-87 和图 6-88 所示。

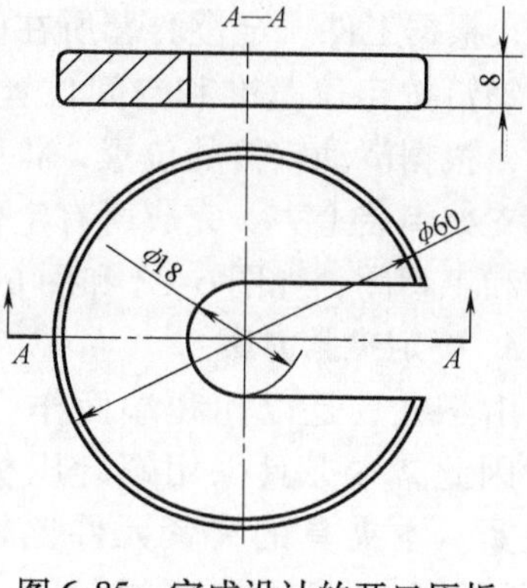

图 6-85　完成设计的开口压板

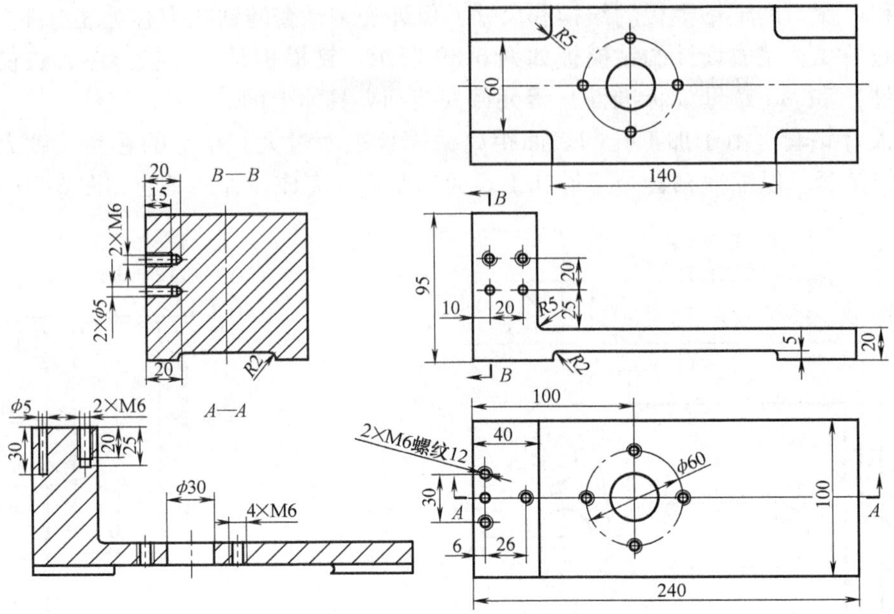

图 6-86　完成设计的夹具体

4. 确定钻模结构

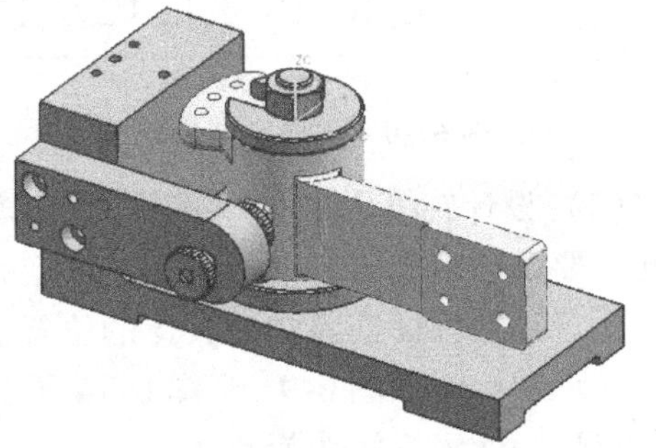

图 6-87　完成夹具体和夹紧元件装配的实体图

根据夹具设计的总体方案，采用翻转钻模板结构，以铰链方式通过铰链座将其安装在夹具体上。钻套采用特殊加长的固定式钻套，直接固定到钻模板上。由于采用翻转式钻模结构，钻模板本身也需要进行定位和夹紧，因此，要设计出用于固定钻模板的支承螺栓和特殊的紧固螺母（菱形螺母）。

（1）设计钻模板　根据工件相对夹具体的

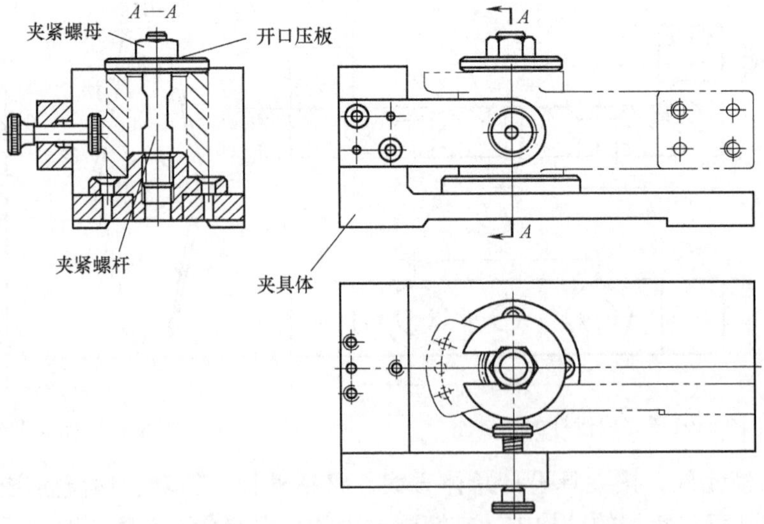

图 6-88　完成夹具体和夹紧元件装配的工程图

空间位置和尺寸，确定钻模板的结构和尺寸，保证安装钻套的钻孔中心对准工件上所要加工的3个孔的轴线。完成设计的钻模板如图6-89所示。钻模板是通过铰链座、铰链轴、固定销（标准件）和M6螺母（标准件）等元件安装到夹具体上的。

（2）设计钻套　由于加工孔的表面距离钻模板表面过大，钻头的悬空长度太长，需要设计特殊的钻套，以缩短钻套与工件加工表面的距离。完成设计的钻套如图6-90所示。

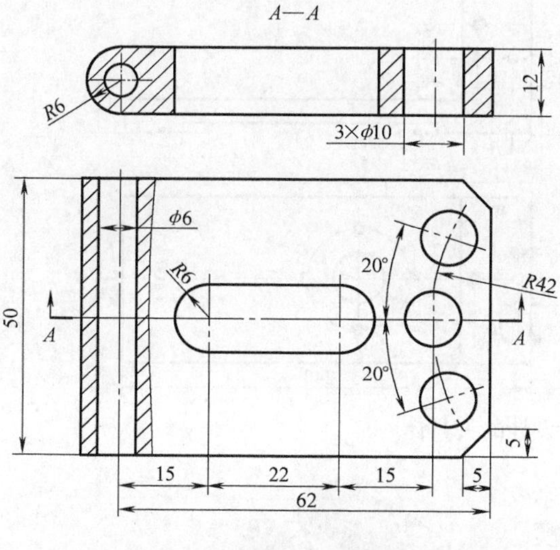

图6-89　完成设计的钻模板

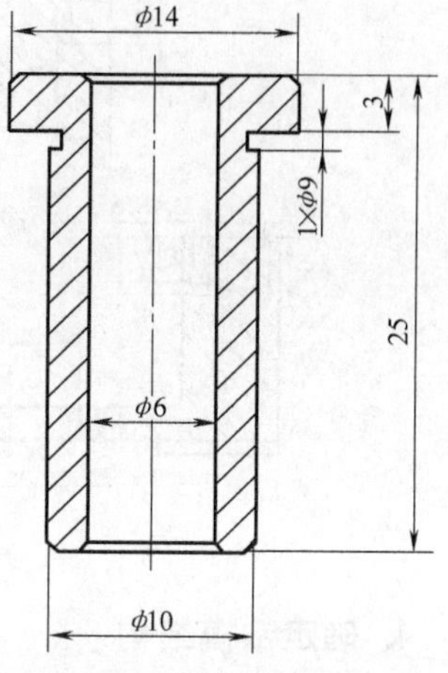

图6-90　完成设计的钻套

（3）设计钻模固定件　翻转式钻模板需要按工作状态进行定位，并安装到夹具体上。因此，要设计出固定钻模板的所有固定元件。这些元件在设计时，可根据钻模板的结构和尺寸来进行，并保证安装在夹具体的位置上。完成设计的固定元件有铰链座、菱形螺母、铰链轴、支承螺栓，如图6-91至图6-94所示。相关的紧固元件都是标准件，如$\phi5\times30$固定销、M6螺母、M5×15沉头螺钉等。

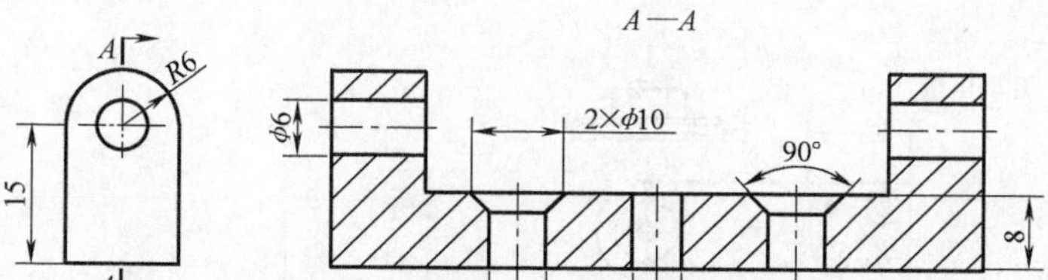

图6-91　完成设计的铰链座

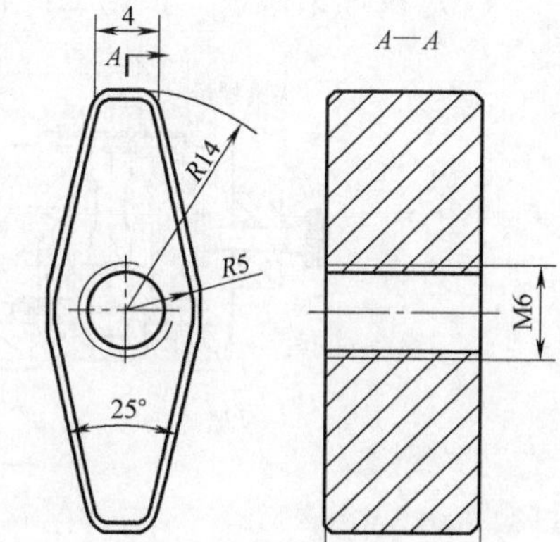

图6-92　完成设计的菱形螺母

（4）组装钻模元件　按夹具设计总体方案，将钻模板、钻套、钻模固定元件和所有的紧固元件组装到已完成装配的结构中。在装配过程如发现配合不准确的地方，应对具体元件

的尺寸进行修改，配合不当的也要调整过来。至此，完成整个钻削定位挂摆用翻转钻模夹具的设计，其装配的实体图和工程图，如图 6-95 和图 6-96 所示。

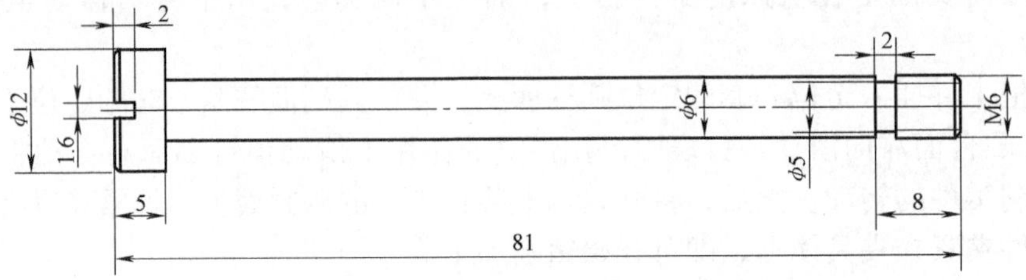

图 6-93　完成设计的铰链轴

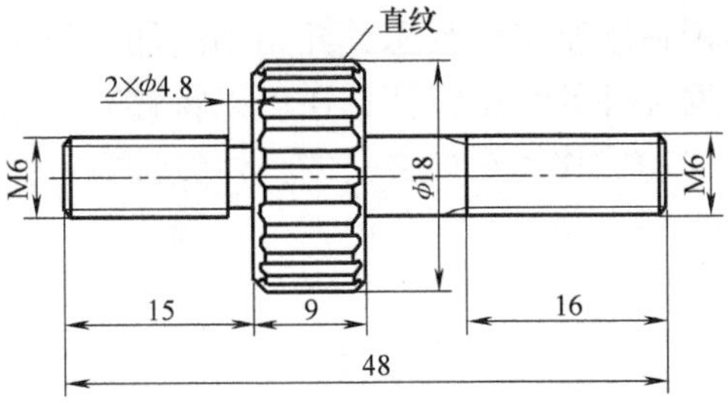

图 6-94　完成设计的支承螺栓

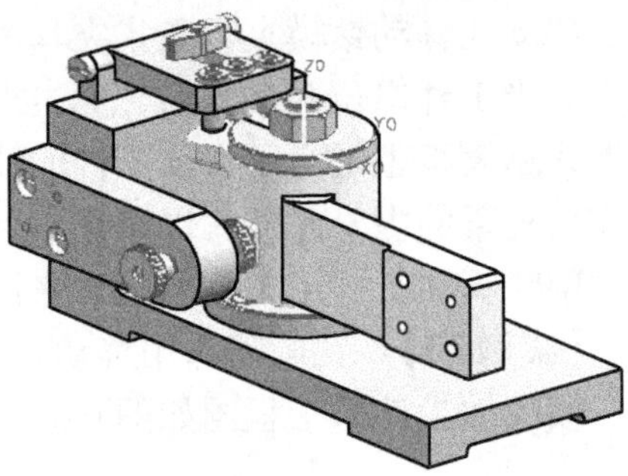

图 6-95　完成钻削定位挂摆用翻转钻模夹具装配的实体图

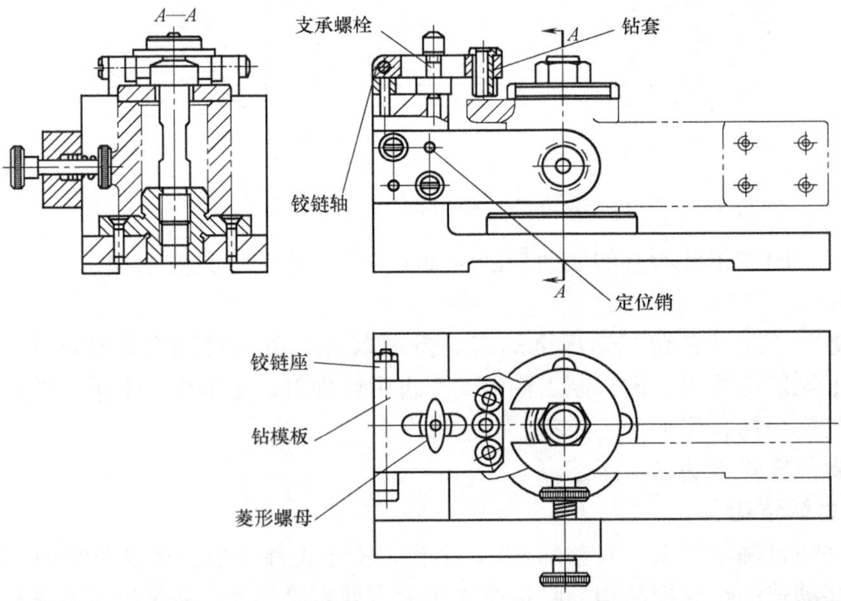

图 6-96　完成钻削定位挂摆用翻转钻模夹具装配的工程图

5. 夹具的特点

本夹具的特点是结构简单。采用翻转式钻模结构可以方便工件的装夹和拆卸。工件的定位和夹紧操作省时、省力，适合在立式钻床或台钻上加工小型工件，可用于大、中批量

生产。

6. 夹具的使用方法

本夹具不需要固定在机床的工件台上，加工不同孔时，用手将其移动至加工位置上即可。

加工时把工件插入定位心套的定位圆柱面上，并使其端面靠紧心套的定位平面。将工件上的 18×12 凸台面靠向滑动销钉表面，在弹簧的作用下滑动销钉端面会自动将工件在径向上定位，限制工件的转动。然后，将开口压板装在工件的压紧面上，拧紧夹紧螺母，通过开口压板将工件夹紧在夹具体上，即可开始钻削加工。

6.3.3 移动式移动钻模夹具的设计

移动式移动钻模夹具是指夹具本身可以移动，同时钻模板也可以在垂直方向移动的钻孔夹具。当工件定位并夹紧后，通过操纵机构将钻模板移动至工作状态，开始钻削加工。采用移动式钻模板也是为了方便工件的装夹与拆卸。根据工件的结构特征，还可以将移动式钻模板作为夹紧的主要元件，以简化夹具的整个结构。移动式移动钻模夹具的具体设计方法，通过钻削喷嘴加工件用夹具的设计来讲述。

【实例 30】 钻削喷嘴用移动钻模夹具的设计

喷嘴加工件的工程图如图 6-97 所示。

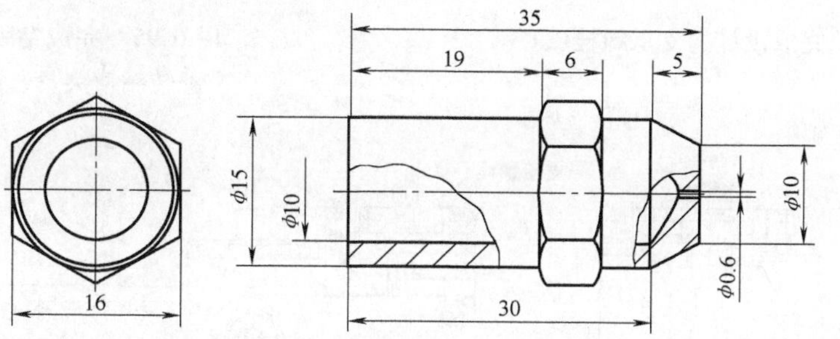

图 6-97 喷嘴加工件的工程图

工序要求：喷嘴工件所有的表面都已经加工完毕。本工序只要求加工 $\phi0.6$ 小孔。生产规模为大批量。

设计任务：该工件在台式钻床上加工。要求以 $\phi15$ 外圆柱面及其端面作为定位基准，在旋转方向上无定位要求，即限制工件的 5 个自由度即可。由于生产批量非常大，要求定位和装夹操作迅速快捷，保证加工效率。

设计步骤及操作方法如下所述。

1. 确定总体结构

喷嘴工件在台钻上加工，只钻削 $\phi0.6$ 小孔。由于工件很小，重量非常轻，切削量也不大，可采用移动式的钻模板结构。将钻模板作为主要夹紧元件，通过压缩弹簧的作用，从工件的上端面进行夹紧。夹具中的定位元件和钻模元件都直接安装在夹具体上，以简化夹具结构。

2. 确定定位方案

根据定位要求，选择工件 $\phi15$ 外圆柱面及其端面作为定位基准，旋转方向上不定位，

限制工件 5 个自由度。定位元件选用带有台阶孔的定位套，其孔用于定位圆柱面，台阶孔端面用于平面定位。工件放入定位套的定位孔后，通过弹簧使钻模板底面压向工件表面，使其固定在夹具体上。

（1）设计喷嘴工件的实体模型　按喷嘴工程图设计出工件的实体模型，在 UG 的装配环境下将其调入，并按加工时的状态，将其固定在三维空间的适合位置上，如图 6-98 所示。

（2）设计定位元件　根据喷嘴工件的定位圆柱面的直径和长度，设计完成定位套，如图 6-99 所示。

（3）组装定位元件　根据定位方案，将定位套组装到喷嘴工件上即可，完成定位元件装配的实体图和工程图，如图 6-100 所示。

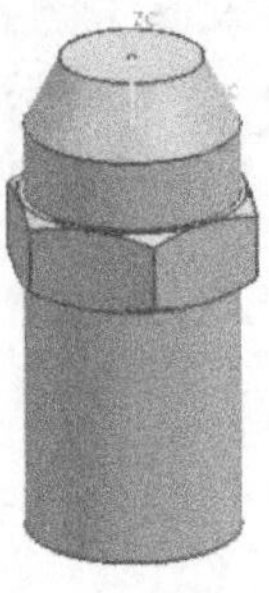

图 6-98　将喷嘴实体模型定位

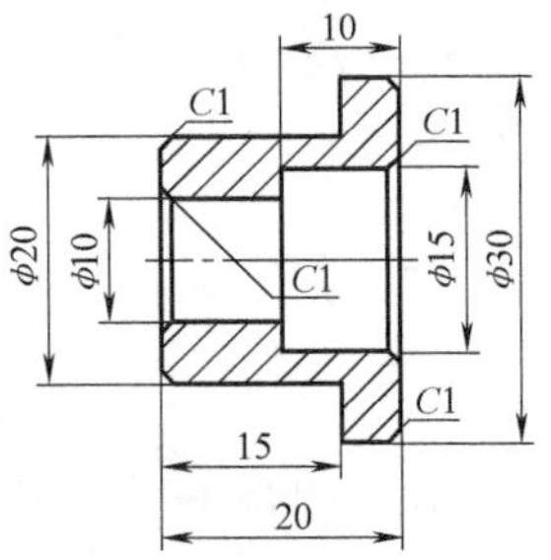

图 6-99　完成设计的定位套

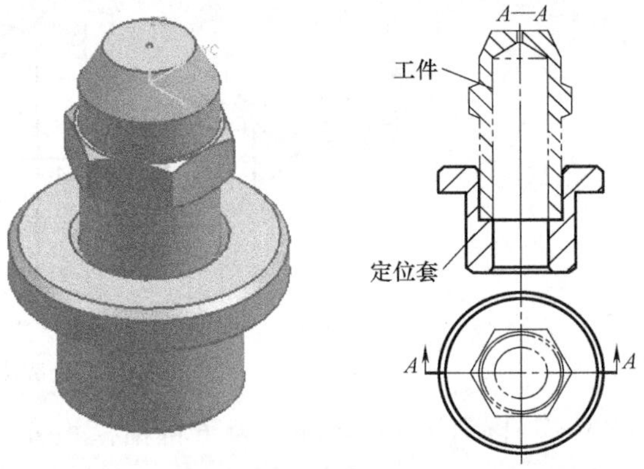

图 6-100　完成定位元件装配的实体图和工程图

3. 确定夹紧方案

根据喷嘴夹具总体结构的要求，采用移动钻模板顶面夹紧方式。为保证夹紧操作快捷、省力，选用压缩弹簧作为夹紧动力。通过弹簧的作用，使安装在衬套中的滑动轴并带动钻模板产生向下的压力，将工件夹紧。控制钻模板向上抬起的是 U 形杠杆，并通过铰链座安装到夹具体上。因此，在设计夹紧元件时，将夹具体也一并设计完成。

（1）设计直接夹紧元件（钻模板）　首先，依据工件的结构、尺寸及空间位置，将作为直接夹紧元件的钻模板设计出来，如图 6-101 所示。再依据钻模板的结构和尺寸，将钻套也一并完成设计，如图 6-102 所示。

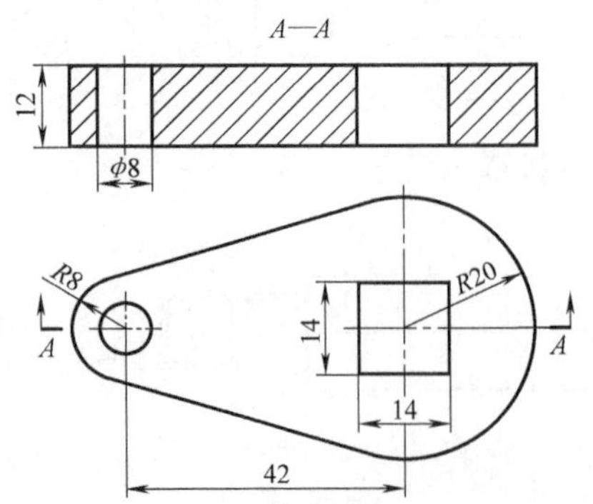

图 6-101　完成设计的钻模板

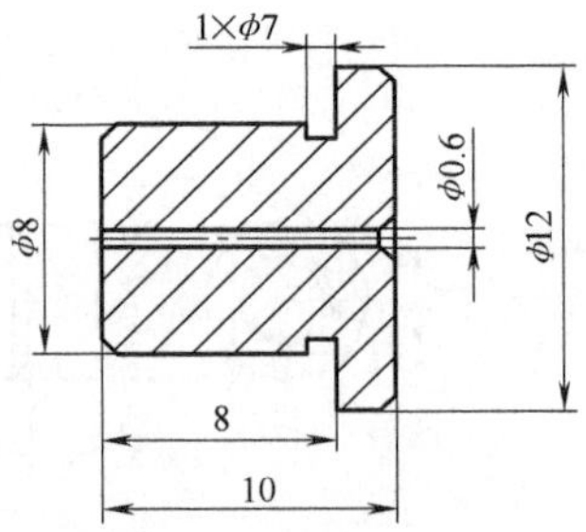

图 6-102　完成设计的钻套

（2）设计夹具体　由于所有的夹紧元件都是直接安装到夹具体上的，并且通过夹具体将工件夹紧，因此，需要将夹具体事先设计完成。夹具体采用铸造件，结构为 4 个支柱的基座形式，完成设计的夹具体如图 6-103 所示。

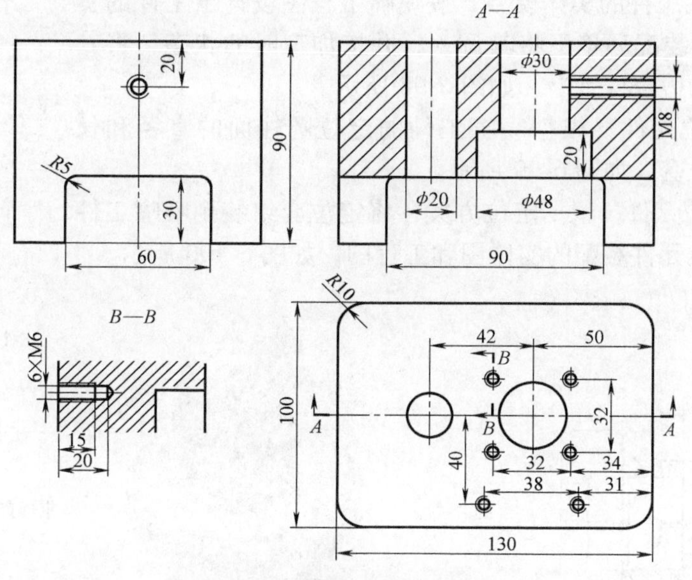

图 6-103　完成设计的夹具体

（3）设计间接夹紧元件　为了将钻模板安装定位在夹具体的适当位置上，以及实现钻模板的垂直移动，需要有滑动轴、衬套、铰链座、铰链轴、U 形杠杆、操纵手柄、弹簧、锁紧螺母、导向销等夹紧元件。完成设计的间接夹紧元件如图 6-104 至图 6-112 所示。

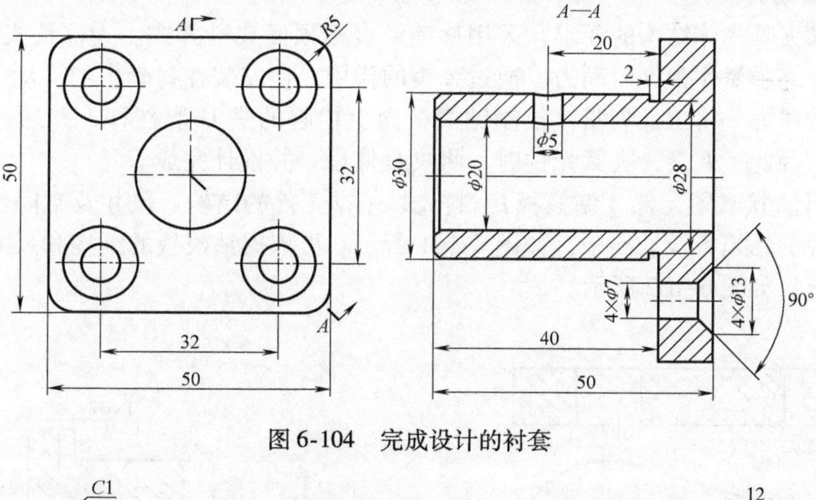

图 6-104　完成设计的衬套

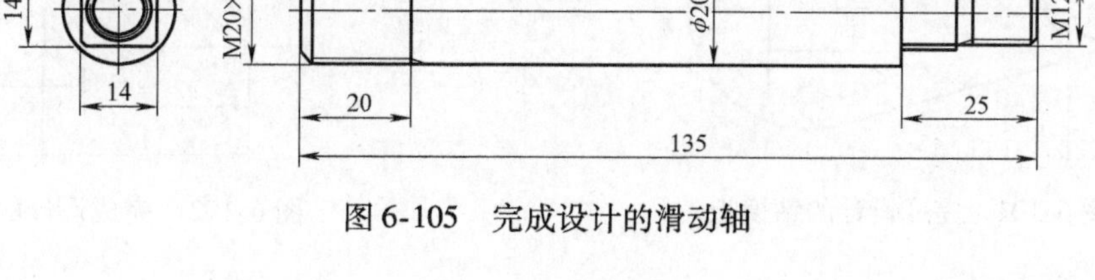

图 6-105　完成设计的滑动轴

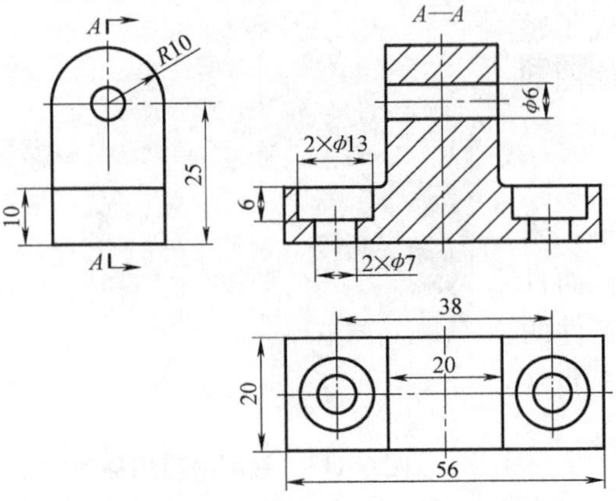

图 6-106　完成设计的铰链座

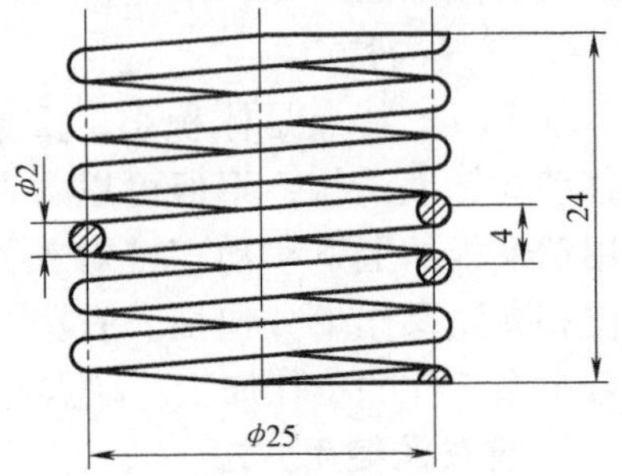

图 6-107　完成设计的弹簧

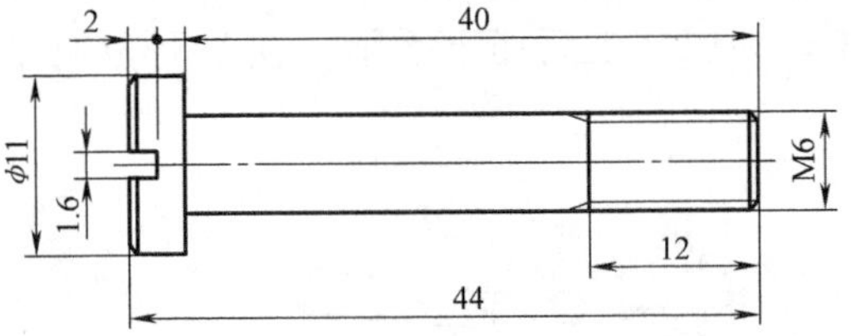

图 6-108　完成设计的铰链轴

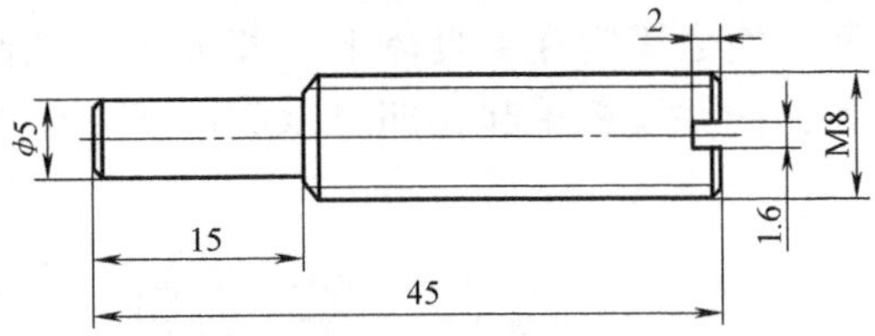

图 6-109　完成设计的导向销

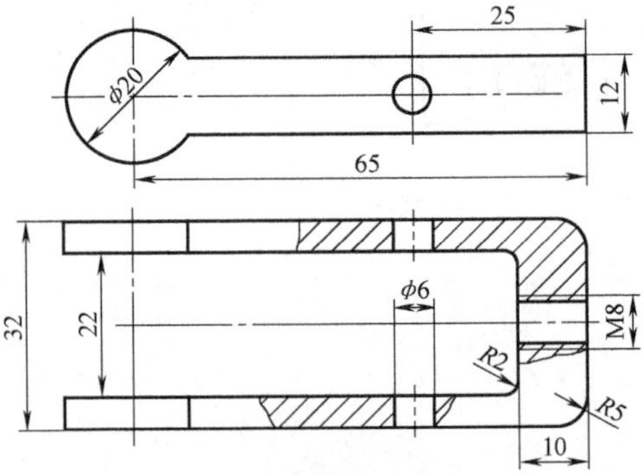

图 6-110　完成设计的 U 形杠杆

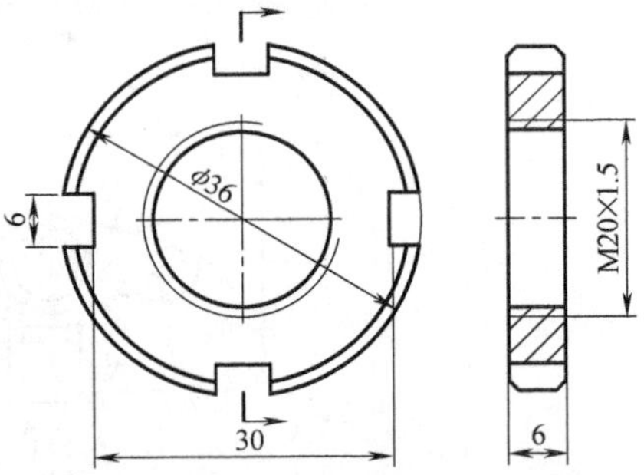

图 6-111　完成设计的锁紧螺母

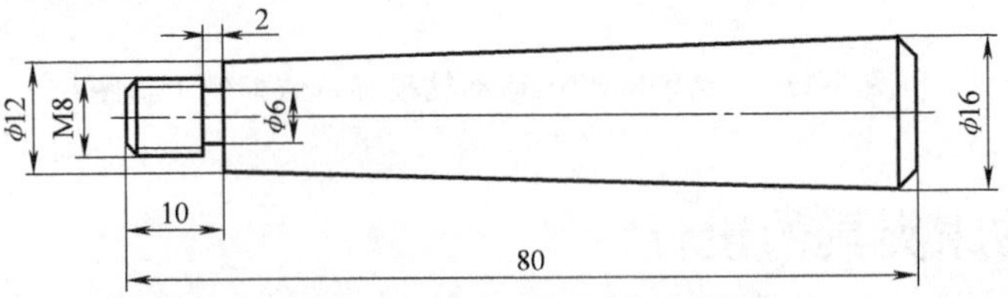

图 6-112　完成设计的操纵手柄

（4）设计紧固元件　喷嘴夹具用紧固元件主要用来将衬套、铰链座等紧固在夹具体上，将钻模板紧固在滑动轴上。紧固元件有 M6 ×20 沉头螺钉、M6 ×20 平头螺钉、M12 螺母。

（5）组装夹紧元件　根据夹紧方案，先将夹具体组装到已经完成的装配结构中。再将

滑动轴、钻模板等所有夹紧元件组装上去。最后，将所有紧固元件组装到相应的元件上。至此，完成了整个钻削喷嘴的移动钻模夹具的设计，其装配实体图和装配工程图如图 6-113 和图 6-114 所示。

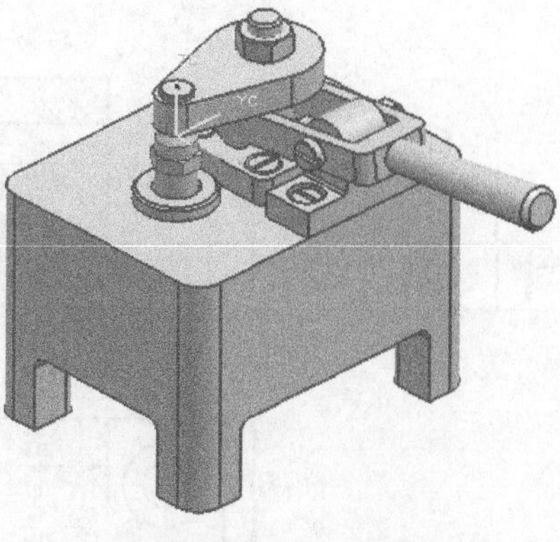

图 6-113　钻削喷嘴用移动钻模夹具装配的实体图

4. 夹具的特点

本夹具的特点是体积小、重量轻、结构简单。采用移动式钻模结构，不但可以方便工件的装夹，而且利用钻模板的上下移动直接对工件进行夹紧。工件的定位和夹紧操作十分快捷、省力、生产效率高，非常适合小型工件的小孔加工。缺点是定位精度不高。

5. 夹具的使用方法

加工时把工件插入定位套的定位孔中，并使其端面靠紧定位平面。放下操纵手柄，通过弹簧的作用使滑动轴下移，带动钻模板自动压紧工件表面，使之固定在夹具体上，即可开始钻削加工。完成加工后压下手柄，在 U 形杠杆的作用下，使钻模板抬起，即可以更换下一个工件。

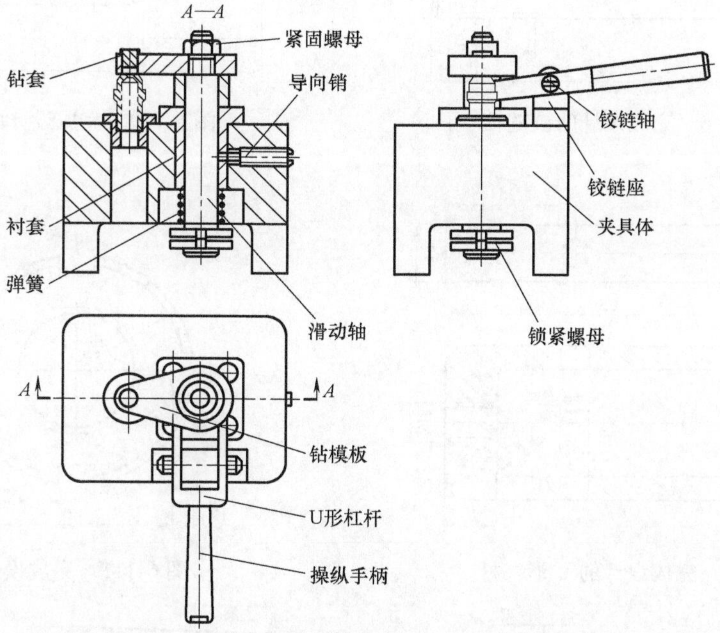

图 6-114　钻削喷嘴用移动钻模夹具装配的工程图

6.4　回转式钻床夹具的设计

回转式钻床夹具，又称为分度式钻床夹具，是应用最多的一种钻床夹具。此类夹具主要用于加工同一圆周上的平行孔系，或分布在圆周上的径向孔系，或与回转轴线成一定角度分布的孔系。回转式钻床夹具按分度盘转轴的放置方式不同，可分为立轴回转钻床夹具、卧轴回转钻床夹具和斜轴回转钻床夹具。回转式夹具非常适合于大规模生产，并且可以在任何种

类钻床上使用。

6.4.1 立轴回转钻床夹具的设计

立轴回转钻床夹具是指夹具中分度盘的旋转轴垂直于机床工作台布置，当完成一个工位的孔的加工后，将分度盘旋转一定角度，再对下一个工位的孔进行加工。此类夹具用于加工同一圆周上若干个平行的孔。立轴回转钻床夹具的具体设计方法通过钻削密封法兰用夹具的设计来讲述。

【实例 31】 钻削密封法兰用立轴回转夹具的设计

密封法兰加工件的工程图如图 6-115 所示。

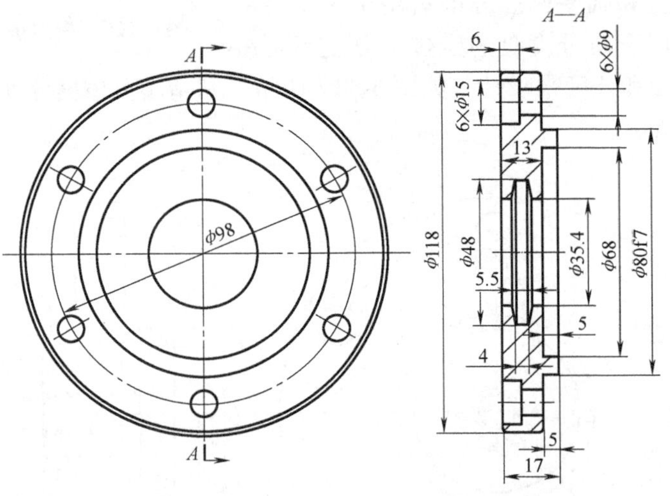

图 6-115 密封法兰加工件的工程图

工序要求：密封法兰工件已完成车加工工序。本工序要求加工均布在 $\phi98$ 分度圆上的 6 个台阶孔，即直径为 $\phi15$、$\phi9$ 台阶深度 6 的螺钉孔。生产规模为中等批量。

设计任务：密封法兰工件在摇臂钻床上加工。要求以 $\phi68$ 台阶孔及其端面作为定位基准，并从上端面夹紧。孔的加工分别选用 $\phi9$ 钻头和 $\phi15$ 扩孔钻头两次钻削完成。

设计步骤及操作方法如下所述。

1. 确定总体结构

由于加工 6 个分布在同一圆周（$\phi98$）上的平行孔，需要采用立轴式回转钻床夹具。夹具分为两个主要机构，即固定机构和分度机构。工件定位并夹紧在分度机构上，而分度机构可在固定机构上进行旋转分度，并将其锁紧在固定机构上。考虑到装夹工件的方便，需要将钻模板设计成翻转结构形式。钻套需要设计两个，即 $\phi9$ 和 $\phi15$ 直径的钻套。当钻完 $\phi9$ 的通孔后，要更换成 $\phi15$ 直径的钻套，进行扩孔加工。因此，要将钻套设计成快换钻套形式。夹具中的夹紧装置也分为两个部分，即将工件夹紧在分度盘上和将分度盘夹紧在夹具体上。

2. 确定分度和定位方案

根据定位要求，选择工件 $\phi68$ 台阶孔及其端面作为定位基准面，限制工件 5 个自由度，在旋转方向上没有定位要求。直接选择分度盘作为定位元件，分度盘上的圆柱面作为孔定位，其端面作为平面定位。分度盘通过下部的圆柱台安装在圆基座的孔中，进行定位并固定

在空间位置上。在圆基座上安装有用于分度的对定元件，如对定销、弹簧等。圆基座固定在夹具体上不动。分度盘可在圆基座上转动，以实现分度操作。当对定销对准一个工位孔时，通过操纵元件将其插入分度盘的一个分度孔中，再通过另外的操纵元件将分度盘锁紧在夹具体上，进行相应的钻孔加工。

（1）设计工件的实体模型　按密封法兰工程图设计出工件的实体模型，在 UG 的装配环境下将其调入，并按加工时的状态，将其固定在三维空间的适合位置上，如图 6-116 所示。

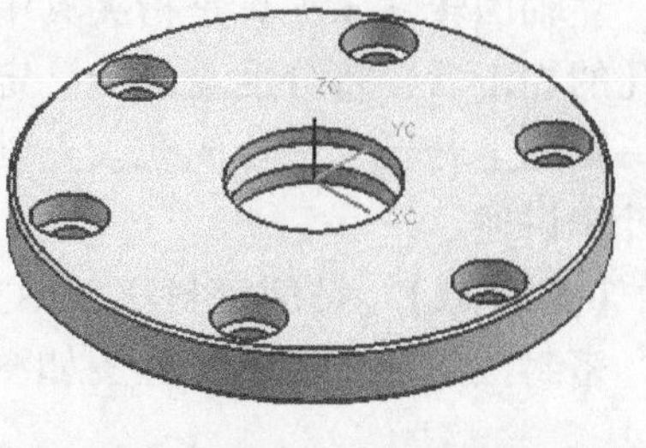

图 6-116　密封法兰实体模型的定位

（2）设计定位元件　根据分度方案，定位元件主要有两个，即分度盘和圆基座。分度盘用于对工件的定位，而圆基座则用于对分度盘的定位。分度盘可根据工件的基准孔直径和长度来设计，如图 6-117 所示。圆基座可根据分度盘的结构和尺寸来设计，如图 6-118 所示。

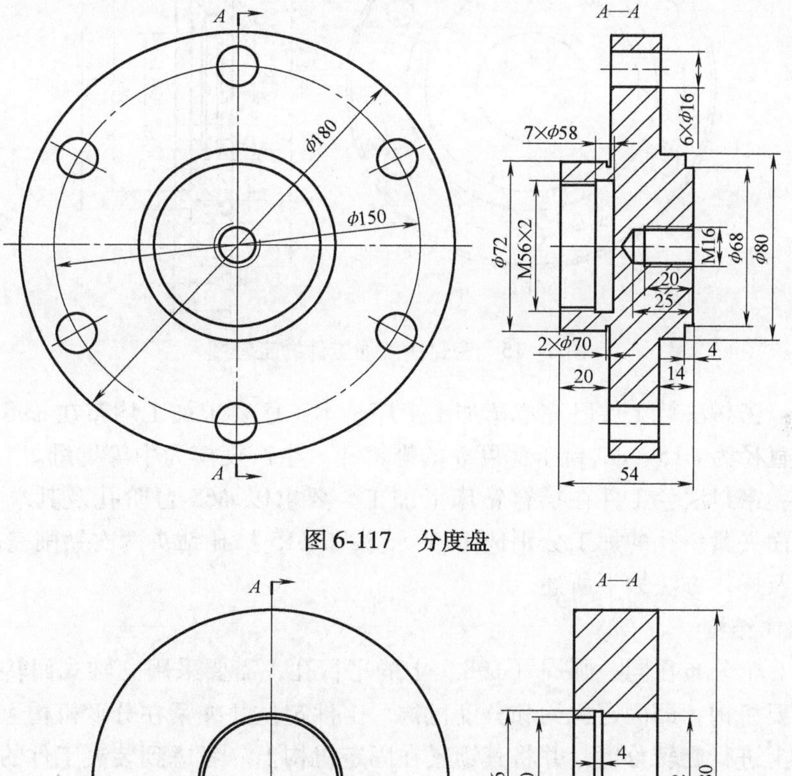

图 6-117　分度盘

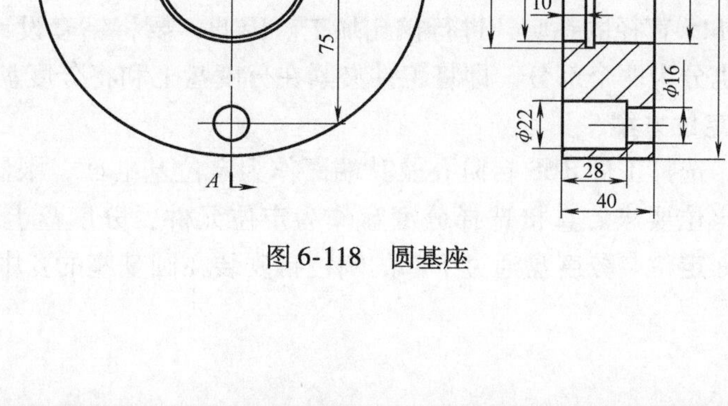

图 6-118　圆基座

（3）设计分度对定元件　分度对定元件有对定销和弹簧，安装在圆基座的对定孔中。两个元件的设计可参考圆基座的结构和尺寸来进行，如图 6-119 和图 6-120 所示。

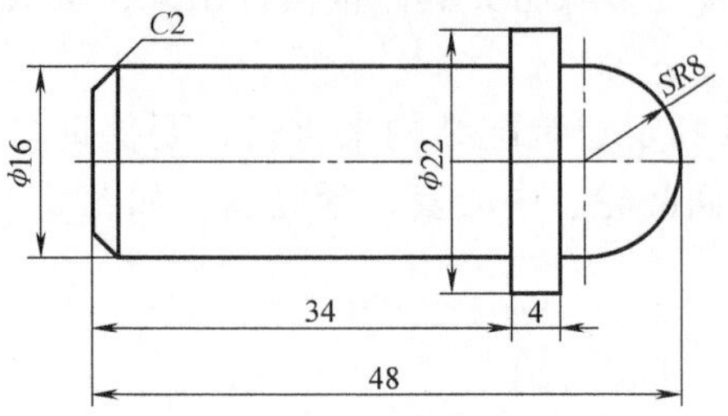

图 6-119　对定销

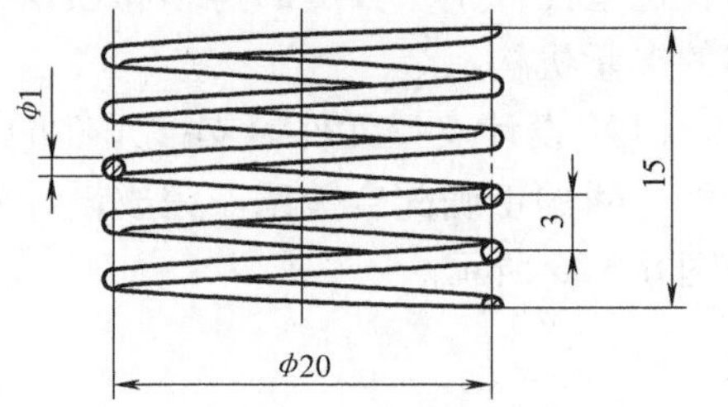

图 6-120　弹簧

（4）设计工件夹紧元件　此步骤所设计的夹紧元件，是对工件的夹紧，即将工件在定位后夹紧在分度盘上。夹紧采用螺旋压板方式。夹紧元件有紧固螺栓、开口压板和 M16 螺母（标准件），完成设计的两个元件如图 6-121 和图 6-122 所示。

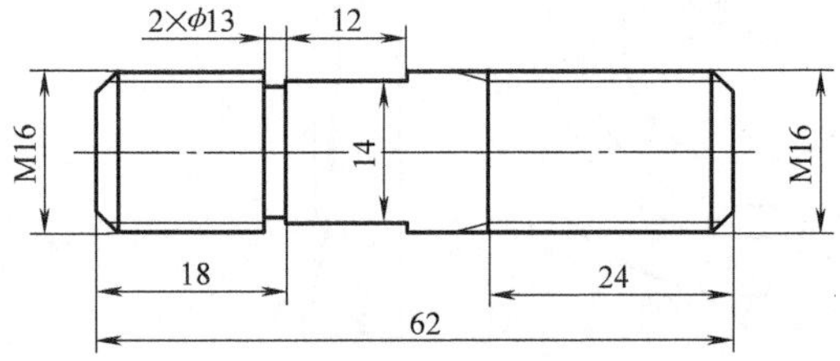

图 6-121　紧固螺栓

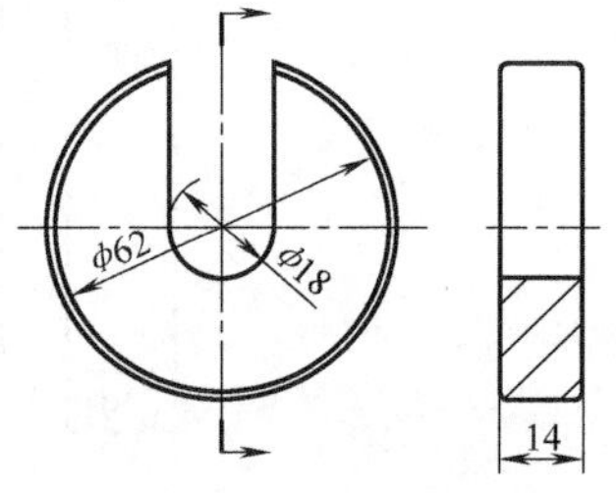

图 6-122　开口压板

（5）组装分度、定位和夹紧元件　根据分度和定位方案，先将分度盘组装到工件上；再将圆基座组装到分度盘上；然后将分度对定元件组装到圆基座的对定孔中；最后，将夹紧元件组装到已完成的装配结构中。完成分度元件、定位元件和夹紧元件装配的实体和工程图，如图 6-123 所示。

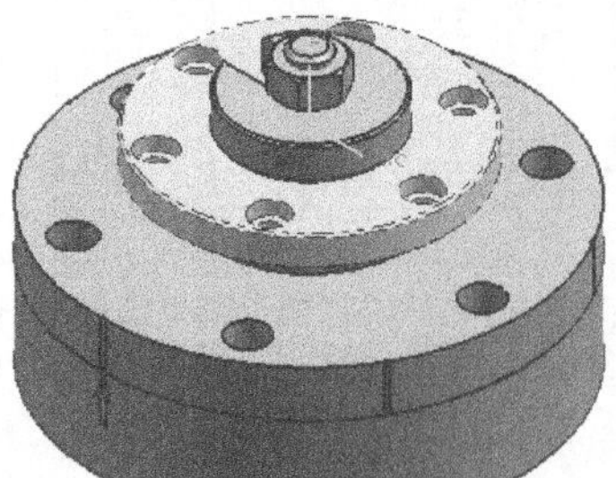

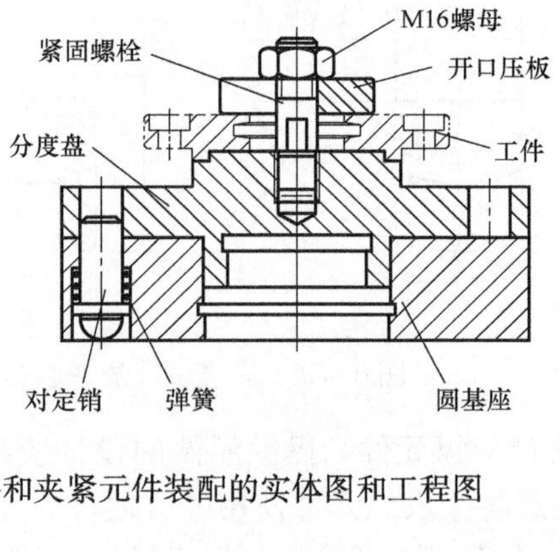

图 6-123　完成分度元件、定位元件和夹紧元件装配的实体图和工程图

3. 确定支撑和操纵方案

根据设计总体方案要求设计固定机构，即支撑元件和操纵元件。支撑元件主要有端面凸

轮、中心套、紧固套等，这些元件将分度和定位元件固定在夹具体的指定位置上。操纵元件有锁紧轴、止动端轴、手柄球、连接销（标准件）、分度操纵杆、锁紧操纵杆、锁紧螺母等，这些元件用于分度的操纵和锁紧的操纵。同时，在此步骤将夹具体也设计出来，构成完整的夹紧机构。

（1）设计支撑元件　支撑元件的设计应根据分度和定位装配结构来进行，要保证各个元件之间的正确配合关系。完成设计的支撑元件即端面凸轮、中心套、紧固套，如图 6-124 至图 6-126 所示。

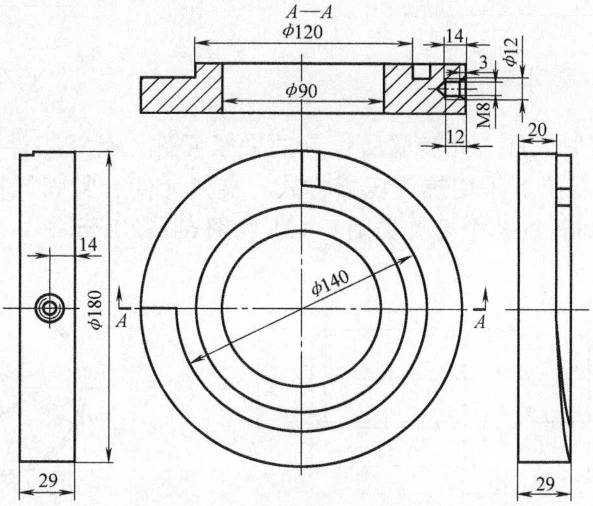

图 6-124　完成设计的端面凸轮

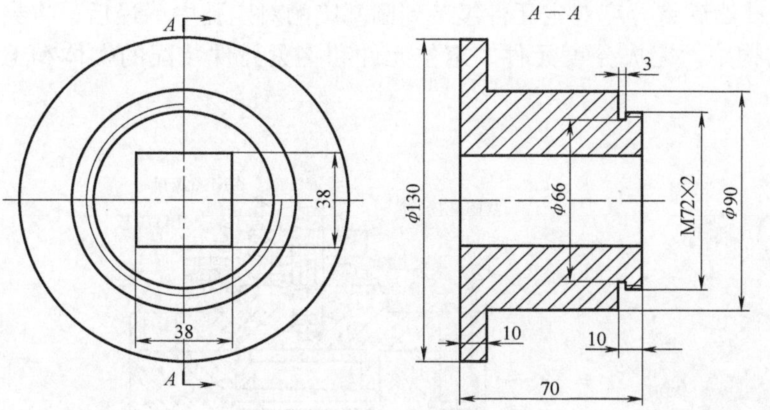

图 6-125　完成设计的中心套

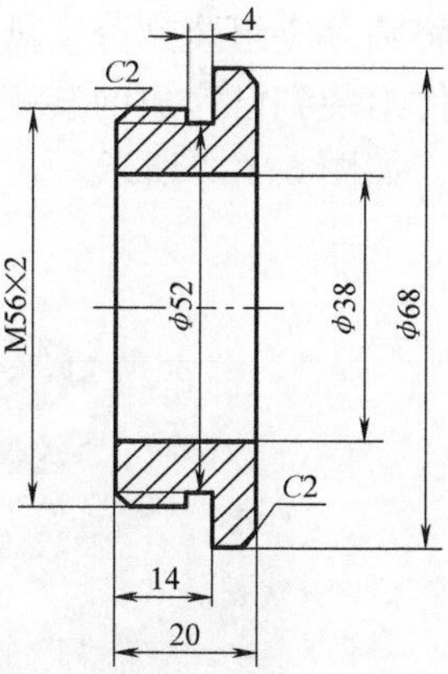

图 6-126　完成设计的紧固套

（2）设计操纵元件　操纵元件的设计应根据相应的支撑元件结构、尺寸及配合关系来进行，要注意各个操纵元件使用的方便性。完成设计的操纵元件即锁紧轴、止动端轴、手柄球、连接销（$\phi 8 \times 36$ 圆柱销，标准件）、分度操纵杆、锁紧操纵杆、锁紧螺母，如图 6-127 至图 6-132 所示。

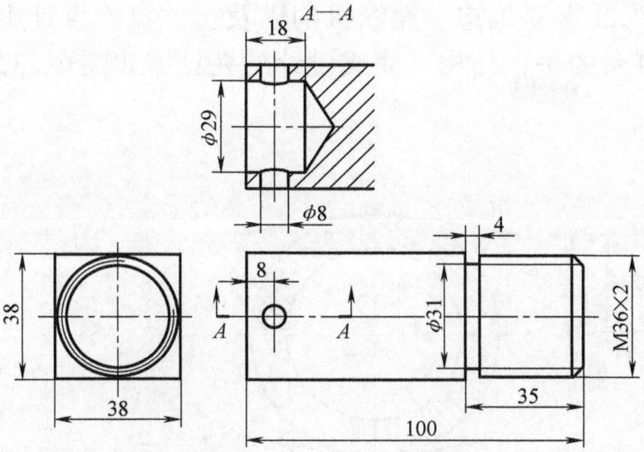

图 6-127　完成设计的锁紧轴

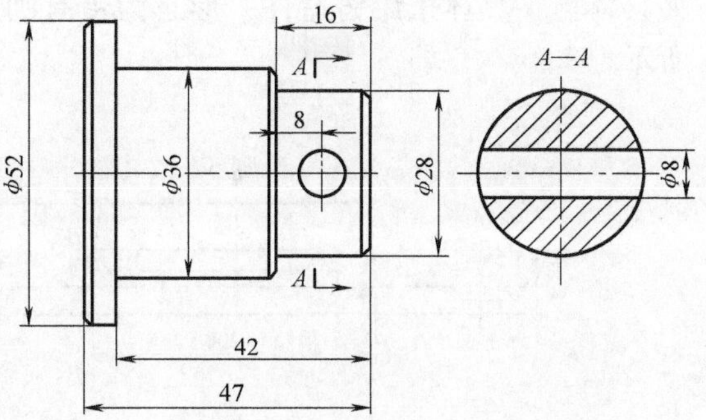

图 6-128　完成设计的止动端轴

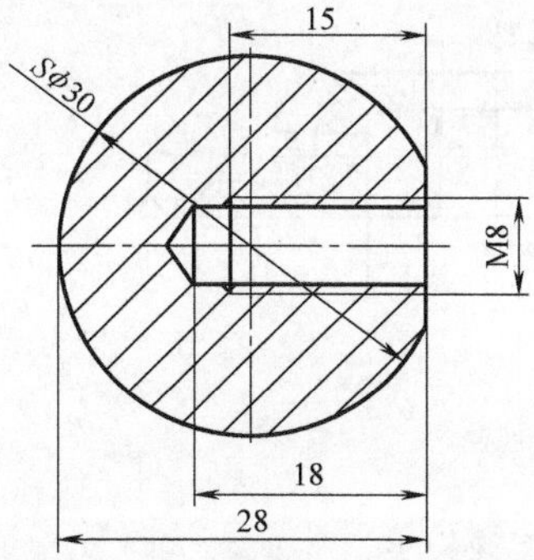

图 6-129　完成设计的手柄球

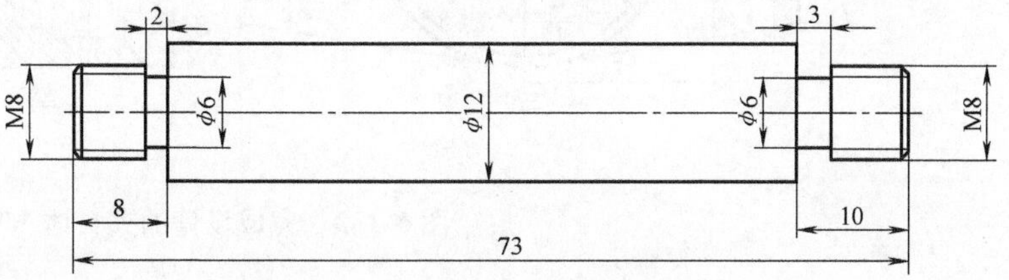

图 6-130　完成设计的分度操纵杆

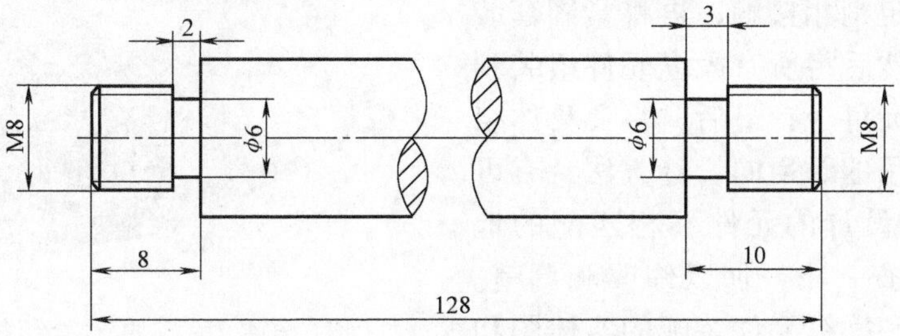

图 6-131　完成设计的锁紧操纵杆

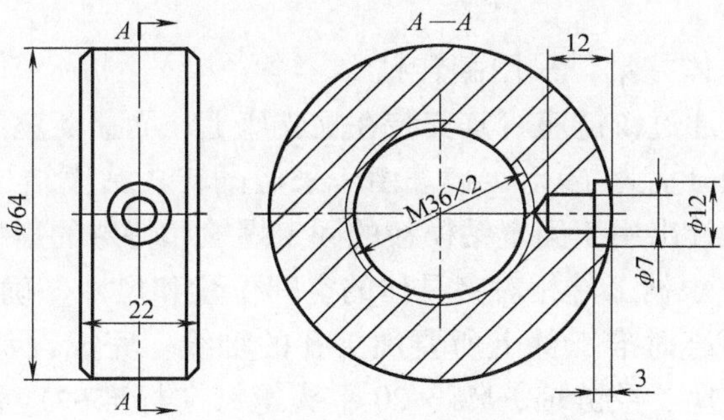

图 6-132　完成设计的锁紧螺母

（3）设计夹具体　根据已完成设计和装配的支撑机构、操纵机构以及定位机构设计出夹具体。夹具体采用铸造件，形态为带有圆锥台的平板结构。完成设计的夹具体如图 6-133 所示。

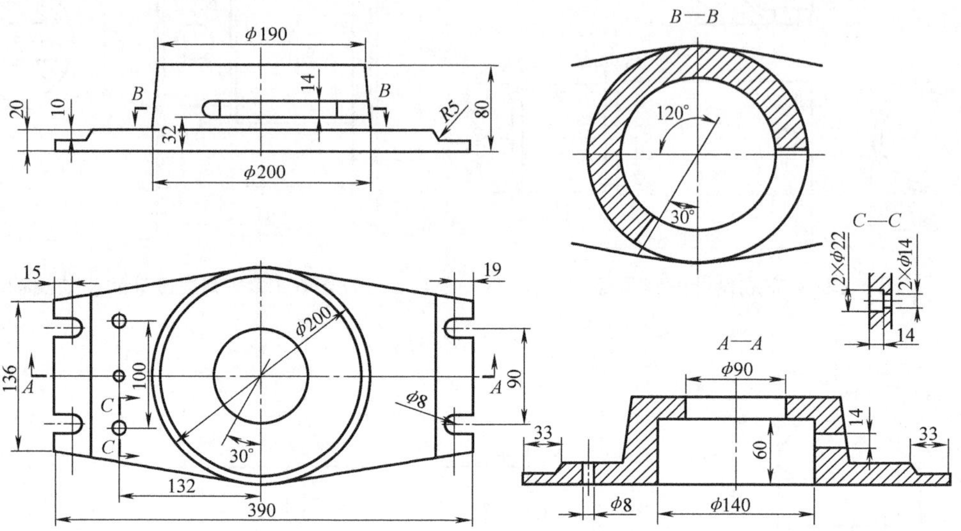

图 6-133　完成设计的夹具体

（4）组装支撑元件和操纵元件　根据支撑和操纵方案，先将端面凸轮和中心套组装到已完成装配的分度机构上，注意，凸轮端面的高点处与对定销相接触；再将紧固套装配到分度盘上；然后将所有操纵元件组装到与之配合的相应元件上；最后，将夹具体组装上去。由于采用的是逆向设计方法，有可能会出现与前面设计的元件不相匹配的地方，应当认真检查一下，加以修改和调整。完成的支撑元件和操纵元件装配的实体图和工程图，如图 6-134 和图 6-135 所示。

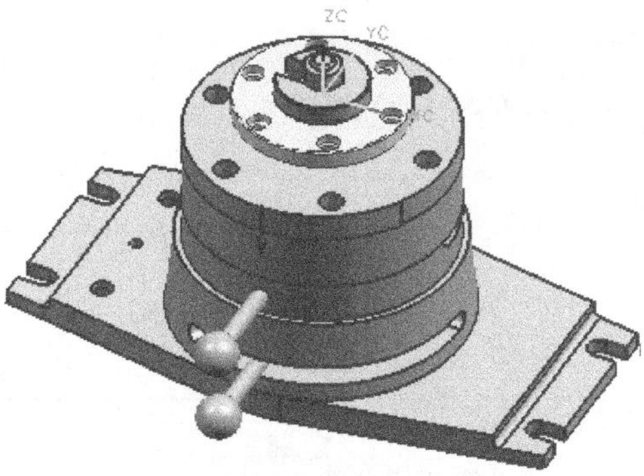

图 6-134　完成的支撑元件和操纵元件装配的实体图

4. 确定钻模结构

根据夹具设计的总体方案，采用翻转钻模板结构，以铰链方式通过铰链座将其安装在立支座上，而立支座固定在夹具体上。钻套采用两个快换钻套，直径分别为 $\phi9$ 和 $\phi15$。由于采用翻转式钻模结构，钻模板本身也需要定位和夹紧，因此，要设计出用于固定钻模板的固定螺栓和特殊的扁螺母。

（1）设计钻模板　根据工件相对夹具体的空间位置和尺寸，确定钻模板的结构和尺寸，保证安装钻套的钻孔中心对准工件上所要加工孔的轴线。完成设计的钻模板如图 6-136 所示。钻模板是通过铰链座、铰链轴、M6 × 20 平头螺钉（标准件）和 M6 螺母（标准件）等元件安装到夹具体上的。

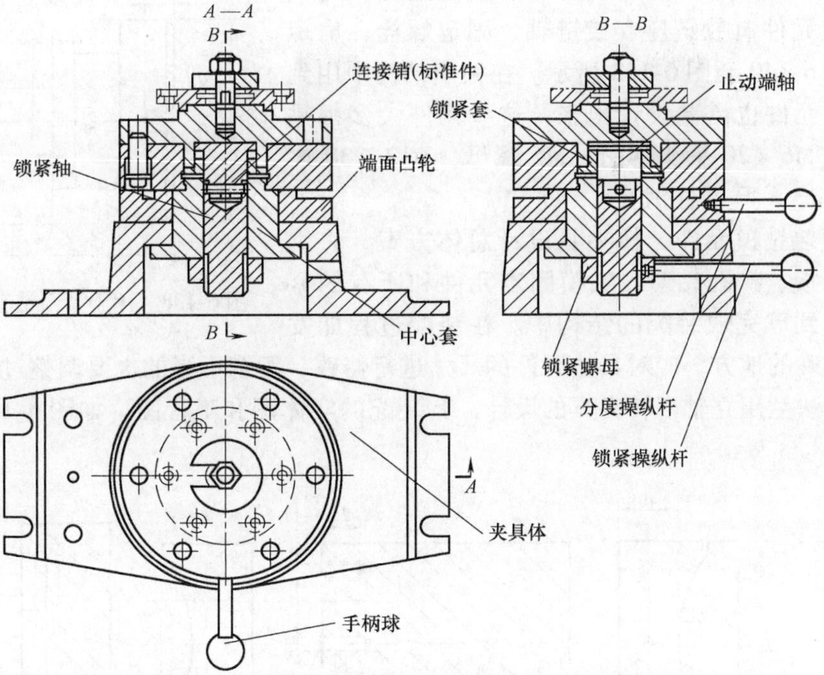

图 6-135 完成的支撑元件和操纵元件装配的工程图

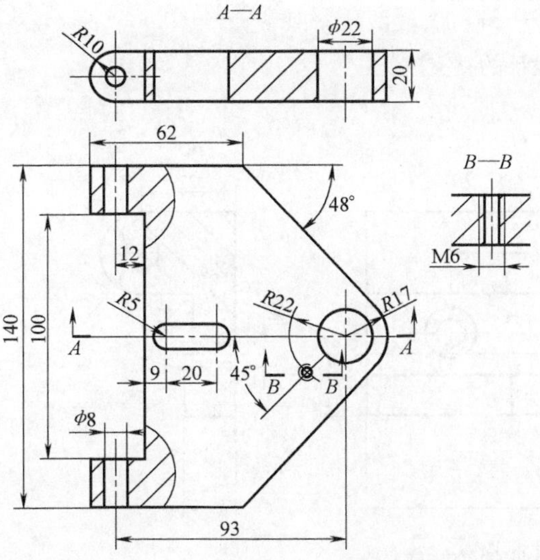

图 6-136 完成设计的钻模板

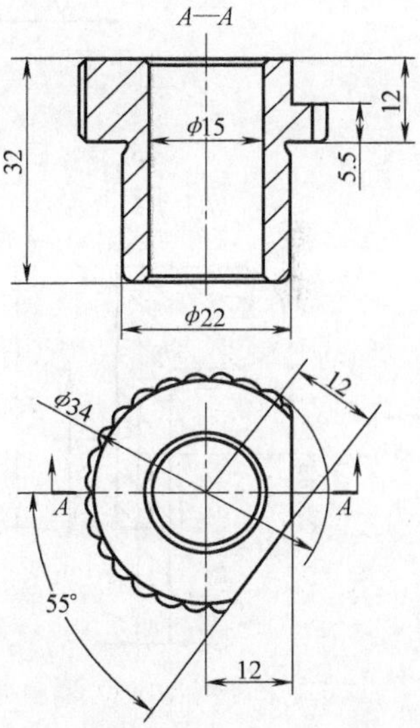

图 6-137 ϕ15 扩孔钻套

(2) 设计钻套 为减少叙述篇幅，这里只介绍 ϕ15 的扩孔钻套的设计，如图 6-137 所示。由于是快换钻套，所以需要设计出用于紧固钻套的锁紧螺钉，如图 6-138 所示。

(3) 设计钻模固定件 翻转式钻模板是固定在立支座上的，因此要设计出立支座。立支座的设计要参考夹具体和钻模板的结构来进行。完成设计的立支座如图 6-139 所示。同时，还要设计出固定钻模板的所有固定元件。在设计这些元件时，可根据钻模板的结构和尺寸来进行，并保证安装在立支座的准确位置上。完成设计的固定元件有铰链座、铰链轴、固定螺栓、扁螺母等，如图 6-140 至图 6-143 所示。在钻模结构中用到的所有紧固元件也需要设计出来，这些元件大多都是标准件，如 M6 × 20 平头螺钉、M6 螺母、M12 × 30 内六角螺栓、$\phi 8 \times 40$ 圆柱销等。

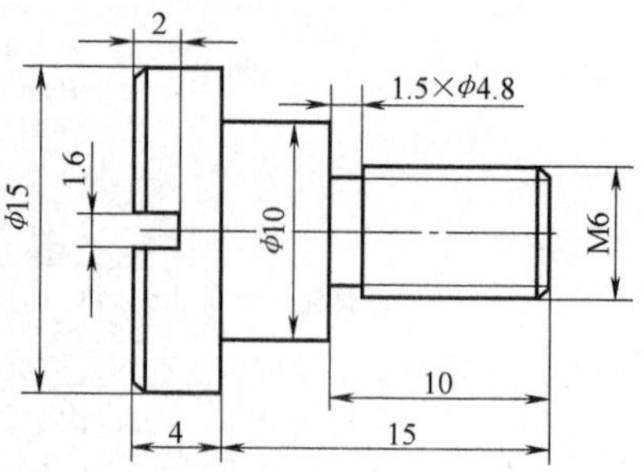

图 6-138　用于紧固钻套的锁紧螺钉

（4）组装钻模元件　按夹具设计总体方案，将立支座、钻模板、扩孔钻套、钻模固定元件和所有的紧固元件组装到已完成装配的结构中。在装配过程如发现配合不准确的地方，应对具体元件的尺寸进行修改，配合不当的也要调整过来。至此，完成钻削密封法兰用立轴回转夹具的设计，其装配的实体图和工程图，如图 6-144 和图 6-145 所示。

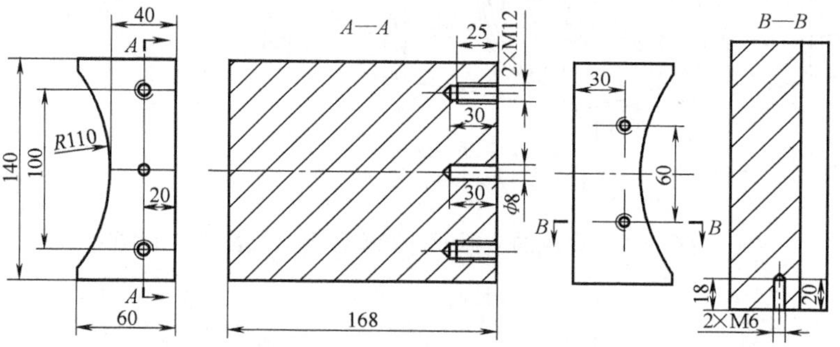

图 6-139　完成设计的立支座

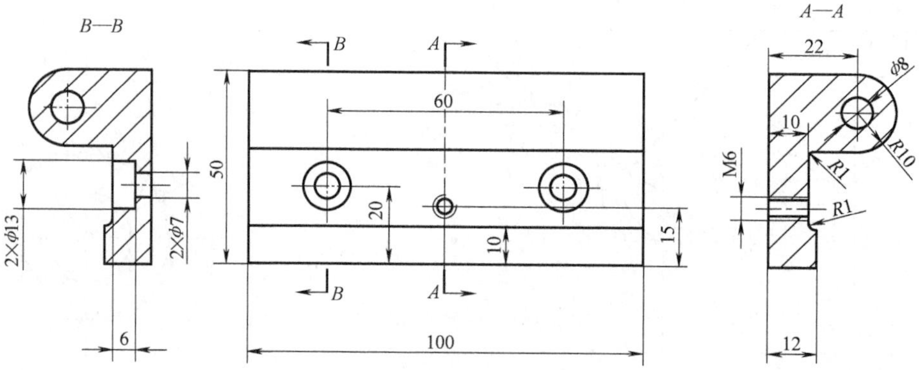

图 6-140　完成设计的铰链座

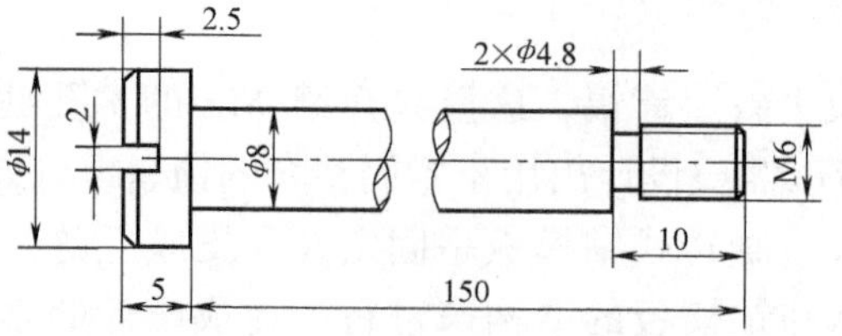

图 6-141　完成设计的铰链轴

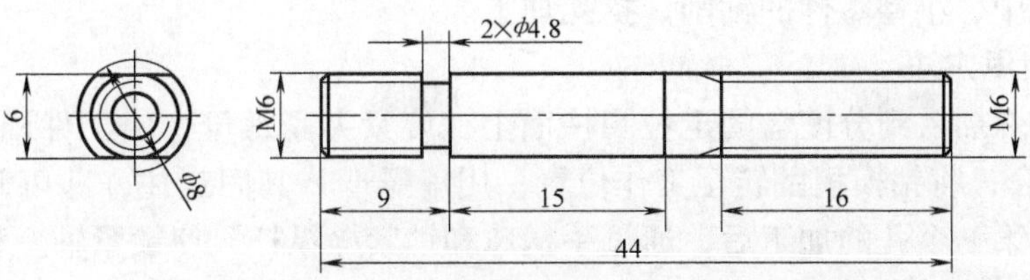

图 6-142　完成设计的固定螺栓

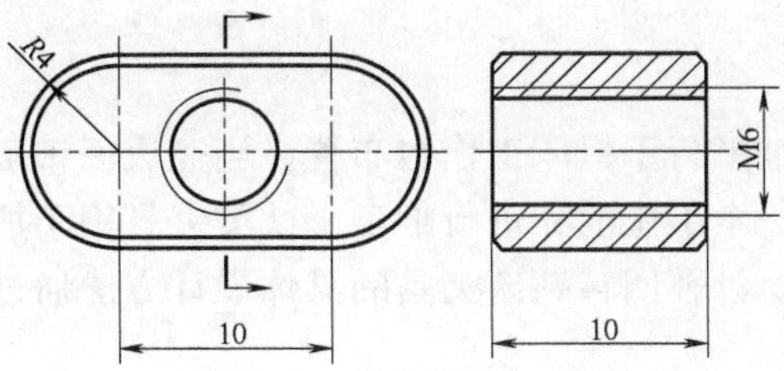

图 6-143　完成设计的扁螺母

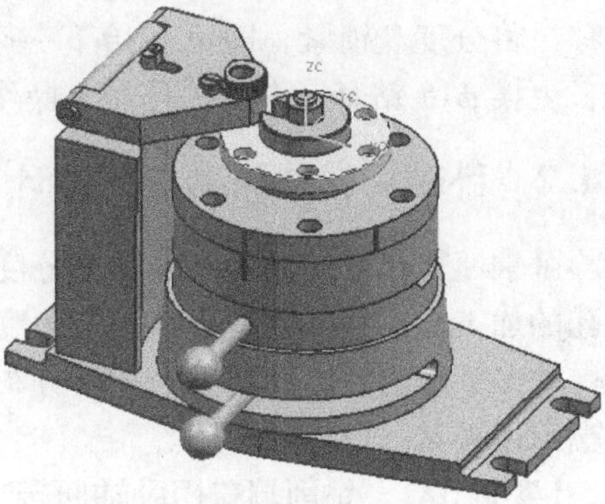

图 6-144　完成钻削密封法兰用立轴回转夹具装配的实体图

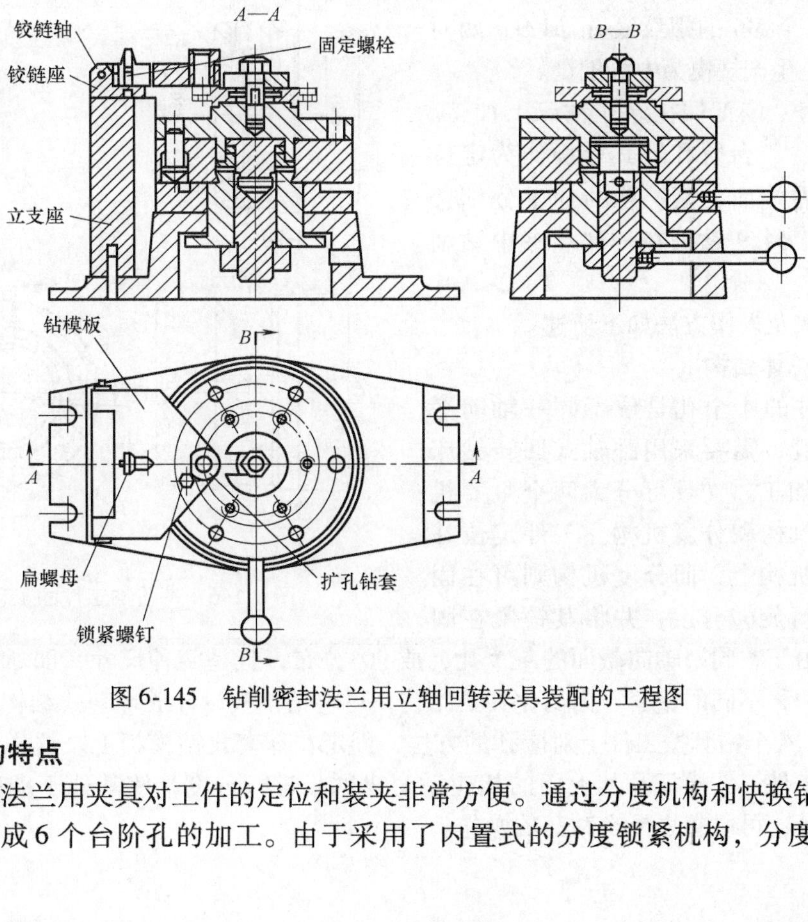

图 6-145　钻削密封法兰用立轴回转夹具装配的工程图

5. 夹具的特点

钻削密封法兰用夹具对工件的定位和装夹非常方便。通过分度机构和快换钻套，可以在一次装夹中完成 6 个台阶孔的加工。由于采用了内置式的分度锁紧机构，分度操作简单快捷。本夹具适合中、小型零件的钻削、扩孔加工。

6. 夹具的使用方法

加工时把工件插入到分度盘的定位圆柱面上，旋紧夹紧螺母，使工件固定在分度盘上。先装上 $\phi9$ 的钻套，将钻模板翻转至工作位置，用扁螺母将其固定住，即可开始第一个孔的钻孔加工。完成第一个孔的加工后，通过手柄球和锁紧操纵杆，使锁紧轴上移。再通过手柄球和分度操纵杆，旋转端面凸轮，让对定销在弹簧的作用下退出分度盘的定位孔，旋转分度盘至下一个孔位，反方向旋转端面凸轮，推动对定销重新插入定位孔中，再旋转锁紧轴使其下移，将分度盘锁紧，即可开始下一个孔的钻削加工。当完成全部 6 个 $\phi9$ 孔的钻削加工后，更换 $\phi15$ 钻套，进行扩孔加工操作。

6.4.2 卧轴回转钻床夹具的设计

卧轴回转钻床夹具是指夹具中分度盘的旋转轴平行于机床工作台布置，当完成一个工位的孔的加工后，将分度盘旋转一定角度，再对下一个工位的孔进行加工。此类夹具用于加工同一轴向平面内、同一圆周上径向分布的径向孔。卧轴回转钻床夹具的具体设计方法通过钻削端盖用夹具的设计来讲述。

【实例 32】 钻削端盖用卧轴回转夹具的设计

端盖加工件的工程图如图 6-146 所示。

工序要求：端盖工件已完成车加工工序。本工序要求加工位于距左端面 15 截面上的 2 个 $\phi8$ 孔和 2 个 M6 的螺纹底孔 $\phi4.9$，两对孔相互垂直。生产规模为中等批量。

设计任务：该工件在立式钻床上加工。要求以 $\phi50^{+0.065}_{0}$ 台阶孔及其端面作为定位基准，并从右端面夹紧。孔的加工分别选用 $\phi8$ 钻头和 $\phi4.9$ 钻头在一次装夹中钻削完成。

设计步骤及操作方法如下所述。

1. 确定总体结构

由于工件的 4 个孔是位于同一轴向平面内的径向孔，需要采用卧轴式回转钻床夹具来进行加工。夹具可分为两个主要机构，即固定机构和分度机构。工件定位并夹紧在分度机构上，而分度机构则可在固定机构上进行旋转分度，并将其锁紧在固定机构上。由于在同一轴向截面的 4 个孔，成 90°分布，且是两种尺寸，即 $\phi8$ 和 $\phi4.9$，则需要设计出两种不同的钻套。为简化夹具结构，可将钻模板设计成环套式结构，并将其固定在分度盘上。4 个钻套按工件上对应孔的方位，固定在环套式钻模板上。这样，当分度盘旋转分度时，工件、钻模板及其上面的相应钻套也同步进行分度，使其处于准确的加工位置上。如此设计，可以省去更换钻套的操作。

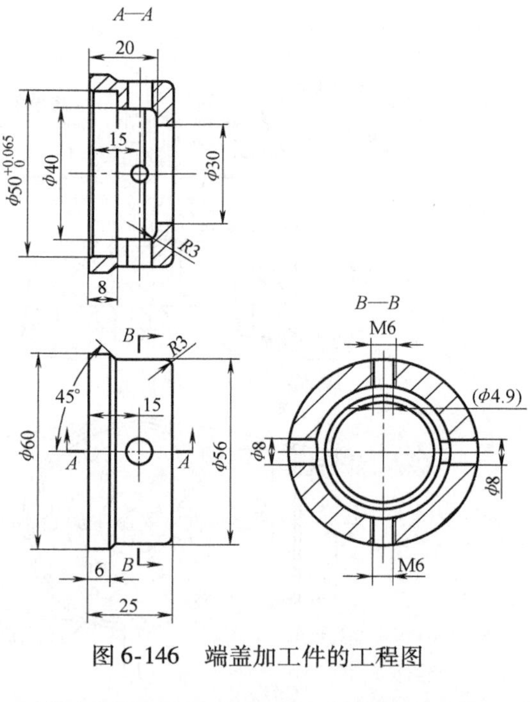

图 6-146　端盖加工件的工程图

2. 确定分度和定位方案

根据定位要求，选择端盖工件 $\phi50^{+0.065}_{0}$ 台阶孔及其端面作为定位基准面，限制工件 5 个自由度，在旋转方向上没有定位要求。直接选择分度盘作为定位元件，分度盘上的圆柱面作为孔定位，其端面作为平面定位。分度盘通过中心轴和中心套安装在夹具体上，可以旋转分度，不能轴向移动。在夹具体上安装有用于分度的对定元件，如球面对定销、弹簧、调节螺套等。分度时转动分度盘，当球面对定销对准一个工位孔时，在弹簧的作用下会自动卡入圆锥形定位孔中。再通过锁紧元件将分度盘紧固在夹具体上，即可进行相应的钻孔加工。对工件的夹紧操作是通过安装在分度盘上的夹紧元件来实现的。

图 6-147　将端盖实体模型定位

（1）设计工件的实体模型　按端盖工程图设计出工件的实体模型，在 UG 的装配环境下将其调入，并按加工时的状态，将其固定在三维空间的适合位置上，如图 6-147 所示。

（2）设计定位元件　根据分度方案，定位元件直接选用分度盘，此元件既是分度元件，也是定位元件。分度盘可依据端盖工件的基准孔的直径和长度来设计，如图 6-148 所示。

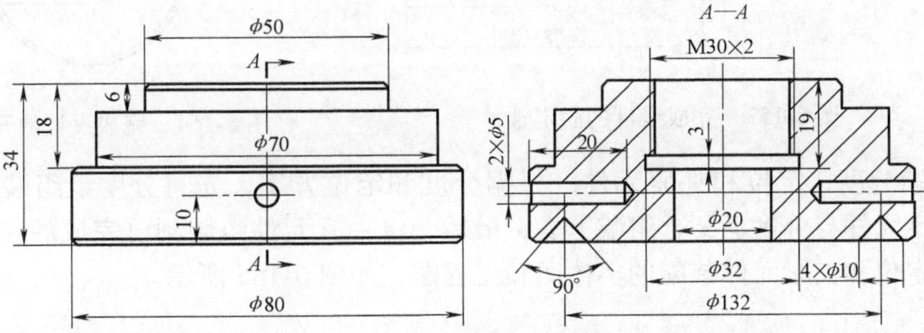

图 6-148　完成设计的分度盘

（3）设计分度对定元件　分度对定元件有球面对定销、弹簧、调节螺套、$\phi8$ 垫圈（标准件）和 M8 螺母（标准件），安装在夹具体的对定孔中。球面对定销、弹簧、调节螺母的设计可参考夹具体和分度盘的结构和尺寸来进行，如图 6-149 至图 6-151 所示。

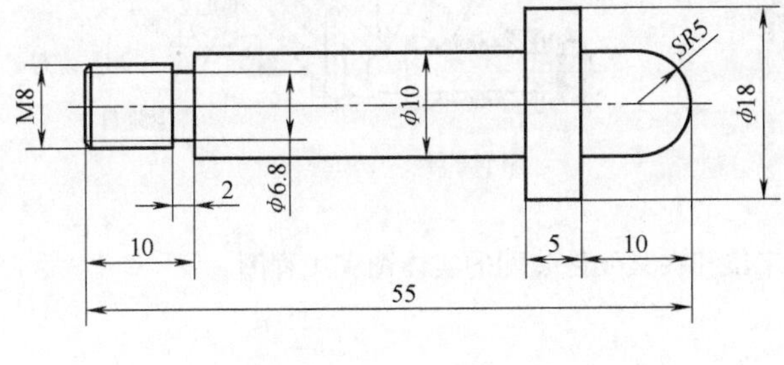

图 6-149　球面对定销

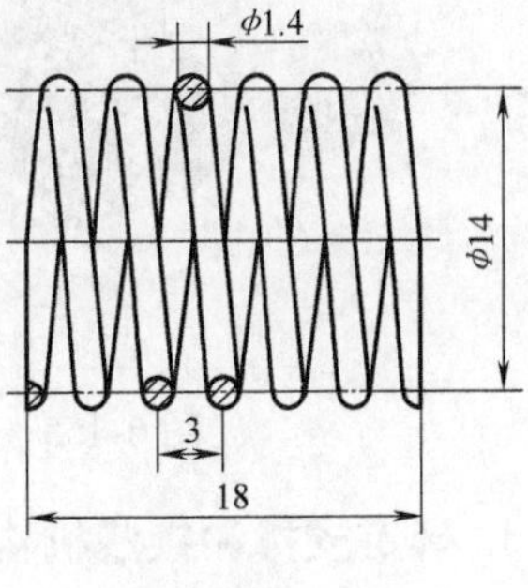

图 6-150　弹簧

(4) 设计工件夹紧元件　此步骤所设计的夹紧元件，是对工件的夹紧，即将工件定位后夹紧在分度盘上。夹紧采用螺旋压板方式。夹紧元件有锁紧螺母、固定轴、开口压板和 M16 螺母（标准件），完成设计的 3 个元件如图 6-152 至图 6-154 所示。

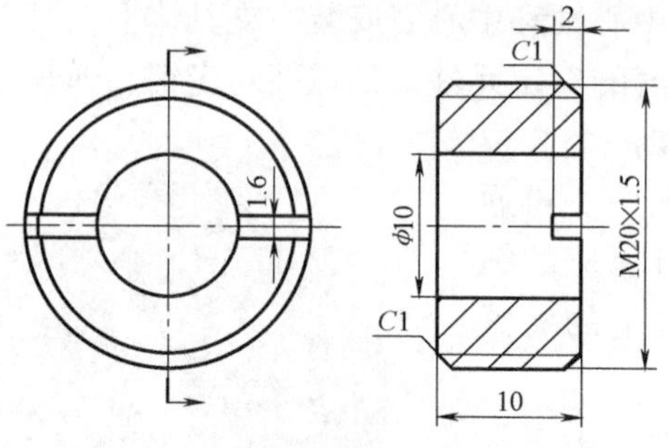

图 6-151　完成设计的调节螺母

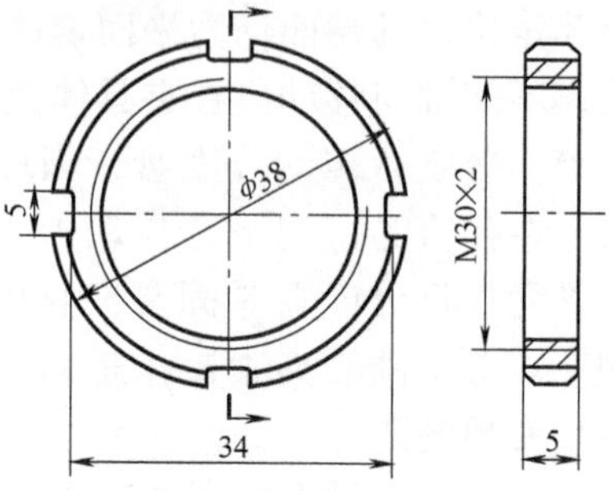

图 6-152　完成设计的锁紧螺母

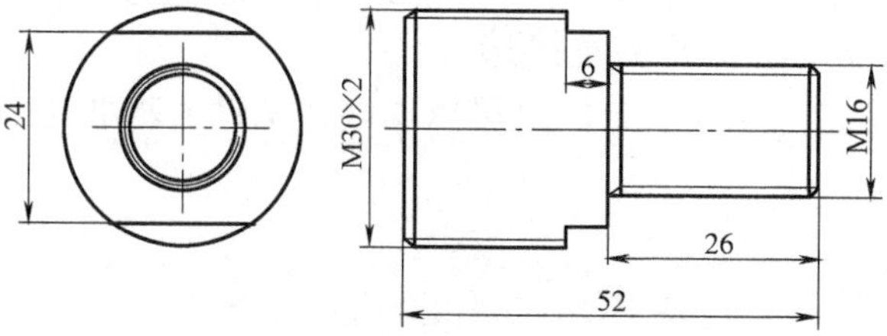

图 6-153　完成设计的固定轴

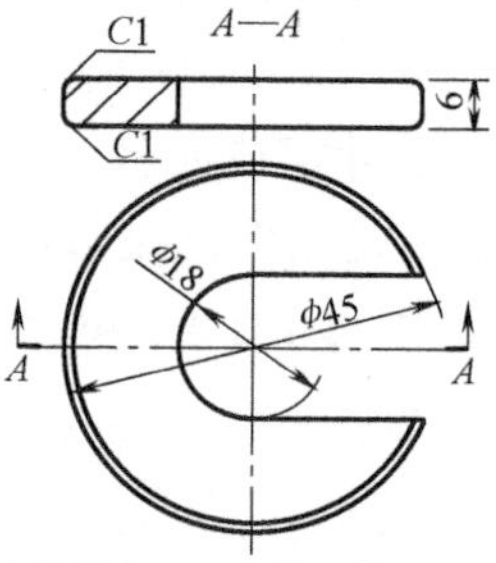

图 6-154　完成设计的开口压板

(5) 组装分度、定位和夹紧元件　根据分度和定位方案，先将分度盘组装到工件上；再将分度对定元件与分度盘配合组装上去；最后，将夹紧元件组装到已完成的装配结构中。完成分度、定位和夹紧元件装配的实体图和工程图，如图 6-155 所示。

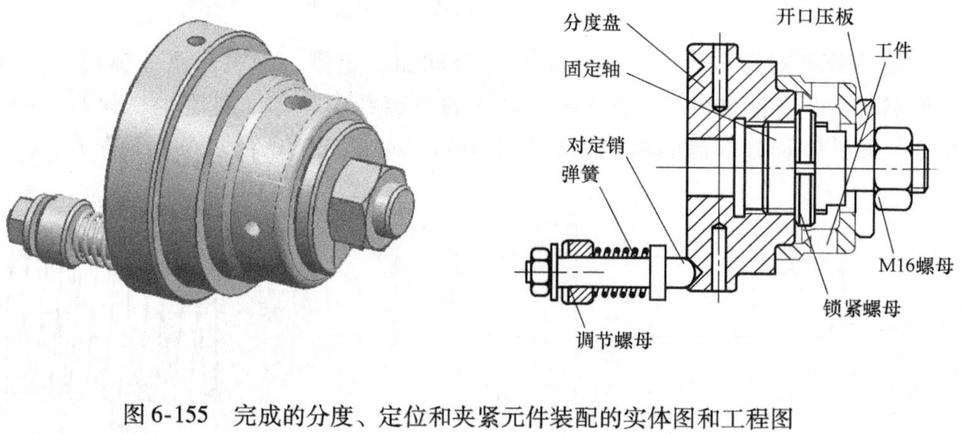

图 6-155　完成的分度、定位和夹紧元件装配的实体图和工程图

3. 确定支撑和锁紧机构

根据总体设计方案端盖用夹具要设计固定机构，即支撑机构和锁紧元件。支撑机构

主要有夹具体、中心轴、中心套、导向螺钉。中心套安装在夹具体中心孔中；中心轴安装在中心套中，并与分度盘成滑动配合；导向螺钉安装在夹具体上，限制中心轴的转动。锁紧元件有手轮式螺母和挡圈。这两个元件都装配到中心轴上，用于将分度盘锁紧在夹具体上。

（1）设计支撑元件　支撑元件的设计应根据分度和定位装配结构来进行，要保证各个元件之间的正确配合关系。完成设计的支撑元件即夹具体、中心轴、中心套、导向螺钉，如图 6-156 至图 6-159 所示。

（2）设计锁紧元件　锁紧元件的设计应根据相应的支撑元件结构、尺寸及配合关系来进行。完成设计的锁紧元件即手轮螺母和挡圈，如图 6-160 和图 6-161 所示。

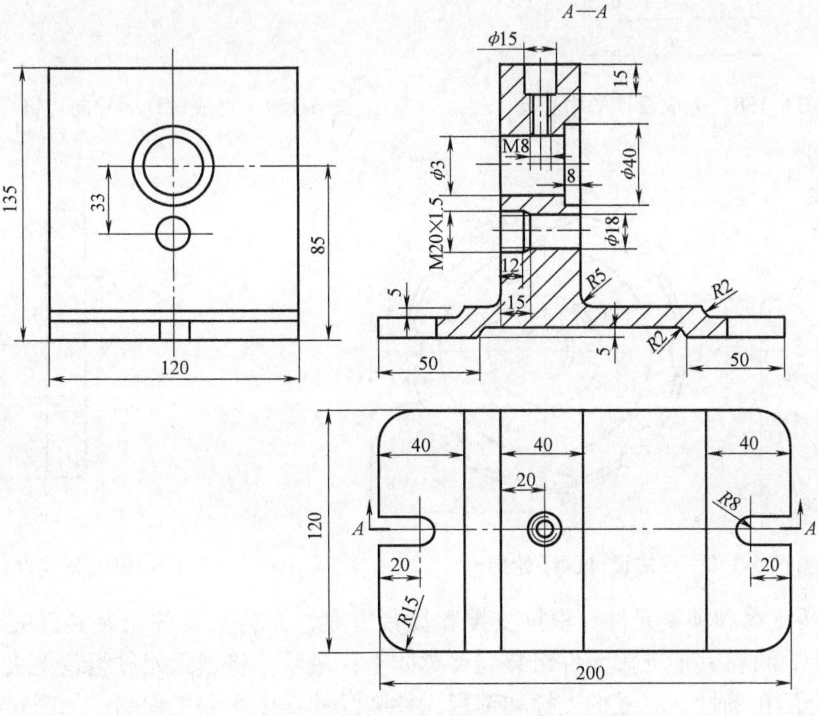

图 6-156　完成设计的夹具体

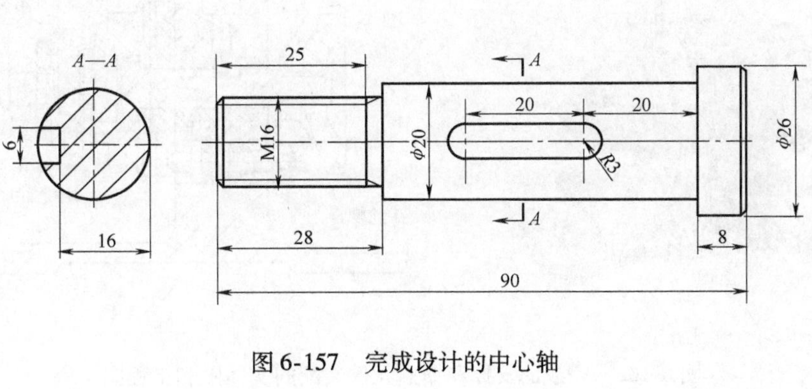

图 6-157　完成设计的中心轴

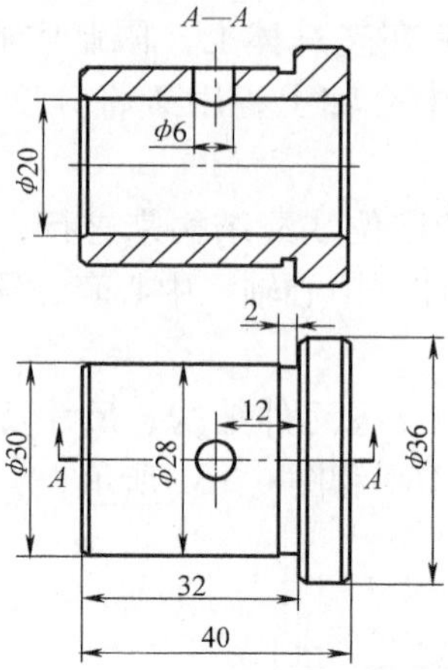

图 6-158　完成设计的中心套

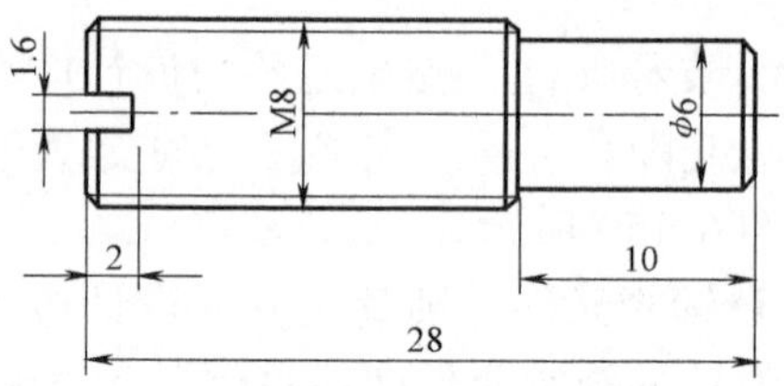

图 6-159　完成设计的导向螺钉

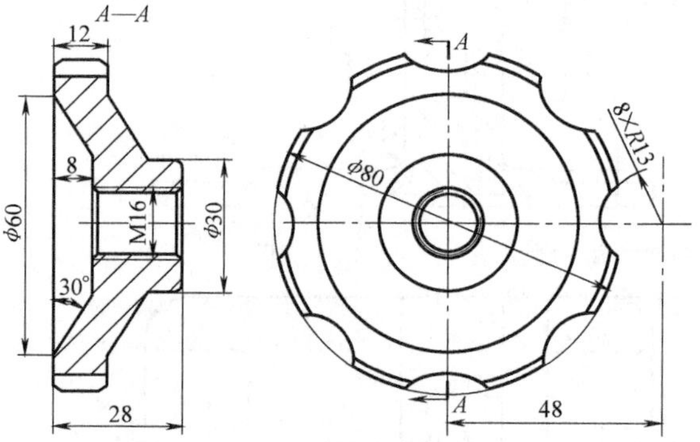

图 6-160　完成设计的手轮螺母

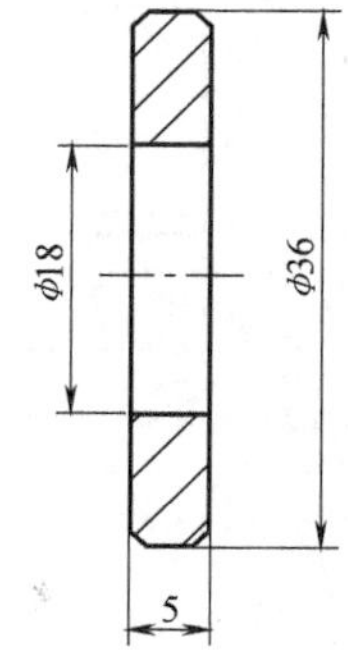

图 6-161　完成设计的挡圈

（3）组装支撑和锁紧元件　根据支撑和锁紧方案，先将夹具体组装到已完成装配的分度和定位机构上；再将其他支撑元件组装到夹具体上；最后，将锁紧元件组装上去，要注意这些元件之间配合的正确性。完成的支撑和锁紧元件装配的实体图和工程图，如图 6-162 所示。

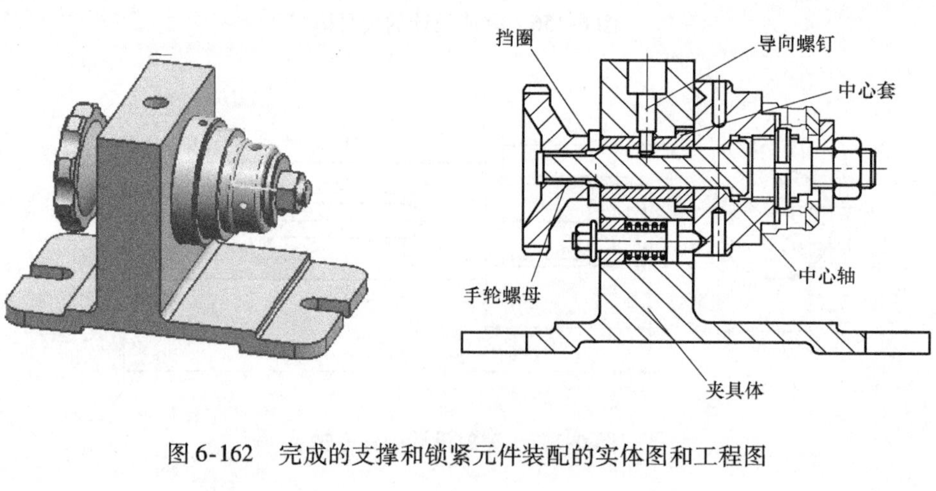

图 6-162　完成的支撑和锁紧元件装配的实体图和工程图

4. 确定钻模结构

根据夹具设计的总体方案，采用环套式钻模结构。将环套钻模板以静配合方式直接安装在分度盘上，并以两个圆柱销加以固定。两种尺寸的 4 个钻套直接安装到其上的对应孔中。钻套均设计成固定结构，分别为 $\phi8$ 和 $\phi4.9$。

（1）设计钻模板　根据端盖工件相对分度盘的空间位置和尺寸，确定钻模板的结构和尺寸，保证安装钻套的钻孔中心对准工件上所要加工 4 个孔的轴线。完成设计的环套式钻模板如图 6-163 所示。钻模板是直接安装在分度盘的外圆柱面上的，并用两个 $\phi5\times25$（标准件）的圆柱销加以固定。

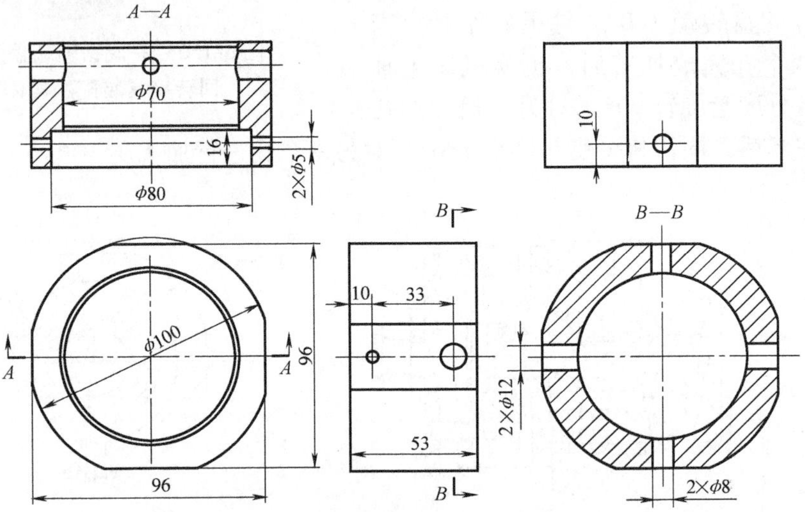

图 6-163　完成设计的环套式钻模板

（2）设计钻套　由于是两种规格的钻套，且同时安装到环套式钻模板上，因此，要将两个钻套都设计出来。图 6-164 和图 6-165 所示分别为 $\phi8$ 和 $\phi4.9$ 的钻套。

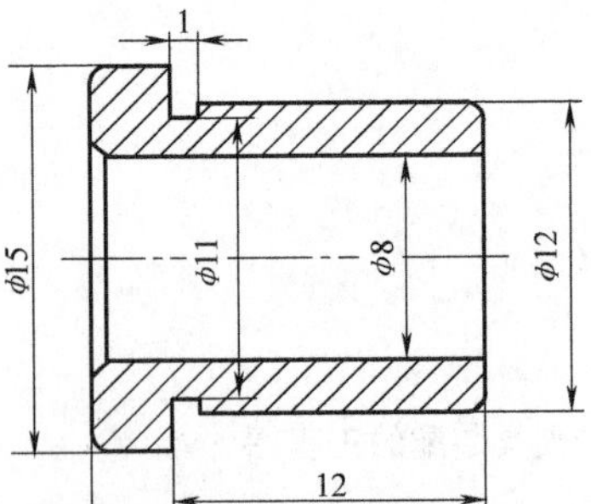

图 6-164　$\phi8$ 的钻套

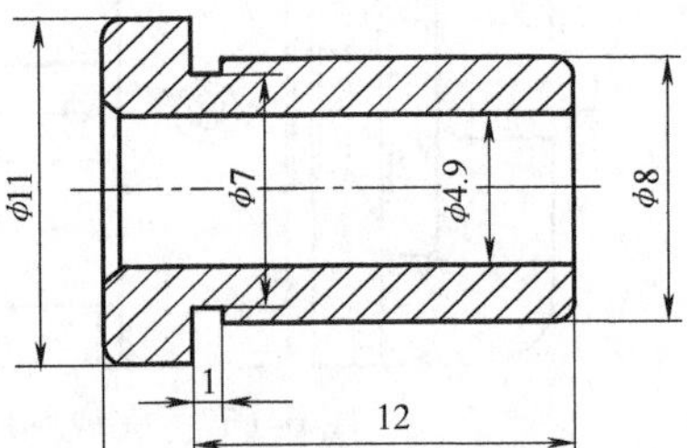

图 6-165　$\phi4.9$ 的钻套

（3）组装钻模元件　按端盖夹具总体方案，先将环套式钻模板组装到分度盘上；再将两个 $\phi5\times25$（标准件）圆柱销组装上去，将钻模板固定住；最后，将两个 $\phi8$ 钻套和两个 $\phi4.9$ 的钻套成垂直布置安装到环套式钻模板上。至此，完成整个钻削端盖用卧轴回转夹具的设计，其装配的实体图和工程图，如图 6-166 和图 6-167 所示。

5. 夹具的特点

采用环套式钻模结构，同时将两种不同尺寸的钻套安装在钻模板上，当分度定位后，无

需更换钻套，即可进行不同尺寸的钻孔加工。整个夹具结构简洁，使用了较少的元件，且操作方便快捷。

6. 夹具的使用方法

加工时把端盖工件插入到分度盘的定位圆柱面上，旋紧夹紧螺母，使工件固定在分度盘上。在钻床主轴上先安装一种尺寸的钻头，并将对应的钻套旋转至加工位置进行加工；加工完毕后，将分度盘转动180°，钻另一个孔。当同一尺寸的两个孔完成加工后，更换机床主轴上的钻头，将分度盘旋转90°，对另一尺寸的孔进行加工；完成后，同样将分度盘转动180°，对另一个孔进行加工。

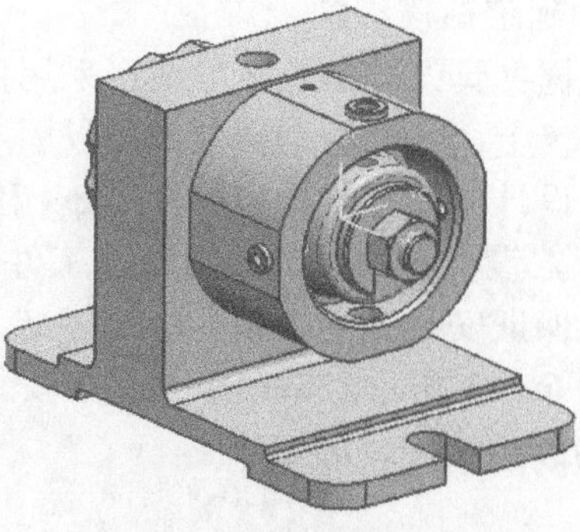

图6-166　完成钻削端盖用卧轴回转夹具装配的实体图

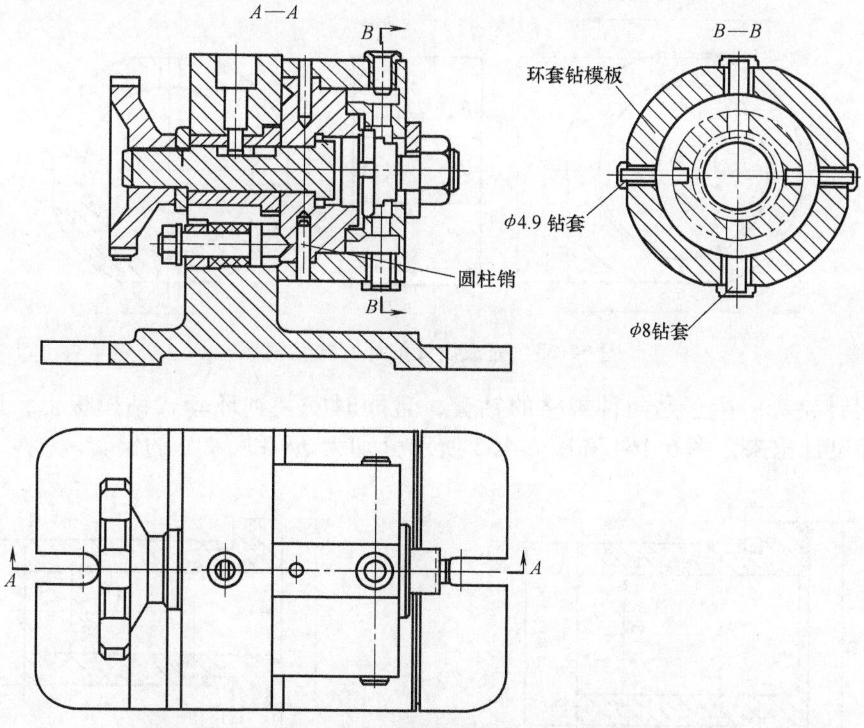

图6-167　完成钻削端盖用卧轴回转夹具装配的工程图

6.4.3　斜轴回转钻床夹具的设计

斜轴回转钻床夹具是指夹具中分度盘的旋转轴与机床工作台倾斜成一定角度布置，其所加工的孔通常与工件的回转轴也成一定角度，即加工工件上的斜孔。当这类斜孔不止一个时，就要用到斜轴回转夹具。斜轴回转钻床夹具的具体设计方法通过钻削限位轴套用夹具的设计来讲述。

【实例33】　钻削限位轴套用斜轴回转夹具的设计

限位轴套加工件的工程图如图6-168所示。

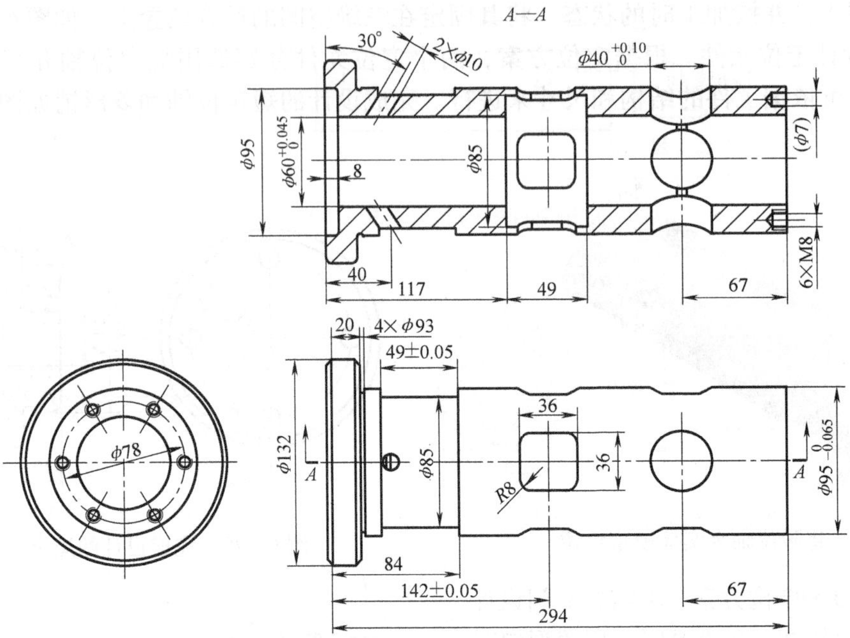

图 6-168　限位轴套加工件的工程图

工序要求：工件的其他表面已完成加工。本工序要求加工位于距左端面 40 并成 30°倾斜角的两个 $\phi10$ 的注油孔。生产规模为中等批量。

设计任务：该工件在立式钻床上加工。要求以 $\phi60^{+0.045}_{0}$ 台阶孔及其端面作为定位基准，并从右端面夹紧。孔的加工直接选用 $\phi10$ 钻头在一次装夹中钻削完成。由于该企业需要加工倾斜孔的工件较多，角度也有变化，因此，要求在夹具体的设计时，尽可能将其设计成可调节的结构形式。

设计步骤及操作方法如下所述。

1. 确定总体结构

由于限位轴套工件上的两个斜孔精度要求不高，且在同一纵截面（180°夹角）内，分度比较简单，可以不使用分度盘，而是利用右端面上处在同一纵截面上的两个螺纹孔，用菱形销来控制钻孔的位置，以简化夹具结构。当加工完一个孔后，把夹紧机构松开，将工件旋转 180°，利用夹紧机构上的菱形销重新定位，再将工件夹紧加工另一个孔。根据设计要求，可将夹具体设计成可调节的结构形式，以便适应不同角度斜孔工件的加工，扩大夹具的使用范围。由于受到装夹空间的限制，钻模板需要设计成翻转形式。

2. 确定分度和定位方案

根据定位要求，选择工件 $\phi60^{+0.045}_{0}$ 台阶孔及其端面作为定位基准面，限制工件 5 个自由度，在旋转方向上通过菱形销，对工件右端面上同一平面的螺纹孔进行定位，即限制工件 6 个自由度。完成一个孔的加工后，再利用菱形销对下面的螺纹孔进行分度定位，加工另一个孔。定位元件采用短定位轴，对定位基准孔进行定位。短定位轴通过固定螺钉紧固到夹具体上。另一个定位元件即菱形销，安装到夹紧机构中的端面压板上，对螺纹孔进行定位，以限制工件的旋转自由度。

（1）设计工件的实体模型　按限位轴套工程图设计出工件的实体模型，在 UG 的装配环

（1）设计夹具体　限位轴套夹具体仍采用铸造件，其形态为 U 形架构。设计时应参考已完成装配的工件、定位元件和夹紧元件的空间位置和配合关系来进行。完成设计的 U 形夹具体如图 6-180 所示。

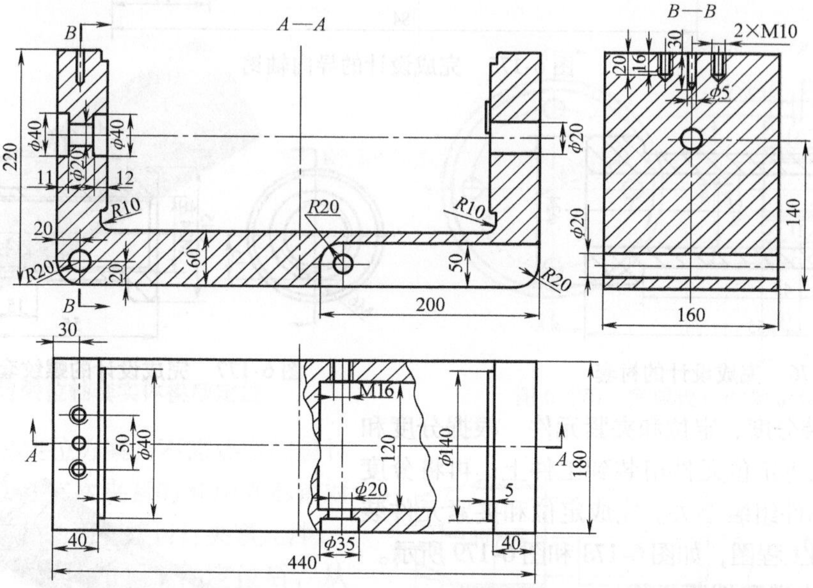

图 6-180　完成设计的 U 形夹具体

（2）设计支撑元件　支撑元件主要用于将 U 形夹具体构建成 30°倾斜角，以保证工件上斜孔加工的正确定位。支撑元件有支撑板和底座，可根据夹具体的结构和尺寸来设计。完成设计的支撑板和底座如图 6-181 和图 6-182 所示。

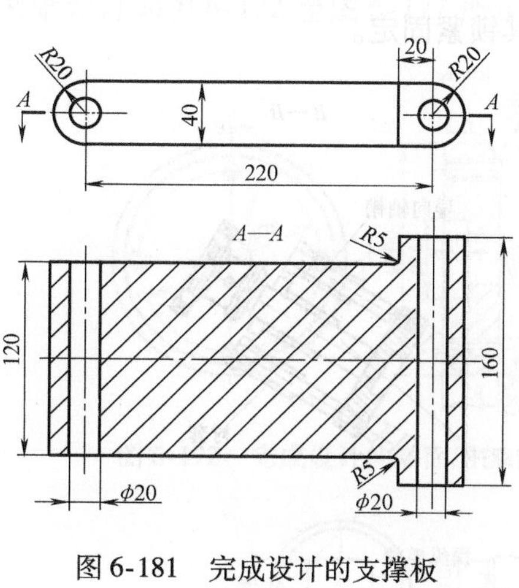

图 6-181　完成设计的支撑板

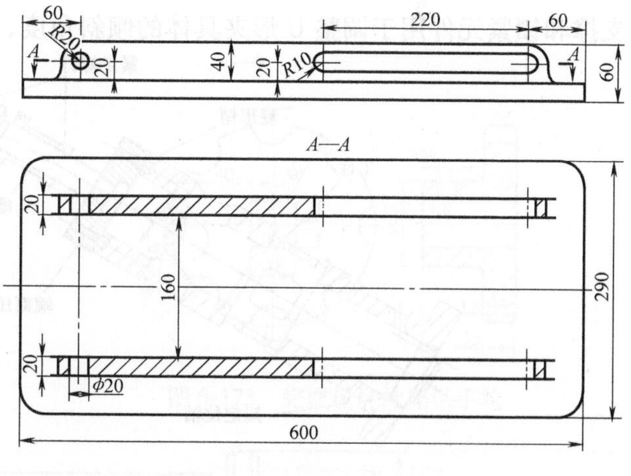

图 6-182　完成设计的底座

（3）设计锁紧元件　锁紧元件用于将夹具体和支撑元件紧固为一体，构成一个完整的支撑结构。锁紧元件有底座铰链轴、夹具体铰链轴、M16 螺母（标准件）和 $\phi20$ 垫圈（标准件）。完成设计的底座铰链轴和夹具体铰链轴如图 6-183 和图 6-184 所示。

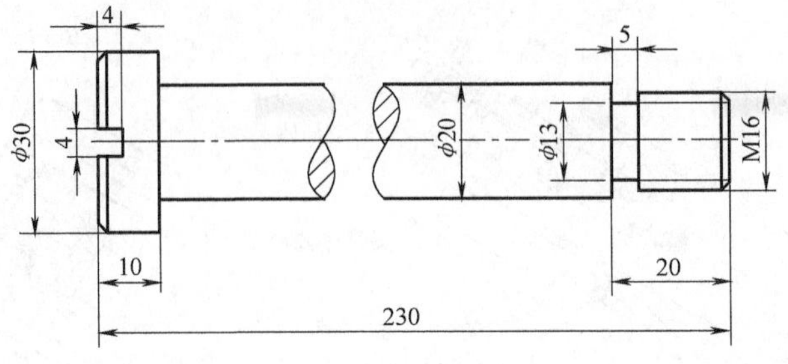

图 6-183　完成设计的底座铰链轴

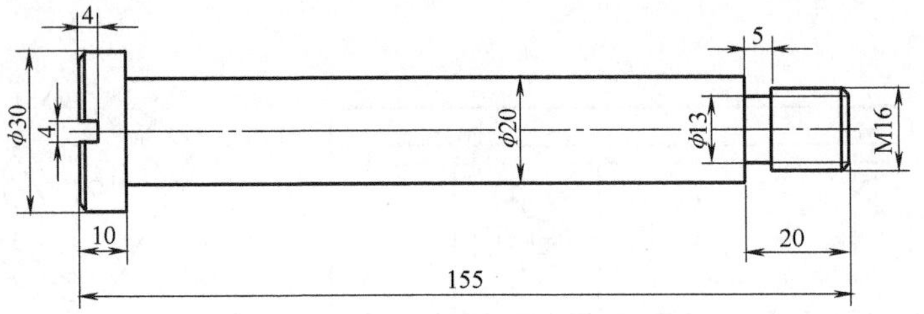

图 6-184　完成设计的夹具体铰链轴

（4）组装支撑和锁紧元件　根据支撑和锁紧方案，先将夹具体组装到已完成装配的分度和定位机构上；再将其他支撑元件组装到夹具体上；最后，将锁紧元件组装上去。要注意，这些元件之间配合的正确性。完成的支撑和锁紧元件装配的实体图和工程图，如图 6-185 和图 6-186 所示。

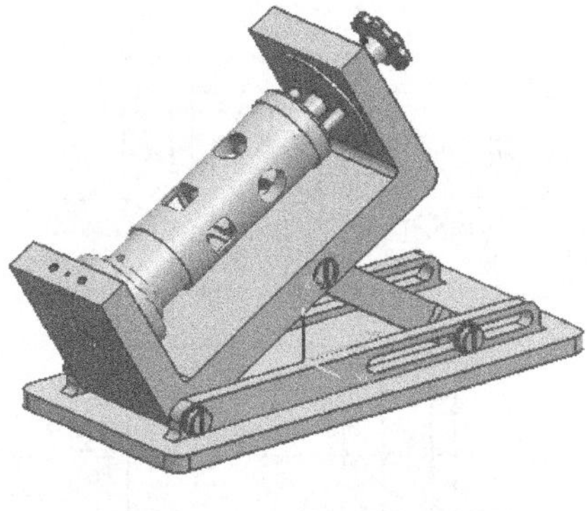

图 6-185　完成的支撑和锁紧元件装配的实体图

4. 确定钻模结构

根据夹具的总体方案，采用翻转式钻模结构，以铰链方式通过铰链座将其安装在夹具体上。钻套采用 $\phi10$ 的固定式钻套，直接安装在钻模板上。

（1）设计钻模板　根据工件相对夹具体的空间位置和尺寸，确定钻模板的结构和尺寸，保证安装钻套的钻孔中心对准工件上所要加工斜孔的轴线。完成设计的钻模板如图 6-187 所示。

（2）设计钻套　由于钻模板表面距离工件斜孔所在表面的空间过大，且又是倾斜状态，可将钻套设计成特殊的结构形式，如图 6-188 所示。

（3）设计钻模固定元件　翻转式钻模板是通过铰链座固定在夹具体上的，要将与之配合的所有固定元件一并设计出来。钻模固定元件有铰链座、铰链轴（与夹具体铰链轴相同）、M16 螺母（标准件）、M10 ×20 平头螺钉（标准件）和 $\phi5\times30$ 圆柱销（标准件）。完成设计的铰链座如图 6-189 所示。

（4）组装钻模元件　按夹具设计总体方案，将钻模板、钻套和钻模固定元件组装到已完成装配的结构中。在装配过程如发现配合不准确的地方，应对具体元件的尺寸进行修改，配合不当的也要调整过来。至此，完成钻削限位轴套用斜轴回转夹具的设计，其装配的实体图和工程图，如图 6-190 和图 6-191 所示。

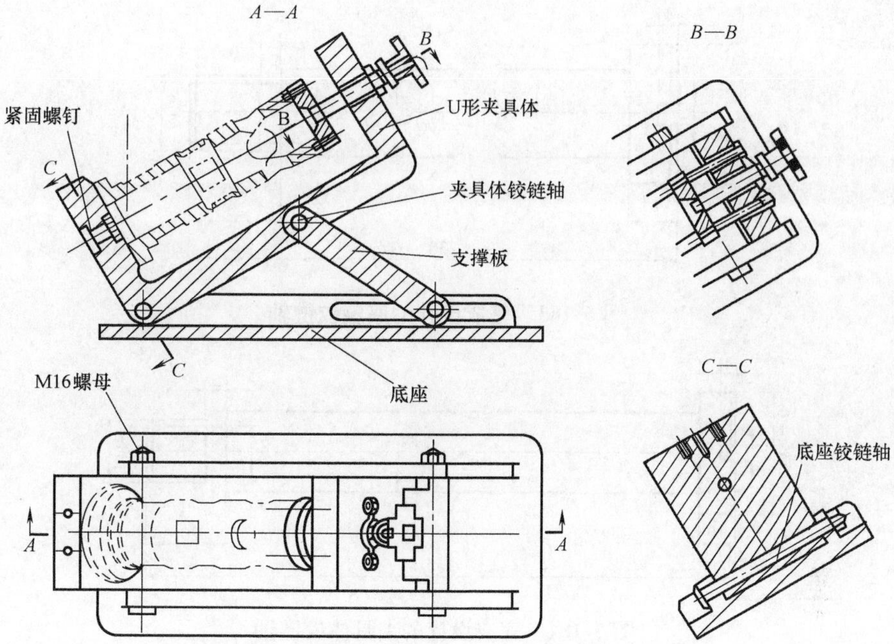

图 6-186　完成的支撑和锁紧元件装配的工程图

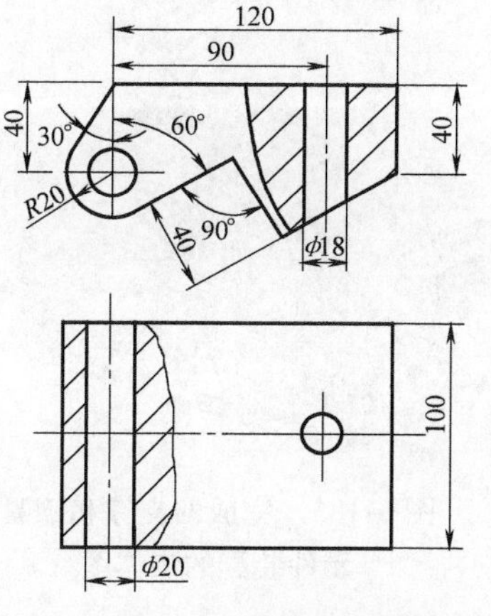

图 6-187　完成设计的钻模板

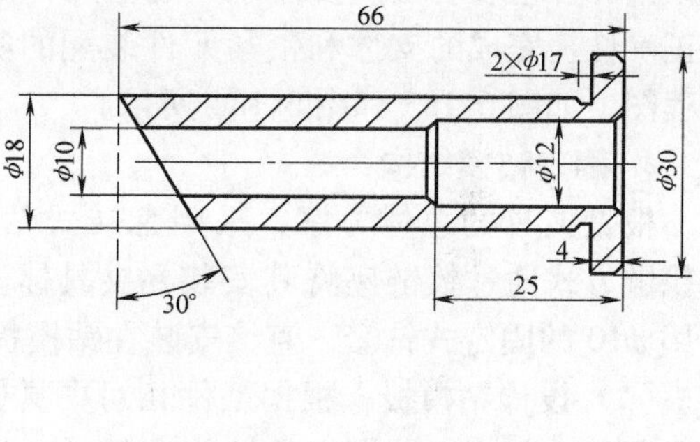

图 6-188　完成设计的钻套

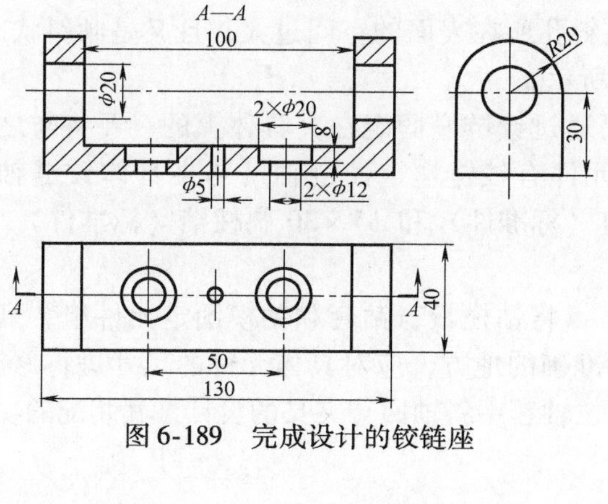

图 6-189　完成设计的铰链座

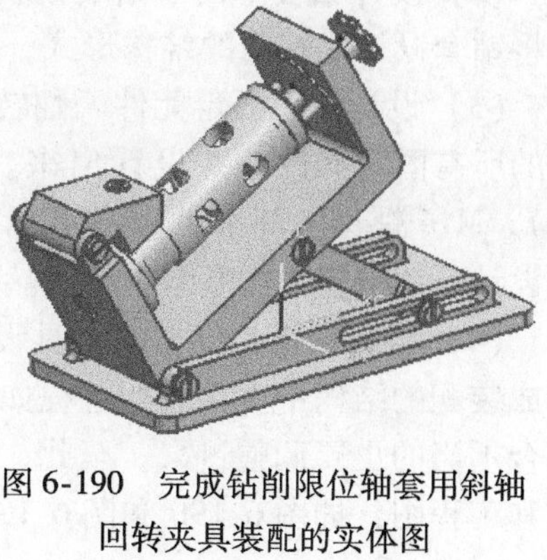

图 6-190　完成钻削限位轴套用斜轴回转夹具装配的实体图

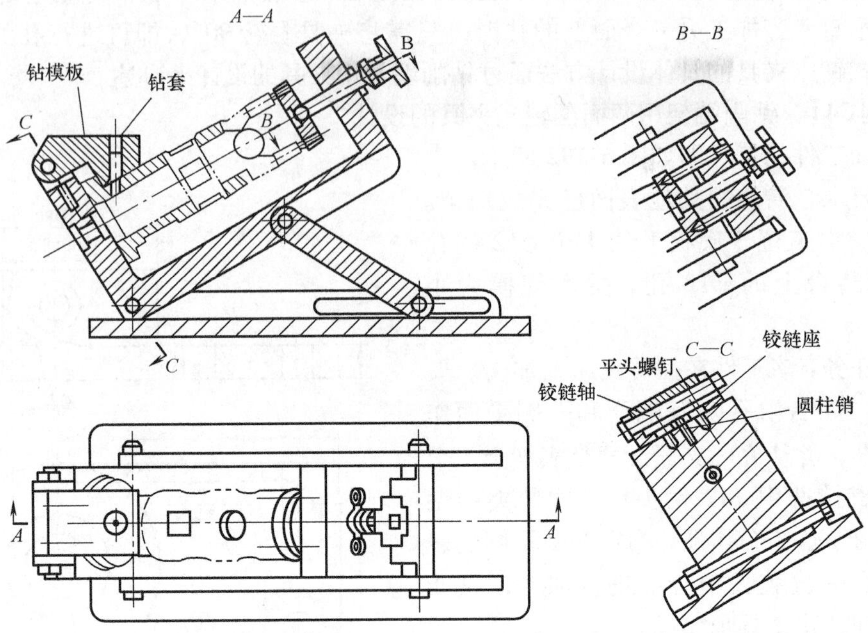

图 6-191　完成钻削限位轴套用斜轴回转夹具装配的工程图

5. 夹具的特点

限位轴套用夹具的总体结构设计成可调节形式，能够适应 0°～60°斜孔工件的加工需要。整个夹具结构简单，使用了较少的元件，操作也十分方便。

6. 夹具的使用方法

加工时把工件插入到定位短轴上，将工件右端面上的一个螺纹孔（共 6 个）置于顶端，旋转手轮推动端面压板压向右端面，使菱形销对准螺纹孔并夹紧。将钻模板放置在工作状态，即可开始钻削加工。完成第一个斜孔加工后，旋松手轮使端面压板脱离工件，将工件旋转 180°，再重新将工件夹紧，即可对第二个斜孔进行加工。

当需要加工类似的带有不同角度斜孔的工件时，只需更换不同的钻模板和钻套，调整夹具体的倾斜角度，并将整个夹具锁紧即可。

6.5　翻转式钻床夹具的设计

翻转式钻床夹具，又称为多面孔钻床夹具，主要用于加工中、小型工件分布在不同表面上的孔。此类夹具在一次装夹中能够完成多个表面上孔的加工，可以有效地保证不同表面上孔的位置精度。但由于在加工不同表面的孔时，夹具需要进行翻转操作，因此，工件和夹具的重量不能太重，且在更换加工表面时要重新对刀，工作效率不高。按能够加工表面数的不同，翻转式夹具可分为两面翻转钻床夹具和三面翻转钻床夹具。

6.5.1　两面翻转式钻床夹具的设计

两面翻转式钻床夹具是指加工分布在工件两个表面上的孔的钻床夹具。当完成一个表面

上孔的加工后，将夹具翻转，使另一个表面朝上，加工其上的孔。通常情况是孔所在的两个表面相互垂直，当加工另一个面上的孔时，只需将夹具翻转 90°，即可进行孔的加工操作。两面翻转式钻床夹具的具体设计方法通过钻削端架用夹具的设计来讲述。

【实例 34】 钻削端架用两面翻转式夹具的设计

端架加工件的工程图如图 6-192 所示。

工序要求：工件的其他表面已完成加工。本工序要求加工位于底板上的 4 个 $\phi12$ 的孔和小圆柱凸台上的 $\phi12$ 孔。生产规模为小批量。

设计任务：该工件在摇臂钻床上加工。要求以 $\phi40^{+0.065}_{0}$ 台阶孔及其端面和一侧平面作为定位基准，并从底面夹紧。两个表面上 5 个孔的加工直接选用 $\phi12$ 钻头在一次装夹中钻削完成。由于这 5 个孔是分布在两个不同的表面上，要在一次装夹中全部进行加工，只能采用两面翻转式夹具来完成。

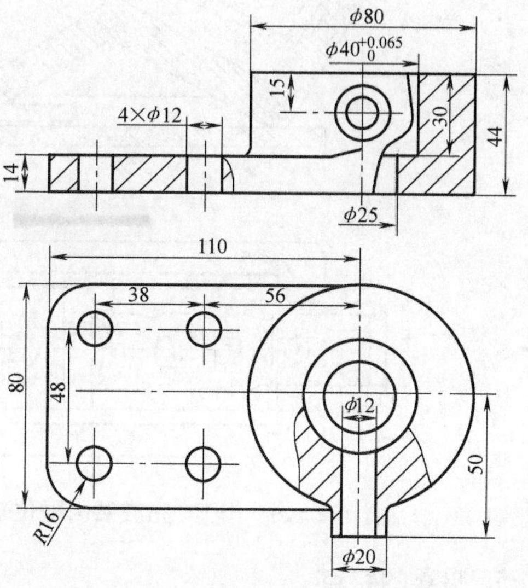

图 6-192　端架加工件的工程图

设计步骤及操作方法如下所述。

1. 确定总体结构

由于端架工件上要加工的孔在两个相互垂直的表面上，可将夹具体设计成 U 形结构，并通过定位轴套将工件固定在夹具体上。当以 $\phi40^{+0.065}_{0}$ 台阶孔的端面作为平面定位基准时，考虑到底板的上表面会出现悬空状态，应当增设辅助支承。为方便工件的装夹和拆卸，可将底板上 4 个需要加工的孔置于 U 形夹具体的开口处，并以翻转钻模板的形式来确定 4 个钻套的方位。工件的夹紧仍设计为螺旋压板的方式。

2. 确定定位和夹紧方案

根据定位要求，选择工件 $\phi40^{+0.065}_{0}$ 台阶孔及其端面和一侧平面作为定位基准面，限制工件 6 个自由度，即实行完全定位。定位元件设计成两个，即定位轴套和支承钉。定位轴套的圆柱面定位工件的孔表面，其端面定位工件的平面，而支承钉则布置在工件的侧面，用于限制工件的旋转自由度。为了减轻底板上 4 个孔加工时的悬空状况，应在其下面设置辅助支承装置。夹紧元件由夹紧轴、锁紧螺母、开口压板和夹紧螺母组成。

（1）设计工件的实体模型　按端架工程图设计出工件的实体模型，在 UG 的装配环境下将其调入，并按加工时的状态，将其固定在三维空间的适合位置上，如图 6-193 所示。

（2）设计定位元件　根据定位方案，两个定位元件分别选用定位轴套和支承钉，两个元件的设计可依据工件的结构和尺寸来进行。完成设计的两个定位元件如图 6-194 和图 6-195所示。

（3）设计辅助支承元件　辅助支承元件有支承轴、调节螺母和导向销，这些元件都直接安装在夹具体上。当旋转调节螺母时，在导向销的限制下支承轴会上下移动，以支承住工

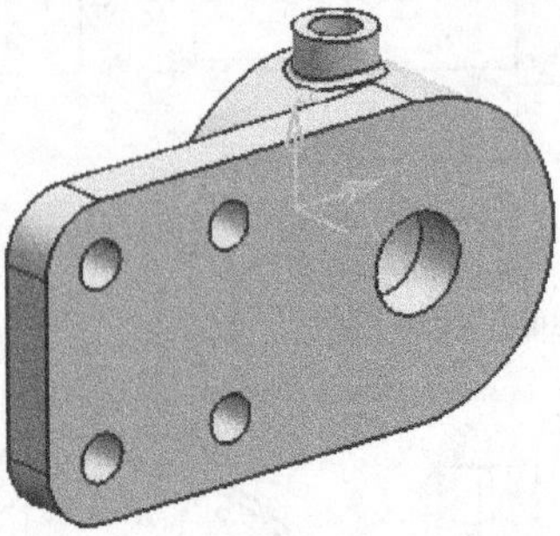

图 6-193　将端架实体模型定位

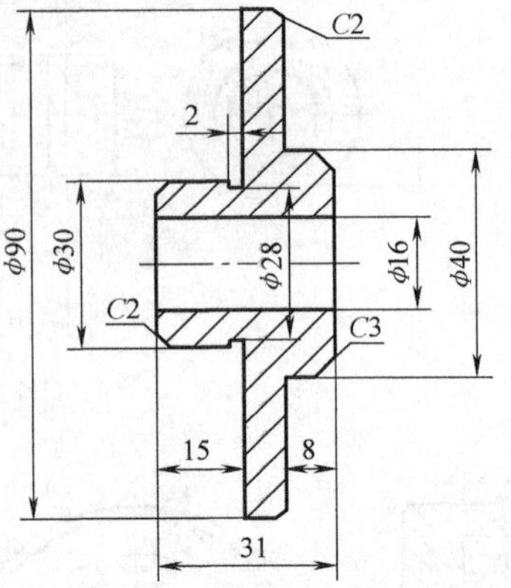

图 6-194　完成设计的定位轴套

件底板的底面，并通过调节螺母将其固定住。完成设计的 3 个辅助支承元件如图 6-196 至图 6-198 所示。

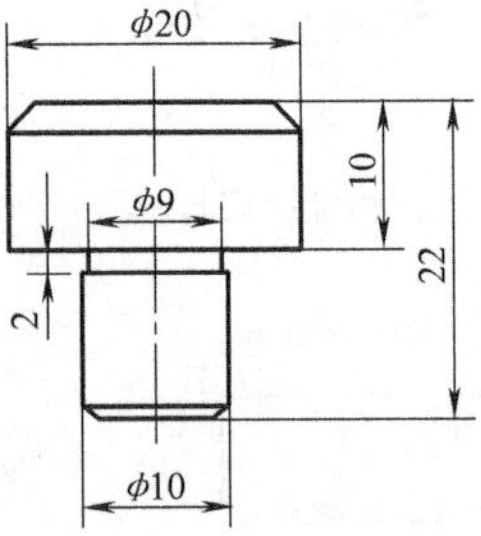

图 6-195　完成设计的支承钉

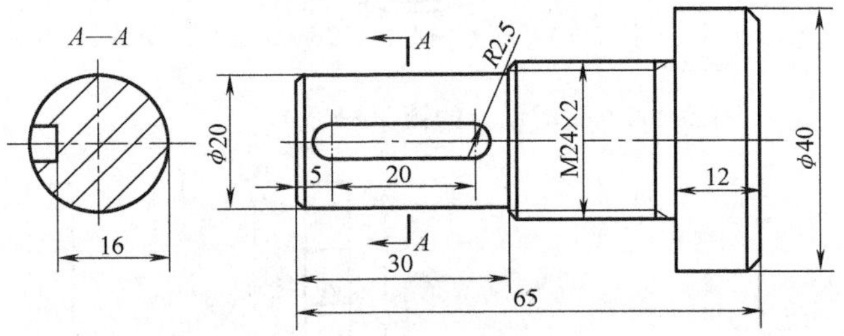

图 6-196　完成设计的支承轴

（4）设计夹紧元件　夹紧元件有夹紧轴、锁紧螺母、开口压板和 M16 螺母（标准件），这些元件也是安装在夹具体上的。当旋紧 M16 螺母时，通过开口压板及夹紧轴的作用，使工件夹紧在夹具体上。锁紧螺母用于使夹紧轴固定在夹具体上。完成设计的夹紧元件如图 6-199 至图 6-201 所示。

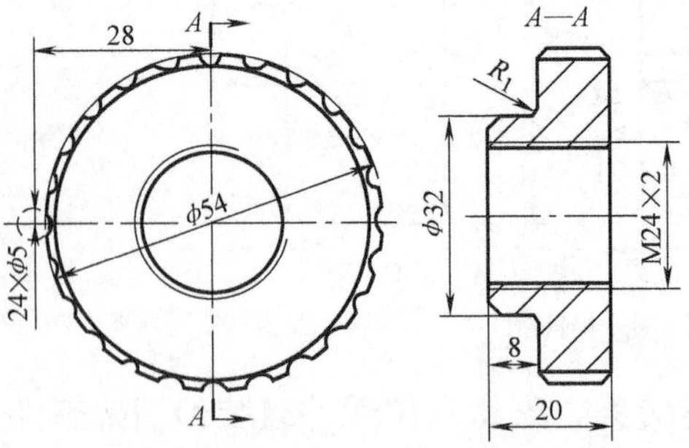

图 6-197　完成设计的调节螺母

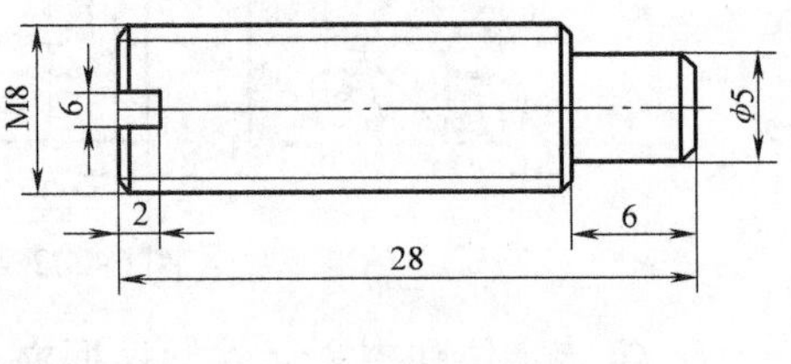

图 6-198　完成设计的导向销

（5）设计夹具体　由于上述的定位元件、辅助支承元件和夹紧元件都需要确定的空间位置，并且都与夹具体直接或间接地关联，因此，需要事先将夹具体也设计出来，并安装到位。夹具体的设计，除了要考虑与工件和上述所有元件的配合外，还要考虑到与后面的钻模机构的配合问题。完成设计的 U 形夹具体如图 6-202 所示。

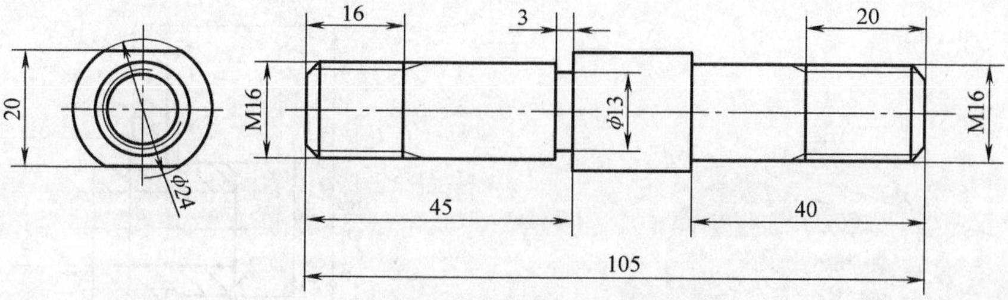

图 6-199　完成设计的夹紧轴

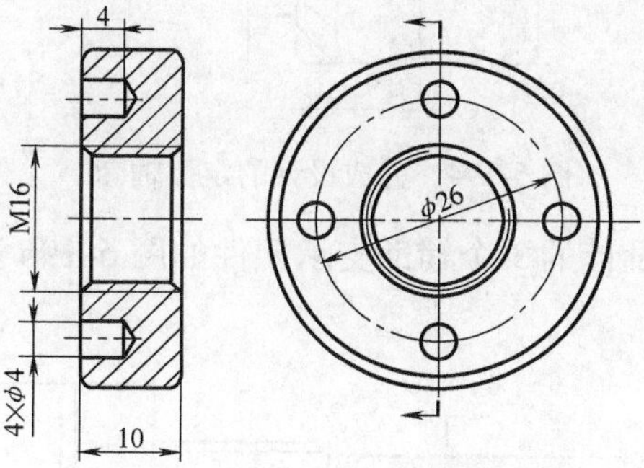

图 6-200　完成设计的锁紧螺母

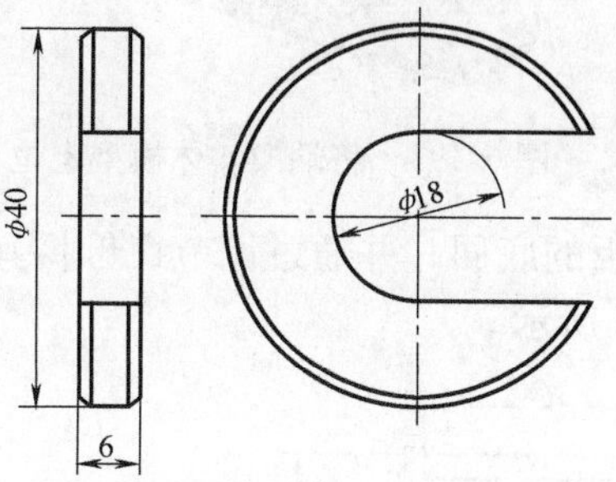

图 6-201　完成设计的开口压板

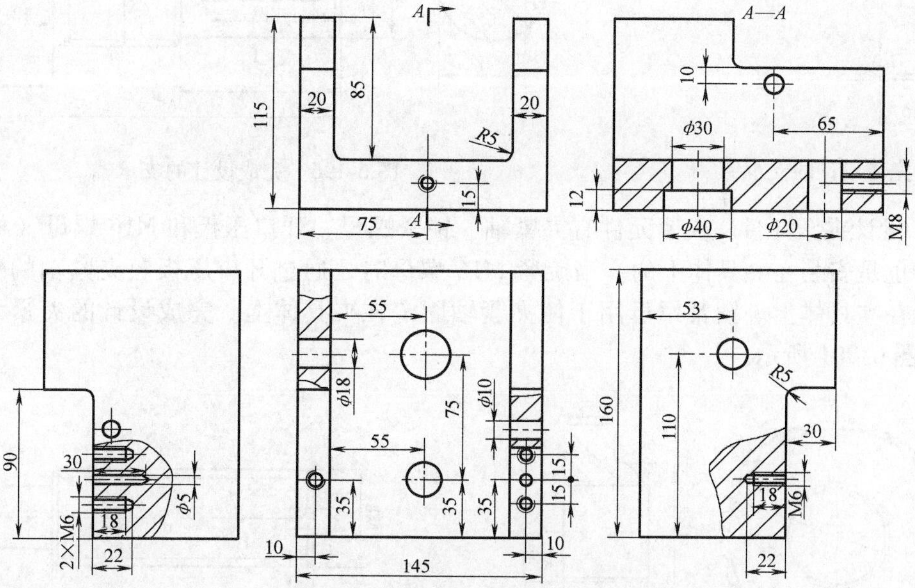

图 6-202　完成设计的 U 形夹具体

（6）组装定位和夹紧元件　根据夹具设计总体方案，先将定位元件组装到端架工件上；然后将夹具体组装到已完成的装配结构中；再将辅助支承元件组装上去；最后将夹紧元件组装上去。完成定位和夹紧元件装配的实体图和工程图，如图 6-203 和图 6-204 所示。

3. 确定钻模结构

根据夹具设计的总体方案，端架工件小圆柱凸台上的孔，其钻套就设置在夹具体的顶面上。而工件底板上的 4 个孔则采用翻转式钻模结构进行加工，4 个钻套安装在翻转式钻模板上，并以铰链方式通过铰链座将其安装在夹具体上。5 个钻套均采用 $\phi12$ 的固定式钻套。

（1）设计钻模板　根据端架工件相对夹具体的空间位置和尺寸，确定翻转式钻模板的结构和尺寸，保证安装钻套的钻孔中心对准工件上所要加工的 4 个孔的轴线。完成设计的钻模板如图 6-205 所示。

（2）设计钻套　5 个钻套的尺寸都是一样的，均为 $\phi12$ 固定钻套，如图 6-206 所示。其中 1 个直接安装在夹具体的表面上，其余 4 个安装在钻模板上。

（3）设计钻模固定元件　翻转式钻模板是通过铰链座固定在夹具体上的，要将与之配合的所有固定元件一并设计出来。钻模固定元件有铰链座、铰链轴、锁紧螺栓、扁螺母、M6 螺母（标准件）、M6 × 20 平头螺钉（标准件）和 $\phi5 \times 30$ 圆柱销（标准件）。完成设计的铰链座、扁螺母、铰链轴、锁紧螺栓如图 6-207至图 6-210 所示。

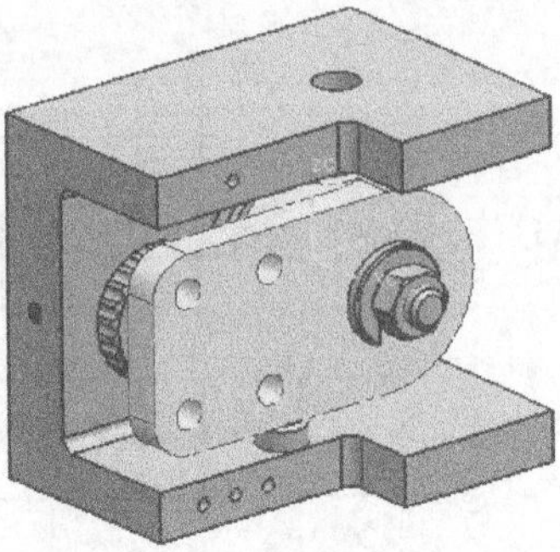

图 6-203　完成定位和夹紧元件装配的实体图

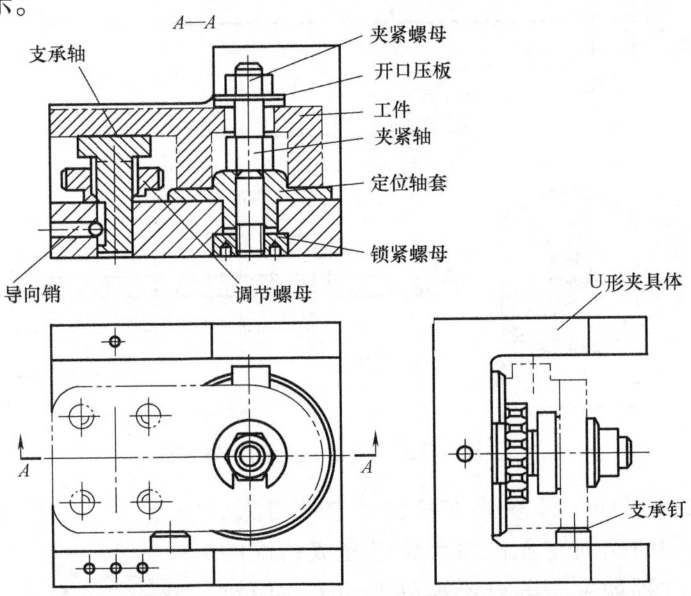

图 6-204　完成定位和夹紧元件装配的工程图

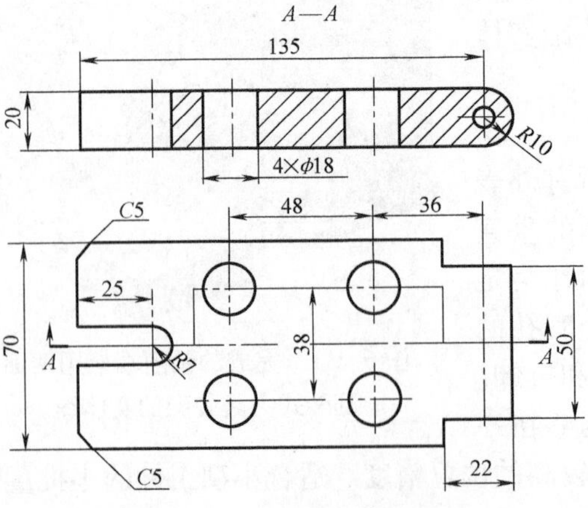

图 6-205　完成设计的钻模板

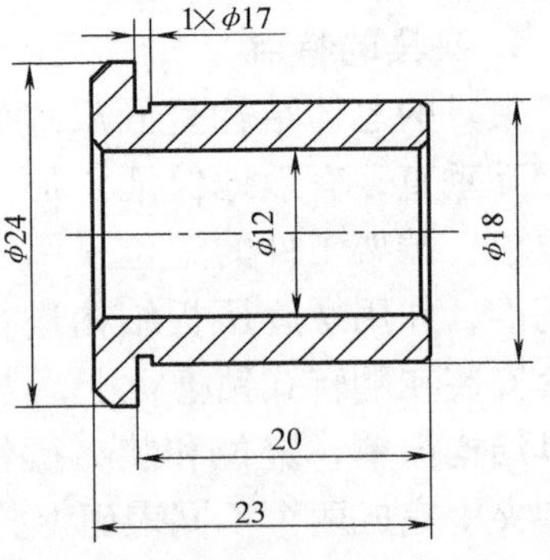

图 6-206　完成设计的钻套

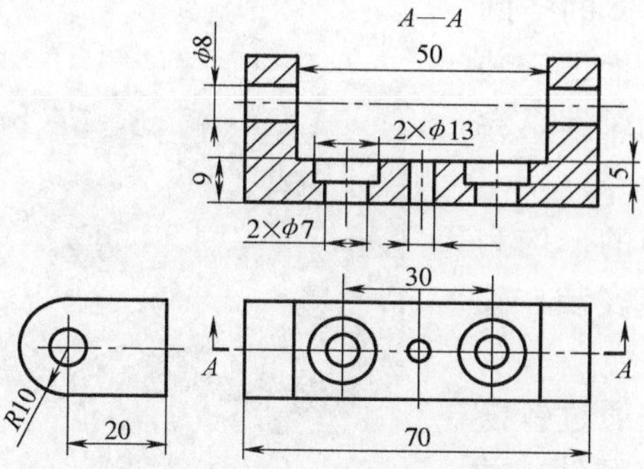

图 6-207　完成设计的铰链座

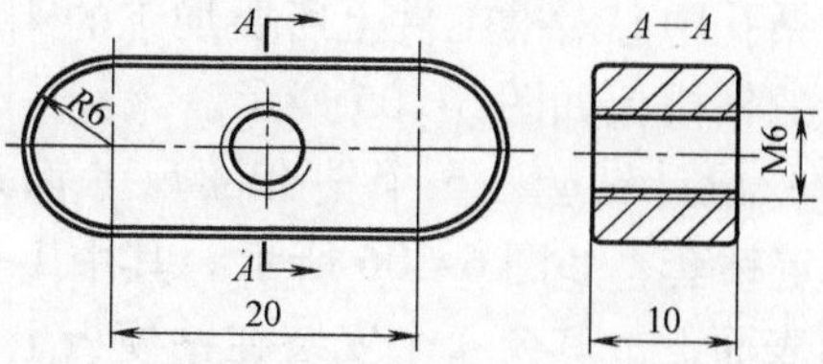

图 6-208　完成设计的扁螺母

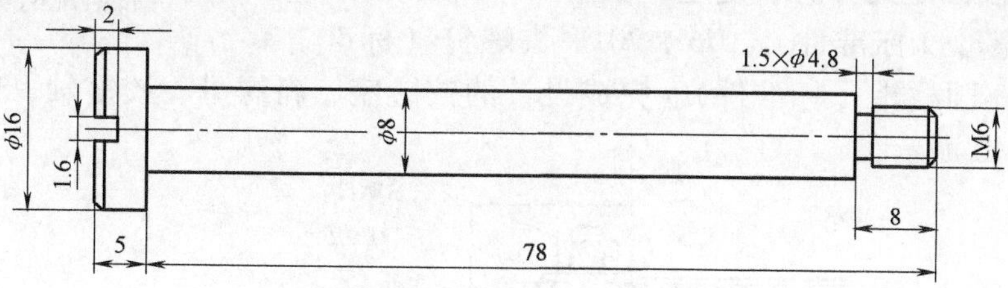

图 6-209　完成设计的铰链轴

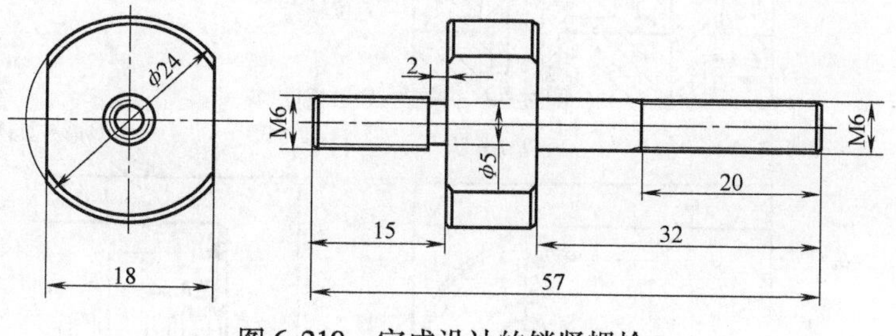

图 6-210　完成设计的锁紧螺栓

（4）组装钻模元件　按端架夹具设计总体方案，将钻模板、钻套和钻模固定元件组装到已完成装配的结构中。在装配过程如发现配合不准确的地方，应对具体元件的尺寸进行修改，配合不当的也要调整过来。完成钻削端架用两面翻转式夹具的设计，其装配实体图和工程图如图 6-211 和图 6-212 所示。

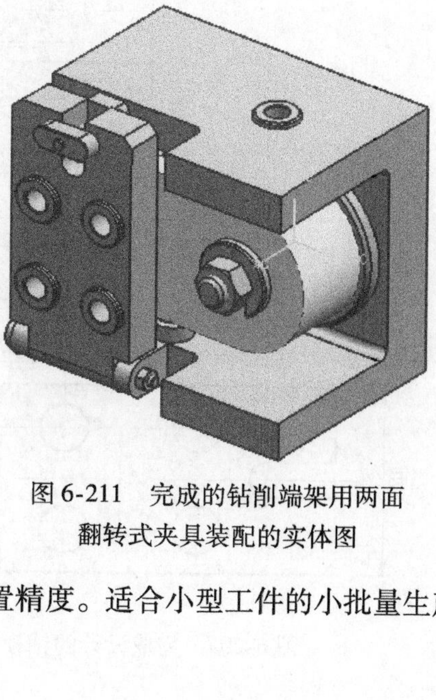

图 6-211　完成的钻削端架用两面翻转式夹具装配的实体图

4. 夹具的特点

夹具的总体结构呈开放式的箱体形式，所有外表面相互垂直，有效地保证了加工孔与工件表面的垂直性要求。端架工件的定位采用最简单的孔和面作为定位基准，并用螺旋压板结构进行夹紧。将 4 个底孔的钻套安装在翻转式钻模板上，方便工件的装夹和拆卸。夹具结构简单，定位和装夹操作比较方便，能够在一次装夹中完成两个不同表面上孔的加工，具有较高的位置精度。适合小型工件的小批量生产的需要。

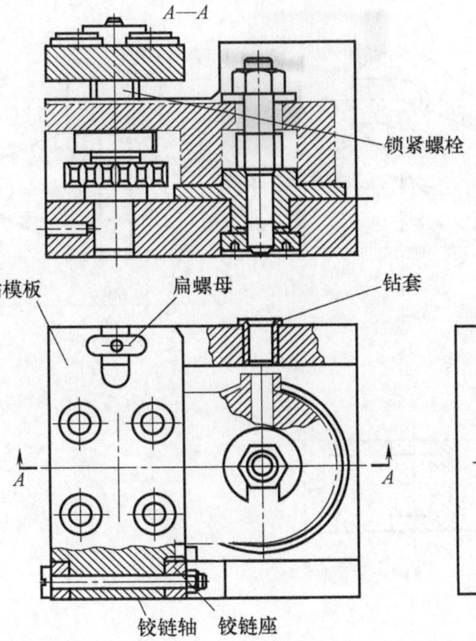

图 6-212　完成钻削端架用两面翻转式夹具装配的工程图

5. 夹具的使用方法

加工时把端架工件插入定位轴套的圆柱面上，并使一侧表面与支承钉表面接触。装上开口压板，旋紧夹紧螺母使工件牢靠地固定在夹具体上。旋转调节螺母，在螺纹的作用下，支承轴端面与工件底板靠紧，使其进一步将工件固定住，以增强工件的加工刚性。将钻模板闭合并与锁紧螺栓定位面接触，旋紧扁螺母将钻模板固定住，即可开始一个表面上孔的钻削操作。完成加工后，将夹具翻转 90°，将另一个需要加工的表面上的孔朝上，调整好加工位置，即可开始另一个表面的钻孔操作。由于端架工件上需要加工的孔尺寸不大，夹具可以不必固定在机床的工作台上，用手移动加工位置即可。

6.5.2　三面翻转式钻床夹具的设计

三面翻转式钻床夹具是指加工分布在工件三个表面上的孔的钻床夹具。每完成一个表面上孔的加工后，要依次将夹具进行翻转，直至完成 3 个表面上孔的加工。如果不增添辅助装置，通常三面翻转夹具只能加工 3 个相互垂直表面上的孔。三面翻转式钻床夹具的具体设计方法通过钻削挂摆支架用夹具的设计来讲述。

【实例 35】　钻削挂摆支架用三面翻转式夹具的设计

挂摆支座加工件的工程图如图 6-213 所示。

工序要求：挂摆支座工件的其他表面已完成加工。本工序要求加工工件三个表面上的 4 个孔，即 A 面上的 2 个 $\phi6$ 孔、B 面上的 $\phi10$ 孔和 C 面上的 $\phi4$ 孔。生产规模为小批量。

设计任务：挂摆支座工件在台式钻床上加工。要求以 $R6$ 的半圆孔、侧平面及 C 面的对应平面进行完全定位，并从半圆孔的侧表面夹紧。三种尺寸的 4 个孔分别用 $\phi6$、$\phi10$ 和 $\phi4$ 钻头在一次装夹中钻削完成。由于 4 个孔是分布在三个不同的表面上，要在一次装夹中全部加工，只能采用三面翻转式夹具来完成。

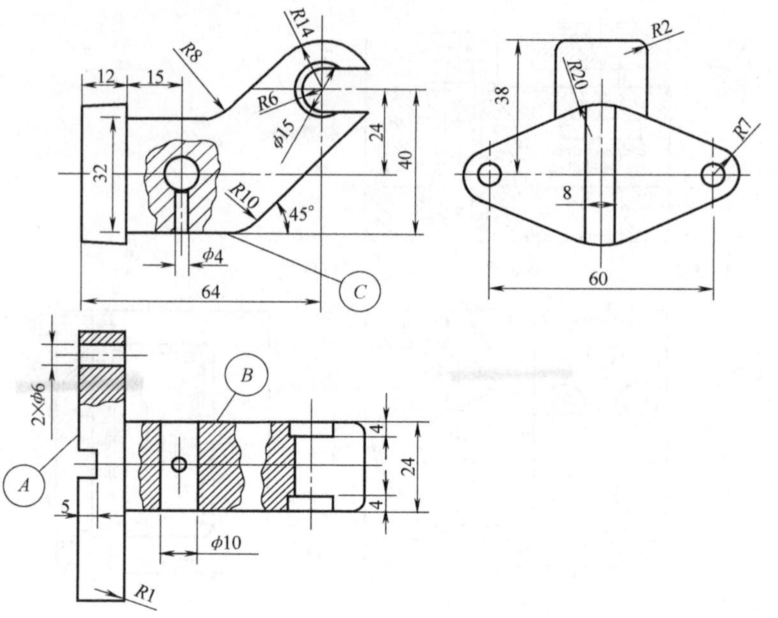

图 6-213　挂摆支架加工件的工程图

设计步骤及操作方法如下所述。

1. 确定总体结构

由于工件上要加工的孔分布在三个相互垂直的表面上，可将夹具设计成半开放式的箱型结构，并通过定位轴将工件固定在夹具体上。定位轴圆柱面作为孔定位基准面，轴肩作为端面定位基准，*C* 面的对应表面用定位座表面进行定位，这样就限制了工件的 6 个自由度，使工件完全定位。4 个钻套都直接安装在夹具体上，既简化了夹具结构，又能可靠地保证各个孔的加工位置精度。工件仍以螺纹压板方式进行夹紧。

2. 确定定位和夹紧方案

根据定位要求，选择挂摆支架工件 *R*6 半圆孔、端面和上平面作为定位基准面，限制工件 6 个自由度，实行完全定位。定位元件设计成两个，即定位轴和定位座。定位轴的圆柱面定位工件的孔表面，其端面定位工件的平面，而定位座布置在工件的上表面，用于限制工件的旋转自由度。夹紧元件除定位轴外，主要是夹紧螺母和开口压板。

（1）设计工件的实体模型　按挂摆支架工程图设计出工件的实体模型，在 UG 的装配环境下将其调入，并按加工时的状态，将其固定在三维空间的适合位置上，如图 6-214 所示。

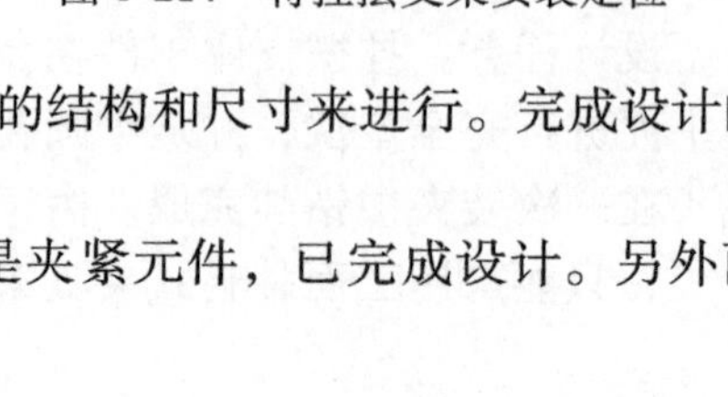

图 6-214　将挂摆支架安装定位

（2）设计定位元件　根据定位方案，两个定位元件分别采用定位轴和定位座，两个元件的设计可依据工件的结构和尺寸来进行。完成设计的定位轴和定位座如图 6-215 和图 6-216 所示。

（3）设计夹紧元件　定位轴除作为定位元件外，也是夹紧元件，已完成设计。另外两

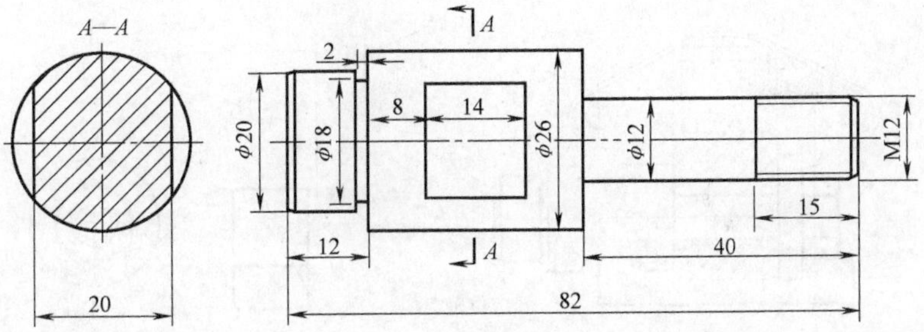

图 6-215　完成设计的定位轴

个夹紧元件是夹紧螺母和开口压板。夹紧螺母为 M12 螺母（标准件），只需设计出开口压板即可，可根据工件的尺寸来确定，其工程图如图 6-217 所示。

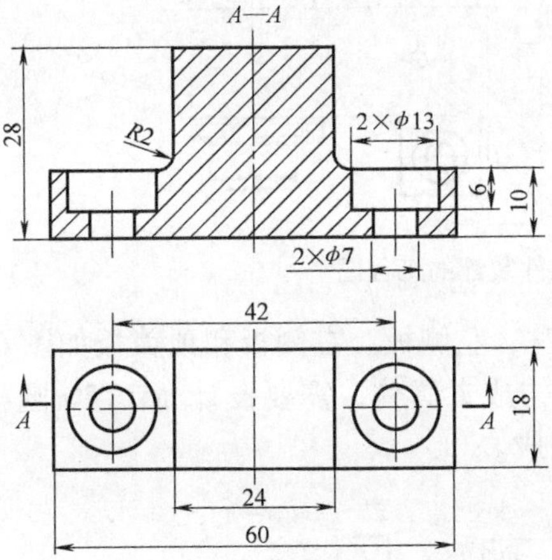

图 6-216　完成设计的定位座

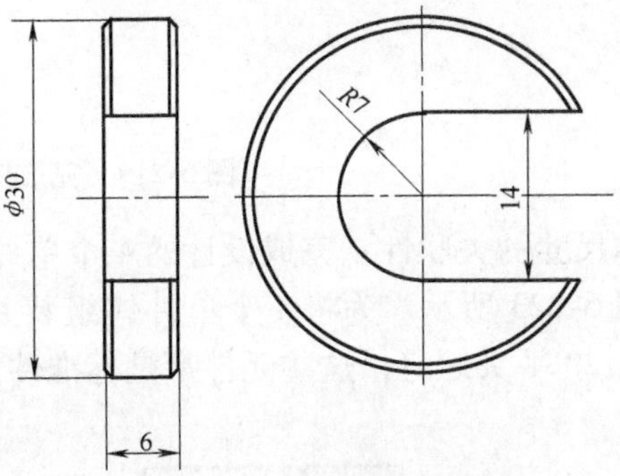

图 6-217　开口压板的工程图

（4）组装定位和夹紧元件　根据定位方案要求，只需将所有的定位元件和夹紧元件组装到已安装定位好的工件上即可。图 6-218 和图 6-219 分别为完成定位和夹紧元件装配的实体图和工程图。

3. 确定夹具体和钻模结构

根据夹具设计总体方案，将夹具体设计成半开放式的箱体结构，并且三个表面上的钻套直接安装在夹具体的三个相互垂直面上，即夹具体上的三个面板充当钻模板。考虑到夹具体的制造、元件的组装和操作的方便性，可将夹具体设计成分解形式，即将夹具体设计成 4 个单件，基座、左侧板、右侧板和顶盖板，然后组装起来，并用圆柱销、平头螺钉加以定位和固定。最后，将组装成型的夹具体与其他元件再进行装配，构成完整的三面翻转式夹具。

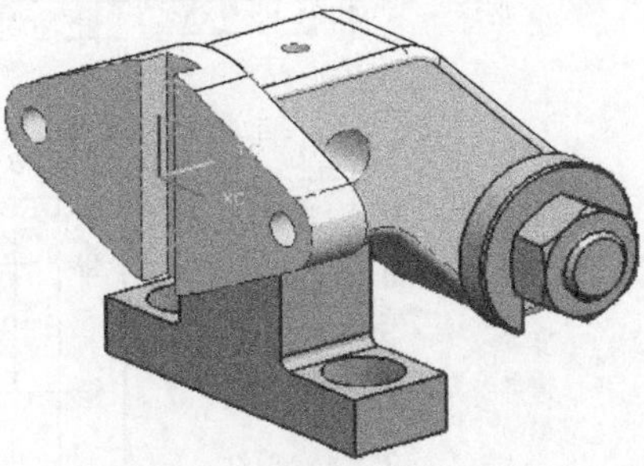

图 6-218　完成定位和夹紧元件装配的实体图

（1）设计夹具体　由于夹具体的每个单件体都承担着支撑工件和固定钻套的功能，因此，在设计时要参考工件上要加工孔的空间位置和元件之间的配合关系，保证 4 个夹具体单

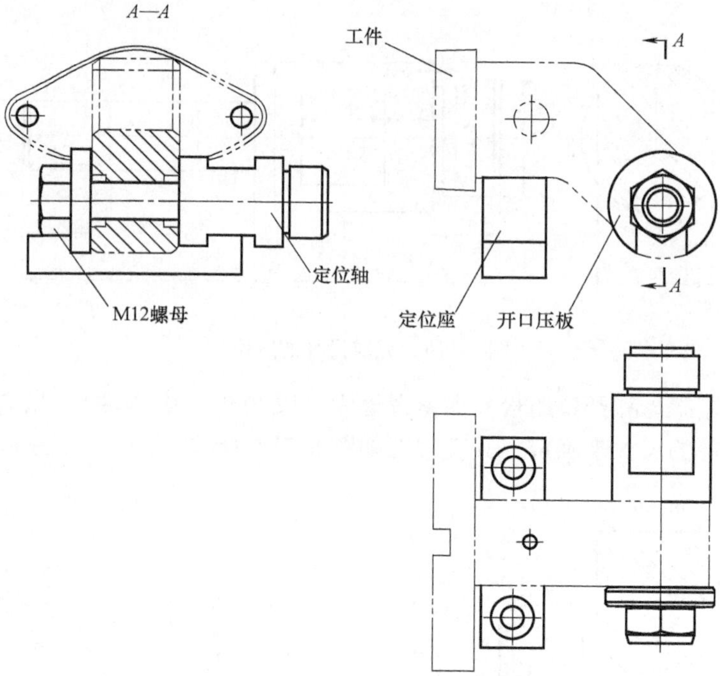

图 6-219　完成定位和夹紧元件装配的工程图

件体尺寸的关联性。完成设计的 4 个单件体，即基座、左侧板、右侧板和顶盖板如图 6-220 至图 6-223 所示。为将 4 个单件体组装并固定起来构成夹具体，需要设计 $\phi5\times30$ 圆柱销、M6 ×20 平头螺钉，这些元件都是标准件，可自行完成。

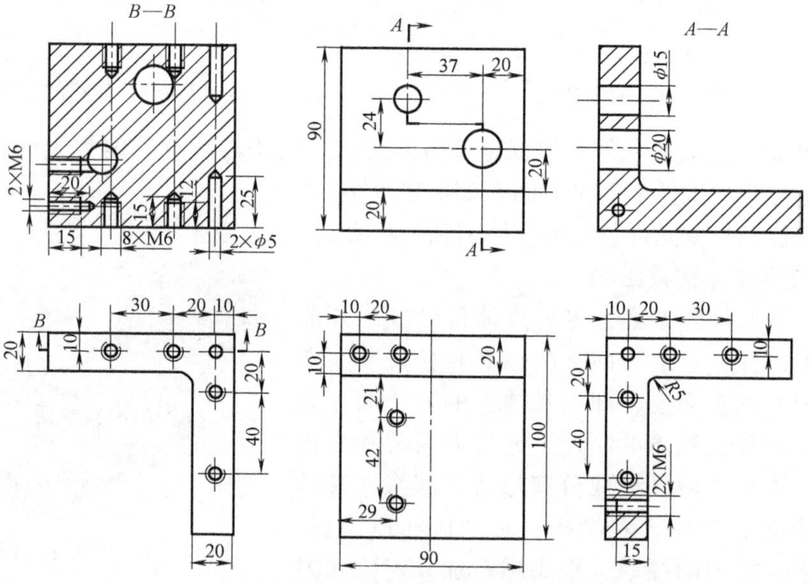

图 6-220　完成设计的基座

（2）设计钻套　根据孔加工的要求，要设计出 3 种尺寸的钻套，这些钻套直接安装在夹具体的不同表面上，可采用固定钻套形式。考虑到某些孔的加工表面距离过长，可视需要设计成特殊的结构形式。完成的设计的 $\phi6$、$\phi10$ 和 $\phi4$ 钻套，分别如图 6-224 至图 6-226 所示。

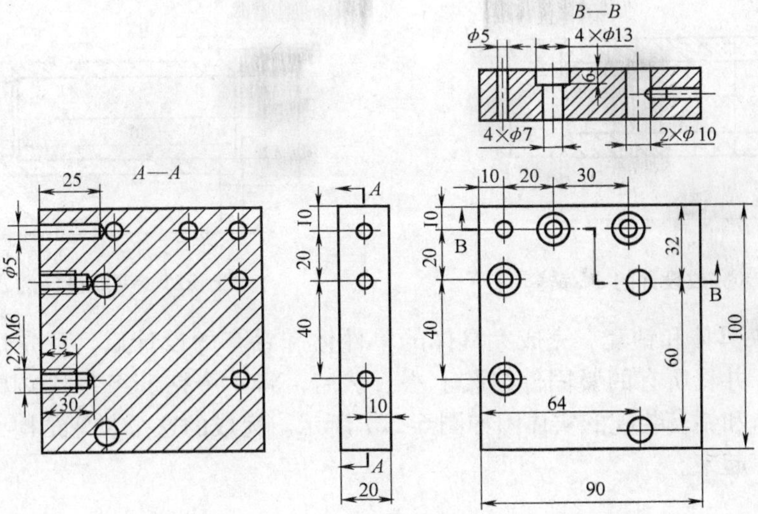

图 6-221　完成设计的左侧板

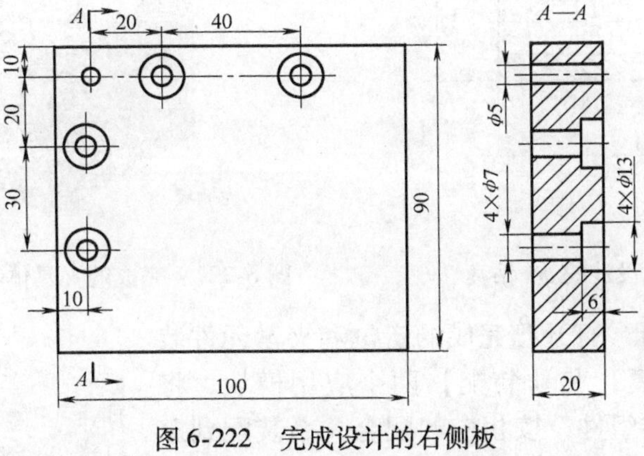

图 6-222　完成设计的右侧板

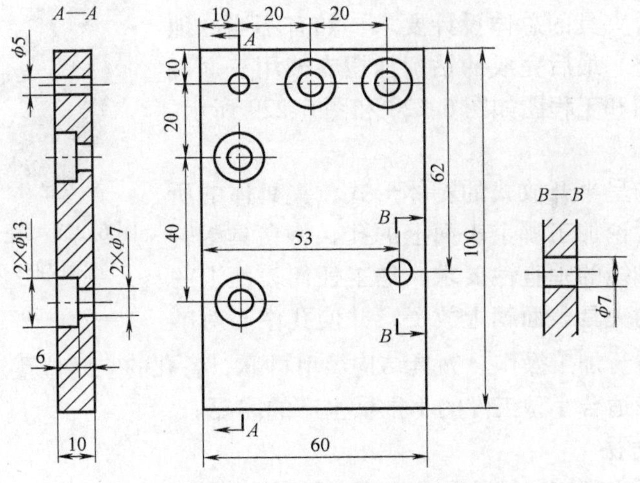

图 6-223　完成设计的顶盖板

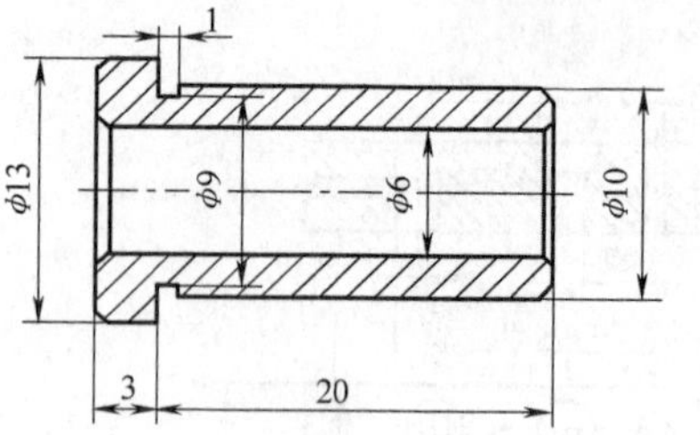

图 6-224　完成设计的 $\phi 6$ 钻套

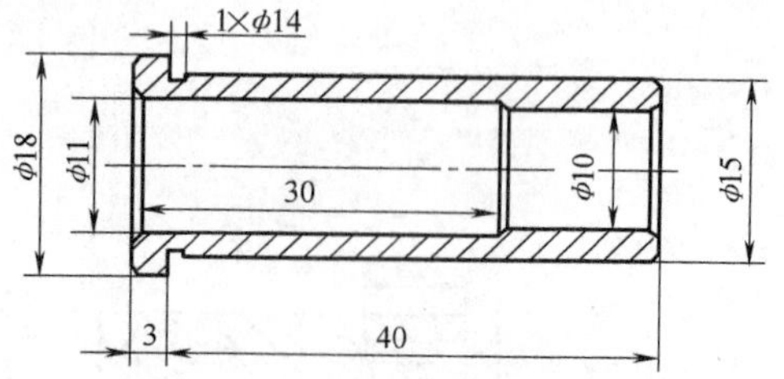

图 6-225　完成设计的 $\phi 10$ 钻套

（3）组装夹具体和钻套　完成夹具体的单件体和钻套的设计后，可先将夹具单件体组装成夹具整体，并将所有的紧固件组装上去。然后，将 4 个钻套组装到夹具体的相应表面上。完成夹具体和钻套装配的实体图如图 6-227 所示。完成的这个装配结构，可作为夹具中的一个组件保存起来。

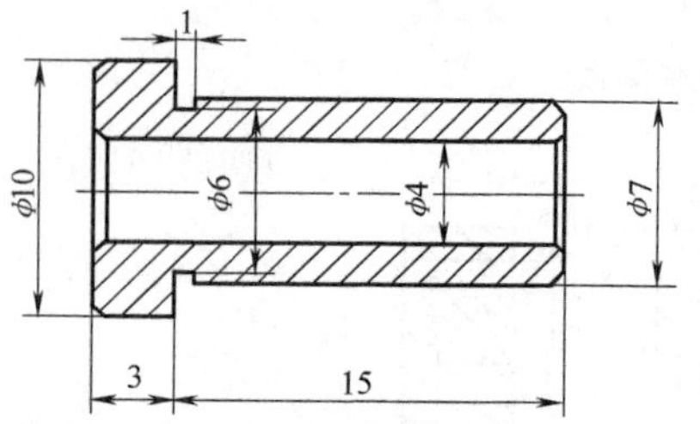

图 6-226　完成设计的 $\phi 4$ 钻套

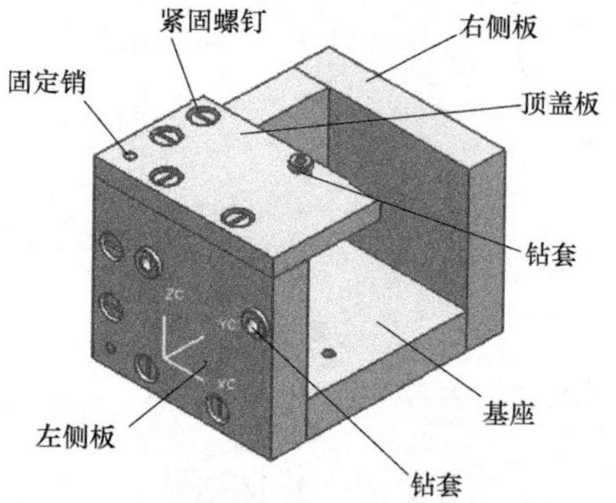

图 6-227　完成的夹具体和钻套装配的实体图

（4）夹具的总装配　打开已完成的定位和夹紧元件装配的文件，启动【建模】和【装配】两个应用模块，将刚刚完成装配的夹具体组件，按相应的配合关系装配到总装配结构中即可。对新组装的结构需要进行认真地观察和验证，看看是否符合夹具的总体设计要求，如有不当的地方应加以修改和调整。最后完成的钻削挂摆支架用三面翻转夹具装配的实体图和工程图如图 6-228 和图 6-229 所示。

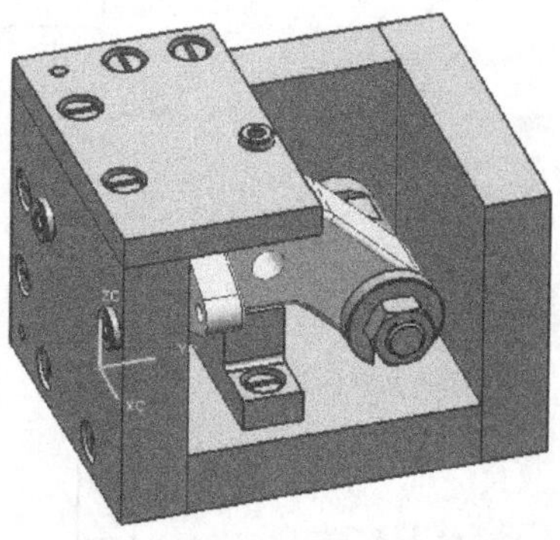

图 6-228　完成的钻削挂摆支架用三面翻转夹具装配的实体图

4. 夹具的特点

夹具的总体结构呈半开放式的箱体形式，夹具体的所有表面相互垂直。无论加工哪个表面上的孔，将夹具翻转时都能保证加工孔轴线的垂直性要求。加工任何表面上的孔时，只要将对应的夹具表面朝上放置，并使孔中心对准机床主轴轴线即可进行加工操作。夹具结构简单可靠，各孔的空间位置定位精度可以有效地保证。此类夹具比较适合小型工件的小批量生产的需要。

5. 夹具的使用方法

加工时把工件插入到定位轴的圆柱面上，并使一侧表面与定位座表面接触。装上开口压

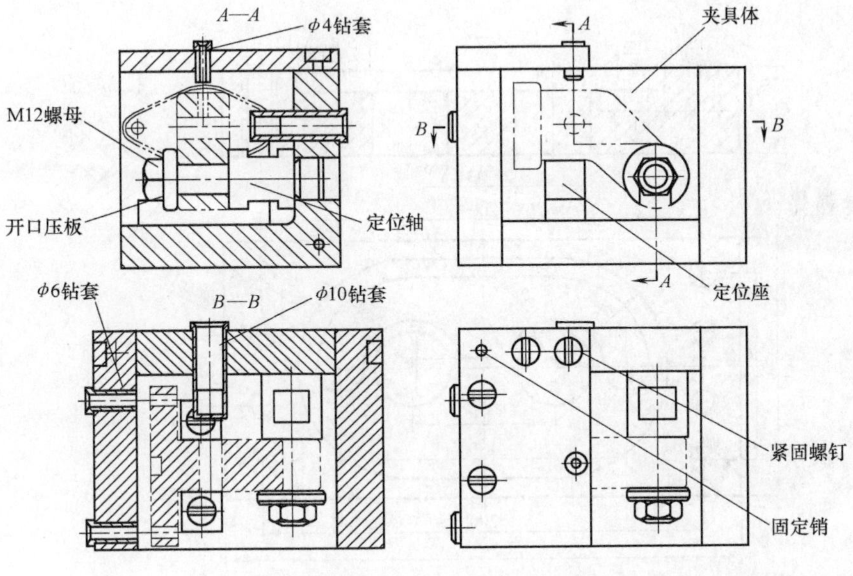

图 6-229　完成的钻削挂摆支架用三面翻转夹具装配的工程图

板，旋紧夹紧螺母使工件牢固地固定在夹具体上。钻孔时只要将相应表面上的孔对准机床主轴，即可进行孔的加工。通过两次翻转夹具，就能完成三个表面上的所有孔的加工。

6.6　覆盖式钻床夹具的设计

覆盖式钻床夹具，又称为盖板式钻床夹具，主要用于加工大型工件上的小孔。此类夹具没有夹具体，只有装有钻套的钻模板，用于定位和夹紧的元件也直接安装在钻模板上。覆盖式夹具结构简单，装卸方便，对比其他类型的夹具具有良好的经济性。由于此类夹具在使用时要经常搬动，其重量不宜太重，结构上应尽量减小其厚度，或者选用铸铝材料制造。覆盖式钻床夹具按夹紧装置所处位置的不同，分为内置夹紧覆盖式钻床夹具和外置夹紧覆盖式钻床夹具。

6.6.1　内置夹紧覆盖式钻床夹具的设计

内置夹紧覆盖式钻床夹具，是指夹紧装置直接安装在钻模板上，工件的定位和夹紧同步操作的钻床夹具。内置夹紧覆盖式钻床夹具通常都是以工件的孔或型腔表面进行定位的，其结构非常简单，且夹紧操作方便、快捷。一般情况下应优先选择内置的夹紧方式，当工件无法从内部定位时，才考虑选择外置的夹紧方式。内置夹紧覆盖式钻床夹具的具体设计方法通过钻削模具座用夹具的设计来讲述。

【实例 36】　钻削模具座用内置夹紧覆盖式夹具的设计

模具座加工件的工程图如图 6-230 所示。

工序要求：模具座工件的其他表面已完成加工。本工序要求加工模具座顶面上 4 个 M12 螺纹孔的底孔（$\phi10.1$）。生产规模为小批量。

设计任务：模具座工件在摇臂钻床上加工。要求以两个 $\phi34^{+0.05}_{0}$ 孔及下面的端面进行定

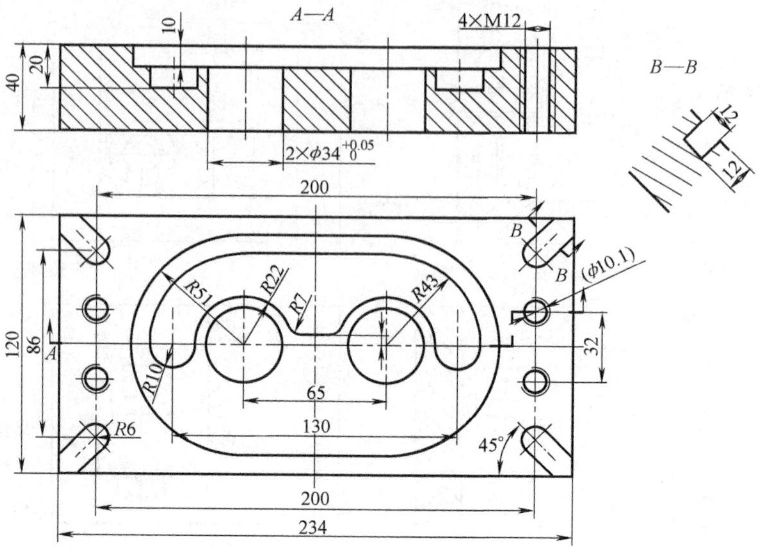

图 6-230 模具座加工件的工程图

位，并从其中一个定位孔内表面进行夹紧。由于模具座的上下表面都已加工完毕，可以采用结构简单的覆盖式钻孔夹具进行生产。

设计步骤及操作方法如下所述。

1. 确定总体结构

模具座工件加工精度要求不高，且 4 个需要加工的 ϕ10. 1 的螺纹底孔都在一个平面上，加工过程非常简单，且批量很小，可采用内置夹紧覆盖式夹具加工。利用工件上已完成加工的两个 $\phi34^{+0.05}_{0}$孔及下面的端面作为定位基准，其中一个孔可采用菱形销定位，另一个孔则采用内夹式弹性夹头定位，并利用钻模板的底平面作为平面定位，实现完全定位。通过拉紧锥轴做上下移动，可以使弹性夹头胀紧或收缩，实现对工件的夹紧或松开。4 个钻套都直接安装在钻模板上，无需其他辅助装置。

2. 确定定位和夹紧方案

根据设计总体方案，选择两个 $\phi34^{+0.05}_{0}$孔及其端面作为定位基准。右边的孔用内夹式弹性夹头定位；左边的孔用菱形销定位；端面则利用钻模板的底平面定位。弹性夹头中装有拉紧锥轴，通过拧紧夹紧螺母可以使弹性夹头将工件从内部夹紧。所有的定位元件和夹紧元件都直接组装到钻模板上。

（1）设计工件的实体模型　按模具座工程图设计出工件的实体模型，在 UG 的装配环境下将其调入，并按加工时的状态，将其固定在三维空间的适合位置上，如图 6-231 所示。

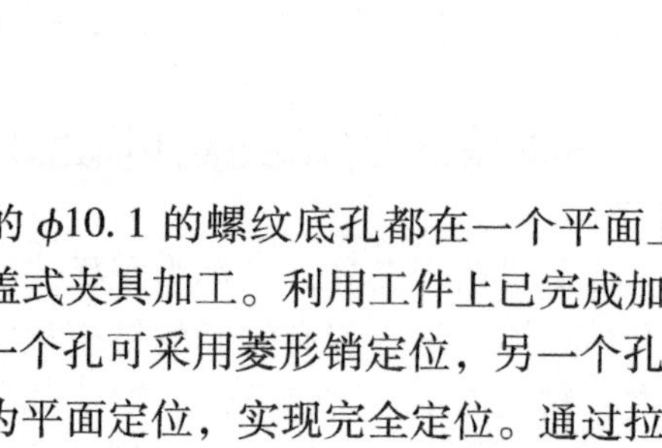

图 6-231　将模具座实体模型定位

（2）设计定位元件　根据定位方案，两个定位元件分别采用内夹式弹性夹头和菱形销，两个元件的设计可依据工件的结构和尺寸来进行。完成设计的内夹式弹性夹头和菱形销如图 6-232 和图 6-233 所示。

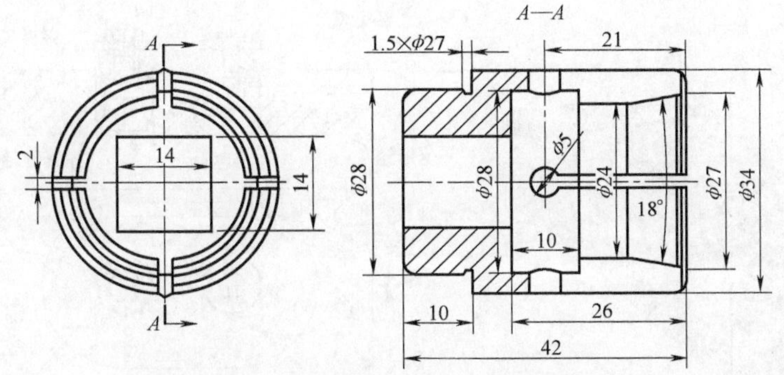

图 6-232　完成设计的内夹式弹性夹头

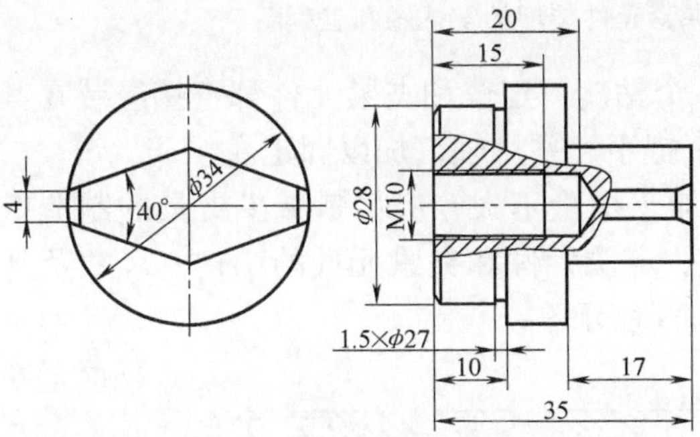

图 6-233　完成设计的菱形销

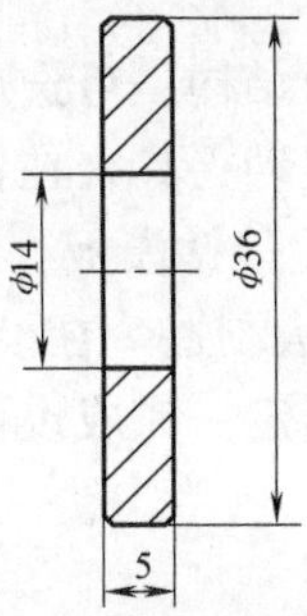

图 6-234　夹头垫圈的工程图

(3) 设计夹紧元件　内夹式弹性夹头除作为定位元件外，也是夹紧元件，已完成设计。另外 3 个夹紧元件是夹头垫圈、拉紧锥轴和夹紧螺母。夹紧螺母为 M12 螺母（标准件），只需设计出夹头垫圈和拉紧锥轴，可根据工件和弹性夹头的尺寸来确定，其工程图如图 6-234 和 6-235 所示。为了使定位元件和夹紧元件可靠地固定在钻模板上，也将相关的紧固元件设计出来，即菱形销垫圈和 M10 ×20 平头螺钉（标准件）。菱形销垫圈的工程图如图 6-236 所示。

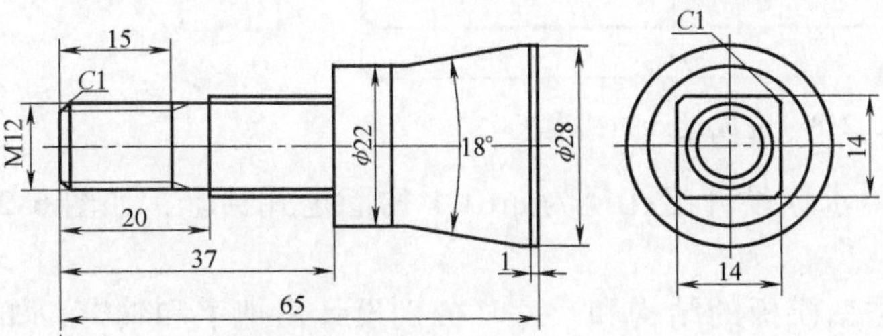

图 6-235　拉紧锥轴的工程图

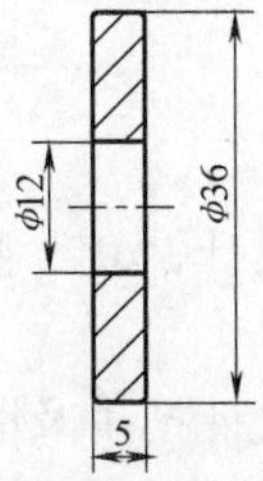

图 6-236　菱形销垫圈的工程图

(4) 组装定位和夹紧元件　根据定位和夹紧方案的要求，只需将所有的定位元件和夹紧元件组装到已安装定位好的工件上即可。图 6-237 所示为完成定位和夹紧元件装配的实体图和工程图。

3. 确定钻模结构

根据夹具设计总体方案，本夹具没有夹具体，全部夹具元件都安装到钻模板上。钻模板

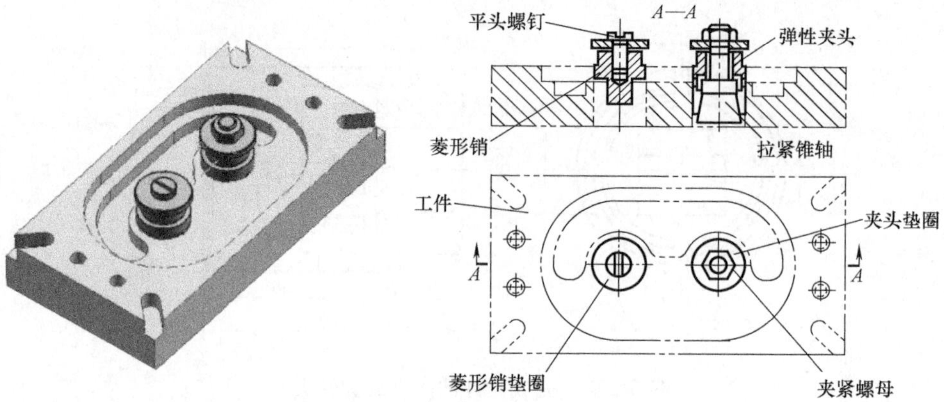

图 6-237　完成定位和夹紧元件装配的实体图和工程图

为矩形平板结构，可选用板型钢材制造。4 个钻套、定位和夹紧元件都直接组装在其上，为了方便地搬动夹具，在钻模板两侧安装两个把手，并用轴钉加以固定。

（1）设计钻模板　鉴于模具座工件的加工批量不大，应尽量减少夹具的制造费用，可选用 20 钢板制造。在设计时主要根据工件、定位元件和夹紧元件的结构、尺寸及其空间相互位置来确定。完成设计的钻模板如图 6-238 所示。

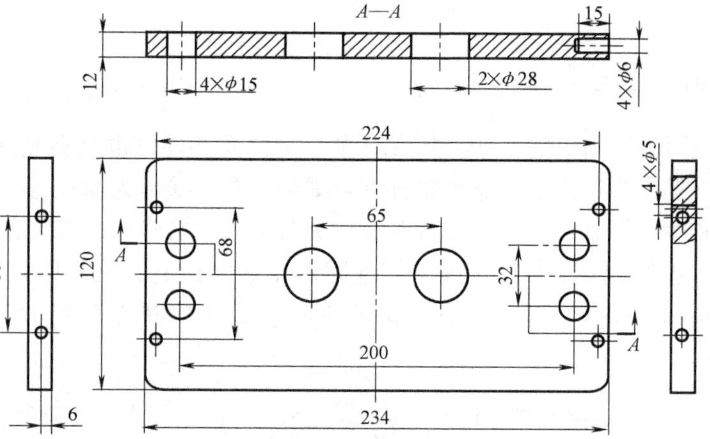

图 6-238　完成设计的钻模板

（2）设计钻套　根据孔加工的要求，设计出孔径为 ϕ10.1 的固定式钻套，如图 6-239 所示。

（3）设计把手及固定元件　根据钻模板的结构和尺寸，分别设计出把手和轴钉，如图 6-240 和图 6-241 所示。

（4）组装钻模元件　根据总体设计方案，先将钻模板组装到已完成装配的定位和夹紧元件结构中；再将 4 个钻套组装上去；最后，将两个把手及其固定元件组装上去。至此，完成了整个钻削模具座用内置夹紧覆盖式夹具的全部设计，其装配实体图和装配工程图如图 6-242 和图 6-243 所示。

4. 夹具的特点

整个夹具依靠钻模板作为支撑体，所有元件都安装其上。利用内夹式弹性夹头定位，并将工件夹紧在钻模板上。整个夹具结构非常简单，使用了最少的夹具元件，设计和制造费用很低，很适合小批量生产的需要。

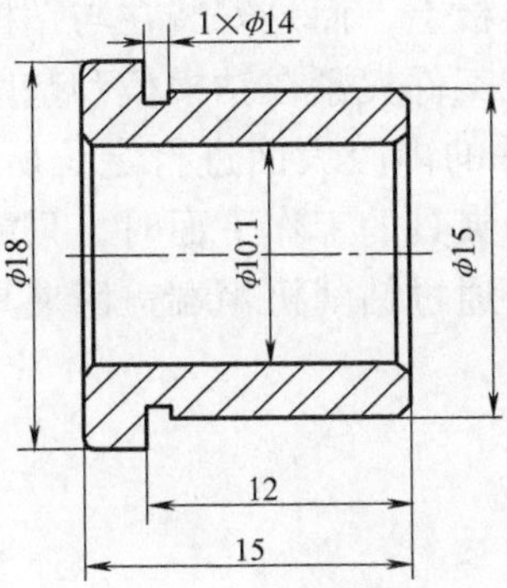

图 6-239　固定式钻套

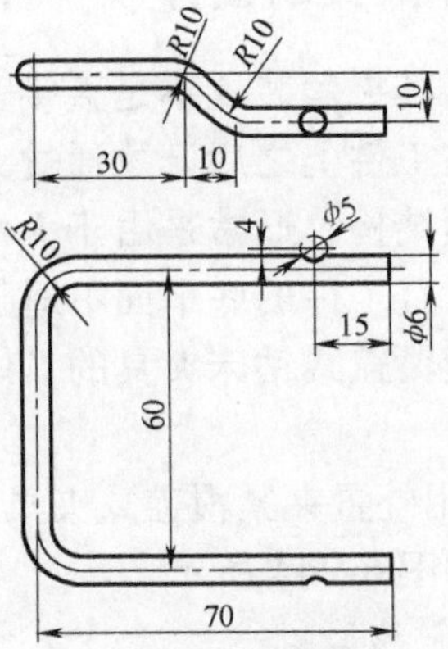

图 6-240　把手

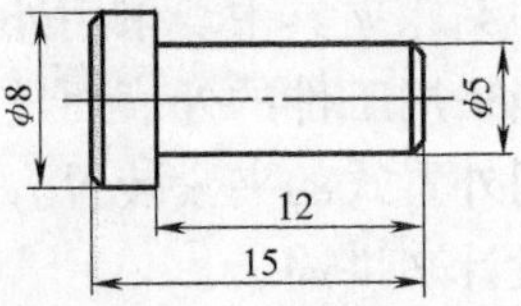

图 6-241　轴钉

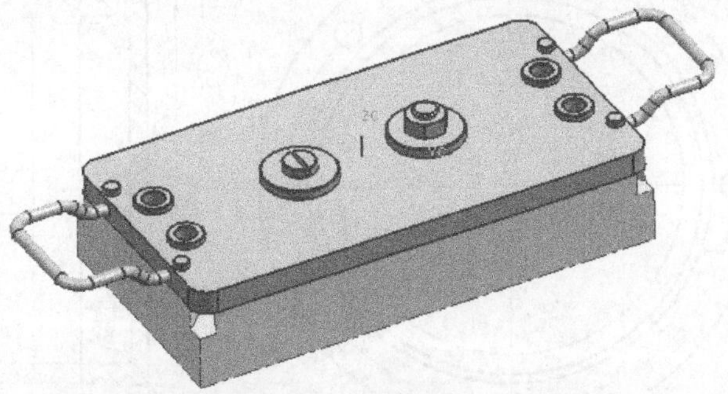
图 6-242　钻削模具座内置覆盖式夹具的实体图

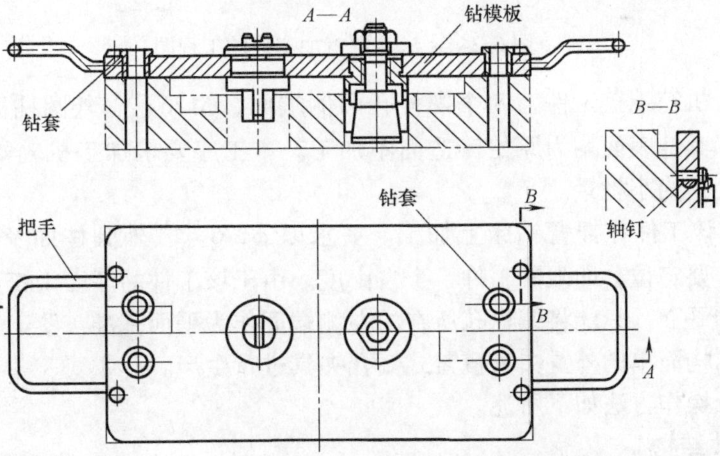

图 6-243　钻削模具座内置覆盖式夹具的工程图

5. 夹具的使用方法

加工时，将模具座工件直接放置于摇臂钻床的工作台上。将钻模板盖在工件的表面上，并使弹性夹头和菱形销对准两个定位孔，拧紧夹紧螺母，使拉紧锥轴上移，弹性夹头胀开，就会将工件从内部夹紧，即可开始钻孔加工。完成加工后，旋松夹紧螺母，弹性夹头径向收缩，用双手握住把手，将钻模板取下，更换下一个工件进行新的加工。

6.6.2 外置夹紧覆盖式钻床夹具的设计

外置夹紧覆盖式钻床夹具，其夹紧装置不是直接安装在钻模板上，而是安装在与钻模板分离的基座上，当钻模板定位在工件上之后，才通过夹紧装置将工件夹紧在钻模板和基座上的钻床夹具中。采用外置式夹紧结构，通常是由于无法根据工件的内腔表面进行定位所致。当采用工件的外表面进行定位，且工件的底平面不适于直接作为夹具的工作平面时，只能采用外置式的夹紧装置。外置夹紧覆盖式钻床夹具的具体设计方法通过钻削机箱端盖用夹具的设计来讲述。

【实例 37】 钻削机箱端盖用外置夹紧覆盖式夹具的设计

机箱端盖加工件的工程图如图 6-244 所示。

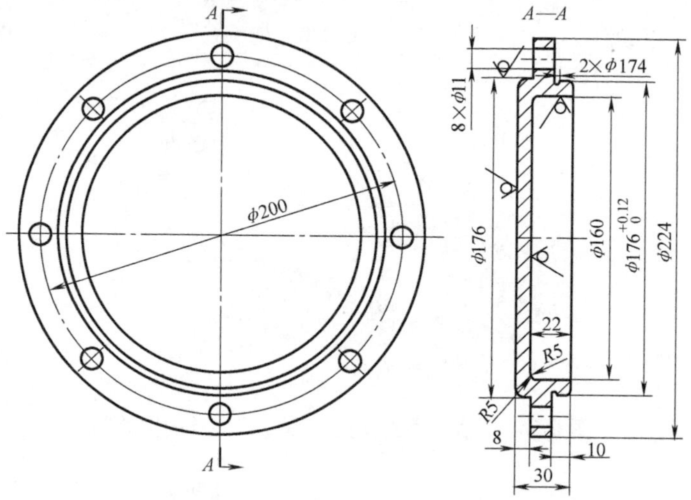

图 6-244 机箱端盖加工件的工程图

工序要求：机箱端盖工件上 8 个螺栓孔两侧端面、$\phi176^{+0.12}_{0}$外圆柱面及其端面和止口槽已加工完毕，其他表面均为原始铸造面不加工。本工序要求加工机箱端盖上 8 个 $\phi11$ 的螺栓孔。生产规模为小批量。

设计任务：该工件在摇臂钻床上加工。要求以 $\phi176^{+0.12}_{0}$外圆柱面及其端面进行定位，旋转方向上不需要定位，即限制工件 5 个自由度。由于该工件的底面为铸造毛坯面，不适宜作为加工定位的平面，只能将螺栓孔所在的左侧端面作为平面基准。鉴于工件较大，且重量较重，可采用结构简单的外置夹紧覆盖式钻孔夹具进行生产。

设计步骤及操作方法如下所述。

1. 确定总体结构

机箱端盖工件加工精度要求不高，且生产批量较小，可采用覆盖式钻孔夹具结构。但是，由于工件的底面是不加工的铸造表面，不适合直接放置在机床的工作台上，需要另设一个底座，将工件垫起，支承在螺栓孔所在的平面上。因此，本夹具需要设计成外置夹紧覆盖式夹具形式。同时，由于该工件是以外圆柱面及其端面进行定位，其固定和夹紧只能从端面方向上用附加的铰链螺栓进行夹紧。根据这个设计方案，需将夹具设计成两个部分，即钻模盖板机构和基座固定机构。

2. 确定钻模盖板机构

根据设计总体方案，钻模盖板机构主要是实现对加工 8 个螺栓孔的定位。盖板机构中的元件有钻模盖板、钻套、把手和轴钉。盖板的作用就是对工件进行定位；钻套用于确定钻孔的位置；把手安装在盖板上用于方便地搬动盖板；而轴钉则用于将把手固定在盖板上。

图 6-245　将机箱端盖实体模型定位

（1）设计工件的实体模型　按机箱端盖工程图设计出工程的实体模型，在 UG 的装配环境下将其调入，并按加工时的状态，将其固定在三维空间的适合位置上，如图 6-245 所示。

（2）设计钻模盖板元件　根据机箱端盖工件的结构和尺寸，首先设计出钻模盖板，如图 6-246 所示。然后，根据盖板的结构和尺寸设计钻套。因无特殊要求，可设计成固定钻套，如图 6-247 所示。最后，完成把手的设计，如图 6-248 所示。轴钉的结构和尺寸与前面实例中所用的完全一样，如图 6-241 所示。

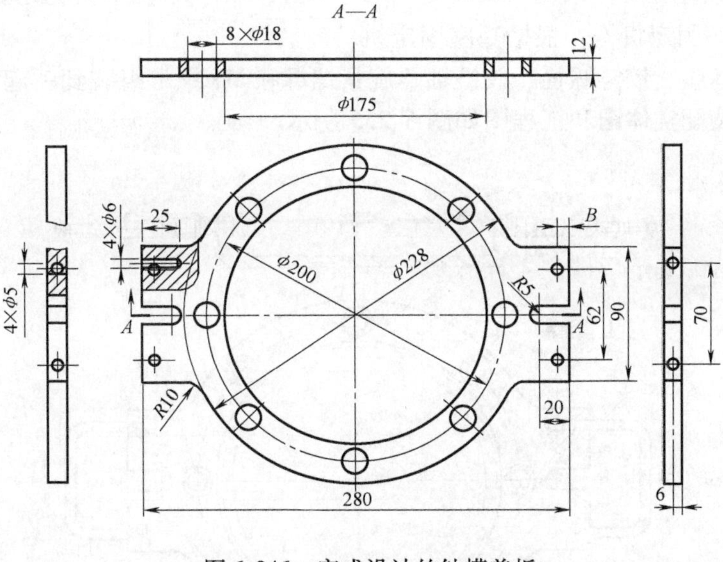

图 6-246　完成设计的钻模盖板

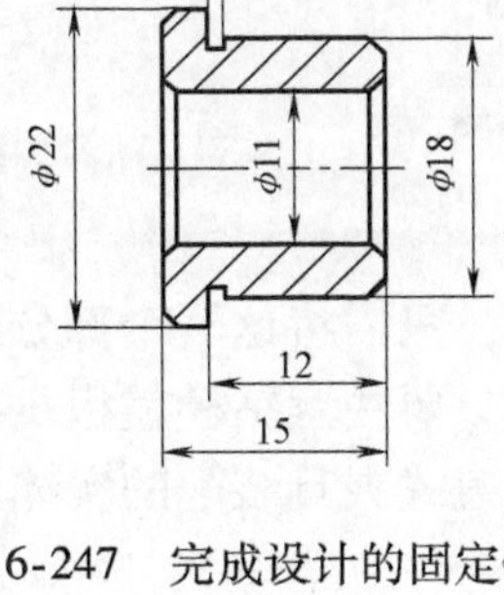

图 6-247　完成设计的固定钻套

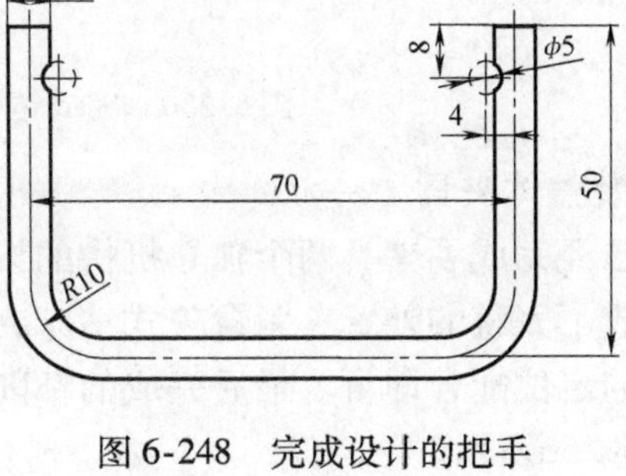

图 6-248　完成设计的把手

（3）组装钻模盖板机构　根据钻模盖板设计方案，将盖板、固定钻套、把手和轴钉组装到已安装和定位的工件上。完成钻模盖板机构装配的实体图和工程图，如图 6-249 和图 6-250所示。

3. 确定基座固定机构

根据设计总体方案，基座固定机构的作用有两个，一是将工件平稳可靠地固定，保证 8 个螺栓孔的加工平面与机床工作台面平行；二是将夹紧元件安装其上，当两个机构安装到位后，通过夹紧元件将它们紧固在一起。

（1）设计基座　根据机箱端盖工件、钻模盖板结构和尺寸及其配合位置，完成设计的基座如图 6-251 所示。

（2）设计夹紧元件　夹紧元件是直接组装到基座上的，设计时主要参考基座的结构和尺寸以及基座与钻模盖板的配合位置。夹紧元件有铰链螺栓、铰链轴、旋紧螺母和 M6 螺母（标准件）。完成设计的 3 个夹紧元件如图 6-252至图 6-254 所示。

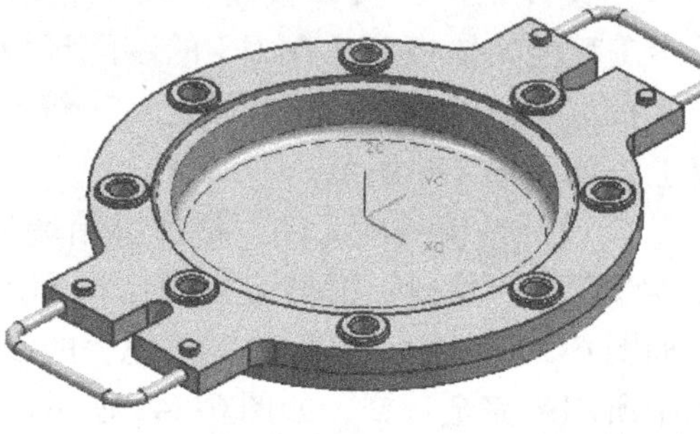

图 6-249　完成钻模盖板机构装配的实体图

（3）组装基座固定机构　根据基座固定机构设计方案，将基座、铰链螺栓、铰链轴、旋紧螺母和 M6 螺母组装到一起，构成完成的基座固定机构，其装配实体图和工程图如图 6-255 所示。

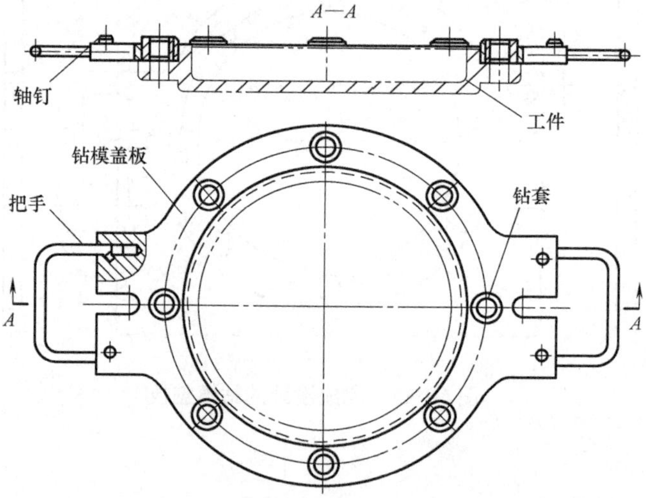

图 6-250　完成钻模盖板机构装配的工程图

4. 组装整体夹具

前面已经完成了夹具两个独立机构的设计。在实际使用时，只需将这两个部分组合到一起，就构成了完整的外置夹紧覆盖式钻床夹具。具体装配时，只要注意钻模盖板机构与基座固定机构的定位配合即可。最后完成的钻削机箱端盖用外置覆盖式夹具装配的实体图和工程图，如图6-256所示。

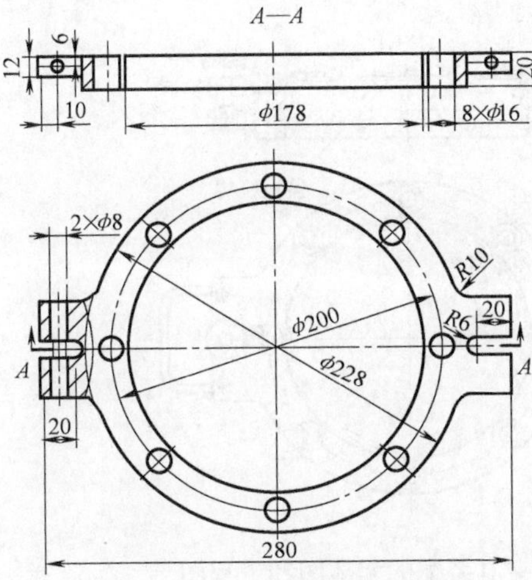

图 6-251　完成设计的基座

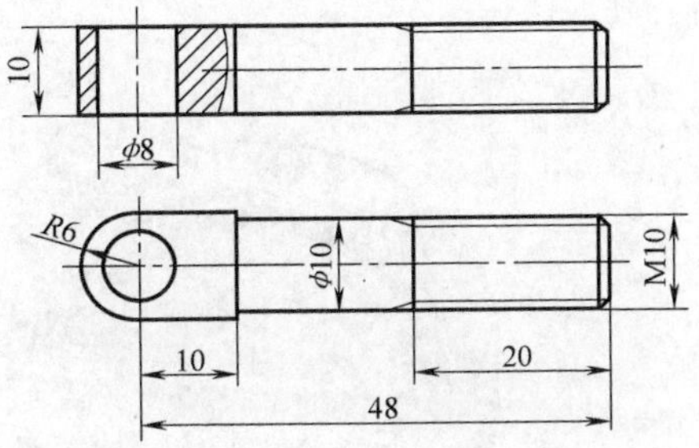

图 6-252　完成设计的铰链螺栓

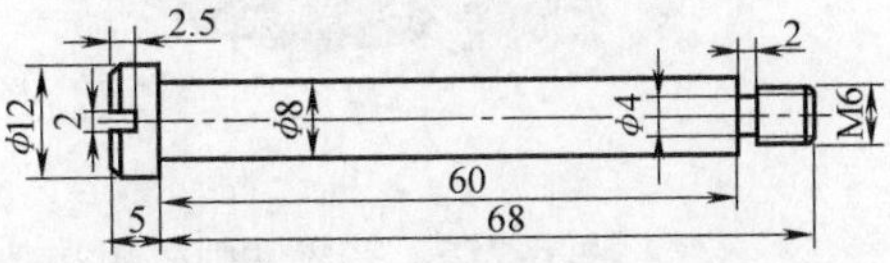

图 6-253　完成设计的铰链轴

5. 夹具的特点

鉴于机箱端盖工件的底平面不能直接作为平面基准，则采用了外设辅助基座的形式，以保证工件可靠地安放在机床工作台面上。工件以加工好的外圆柱面作为主要定位基准，增加了对工件夹紧的难度。因此，本夹具采用了外置的夹紧装置，并将其安装到基座体上，通过铰链螺栓和旋紧螺母，将钻模盖板和基座紧固在一起，从而实现对工件的夹紧。夹具结构简单，所用元件较少，制造费用低，比较适合大型工件的小批量生产的需要。

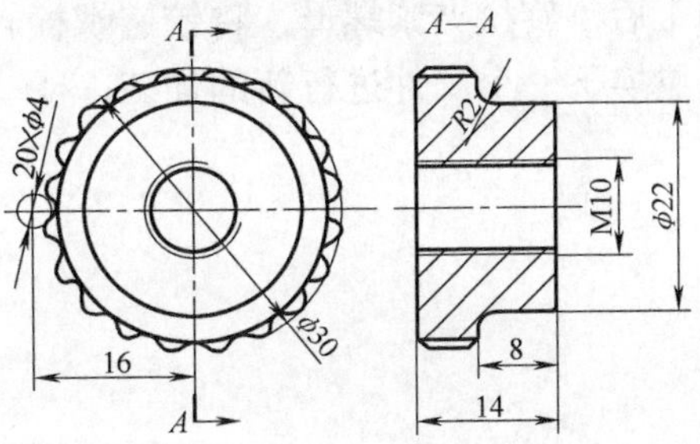

图 6-254　完成设计的旋紧螺母

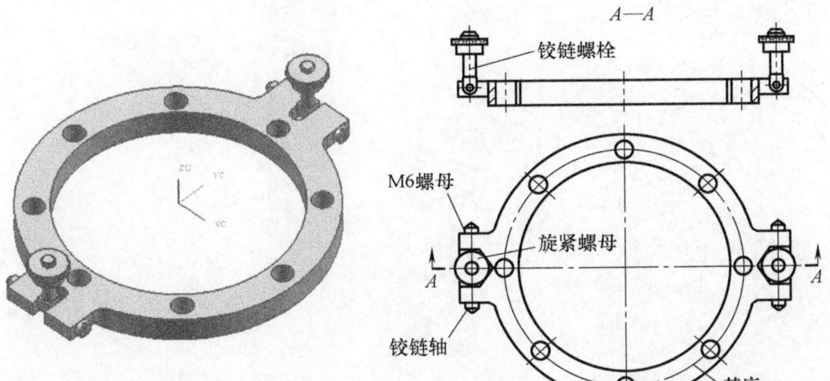

图 6-255　基座固定机构装配的实体图和工程图

6. 夹具的使用方法

加工时，将机箱端盖工件安放到基座的大中心孔内，再将钻模盖板机构放置在机箱端盖工件的表面上，使其定位于工件外圆柱面上。将基座两侧的铰链螺栓连同旋紧螺母转动到盖

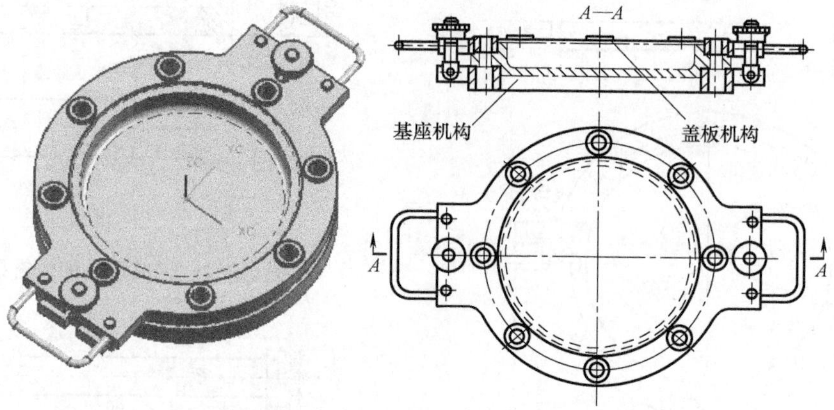

图6-256　完成钻削机箱端盖用外置覆盖式夹具装配的实体图和工程图

板开口槽表面，拧紧旋紧螺母，使盖板与基座紧固住，即可使工件夹紧，开始钻削加工。完成加工后，旋松夹紧螺母，将铰链螺栓转动出盖板开口槽外，用双手握住把手，将钻模板取下，更换下一个工件进行新的加工。

参考文献

[1] 朱耀祥，浦林祥. 现代夹具设计手册［M］. 北京：机械工业出版社，2010.

[2] 吴宗泽. 机械零件设计手册［M］. 北京：机械工业出版社，2007.

[3] 黄继昌，徐巧鱼. 实用机构图册［M］. 北京：机械工业出版社，2008.

[4] 吴拓. 现代机床夹具设计［M］. 北京：化学工业出版社，2009.

[5] 吴拓. 现代机床夹具典型结构图册［M］. 北京：化学工业出版社，2011.

[6] 薛源顺. 机床夹具设计［M］. 北京：机械工业出版社，2010.

[7] 肖继德，陈宁平. 机床夹具设计［M］. 北京：机械工业出版社，2010.

[8] 孟宪栋，刘彤安. 机床夹具图册［M］. 北京：机械工业出版社，2010.

[9] 张士军，韩学军. UG设计与加工［M］. 北京：机械工业出版社，2009.

[10] 张士军，张帅. 典型运动机构仿真设计［M］. 北京：机械工业出版社，2011.